JN256755

量子力学選書

坂井典佑・筒井　泉 監修

経路積分

例題と演習

愛媛大学名誉教授

理学博士

柏　太郎 著

裳　華　房

PATH INTEGRALS

exercises and practices

by

Taro KASHIWA, Dr. Sci.

SHOKABO

TOKYO

刊行趣旨

現代物理学を支えている，宇宙・素粒子・原子核・物性の各分野の理論的骨組みの多くは，20世紀初頭に誕生した量子力学によって基礎付けられているといっても過言ではありません．そして，その後の各分野の著しい発展により，最先端の研究においては量子力学の原理の理解に加え，それを十分に駆使することが必須となっています．また，量子情報に代表される新しい視点が20世紀末から登場し，量子力学の基礎研究も大きく進展してきています．そのため，大学の学部で学ぶ量子力学の内容をきちんと理解した上で，その先に広がるさらに一歩進んだ理論を修得することが求められています．

そこで，こうした状況を踏まえ，主に物理学を専攻する学部・大学院の学生を対象として，「量子力学」に焦点を絞った，今までにない新しい選書を刊行することにしました．

本選書は，学部レベルの量子力学を一通り学んだ上で，量子力学を深く理解し，新しい知識を学生が道具として使いこなせるようになることを目指したものです．そのため，各テーマは，現代物理学を体系的に修得する上で互いに密接な関係をもったものを厳選し，なおかつ，各々が独立に読み進めることができるように配慮された構成となっています．

本選書が，これから物理学の各分野を志そうという読者の方々にとって，良き「道しるべ」となることを期待しています．

坂井典佑
筒井　泉

はじめに

経路積分との関わりは，大学最終学年の授業で，ファインマン（Feynman）の論文「Space-Time Approach to Non-Relativistic Quantum Mechanics」（Reviews of Modern Physics **20**（1948）267）を課題として与えられたときに始まる．初めて読む英語の論文で，英語ばかりかその内容も全く理解できなかった．東北大学に教授として来られたばかりの，真木（和美）先生の授業だった．その後，名古屋大学で素粒子論研究の道に進むことになる．当時，ゲージ理論が世界的隆盛を極め始めていたが，それらの量子化はすべて経路積分を用いて議論されていた[†1]．

ところが，経路積分に対する（偉い先生方による）懐疑的な風潮は強いものがあった．量子力学なのに「波動関数がどこにもない[†2]」，「演算子の非可換性が見えない」など…．特に，対称性の破れに関するヒッグス（Higgs）機構の扱いは，（経路積分中に現れる）古典的なラグランジュアンでの議論で[†3]，梅沢（博臣）・高橋（康）の大御所を始め，場の理論の大家は総じて批判的であった．指導教官であった高林（武彦）さんは，「真空は何もないのではなく，今や，ゴミ溜めですね！」とおっしゃったのをよく覚えている．

こうした批判の内容もよくわからないまま，修士論文でトフーフト－ベルトマン（'t Hooft－Veltman）の“Diagrammar”（Cern Report（1973），reprinted in “Particle interactions at very high energies”. NATO Adv. Study Inst. Series, Sect. B, vol. 4B, 177.）をレビューし，ゲージ理論をかじり始める

†1　九後（汰一郎）－小嶋（泉）による演算子形式（Progress of Theoretical Physics, Supplement No. 66（1979））は少し後．

†2　並木（美喜雄）さんの言とのこと．

†3　中西（襄）による共変演算子形式（Progress of Theoretical Physics **49**（1973）640）での解釈はあった．

のであるが，経路積分に対する（大）先生方の懐疑主義は心の片隅に陣取ったままであった．

博士課程の最終年度が近づいてきた頃，大貫（義郎）さん（先生とは，慣習上よべない[†4]）が，「フェルミ演算子の“固有状態”をこしらえた」と言ってKEK（当時の高エネルギー研究所．現在は高エネルギー加速器研究機構）での講義内容を話してくれた．これには夢中になり，演算子形式から経路積分表示を作り上げる過程やグラスマン（Grassmann）数の概念などを学んだ後，“固有状態”をフェルミオンのコヒーレント状態と名づけることにした．

この話は共著論文となり，それを中心に学位論文がまとまり，素粒子奨学生にも選ばれ，研究者として歩み出すことができた．以来，いくつかのテーマで論文を書いてきたが“三つ子の魂百まで”とはよくいったもので，常に演算子形式との対応を頭において，経路積分法を扱ってきた．おかげで，上述の懐疑に関しては，経路積分法の正しさを多くの場合示すことができた．

それらは折に触れ論文に，また教科書（大貫義郎，鈴木増雄，柏太郎 共著：「現代物理学叢書 経路積分の方法」（岩波書店, 2012 年））にと書いてきたが，そこでは懐疑主義を打破するということが頭にあって，いささか大上段に振りかぶったところなどは，読者には取っつきにくかったようにも思われる．今回，「量子力学選書 経路積分」執筆の話に心が動いたのは，こうした反省点があったからである．

上述の懐疑主義がはびこった大きな理由は“経路積分は正準量子化に比べて直観的で扱いやすい”ことにある．これは，経路積分法の最大の利点であ

---

†4　名古屋を中心とする素粒子研究グループでは“先生”は御法度で，“さん”づけで言わなければならなかった．名古屋へ行って間もない頃，生協で食事の折，沢田（昭二）さんが我々のテーブルへ来られたので，「先生どうぞ」といって席を詰めたのだが，沢田さんは立ったまま座ろうとしない．そこへ，益川（敏英）さん（京大助手の頃で，名古屋にセミナーで来られていた）がやってきて「先生なんて言ったら，座らないよ」と言われ，「沢田さんどうぞ」と言い直して座ってもらった．権威におもねることを嫌い，若手の考えを尊重するいい伝統だと思っている．

り，これにより物理全般はもとより，化学分野においても広く使われるようになった．本書の趣旨は，この点に留意して，経路積分をわかりやすく伝えようというものである．

しかしながら，扱いやすさというものはこのように懐疑主義を生みやすい．“使いやすさ”と“懐疑主義”は表裏一体なのである．そこで第1章では量子力学の基礎を扱うことにする．この選書の前提となる，学部レベルの量子力学ではシュレディンガー (Schrödinger) 方程式や交換関係は与えられたものとして扱われるが，ここでは体系を順に積み上げて行くことで論理的に導かれる (歴史的には，ニュートン (Newton) 運動方程式同様，シュレディンガー方程式は実験に合うことで認められた現象論的方程式である．前者は論理的には，一般相対性理論の中で光速度無限大の極限として現れる)．

読者は，少し俯瞰したところから量子力学を捉えることができるであろう．さらにこの道筋は，経路積分表示を作り上げる (保守的だが) 正当的な方法である (ファインマン — 彼は経路積分から正準交換関係を導く — とは逆のやり方)．こうすることで，経路積分法は量子力学の1つの表現方法であることが理解され，懐疑主義の入り込む余地はなくなる．古典論とは異なる量子力学らしい部分は，運動量と座標の演算子が並べ方によって答えが違うという，演算子順序の問題である．

読者の中には，座標 $\boldsymbol{x}$ と運動量 $\boldsymbol{p}$ を，座標はそのままで $\boldsymbol{p} \to -i\hbar\boldsymbol{\nabla}$ とすることが，量子力学であると思っている向きがあるかもしれない (昔の教科書にはこうした記述があり，矢印の意味がわからず絶望的になったことを思い出す)．第1章を読めば，矢印 $\to$ の意味はわかるはずである．このように，第1章の「入り口」は，量子力学，および経路積分双方の入り口なのである．ただし，そうはいっても演算子順序の問題に関わりすぎると全体の構図が見えにくくなる．そこで，一部は練習問題に回してある．量子力学の基礎がわかっている読者は，斜めに読み進めばよい．

第2章では，座標 $\boldsymbol{x}$ と運動量 $\boldsymbol{p}$ での経路積分表示の他に，よく使われる生成・消滅演算子での経路積分表示を，コヒーレント状態を基礎にして議論する．これは，フェルミ系へ直ちに拡張できることが示される．この章でも演算子順序に関する話題は2.1.3項にまとめてある．経路積分の概要を理解したい読者は，まずは飛ばして読んで構わない．

一通り経路積分表示を作り上げた後に，第3章では，統計力学における分配関数の経路積分表示を取り上げる．理由は，与えられる経路積分が，ユークリッド表示とよばれる数学的に性質のよいものとなるからである（経路積分を用いた数値計算は，すべてこのユークリッド表示の下で行われている）．

第4章では計算のできる場合，つまり調和振動子系をいろいろなやり方で示す（一部は練習問題とした）．主に，（古典）運動方程式解の周りの展開で行うが，これは“古典解周りのすべての経路に関する和”という経路積分の精神を身につけるためである．量子部分に関しては，2通りのやり方，すなわち，行列式を直接計算する行列式法と，適当な固有関数で展開する固有関数法で行っている．経路積分計算で必要な固有関数は，すべて網羅されているので是非挑戦してみて欲しい．

第5章では，前章の結果を踏まえ一般の経路積分を議論する．そこでは，摂動論とファインマングラフ，古典解周りでの近似 — WKB（Wentzel - Kramers - Brillouin）近似 —，経路積分特有の“補助場の方法”について詳しく解説する．

この本の特徴として挙げておきたいことは，本文中にある例題，および節末の練習問題である．全体を通して，少し手を動かし，結果をチェックした方がよいところは，例題として本文中に置いてあるので，初めて学ぶ読者は必ずやってみて欲しい．さらに，しっかり理解しておきたい基礎的な事柄や少し進んだ話題は練習問題としてあり，これらにも挑戦してみて欲しい．すべてには，解答がついている．大学の授業では，講義と演習があることからわかるように，解説を聞いたり，見たりするだけでは十分ではなく，問題を解くために手を動かすことにより，理解が進む．計算で使う公式に関して，その多くは巻末付録に証明を含めてあげておいた（一部は練習問題とした）．公式集として，折に触れ行きつ戻りつ，手を動かしながら読み進めば確実に力はつくはずである．

ここで，簡便記法についてひとこと注意書きを記しておく．簡便記法とは，汎関数に対する積分記号を省略する記法であり，具体的には丸括弧“()”を用いて第4章の(4.178)のように定義されるものだが，本書ではその括弧を太くして通常の丸括弧と明瞭に区別できるようにしてある．ただし，これは初学者の便宜を考えてのことであり，実際の論文などの文献では，本書のように括弧を太くして記述することはない†5．

最後に，有益なコメントを戴いた監修者である，坂井典佑さんと筒井泉さんに感謝すると共に，いろいろ面倒をお掛けした石黒浩之氏をはじめとする裳華房の皆さんにもお礼を申し上げたい．

2015年10月愛媛・松山にて

柏　太郎

†5　汎関数の意味は，読んでいけば必ずわかるので心配することはない．場の理論の経路積分表示では簡便記法を用いると長い式がコンパクトになって，見通しがよい．拙著「新版 演習 場の量子論」（サイエンス社）第4章，「演習 くり込み群」（サイエンス社）第2章では，この記法を用いている．

目　　次

1. 入 り 口

2. 経路積分表示

3. 統計力学と経路積分のユークリッド表示

4. 経路積分計算の基礎

5．経路積分計算の方法

付　　録

コ　ラ　ム

第1章

入り口

この章では，量子力学での表記法を学びつつ経路積分の基礎を築く．シュレディンガー方程式を出発点とする通常の解説とは異なり，電子による干渉縞を見る実験から議論を始め，量子力学の枠組みを構築する．（量子力学的）状態の時間変化を与える表式は，シュレディンガー方程式を与えると同時に経路積分表示の基礎ともなる．

1.1　電子の干渉 ― 状態・ケット・ブラ・演算子 ―

1.1.1　電子線によるヤングの干渉実験

波の干渉を観測するのはヤング（Young）の実験とよばれる[†1]．それは，水面に垂直に2つの壁を立て，手前の壁には2つのスリットを開け，後方の壁には波の高さをはかる測定器を用意する（スクリーンとよぶ）．この装置で，前方の壁の手前で水面に波を起こす．壁に向かった波は，2つのスリット以外のところでは壁に遮られるが，スリットはあたかもそこが新たな波源であるかのように振舞い，"同時"に2つの波を作りだす．それらの波の位相はそろっていて，後方の壁へと伝わっていく．波は重ね合わせの原理に従うので，山同士，谷同士は互いに強め合い，山と谷は互いに弱め合って図1.1

†1　光を用いた干渉実験であるが，ここでは分かりやすいように水面を用いて解説する．

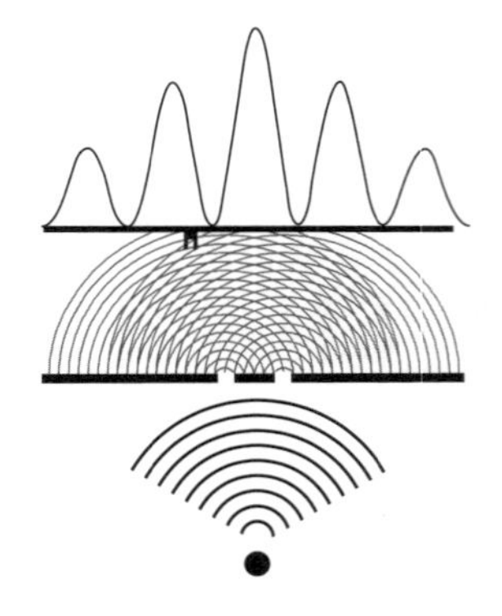

図 1.1　ヤングの干渉実験．波源（黒丸●）からの波は壁で跳ね返されるが，2つのスリットは位相のそろった波源となり，スクリーンに干渉縞を形成する．

に示されたようなパターン — **干渉縞 (interference fringe)** — が生ずる．

歴史的に粒子であると考えられてきた電子に関してはどうであろうか？波の実験と同じように，スリットを持った壁（電子線バイプリズムという）を手前に配置し，後方の壁には電子の測定器を置く．

電子銃から電子を1個，また1個と打ち出していくと，壁の測定器が電子を“粒子”として捕らえる[†2]．その数をヒストグラムで表したのが図1.2 (a) ～ (c) である．十分に時間をかけて得られる図1.2 (c) の外縁を滑らかな線でつなぐと，図1.2 (d) のようにヤングの実験と全く同じ干渉縞になる（電子によるヤングの実験）．量子力学の神髄，「（ミクロ粒子の1つである）電子は粒子でもあり波でもある」，の具現化である．

では，これまで述べたことを定式化しよう．電子銃の位置をG，壁の測定器の位置をC，その点でのヒストグラムの高さ，すなわち点Cで観測した電子の数を N_{C} とする．全体の総電子数 N はすべての点に関する和をとって，

$$N = \sum_{\mathrm{C}} N_{\mathrm{C}} \tag{1.1}$$

---

†2　実験は，外村彰を中心とした日立製作所・中央研究所（現在は基礎研究所）のグループが行った．外村彰 著：「岩波講座 物理の世界 量子力学1 量子力学への招待」（岩波書店，2001年）．ビデオはホームページ（http://www.hitachi.co.jp/rd/research/em/doubleslit.html）．江沢洋 著：「量子力学（I）」（裳華房，2002年）の第5章にも解説がある．

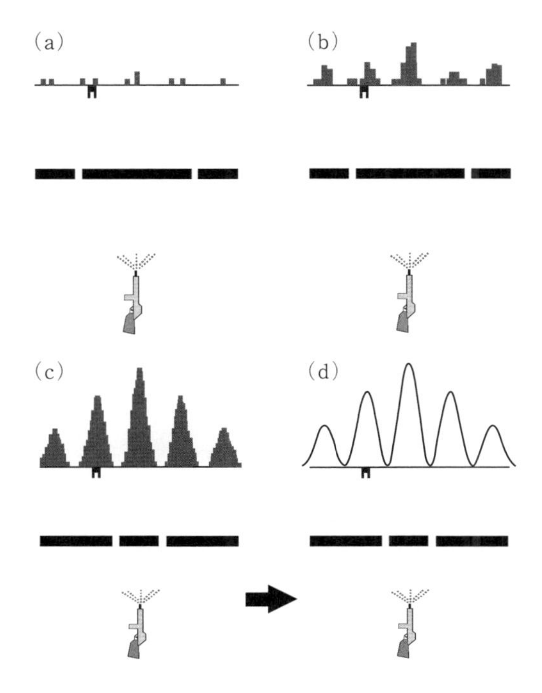

図 1.2　電子による干渉実験．電子を 1 個ずつ打ち出し，壁の測定器での電子数をヒストグラムで表す．電子数が増えるにつれ (a) → (b) → (c) となる．(c) の外縁を滑らかな線でつないだものが (d) である．

となる．点 C での電子を測定する割合 (= **確率 (probability)**) は

$$P_{\mathrm{C}} = \frac{N_{\mathrm{C}}}{N} \tag{1.2}$$

であるから，P_{C} が位置 C の変化につれ，大きくなったり小さくなったりするのが干渉縞の見える理由である．

これらのことを量子力学へ翻訳する．電子の出発点 G を $|\mathrm{G}\rangle$，測定地点 C を $\langle\mathrm{C}|$ と書いて，これらを総じて**状態 (ベクトル) (state (vector))**，$|\bullet\rangle$ を**ケット (ベクトル) (ket (vector))**，$\langle\bullet|$ を**ブラ (ベクトル) (bra (vector))**

という (●は文字を表す．ディラック (Dirac) の考案)．G から出て C に行くことを内積で

$$\Psi_{\mathrm{CG}} \equiv \langle \mathrm{C}|\mathrm{G}\rangle \tag{1.3}$$

と書く．Ψ_{CG} は複素数を表し，複素共役はブラとケットがひっくり返った，

$$\Psi_{\mathrm{CG}}^* = \langle \mathrm{C}|\mathrm{G}\rangle^* = \langle \mathrm{G}|\mathrm{C}\rangle \tag{1.4}$$

で定義する．

測定値は，以下のようにその絶対値の自乗である．

$$P_{\mathrm{CG}} = |\Psi_{\mathrm{CG}}|^2 \tag{1.5}$$

P_{CG} はスリットの効果を考慮すれば，(1.2) の確率 P_{C} そのものである．Ψ_{CG} を**確率振幅 (probability amplitude)** という (ブラやケットの表式は，アラビア語やヘブライ語と同じように右から左に読む)．このように，確率は確率振幅の絶対値の自乗で与えられるので，確率振幅全体の位相 ($\Psi_{\mathrm{CG}} = |\Psi_{\mathrm{CG}}|\, e^{i\Theta}$ の Θ のこと) は物理に関係しない．

これ以降の議論では，状態ベクトル $|\phi\rangle$ の大きさは 1 とする (**規格化 (normalization)** されているという)．すなわち，以下が成り立つ．

$$\langle \phi|\phi\rangle = 1 \tag{1.6}$$

例題 1.1.1　$\langle \phi|\phi\rangle = a$ のとき，a が実数であることを示し，$a \neq 1$ のとき規格化せよ．

【解】　(1.4) を用いれば，以下のように a が実数であることはすぐわかる．

$$a^* = \langle \phi|\phi\rangle^* \overset{(1.4)}{=} \langle \phi|\phi\rangle = a$$

a はベクトルの大きさであるから $a > 0$ である．したがって，$|\phi\rangle' \equiv |\phi\rangle/\sqrt{a}$ を用意すれば，

$$'\langle \phi|\phi\rangle' = \frac{\langle \phi|\phi\rangle}{a} = 1$$

と与えられる．□

では，スリットの効果を考えよう．G から C へは，図 1.3 のように，スリット S_1 あるいは S_2 を通る 2 通りの道筋がある．上の書き方では $\langle C|S_1\rangle \times \langle S_1|G\rangle$，$\langle C|S_2\rangle\langle S_2|G\rangle$ となる．電子が野球のボールであれば，どちらか一方の経路を通るのだが，波の性質を持つ電子は**重ね合わせの原理** (**superposition principle**) によって，

$$\Psi_{CG}^{(2)} \equiv \langle C|S_1\rangle\langle S_1|G\rangle + \langle C|S_2\rangle\langle S_2|G\rangle \tag{1.7}$$

のように 2 つの経路の和で与えられる ($\Psi_{CG}^{(2)}$ の 2 はスリットの数)．各項は複素数であったから，それぞれ $\langle C|S_1\rangle\langle S_1|G\rangle \equiv R_1 e^{i\Theta_1}$，$\langle C|S_2\rangle\langle S_2|G\rangle \equiv R_2 e^{i\Theta_2}$ と極表示を用いれば，

$$\Psi_{CG}^{(2)} = R_1 e^{i\Theta_1} + R_2 e^{i\Theta_2} \tag{1.8}$$

と与えられる．R_1, R_2, Θ_1, Θ_2 は観測地点 C によっている．

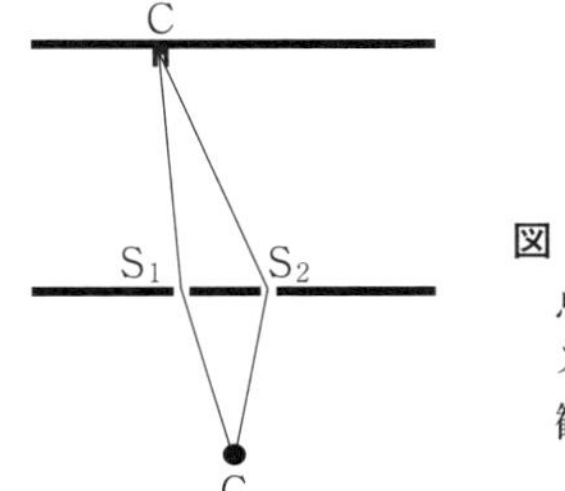

図 1.3　電子の経路．点 G から出た電子は，スリット S_1, S_2 を通り観測点 C に到達する．

点 C での確率 (1.5) は，

$$P_{CG} = |R_1 e^{i\Theta_1} + R_2 e^{i\Theta_2}|^2 = R_1^2 + R_2^2 + 2R_1R_2\cos(\Theta_1 - \Theta_2) \tag{1.9}$$

となる．$\cos(\Theta_1 - \Theta_2)$ により確率は周期的に変わり，干渉縞が生じる．

例題 1.1.2　(1.9) を示せ．

【解】　オイラーの公式 (**Euler's formula**)

$$e^{\pm i\Theta} = \cos\Theta \pm i\sin\Theta \tag{1.10}$$

に注意すれば，

$$|R_1e^{i\Theta_1}+R_2e^{i\Theta_2}|^2=(R_1e^{-i\Theta_1}+R_2e^{-i\Theta_2})(R_1e^{i\Theta_1}+R_2e^{i\Theta_2})$$
$$=R_1^2+R_2^2+R_1R_2(e^{i(\Theta_1-\Theta_2)}+e^{-i(\Theta_1-\Theta_2)})$$

が得られる．最後の項に，(1.10) を用いれば (1.9) である．□

1.1.2　演算子・固有ケット

スリットの数を増やしていくとどうなるか？　4 個，8 個とすると，図 1.4 (a), (b) のようにパターンは変化していく．最終的には全く壁のないパターン図 1.4 (c) となるであろう．

今まで述べたことを，再び量子力学に翻訳しよう．スリットの数が n 個のとき，r 番目のスリットを S_r と書けば，確率振幅は (1.7) 同様に

$$\Psi_{\mathrm{CG}}^{(n)}=\sum_{r=1}^{n}\langle \mathrm{C}|\mathrm{S}_r\rangle\langle \mathrm{S}_r|\mathrm{G}\rangle \tag{1.11}$$

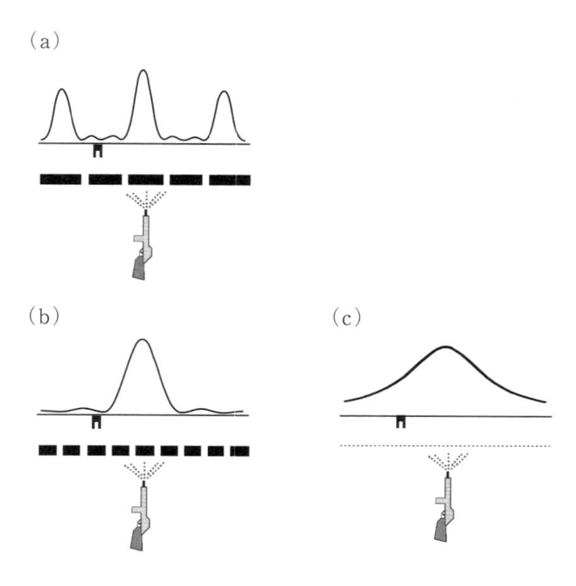

図 1.4　(a) スリット数 4 個，(b) 8 個，(c) 無限個，つまり壁が全くないとき．

で与えられる．確率は $|\Psi_{\mathrm{CG}}^{(n)}|^2$ であったから，$n = 4, 8$ としたものが，図 1.4 (a)，(b) のパターンを与える．スリットの数 n が無限大 $n \to \infty$ になったときは，壁の全くない場合，つまり (1.3) となるから，

$$\sum_{r=1}^{\infty} \langle \mathrm{C}|\mathrm{S}_r\rangle\langle \mathrm{S}_r|\mathrm{G}\rangle = \langle \mathrm{C}|\mathrm{G}\rangle \Longrightarrow \sum_{r=1}^{\infty} |\mathrm{S}_r\rangle\langle \mathrm{S}_r| = \hat{\boldsymbol{I}} \tag{1.12}$$

となる．$\hat{\boldsymbol{I}}$ は**単位演算子 (unit operator)** で，任意の $|\phi\rangle$，$\langle\phi|$ に作用しても，次のように結果を変えない．

$$\hat{\boldsymbol{I}}|\phi\rangle = |\phi\rangle, \qquad \langle\phi|\hat{\boldsymbol{I}} = \langle\phi| \tag{1.13}$$

壁の長さは有限としたが，どれだけ長くても壁を消し去るのに十分なスリットがあれば (1.12) は変わらない．以下では，壁の長さは無限とし (1.12) も $\mathrm{S}_r (r \leq 0)$ を導入し，

$$\sum_{r=-\infty}^{\infty} |\mathrm{S}_r\rangle\langle \mathrm{S}_r| = \hat{\boldsymbol{I}} \tag{1.14}$$

と書く．

ここで，演算子についてまとめておこう．演算子は $\widehat{A}$ のようにハットをつけ，ケットに作用し，

$$\widehat{A}|\phi\rangle = |\phi'\rangle \tag{1.15}$$

と別のケットを生成する．厳密には線形演算子とよばれ，

$$\widehat{A}(|\phi_1\rangle + |\phi_2\rangle) = \widehat{A}|\phi_1\rangle + \widehat{A}|\phi_2\rangle \tag{1.16}$$

$$\widehat{A}(c|\phi\rangle) = c\widehat{A}|\phi\rangle \quad (c：\text{複素数}) \tag{1.17}$$

と作用する．(1.17) よりわかるように，複素数 c は演算子を素通りする．つまり，以下のようになる．

$$c\widehat{A} = \widehat{A}c \tag{1.18}$$

こうした量を **c 数 (c-number)** (classical)，演算子は **q 数 (q-number)** (quantum) という．

和，積は，

$$(\widehat{A}+\widehat{B})|\phi\rangle=\widehat{A}|\phi\rangle+\widehat{B}|\phi\rangle \tag{1.19}$$

$$\widehat{A}\widehat{B}|\phi\rangle=\widehat{A}(\widehat{B}|\phi\rangle) \tag{1.20}$$

と作用し，次の分配法則を満たす（練習問題 1.1a を参照）．

$$\widehat{A}(\widehat{B}+\widehat{C})=\widehat{A}\widehat{B}+\widehat{A}\widehat{C}, \qquad (\widehat{A}+\widehat{B})\widehat{C}=\widehat{A}\widehat{C}+\widehat{B}\widehat{C} \tag{1.21}$$

演算子が作用した結果が元のケットに比例するとき，

$$\widehat{A}|\alpha\rangle=\alpha|\alpha\rangle \tag{1.22}$$

と書ける．比例定数 α は演算子 $\widehat{A}$ の**固有値** (**eigenvalue**)，$|\alpha\rangle$ は**固有ケット** (**eigenket**) とよばれる．

ケットとブラを入れかえる以下の操作を**共役** (**adjoint**) という．

$$|\phi\rangle \overset{*}{\Longleftrightarrow} \langle\phi| \tag{1.23}$$

共役は，複素数 c に対しては複素共役となる．

$$c \overset{*}{\Longleftrightarrow} c^* \tag{1.24}$$

ブラとケットの内積に (1.23) を適用すれば，

$$\langle\psi|\phi\rangle \overset{*}{\Longleftrightarrow} \langle\phi|\psi\rangle \tag{1.25}$$

が成り立つ．内積は複素数であったから，これは定義 (1.4) そのものである．記号*を用いる妥当性もわかる．

このとき，演算子は

$$\widehat{A} \overset{*}{\Longleftrightarrow} \widehat{A}^\dagger \tag{1.26}$$

と移り変わり，$\widehat{A}^\dagger$ を**共役演算子** (**adjoint operator**) とよぶ．また，積は以下のように移り変わる（練習問題 1.1b を参照）．

$$\widehat{A}\widehat{B} \overset{*}{\Longleftrightarrow} \widehat{B}^\dagger\widehat{A}^\dagger \tag{1.27}$$

共役で不変な演算子，

$$\hat{A}^{\dagger} = \hat{A} \tag{1.28}$$

を**自己共役演算子** (**self - adjoint operator**) という (エルミート演算子とは厳密には違う．練習問題 1.3c を参照)．

自己共役演算子の固有値 α_n は

$$\hat{A}|n\rangle = \alpha_n|n\rangle \quad (n = 1, 2, \cdots) \tag{1.29}$$

のように実数で一般に複数個ある．固有ケットは直交しており[†3](練習問題 1.1c を参照)，

$$\langle m|n\rangle = \delta_{mn} \tag{1.30}$$

が成り立つ．こうした組 $|n\rangle$ を**基底** (**basis**) という．

また，ブラとケットが，

$$\hat{V} \equiv |m\rangle\langle n| \tag{1.31}$$

で与えられるとき，$\hat{V}$ は演算子である．特に $m = n$ の場合，

$$\hat{P}_n \equiv |n\rangle\langle n| \tag{1.32}$$

は状態 $|n\rangle$ への**射影演算子** (**projection operator**) で，任意の $|\phi\rangle$ に作用すると，

$$\hat{P}_n|\phi\rangle = |n\rangle\langle n|\phi\rangle = \phi_n|n\rangle, \qquad \phi_n \equiv \langle n|\phi\rangle$$

と状態 $|n\rangle$ のみが現れる (c 数 ϕ_n をケットの前に移動)．$\hat{P}_n$ は

$$\hat{P}_n^2 = \hat{P}_n \tag{1.33}$$

を満たす ((1.32)，(1.30) より明らか)．$\hat{P}_n$ の n に関する和は，すべての状態への射影，すなわち以下のように単位演算子となる．これを**完全性** (**completeness condition**) という．

$$\sum_{n=1} |n\rangle\langle n| = \hat{I} \tag{1.34}$$

和の上限は固有状態の数であり有限，あるいは無限大のこともある．無限のスリットから得られた関係式 (1.14) はこうした完全性を示唆している

---

†3　**規格直交** (**orthonormal**) というべきであろうが，短くこういうことにする．

(次項で議論する)．直交する状態 (1.30) は完全性を満たす (練習問題1.1d)．

練 習 問 題

【1.1a】 演算子の分配法則 (1.21) を証明せよ．

【1.1b】 共役の規則 $\hat{A}\hat{B} \overset{*}{\Longleftrightarrow} \hat{B}^{\dagger}\hat{A}^{\dagger}$ (1.27) を示せ．

【1.1c】 自己共役演算子の固有値が実数で，固有ケットが直交性 (1.30) を満たすことを示せ．

【1.1d】 直交性 $\langle m|n\rangle = \delta_{mn}$ ((1.30)) を満たす基底 $|n\rangle$ は，完全性 (1.34) を満たすことを示せ．

1.2　位置完全性・位置演算子

1.2.1　位置の完全性と位置演算子

スリットの完全性 (1.14) に着目する．図1.5のように，r 番目のスリット $|\mathrm{S}_r\rangle$ を中心位置 x_r と幅 Δx で，以下のように与える†4．

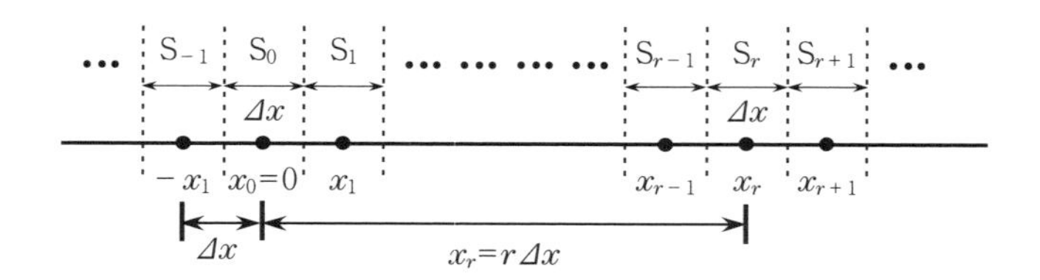

図 1.5　スリット S_r．中心 x_r，幅 Δx．$x_0 = 0$ とするので $x_r = r\Delta x$ となる．離散的に分布している x_r は，$\Delta x \to 0$ で数直線上に連続的に分布するようになる．

†4　$|\mathrm{S}_r\rangle = f(\Delta x)|x_r\rangle : f(0) = 0$ とすれば，$\hat{I} = \sum_{r=-\infty}^{\infty} |f(\Delta x)|^2 |x_r\rangle\langle x_r|$ と書ける．$\Delta x \to 0$ で $f(\Delta x) = \sqrt{\Delta x}$ とおけば，和が積分 (1.37) におきかわる．

$$|\mathrm{S}_r\rangle \equiv \sqrt{\Delta x}\,|x_r\rangle, \qquad x_r = r\Delta x \quad (r = 0,\ \pm 1,\ \pm 2,\ \cdots) \tag{1.35}$$

スリット同士の内積を規格化すれば，

$$\langle \mathrm{S}_{r'}|\mathrm{S}_r\rangle = \delta_{r'r} \Longrightarrow \langle x_{r'}|x_r\rangle = \frac{\delta_{r'r}}{\Delta x} \tag{1.36}$$

となり，すべてのスリットに関する和 (1.14) は，

$$\sum_{r=-\infty}^{\infty} \Delta x |x_r\rangle\langle x_r| = \hat{\boldsymbol{I}}$$

となる．スリット幅 Δx を無限小にすれば，

$$\int_{-\infty}^{\infty} dx\,|x\rangle\langle x| = \hat{\boldsymbol{I}} \tag{1.37}$$

のように左辺は全空間にわたる積分となる．これを **(位置) 完全性** (**completeness condition for position**) という．

ケット $|x\rangle$，ブラ $\langle x|$ は x が位置を表すことから，**位置演算子** (**position operator**) $\widehat{Q}$ に対して，

$$\widehat{Q}|x\rangle = x|x\rangle, \qquad \langle x|\widehat{Q} = \langle x|x \tag{1.38}$$

であるとする．つまり，$|x\rangle$，$\langle x|$ は位置演算子 $\widehat{Q}$ の固有ケット，**固有ブラ** (**eigenbra**) で，x は固有値である ($\widehat{Q}|x\rangle = |x\rangle x$，$\langle x|\widehat{Q} = x\langle x|$ と書いてもよいが，(1.38) を用いる)．固有値 x は $-\infty < x < \infty$ で連続の値をとる．(1.38) は位置演算子 $\widehat{Q}$ の自己共役性 (1.28) であるための要求，

$$\widehat{Q}^{\dagger} = \widehat{Q} \tag{1.39}$$

であり，位置座標 x は実数である (練習問題 1.1c を参照)．

位置完全性 (1.37) により，任意の状態 $|\varphi\rangle$ は位置固有ケット $|x\rangle$ で，

$$|\varphi\rangle = \int_{-\infty}^{\infty} dx\,|x\rangle\langle x|\varphi\rangle = \int_{-\infty}^{\infty} dx\,\varphi(x)|x\rangle \tag{1.40}$$

と展開できる．展開係数

$$\varphi(x) \equiv \langle x|\varphi\rangle \tag{1.41}$$

を，**波動関数** (**wave function**) (あるいは $|\varphi\rangle$ の**座標表示** (**coordinate rep-

resentation)）という（(1.40) の最後で c 数 $\varphi(x)$ を左に移した）．波動関数は複素数で，複素共役は (1.4)，(1.25) などより，

$$\langle\varphi|x\rangle = \langle x|\varphi\rangle^* = \varphi^*(x) \tag{1.42}$$

ブラとケットの内積も，波動関数を用いて表すことができる．

$$\langle\varphi|\phi\rangle = \int_{-\infty}^{\infty} dx\, \varphi^*(x)\phi(x) \tag{1.43}$$

例題 1.2.1　(1.43) を示せ．

【解】　左辺に位置完全性 (1.37) を代入すると以下が得られる．

$$左辺 = \int_{-\infty}^{\infty} dx\, \langle\varphi|x\rangle\langle x|\phi\rangle$$

ここで (1.41)，(1.42) を用いれば (1.43) 右辺である．□

(1.36) で $\Delta x \to 0$ としたとき，位置固有ケットの内積は，

$$\langle x'|x\rangle = \delta(x' - x) \tag{1.44}$$

と**デルタ関数** (**delta function**) $\delta(x' - x)$ で与えられる．直接 (1.36) とデルタ関数のフーリエ (Fourier) 変換（付録 C(C.3) を参照）から導くことができるが，練習問題 1.2b に譲ることにして，デルタ関数の性質から導いてみよう．それは任意関数 $f(x)$ に対して，

$$f(x) = \int_{-\infty}^{\infty} dx'\, f(x')\delta(x' - x) \tag{1.45}$$

を満たす偶関数である．つまり，

$$\delta(x) = \delta(-x) \tag{1.46}$$

を満たしている．

例題 1.2.2　(1.44) および (1.46) を示せ．

【解】　(1.40) で，ブラ $\langle y|$ との内積を考えれば，

$$\varphi(y)=\int_{-\infty}^{\infty}dx\,\varphi(x)\langle y|x\rangle$$

と書ける．ここで，(1.45) と比べれば (1.44) が出る．デルタ関数は実数 $(\delta(x))^* = \delta(x)$ なので，

$$\delta(x-y)=(\delta(x-y))^*=\langle x|y\rangle^* \overset{(1.25)}{=} \langle y|x\rangle=\delta(y-x)$$

が得られる．□

1.2.2　期待値・交換関係

演算子を任意の状態 $|\varphi\rangle$ で挟んだ量

$$\langle\widehat{A}\rangle\equiv\langle\varphi|\widehat{A}|\varphi\rangle \tag{1.47}$$

を，演算子 $\widehat{A}$ の**期待値 (expectation value)** という．波動関数を用いると，

$$\langle\widehat{A}\rangle=\int dx\,dy\,\varphi^*(x)\langle x|\widehat{A}|y\rangle\varphi(y) \tag{1.48}$$

と与えられる．もし，$\widehat{A}$ が位置演算子 $\widehat{Q}$ の関数 $\widehat{A}\equiv A(\widehat{Q})$ であったら，その期待値は

$$\langle A(\widehat{Q})\rangle=\int dx\,A(x)\varphi^*(x)\varphi(x)=\int dx\,A(x)|\varphi(x)|^2 \tag{1.49}$$

となる．

例題 1.2.3　(1.48)，(1.49) を導け．

【**解**】　(1.47) に位置完全性 (1.37) を x, y の形で挿入すれば，

$$\langle\widehat{A}\rangle=\iint dx\,dy\,\langle\varphi|x\rangle\langle x|\widehat{A}|y\rangle\langle y|\varphi\rangle$$

が得られ，定義 (1.41)，(1.42) を用いれば (1.48) である．

一般に，演算子の関数は $A(\widehat{Q})=\sum\limits_{n=0}A_n(\widehat{Q})^n$ とべき展開で与えられ，

$$\langle x|(\widehat{Q})^n|y\rangle \overset{(1.38)}{=} x^n\langle x|y\rangle \overset{(1.44)}{=} x^n\delta(x-y)$$

と対角化されるので，y 積分を行えば (1.49) となる．□

自己共役演算子 $\widehat{A}$ の期待値は，以下のように実数である．

$$\langle\widehat{A}\rangle \equiv \langle\varphi|\widehat{A}|\varphi\rangle = \langle\widehat{A}\rangle^* \tag{1.50}$$

なぜなら，

$$\langle\widehat{A}\rangle^* \overset{(1.23)\,(1.26)}{=} \langle\varphi|\widehat{A}^\dagger|\varphi\rangle \overset{(1.28)}{=} \langle\varphi|\widehat{A}|\varphi\rangle = \langle\widehat{A}\rangle$$

という関係があるためである．

ここで，3 次元 $x \equiv x_1,\, y \equiv x_2,\, z \equiv x_3$ に拡張しよう．座標演算子を $\widehat{Q}_a$ $(a = 1, 2, 3)$ と書く．$\widehat{Q}_1|x_1\rangle = x_1|x_1\rangle$, $\widehat{Q}_2|x_2\rangle = x_2|x_2\rangle$, $\widehat{Q}_3|x_3\rangle = x_3|x_3\rangle$ である．3 次元位置固有ケットを直積 $\otimes$ で

$$|\boldsymbol{x}\rangle \equiv |x_1\rangle \otimes |x_2\rangle \otimes |x_3\rangle \tag{1.51}$$

と与える．その意味は $\widehat{Q}_a$ の作用は $|x_a\rangle$ にのみはたらき，それ以外は素通りするというものである．したがって，

$$\widehat{Q}_a|\boldsymbol{x}\rangle = x_a|\boldsymbol{x}\rangle, \qquad \langle\boldsymbol{x}|\widehat{Q}_a = \langle\boldsymbol{x}|x_a \tag{1.52}$$

となる．完全性 (1.37)，および内積 (1.44) は，

$$\text{完全性}：\int d^3\boldsymbol{x}\,|\boldsymbol{x}\rangle\langle\boldsymbol{x}| = \hat{\boldsymbol{I}} \tag{1.53}$$

$$\begin{aligned}\text{内積}：\langle\boldsymbol{x}'|\boldsymbol{x}\rangle &= \delta^3(\boldsymbol{x}' - \boldsymbol{x})\\ &\equiv \delta(x_1' - x_1)\delta(x_2' - x_2)\delta(x_3' - x_3)\end{aligned} \tag{1.54}$$

などと与えられる．ただし，

$$\int d^3\boldsymbol{x} \equiv \int_{-\infty}^{\infty} dx_1 \int_{-\infty}^{\infty} dx_2 \int_{-\infty}^{\infty} dx_3$$

である．(積分の上限 ∞，下限 $-\infty$ は省略．これからも同様．)

なお，q 数である演算子積 $\widehat{A}\widehat{B}$ は順番に依存し，差を**交換関係** (**commutation relation**)

$$[\widehat{A}, \widehat{B}] \equiv \widehat{A}\widehat{B} - \widehat{B}\widehat{A} \tag{1.55}$$

および，交換する演算子は**可換** (commutable)，そうでないものを**非可換** (non-commutable) という．

以下に，交換関係の計算で特に有益な公式を挙げておく，ただし，c_1, c_2 は c 数である．

$$[\hat{B}, \hat{A}] = -[\hat{A}, \hat{B}] \tag{1.56}$$

$$[c_1\hat{A}, c_2\hat{B}] = c_1c_2[\hat{A}, \hat{B}] \tag{1.57}$$

$$[\hat{A}, \hat{B}+\hat{C}] = [\hat{A}, \hat{B}] + [\hat{A}, \hat{C}] \tag{1.58}$$

$$[\hat{A}, \hat{B}\hat{C}] = \hat{B}[\hat{A}, \hat{C}] + [\hat{A}, \hat{B}]\hat{C} \tag{1.59}$$

例題 1.2.4　(1.56) ～ (1.59) を示せ．

【解】　(1.56)，(1.57) は (1.55) と c 数の性質 (1.18) より自明．

$$\begin{aligned}(1.58)\text{左辺} &= \hat{A}(\hat{B}+\hat{C}) - (\hat{B}+\hat{C})\hat{A} \overset{(1.21)}{=} \hat{A}\hat{B} + \hat{A}\hat{C} - \hat{B}\hat{A} - \hat{C}\hat{A} \\ &= \hat{A}\hat{B} - \hat{B}\hat{A} + \hat{A}\hat{C} - \hat{C}\hat{A} = [\hat{A}, \hat{B}] + [\hat{A}, \hat{C}] = \text{右辺}\end{aligned}$$

$$\begin{aligned}(1.59)\text{左辺} &= \hat{A}\hat{B}\hat{C} - \hat{B}\hat{C}\hat{A} = \hat{A}\hat{B}\hat{C} + (-\hat{B}\hat{A}\hat{C} + \hat{B}\hat{A}\hat{C}) - \hat{B}\hat{C}\hat{A} \\ &= (\hat{A}\hat{B}\hat{C} - \hat{B}\hat{A}\hat{C}) + (\hat{B}\hat{A}\hat{C} - \hat{B}\hat{C}\hat{A}) \\ &= [\hat{A}, \hat{B}]\hat{C} + \hat{B}[\hat{A}, \hat{C}] = \text{右辺} \quad \square\end{aligned}$$

自己共役演算子の交換関係と虚数単位 $i = \sqrt{-1}$ の積は，自己共役演算子

$$\hat{\mathcal{H}} \equiv i[\hat{A}, \hat{B}] \qquad \hat{\mathcal{H}}^\dagger = \hat{\mathcal{H}} \tag{1.60}$$

である．なぜなら，

$$\begin{aligned}\hat{\mathcal{H}}^\dagger &= (i\hat{A}\hat{B} - i\hat{B}\hat{A})^\dagger \overset{(1.24)(1.27)}{=} -i\hat{B}^\dagger\hat{A}^\dagger + i\hat{A}^\dagger\hat{B}^\dagger \\ &\overset{(1.28)}{=} i\hat{A}\hat{B} - i\hat{B}\hat{A} = i[\hat{A}, \hat{B}] = \hat{\mathcal{H}}\end{aligned}$$

が成り立っているからである．

なお，位置演算子は以下のように可換である．

$$[\hat{Q}_a, \hat{Q}_b] = 0 \quad (a, b = 1, 2, 3) \tag{1.61}$$

例題 1.2.5　(1.61) を示せ.

【解】　(1.52) ケットの式で, $a \to b$ として左から $\hat{Q}_a$ を作用すれば,

$$\hat{Q}_a \hat{Q}_b |\boldsymbol{x}\rangle = x_b \hat{Q}_a |\boldsymbol{x}\rangle = x_a x_b |\boldsymbol{x}\rangle$$

が得られる. ここで $a \leftrightarrow b$ を行い, 引き算すると $[\hat{Q}_a, \hat{Q}_b]\,|\boldsymbol{x}\rangle = 0$ となる. これに, $\langle \boldsymbol{x}|$ を右から作用して $\int d^3\boldsymbol{x}$ を行えば, 完全性 (1.53) より (1.61) が得られる.
□

練 習 問 題

【1.2a】　$\langle \varphi | \varphi \rangle = 1$ を 3 次元空間の波動関数で表せ.

【1.2b】　離散的規格化 (1.36) が, $\Delta x \to 0$ でデルタ関数の規格化 (1.44) となることを示せ.

【1.2c】　**不確定性関係 (uncertainty relation) の基礎**：自己共役演算子 $\hat{A}$, $\hat{B}$ の期待値 (1.47),

$$\langle \hat{O} \rangle \equiv \langle \varphi | \hat{O} | \varphi \rangle \quad (\hat{O} = \hat{A}, \hat{B})$$

からの, ずれ演算子を,

$$\Delta\hat{A} = \hat{A} - \langle \hat{A} \rangle, \qquad \Delta\hat{B} \equiv \hat{B} - \langle \hat{B} \rangle \tag{1.62}$$

で定義する. 以下の不等式が成り立つことを示せ.

$$\langle (\Delta\hat{A})^2 \rangle \langle (\Delta\hat{B})^2 \rangle \geq \frac{1}{4} |\langle [\hat{A}, \hat{B}] \rangle|^2 \tag{1.63}$$

1.3　並進と運動量演算子

1.3.1　並進演算子と運動量演算子

$\boldsymbol{a}$ を定数ベクトルとしたとき, 位置固有ケットの変化 $|\boldsymbol{x}\rangle \to |\boldsymbol{x} + \boldsymbol{a}\rangle$ を (空間) **並進** (space translation) といい, **並進演算子** (translation opera-

tor) $\hat{\mathcal{T}}(\boldsymbol{a})$ によって，

$$\hat{\mathcal{T}}(\boldsymbol{a})|\boldsymbol{x}\rangle = |\boldsymbol{x}+\boldsymbol{a}\rangle \tag{1.64}$$

と与えられ，以下を満たす．

（Ⅰ） 単位演算子

$$\hat{\mathcal{T}}(\boldsymbol{0}) = \hat{\boldsymbol{I}} \tag{1.65}$$

（Ⅱ） 積

$$\hat{\mathcal{T}}(\boldsymbol{a}_1)\hat{\mathcal{T}}(\boldsymbol{a}_2) = \hat{\mathcal{T}}(\boldsymbol{a}_2)\hat{\mathcal{T}}(\boldsymbol{a}_1) = \hat{\mathcal{T}}(\boldsymbol{a}_1+\boldsymbol{a}_2) \tag{1.66}$$

（Ⅲ） 逆演算子

$$\hat{\mathcal{T}}(-\boldsymbol{a}) = \hat{\mathcal{T}}^{-1}(\boldsymbol{a}) \tag{1.67}$$

（Ⅳ） ユニタリー性

$$\hat{\mathcal{T}}^{\dagger}(\boldsymbol{a}) = \hat{\mathcal{T}}^{-1}(\boldsymbol{a}) \tag{1.68}$$

演算子 $\hat{A}$ の**逆演算子** (inverse operator) $\hat{A}^{-1}$ は，

$$\hat{A}^{-1}\hat{A} = \hat{A}\hat{A}^{-1} = \hat{\boldsymbol{I}} \tag{1.69}$$

を満たし，積 $\hat{A}\hat{B}$ の逆演算子は

$$(\hat{A}\hat{B})^{-1} = \hat{B}^{-1}\hat{A}^{-1} \tag{1.70}$$

となる．なぜなら，逆演算子の定義 (1.69) より，

$$(\hat{A}\hat{B})^{-1}(\hat{A}\hat{B}) \overset{(1.70)}{=} \hat{B}^{-1}\hat{A}^{-1}\hat{A}\hat{B} = \hat{B}^{-1}\hat{B} = \hat{\boldsymbol{I}}$$

$$(\hat{A}\hat{B})(\hat{A}\hat{B})^{-1} \overset{(1.70)}{=} \hat{A}\hat{B}\hat{B}^{-1}\hat{A}^{-1} = \hat{A}\hat{A}^{-1} = \hat{\boldsymbol{I}}$$

が成り立つためである．

共役演算子が，その逆演算子

$$\hat{V}^{\dagger} = \hat{V}^{-1} \tag{1.71}$$

であるものを**ユニタリー演算子** (unitary operator) といい，変換された確率振幅は不変である．つまり，ユニタリー演算子で変換された状態間の確率は，下に示すように保存される．

$$|\phi'\rangle \equiv \hat{V}|\phi\rangle, \qquad |\varphi'\rangle \equiv \hat{V}|\varphi\rangle \implies \langle\varphi'|\phi'\rangle = \langle\varphi|\phi\rangle \tag{1.72}$$

例題 1.3.1　(1.72) を示せ.

【解】　共役の性質 (1.23), (1.26) を用いることによって,

$$\langle\varphi'|\phi'\rangle = \langle\varphi|\hat{V}^{\dagger}\hat{V}|\phi\rangle \overset{(1.71)}{=} \langle\varphi|\hat{V}^{-1}\hat{V}|\phi\rangle \overset{(1.69)}{=} \langle\varphi|\phi\rangle$$

が得られる. □

それでは, ここで (Ⅰ) 〜 (Ⅳ) を順に証明しよう.

【証明】　(Ⅰ)　定義 (1.64) で $\boldsymbol{a} \to \boldsymbol{0}$ とすれば,

$$\hat{T}(\boldsymbol{0})|\boldsymbol{x}\rangle = |\boldsymbol{x}\rangle = \hat{\boldsymbol{I}}|\boldsymbol{x}\rangle$$

となる. 右から $\langle\boldsymbol{x}|$ を作用し $\boldsymbol{x}$ 積分を行えば, 完全性 (1.53) より $|\boldsymbol{x}\rangle$ が外れる. □

(Ⅱ)　定義 (1.64) で $\boldsymbol{a} \to \boldsymbol{a}_2$ とし, $\hat{T}(\boldsymbol{a}_1)$ を (左から) 作用させれば,

$$\begin{aligned}\hat{T}(\boldsymbol{a}_1)\hat{T}(\boldsymbol{a}_2)|\boldsymbol{x}\rangle &= \hat{T}(\boldsymbol{a}_1)|\boldsymbol{x}+\boldsymbol{a}_2\rangle \overset{(1.64)}{=} |\boldsymbol{x}+\boldsymbol{a}_2+\boldsymbol{a}_1\rangle \\ &\overset{\boldsymbol{a}_1\leftrightarrow\boldsymbol{a}_2}{=} |\boldsymbol{x}+\boldsymbol{a}_1+\boldsymbol{a}_2\rangle = \hat{T}(\boldsymbol{a}_2)|\boldsymbol{x}+\boldsymbol{a}_1\rangle = \hat{T}(\boldsymbol{a}_2)\hat{T}(\boldsymbol{a}_1)|\boldsymbol{x}\rangle \\ &= \hat{T}(\boldsymbol{a}_1+\boldsymbol{a}_2)|\boldsymbol{x}\rangle\end{aligned}$$

となる. 最後では $\boldsymbol{a}_1 + \boldsymbol{a}_2$ に直接定義 (1.64) を適用した.

これより,

$$\hat{T}(\boldsymbol{a}_1)\hat{T}(\boldsymbol{a}_2)|\boldsymbol{x}\rangle = \hat{T}(\boldsymbol{a}_2)\hat{T}(\boldsymbol{a}_1)|\boldsymbol{x}\rangle = \hat{T}(\boldsymbol{a}_1+\boldsymbol{a}_2)|\boldsymbol{x}\rangle \quad (1.73)$$

が得られる. 上と同様の操作で $|\boldsymbol{x}\rangle$ を外せば (1.66) が出る. □

(Ⅲ)　(Ⅱ) (1.66) で, $\boldsymbol{a}_1 = -\boldsymbol{a}_2 = \boldsymbol{a}$ とおけば,

$$\hat{T}(\boldsymbol{a})\hat{T}(-\boldsymbol{a}) = \hat{T}(-\boldsymbol{a})\hat{T}(\boldsymbol{a}) = \hat{T}(\boldsymbol{0}) \overset{(1.65)}{=} \hat{\boldsymbol{I}}$$

となり, 逆演算子の定義 (1.69) と比べれば (Ⅲ) が得られる. □

(Ⅳ)　固有ケットの内積 (1.54) より得られる,

$$\delta^3(\boldsymbol{x}-\boldsymbol{y}) = \langle\boldsymbol{x}|\boldsymbol{y}\rangle = \langle\boldsymbol{x}+\boldsymbol{a}|\boldsymbol{y}+\boldsymbol{a}\rangle$$

に着目する．定義 (1.64) の共役 $\langle \boldsymbol{x}+\boldsymbol{a}| = \langle \boldsymbol{x}|\hat{\mathcal{T}}^\dagger(\boldsymbol{a})$ を代入すると，

$$\langle \boldsymbol{x}+\boldsymbol{a}|\boldsymbol{y}+\boldsymbol{a}\rangle = \langle \boldsymbol{x}|\hat{\mathcal{T}}^\dagger(\boldsymbol{a})\hat{\mathcal{T}}(\boldsymbol{a})|\boldsymbol{y}\rangle = \langle \boldsymbol{x}|\boldsymbol{y}\rangle$$
$$\Longrightarrow \hat{\mathcal{T}}^\dagger(\boldsymbol{a})\hat{\mathcal{T}}(\boldsymbol{a}) = \hat{\boldsymbol{I}} \overset{(1.69)}{\Longrightarrow} \hat{\mathcal{T}}^\dagger(\boldsymbol{a}) = \hat{\mathcal{T}}^{-1}(\boldsymbol{a})$$

となる．□

(1.66) より，公式 (図 1.6)

$$\hat{\mathcal{T}}(\boldsymbol{a}) = (\hat{\mathcal{T}}(\Delta\boldsymbol{a}))^N, \qquad \Delta\boldsymbol{a} = \frac{\boldsymbol{a}}{N} \tag{1.74}$$

が導かれる．これは，$N \to \infty$ とすれば——「有限並進は無限小の無限回繰り返し」で得られる——という，重要な内容を含んでいる．

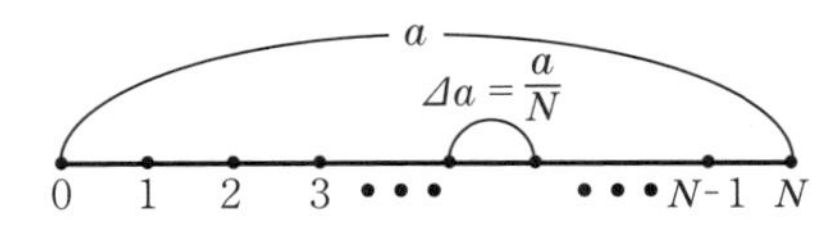

図 1.6 並進．長さ a を N 等分したもの．数字は並進の回数である．

例題 1.3.2 (1.74) を示せ．

【解】 $\boldsymbol{a} = (\boldsymbol{a}-\Delta\boldsymbol{a}) + \Delta\boldsymbol{a}$ などに注意して，(1.66) を繰り返し用いる．

$$\begin{aligned}(1.74)\text{左辺} &= \hat{\mathcal{T}}((\boldsymbol{a}-\Delta\boldsymbol{a})+\Delta\boldsymbol{a}) \overset{(1.66)}{=} \hat{\mathcal{T}}(\boldsymbol{a}-\Delta\boldsymbol{a})\hat{\mathcal{T}}(\Delta\boldsymbol{a}) \\ &= \hat{\mathcal{T}}((\boldsymbol{a}-2\Delta\boldsymbol{a})+\Delta\boldsymbol{a})\hat{\mathcal{T}}(\Delta\boldsymbol{a}) \overset{(1.66)}{=} \hat{\mathcal{T}}(\boldsymbol{a}-2\Delta\boldsymbol{a})\{\hat{\mathcal{T}}(\Delta\boldsymbol{a})\}^2 = \cdots \\ &= \hat{\mathcal{T}}(\boldsymbol{a}-N\Delta\boldsymbol{a})\{\hat{\mathcal{T}}(\Delta\boldsymbol{a})\}^N = \hat{\mathcal{T}}(\boldsymbol{0})\{\hat{\mathcal{T}}(\Delta\boldsymbol{a})\}^N \overset{(1.65)}{=} \text{右辺}\quad\square\end{aligned}$$

(1.74) のおかげで無限小並進を考えればよい．並進は運動量と関係しているので (付録 A，練習問題 1.3a を参照)，自己共役な**運動量演算子** (**momentum operator**) $\hat{\boldsymbol{P}}$,

$$\hat{\boldsymbol{P}} = \hat{\boldsymbol{P}}^\dagger \tag{1.75}$$

を導入し，さらに，$\Delta\boldsymbol{a} \to \boldsymbol{0}$ で単位演算子 (1.65) になることから，

$$\hat{\mathcal{T}}(\varDelta \boldsymbol{a}) = \hat{\boldsymbol{I}} + C \sum_{a=1}^{3} (\varDelta \boldsymbol{a})_a \hat{P}_a \equiv \hat{\boldsymbol{I}} + C\varDelta \boldsymbol{a} \hat{\boldsymbol{P}}$$

とおくことができる．ここで，ユニタリー性 (1.68) を満たし，全体で次元を持たぬようにすると，**プランク定数**†5 (**Planck constant**) $\hbar$ を用いて $C = -i/\hbar$ となり†6，

$$\hat{\mathcal{T}}(\varDelta \boldsymbol{a}) = \hat{\boldsymbol{I}} - \frac{i}{\hbar} \varDelta \boldsymbol{a} \hat{\boldsymbol{P}} \tag{1.76}$$

が得られる．

例題 1.3.3　(1.76) が，ユニタリー性 (1.68) を満たしていることを示せ．

【**解**】　運動量演算子の自己共役性 (1.75) と単位演算子の自己共役性 $\hat{\boldsymbol{I}}^\dagger = \hat{\boldsymbol{I}}$ より，

$$\hat{\mathcal{T}}^\dagger(\boldsymbol{a}) = \hat{\boldsymbol{I}} + \frac{i}{\hbar} \varDelta \boldsymbol{a} \hat{\boldsymbol{P}}$$

と書ける．したがって，$O((\varDelta \boldsymbol{a})^2)$ を無視する近似では (1.68) を満たす．つまり，

$$\hat{\mathcal{T}}^\dagger(\boldsymbol{a}) \hat{\mathcal{T}}(\varDelta \boldsymbol{a}) = \left(\hat{\boldsymbol{I}} + \frac{i}{\hbar} \varDelta \boldsymbol{a} \hat{\boldsymbol{P}}\right)\left(\hat{\boldsymbol{I}} - \frac{i}{\hbar} \varDelta \boldsymbol{a} \hat{\boldsymbol{P}}\right) = \hat{\boldsymbol{I}} + O((\varDelta \boldsymbol{a})^2)$$

である□

1.3.2　位置・運動量演算子の交換関係

(Ⅱ) の (1.66) より運動量演算子は

$$[\hat{P}_a, \hat{P}_b] = 0 \quad (a, b = 1, 2, 3) \tag{1.77}$$

のように可換である．

†5　本来は h がプランク定数で $\hbar = h/(2\pi)$ であるが，本書では $\hbar$ をプランク定数としている．次元は [長さ] × [運動量]，つまり [角運動量] の次元である．[エネルギー] × [時間] でもある．

†6　ユニタリー性・次元からは，c を次元のない比例定数として $C = ci/\hbar$ までしか決まらないが，$c = -1$ ととることにより交換関係 (1.76) が得られる．

例題 1.3.4　(1.77) を導け．

【解】　(1.66) 左側 2 式の差をとり，無限小演算子に読み直して，以下を得る．

$$0 = [\hat{T}(\Delta \boldsymbol{a}_1),\ \hat{T}(\Delta \boldsymbol{a}_2)] \overset{(1.76)}{=} \sum_{a,b=1}^{3} \left(-\frac{i}{\hbar}\right)^2 (\Delta \boldsymbol{a}_1)_a (\Delta \boldsymbol{a}_2)_b [\hat{P}_a,\ \hat{P}_b]$$

$\Delta \boldsymbol{a}_1$, $\Delta \boldsymbol{a}_2$ は任意なので (1.77) が求まる．□

座標・運動量演算子同士 (1.61), (1.77) は可換であったが，それらの間は，

$$[\hat{Q}_a,\ \hat{P}_b] = i\hbar\delta_{ab}\hat{\boldsymbol{I}} \quad (a,\ b = 1,\ 2,\ 3) \tag{1.78}$$

のように非可換である．(単位演算子 $\hat{\boldsymbol{I}}$ は省くこともある．) 導いてみよう．

$\hat{T}(\Delta \boldsymbol{a})|\boldsymbol{x}\rangle = |\boldsymbol{x} + \Delta \boldsymbol{a}\rangle$ に対して $\hat{Q}_a$ を作用させれば

$$\hat{Q}_a\hat{T}(\Delta \boldsymbol{a})|\boldsymbol{x}\rangle = (x_a + (\Delta \boldsymbol{a})_a)|\boldsymbol{x} + \Delta \boldsymbol{a}\rangle$$

が得られる．一方，固有ケットの表式 (1.52) に $\hat{T}(\Delta \boldsymbol{a})$ を作用させれば

$$\hat{T}(\Delta \boldsymbol{a})\hat{Q}_a|\boldsymbol{x}\rangle = x_a|\boldsymbol{x} + \Delta \boldsymbol{a}\rangle$$

となる．ここで双方を引き算し以下を得る．

$$[\hat{Q}_a,\ \hat{T}(\Delta \boldsymbol{a})]|\boldsymbol{x}\rangle = (\Delta \boldsymbol{a})_a|\boldsymbol{x} + \Delta \boldsymbol{a}\rangle = (\Delta \boldsymbol{a})_a\hat{T}(\Delta \boldsymbol{a})|\boldsymbol{x}\rangle$$

これに $\langle\boldsymbol{x}|$ を右から作用し $\boldsymbol{x}$ で積分し，位置完全性 (1.53) を用いることで，

$$[\hat{Q}_a,\ \hat{T}(\Delta \boldsymbol{a})] = (\Delta \boldsymbol{a})_a\hat{T}(\Delta \boldsymbol{a}) = (\Delta \boldsymbol{a})_a\hat{\boldsymbol{I}} + O((\Delta \boldsymbol{a})^2) \tag{1.79}$$

となる．なお，右辺最後は (1.76) を用いた．左辺にも (1.76) を代入すると $[\hat{Q}_a,\ \hat{\boldsymbol{I}}] = 0$ であり，残りは以下のように書ける．

$$\text{左辺} = \left[\hat{Q}_a,\ \left(-\frac{i}{\hbar}\sum_{b=1}^{3}(\Delta \boldsymbol{a})_b\hat{P}_b\right)\right] \overset{(1.57)\,(1.58)}{=} -\frac{i}{\hbar}\sum_{b=1}^{3}(\Delta \boldsymbol{a})_b[\hat{Q}_a,\ \hat{P}_b]$$

一方 (1.79) の右辺はクロネッカーデルタを用いれば，$(\Delta \boldsymbol{a})_a = \sum_{b=1}^{3}(\Delta \boldsymbol{a})_b \times \delta_{ab}$ と書けるので，両辺比較すれば (1.78) が導かれる．

非可換性 (1.78) は量子力学の神髄であり，古典論との際だった違いを与える．その物理的な帰結は**不確定性関係** (**uncertainty relation**) であり，$\hat{Q}_1$,

$\hat{P}_1$ に対して

$$\langle(\varDelta\hat{Q}_1)^2\rangle\langle(\varDelta\hat{P}_1)^2\rangle \geq \frac{\hbar^2}{4}, \qquad \varDelta\hat{A} \equiv \hat{A} - \langle\hat{A}\rangle \quad (\hat{A} : \hat{Q}_1, \hat{P}_1) \tag{1.80}$$

で与えられる．$\langle\hat{A}\rangle$ は期待値 (1.47) である（練習問題 1.2c を参照）．座標・運動量のゆらぎをそれぞれ，$\varDelta x \equiv \sqrt{\langle(\varDelta\hat{Q}_1)^2\rangle}$，$\varDelta p_x \equiv \sqrt{\langle(\varDelta\hat{P}_1)^2\rangle}$ と書き，(1.80) の平方をとれば，

$$\varDelta x \varDelta p_x \geq \frac{\hbar}{2} \tag{1.81}$$

となる．ゆらぎ $\varDelta x$ を限りなくゼロにすると，ゆらぎ $\varDelta p_x$ が限りなく大きくなり，また，その逆も起こる．“不確定”という言葉の由来である．

一方，古典量 $x^m p^n$ に演算子 $\hat{P}$, $\hat{Q}$ をどのように対応させるかという，**演算子順序の問題** (**operator ordering problem**) がある．例えば，α をパラメータとした **α - 順序** (**α - ordering**)，

$$\begin{aligned} x^m p^n &\Longrightarrow (\hat{Q}^m \hat{P}^n)^{(\alpha)} \\ &\equiv \left(i\hbar\frac{\partial}{\partial v}\right)^n \left(\exp\left[\left(\frac{1}{2}+\alpha\right)\frac{-iv\hat{P}}{\hbar}\right]\hat{Q}^m \exp\left[\left(\frac{1}{2}-\alpha\right)\frac{-iv\hat{P}}{\hbar}\right]\right)_{v=0} \end{aligned} \tag{1.82}$$

を考えることができる（練習問題 1.3d を参照）．これからわかるように，$\alpha = -1/2$ とすると $\hat{Q}$ が左側に位置する **QP - 順序** (**QP - ordering**) となる．

$$x^m p^n \Longrightarrow \hat{Q}^m \hat{P}^n \tag{1.83}$$

また $\alpha = 1/2$ とすると，$\hat{P}$ が左側に位置する **PQ - 順序** (**PQ - ordering**) である．

$$x^m p^n \Longrightarrow \hat{P}^n \hat{Q}^m \tag{1.84}$$

さらに，$\alpha = 0$ とすれば，以下の**ワイル順序** (**Weyl ordering**) が得られる（練習問題 1.3e を参照）．

$$x^m p^n \Longrightarrow (\widehat{Q}^m \widehat{P}^n)_{\mathrm{W}} \equiv \left(i\hbar\frac{\partial}{\partial v}\right)^n (e^{-iv\widehat{P}/2\hbar}\widehat{Q}^m e^{-iv\widehat{P}/2\hbar})_{v=0} \tag{1.85}$$

演算子順序には，これ以上深入りはせずに練習問題（1.3d〜1.3h）に譲る（経路積分での演算子順序の問題は 2.1.3 項を参照してほしい）．

有限の並進演算子は，(1.74) を用いれば ($\varDelta\boldsymbol{a} = \boldsymbol{a}/N$)，

$$\widehat{\mathcal{T}}(\boldsymbol{a}) = \lim_{N\mapsto\infty}\left(\hat{\boldsymbol{I}} - \frac{i\boldsymbol{a}\widehat{\boldsymbol{P}}}{\hbar}\frac{1}{N}\right)^N = \exp\left[-\frac{i\boldsymbol{a}\widehat{\boldsymbol{P}}}{\hbar}\right] \tag{1.86}$$

で与えられる．

(1.86) において，指数関数の定義

$$e^X \equiv \lim_{N\mapsto\infty}\left(1+\frac{X}{N}\right)^N \tag{1.87}$$

を演算子に適用した．**指数演算子** (**exponential operator**) $e^{\widehat{A}}$ は

$$e^{\widehat{A}} = \hat{\boldsymbol{I}} + \widehat{A} + \frac{1}{2}(\widehat{A})^2 + \cdots + \frac{1}{n!}(\widehat{A})^n + \cdots \tag{1.88}$$

の各項が状態 $|\phi\rangle$ に作用するものとして，以下のように与えられる．

$$e^{\widehat{A}}|\phi\rangle = \hat{\boldsymbol{I}}|\phi\rangle + \widehat{A}|\phi\rangle + \cdots + \frac{1}{n!}(\widehat{A})^n|\phi\rangle + \cdots$$

演算子 (1.86) が，ユニタリー

$$\left(\exp\left[-\frac{i\boldsymbol{a}\widehat{\boldsymbol{P}}}{\hbar}\right]\right)^\dagger = \exp\left[\frac{i\boldsymbol{a}\widehat{\boldsymbol{P}}}{\hbar}\right] = \left(\exp\left[-\frac{i\boldsymbol{a}\widehat{\boldsymbol{P}}}{\hbar}\right]\right)^{-1} \tag{1.89}$$

であることは，直ちにわかる．なぜなら，(1.88) を見れば

$$(e^{\widehat{A}})^\dagger = e^{\widehat{A}^\dagger} \tag{1.90}$$

であり，$\widehat{A} = -i\boldsymbol{a}\widehat{\boldsymbol{P}}/\hbar$ なので $\widehat{A}^\dagger = +i\boldsymbol{a}\widehat{\boldsymbol{P}}/\hbar = -\widehat{A}$ となるからである．

こうして，有限の距離 $\boldsymbol{a}$ 並進されたブラ・ケットは，

$$|\boldsymbol{x}+\boldsymbol{a}\rangle = \exp\left[-\frac{i\boldsymbol{a}\widehat{\boldsymbol{P}}}{\hbar}\right]|\boldsymbol{x}\rangle, \quad \langle\boldsymbol{x}+\boldsymbol{a}| = \langle\boldsymbol{x}|\exp\left[\frac{i\boldsymbol{a}\widehat{\boldsymbol{P}}}{\hbar}\right] \tag{1.91}$$

と与えられる．ところで，公式（証明は練習問題 1.3b を参照）

$$e^{\hat{A}}\hat{B}e^{-\hat{A}} = \hat{B} + [\hat{A},\,\hat{B}] + \frac{1}{2}[\hat{A},\,[\hat{A},\,\hat{B}]] + \cdots + \frac{1}{n\,!}\overbrace{[\hat{A},\,[\hat{A},\,\cdots\,[\hat{A}}^{n\,\text{個}},\,\hat{B}]\,\cdots]] + \cdots \tag{1.92}$$

に注意すると，位置演算子も以下のように並進される[†7].

$$\exp\left[\frac{i\boldsymbol{a}\hat{\boldsymbol{P}}}{\hbar}\right]\hat{\boldsymbol{Q}}\exp\left[-\frac{i\boldsymbol{a}\hat{\boldsymbol{P}}}{\hbar}\right] = \hat{\boldsymbol{Q}} + \boldsymbol{a} \tag{1.93}$$

例題 1.3.5　(1.93) を導け.

【解】　公式 (1.92) で，$\hat{A} \Longrightarrow i\boldsymbol{a}\hat{\boldsymbol{P}}/\hbar$，$\hat{B} \Longrightarrow \hat{Q}_b$ $(b = 1,\,2,\,3)$ として，

$$\left[\frac{i\boldsymbol{a}\hat{\boldsymbol{P}}}{\hbar},\,\hat{Q}_b\right] \overset{(1.57)\,(1.58)}{=} \sum_{a=1}^{3}\frac{ia_a}{\hbar}[\hat{P}_a,\,\hat{Q}_b] \overset{(1.78)}{=} a_b$$

これは c 数であるから，公式 (1.92) の右辺第 3 項以下はすべてゼロで，

$$\exp\left[\frac{i\boldsymbol{a}\hat{\boldsymbol{P}}}{\hbar}\right]\hat{\boldsymbol{Q}}\exp\left[-\frac{i\boldsymbol{a}\hat{\boldsymbol{P}}}{\hbar}\right] = \hat{\boldsymbol{Q}} + \boldsymbol{a}$$

が得られる. □

1.3.3 運動量の固有ケットと内積

位置と運動量演算子の交換関係 (1.61)，(1.77)，(1.78) を見ると，入れかえ $\hat{\boldsymbol{Q}} \Longrightarrow -\hat{\boldsymbol{P}}$，$\hat{\boldsymbol{P}} \Longrightarrow \hat{\boldsymbol{Q}}$ で対称なので，運動量固有状態

$$\hat{P}_a|\boldsymbol{p}\rangle = p_a|\boldsymbol{p}\rangle, \qquad \langle\boldsymbol{p}|\hat{P}_a = \langle\boldsymbol{p}|p_a \tag{1.94}$$

も位置固有状態 (1.53)，(1.54) 同様の以下の関係式を満たす (積分の上下限は省略).

7†　次のように考えることもできる. 位置固有ケットの性質 (1.52)，内積 (1.54) より，

$$\langle\boldsymbol{x}+\boldsymbol{a}|\hat{\boldsymbol{Q}}|\boldsymbol{y}+\boldsymbol{a}\rangle = (\boldsymbol{x}+\boldsymbol{a})\delta^3(\boldsymbol{x}-\boldsymbol{y}) = \langle\boldsymbol{x}|\hat{\boldsymbol{Q}}+\boldsymbol{a}|\boldsymbol{y}\rangle$$

と与えられることに注意しよう. 左辺は (1.91) を用いて,

$$\langle\boldsymbol{x}+\boldsymbol{a}|\hat{\boldsymbol{Q}}|\boldsymbol{y}+\boldsymbol{a}\rangle = \langle\boldsymbol{x}|\exp\left[\frac{i\boldsymbol{a}\hat{\boldsymbol{P}}}{\hbar}\right]\hat{\boldsymbol{Q}}\exp\left[-\frac{i\boldsymbol{a}\hat{\boldsymbol{P}}}{\hbar}\right]|\boldsymbol{y}\rangle$$

となり，右辺と比べれば位置ケットの完全性があるので (1.93) が得られる.

$$\text{完全性：}\int d^3\boldsymbol{p}\,|\boldsymbol{p}\rangle\langle\boldsymbol{p}| = \hat{\boldsymbol{I}} \tag{1.95}$$

$$\text{内積：}\langle\boldsymbol{p}'|\boldsymbol{p}\rangle = \delta^3(\boldsymbol{p}' - \boldsymbol{p}) \tag{1.96}$$

次に，以下の無限小並進した波動関数を考えよう．

$$\varphi(\boldsymbol{x} + \varDelta\boldsymbol{a}) = \langle\boldsymbol{x} + \varDelta\boldsymbol{a}|\varphi\rangle = \langle\boldsymbol{x}|\hat{\boldsymbol{I}} + \frac{i}{\hbar}\varDelta\boldsymbol{a}\hat{\boldsymbol{P}}|\varphi\rangle \tag{1.97}$$

ここで，ブラの並進 (1.91)（の無限小型）を用いた．左辺をべき展開すれば，

$$\varphi(\boldsymbol{x} + \varDelta\boldsymbol{a}) = \varphi(\boldsymbol{x}) + \sum_{b=1}^{3}(\varDelta\boldsymbol{a})_b\frac{\partial}{\partial x_b}\varphi(\boldsymbol{x}) + O((\varDelta\boldsymbol{a})^2)$$

となる右辺は $\varphi(\boldsymbol{x}) + \frac{i}{\hbar}\sum_{b=1}^{3}(\varDelta\boldsymbol{a})_b\langle\boldsymbol{x}|\hat{P}_b|\varphi\rangle$ なので，$|\varphi\rangle$ の任意性より，

$$\langle\boldsymbol{x}|\hat{\boldsymbol{P}} = -i\hbar\boldsymbol{\nabla}\langle\boldsymbol{x}|, \qquad \langle\boldsymbol{x}|\hat{P}_a = -i\hbar\frac{\partial}{\partial x_a}\langle\boldsymbol{x}| \quad (a = 1, 2, 3) \tag{1.98}$$

と**運動量演算子の座標表示**（**coordinate representation of momentum operator**）が求まる．これが，しばしば見かける $\boldsymbol{P} \to -i\hbar\boldsymbol{\nabla}$ とすることの意味である．

位置・運動量固有ケットの内積は，3 次元，1 次元で

$$\langle\boldsymbol{x}|\boldsymbol{p}\rangle = \frac{1}{\sqrt{(2\pi\hbar)^3}}\exp\left[\frac{i}{\hbar}\boldsymbol{p}\boldsymbol{x}\right], \qquad \langle x|p\rangle = \frac{1}{\sqrt{2\pi\hbar}}\exp\left[\frac{ipx}{\hbar}\right] \tag{1.99}$$

$$\langle\boldsymbol{p}|\boldsymbol{x}\rangle = \frac{1}{\sqrt{(2\pi\hbar)^3}}\exp\left[-\frac{i}{\hbar}\boldsymbol{p}\boldsymbol{x}\right], \qquad \langle p|x\rangle = \frac{1}{\sqrt{2\pi\hbar}}\exp\left[\frac{-ipx}{\hbar}\right] \tag{1.100}$$

と書き表すことができる．

例題 1.3.6　(1.99) の 3 次元の場合を導け．

【解】　(1.98) の右から $|\boldsymbol{p}\rangle$ を作用し，積分すれば，以下のようになる．

$$p_a\langle \boldsymbol{x}|\boldsymbol{p}\rangle = -i\hbar\frac{\partial}{\partial x_a}\langle \boldsymbol{x}|\boldsymbol{p}\rangle \xrightarrow{\text{積分}} \langle \boldsymbol{x}|\boldsymbol{p}\rangle = C\exp\left[\frac{i}{\hbar}\boldsymbol{p}\boldsymbol{x}\right] \qquad (1.101)$$

係数 C を求めよう．内積 (1.54) に，運動量の完全性 (1.95) を挿入し，(1.101) に注意すれば

$$\delta^3(\boldsymbol{x}'-\boldsymbol{x}) = \langle \boldsymbol{x}'|\boldsymbol{x}\rangle = \int d^3\boldsymbol{p}\,\langle \boldsymbol{x}'|\boldsymbol{p}\rangle\langle \boldsymbol{p}|\boldsymbol{x}\rangle = |C|^2\int d^3\boldsymbol{p}\exp\left[\frac{i}{\hbar}\boldsymbol{p}(\boldsymbol{x}'-\boldsymbol{x})\right]$$

が得られる．$\boldsymbol{p}/\hbar \to \boldsymbol{k}$ として積分すれば，右辺は (C.3) より $|C|^2(2\pi\hbar)^3\delta^3(\boldsymbol{x}'-\boldsymbol{x})$ となるから，両辺を比較すれば（位相をゼロにとって），$C = 1/\sqrt{(2\pi\hbar)^3}$ が導かれる．
□

状態 $|\varphi\rangle$ の**運動量表示 (momentum representation)** を，

$$\widetilde{\varphi}(\boldsymbol{p}) \equiv \langle \boldsymbol{p}|\varphi\rangle \qquad (1.102)$$

と書く．波動関数 $\varphi(\boldsymbol{x})$ との関係は，以下で与えられる．

$$\left.\begin{aligned} \varphi(\boldsymbol{x}) &= \int \frac{d^3\boldsymbol{p}}{(2\pi\hbar)^{3/2}}\,e^{i\boldsymbol{p}\boldsymbol{x}/\hbar}\widetilde{\varphi}(\boldsymbol{p}) \\ \widetilde{\varphi}(\boldsymbol{p}) &= \int \frac{d^3\boldsymbol{x}}{(2\pi\hbar)^{3/2}}\,e^{-i\boldsymbol{p}\boldsymbol{x}/\hbar}\varphi(\boldsymbol{x}) \end{aligned}\right\} \qquad (1.103)$$

ここで，フーリエ変換を使ったわけではないことに注意しよう．なぜなら，波動関数の定義 (1.41) に運動量の完全性 (1.95) を挿入すれば，

$$\varphi(\boldsymbol{x}) = \langle \boldsymbol{x}|\varphi\rangle = \int d^3\boldsymbol{p}\,\langle \boldsymbol{x}|\boldsymbol{p}\rangle\langle \boldsymbol{p}|\varphi\rangle$$

となり，内積 (1.99)，状態 $|\varphi\rangle$ の運動量表示 (1.102) を用いれば (1.103) の 1 番目の式が得られるからである．(1.103) の 2 番目の式は，(1.102) に位置完全性 (1.53) を挿入すれば，

$$\widetilde{\varphi}(\boldsymbol{p}) = \langle \boldsymbol{p}|\varphi\rangle = \int d^3\boldsymbol{x}\,\langle \boldsymbol{p}|\boldsymbol{x}\rangle\langle \boldsymbol{x}|\varphi\rangle$$

となり，最後に，内積 (1.100)，波動関数の定義を用いれば導かれる．

ここまでの結果を3次元と1次元でまとめておこう．

交換関係：

$$[\hat{Q}_a, \hat{P}_b] = i\hbar\delta_{ab}\hat{\boldsymbol{I}}, \quad [\hat{Q}_a, \hat{Q}_b] = 0, \quad [\hat{P}_a, \hat{P}_b] = 0 \tag{1.104}$$

$$[\hat{Q}, \hat{P}] = i\hbar\hat{\boldsymbol{I}}, \quad [\hat{Q}, \hat{Q}] = 0, \quad [\hat{P}, \hat{P}] = 0 \tag{1.105}$$

固有状態：

$$\hat{Q}_a|\boldsymbol{x}\rangle = x_a|\boldsymbol{x}\rangle, \qquad \langle\boldsymbol{x}|\hat{Q}_a = \langle\boldsymbol{x}|x_a \tag{1.106}$$

$$\hat{P}_a|\boldsymbol{p}\rangle = p_a|\boldsymbol{p}\rangle, \qquad \langle\boldsymbol{p}|\hat{P}_a = \langle\boldsymbol{p}|p_a \tag{1.107}$$

$$\hat{Q}|x\rangle = x|x\rangle, \quad \langle x|\hat{Q} = \langle x|x, \quad \hat{P}|p\rangle = p|p\rangle, \quad \langle p|\hat{P} = \langle p|p \tag{1.108}$$

内積：

$$\langle\boldsymbol{x}'|\boldsymbol{x}\rangle = \delta^3(\boldsymbol{x}' - \boldsymbol{x}), \qquad \langle\boldsymbol{p}'|\boldsymbol{p}\rangle = \delta^3(\boldsymbol{p}' - \boldsymbol{p}) \tag{1.109}$$

$$\langle x'|x\rangle = \delta(x' - x), \qquad \langle p'|p\rangle = \delta(p' - p) \tag{1.110}$$

$$\langle\boldsymbol{x}|\boldsymbol{p}\rangle = \frac{e^{i\boldsymbol{p}\boldsymbol{x}/\hbar}}{\sqrt{(2\pi\hbar)^3}}, \qquad \langle\boldsymbol{p}|\boldsymbol{x}\rangle = \frac{e^{-i\boldsymbol{p}\boldsymbol{x}/\hbar}}{\sqrt{(2\pi\hbar)^3}} \tag{1.111}$$

$$\langle x|p\rangle = \frac{e^{ipx/\hbar}}{\sqrt{2\pi\hbar}}, \qquad \langle p|x\rangle = \frac{e^{-ipx/\hbar}}{\sqrt{2\pi\hbar}} \tag{1.112}$$

完全性：

$$\int d^3\boldsymbol{x}\,|\boldsymbol{x}\rangle\langle\boldsymbol{x}| = \hat{\boldsymbol{I}}, \qquad \int d^3\boldsymbol{p}\,|\boldsymbol{p}\rangle\langle\boldsymbol{p}| = \hat{\boldsymbol{I}} \tag{1.113}$$

$$\int dx\,|x\rangle\langle x| = \hat{\boldsymbol{I}}, \qquad \int dp\,|p\rangle\langle p| = \hat{\boldsymbol{I}} \tag{1.114}$$

練 習 問 題

【1.3a】 無限小正準変換の母関数（自由度 f）である，

$$F_2(\boldsymbol{P}, \boldsymbol{q}) = \sum_{a=1}^{f} P_a q_a + \varDelta G(\boldsymbol{p}, \boldsymbol{q}) = \boldsymbol{P}\boldsymbol{q} + \varDelta G$$

で生成される正準変換（A. 29）において，無限小並進

$$q_a \to q_a + \varepsilon \tag{1.115}$$

を考える．このとき，母関数 $\varDelta G$ が

$$\varDelta G(\boldsymbol{p}, \boldsymbol{q}) = \mathcal{P} \equiv \sum_{a=1}^{f} p_a \tag{1.116}$$

のように全運動量であることを示せ．

【1.3b】　指数演算子の公式 (1.92) を証明せよ．

【1.3c】　**エルミートだが自己共役でない演算子**：2 次元極座標 $\boldsymbol{x} = (r\cos\phi, r\sin\phi)$ と 3 次元極座標 $\boldsymbol{x} = (r\sin\theta\cos\phi, r\sin\theta\sin\phi, r\cos\phi)$ におけるエルミート演算子

$$\hat{P}_r \equiv \frac{1}{2}\left(\frac{\hat{\boldsymbol{Q}}}{\sqrt{\hat{\boldsymbol{Q}}^2}}\hat{\boldsymbol{P}} + \hat{\boldsymbol{P}}\frac{\hat{\boldsymbol{Q}}}{\sqrt{\hat{\boldsymbol{Q}}^2}}\right), \qquad \hat{P}_r^\dagger = \hat{P}_r \tag{1.117}$$

の座標表示が

$$\langle \boldsymbol{x}|\hat{P}_r = -i\hbar\left(\frac{\partial}{\partial r} + \frac{D-1}{2r}\right)\langle \boldsymbol{x}| \quad (D = 2, 3) \tag{1.118}$$

で与えられ，固有値は実数でないことを示せ．

【1.3d】　**演算子順序 (1)**：α - 順序 (1.82) が，

$$(\hat{Q}^m\hat{P}^n)^{(\alpha)} = \iiint \frac{dp}{2\pi\hbar}\,dv\,dx\,e^{ipv/\hbar}\left|x + \left(\frac{1}{2} + \alpha\right)v\right\rangle\left\langle x - \left(\frac{1}{2} - \alpha\right)v\right| x^m p^n \tag{1.119}$$

と書けることを示せ．

【1.3e】　**演算子順序 (2)**：ワイル順序 (1.85) はエルミート演算子を与えること，また，px，p^2x のワイル順序が以下で与えられることを示せ．

$$(\hat{Q}\hat{P})_{\mathrm{W}} = \frac{\hat{P}\hat{Q} + \hat{Q}\hat{P}}{2}, \qquad (\hat{Q}\hat{P}^2)_{\mathrm{W}} = \hat{P}\hat{Q}\hat{P} \tag{1.120}$$

【1.3f】　**演算子順序 (3)**：演算子関数 $F(\hat{P}, \hat{Q})$ を c 数に対応させる **$\boldsymbol{\alpha}$ - 写像 ($\boldsymbol{\alpha}$ - mapping)**

$$F^{(\alpha)}(p,x) \equiv \int du\, e^{ixu/\hbar} \left\langle p + \left(\frac{1}{2} - \alpha\right)u \middle| F(\hat{P},\hat{Q}) \middle| p - \left(\frac{1}{2} + \alpha\right)u \right\rangle \tag{1.121}$$

において以下を示せ．

$$\left.\begin{array}{ll} \alpha = -\dfrac{1}{2}: & \hat{Q}^m \hat{P}^n \\ \alpha = \dfrac{1}{2}: & \hat{P}^n \hat{Q}^m \\ \alpha = 0: & (\hat{Q}^m \hat{P}^n)_{\mathrm{W}} \end{array}\right\} \Longrightarrow x^m p^n \tag{1.122}$$

【1.3g】 演算子順序 (4)：α - 順序された $F^{(\alpha)}(\hat{P},\hat{Q}) = \sum_{m,n=0} F_{m,n}(\hat{Q}^m\hat{P}^n)^{(\alpha)}$ (問題解答の (12) を参照) の α - 写像 (1.121) は α によらないこと，つまり以下を示せ．

$$F(p,x) = \int du\, e^{ixu/\hbar} \left\langle p + \left(\frac{1}{2} - \alpha\right)u \middle| F^{(\alpha)}(\hat{P},\hat{Q}) \middle| p - \left(\frac{1}{2} + \alpha\right)u \right\rangle \tag{1.123}$$

【1.3h】 演算子順序 (5)：前問の逆，すなわち任意演算子 $F(\hat{P},\hat{Q})$ の α - 写像 $F^{(\alpha)}(p,x)$ (1.121) に対する α - 順序演算子 (問題解答の (12) を参照) は，

$$F(\hat{P},\hat{Q}) = \iiint \frac{dp}{2\pi\hbar}\, dv\, dx\, e^{ipv/\hbar} \left| x + \left(\frac{1}{2} + \alpha\right)v \right\rangle \left\langle x - \left(\frac{1}{2} - \alpha\right)v \right| F^{(\alpha)}(p,x) \tag{1.124}$$

のように，自分自身に戻ることを示せ．

【1.3i】 座標演算子 $\hat{\boldsymbol{Q}}$ の運動量表示を求め，運動量の有限並進が，

$$\langle \boldsymbol{p} + \boldsymbol{b}| = \langle \boldsymbol{p}| \exp\left[-\frac{i\boldsymbol{b}\hat{\boldsymbol{Q}}}{\hbar}\right], \qquad |\boldsymbol{p} + \boldsymbol{b}\rangle = \exp\left[\frac{i\boldsymbol{b}\hat{\boldsymbol{Q}}}{\hbar}\right]|\boldsymbol{p}\rangle \tag{1.125}$$

と与えられることを示せ．

1.4　状態の時間変化

1.4.1　時間推進演算子

これまで量子"力学"というものの，時間変化を議論してこなかった．状態の時間変化（時間推進）$|\Psi(t_0)\rangle \to |\Psi(t)\rangle$ は，**時間推進演算子（time evolution operator）** $\hat{U}(t, t_0)$

$$|\Psi(t)\rangle = \hat{U}(t, t_0)|\Psi(t_0)\rangle \tag{1.126}$$

で与えられ，（空間）並進の（Ⅰ）～（Ⅳ）と同様に以下を満たす．

（Ⅰ）　単位演算子

$$\hat{U}(t_0, t_0) = \hat{\boldsymbol{I}} \tag{1.127}$$

（Ⅱ）　積

$$\hat{U}(t_2, t_1)\hat{U}(t_1, t_0) = \hat{U}(t_2, t_0) \tag{1.128}$$

（Ⅲ）　逆演算子

$$\hat{U}^{-1}(t, t_0) = \hat{U}(t_0, t) \tag{1.129}$$

（Ⅳ）　ユニタリー性

$$\hat{U}^{\dagger}(t, t_0) = \hat{U}^{-1}(t, t_0) \tag{1.130}$$

これらが成り立つことを以下で順に示していこう．

【証明】

（Ⅰ）　(1.126) で $t \to t_0$ として単位演算子 (1.13) と比べればよい．□

（Ⅱ）　$|\Psi(t_2)\rangle = \hat{U}(t_2, t_1)|\Psi(t_1)\rangle$，$|\Psi(t_1)\rangle = \hat{U}(t_1, t_0)|\Psi(t_0)\rangle$ なので，

$$|\Psi(t_2)\rangle = \hat{U}(t_2, t_1)\hat{U}(t_1, t_0)|\Psi(t_0)\rangle$$

となる．一方，t_2, t_0 に (1.126) を直接用いると，

$$|\Psi(t_2)\rangle = \hat{U}(t_2, t_0)|\Psi(t_0)\rangle$$

が得られる．

両者を比べれば，

$$\hat{U}(t_2, t_1)\hat{U}(t_1, t_0)|\Psi(t_0)\rangle = \hat{U}(t_2, t_0)|\Psi(t_0)\rangle$$

が導かれ，$|\Psi(t_0)\rangle$ の任意性から (1.128) が得られる (例えば，完全性 (1.34) を満たす $|n\rangle$ をとり，右から $\langle n|$ を作用し和をとれば (1.128) となる)．□

(Ⅲ) (1.128) で $t_2 \to t_0$ とすると，

$$\widehat{U}(t_0, t_1)\widehat{U}(t_1, t_0) = \widehat{U}(t_0, t_0) \overset{(1.114)}{=} \hat{\boldsymbol{I}}$$

となる．逆演算子の定義 (1.69) より，($t_1 \to t$ とすれば) (1.129) が得られる．□

(Ⅳ) 時刻 t と t_0 での確率保存を仮定すると，

$$\langle \Psi(t)|\Psi(t)\rangle = \langle \Psi(t_0)|\Psi(t_0)\rangle \tag{1.131}$$

が成り立つ．左辺に定義 (1.126) とその共役を用いれば，

$$\langle \Psi(t_0)|\widehat{U}^\dagger(t, t_0)\widehat{U}(t, t_0)|\Psi(t_0)\rangle = \langle \Psi(t_0)|\Psi(t_0)\rangle$$

となる．これより，(1.130)

$$\widehat{U}^\dagger(t, t_0)\widehat{U}(t, t_0) = \hat{\boldsymbol{I}} \Longrightarrow \widehat{U}^\dagger(t, t_0) = \widehat{U}^{-1}(t, t_0)$$

が導かれる．□

並進同様 $T \equiv t - t_0$ を N 等分した図 1.7 を頭におくと，(Ⅱ) の (1.128) より，$\widehat{U}(t, t_0)$ は N 個の時間推進演算子の積

$$\widehat{U}(t, t_0) = \overbrace{\widehat{U}(t_N = t, t_{N-1})\cdots\widehat{U}(t_j, t_{j-1})\cdots\widehat{U}(t_1, t_0)}^{N\text{個}} \tag{1.132}$$

で与えられる．時刻は

$$t_j = t_{j-1} + \Delta t, \qquad \Delta t \equiv \frac{T}{N} \quad (j = 1, 2, \cdots, N) \tag{1.133}$$

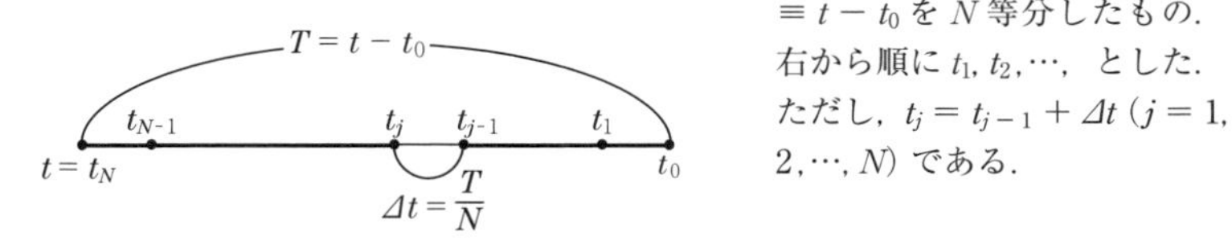

図 1.7 時間推進．時間間隔 $T \equiv t - t_0$ を N 等分したもの．右から順に $t_1, t_2, \cdots$，とした．ただし，$t_j = t_{j-1} + \Delta t$ ($j = 1, 2, \cdots, N$) である．

である．$N \to \infty$ で $\varDelta t$ は無限小となり，「有限時間の推進演算子は無限小演算子の無限積で与えられる」が得られる．

無限小時間推進の母関数はハミルトニアン（練習問題 1.4a を参照）だから，

$$\widehat{U}(t_j,\ t_{j-1}) = \hat{\boldsymbol{I}} - \frac{i}{\hbar}\varDelta t \widehat{H}(t_j) \tag{1.134}$$

$$\widehat{H}^{\dagger}(t_j) = \widehat{H}(t_j) \tag{1.135}$$

と与えられる．$\widehat{H}$ は自己共役なので，虚数単位 i はユニタリー性から必要である．$\varDelta t$ が掛かっているので，時刻依存は $\widehat{H}(t_j)$，$\widehat{H}(t_{j-1})$ のどちらでもよい．つまり，

$$\varDelta t \widehat{H}(t_j) = \varDelta t \widehat{H}(t_{j-1}) + O(\varDelta t^2) \tag{1.136}$$

である．

例題 1.4.1　無限小演算子 (1.134) が（Ⅲ），（Ⅳ）を満たすことを示せ．

【解】 (1.134) のプラス符号をとったものは，逆演算子

$$\hat{\boldsymbol{I}} + \frac{i}{\hbar}\varDelta t \widehat{H}(t_j) = \widehat{U}^{-1}(t_j,\ t_{j-1}) \tag{1.137}$$

であることに注意しよう．なぜなら

$$\left(\hat{\boldsymbol{I}} + \frac{i}{\hbar}\varDelta t \widehat{H}(t_j)\right)\left(\hat{\boldsymbol{I}} - \frac{i}{\hbar}\varDelta t \widehat{H}(t_j)\right) = \hat{\boldsymbol{I}} + O(\varDelta t^2)$$

となるからである．このことを頭におけば

$$\widehat{U}(t_{j-1},\ t_j) = \hat{\boldsymbol{I}} - \frac{i}{\hbar}\,(t_{j-1} - t_j)\,\widehat{H}(t_j) = \hat{\boldsymbol{I}} + \frac{i}{\hbar}\varDelta t \widehat{H}(t_j) \overset{(1.137)}{=} \widehat{U}^{-1}(t_j,\ t_{j-1})$$

となり，（Ⅲ）が満たされることがわかる．同様に，ハミルトニアンの自己共役性 (1.135) より

$$\widehat{U}^{\dagger}(t_j,\ t_{j-1}) = \hat{\boldsymbol{I}} + \frac{i}{\hbar}\varDelta t \widehat{H}(t_j) \overset{(1.137)}{=} \widehat{U}^{-1}(t_j,\ t_{j-1})$$

が得られるので，(Ⅳ) が満たされている．□

こうして，(1.132) と (1.134) より時間推進演算子の公式が，以下のように得られる．

$$\hat{U}(t, t_0) = \lim_{N \mapsto \infty} \left(\hat{\boldsymbol{I}} - \frac{i}{\hbar} \Delta t \hat{H}(t_N)\right) \cdots \left(\hat{\boldsymbol{I}} - \frac{i}{\hbar} \Delta t \hat{H}(t_j)\right) \cdots \left(\hat{\boldsymbol{I}} - \frac{i}{\hbar} \Delta t \hat{H}(t_1)\right) \tag{1.138}$$

1.4.2　シュレディンガー方程式・ハイゼンベルグ表示

無限小演算子 (1.134) によって，状態の時間変化は ($t_j = t + \Delta t$, $t_{j-1} = t$ として)

$$|\Psi(t + \Delta t)\rangle = \left(\hat{\boldsymbol{I}} - \frac{i}{\hbar} \Delta t H(\hat{\boldsymbol{P}}, \hat{\boldsymbol{Q}} ; t)\right)|\Psi(t)\rangle \tag{1.139}$$

と与えられる．変形して $\Delta t \to 0$ としたものは，以下のように，**シュレディンガー方程式** (**Schrödinger equation**) である．

$$\left.\begin{aligned} i\hbar \frac{|\Psi(t + \Delta t)\rangle - |\Psi(t)\rangle}{\Delta t} &= H(\hat{\boldsymbol{P}}, \hat{\boldsymbol{Q}} ; t)|\Psi(t)\rangle \\ &\Downarrow \Delta t \to 0 \\ i\hbar \frac{d}{dt}|\Psi(t)\rangle &= H(\hat{\boldsymbol{P}}, \hat{\boldsymbol{Q}} ; t)|\Psi(t)\rangle \end{aligned}\right\} \tag{1.140}$$

これに，$\langle \boldsymbol{x}|$ を作用し (1.98) を考慮すれば，以下が得られる．

$$i\hbar \frac{\partial}{\partial t} \Psi(t, \boldsymbol{x}) = H(-i\hbar \boldsymbol{\nabla}, \boldsymbol{x} ; t) \Psi(t, \boldsymbol{x}) \tag{1.141}$$

ここで左辺で時間微分が偏微分となること，すなわち

$$\langle \boldsymbol{x}| \frac{d}{dt} |\Psi(t)\rangle = \frac{\partial}{\partial t} \Psi(t, \boldsymbol{x}) \tag{1.142}$$

に注意しよう．

さて，ハミルトニアンが運動エネルギーとポテンシャルの和で，

$$\widehat{H} = \frac{\widehat{\boldsymbol{P}}^2}{2m} + V(\widehat{\boldsymbol{Q}}, t) \tag{1.143}$$

と与えられるとき，(1.141) は

$$i\hbar \frac{\partial}{\partial t} \Psi(t, \boldsymbol{x}) = \left[- \frac{\hbar^2}{2m} \boldsymbol{\nabla}^2 + V(\boldsymbol{x}, t) \right] \Psi(t, \boldsymbol{x}) \tag{1.144}$$

となる．また，ハミルトニアンが時間によらない $H(\widehat{\boldsymbol{P}}, \widehat{\boldsymbol{Q}}\,;t) \to H(\widehat{\boldsymbol{P}}, \widehat{\boldsymbol{Q}})$ とき，(1.141) で変数分離

$$\Psi(t, \boldsymbol{x}) = \phi(t)\varphi(\boldsymbol{x}) \tag{1.145}$$

を行い，少し変型すれば，左辺は時間，右辺は座標のみの表式

$$\frac{i\hbar}{\phi(t)} \frac{d\phi(t)}{dt} = \frac{1}{\varphi(\boldsymbol{x})} H(-i\hbar\boldsymbol{\nabla}, \boldsymbol{x})\varphi(\boldsymbol{x}) \quad \left(\equiv E \quad (E : \text{定数}) \right)$$

が得られ，それぞれを定数 E とすれば $\phi(t) = e^{-iEt/\hbar}\phi(0)$，および

$$H(-i\hbar\boldsymbol{\nabla}, \boldsymbol{x})\varphi(\boldsymbol{x}) = E\varphi(\boldsymbol{x}) \tag{1.146}$$

が成り立つ．

(1.146) は**定常状態のシュレディンガー方程式** (**Schrödinger equation for stationary state**) で，(1.143) では

$$\left[- \frac{\hbar^2}{2m} \boldsymbol{\nabla}^2 + V(\boldsymbol{x}) \right] \varphi(\boldsymbol{x}) = E\varphi(\boldsymbol{x}) \tag{1.147}$$

となる．$\varphi(\boldsymbol{x})$ が無限遠点でゼロとなる $\lim_{|\boldsymbol{x}| \to \infty} \varphi(\boldsymbol{x}) = 0$ の下では，離散的 (= 量子化された) 値 E_n ($n = 0, 1, 2, \cdots$) のみが許され，(1.146) は

$$H(-i\hbar\boldsymbol{\nabla}, \boldsymbol{x})\varphi_n(\boldsymbol{x}) = E_n\varphi_n(\boldsymbol{x}) \quad (n = 0, 1, 2, \cdots) \tag{1.148}$$

となる．

一方，状態 $|\Psi(t)\rangle$ は (1.138) で $\widehat{H}(t) \to \widehat{H}$ とした時間推進演算子により

$$|\Psi(t)\rangle = \lim_{N\to\infty} \left(\widehat{\boldsymbol{I}} - \frac{it}{\hbar} \frac{\widehat{H}}{N} \right)^N |\Psi(0)\rangle \overset{(1.87)}{=} \exp\left[-\frac{it}{\hbar} \widehat{H} \right] |\Psi(0)\rangle \tag{1.149}$$

と与えられる．

演算子 $\widehat{A}$ の期待値は

$$\langle \Psi(t)|\widehat{A}|\Psi(t)\rangle = \langle \Psi(0)|e^{it\widehat{H}/\hbar}\widehat{A}e^{-it\widehat{H}/\hbar}|\Psi(0)\rangle \equiv {}_{\mathrm{H}}\langle \Psi|\widehat{A}_{\mathrm{H}}(t)|\Psi\rangle_{\mathrm{H}} \tag{1.150}$$

で与えられ，ここで

$$\widehat{A}_{\mathrm{H}}(t) \equiv e^{it\widehat{H}/\hbar}\widehat{A}e^{-it\widehat{H}/\hbar}, \qquad |\Psi\rangle_{\mathrm{H}} = |\Psi(0)\rangle \tag{1.151}$$

である．演算子 $\widehat{A}_{\mathrm{H}}(t)$，状態 $|\Psi\rangle_{\mathrm{H}}$ の組を**ハイゼンベルグ表示** (**Heisenberg representation**)，状態 $|\Psi(t)\rangle$，時間によらない演算子 $\widehat{A}$ の組を**シュレディンガー表示** (**Schrödinger representation**) という．ハイゼンベルグ表示での運動は以下に示す**ハイゼンベルグの運動方程式** (**Heisenberg's equation of motion**) で与えられる[†8]．

$$i\hbar\frac{d\widehat{A}_{\mathrm{H}}}{dt} = [\widehat{A}_{\mathrm{H}}, \widehat{H}] \tag{1.152}$$

例題 1.4.2 ハイゼンベルグの運動方程式 (1.152) を導け．

【解】 ハイゼンベルグ表示の演算子 (1.151) を微分すると，

$$\begin{aligned} i\hbar\frac{d\widehat{A}_{\mathrm{H}}}{dt} &= e^{it\widehat{H}/\hbar}(-\widehat{H}\widehat{A} + \widehat{A}\widehat{H})e^{-it\widehat{H}/\hbar} \\ &= e^{it\widehat{H}/\hbar}\widehat{A}e^{-it\widehat{H}/\hbar}\widehat{H} - \widehat{H}e^{it\widehat{H}/\hbar}\widehat{A}e^{-it\widehat{H}/\hbar} \end{aligned}$$

となる．($e^{\pm it\widehat{H}/\hbar}$ と $\widehat{H}$ は可換．) ここで，最後の表式に定義 (1.151) を用いれば

$$\begin{aligned} e^{it\widehat{H}/\hbar}\widehat{A}e^{-it\widehat{H}/\hbar}\widehat{H} - \widehat{H}e^{it\widehat{H}/\hbar}\widehat{A}e^{-it\widehat{H}/\hbar} &= \widehat{A}_{\mathrm{H}}(t)\,\widehat{H} - \widehat{H}\widehat{A}_{\mathrm{H}}(t) \\ &= [\widehat{A}_{\mathrm{H}}(t)\,,\,\widehat{H}] \end{aligned}$$

となるので，(1.152) が示された．□

---

†8 演算子 $\widehat{A}$ があらわに時間によっている場合は，

$$i\hbar\frac{d\widehat{A}_{\mathrm{H}}}{dt} = i\hbar\frac{\partial\widehat{A}_{\mathrm{H}}}{\partial t} + [\widehat{A}_{\mathrm{H}}, \widehat{H}]$$

と書き表される．

時刻 t はパラメータであるから，時間のゆらぎ $\varDelta t$ とエネルギーゆらぎ $\varDelta E$ の不確定性関係 $\varDelta t \varDelta E \gtrsim \hbar$ は，演算子である座標と運動量の関係 (1.80)（練習問題 1.2c を参照）とは本質的に異なる．

これを求めるには，不確定性関係の基礎 (1.63) で $\hat{A} \to \hat{A}_{\rm H}$，$\hat{B} \to \hat{H}$ として，ハイゼンベルグの運動方程式 (1.152) を当てはめた

$$\langle(\varDelta \hat{A}_{\rm H})^2\rangle\langle(\varDelta \hat{H})^2\rangle \geq \frac{\hbar^2}{4}\left|\left\langle\frac{d\hat{A}_{\rm H}}{dt}\right\rangle\right|^2$$

において，エネルギーゆらぎを $\varDelta E \equiv \sqrt{\langle(\varDelta \hat{H})^2\rangle}$ とし，演算子 $\hat{A}_{\rm H}$ に対する測定ゆらぎを

$$\varDelta t_A \equiv \sqrt{\frac{\langle(\varDelta \hat{A}_{\rm H})^2\rangle}{|\langle d\hat{A}_{\rm H}/dt\rangle|^2}} \tag{1.153}$$

と書いた，

$$\varDelta t_A \varDelta E \geq \frac{\hbar}{2} \tag{1.154}$$

で与えられる[†9]．

これを用いると，演算子の時間変化がゼロ $\langle d\hat{A}_{\rm H}/dt\rangle = 0$ の場合は，(1.153) より $\varDelta t_A = \infty$ となるので，$\varDelta E = 0$ なる，エネルギーが確定した定常状態であることがわかる．

1.4.3　ファインマン核

量子力学の仕事は，(1.144)，(1.147) を与えられた $V(\boldsymbol{x}, t)$，$V(\boldsymbol{x})$ の下，解くこと（ハイゼンベルグ表示では運動方程式 (1.152) を解くこと）であるが，別の方法がある．$|\varPsi(t)\rangle$ の定義式 (1.126) に $\langle\boldsymbol{x}|$ を作用し完全性 (1.53)

---

†9　$\hat{A} \to \hat{Q}$ とおいてみると，$\varDelta x \equiv \sqrt{\langle(\varDelta \hat{Q}_{\rm H})^2\rangle}$，速度 v は $v = \sqrt{|\langle d\hat{Q}_{\rm H}/dt\rangle|^2}$ であるから，(1.153) の左辺は，

$$\varDelta t_Q = \frac{\varDelta x}{v}$$

とわかりやすい表式となる．

を $\boldsymbol{x}_0$ で挿入した，

$$\Psi(t,\boldsymbol{x}) = \langle \boldsymbol{x}|\hat{U}(t,t_0)|\Psi(t_0)\rangle = \int d^3\boldsymbol{x}_0\, K(\boldsymbol{x},\boldsymbol{x}_0;t,t_0)\Psi(t_0,\boldsymbol{x}_0) \tag{1.155}$$

を出発点としたものである．ただし，

$$K(\boldsymbol{x},\boldsymbol{x}_0;t,t_0) \equiv \langle \boldsymbol{x}|\hat{U}(t,t_0)|\boldsymbol{x}_0\rangle \tag{1.156}$$

は**ファインマン核**（**Feynman kernel**）とよばれ，

$$i\hbar\frac{\partial}{\partial t}K(\boldsymbol{x},\boldsymbol{x}_0;t,t_0) = H(-i\hbar\boldsymbol{\nabla},\boldsymbol{x};t)K(\boldsymbol{x},\boldsymbol{x}_0;t,t_0) \tag{1.157}$$

とシュレディンガー方程式に従う（$\hat{H}(t) \to H(\hat{\boldsymbol{P}},\hat{\boldsymbol{Q}};t)$ とした）．それを見るには，時間推進演算子が以下を満たすことに注意しよう．

$$i\hbar\frac{\partial}{\partial t}\hat{U}(t,t_0) = \hat{H}(t)\hat{U}(t,t_0) \tag{1.158}$$

例題 1.4.3　(1.158) を導け．

【解】　初期時間 t_0 から $t+\Delta t$ まで時間推進したときの関係式は，(1.128) より

$$\hat{U}(t+\Delta t,t_0) = \hat{U}(t+\Delta t,t)\hat{U}(t,t_0)$$

となる．無限小時間推進演算子の具体的な形 (1.134) を代入すると，

$$\hat{U}(t+\Delta t,t_0) = \left(\hat{\boldsymbol{I}} - \frac{i}{\hbar}\Delta t\hat{H}(t)\right)\hat{U}(t,t_0)$$

なので，右辺第 1 項を左辺に移項し，両辺を Δt で割れば，

$$\frac{\hat{U}(t+\Delta t,t_0) - \hat{U}(t,t_0)}{\Delta t} = -\frac{i}{\hbar}\hat{H}(t)\hat{U}(t,t_0)$$

となる．$\Delta t \to 0$ をとれば (1.158) である．□

これより，定義 (1.156) を時間微分することで，

$$i\hbar\frac{\partial}{\partial t}K(\boldsymbol{x},\boldsymbol{x}_0\,;t,t_0)=\langle\boldsymbol{x}|i\hbar\frac{\partial}{\partial t}\widehat{U}(t,t_0)|\boldsymbol{x}_0\rangle$$

が得られるので，(1.158) を右辺に用いれば以下のように (1.157) が導ける．

$$\begin{aligned}右辺&=\langle\boldsymbol{x}|H(\widehat{\boldsymbol{P}},\widehat{\boldsymbol{Q}}\,;t)\widehat{U}(t,t_0)|\boldsymbol{x}_0\rangle\overset{(1.98)}{=}H(-i\hbar\boldsymbol{\nabla},\boldsymbol{x}\,;t)\langle\boldsymbol{x}|\widehat{U}(t,t_0)|\boldsymbol{x}_0\rangle\\&=H(-i\hbar\boldsymbol{\nabla},\boldsymbol{x}\,;t)K(\boldsymbol{x},\boldsymbol{x}_0\,;t,t_0)\ \square\end{aligned}$$

一方，ファインマン核の積は，

$$\int d^3\boldsymbol{x}'\,K(\boldsymbol{x},\boldsymbol{x}'\,;t,t')K(\boldsymbol{x}',\boldsymbol{x}_0\,;t',t_0)=K(\boldsymbol{x},\boldsymbol{x}_0\,;t,t_0)\tag{1.159}$$

となる．

例題 1.4.4　(1.159) を示せ．

【解】　時間推進演算子の積 (1.128) で $t_2\to t$, $t_1\to t'$ とした $\widehat{U}(t,t')\,\widehat{U}(t',t_0)=\widehat{U}(t,t_0)$ の両辺を $\langle\boldsymbol{x}|$, $|\boldsymbol{x}_0\rangle$ で挟むと，

$$右辺\overset{(1.156)}{=}K(\boldsymbol{x},\boldsymbol{x}_0\,;t,t_0)$$

となり，左辺は

$$\begin{aligned}左辺&=\langle\boldsymbol{x}|\widehat{U}(t,t')\widehat{U}(t',t_0)|\boldsymbol{x}_0\rangle\overset{\boldsymbol{x}'\text{完全系}}{=}\int d^3\boldsymbol{x}'\,\langle\boldsymbol{x}|\widehat{U}(t,t')|\boldsymbol{x}'\rangle\langle\boldsymbol{x}'|\widehat{U}(t',t_0)|\boldsymbol{x}_0\rangle\\&\overset{(1.156)}{=}\int d^3\boldsymbol{x}'\,K(\boldsymbol{x},\boldsymbol{x}'\,;t,t')K(\boldsymbol{x}',\boldsymbol{x}_0\,;t',t_0)\end{aligned}$$

となり (1.159) が示せた．□

ファインマン核の具体形は，(1.138) より ($\varDelta t\equiv(t-t_0)/N$) を思い出して

$$K(\boldsymbol{x},\boldsymbol{x}_0\,;t,t_0)=\lim_{N\to\infty}\langle\boldsymbol{x}|\left(\widehat{\boldsymbol{I}}-\frac{i}{\hbar}\varDelta t\widehat{H}(t_N)\right)\cdots\left(\widehat{\boldsymbol{I}}-\frac{i}{\hbar}\varDelta t\widehat{H}(t_1)\right)|\boldsymbol{x}_0\rangle\tag{1.160}$$

で与えられる．もし，ハミルトニアンが時間によらないならば，(1.149) 同様に指

数演算子を用いて

$$K(\boldsymbol{x},\,\boldsymbol{x}_0\,;\,T) = \langle \boldsymbol{x}|\exp\left[-\frac{iT}{\hbar}\hat{H}\right]|\boldsymbol{x}_0\rangle \quad (T \equiv t - t_0) \tag{1.161}$$

として与えられる．

さらに，ハミルトニアンが運動量だけの関数 $\hat{H} \to H(\hat{\boldsymbol{P}})$ のときは，

$$K(\varDelta\boldsymbol{x}\,;\,T) \equiv \int \frac{d^3\boldsymbol{p}}{(2\pi\hbar)^3}\exp\left[\frac{i}{\hbar}\{\boldsymbol{p}\varDelta\boldsymbol{x} - TH(\boldsymbol{p})\}\right] \tag{1.162}$$

と求まる．ただし

$$\varDelta\boldsymbol{x} \equiv \boldsymbol{x} - \boldsymbol{x}_0 \tag{1.163}$$

である．

例題 1.4.5　(1.162) を示せ．

【解】　(1.161) で運動量の完全性 (1.95) を挿入すると，

$$\langle \boldsymbol{x}|\exp\left[-\frac{i}{\hbar}TH(\hat{\boldsymbol{P}})\right]|\boldsymbol{x}_0\rangle = \int d^3\boldsymbol{p}\,\langle \boldsymbol{x}|\boldsymbol{p}\rangle\langle \boldsymbol{p}|\exp\left[-\frac{i}{\hbar}TH(\hat{\boldsymbol{P}})\right]|\boldsymbol{x}_0\rangle$$

が得られる．指数演算子のべき展開の各項は $\langle \boldsymbol{p}|H(\hat{\boldsymbol{P}}) = \langle \boldsymbol{p}|H(\boldsymbol{p})$ と c 数化されるので，

$$K(\boldsymbol{x},\,\boldsymbol{x}_0\,;\,T) = \int d^3\boldsymbol{p}\exp\left[-\frac{i}{\hbar}TH(\boldsymbol{p})\right]\langle \boldsymbol{x}|\boldsymbol{p}\rangle\langle \boldsymbol{p}|\boldsymbol{x}_0\rangle$$

となり．内積 (1.99)，(1.100) を用いれば (1.162) が求まる．□

自由粒子のハミルトニアン

$$\hat{H} = \frac{\hat{\boldsymbol{P}}^2}{2m} \tag{1.164}$$

のファインマン核を計算してみよう．(1.162) より，

$$K(\varDelta\boldsymbol{x}\,;\,T) = \int \frac{d^3\boldsymbol{p}}{(2\pi\hbar)^3}\exp\left[\frac{i}{\hbar}\left\{\boldsymbol{p}\varDelta\boldsymbol{x} - T\frac{\boldsymbol{p}^2}{2m}\right\}\right]$$

となる．ここで，フレネル積分公式 (D.23) において，$p_j\;(j = 1,\,2,\,3)$ ごと

に $|\alpha| \to T/(2m\hbar)$, $|\beta| \to \Delta x_j/\hbar$ $(j = 1, 2, 3)$ とおけば,

$$K(\Delta \boldsymbol{x}\,;\,T) = \left(\frac{m}{2\pi i\hbar T}\right)^{3/2} \exp\left[\frac{im(\Delta \boldsymbol{x})^2}{2\hbar T}\right] \qquad (1.165)$$

が得られる．指数関数の前にある因子を**前因子** (**pre - factor**) とよぶ．

$t_0 = 0$ で規格化された次の波動関数を考える．

$$\Psi_0(\boldsymbol{x}) = \left(\frac{1}{\sqrt{\pi}\Delta}\right)^{3/2} \exp\left[-\frac{\boldsymbol{x}^2}{2\Delta^2}\right] \quad (\Delta > 0) \qquad (1.166)$$

例題 1.4.6　(1.166) が規格化されていることを示せ．

【解】　$1 = \int d^3\boldsymbol{x}\,|\Psi_0(\boldsymbol{x})|^2$ を示せばよい．

$$右辺 = \frac{1}{\pi^{3/2}\Delta^3}\int d^3\boldsymbol{x}\exp\left[-\frac{\boldsymbol{x}^2}{\Delta^2}\right] = \frac{1}{\pi^{3/2}\Delta^3}\prod_{j=1}^{3}\left(\int_{-\infty}^{\infty}dx_j\exp\left[-\frac{x_j^2}{\Delta^2}\right]\right)$$

$$\overset{(\mathrm{D}.1)}{=} \frac{1}{\pi^{3/2}\Delta^3}(\sqrt{\pi\Delta^2})^3 = 1 \quad \square$$

(1.166) の T 秒後の形を見るために，$t_0 = 0$ での確率

$$|\Psi_0(\boldsymbol{x})|^2 = \frac{1}{\pi^{3/2}\Delta^3}\exp\left[-\frac{\boldsymbol{x}^2}{\Delta^2}\right]$$

が**ガウス関数** (**Gauss function**) 関数 (図 1.8) で与えられ，ゼロでない値の

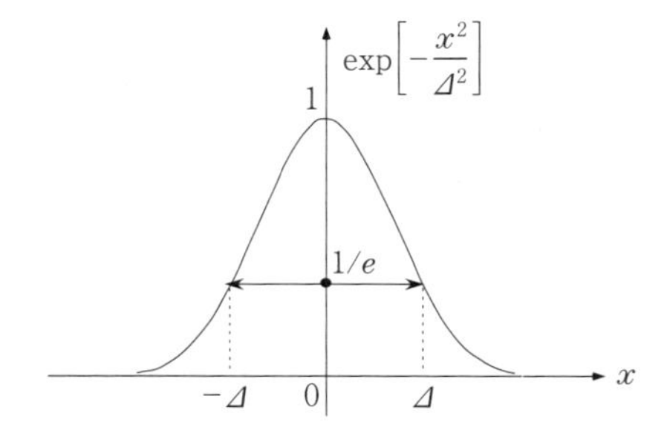

図 1.8　ガウス関数 $\exp[-x^2/\Delta^2]$．ゼロでない値の広がり — 高さが $1/e$ まで領域 — Δ．

広がりは $\sim \varDelta$ であることに注意しよう．(1.155) のファインマン核に (1.165) を用いると，時刻 T での波動関数は (練習問題 1.4b を参照)，

$$\Psi(T, \boldsymbol{x}) = \left(\frac{m\varDelta}{\sqrt{\pi}\,(m\varDelta^2 + i\hbar T)}\right)^{3/2} \exp\left[-\frac{m\boldsymbol{x}^2}{2(m\varDelta^2 + i\hbar T)}\right] \tag{1.167}$$

であり，確率は，

$$|\Psi(T, \boldsymbol{x})|^2 = \frac{m^3\varDelta^3}{\pi^{3/2}(m^2\varDelta^4 + (\hbar T)^2)^{3/2}} \exp\left[-\frac{m^2\varDelta^2\boldsymbol{x}^2}{(m\varDelta^2)^2 + (\hbar T)^2}\right] \tag{1.168}$$

となる．$\boldsymbol{x} = 0$ での値は時間が経つ ($T \to$ 大) につれ小さくなり，ゼロでない値の広がりは $\sqrt{\varDelta^2 + (\hbar T/m\varDelta^2)^2}$ で T と共に大きくなっていく．

時間によらないハミルトニアンの定常状態，

$$\widehat{H}|n\rangle = E_n|n\rangle \quad (n = 0, 1, 2, \cdots) \tag{1.169}$$

を考えよう ((1.148) と同じであることは $\langle \boldsymbol{x}|$ を作用した，

$$\varphi_n(\boldsymbol{x}) \equiv \langle \boldsymbol{x}|n\rangle \tag{1.170}$$

からわかる)．ファインマン核 (1.161) は $\sum_{n=0}|n\rangle\langle n| = \hat{\boldsymbol{I}}$ を挿入し，

$$K(\boldsymbol{x}, \boldsymbol{x}_0\,;\,T) = \sum_{n=0} e^{-iTE_n/\hbar}\varphi_n(\boldsymbol{x})\varphi_n^*(\boldsymbol{x}_0) \tag{1.171}$$

と書ける．つまり，エネルギー E_n，固有関数 $\varphi_n(\boldsymbol{x})$ がわかれば計算できる．

逆に，何らかの方法 (例えば経路積分) でファインマン核が得られたとき，そこから，エネルギーおよび固有関数の情報をどのように取り出すかを考えよう．そのために，時間を純虚数 ($T = t - t_0 = -i\mathcal{T}$, $\mathcal{T}$: 実数) にして $\mathcal{T} \to \infty$ とする．つまり，対象は

$$\lim_{\mathcal{T}\to\infty} K(\boldsymbol{x}, \boldsymbol{x}_0\,;\,-i\mathcal{T}) \tag{1.172}$$

である．(1.171) 右辺では，$\lim_{\mathcal{T}\to\infty} e^{-\mathcal{T}E_n/\hbar}$ なので，和で残るのは基底状態 E_0 のみである．したがって，

$$\lim_{\mathcal{T}\to\infty}\left(-\frac{\hbar}{\mathcal{T}}\right)\ln K(\boldsymbol{x},\,\boldsymbol{x}_0\,;\,-i\mathcal{T}) = E_0 \tag{1.173}$$

が得られる．E_0 がわかったから，以下のように基底状態の波動関数 $\varphi_0(\boldsymbol{x})$ が取り出せる．

$$\lim_{\mathcal{T}\to\infty} e^{\mathcal{T}E_0/\hbar}K(\boldsymbol{x},\,\boldsymbol{x}_0\,;\,-i\mathcal{T}) = \varphi_0(\boldsymbol{x})\varphi_0^*(\boldsymbol{x}_0) \tag{1.174}$$

これらを，ファインマン核から引き算し，再び同じ操作を施せば第 1 励起状態のエネルギー E_1，波動関数 $\varphi_1(\boldsymbol{x})$ がわかる．こうした手続きは 3.2 節で，よりはっきりと意識される．

練 習 問 題

【1.4a】 無限小時間推進,

$$\boldsymbol{p}(t) \to \boldsymbol{p}(t+\delta t), \qquad \boldsymbol{q}(t) \to \boldsymbol{q}(t+\delta t) \quad (|\delta t| \ll 1) \tag{1.175}$$

の母関数 $\varDelta G$ ((A. 29)) が以下のハミルトニアンであることを示せ．

$$\varDelta G = \delta t H \tag{1.176}$$

【1.4b】 波動関数 (1.167) を導き，シュレディンガー方程式を満たしていることを示せ．

【1.4c】 相対論的に不変なラグランジュアン

$$L = -mc^2\sqrt{1-\frac{\dot{\boldsymbol{x}}^2}{c^2}} \quad (c：光速度) \tag{1.177}$$

から導かれるハミルトニアン (を量子化したもの) が

$$\widehat{H} = c\sqrt{\widehat{\boldsymbol{P}}^2 + m^2c^2} \tag{1.178}$$

であることを示し，ファインマン核を計算せよ．

ケットとブラ

“はじめに”の脚注でも触れたが，名古屋大学を中心とする素粒子論グループでは「先生」は御法度であった．素粒子論という学問分野の特性なのか，権威におもねることなく若い人たちの自由な発想を尊重する意味があったと思っているのだが，そもそも何も教わっていないのに「先生」はないだろう（初対面でも「先生」だ）．大学の教員同士や，ひいては政治家の呼称にもなっていることを見れば，使い方の不自然さは明らかだ．

こうした変な呼称として，ブラ，ケットもある（英語国民でない日本人には，それほど変に聞こえないが…）．これらは，ディラックによって，重ね合わせの原理を表現できる一般的なベクトルとして，次のような形で導入された．

> …こうして量子力學では力學系にベクトルを結びつけて考えるのであるが、このベクトルについて、有限個の次元の空間内のものでも無限個の次元の空間内のものでも、これをいい表すのに何か特別のなまえが欲しいものである。そこでこういうベクトルをケット・ベクトルまたは單(たん)にケットとよび、一般のケットのことを特別な記號(ごう) $|\rangle$ で表すことにする…[†10]。
>
> （ディラック 著，朝永振一郎 ほか訳：「量子力学 原著第4版」（岩波書店，1968年）pp. 19 – 20）．

もちろんブラケットは〈…〉のように，強調や説明のために使うもので，分けることはあり得ない．事実，

> …会話が途切れたときに、ディラックが一言喋った。「私はブラを発明したんだよ」。こう言ったディラックの顔は、にこりともしていなかった。…
>
> （グレアム・ファーメロ 著，吉田三知世 訳：「量子の海、ディラックの深淵」（早川書房，2010年）p. 414）．

とある．その場にいた人たちは皆，女性の下着と思ったのだ．

しかし，ブラ・ケット形式による表記法は行列力学と波動力学をつなぐものとして，大きな役割を果たす（「変換理論」とよばれる）．量子力学は，歴史的には1925年のハイゼンベルグによる行列力学に始まり，翌年1926年のシュレディンガーによる全く別の形式に見える波動力学により完成されたが，両者の関係は全くわから

---

†10　ブラは次の節で，デュアル・ベクトルとして解説される．

なかった．それを結びつけたのがブラ・ケット形式による量子力学の記述である．ブラ・ケットは，波動関数も行列要素も区別なく表すことができる（第1章の議論でこのことはわかるであろう）．

ところが，ディラックの意図はなかなか伝わらなかった．第3版（1947年）で初めてこの記述法を持ち込み[†11]，その後1957年に第4版が出るのであるが，60年代末までは，ケットと波動関数の区別はほとんどの教科書では正しく取り扱われていなかった．なかなか，本意は伝わらないものである（最近でも，きちんと理解されているとはいいがたい場面に，ときどき，遭遇することがある）．

---

†11　第2版，第3版が手元にないので，はっきりとしたことはわからないが上で挙げた「量子の海、ディラックの深淵」の413ページに「…戦争（＝第2次世界大戦）が終わるのを待つあいだに改訂版の準備にとりかかった．今回の一番の大きな改良点は戦争が始まるすこし前に彼が発明した，新しい表記法を導入したことだ．…」とあるので，少なくとも第2版 — 1935年 — の後だと推測される．

第 2 章 経路積分表示

この章では，ファインマン核の経路積分表示を議論する．まず座標・運動量を用い，次に生成・消滅演算子で与えられた系に対し，コヒーレント状態の助けを借りて経路積分表示を作り上げる．この方法は，フェルミ系へと拡張される．

2.1 ファインマン核の経路積分表示

2.1.1 経路積分表示

まずは，式の煩雑さを避けるため 1 次元で考える．ファインマン核 (1.160) で，$x \to x'$, $t \to t'$ として，N 個の演算子の間に順に位置完全性 (1.37) を以下のように $N-1$ 個挿入する．

$$
\begin{aligned}
K(x', x_0\,;t', t_0) = \lim_{N\to\infty} \langle x'|\Big(\hat{\boldsymbol{I}} - \frac{i}{\hbar}\Delta t\widehat{H}(t_N)\Big)\int dx_{N-1}\,|x_{N-1}\rangle\langle x_{N-1}| \\
\cdots \times \int dx_j\,|x_j\rangle\langle x_j|\Big(\hat{\boldsymbol{I}} - \frac{i}{\hbar}\Delta t\widehat{H}(t_j)\Big)\int dx_{j-1}\,|x_{j-1}\rangle\langle x_{j-1}| \\
\cdots \times \int dx_1\,|x_1\rangle\langle x_1|\Big(\hat{\boldsymbol{I}} - \frac{i}{\hbar}\Delta t\widehat{H}(t_1)\Big)|x_0\rangle
\end{aligned}
\tag{2.1}
$$

右から順に $x_1, x_2, \cdots, x_{N-1}$ とラベルをつけた．x_j は時刻 t_j での位置であるから，古典力学での位置 $x(t)$ に対応して，

$$x_j \Longleftrightarrow x(t_j) \tag{2.2}$$

と見なすことができる．(2.1) を整理すると，

$$K(x', x_0 ; t', t_0) = \lim_{N\to\infty} \left(\prod_{j=1}^{N-1} \int dx_j\right)\left(\prod_{j=1}^{N} K(x_j, x_{j-1} ; t_j, t_{j-1})\right)\Bigg|_{x_0}^{x_N = x'} \tag{2.3}$$

が得られる．ここで，以下で定義する**無限小時間ファインマン核 (Feynman kernel for infinitesimal time)** を導入した．

$$K(x_j, x_{j-1} ; t_j, t_{j-1}) \equiv \langle x_j | \hat{\boldsymbol{I}} - \frac{i}{\hbar}\Delta t \widehat{H}(t_j) | x_{j-1}\rangle \tag{2.4}$$

$$\Delta t = t_j - t_{j-1}\left(= \frac{t' - t_0}{N}\right) \tag{2.5}$$

(2.3) はファインマン核の積公式 (1.159) の一般化で，有限時間のファインマン核を無限小時間の積で表すものである．

さて，ハミルトニアンは

$$\widehat{H}(t) = H(\widehat{P}, \widehat{Q} ; t) \equiv \sum_{m,n=0} h_{mn}(t) \widehat{Q}^m \widehat{P}^n \tag{2.6}$$

のように，QP - 順序 (1.83) で与えられているとする†1．そこで，(2.4) に運動量 p_j の完全性 (1.114) を挿入すれば，

$$K(x_j, x_{j-1} ; t_j, t_{j-1}) = \int dp_j \, \langle x_j | \hat{\boldsymbol{I}} - \frac{i}{\hbar}\Delta t \widehat{H}(t_j) | p_j\rangle \langle p_j | x_{j-1}\rangle \tag{2.7}$$

となる．

ここで，QP - 順序 (2.6) のため，

---

†1　任意のハミルトニアンは交換関係を用いて，必ずこの形に持ち込むことができるので (練習問題 2.1a を参照)，特別な仮定ではないことに注意しよう．一般の場合は 2.1.3 項を参照のこと．

$$\langle x_j|\hat{H}(t_j)|p_j\rangle = \langle x_j|p_j\rangle H(p_j,\, x_j\,;\, t_j) \tag{2.8}$$

$$H(p_j,\, x_j\,;\, t_j) = \sum_{m,n=0} h_{mn}(t_j)\,(x_j)^m\,(p_j)^n \tag{2.9}$$

のように，ハミルトニアンの関数形は変わらないことに注意しよう．さらに，(1.112)

$$\langle x_j|p_j\rangle = \frac{1}{\sqrt{2\pi\hbar}}\,e^{ip_jx_j/\hbar}, \qquad \langle p_j|x_{j-1}\rangle = \frac{1}{\sqrt{2\pi\hbar}}\,e^{-ip_jx_{j-1}/\hbar}$$

を用いて，

$$K(x_j,\, x_{j-1}\,;\, t_j,\, t_{j-1}) = \int \frac{dp_j}{2\pi\hbar}\,e^{ip_j\Delta x_j/\hbar}\left(1 - \frac{i}{\hbar}\Delta t H(p_j,\, x_j\,;\, t_j)\right) \tag{2.10}$$

が導かれる．ただし，

$$\Delta x_j \equiv x_j - x_{j-1} \tag{2.11}$$

である．Δt は無限小量であったから，指数の肩に上げて

$$1 - \frac{i}{\hbar}\Delta t H(p_j,\, x_j\,;\, t_j) = \exp\left[-\frac{i}{\hbar}\Delta t H(p_j,\, x_j\,;\, t_j)\right] + O(\Delta t^2) \tag{2.12}$$

と書く．こうして，無限小時間ファインマン核は ($O((\Delta t)^2)$ を無視し)†2，

$$K(x_j,\, x_{j-1}\,;\, t_j,\, t_{j-1}) = \int \frac{dp_j}{2\pi\hbar}\exp\left[\frac{i}{\hbar}\{p_j\Delta x_j - \Delta t H(p_j,\, x_j\,;\, t_j)\}\right] \tag{2.13}$$

---

†2 もし，PQ - 順序 (1.82) でハミルトニアンが

$$H(\hat{P},\, \hat{Q}\,;\, t) \equiv \sum_{m,n=0} h_{mn}(t)\,\hat{P}^n\hat{Q}^m \qquad (イ)$$

と与えられていたら，上のプロセスを繰り返すことで (練習問題 2.1b)

$$K^{(\mathrm{PQ})}(x_j,\, x_{j-1}\,;\, t_j,\, t_{j-1}) = \int \frac{dp_j}{2\pi\hbar}\exp\left[\frac{i}{\hbar}\{p_j\Delta x_j - \Delta t H(p_j,\, x_{j-1}\,;\, t_j)\}\right] \qquad (ロ)$$

が得られる．

と与えられる.

よって，ファインマン核 (2.3) は

$$K(x', x_0; t', t_0) = \lim_{N\to\infty} \left(\prod_{j=1}^{N-1}\int dx_j\right)\left(\prod_{j=1}^{N}\int \frac{dp_j}{2\pi\hbar}\right) \times \exp\left[\frac{i}{\hbar}\Delta t \sum_{j=1}^{N}\left\{p_j\left(\frac{\Delta x_j}{\Delta t}\right) - H(p_j, x_j, t_j)\right\}\right]_{x_0}^{x_N=x'} \tag{2.14}$$

となる．ここで，N 個の無限小時間ファインマン核に対し挿入した位置完全性は $N-1$ 個であったので，N 個の p 積分に対して x 積分は $N-1$ 個である.

ハミルトニアンが (1.143)（の 1 次元版）で与えられるときは,

$$H(p_j, x_j; t_j) = \frac{p_j^2}{2m} + V(x_j, t_j) \tag{2.15}$$

であるから，(2.14) で運動量 p_j のフレネル積分 (D.23) が行えて,

$$K(x', x_0; t', t_0) = \lim_{N\to\infty} \sqrt{\frac{m}{2\pi i\hbar\Delta t}} \left(\prod_{j=1}^{N-1}\int \sqrt{\frac{m}{2\pi i\hbar\Delta t}}\, dx_j\right) \times \exp\left[\frac{i}{\hbar}\Delta t \sum_{j=1}^{N}\left\{\frac{m}{2}\left(\frac{\Delta x_j}{\Delta t}\right)^2 - V(x_j, t_j)\right\}\right]_{x_0}^{x_N=x'} \tag{2.16}$$

と与えられる．これが，ファインマン核の**経路積分表示** (**path integral representation**) である (p 積分が 1 個多いため因子 $\sqrt{m/2\pi i\hbar\Delta t}$ が余分にかかる).

例題 2.1.1　(2.16) を導け.

【解】　(2.14) は

$$K(x', x_0; t', t_0) = \lim_{N\to\infty} \left(\prod_{j=1}^{N-1}\int dx_j\right)\left(\prod_{j=1}^{N}\int \frac{dp_j}{2\pi\hbar}\right) \times \exp\left[\frac{i}{\hbar}\Delta t \sum_{j=1}^{N}\left\{p_j\left(\frac{\Delta x_j}{\Delta t}\right) - \frac{p_j^2}{2m} - V(x_j, t_j)\right\}\right]_{x_0}^{x_N=x'} \tag{2.17}$$

である．p_j 積分に関する部分を

$$\Delta K_j \equiv \int \frac{dp_j}{2\pi\hbar} \exp\left[-\frac{i\Delta t}{2m\hbar} p_j^2 + \frac{i}{\hbar} p_j \Delta x_j\right]$$

と書いて，(D.23) で $dx \to dp_j$, $|\alpha| \to \Delta t/(2m\hbar)$, $\mp|\beta| \to +\Delta x_j/\hbar$ とした結果を用いれば

$$\Delta K_j = \sqrt{\frac{m}{2\pi i\hbar\Delta t}} \exp\left[\frac{im}{2\hbar\Delta t}(\Delta x_j)^2\right]$$

となる．この N 重積が運動量積分の結果となるから

$$\prod_{j=1}^{N} \Delta K_j = \left(\frac{m}{2\pi i\hbar\Delta t}\right)^{N/2} \exp\left[\frac{i}{\hbar} \Delta t \sum_{j=1}^{N} \frac{m}{2}\left(\frac{\Delta x_j}{\Delta t}\right)^2\right]$$

が求まり，(2.17) に代入すれば (2.16) が求まる．□

2.1.2 経路積分という意味

(2.16) より「経路積分」の意味が見えてくる．

x_j は時刻 t_j での粒子の位置 $x(t_j)$ であった．つまり，粒子は x_0 から出発し x_1, x_2, $\cdots$, x_{N-1} と道筋をたどりながら，各地点ですべての領域にわたって積分し，目的地 x' に到達する．いいかえれば，経路（にわたる）積分である．

わかりやすくするために，なじみの表現を用いよう．(2.16) 指数の肩を，

$$S(x_0, \cdots, x_N) \equiv S(\boldsymbol{x}) = \Delta t \sum_{j=1}^{N} \left[\frac{m}{2}\left(\frac{\Delta x_j}{\Delta t}\right)^2 - V(x_j, t_j)\right] \quad (2.18)$$

と書き，**連続極限 (continuum limit)** $N \to \infty$ ($\Delta t \to 0$) を（形式的に）考えると，(2.18) の括弧内は**ラグランジュアン (Lagrangian)**（(2.2) を思い出そう）

$$L(\dot{x}, x\,;t) = \frac{m}{2}(\dot{x}(t))^2 - V(x\,;t) \quad (2.19)$$

であり，和は積分に変わり (2.18) は**作用 (action)**

$$S[x] \equiv \int_{t_0}^{t'} dt\, L(\dot{x}, x\,;t) \quad (2.20)$$

となる．作用 $S[x]$ は関数 $x(t)$ の関数であり記号 $[x]$ を用い，**汎関数**

(functional) とよぶ[†3]. **作用の極値** (extreme of action) は，以下のように**オイラー - ラグランジュ方程式** (Euler - Lagrange equation) (A.12) を与える.

$$\frac{\delta S}{\delta x(t)} = 0 \Longrightarrow \frac{d}{dt}\left(\frac{\partial L}{\partial \dot{x}}\right) - \frac{\partial L}{\partial x} = 0$$

つまり，古典軌道 = **古典解** (classical solution) が決まる.

そこで図 2.1 を見ながら，この極限下でのファインマン核

$$K(x', x_0 ; t', t_0) = \int_{x_0}^{x'} \mathcal{D}x(t) \exp\left[\frac{i}{\hbar} S[x]\right]$$

$$\int_{x_0}^{x'} \mathcal{D}x(t)\,(\bullet) \equiv \lim_{N\to\infty}\left(\sqrt{\frac{m}{2\pi i\hbar\,\Delta t}}\right)^N \left(\prod_{j=1}^{N-1}\int dx_j\right)(\bullet)\Bigg|_{x_0}^{x_N=x'} \quad (2.21)$$

を眺めると「指数の肩に古典作用 $S[x]$ が乗った $e^{iS[x]/\hbar}$ を，古典解周りのすべての値にわたり積分すること」[†4] という，経路積分の精神が得られる.

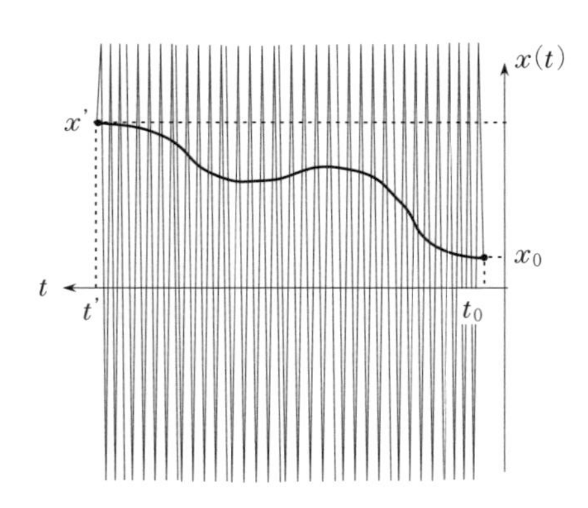

図 2.1　古典軌道と量子経路. t_0 で x_0 にいた粒子が，t' で $x'(= x(t'))$ に行く. 太線は古典軌道. 各時刻ですべての値 $-\infty < x_j < \infty$ をとるのが量子経路である.

†3　(2.18) では $x_0, \cdots, x_N$ の N 変数関数である. $N \to \infty$ で連続無限個 $x(t)$ の関数となる.

†4　ディラックによるもので，名著であるディラック著，朝永振一郎ほか 共訳：「量子力学 原著第 4 版」(岩波書店，1968 年) の §32 — 作用原理 — にある. ファインマンはこれを読んだが，謎めいていて理解できず，自分なりにやってみて彼流の経路積分にたどり着いたと述べている. この考え方は WKB - 近似 (5.2 節) で極めて重要である.

経路積分 (2.16) を**ラグランジュアン経路積分** (**Lagrangian path integral**) ともいう．一般の場合は，(2.14) が最終結果であり，ハミルトニアンを含むので**ハミルトニアン経路積分** (**Hamiltonian path integral**) (あるいは**位相空間経路積分** (**phase space path integral**)) とよばれ，このとき作用は連続極限で，

$$S[p, x] = \int_{t_0}^{t'} dt\,(p\dot{x} - H(p, x\,;t)) \tag{2.22}$$

と与えられる．ここでの経路積分は x_0 に始まり x' で終わる，すべての経路 x_j と運動量 p_j の積分ということになる．

上記の議論を踏まえて，3 次元へ拡張しよう．ハミルトニアンは QP - 順序で，(2.6) のように

$$\left.\begin{aligned} \hat{H}(t) &= H(\hat{\boldsymbol{P}}, \hat{\boldsymbol{Q}}\,;t) \\ &\equiv \sum_{\boldsymbol{m},\boldsymbol{n}=0} h_{\boldsymbol{mn}}(t)\,(\hat{Q}_1)^{m_1}(\hat{Q}_2)^{m_2}(\hat{Q}_3)^{m_3}(\hat{P}_1)^{n_1}(\hat{P}_2)^{n_2}(\hat{P}_3)^{n_3} \\ &\quad(\boldsymbol{m} = (m_1, m_2, m_3), \qquad \boldsymbol{n} = (n_1, n_2, n_3)) \end{aligned}\right\} \tag{2.23}$$

と与えられている．(2.16) は

$$K(\boldsymbol{x}', \boldsymbol{x}_0\,;t', t_0) = \lim_{N\to\infty}\left(\prod_{j=1}^{N-1}\int d^3\boldsymbol{x}_j\right)\left(\prod_{j=1}^{N}\int\frac{d^3\boldsymbol{p}_j}{(2\pi\hbar)^3}\right) \times \exp\left[\frac{i}{\hbar}\Delta t\sum_{j=1}^{N}\left\{\boldsymbol{p}_j\left(\frac{\Delta\boldsymbol{x}_j}{\Delta t}\right) - H(\boldsymbol{p}_j, \boldsymbol{x}_j, t_j)\right\}\right]_{\boldsymbol{x}_0}^{\boldsymbol{x}_N=\boldsymbol{x}'} \tag{2.24}$$

となる，ただし，

$$H(\boldsymbol{p}, \boldsymbol{x}\,;t) \equiv \sum_{\boldsymbol{m},\boldsymbol{n}=0} h_{\boldsymbol{mn}}(t)\,(x_1)^{m_1}(x_2)^{m_2}(x_3)^{m_3}(p_1)^{n_1}(p_2)^{n_2}(p_3)^{n_3} \tag{2.25}$$

である．

ハミルトニアンが (1.143) のときは，$\boldsymbol{p}_j$ 積分ができて，

$$K(\boldsymbol{x}', \boldsymbol{x}_0 ; t', t_0) = \lim_{N\to\infty} \left(\frac{m}{2\pi i\hbar \varDelta t}\right)^{3/2} \left(\prod_{j=1}^{N-1} \int \left(\frac{m}{2\pi i\hbar \varDelta t}\right)^{3/2} d^3\boldsymbol{x}_j\right) \times \exp\left[\frac{i}{\hbar} \varDelta t \sum_{j=1}^{N} \left\{\frac{m}{2}\left(\frac{\varDelta \boldsymbol{x}_j}{\varDelta t}\right)^2 - V(\boldsymbol{x}_j, t_j)\right\}\right]_{\boldsymbol{x}_0}^{\boldsymbol{x}_N=\boldsymbol{x}'} \tag{2.26}$$

となる．

2.1.3 α - 順序での経路積分表示

この節では，任意のハミルトニアン演算子 $H(\widehat{P}, \widehat{Q} ; t)$ の経路積分表示を考えてみることにする．なお，この項については，経路積分の概要を理解する上では当面必要ないので，先に進みたい読者は一旦飛ばして後ほど読んでいただいても構わない．

経路積分表示には演算子順序を与えなければならない．そのためには，$H(\widehat{P}, \widehat{Q} ; t)$ の α - 写像 (練習問題 1.3f(1.121) で $F \to H$ とした)

$$H^{(\alpha)}(p, x ; t) = \int du\, e^{ixu/\hbar} \times \left\langle p + \left(\frac{1}{2} - \alpha\right)u \middle| H(\widehat{P}, \widehat{Q} ; t) \middle| p - \left(\frac{1}{2} + \alpha\right)u \right\rangle \tag{2.27}$$

を計算する．この α - 写像から作られる α - 順序演算子は，

$$H(\widehat{P}, \widehat{Q} ; t) = \iiint \frac{dp}{2\pi\hbar}\, dv\, dx\, e^{ipv/\hbar} \times \left| x + \left(\frac{1}{2} + \alpha\right)v \right\rangle \left\langle x - \left(\frac{1}{2} - \alpha\right)v \right| H^{(\alpha)}(p, x ; t) \tag{2.28}$$

のように自分自身に戻るので (練習問題 1.3h (1.124) で $F \to H$ とした表

式)，これを出発点に，無限小ファインマン核 (2.4)

$$K(x_j, x_{j-1}; t_j, t_{j-1}) = \langle x_j | \hat{\boldsymbol{I}} - \frac{i\Delta t}{\hbar} H(\hat{P}, \hat{Q}; t_j) | x_{j-1} \rangle$$

を考える．行列要素は，

$$\langle x_j | H(\hat{P}, \hat{Q}; t_j) | x_{j-1} \rangle = \iiint \frac{dp}{2\pi\hbar} dv\, dx\, e^{ipv/\hbar} \left\langle x_j \middle| x + \left(\frac{1}{2} + \alpha\right) v \right\rangle \times \left\langle x - \left(\frac{1}{2} - \alpha\right) v \middle| x_{j-1} \right\rangle H^{(\alpha)}(p, x; t_j) \tag{2.29}$$

である．内積 (1.110) より，

$$\left\langle x_j \middle| x + \left(\frac{1}{2} + \alpha\right) v \right\rangle = \delta\left(x_j - x - \left(\frac{1}{2} + \alpha\right) v\right)$$

$$\left\langle x - \left(\frac{1}{2} - \alpha\right) v \middle| x_{j-1} \right\rangle = \delta\left(x - \left(\frac{1}{2} - \alpha\right) v - x_{j-1}\right)$$

となるが，これらのデルタ関数は x，v が以下を満たすことを示している．

$$x + \left(\frac{1}{2} + \alpha\right) v = x_j, \qquad x - \left(\frac{1}{2} - \alpha\right) v = x_{j-1}$$

この式で双方引き算すれば，

$$v = x_j - x_{j-1} = \Delta x_j \tag{2.30}$$

が得られる．よって，

$$x = x_j^{(\alpha)} \equiv \left(\frac{1}{2} - \alpha\right) x_j + \left(\frac{1}{2} + \alpha\right) x_{j-1} \tag{2.31}$$

と与えられる．

こうして，(2.29) で v，x 積分ができて，

$$\langle x_j | H(\hat{P}, \hat{Q}; t_j) | x_{j-1} \rangle = \int \frac{dp_j}{2\pi\hbar} e^{ip_j \Delta x_j/\hbar} H^{(\alpha)}(p_j, x_j^{(\alpha)}; t_j) \tag{2.32}$$

と求めることができる．ここで，$p \to p_j$ と書きかえた．

無限小ファインマン核は，(2.10) 同様に

$$K(x_j,\, x_{j-1}\,;\, t_j,\, t_{j-1}) = \int \frac{dp_j}{2\pi\hbar}\, e^{ip_j\Delta x_j/\hbar}\left(1 - \frac{i}{\hbar}\Delta t H^{(\alpha)}(p_j,\, x_j^{(\alpha)}\,;\, t_j)\right)$$

となる ((2.10) では $K \to K^{(\mathrm{QP})}$ と書くべきだった)．Δt の 1 次までを考慮することで，指数の肩に上げれば

$$K(x_j,\, x_{j-1}\,;\, t_j,\, t_{j-1}) \cong \exp\left[\frac{i}{\hbar}\{p_j\Delta x_j - \Delta t H^{(\alpha)}(p_j,\, x_j^{(\alpha)}\,;\, t_j)\}\right] \tag{2.33}$$

を得る．

よって，ファインマン核は

$$K(x',\, x_0\,;\, t',\, t_0) = \lim_{N\to\infty}\left(\prod_{j=1}^{N-1}\int dx_j\right)\left(\prod_{j=1}^{N}\int\frac{dp_j}{2\pi\hbar}\right) \times \exp\left[\frac{i}{\hbar}\Delta t\sum_{j=1}^{N}\left\{p_j\left(\frac{\Delta x_j}{\Delta t}\right) - H^{(\alpha)}(p_j,\, x_j^{(\alpha)}\,;\, t_j)\right\}\right]_{x_0}^{x_N = x'} \tag{2.34}$$

となる．右辺には α が入っているが，もちろん (2.30) からわかるように α にはよらない．

$\alpha = -1/2$ をとると，(2.31) より $x_j^{(\alpha=-1/2)} = x_j$ であり (2.32) より $H^{(\alpha=-1/2)}(p_j,\, x_j\,;\, t_j)$ と p_j と x_j の足がそろうので (2.14) の結果

$$H^{(\mathrm{PQ})}(p_j,\, x_j\,;\, t_j)$$

が得られる．一方，$\alpha = 1/2$ とすると (2.31) より $x_j^{(\alpha=1/2)} = x_{j-1}$ と脚注 2 で導入した PQ - 順序の (ロ) の足の形 $p_j,\, x_{j-1}$ を

$$H^{(\mathrm{QP})}(p_j,\, x_{j-1}\,;\, t_j)$$

と再現する．また，$\alpha = 0$ のワイル順序では (2.31) より

$$x_j{}^{(\alpha=0)} = \frac{x_j + x_{j-1}}{2} \tag{2.35}$$

という中点で与えられ,

$$H^{(\mathrm{W})}\left(p_j, \frac{x_j + x_{j-1}}{2}\,;\, t_j\right)$$

が得られる. これを**中点処方** (**mid - point prescription**) という.

ハミルトニアン演算子が (1 次元の) (1.143) のとき, α - 写像 (2.27) は,

$$\begin{aligned} H^{(\alpha)}(p, x) &= \int du\, e^{ixu/\hbar}\left\langle p + \left(\frac{1}{2} - \alpha\right)u \middle| \frac{\widehat{P}^2}{2m} + V(\widehat{Q}) \middle| p - \left(\frac{1}{2} + \alpha\right)u \right\rangle \\ &= \frac{p^2}{2m} + V(x) \end{aligned} \tag{2.36}$$

となる. これは, 演算子順序の問題がないので α によらないことを示している.

練習を兼ねて (2.36) を導いてみよう. まず, 運動量演算子部分は内積 (1.110) を用いて,

$$\left\langle p + \left(\frac{1}{2} - \alpha\right)u \middle| \frac{\widehat{P}^2}{2m} \middle| p - \left(\frac{1}{2} + \alpha\right)u \right\rangle = \frac{1}{2m}\left(p - \left(\frac{1}{2} + \alpha\right)u\right)^2 \delta(u)$$

となる. よって,

$$\int du\, e^{ixu/\hbar}\left\langle p + \left(\frac{1}{2} - \alpha\right)u \middle| \frac{\widehat{P}^2}{2m} \middle| p - \left(\frac{1}{2} + \alpha\right)u \right\rangle = \frac{p^2}{2m} \tag{2.37}$$

が導かれる.

一方, ポテンシャル部分は完全性 (1.114) を q で挿入し, $V(\widehat{Q})|q\rangle = V(q)|q\rangle$ を用いれば

$$\begin{aligned} &\left\langle p + \left(\frac{1}{2} - \alpha\right)u \middle| V(\widehat{Q}) \middle| p - \left(\frac{1}{2} + \alpha\right)u \right\rangle \\ &\qquad = \int dq \left\langle p + \left(\frac{1}{2} - \alpha\right)u \middle| q \right\rangle V(q) \left\langle q \middle| p - \left(\frac{1}{2} + \alpha\right)u \right\rangle \end{aligned}$$

となり, 内積 (1.112) より

$$\left\langle p+\left(\frac{1}{2}-\alpha\right)u\middle|V(\hat{Q})\middle|p-\left(\frac{1}{2}+\alpha\right)u\right\rangle=\int\frac{dq}{2\pi\hbar}\,e^{-iqu/\hbar}V(q)$$

が得られる．

したがって，

$$\begin{aligned}\int du\,e^{ixu/\hbar}&\left\langle p+\left(\frac{1}{2}-\alpha\right)u\middle|V(\hat{Q})\middle|p-\left(\frac{1}{2}+\alpha\right)u\right\rangle\\&=\iint\frac{du\,dq}{2\pi\hbar}e^{i(x-q)u/\hbar}V(q)\overset{du}{=}\int dq\,\delta(x-q)\,V(q)\\&=V(x)\end{aligned}\tag{2.38}$$

が導かれる．

これらより，$H^{(\alpha)}(p,x)=p^2/2m+V(x)$ が得られたので，(2.36) を確かめることができた．

ここで，(2.36) を (2.34) に代入し，(2.14) ～ (2.16) と同様に p_j 積分を行えば，

$$\begin{aligned}K(x',x_0;t',t_0)=\lim_{N\to\infty}&\sqrt{\frac{m}{2\pi i\hbar\varDelta t}}\left(\prod_{j=1}^{N-1}\int\sqrt{\frac{m}{2\pi i\hbar\varDelta t}}\,dx_j\right)\\&\times\exp\left[\frac{i}{\hbar}\varDelta t\sum_{j=1}^{N}\left\{\frac{m}{2}\left(\frac{\varDelta x_j}{\varDelta t}\right)^2-V(x_j{}^{(\alpha)},t_j)\right\}\right]_{x_0}^{x_N=x'}\end{aligned}\tag{2.39}$$

が得られる．パラメータ α は $x_j{}^{(\alpha)}$((2.31)) の形で入っており，一見すると α に依存するようだがそうではない．それを見るため指数関数の肩は ($i\sum_{j=1}^{N}/\hbar$を省いて)

$$\frac{m}{2}\frac{(\varDelta x_j)^2}{\varDelta t}-\varDelta t\,V(x_j{}^{(\alpha)},t_j)$$

に着目しよう．ここで $x_j{}^{(\alpha)}$((2.31)) は，$\varDelta x_j$((2.11)) を用いて $x_{j-1}=x_j-\varDelta x_j$ と書けることに注意すれば，

$$x_j{}^{(\alpha)} = x_j - \left(\alpha + \frac{1}{2}\right)\varDelta x_j$$

と書ける．さらに $\varDelta t$ 依存性を見るために変数変換 $(x_j \to y_j)$

$$\frac{\varDelta x_j}{\sqrt{\varDelta t}}\left(= \frac{x_j - x_{j-1}}{\sqrt{\varDelta t}}\right) = y_j \Longrightarrow \frac{dx_j}{\sqrt{\varDelta t}} = dy_j \quad (j = 1, \cdots, N-1)$$

を行う．積分測度からは $\varDelta t$ 依存は消えて，指数の肩は，

$$\frac{m}{2} y_j^2 - \varDelta t V\left(x_j - \sqrt{\varDelta t}\left(\alpha + \frac{1}{2}\right)y_j,\ t_j\right)$$

となる．経路積分表示は $O(\varDelta t)$ 項までをとったことを思い出せば，α 依存項は $\varDelta t$ に関して高次であるから無視できる．つまり，(2.39) の指数の肩は，

$$\frac{m}{2} y_j^2 - \varDelta t V(x_j,\ t_j) = \frac{m}{2}\frac{(\varDelta x_j)^2}{\varDelta t} - \varDelta t V(x_j,\ t_j)$$

で与えられ，これは，(2.16) と同じ形である．

練　習　問　題

【2.1a】　以下の自己共役演算子を，QP - 順序 (2.6) に書き直せ．

$$\hat{H}_1 = \hat{P}\hat{Q}\hat{P}, \qquad \hat{H}_2 = \hat{Q}\hat{P}\hat{Q}, \qquad \hat{H}_3 = \hat{P}\hat{Q}^2\hat{P}$$

【2.1b】　PQ - 順序で与えられているハミルトニアン (脚注 2 の (イ))，

$$\hat{H}^{(\mathrm{PQ})}(t) \equiv H^{(\mathrm{PQ})}(\hat{P},\ \hat{Q}\ ;\ t) \equiv \sum_{m,n=0} h_{mn}(t)\hat{P}^m\hat{Q}^n$$

の無限小時間ファインマン核が，(ロ) で示す

$$K^{(\mathrm{PQ})}(x_j,\ x_{j-1}\ ;\ t_j,\ t_{j-1}) = \int \frac{dp_j}{2\pi\hbar}\exp\left[\frac{i}{\hbar}\{p_j\varDelta x_j - \varDelta t H(p_j,\ x_{j-1}\ ;\ t_j)\}\right]$$

となることを示せ．

【2.1c】　相対論的粒子のハミルトニアン (練習問題 1.4c を参照．ただし，考えているのは 1 次元)

$$\hat{H} = c\sqrt{\hat{P}^2 + m^2c^2} \tag{2.40}$$

の経路積分で，運動量積分後のファインマン核と古典ラグランジュアン (1.177) の関係を調べよ．

2.2　もう1つの経路積分表示

2.2.1　生成・消滅演算子 — 個数表示 —

経路積分表示は演算子 $\hat{P}$，$\hat{Q}$ の固有状態を導入して，ファインマン核に対する時間推進演算子 (1.160) の積をc数化したものであった．ならば，$\hat{P}$，$\hat{Q}$ 以外の経路積分表示も考えられるはずである．よく用いられるものは，

$$\hat{Q} = \sqrt{\frac{\hbar}{2m\omega}}(\hat{a} + \hat{a}^\dagger), \qquad \hat{P} = \frac{1}{i}\sqrt{\frac{m\omega\hbar}{2}}(\hat{a} - \hat{a}^\dagger) \tag{2.41}$$

で導入される，**消滅演算子** (**annihilation operator**) $\hat{a}$，**生成演算子** (**creation operator**) $\hat{a}^\dagger$ である．

逆に解いたものは，

$$\hat{a} = \sqrt{\frac{m\omega}{2\hbar}}\left(\hat{Q} + i\frac{\hat{P}}{m\omega}\right), \qquad \hat{a}^\dagger = \sqrt{\frac{m\omega}{2\hbar}}\left(\hat{Q} - i\frac{\hat{P}}{m\omega}\right) \tag{2.42}$$

であり，m，ω は粒子の質量，振動数である．これらの間の交換関係は，以下で与えられる．

$$[\hat{a},\, \hat{a}^\dagger] = 1, \qquad [\hat{a},\, \hat{a}] = 0 = [\hat{a}^\dagger,\, \hat{a}^\dagger] \tag{2.43}$$

例題 2.2.1　(2.43) を導け．

【解】　交換関係 (1.105) に (2.41) を代入し公式 (1.58) に注意すれば，

$$\begin{aligned} i\hbar = [\hat{Q},\, \hat{P}] &= \sqrt{\frac{\hbar}{2m\omega}}\frac{1}{i}\sqrt{\frac{m\omega\hbar}{2}}[\hat{a} + \hat{a}^\dagger,\, \hat{a} - \hat{a}^\dagger] \\ &= \frac{\hbar}{2i}(-[\hat{a},\, \hat{a}^\dagger] + [\hat{a}^\dagger,\, \hat{a}]) = i\hbar[\hat{a},\, \hat{a}^\dagger] \Longrightarrow [\hat{a},\, \hat{a}^\dagger] = 1 \end{aligned}$$

となり，(2.43) が導かれた．□

ここで，**個数演算子** (**number operator**) $\hat{N}$

$$\hat{N} \equiv \hat{a}^\dagger \hat{a} \tag{2.44}$$

の (規格化されている) 固有ケットを導入する．つまり

$$\hat{N}|n\rangle = n|n\rangle \tag{2.45}$$

$$\langle m|n\rangle = \delta_{mn} \quad (m,\, n = 0,\, 1,\, 2,\, \cdots) \tag{2.46}$$

を満たすブラとケットの組であり，これを**個数表示** (**number state representation**) という．個数演算子 $\hat{N}$ と生成・消滅演算子との交換関係は，

$$[\hat{a},\, \hat{N}] = \hat{a}, \qquad [\hat{a}^\dagger,\, \hat{N}] = -\hat{a}^\dagger \tag{2.47}$$

で与えられる．

例題 2.2.2　(2.47) を導け．

【解】　交換関係の公式 (1.59) に注意すれば，

$$[\hat{a},\, \hat{N}] = [\hat{a},\, \hat{a}^\dagger \hat{a}] = [\hat{a},\, \hat{a}^\dagger]\hat{a} = \hat{a}$$

$$[\hat{a}^\dagger,\, \hat{N}] = [\hat{a}^\dagger,\, \hat{a}^\dagger \hat{a}] = \hat{a}^\dagger [\hat{a}^\dagger,\, \hat{a}] = -\hat{a}^\dagger$$

のように (2.47) を導くことができる．□

なお，

$$\hat{a}|n\rangle = \sqrt{n}\,|n-1\rangle, \qquad \hat{a}^\dagger|n\rangle = \sqrt{n+1}\,|n+1\rangle \tag{2.48}$$

のように，$\hat{a}$ は n を1つ減らし，$\hat{a}^\dagger$ は1つ増やすことがわかる (名前の由来でもある)．

例題 2.2.3　(2.48) を導け．

【解】　(2.47) にケット $|n\rangle$ を作用させ (2.45) を用いれば，

$$\hat{N}\hat{a}\,|n\rangle = (n-1)\hat{a}|n\rangle, \qquad \hat{N}\hat{a}^\dagger|n\rangle = (n+1)\hat{a}^\dagger|n\rangle$$

が得られる．よって，c_{n-1}，c_{n+1} を定数として $\hat{a}|n\rangle = c_{n-1}|n-1\rangle$，$\hat{a}^\dagger|n\rangle = c_{n+1}|n+1\rangle$ と書けるので，(2.46) と (2.44) を頭におけば，

$$|c_{n-1}|^2 = \langle n|\hat{a}^\dagger \hat{a}|n\rangle = n, \qquad |c_{n+1}|^2 = \langle n|\hat{a}\hat{a}^\dagger|n\rangle \overset{(2.43)}{=} \langle n|(\hat{a}^\dagger \hat{a} + 1)|n\rangle = n + 1$$

が得られる．

これらより（位相は物理に関係ないのでゼロとして），

$$c_{n-1} = \sqrt{n}, \qquad c_{n+1} = \sqrt{n+1}$$

となり，(2.48) が導ける．□

最低の状態 $|0\rangle$，つまり以下を満たす状態

$$\hat{a}|0\rangle = 0, \qquad \langle 0|\hat{a}^\dagger = 0, \qquad \langle 0|0\rangle = 1 \tag{2.49}$$

を**真空（vacuum）**という．調和振動子のハミルトニアン，

$$\hat{H} \equiv \frac{\hat{P}^2}{2m} + \frac{m\omega^2}{2}\hat{Q}^2 \tag{2.50}$$

は個数表示で対角化され，波動関数も求めることができる（練習問題 2.2a を参照）．

***n* 粒子状態（*n*－particle state）** $|n\rangle$ は，以下のように真空 $|0\rangle$ から作られる．

$$|n\rangle = \frac{(\hat{a}^\dagger)^n}{\sqrt{n!}}|0\rangle \tag{2.51}$$

(2.51) が (2.45) を満たすことを確かめよう．そのために，以下の交換関係に着目しよう．

$$[\hat{a}, (\hat{a}^\dagger)^n] = n(\hat{a}^\dagger)^{n-1} \tag{2.52}$$

例題 2.2.4　(2.52) を証明せよ．

【解】　帰納法で示す．

（i）$n = 1$ は交換関係 (2.43) で自明である．

（ii）$n - 1$ で成り立つと仮定すれば，$(\hat{a}^\dagger)^n = (\hat{a}^\dagger)^{n-1}\hat{a}^\dagger$ として，

$$[\hat{a},\ (\hat{a}^\dagger)^n] \overset{(1.59)}{=} (\hat{a}^\dagger)^{n-1}[\hat{a},\ \hat{a}^\dagger] + [\hat{a},\ (\hat{a}^\dagger)^{n-1}]\hat{a}^\dagger$$
$$\overset{(2.43)\,(2.52)}{=} (\hat{a}^\dagger)^{n-1} + (n-1)(\hat{a}^\dagger)^{n-2}\hat{a}^\dagger = n(\hat{a}^\dagger)^{n-1}$$

となり，n のとき成り立つことがわかり，（i），（ii）よりすべての自然数に対して(2.52) は成り立つ．□

(2.51) が (2.45)，(2.46) を満たすことを確めよう．

【証明】 (2.45) は，$\hat{a}|0\rangle = 0$ ((2.49)) に注意すれば，次のように示すことができる．

$$\hat{N}|n\rangle = \frac{1}{\sqrt{n!}}\hat{a}^\dagger\hat{a}(\hat{a}^\dagger)^n|0\rangle = \frac{1}{\sqrt{n!}}\hat{a}^\dagger(\hat{a}(\hat{a}^\dagger)^n - (\hat{a}^\dagger)^n\hat{a})|0\rangle$$
$$= \frac{1}{\sqrt{n!}}\hat{a}^\dagger[\hat{a},\ (\hat{a}^\dagger)^n]|0\rangle \overset{(2.52)}{=} \frac{n}{\sqrt{n!}}(\hat{a}^\dagger)^n|0\rangle = n|n\rangle$$

規格・直交関係 (2.46) は，(2.51) より $\langle m|n\rangle = (1/\sqrt{m!n!})\langle 0|\hat{a}^m(\hat{a}^\dagger)^n|0\rangle$ であるから，

$$\langle 0|\hat{a}^m(\hat{a}^\dagger)^n|0\rangle = n!\delta_{mn} \tag{2.53}$$

を示せばよい．再び真空条件 (2.49) に注意し，交換関係を用いれば

$$(2.53)\text{左辺} = \langle 0|\hat{a}^{m-1}[\hat{a},\ (\hat{a}^\dagger)^n]|0\rangle \overset{(2.52)}{=} n\langle 0|\hat{a}^{m-1}(\hat{a}^\dagger)^{n-1}|0\rangle$$
$$= n\langle 0|\hat{a}^{m-2}[\hat{a},\ (\hat{a}^\dagger)^{n-1}]|0\rangle \overset{(2.52)}{=} n(n-1)\langle 0|\hat{a}^{m-2}(\hat{a}^\dagger)^{n-2}|0\rangle$$
$$= \cdots = n(n-1)\cdots(n-k+1)\langle 0|\hat{a}^{m-k}(\hat{a}^\dagger)^{n-k}|0\rangle$$

となる．よって $n \geq m$ では，$k = m$ とおいて，

$$(2.53)\text{左辺} = n(n-1)\cdots(n-m+1)\langle 0|(\hat{a}^\dagger)^{n-m}|0\rangle = n!\delta_{mn}$$

となり，$m \geq n$ では，$k = n$ とおいて，

$$(2.53)\text{左辺} = n!\langle 0|\hat{a}^{m-n}|0\rangle = n!\delta_{mn}$$

となることよりわかる．□

2.2.2 コヒーレント状態

個数表示は $\hat{a}$ や $\hat{a}^\dagger$ の固有状態ではないので，経路積分表示には不向きである．そこで，

$$\hat{a}|\alpha\rangle = \alpha|\alpha\rangle, \qquad \langle\alpha|\hat{a}^\dagger = \langle\alpha|\alpha^* \tag{2.54}$$

のように消滅演算子の固有状態（とその共役）を考えてみよう．固有値 α は，$\hat{a}$ が自己共役ではないので複素数である．この $|\alpha\rangle$ を**コヒーレント状態** (**coherent states**) という．

その構成のために，ユニタリー演算子

$$\widehat{U}_{\mathrm{B}} \equiv e^{\widehat{\mathcal{B}}}, \qquad \widehat{\mathcal{B}} \equiv \hat{a}^\dagger\alpha - \alpha^*\hat{a} \tag{2.55}$$

を考える．ユニタリーであることは $\widehat{U}_{\mathrm{B}}^\dagger = e^{\widehat{\mathcal{B}}^\dagger}$ を思い出せば，

$$\widehat{\mathcal{B}}^\dagger = (\hat{a}^\dagger\alpha - \alpha^*\hat{a})^\dagger = \alpha^*\hat{a} - \hat{a}^\dagger\alpha = -\widehat{\mathcal{B}} \tag{2.56}$$

なので

$$\widehat{U}_{\mathrm{B}}^\dagger = e^{-\widehat{\mathcal{B}}} = \widehat{U}_{\mathrm{B}}^{-1}$$

となることよりわかる．また，

$$[\widehat{\mathcal{B}}, \hat{a}] = -\alpha, \qquad [\widehat{\mathcal{B}}, \hat{a}^\dagger] = -\alpha^* \tag{2.57}$$

に注意すれば，指数演算子の公式 (1.92) より，

$$\widehat{U}_{\mathrm{B}}^\dagger\hat{a}\widehat{U}_{\mathrm{B}} = \hat{a} + \alpha, \qquad \widehat{U}_{\mathrm{B}}^\dagger\hat{a}^\dagger\widehat{U}_{\mathrm{B}} = \hat{a}^\dagger + \alpha^* \tag{2.58}$$

が得られる．

例題 2.2.5　(2.58) を導け．

【解】 公式 (1.92) において，$\widehat{A} \to \widehat{\mathcal{B}}$, $\widehat{B} \to \begin{pmatrix} \hat{a} \\ \hat{a}^\dagger \end{pmatrix}$ とおくと (2.57) より $[\widehat{A}, \widehat{B}] =$ c 数なので，(1.92) の右辺第 3 項以降はゼロとなり

$$\widehat{U}_{\mathrm{B}}^\dagger \begin{pmatrix} \hat{a} \\ \hat{a}^\dagger \end{pmatrix} \widehat{U}_{\mathrm{B}} = e^{-\widehat{\mathcal{B}}} \begin{pmatrix} \hat{a} \\ \hat{a}^\dagger \end{pmatrix} e^{\widehat{\mathcal{B}}} = \begin{pmatrix} \hat{a} \\ \hat{a}^\dagger \end{pmatrix} - \begin{pmatrix} [\widehat{\mathcal{B}}, \hat{a}] \\ [\widehat{\mathcal{B}}, \hat{a}^\dagger] \end{pmatrix} \overset{(2.57)}{=} \begin{pmatrix} \hat{a} + \alpha \\ \hat{a}^\dagger + \alpha^* \end{pmatrix}$$

となり，(2.58) が導かれた．□

(2.58) より，コヒーレント状態 (とその共役) は

$$|\alpha\rangle = \hat{U}_{\mathrm{B}}|0\rangle, \qquad \langle\alpha| = \langle 0|\hat{U}_{\mathrm{B}}^{\dagger} \tag{2.59}$$

と構成される．なぜなら，

$$\hat{a}|\alpha\rangle = \hat{a}\hat{U}_{\mathrm{B}}|0\rangle \overset{(2.58)}{=} \hat{U}_{\mathrm{B}}(\hat{a}+\alpha)|0\rangle = \alpha\hat{U}_{\mathrm{B}}|0\rangle = \alpha|\alpha\rangle$$

$$\langle\alpha|\hat{a}^{\dagger} = \langle 0|\hat{U}_{\mathrm{B}}^{\dagger}\hat{a}^{\dagger} \overset{(2.58)}{=} \langle 0|(\hat{a}^{\dagger}+\alpha^{*})\hat{U}_{\mathrm{B}}^{\dagger} = \langle 0|\hat{U}_{\mathrm{B}}^{\dagger}\alpha^{*} = \langle\alpha|\alpha^{*}$$

となるからである．ここで，真空の条件 $\hat{a}|0\rangle = 0 = \langle 0|\hat{a}^{\dagger}$ を用いた．また内積は，

$$\langle\alpha|\alpha\rangle = \langle 0|\hat{U}_{\mathrm{B}}^{\dagger}\hat{U}_{\mathrm{B}}|0\rangle = \langle 0|0\rangle = 1$$

となる．

コヒーレント状態 (2.59) は変形すると，

$$|\alpha\rangle = e^{-|\alpha|^2/2}e^{\hat{a}^{\dagger}\alpha}|0\rangle, \qquad \langle\alpha| = \langle 0|e^{\alpha^{*}\hat{a}}e^{-|\alpha|^2/2} \tag{2.60}$$

となる．これを示すには，$[\hat{A},\hat{B}] = \mathrm{c}$ 数で成り立つ次の公式 (練習問題 2.2b を参照) を用いる．

$$e^{\hat{A}}e^{\hat{B}} = e^{\hat{A}+\hat{B}}e^{[\hat{A},\hat{B}]/2} \tag{2.61}$$

$$e^{\hat{A}}e^{\hat{B}} = e^{\hat{B}}e^{\hat{A}}e^{[\hat{A},\hat{B}]} \tag{2.62}$$

(2.61) は**キャンベル‐ベーカー‐ハウスドルフ (CBH) の公式 (Campbell‐Baker‐Hausdorff formula)** とよばれる．(2.61) で $\hat{A} \equiv \hat{a}^{\dagger}\alpha$, $\hat{B} \equiv -\alpha^{*}\hat{a}$ とおけば

$$[\hat{A},\hat{B}] = -[\hat{a}^{\dagger}\alpha, \alpha^{*}\hat{a}] = \alpha^{*}\alpha \tag{2.63}$$

が得られ，これは c 数なので，(2.61) の条件を満たしており，(2.63) を移項して

$$\hat{U}_{\mathrm{B}} = e^{\hat{A}+\hat{B}} = e^{\hat{A}}e^{\hat{B}}e^{-[\hat{A},\hat{B}]/2} = e^{\hat{a}^{\dagger}\alpha}e^{-\alpha^{*}\hat{a}}e^{-|\alpha|^2/2} \tag{2.64}$$

が得られる．$e^{-\alpha^{*}\hat{a}}|0\rangle = |0\rangle$ だから $\hat{U}_{\mathrm{B}}|0\rangle = e^{-|\alpha|^2/2}e^{\hat{a}^{\dagger}\alpha}|0\rangle$ と (2.60) の左側が出る．右側は共役変換で与えられる．

一方，指数演算子のべき展開を行い (2.51) に注意すれば，(2.60) は，

$$|\alpha\rangle = e^{-|\alpha|^2/2}\sum_{n=0}^{\infty}\frac{\alpha^n}{\sqrt{n!}}|n\rangle, \qquad \langle\alpha| = e^{-|\alpha|^2/2}\sum_{n=0}^{\infty}\frac{\alpha^{*n}}{\sqrt{n!}}\langle n| \quad (2.65)$$

となる.

コヒーレント状態は“完全性”に相当する

$$\int\frac{d^2\alpha}{\pi}|\alpha\rangle\langle\alpha| = \hat{\boldsymbol{I}} \quad (2.66)$$

という**単位の分解**（**resolution of unity**）を満たす.（完全性とよばない理由は少し後でわかる.）なお，(2.66) は重要な式であるので，以下で詳しく証明することにする.

【証明】 複素数の α 積分は $\alpha = x + iy = re^{i\theta}$ として

$$\int d^2\alpha \equiv \iint_{-\infty}^{\infty} dx\,dy = \int_0^{\infty} r\,dr\int_0^{2\pi} d\theta \quad (2.67)$$

で定義する.（2.65）を用いて,

$$(2.66)\text{左辺} = \int\frac{d^2\alpha}{\pi}e^{-|\alpha|^2}\sum_{m,n=0}^{\infty}\frac{\alpha^m\alpha^{*n}}{\sqrt{m!n!}}|m\rangle\langle n|$$

を得る．極表示すれば,

$$(2.66)\text{左辺} = \sum_{m,n=0}^{\infty}\frac{1}{\sqrt{m!n!}}|m\rangle\langle n|\int_0^{\infty}dr\,e^{-r^2}r^{m+n+1}\int_0^{2\pi}\frac{d\theta}{\pi}e^{i(m-n)\theta}$$

である．θ 積分は $2\pi\delta_{mn}$ を与え,

$$(2.66)\text{左辺} = \sum_{n=0}^{\infty}\frac{1}{n!}|n\rangle\langle n|\int_0^{\infty}2dr\,e^{-r^2}r^{2n+1} = \sum_{n=0}^{\infty}\frac{1}{n!}|n\rangle\langle n|\int_0^{\infty}ds\,s^n e^{-s}$$

となる．最後で変数変換 $s = r^2$ を行った．上式にガンマ関数の公式

$$(N! =)\Gamma(N+1) = \int_0^{\infty}ds\,s^N e^{-s} \quad (2.68)$$

を代入すれば，(2.66) が

$$\int\frac{d^2\alpha}{\pi}|\alpha\rangle\langle\alpha| = \sum_{n=0}^{\infty}|n\rangle\langle n| = \hat{\boldsymbol{I}}$$

と導かれる．□

異なったコヒーレント状態の内積はゼロでなく，

$$\langle \alpha' | \alpha \rangle = \exp\Big[-\frac{1}{2}|\alpha'|^2 - \frac{1}{2}|\alpha|^2 + \alpha'^* \alpha \Big]$$
$$= \exp\Big[-\frac{1}{2}\alpha'^* (\alpha' - \alpha) + \frac{1}{2}(\alpha'^* - \alpha^*)\alpha \Big] \qquad (2.69)$$

である．

例題 2.2.6　(2.69) を導け．

【解】　(2.65) を用いれば，

$$\langle \alpha' | \alpha \rangle = \exp\Big[-\frac{1}{2}|\alpha'|^2 - \frac{1}{2}|\alpha|^2 \Big] \sum_{m,n=0}^{\infty} \frac{1}{\sqrt{m!n!}} \alpha'^{*m} \alpha^n \langle m | n \rangle$$
$$\overset{(2.46)}{=} \exp\Big[-\frac{1}{2}|\alpha'|^2 - \frac{1}{2}|\alpha|^2 \Big] \sum_{n=0}^{\infty} \frac{1}{n!} (\alpha'^* \alpha)^n$$
$$= \exp\Big[-\frac{1}{2}|\alpha'|^2 - \frac{1}{2}|\alpha|^2 + \alpha'^* \alpha \Big] \qquad (2.70)$$

となる．これは (2.69) の1行目である．□

このように，コヒーレント状態は直交しない**過剰完全系** (**over-complete system**) である．これが，(2.66) を単位の分解とよんだ理由である．(基底は直交性・完全性を満たしていた．(1.34) を思い出そう．)

2.2.3　経路積分表示

コヒーレント表示の波動関数 (**coherent representation of wave function**) は

$$\Psi(T, \alpha) \equiv \langle \alpha | \Psi(T) \rangle \qquad (2.71)$$

である．真空のコヒーレント表示は，(2.60) より直ちに，

$$\Psi_0(\alpha) \equiv \langle\alpha|0\rangle \overset{(2.65)}{=} e^{-|\alpha|^2/2} (= \Psi_0{}^*(\alpha) = \langle 0|\alpha\rangle) \tag{2.72}$$

と求まる．状態の時間変化は $t' \to T$，$t \to 0$ とした時間推進の式 (1.126) に左から $\langle\alpha|$ を作用し，単位の分解 (2.66) を α_0 で挿入すれば，

$$\Psi(T, \alpha) = \int \frac{d^2\alpha_0}{\pi} K(\alpha, \alpha_0\,;\, T)\, \Psi(0, \alpha_0) \tag{2.73}$$

となる．ただし，

$$\begin{aligned} K(\alpha, \alpha_0\,;\, T) &\equiv \langle\alpha|\widehat{U}(T, 0)|\alpha_0\rangle \\ &= \lim_{N\to\infty} \langle\alpha|\Big(\hat{\boldsymbol{I}} - \frac{i}{\hbar}\varDelta t \widehat{H}(t_N)\Big) \cdots \Big(\hat{\boldsymbol{I}} - \frac{i}{\hbar}\varDelta t \widehat{H}(t_1)\Big)|\alpha_0\rangle \end{aligned} \tag{2.74}$$

である．

ハミルトニアンは生成演算子を左に，消滅演算子を右におく**正規積順序** **(normal ordering)**，

$$\widehat{H}(t) \to H(\hat{a}^\dagger, \hat{a}\,;\, t) = \sum_{m,n=0} h_{mn}(t)\, (\hat{a}^\dagger)^m \hat{a}^n \tag{2.75}$$

で与えられているとする．そこで，単位の分解 (2.66) を $N-1$ 個挿入すれば，

$$K(\alpha, \alpha_0\,;\, T) = \lim_{N\to\infty} \Big(\prod_{j=1}^{N-1} \int \frac{d^2\alpha_j}{\pi}\Big)\Big(\prod_{j=1}^{N} K(\alpha_j, \alpha_{j-1}\,;\, t_j, t_{j-1})\Big)\Big|_{\alpha_0}^{\alpha_N=\alpha} \tag{2.76}$$

となる．ただし，

$$K(\alpha_j, \alpha_{j-1}\,;\, t_j, t_{j-1}) \equiv \langle\alpha_j|\hat{\boldsymbol{I}} - \frac{i}{\hbar}\varDelta t \widehat{H}(\hat{a}^\dagger, \hat{a}\,;\, t_j)|\alpha_{j-1}\rangle \tag{2.77}$$

である．(2.75) を考慮すれば，

$$\langle \alpha_j | \hat{H}(\hat{a}^\dagger, \hat{a}; t_j) | \alpha_{j-1} \rangle = H(\alpha_j^*, \alpha_{j-1}; t_j) \langle \alpha_j | \alpha_{j-1} \rangle \tag{2.78}$$

$$H(\alpha_j^*, \alpha_{j-1}; t_j) \equiv \sum_{m,n=0} h_{mn}(t_j) (\alpha_j^*)^m (\alpha_{j-1})^n \tag{2.79}$$

である．残った内積は

$$\langle \alpha_j | \alpha_{j-1} \rangle \overset{(2.69)}{=} \exp\left[-\frac{\alpha_j^* \Delta\alpha_j}{2} + \frac{\Delta\alpha_j^* \alpha_{j-1}}{2} \right] \tag{2.80}$$

$$\Delta\alpha_j \equiv \alpha_j - \alpha_{j-1}, \qquad \Delta\alpha_j^* \equiv \alpha_j^* - \alpha_{j-1}^* \tag{2.81}$$

と与えられる．

したがって，

$$K(\alpha_j, \alpha_{j-1}; t_j, t_{j-1}) = \exp\left[-\frac{\alpha_j^* \Delta\alpha_j - \Delta\alpha_j^* \alpha_{j-1}}{2} - \frac{i\Delta t}{\hbar} H(\alpha_j^*, \alpha_{j-1}; t_j) \right] + O(\Delta t^2) \tag{2.82}$$

が得られる．

こうして，ファインマン核 (2.74) の経路積分表示は

$$K(\alpha, \alpha_0; T) = \lim_{N\to\infty} \left(\prod_{j=1}^{N-1} \int \frac{d^2\alpha_j}{\pi} \right) \exp\left[-\sum_{j=1}^{N} \left\{ \frac{\alpha_j^* \Delta\alpha_j}{2} - \frac{\Delta\alpha_j^* \alpha_{j-1}}{2} + \frac{i\Delta t}{\hbar} H(\alpha_j^*, \alpha_{j-1}; t_j) \right\} \right]_{\alpha_0}^{\alpha_N=\alpha} \tag{2.83}$$

となる．ここで，$\alpha_j^* \Delta\alpha_j/2$，$\Delta\alpha_j^* \alpha_{j-1}/2$ を**運動項 (kinetic term)** とよぶ．

物理量としては，時間推進演算子の真空期待値

$$Z(T) = \langle 0 | \hat{U}(T, 0) | 0 \rangle = \int \frac{d^2\alpha}{\pi} \frac{d^2\alpha_0}{\pi} \Psi_0^*(\alpha) K(\alpha, \alpha_0; T) \Psi_0(\alpha_0) \tag{2.84}$$

がよく用いられる．

例題 2.2.7　(2.84) を導け.

【解】 単位の分解を α, α_0 の形で挿入し，$\Psi_0(\alpha) = \langle\alpha|0\rangle$ を用いれば

$$\langle 0|\hat{U}(T, 0)|0\rangle = \int\frac{d^2\alpha}{\pi}\frac{d^2\alpha_0}{\pi}\langle 0|\alpha\rangle\langle\alpha|\hat{U}(T, 0)|\alpha_0\rangle\langle\alpha_0|0\rangle$$

$$\overset{(2.74)}{=}\int\frac{d^2\alpha}{\pi}\frac{d^2\alpha_0}{\pi}\Psi_0^*(\alpha)K(\alpha, \alpha_0 ; T)\Psi_0(\alpha_0)$$

となり，(2.84) が導かれる. □

これからよく用いる，運動項を 1 つにまとめる**端点公式** (**end - point formula**) を以下に挙げておく.

$$\sum_{j=1}^{M}\left(\frac{\alpha_j^*\Delta\alpha_j}{2} - \frac{\Delta\alpha_j^*\alpha_{j-1}}{2}\right) = \frac{|\alpha_M|^2}{2} + \frac{|\alpha_0|^2}{2} - \alpha_M^*\alpha_{M-1} + \sum_{j=1}^{M-1}\alpha_j^*\Delta\alpha_{j-1} \tag{2.85}$$

端点以外は 2 個ずつあるので明らかである. 部分積分の差分版である.

端点公式を用いれば，$Z(T)$ (2.84) の経路積分表示は，

$$Z(T) = \lim_{N\to\infty}\left(\prod_{j=0}^{N}\int\frac{d^2\alpha_j}{\pi}\right)\exp\left[-\sum_{j=0}^{N}\left\{\alpha_j^*\Delta\alpha_j + \frac{i\Delta t}{\hbar}H(\alpha_j^*, \alpha_{j-1} ; t_j)\right\}\right]_{\alpha_{-1}=0}$$
$$H(\alpha_0^*, \alpha_{-1} ; t_0) = 0 \tag{2.86}$$

で与えられる.

例題 2.2.8　(2.86) を導け.

【解】 (2.84) に真空のコヒーレント状態 (2.72) を $\alpha = \alpha_N$ として用いれば，

$$Z(T) = \int\frac{d^2\alpha_N}{\pi}\int\frac{d^2\alpha_0}{\pi}\exp\left[-\frac{\alpha_N^2}{2}\right]K(\alpha_N, \alpha_0 ; T)\exp\left[-\frac{\alpha_0^2}{2}\right]$$

となり，(2.83) で指数の肩の運動項と合わせれば

$$Z(T) \text{ 指数の肩} = -\frac{|\alpha_N|^2}{2} - \sum_{j=1}^{N}\left[\frac{\alpha_j^* \Delta\alpha_j}{2} - \frac{\Delta\alpha_j^* \alpha_{j-1}}{2}\right] - \frac{|\alpha_0|^2}{2}$$

が得られる．これは，$M \to N$ での端点公式 (2.85) を用いれば $\alpha_{-1} = 0$ として，

$$Z(T) \text{ 指数の肩} = -\sum_{j=0}^{N} \alpha_j^*(\alpha_j - \alpha_{j-1})$$

となる．ハミルトニアンは $H(\alpha_0^*, \alpha_{-1}; t_1) = 0$ の下，$\sum_{j=1}^{N} \to \sum_{j=0}^{N}$ とできる．よって，(2.86) が導かれる．□

2.2.4 自由度 *f*

自由度 f 個 (f 次元) の場合を考えよう．交換関係は (2.43) の一般化で，

$$[\hat{a}_\beta, \hat{a}_\gamma^\dagger] = \delta_{\beta\gamma}, \qquad [\hat{a}_\beta, \hat{a}_\gamma] = 0 = [\hat{a}_\beta^\dagger, \hat{a}_\gamma^\dagger] \quad (\beta, \gamma = 1, 2, \cdots, f) \tag{2.87}$$

と与えられる．真空はすべての β に対して

$$\hat{a}_\beta|\mathbf{0}\rangle = 0, \qquad |\mathbf{0}\rangle \equiv \overbrace{|0\rangle \otimes |0\rangle \otimes \cdots \otimes |0\rangle}^{f\text{ 個}} \tag{2.88}$$

であるから，個数演算子は各自由度ごとの (2.44) の和

$$\hat{N} = \sum_{\beta=1}^{f} \hat{N}_\beta = \sum_{\beta=1}^{f} \hat{a}_\beta^\dagger \hat{a}_\beta \equiv \hat{\boldsymbol{a}}^\dagger \hat{\boldsymbol{a}} \tag{2.89}$$

で与えられる．

ここで，演算子のベクトル記号と共に，固有値

$$\hat{\boldsymbol{a}} = (\hat{a}_1, \hat{a}_2, \cdots, \hat{a}_f), \qquad \boldsymbol{\alpha} = (\alpha_1, \alpha_2, \cdots, \alpha_f) \tag{2.90}$$

を導入すると，ユニタリー演算子 (2.55) は，

$$\hat{\boldsymbol{U}}_\mathrm{B} \equiv \exp[\hat{\boldsymbol{a}}^\dagger \boldsymbol{\alpha} - \boldsymbol{\alpha}^* \hat{\boldsymbol{a}}] \tag{2.91}$$

である．異なる自由度は可換なので，それぞれの積で

$$\hat{\boldsymbol{U}}_\mathrm{B} = \prod_{\beta=1}^{f} \hat{U}_\mathrm{B}^{(\beta)}, \qquad \hat{U}_\mathrm{B}^{(\beta)} \equiv \exp[\hat{a}_\beta^\dagger \alpha_\beta - \alpha_\beta^* \hat{a}_\beta] \tag{2.92}$$

と書ける．つまり，各自由度に関するシフト (2.58) が成り立つ．

$$\hat{U}_{\rm B}^\dagger \hat{a}_\beta \hat{U}_{\rm B} = \hat{a}_\beta + \alpha_\beta \tag{2.93}$$

このユニタリー演算子によって，コヒーレント状態は以下のように与えられる．

$$|\boldsymbol{\alpha}\rangle = \hat{U}_{\rm B}|\mathbf{0}\rangle = e^{-\boldsymbol{\alpha}^*\boldsymbol{\alpha}/2} e^{\hat{\boldsymbol{a}}^\dagger \boldsymbol{\alpha}}|\mathbf{0}\rangle \tag{2.94}$$

$$\hat{\boldsymbol{a}}|\boldsymbol{\alpha}\rangle = \boldsymbol{\alpha}|\boldsymbol{\alpha}\rangle, \qquad \langle\boldsymbol{\alpha}|\hat{\boldsymbol{a}}^\dagger = \langle\boldsymbol{\alpha}|\boldsymbol{\alpha}^*, \qquad \langle\boldsymbol{\alpha}|\boldsymbol{\alpha}\rangle = 1 \tag{2.95}$$

(2.94) は (2.88) と (2.92) を考慮すれば，

$$|\boldsymbol{\alpha}\rangle = |\alpha_1\rangle \otimes |\alpha_2\rangle \otimes \cdots \otimes |\alpha_f\rangle \left(\equiv \prod_{\beta=1}^{f} |\alpha_\beta\rangle \right) \tag{2.96}$$

であるから，単位の分解式も次に見るように直積で与えられる．

$$\int \frac{d^{2f}\boldsymbol{\alpha}}{\pi^f} |\boldsymbol{\alpha}\rangle\langle\boldsymbol{\alpha}| = \hat{\boldsymbol{I}} (\equiv \hat{\boldsymbol{I}}_1 \otimes \hat{\boldsymbol{I}}_2 \otimes \cdots \otimes \hat{\boldsymbol{I}}_f) \tag{2.97}$$

例題 2.2.9　(2.97) を示せ．

【解】　(2.96) より，各自由度で単位の分解式 (2.66) を満たしているので，

$$\int \frac{d^{2f}\boldsymbol{\alpha}}{\pi^f} |\boldsymbol{\alpha}\rangle\langle\boldsymbol{\alpha}| = \prod_{\beta=1}^{f} \left(\int \frac{d^2\alpha_\beta}{\pi} |\alpha_\beta\rangle\langle\alpha_\beta| \right) = \hat{\boldsymbol{I}}_1 \otimes \hat{\boldsymbol{I}}_2 \otimes \cdots \otimes \hat{\boldsymbol{I}}_f = \hat{\boldsymbol{I}}$$

と，(2.97) を示すことができる．□

前項と同様に，ハミルトニアンが正規積

$$H(\hat{\boldsymbol{a}}^\dagger, \hat{\boldsymbol{a}}; t) = \sum_{\boldsymbol{m},\boldsymbol{n}=0} h_{\boldsymbol{mn}}(t) (\hat{a}_1^\dagger)^{m_1} \cdots (\hat{a}_f^\dagger)^{m_f} (\hat{a}_1)^{n_1} \cdots (\hat{a}_f)^{n_f} \tag{2.98}$$

で与えられているとしよう．ただし

$$\boldsymbol{m} \equiv (m_1, m_2, \cdots, m_f), \qquad \boldsymbol{n} \equiv (n_1, n_2, \cdots, n_f) \tag{2.99}$$

とした．ファインマン核は (2.83) をベクトル記号で書いた，

$$K(\boldsymbol{\alpha},\boldsymbol{\alpha}_0\,;T)=\lim_{N\to\infty}\left(\prod_{j=1}^{N-1}\int\frac{d^{2f}\boldsymbol{\alpha}_j}{\pi^f}\right)$$
$$\times\exp\left[-\sum_{j=1}^{N}\left\{\frac{\boldsymbol{\alpha}_j^*\Delta\boldsymbol{\alpha}_j}{2}-\frac{\Delta\boldsymbol{\alpha}_j^*\boldsymbol{\alpha}_{j-1}}{2}+i\Delta t\frac{H(\boldsymbol{\alpha}_j^*,\boldsymbol{\alpha}_{j-1}\,;t_j)}{\hbar}\right\}\right]_{\boldsymbol{\alpha}_0}^{\boldsymbol{\alpha}_N=\boldsymbol{\alpha}} \tag{2.100}$$

で与えられる．ただし

$$H(\boldsymbol{\alpha}^*,\boldsymbol{\alpha}\,;t)\equiv\sum_{\boldsymbol{m},\boldsymbol{n}=0}h_{\boldsymbol{mn}}(t)(\alpha_1^*)^{m_1}\cdots(\alpha_f^*)^{m_f}(\alpha_1)^{n_1}\cdots(\alpha_f)^{n_f} \tag{2.101}$$

および

$$\Delta\boldsymbol{\alpha}_j\equiv\boldsymbol{\alpha}_j-\boldsymbol{\alpha}_{j-1},\qquad\Delta\boldsymbol{\alpha}_j^*\equiv\boldsymbol{\alpha}_j^*-\boldsymbol{\alpha}_{j-1}^* \tag{2.102}$$

である．

$Z(T)$ ((2.86)) は，

$$Z(T)=\lim_{N\to\infty}\left(\prod_{j=0}^{N}\int\frac{d^{2f}\boldsymbol{\alpha}_j}{\pi^f}\right)\exp\left[-\sum_{j=0}^{N}\left\{\boldsymbol{\alpha}_j^*\Delta\boldsymbol{\alpha}_j+\frac{i\Delta t}{\hbar}H(\boldsymbol{\alpha}_j^*,\boldsymbol{\alpha}_{j-1}\,;t_j)\right\}\right]_{\boldsymbol{\alpha}_{-1}=0}$$
$$H(\boldsymbol{\alpha}_0^*,\boldsymbol{\alpha}_{-1}\,;t_1)=0 \tag{2.103}$$

である．

最後に，実際の計算で有用な $\boldsymbol{\alpha}$ の変数変換を考えよう．$\boldsymbol{V}$ を $f\times f$ 行列としたとき，

$$\boldsymbol{\alpha}=\boldsymbol{V}\boldsymbol{\alpha}',\qquad\boldsymbol{\alpha}^\dagger=\boldsymbol{\alpha}'^\dagger\boldsymbol{V}^\dagger \tag{2.104}$$

において，積分測度は，以下のように変換される（証明は練習問題2.2eを参照）．

$$d^{2f}\boldsymbol{\alpha}=|\det(\boldsymbol{V}^\dagger\boldsymbol{V})|d^{2f}\boldsymbol{\alpha}' \tag{2.105}$$

練 習 問 題

【2.2a】 ハミルトニアン (2.50) が個数表示で対角化されることを示し，n 体波動関数

$$\psi_n(x) = \langle x|n\rangle \quad (n = 0, 1, \cdots) \tag{2.106}$$

を計算せよ.

【2.2b】 指数演算子公式 (2.61)，(2.62) を証明せよ.

【2.2c】 コヒーレント状態での期待値を $\langle\hat{A}\rangle \equiv \langle\alpha|\hat{A}\alpha\rangle$，ずれの演算子を $\varDelta\hat{A} \equiv \hat{A} - \langle\hat{A}\rangle$ と書いたとき $\langle(\varDelta\hat{Q})^2\rangle$，$\langle(\varDelta\hat{P})^2\rangle$ を計算し，

$$\langle(\varDelta\hat{Q})^2\rangle\langle(\varDelta\hat{P})^2\rangle = \frac{\hbar^2}{4} \tag{2.107}$$

と不確定性関係 (1.80) の最小状態となることを示せ.

【2.2d】 ユニタリー演算子

$$\hat{U} \equiv \exp\left[-\frac{i}{\hbar}(\hat{\boldsymbol{P}}\boldsymbol{q} - \hat{\boldsymbol{Q}}\boldsymbol{p})\right] \tag{2.108}$$

がシフト

$$\hat{U}^\dagger\hat{\boldsymbol{P}}\hat{U} = \hat{\boldsymbol{P}} + \boldsymbol{p}, \qquad \hat{U}^\dagger\hat{\boldsymbol{Q}}\hat{U} = \hat{\boldsymbol{Q}} + \boldsymbol{q} \tag{2.109}$$

を誘起し，変数

$$\boldsymbol{\alpha} = \sqrt{\frac{m\omega}{2\hbar}}\left(\boldsymbol{q} + i\frac{\boldsymbol{p}}{m\omega}\right), \qquad \boldsymbol{\alpha}^* = \sqrt{\frac{m\omega}{2\hbar}}\left(\boldsymbol{q} - i\frac{\boldsymbol{p}}{m\omega}\right) \tag{2.110}$$

を導入すると，$\hat{U} = \hat{U}_{\mathrm{B}}$((2.91)) であることを示せ.

【2.2e】 変数変換 (2.104) による積分測度の公式 (2.105) を導出せよ.

2.3 フェルミ粒子の経路積分表示

2.3.1 フェルミ系

前節の議論 (ボース (Bose) 系とよぶ) は，フェルミ (Fermi) 系に拡張す

ることができる．フェルミ粒子は生成・消滅演算子が**反交換関係** (**anti-commutation relation**)

$$\{\hat{b}, \hat{b}^\dagger\} = 1, \qquad \{\hat{b}, \hat{b}\} = 0 = \{\hat{b}^\dagger, \hat{b}^\dagger\} \tag{2.111}$$

を満たすものとして定義され，反交換関係は，

$$\{\hat{A}, \hat{B}\} \equiv \hat{A}\hat{B} + \hat{B}\hat{A} \tag{2.112}$$

である．つまり，(2.111) で反交換関係がゼロの部分は，**べきゼロ** (**nilpotent**)

$$\hat{b}^2 = 0 = (\hat{b}^\dagger)^2 \tag{2.113}$$

を表している．

真空は (2.49) 同様，消滅演算子で消えるものとして，

$$\hat{b}|0\rangle = 0, \qquad \langle 0|\hat{b}^\dagger = 0, \qquad \langle 0|0\rangle = 1 \tag{2.114}$$

で定義する．1 粒子状態は，

$$|1\rangle = \hat{b}^\dagger|0\rangle, \qquad \langle 1| = \langle 0|\hat{b} \tag{2.115}$$

となり，べきゼロ性より 2 粒子以上の状態は存在しない．実際，個数演算子，

$$\hat{N} \equiv \hat{b}^\dagger\hat{b}, \qquad \hat{N}|n\rangle = n|n\rangle \tag{2.116}$$

の固有値 n は 0, 1 であり，**パウリ原理** (**Pauli principle**) を満たしている．

例題 2.3.1 固有値 n が 0, 1 であることを示せ．

【解】 $|2\rangle \propto (\hat{b}^\dagger)^2|0\rangle = 0$．(2.114) より $\hat{N}|0\rangle = 0$．さらに，1 粒子状態 $|1\rangle$ に個数演算子を作用すると，

$$\hat{N}|1\rangle = \hat{b}^\dagger\hat{b}\hat{b}^\dagger|0\rangle = \hat{b}^\dagger\{\hat{b}, \hat{b}^\dagger\}|0\rangle \overset{(2.111)}{=} \hat{b}^\dagger|0\rangle = |1\rangle$$

となり，固有値 n は 0 と 1 であることが示された．□

なお，これらは以下のような規格・直交性を満たす．

$$\langle m|n\rangle = \delta_{mn} \quad (m, n = 0, 1) \tag{2.117}$$

なぜなら，$\langle 0|0\rangle = 1$ は定義 (2.114) そのもので，$\langle 1|0\rangle = 0 = \langle 0|1\rangle$ は真空の定義 (2.114) より自明である．さらに，

$$\langle 1|1\rangle = \langle 0|\hat{b}\hat{b}^{\dagger}|0\rangle \overset{(2.114)}{=} \langle 0|\{\hat{b},\ \hat{b}^{\dagger}\}|0\rangle \overset{(2.111)}{=} 1$$

が成り立つからである.

こうして, $\{|0\rangle, |1\rangle\}$ は基底であり, 直交性を満たしているから, 完全性

$$|0\rangle\langle 0| + |1\rangle\langle 1| = \sum_{n=0}^{1} |n\rangle\langle n| = \hat{I} \tag{2.118}$$

が成り立つのは明らかである (練習問題 1.1d を参照).

2.3.2 フェルミ系のコヒーレント状態

経路積分表示には前節同様, 次の消滅・生成演算子の固有状態

$$\hat{b}|\xi\rangle = \xi|\xi\rangle, \qquad \langle\xi|\hat{b}^{\dagger} = \langle\xi|\xi^* \tag{2.119}$$

つまり, **フェルミ粒子のコヒーレント状態** (**coherent states of fermi operator**) が必要[†5]である. ξ, ξ^* は $\hat{b}, \hat{b}^{\dagger}$ の固有値で (2.113) に対応し, べきゼロ

$$\xi^2 = 0, \qquad (\xi^*)^2 = 0 \tag{2.120}$$

でなければならないから, 反交換関係

$$\{\xi_i, \xi_j\} = 0 \quad (i, j = 1, 2\ ;\ \xi_1 \equiv \xi,\ \xi_2 \equiv \xi^*) \tag{2.121}$$

を満たすこととなる.

このような数を**グラスマン数** (**Grassmann number**) とよび, フェルミ演算子に対しても以下の反交換関係に従う.

$$\{\hat{b}, \xi_i\} = 0 = \{\hat{b}^{\dagger}, \xi_i\} \tag{2.122}$$

反交換関係がゼロであるとき, 互いに**反可換** (**anti - commutable**) という. 共役 (1.23) ～ (1.27) は, グラスマン数を含む場合

---

†5　コヒーレント状態は, 物理的にはレーザーのように多くの粒子が 1 つの状態にひしめき合う系であるが, フェルミ粒子はパウリ原理 (2.113) のためにそんなことは起こらない. しかし, ボース系 (2.54) とフェルミ系 (2.119) の類似性からこうよぶ.

$$\left.\begin{aligned} &\xi|\phi\rangle \overset{*}{\Longleftrightarrow} \langle\phi|\xi^* \quad (|\phi\rangle：\text{任意の状態}) \\ &\hat{b}^\dagger\xi \overset{*}{\Longleftrightarrow} \xi^*\hat{b} \\ &\xi'\xi \overset{*}{\Longleftrightarrow} \xi^*\xi'^* \quad (\xi,\ \xi'\ \text{は異なるグラスマン数}) \end{aligned}\right\} \tag{2.123}$$

などと拡張される．グラスマン数は，演算子と同じように共役で順序が変わる．((2.119) が互いに共役であることは以下で確かめる．)

$\hat{b}$, $\hat{b}^\dagger$, ξ, ξ^* や奇数個の積 $\hat{b}^\dagger\hat{b}\xi$, $\hat{b}\xi^*\xi$ などのように反可換性を持つ量を**グラスマン奇 (要素) (Grassmann odd (element))**，偶数個の積 $\hat{b}^\dagger\xi$, $\xi^*\xi$ やボース演算子，c 数など可換性を持つものは**グラスマン偶 (要素) (Grassmann even (element))** という．真空は何もない状態であるから，グラスマン偶で以下を満たす．

$$\xi_i|0\rangle = |0\rangle\xi_i \tag{2.124}$$

以上で，コヒーレント状態を作る準備はできた．ボース系 (2.55)～(2.58) を考えた際のプロセスにならい，

$$\hat{U}_{\mathrm{F}} \equiv e^{\hat{F}}, \qquad \hat{F} \equiv \hat{b}^\dagger\xi - \xi^*\hat{b} \tag{2.125}$$

を考える ($\hat{U}_{\mathrm{F}} = \hat{\boldsymbol{I}} + \hat{F} + \hat{F}^2$ であるが指数のままで議論する)．ユニタリー

$$\hat{U}_{\mathrm{F}}^\dagger = \hat{U}_{\mathrm{F}}^{-1} \tag{2.126}$$

であることは，($\hat{U}_{\mathrm{F}}^\dagger = \mathrm{e}^{\hat{F}^\dagger}$ を思い出し) 共役 (2.123) より以下のように明らかである．

$$\hat{F}^\dagger = (\hat{b}^\dagger\xi - \xi^*\hat{b})^\dagger = \xi^*\hat{b} - \hat{b}^\dagger\xi = -\hat{F} \tag{2.127}$$

以降の議論で用いられる，グラスマン奇である A, B, C に対する公式を挙げておこう．

$$[AB,\ C] = A\{B,\ C\} - \{A,\ C\}B \tag{2.128}$$

例題 2.3.2　(2.128) を示せ．

【解】　右辺を反交換関係 (2.111) を思い出して，あらわに書くと，

$$\text{右辺} = A(BC + CB) - (AC + CA)B$$
$$= ABC - BCA = [A, BC] = \text{左辺}$$

となり，(2.128) が示された．□

$\widehat{U}_{\mathrm{F}}$ により，生成・消滅演算子のシフトがボース系 (2.58) 同様，

$$\widehat{U}_{\mathrm{F}}^{\dagger}\hat{b}\widehat{U}_{\mathrm{F}} = \hat{b} + \xi, \qquad \widehat{U}_{\mathrm{F}}^{\dagger}\hat{b}^{\dagger}\widehat{U}_{\mathrm{F}} = \hat{b}^{\dagger} + \xi^{*} \tag{2.129}$$

で与えられる．証明しよう．

【証明】 まず，右側が左側の共役で与えられることに注意しよう．なぜなら，$(\widehat{U}_{\mathrm{F}}^{\dagger}\hat{b}\widehat{U}_{\mathrm{F}})^{\dagger} = \widehat{U}_{\mathrm{F}}^{\dagger}\hat{b}^{\dagger}\widehat{U}_{\mathrm{F}}$ であるからだ．

そこで左側の証明をしよう．まず

$$[-\widehat{F}, \hat{b}] = [\xi^{*}\hat{b} - \hat{b}^{\dagger}\xi, \hat{b}] \overset{(2.128)}{=} \xi \tag{2.130}$$

であり，さらに $[\widehat{F}, \xi] = 0$ であるから指数演算子公式 (1.92) より

$$\widehat{U}_{\mathrm{F}}^{\dagger}\hat{b}\widehat{U}_{\mathrm{F}} = \hat{b} + \xi$$

が得られる．こうして (2.129) が示された．□

これより，(互いに共役な) コヒーレント状態 (2.119) は

$$|\xi\rangle = \widehat{U}_{\mathrm{F}}|0\rangle, \qquad \langle\xi| = \langle 0|\widehat{U}_{\mathrm{F}}^{\dagger} \tag{2.131}$$

となる．

例題 2.3.3　(2.131) が (2.119) を満たすことを示せ．

【解】 双方は互いに共役の関係で結ばれているので，左側の消滅演算子で議論する．(2.129) に左から $\widehat{U}_{\mathrm{F}}$ を作用すると，

$$\hat{b}\widehat{U}_{\mathrm{F}} = \widehat{U}_{\mathrm{F}}(\hat{b} + \xi) \tag{2.132}$$

が得られる．これを真空 $|0\rangle$ に作用すれば，

$$\hat{b}\widehat{U}_{\mathrm{F}}|0\rangle \overset{(2.132)}{=} \widehat{U}_{\mathrm{F}}(\hat{b} + \xi)|0\rangle \overset{(2.114)}{=} \widehat{U}_{\mathrm{F}}\xi|0\rangle = \xi\widehat{U}_{\mathrm{F}}|0\rangle$$

となる．これは (2.131) である (最後で $\xi\hat{U}_{\rm F} = \hat{U}_{\rm F}\xi$ を用いた)．□

コヒーレント状態 (2.131) の具体形も

$$|\xi\rangle = e^{-\xi^*\xi/2}e^{\hat{b}^\dagger\xi}|0\rangle, \qquad \langle\xi| = \langle 0|e^{\xi^*\hat{b}}e^{-\xi^*\xi/2} \tag{2.133}$$

のように，ボース系 (2.60) と同形である．

例題 2.3.4 (2.133) を導け．

【解】 双方共役なので左側を示せばよい．CBH の公式 (2.61) で $\hat{A} \to \hat{b}^\dagger\xi$, $\hat{B} \to -\xi^*\hat{b}$ とすれば，

$$[\hat{b}^\dagger\xi, -\xi^*\hat{b}] = \xi^*\xi \tag{2.134}$$

であり，右辺はグラスマン偶で c 数と同じなので，

$$\exp[\hat{b}^\dagger\xi - \xi^*\hat{b}] = e^{-\xi^*\xi/2}\exp[\hat{b}^\dagger\xi]\exp[-\xi^*\hat{b}]$$

となる．真空に作用すれば，$\exp[-\xi^*\hat{b}]|0\rangle = |0\rangle$ で (2.133) の左側が示された．□

ボース系と形は同じだが，べきゼロ性のため指数演算子 $e^{\hat{b}^\dagger\xi}$ は，

$$\exp[\hat{b}^\dagger\xi] = \hat{I} + \hat{b}^\dagger\xi = \hat{I} - \xi\hat{b}^\dagger, \qquad \exp[\xi^*\hat{b}] = \hat{I} - \hat{b}\xi^*$$

と書ける．1 粒子状態 (2.115) を考慮すれば，

$$|\xi\rangle = e^{-\xi^*\xi/2}(|0\rangle - \xi|1\rangle), \qquad \langle\xi| = (\langle 0| - \langle 1|\xi^*)e^{-\xi^*\xi/2} \tag{2.135}$$

である (ボース系では無限和 (2.65) で与えられた)．

内積もボース系と同形 (2.69)

$$\begin{aligned}\langle\xi'|\xi\rangle &= \exp\left[-\frac{\xi'^*\xi'}{2} - \frac{\xi^*\xi}{2} + \xi'^*\xi\right] \\ &= \exp\left[-\frac{\xi'^*(\xi' - \xi)}{2} + \frac{(\xi'^* - \xi^*)\xi}{2}\right]\end{aligned} \tag{2.136}$$

のように与えられる†6．

†6 べきゼロ性のために，より一般的な消滅・生成演算子の固有状態を作ることができる．しかし，経路積分という目的に限ればコヒーレント状態で十分である．詳しくは練習問題 2.3b〜e を参照．

例題 2.3.5　(2.136) を示せ.

【解】　計算すべきは $\langle 0|e^{\xi'^*\hat{b}}e^{\hat{b}^\dagger\xi}|0\rangle$ である. 交換関係 (2.134) を用いれば, (2.62) より

$$e^{\xi'^*\hat{b}}e^{\hat{b}^\dagger\xi} = e^{\hat{b}^\dagger\xi}e^{\xi'^*\hat{b}}\exp([\xi'^*\hat{b},\ \hat{b}^\dagger\xi]) = e^{\hat{b}^\dagger\xi}e^{\xi'^*\hat{b}}e^{\xi'^*\xi}$$

となる. $e^{-\xi'^*\xi'/2}\langle 0|$ と $e^{-\xi^*\xi/2}|0\rangle$ で挟めば (2.136) が得られる. □

2.3.3　グラスマン積分

単位の分解 (2.66) に相当する関係を作るために, グラスマン数の積分を

$$\int d\xi = 0, \qquad \int \xi\, d\xi = i, \qquad i \equiv \sqrt{-1} \tag{2.137}$$

で導入する. 積分測度 $d\xi$ は, 以下のようにグラスマン奇とする.

$$\{\xi,\ d\xi\} = 0 \tag{2.138}$$

これらの定義によって, 共役は

$$\int d\xi^* = 0, \qquad \int \xi^*\, d\xi^* = i \tag{2.139}$$

のように互いに同型となる. (なぜなら共役で, $\xi\, d\xi \overset{*}{\Longleftrightarrow} d\xi^*\xi^* = -\,\xi^* d\xi^*$ のようにマイナスが出るからである.)

重積分は

$$\int \xi^*\xi\, d\xi\, d\xi^* = \int \xi^*\, d\xi^* \int \xi\, d\xi = i^2 = -1 \tag{2.140}$$

となる. なお, $\xi\, d\xi$ はグラスマン偶なので右に移動した. 他の積分はすべてゼロである.

$$\int \xi\, d\xi\, d\xi^* = \int \xi^*\, d\xi\, d\xi^* = \int d\xi\, d\xi^* = 0 \tag{2.141}$$

以上により, 単位の分解は次のように与えられる.

$$\int d\xi\, d\xi^*\, |\xi\rangle\langle\xi| = \int |\xi\rangle\langle\xi|\, d\xi\, d\xi^* = \hat{\boldsymbol{I}} \tag{2.142}$$

ここで，$d\xi\, d\xi^*$ はグラスマン偶なので自由に移動できることに注意しよう．証明は以下で示す．

【証明】 (2.142) 左辺は (2.135) を代入すれば

$$
\begin{aligned}
(2.142)\text{左辺} &= \int e^{-\xi^*\xi}(|0\rangle - \xi|1\rangle)(\langle 0| - \langle 1|\xi^*)\, d\xi\, d\xi^* \\
&= \int e^{-\xi^*\xi}(|0\rangle\langle 0| + |1\rangle\langle 1|\xi\xi^* - |0\rangle\langle 1|\xi^* + |1\rangle\langle 0|\xi)\, d\xi\, d\xi^*
\end{aligned}
$$

となる．ここで，$\xi|1\rangle = -|1\rangle\xi$ や $\xi\langle 1| = -\langle 1|\xi$ に注意して ξ を右に移動した．また，

$$
e^{-\xi^*\xi} = 1 - \xi^*\xi \tag{2.143}
$$

であるから，積分で残る $\xi^*\xi$ に着目すれば，

$$
\begin{aligned}
(2.142)\text{左辺} &= -\int (|0\rangle\langle 0| + |1\rangle\langle 1|)\xi^*\xi\, d\xi\, d\xi^* \\
&\overset{(2.140)}{=} |0\rangle\langle 0| + |1\rangle\langle 1| \overset{(2.118)}{=} \hat{\boldsymbol{I}} = (2.142)\text{右辺}
\end{aligned}
$$

となり，証明ができた．□

“ガウス積分”は，べき展開の式 (2.143) と定義式 (2.140) より

$$
\int d\xi\, d\xi^*\, e^{-\xi^*\xi} = 1 \tag{2.144}
$$

で与えられる．ξ と ξ^* は互いに独立なグラスマン数であり，ξ^* ではなく ξ' を用いて，

$$
\int d\xi\, d\xi'\, e^{-\xi'\xi} = 1 \tag{2.145}
$$

と書いてもよいが，共役不変が見えるように (2.144) を使う．

2.3.4　自由度 *f* のフェルミ系

経路積分表式への準備はできたが，べきゼロ性のため $\hat{b}^\dagger\hat{b}$ 以上の項はないので相互作用が作れない．そこで，自由度を f として，

$$\{\hat{b}_\alpha,\ \hat{b}_\beta^\dagger\} = \delta_{\alpha\beta}, \qquad \{\hat{b}_\alpha,\ \hat{b}_\beta\} = 0 = \{\hat{b}_\alpha^\dagger,\ \hat{b}_\beta^\dagger\} \quad (\alpha,\ \beta = 1,\ 2,\ \cdots,\ f) \tag{2.146}$$

を考えることにする．

ベクトル記号を導入するとコヒーレント状態は

$$|\boldsymbol{\xi}\rangle = \exp\left[-\frac{1}{2}\boldsymbol{\xi}^*\boldsymbol{\xi}\right]\exp[\hat{\boldsymbol{b}}^\dagger\boldsymbol{\xi}]|\mathbf{0}\rangle \tag{2.147}$$

で与えられる．ここで

$$\hat{\boldsymbol{b}} = (\hat{b}_1,\ \hat{b}_2,\ \cdots,\ \hat{b}_f), \quad \boldsymbol{\xi} = (\xi_a,\ \xi_2,\ \cdots,\ \xi_f), \quad \hat{\boldsymbol{b}}^\dagger\boldsymbol{\xi} = \sum_{\alpha=1}^{f}\hat{b}_\alpha^\dagger\xi_\alpha \tag{2.148}$$

である．

f次元真空はボース系 (2.88) と同じく，

$$\hat{b}_\alpha|\mathbf{0}\rangle = 0, \qquad |\mathbf{0}\rangle \equiv \overbrace{|0\rangle \otimes |0\rangle \otimes \cdots \otimes |0\rangle}^{f\text{ 個}} \tag{2.149}$$

なので，(2.147) は各自由度ごとのコヒーレント状態の直積

$$|\boldsymbol{\xi}\rangle = |\xi_1\rangle \otimes |\xi_2\rangle \otimes \cdots \otimes |\xi_f\rangle \equiv \prod_{\alpha=1}^{f}|\xi_\alpha\rangle \tag{2.150}$$

として得られる．

内積 (2.136) は

$$\begin{aligned}\langle\boldsymbol{\xi}'|\boldsymbol{\xi}\rangle &= \exp\left[-\frac{1}{2}\boldsymbol{\xi}'^*\boldsymbol{\xi}' - \frac{1}{2}\boldsymbol{\xi}^*\boldsymbol{\xi} + \boldsymbol{\xi}'^*\boldsymbol{\xi}\right] \\ &= \exp\left[-\frac{1}{2}\boldsymbol{\xi}'^*(\boldsymbol{\xi}' - \boldsymbol{\xi}) + \frac{1}{2}(\boldsymbol{\xi}'^* - \boldsymbol{\xi}^*)\boldsymbol{\xi}\right]\end{aligned} \tag{2.151}$$

と与えられ，単位の分解も，

$$\int d^f\boldsymbol{\xi}\, d^f\boldsymbol{\xi}^*\ |\boldsymbol{\xi}\rangle\langle\boldsymbol{\xi}| = \hat{\boldsymbol{I}} \equiv \hat{\boldsymbol{I}}_1 \otimes \cdots \otimes \hat{\boldsymbol{I}}_f \tag{2.152}$$

となる．ここで，

$$d^f\boldsymbol{\xi} \equiv d\xi_f\, d\xi_{f-1} \cdots d\xi_1, \qquad d^f\boldsymbol{\xi}^* \equiv d\xi_1^* d\xi_2^* \cdots d\xi_f^* \quad (2.153)$$

である．

(2.153) の f 次元グラスマン積分は (2.137) とその共役より，

$$\int \xi_1\xi_2 \cdots \xi_f\, d^f\boldsymbol{\xi} = i^f, \qquad \int \xi_{\alpha_1} \cdots \xi_{\alpha_k}\, d^f\boldsymbol{\xi} = 0 \quad (k < f) \quad (2.154)$$

$$\int \xi_f^*\xi_{f-1}^* \cdots \xi_1^*\, d^f\boldsymbol{\xi}^* = i^f, \qquad \int \xi_{\alpha_1}^* \cdots \xi_{\alpha_{k'}}^*\, d^f\boldsymbol{\xi}^* = 0 \quad (k' < f)$$

$$(2.155)$$

として与えられる．

例題 2.3.6　(2.152) を示せ．

【解】　各自由度での単位の分解 (2.142) を用いれば，

$$\hat{\boldsymbol{I}} = \hat{\boldsymbol{I}}_1 \otimes \cdots \otimes \hat{\boldsymbol{I}}_f = \prod_{\alpha=1}^{f}\left(\int d\xi_\alpha\, d\xi_\alpha^*\, |\xi_\alpha\rangle\langle\xi_\alpha|\right) = \prod_{\alpha=1}^{f}\left(\int d\xi_\alpha\, d\xi_\alpha^*\right)|\boldsymbol{\xi}\rangle\langle\boldsymbol{\xi}|$$

となる．ただし，$d\xi_\alpha\, d\xi_\alpha^*$ を左に寄せ (2.150) を用いた．さらに，積分測度を以下のように変形すると，

$$\begin{aligned}
\prod_{\alpha=1}^{f}\left(\int d\xi_\alpha\, d\xi_\alpha^*\right) &= \overbrace{d\xi_1\, d\xi_1^*\, d\xi_2}\, d\xi_2^* \cdots d\xi_{f-1}\, d\xi_{f-1}^*\, d\xi_f\, d\xi_f^* \\
&= \overbrace{d\xi_2\, d\xi_1\, d\xi_1^*\, d\xi_2^*\, d\xi_3}\, d\xi_3^* \cdots d\xi_{f-1}\, d\xi_{f-1}^*\, d\xi_f\, d\xi_f^* \\
&= d\xi_3\, d\xi_2\, d\xi_1\, d\xi_1^*\, d\xi_2^*\, d\xi_3^* \cdots d\xi_{f-1}\, d\xi_{f-1}^*\, d\xi_f\, d\xi_f^* \\
&\ \vdots \\
&= d^f\boldsymbol{\xi}\, d^f\boldsymbol{\xi}^*
\end{aligned}$$

となるので，(2.152) が成り立つ ($d\xi_j$ ($j = 1, 2, \cdots, f$) を左に移動するとき，常に間はグラスマン偶であることに注意しよう)．□

ここでの基底を考えてみよう．m 体状態 ($m = 1, 2, \cdots, f$) は番号が小さい方から真空に作用し，

$$\hat{b}^\dagger_{\beta_1}\hat{b}^\dagger_{\beta_2}\cdots\hat{b}^\dagger_{\beta_m}|\mathbf{0}\rangle \quad (f \geq \beta_1 > \beta_2 > \cdots > \beta_m \geq 1)$$

であるとする．1体状態は

$$\hat{b}^\dagger_1|\mathbf{0}\rangle,\ \hat{b}^\dagger_2|\mathbf{0}\rangle,\ \cdots,\ \hat{b}^\dagger_f|\mathbf{0}\rangle$$

のように f 個，2体状態は

$$\left.\begin{array}{r}\hat{b}^\dagger_2\hat{b}^\dagger_1|\mathbf{0}\rangle,\ \hat{b}^\dagger_3\hat{b}^\dagger_1|\mathbf{0}\rangle,\ \hat{b}^\dagger_4\hat{b}^\dagger_1|\mathbf{0}\rangle,\ \cdots,\ \hat{b}^\dagger_f\hat{b}^\dagger_1|\mathbf{0}\rangle : (f-1)\text{個} \\ \hat{b}^\dagger_3\hat{b}^\dagger_2|\mathbf{0}\rangle,\ \hat{b}^\dagger_4\hat{b}^\dagger_2|\mathbf{0}\rangle,\ \cdots,\ \hat{b}^\dagger_f\hat{b}^\dagger_2|\mathbf{0}\rangle : (f-2)\text{個} \\ \vdots \qquad\qquad\qquad \vdots \\ \hat{b}^\dagger_f\hat{b}^\dagger_{f-1}|\mathbf{0}\rangle : 1\text{個}\end{array}\right\} \tag{2.156}$$

のように $f(f-1)/2$ 個となる．これらを**縮退度** (**degeneracy factor**) とよぶ．m 体状態の縮退度 r_m は，

$$r_m = {}_f\mathrm{C}_m = \frac{f!}{m!(f-m)!} \tag{2.157}$$

である．

したがって，異なる $\{\beta_1, \cdots, \beta_m\}$ の組を表すラベル r を導入し，m 体状態は

$$|m\,;\,r\rangle = \hat{b}^\dagger_{\beta_1}\hat{b}^\dagger_{\beta_2}\cdots\hat{b}^\dagger_{\beta_m}|\mathbf{0}\rangle \quad (r_m \geq r \geq 1) \tag{2.158}$$

と書ける．1体状態は $r_1 = f$ で，

$$\hat{b}^\dagger_1|\mathbf{0}\rangle \equiv |1\,;\,1\rangle,\ \hat{b}^\dagger_2|\mathbf{0}\rangle \equiv |1\,;\,2\rangle,\ \cdots,\ \hat{b}^\dagger_f|\mathbf{0}\rangle \equiv |1\,;\,r_1 = f\rangle$$

と与えられ，2体状態 (2.157) は $r_2 = f(f-1)/2$ で，

$$\hat{b}^\dagger_2\hat{b}^\dagger_1|\mathbf{0}\rangle \equiv |2\,;\,1\rangle,\ \hat{b}^\dagger_3\hat{b}^\dagger_1|\mathbf{0}\rangle \equiv |2\,;\,2\rangle,\ \cdots,\ \hat{b}^\dagger_f\hat{b}^\dagger_{f-1}|\mathbf{0}\rangle \equiv |2\,;\,r_2\rangle$$

と与えられる．これらは直交条件

$$\langle m\,;\,r|m'\,;\,r'\rangle = \delta_{mm'}\delta_{rr'} \tag{2.159}$$

および，完全性

$$\hat{\boldsymbol{I}} = \sum_{m=0}^{f}\sum_{r=1}^{r_m}|m\,;\,r\rangle\langle m\,;\,r| \equiv \sum_{m,r}|m\,;\,r\rangle\langle m\,;\,r| \tag{2.160}$$

を満たす (練習問題 1.1d を参照)．

例題 2.3.7　直交条件 (2.159) を確認せよ.

【解】　2 体状態 $|2\,;\,1\rangle \equiv \hat{b}_2^\dagger \hat{b}_1^\dagger|\mathbf{0}\rangle$ を例にとろう. 内積は,

$$\langle 2\,;\,1|2\,;\,1\rangle = \langle\mathbf{0}|\hat{b}_1\hat{b}_2\hat{b}_2^\dagger\hat{b}_1^\dagger|\mathbf{0}\rangle = \langle\mathbf{0}|\hat{b}_1\{\hat{b}_2,\,\hat{b}_2^\dagger\}\hat{b}_1^\dagger|\mathbf{0}\rangle - \langle\mathbf{0}|\hat{b}_1\hat{b}_2^\dagger\hat{b}_2\hat{b}_1^\dagger|\mathbf{0}\rangle$$

となるが, 右辺第 2 項は

$$\langle\mathbf{0}|\hat{b}_1\hat{b}_2^\dagger\hat{b}_2\hat{b}_1^\dagger|\mathbf{0}\rangle = -\langle\mathbf{0}|\hat{b}_1\hat{b}_2^\dagger\hat{b}_1^\dagger\hat{b}_2|\mathbf{0}\rangle = 0$$

である. 残りは反交換関係 (2.146) より,

$$\langle 2\,;\,1|2\,;\,1\rangle = \langle\mathbf{0}|\hat{b}_1\hat{b}_1^\dagger|\mathbf{0}\rangle = \langle\mathbf{0}|\{\hat{b}_1,\,\hat{b}_1^\dagger\}|\mathbf{0}\rangle - \langle\mathbf{0}|\hat{b}_1^\dagger\hat{b}_1|\mathbf{0}\rangle = 1$$

である. $|2\,;\,2\rangle \equiv \hat{b}_3^\dagger\hat{b}_1^\dagger|\mathbf{0}\rangle$ との内積がゼロであることは自明である. よって (2.159) が成り立つ. □

生成 (消滅) 演算子を m 粒子状態に作用させると, ゼロでない場合は, それぞれ $m+1$ $(m-1)$ 状態の基底に移る ($\hat{b}_1^\dagger|1\,;\,2\rangle = -|2\,;\,1\rangle$, $\hat{b}_2^\dagger|1\,;\,1\rangle = |2\,;\,1\rangle$, $\hat{b}_1|2\,;\,1\rangle = -|1\,;\,2\rangle$ など). したがって, フェルミ演算子の基底に関する期待値は

$$\langle m'\,;\,r'|\begin{Bmatrix}\hat{b}_\beta^\dagger\\ \hat{b}_\beta\end{Bmatrix}|m\,;\,r\rangle = 0 \text{ または } \pm 1 \tag{2.161}$$

のようにゼロか ±1 となる.

2.3.5 経路積分表示

コヒーレント表示の波動関数は,

$$\Psi(t,\,\boldsymbol{\xi}) \equiv \langle\boldsymbol{\xi}|\Psi(t)\rangle \tag{2.162}$$

である. また真空のそれは, ボース系の場合 (2.72) と同じ形

$$\Psi_0(\boldsymbol{\xi}) \equiv \langle\boldsymbol{\xi}|\mathbf{0}\rangle = \exp\left[-\frac{\boldsymbol{\xi}^*\boldsymbol{\xi}}{2}\right](=\Psi_0^*(\boldsymbol{\xi})) \tag{2.163}$$

で与えられ, m 体状態 (2.158) とその共役波動関数は以下のようになる.

$$\langle\boldsymbol{\xi}|m\,;\,r\rangle = \xi_{\beta_1}^*\xi_{\beta_2}^*\cdots\xi_{\beta_m}^*\exp\left[-\frac{\boldsymbol{\xi}^*\boldsymbol{\xi}}{2}\right] \tag{2.164}$$

$$\langle m\,;r|\boldsymbol{\xi}\rangle = \xi_{\beta_m}\xi_{\beta_{m-1}}\cdots\xi_{\beta_1}\exp\left[-\frac{\boldsymbol{\xi}^*\boldsymbol{\xi}}{2}\right] \tag{2.165}$$

状態の時間変化は，$t' \to T$, $t \to 0$ とした (1.126) に左から $\langle\boldsymbol{\xi}|$ を作用し，単位の分解を $\boldsymbol{\xi}_0$ で挿入して，

$$\Psi(T,\,\boldsymbol{\xi}) = \int d^f\boldsymbol{\xi}_0\, d^f\boldsymbol{\xi}_0^*\, K(\boldsymbol{\xi},\,\boldsymbol{\xi}_0\,;\,T)\,\Psi(0,\,\boldsymbol{\xi}_0) \tag{2.166}$$

と与えられる．ここで，ファインマン核は以下のようになる．

$$\begin{aligned} K(\boldsymbol{\xi},\,\boldsymbol{\xi}_0\,;\,T) &\equiv \langle\boldsymbol{\xi}|\hat{U}(T,\,0)|\boldsymbol{\xi}_0\rangle \\ &= \lim_{N\to\infty}\langle\boldsymbol{\xi}|\left(\hat{\boldsymbol{I}} - \frac{i}{\hbar}\Delta t\hat{H}(t_N)\right)\cdots\left(\hat{\boldsymbol{I}} - \frac{i}{\hbar}\Delta t\hat{H}(t_1)\right)|\boldsymbol{\xi}_0\rangle \end{aligned} \tag{2.167}$$

ハミルトニアンが正規積順序で，ボース系 (2.98) 同様

$$H(\boldsymbol{b}^\dagger,\,\boldsymbol{b}\,;\,t) = \sum_{\boldsymbol{m},\boldsymbol{n}=0} h_{\boldsymbol{mn}}(t)\,(\hat{b}_1^\dagger)^{m_1}\cdots(\hat{b}_f^\dagger)^{m_f}(\hat{b}_1)^{n_1}\cdots(\hat{b}_f)^{n_f} \tag{2.168}$$

と与えられたとしよう．ただし，

$$\left.\begin{aligned} \boldsymbol{m} = (m_1,\,m_2,\,\cdots,\,m_f), \quad \boldsymbol{n} = (n_1,\,n_2,\,\cdots,\,n_f) \\ 0 \le m_i,\,n_i \le 1 \quad (i = 1,\,2,\,\cdots,\,f) \end{aligned}\right\} \tag{2.169}$$

である．フェルミ粒子数は保存するので，生成・消滅演算子の数は等しいから m_i, n_i の和は以下を満たす．

$$0 \le \sum_{i=1}^{f} m_i = \sum_{i=1}^{f} n_i \le f \tag{2.170}$$

ファインマン核は (2.167) に右から順に単位の分解を挿入して，

$$K(\boldsymbol{\xi},\,\boldsymbol{\xi}_0\,;\,T) = \lim_{N\to\infty}\left(\prod_{j=1}^{N-1}\int d^f\boldsymbol{\xi}_j\,d^f\boldsymbol{\xi}_j^*\right)\prod_{j=1}^{N}K(\boldsymbol{\xi}_j,\,\boldsymbol{\xi}_{j-1}\,;\,t_j,\,t_{j-1})\Bigg|_{\xi_0}^{\xi_N=\xi}$$

$$K(\boldsymbol{\xi}_j,\,\boldsymbol{\xi}_{j-1}\,;\,t_j,\,t_{j-1}) \equiv \langle\boldsymbol{\xi}_j|\hat{\boldsymbol{I}} - \frac{i}{\hbar}\Delta t H(\hat{\boldsymbol{b}}^\dagger,\,\hat{\boldsymbol{b}}\,;\,t_j)|\boldsymbol{\xi}_{j-1}\rangle$$

となり，ハミルトニアンが正規積 (2.168) で与えられているので，

$$
\begin{aligned}
&K(\boldsymbol{\xi}_j,\,\boldsymbol{\xi}_{j-1}\,;\,t_j,\,t_{j-1})\\
&\quad=\left(1-\frac{i}{\hbar}\varDelta tH(\boldsymbol{\xi}_j^*,\,\boldsymbol{\xi}_{j-1}\,;\,t_j)\right)\langle\boldsymbol{\xi}_j|\boldsymbol{\xi}_{j-1}\rangle\\
&\quad\overset{(2.151)}{=}\exp\left[-\frac{\boldsymbol{\xi}_j^*\varDelta\boldsymbol{\xi}_j}{2}+\frac{\varDelta\boldsymbol{\xi}_j^*\boldsymbol{\xi}_{j-1}}{2}-\frac{i\varDelta t}{\hbar}H(\boldsymbol{\xi}_j^*,\,\boldsymbol{\xi}_{j-1}\,;\,t_j)\right]+O(\varDelta t^2)
\end{aligned}
$$

となる．

こうして，

$$
\begin{aligned}
K(\boldsymbol{\xi},\,\boldsymbol{\xi}_0\,;\,T)&=\lim_{N\to\infty}\left(\prod_{j=1}^{N-1}\int d^f\boldsymbol{\xi}_j\,d^f\boldsymbol{\xi}_j^*\right)\\
&\qquad\times\exp\left[-\sum_{j=1}^{N}\left\{\frac{\boldsymbol{\xi}_j^*\varDelta\boldsymbol{\xi}_j}{2}-\frac{\varDelta\boldsymbol{\xi}_j^*\boldsymbol{\xi}_{j-1}}{2}+i\frac{\varDelta t}{\hbar}H(\boldsymbol{\xi}_j^*,\,\boldsymbol{\xi}_{j-1}\,;\,t_j)\right\}\right]_{\boldsymbol{\xi}_0}^{\boldsymbol{\xi}_N=\boldsymbol{\xi}}
\end{aligned}
\tag{2.171}
$$

が得られる．ここで，以下のように書いた．

$$
H(\boldsymbol{\xi}^*,\,\boldsymbol{\xi}\,;\,t)\equiv\sum_{\boldsymbol{m},\boldsymbol{n}=0}h_{\boldsymbol{mn}}(t)\,(\xi_1^*)^{m_1}\cdots\,(\xi_f^*)^{m_f}(\xi_1)^{n_1}\cdots\,(\xi_f)^{n_f}
\tag{2.172}
$$

$$
\varDelta\boldsymbol{\xi}_j\equiv\boldsymbol{\xi}_j-\boldsymbol{\xi}_{j-1},\qquad\varDelta\boldsymbol{\xi}_j^*\equiv\boldsymbol{\xi}_j^*-\boldsymbol{\xi}_{j-1}^*
\tag{2.173}
$$

時間推進演算子の真空期待値は，グラスマン数に関しても端点公式 (2.85) を用いることができるので，例題2.2.8と全く同じやり方で，

$$
\left.
\begin{aligned}
Z(T)=\langle\mathbf{0}|\hat{U}(T,\,0)|\mathbf{0}\rangle&=\lim_{N\to\infty}\left(\prod_{j=0}^{N}\int d^f\boldsymbol{\xi}_jd^f\boldsymbol{\xi}_j^*\right)\\
&\qquad\times\exp\left[-\sum_{j=0}^{N}\left\{\boldsymbol{\xi}_j^*\varDelta\boldsymbol{\xi}_j+\frac{i\varDelta t}{\hbar}H(\boldsymbol{\xi}_j^*,\,\boldsymbol{\xi}_{j-1}\,;\,t_j)\right\}\right]_{\boldsymbol{\xi}_{-1}=0}\\
&\qquad H(\boldsymbol{\xi}_0^*,\,\boldsymbol{\xi}_{-1}\,;\,t_0)=0
\end{aligned}
\right\}
\tag{2.174}
$$

のように求められる．

2.3.6　グラスマン数の変数変換・微分

後の議論のため，変数変換と微分についてまとめておこう．

●変数変換

ξ をグラスマン数 ζ と c 数 a で変数変換する．

$$\xi' = a\xi + \zeta \tag{2.175}$$

ξ' はグラスマン積分 (2.137) を

$$\int \xi' \, d\xi' = i, \qquad \int d\xi' = 0 \tag{2.176}$$

のように満たすので，左側に (2.175) を代入すると，

$$i = \int (a\xi + \zeta) \, d\xi' = a \int \xi \, d\xi' + \zeta \int d\xi' = a \int \xi \, d\xi'$$

となる．これより，積分速度 $d\xi$ はシフト ζ に対しては不変で，定数倍には，

$$d\xi' = \frac{1}{a} d\xi \quad (\text{c 数の逆}) \tag{2.177}$$

のように変わることがわかる．

このことを頭において，f 自由度：シフト ζ_α，c 数行列 $M_{\alpha\beta} \equiv (\boldsymbol{M})_{\alpha\beta}$ による変数変換

$$\xi'_\alpha = \sum_{\beta=1}^{f} M_{\alpha\beta}\xi_\beta + \zeta_\alpha, \qquad \boldsymbol{\xi}' = \boldsymbol{M}\boldsymbol{\xi} + \boldsymbol{\zeta} \tag{2.178}$$

を考える．次の

$$\xi'_1\xi'_2 \cdots \xi'_f = \det \boldsymbol{M} \xi_1\xi_2 \cdots \xi_f + O(\zeta) \tag{2.179}$$

という関係に着目しよう．上式の ξ'_α は，積分 (2.154) を満たしているから，

$$(i)^f = \int \xi'_1\xi'_2 \cdots \xi'_f \, d^f\boldsymbol{\xi}' \overset{(2.179)}{=} \det \boldsymbol{M} \int \xi_1\xi_2 \cdots \xi_f \, d^f\boldsymbol{\xi}'$$

より，変数変換 (2.178) で積分測度はボース系と逆の

$$d^f\boldsymbol{\xi}' = \frac{1}{\det \boldsymbol{M}}\, d^f\boldsymbol{\xi} \tag{2.180}$$

が得られる．

行列式は，**レビ‐チビタ記号 (Levi‐Civita symbol)**

$$\epsilon_{\alpha_1\alpha_2\cdots\alpha_f} \quad (\epsilon_{12\cdots f} = 1,\ (1,2,\cdots,f)\text{ の奇置換で } -1) \tag{2.181}$$

を用いて，以下で定義される．

$$\sum_{\alpha_1,\alpha_2,\cdots,\alpha_f=1}^{f} \epsilon_{\alpha_1\alpha_2\cdots\alpha_f} M_{1\alpha_1}M_{2\alpha_2}\cdots M_{f\alpha_f} = \det \boldsymbol{M} \tag{2.182}$$

例題 2.3.8 (2.179) を導け．

【解】 変数変換 (2.178) を代入すれば，

$$\xi_1'\xi_2'\cdots\xi_f' = \sum_{\alpha_1,\alpha_2,\cdots,\alpha=1}^{f} M_{1\alpha_1}M_{2\alpha_2}\cdots M_{f\alpha_f}\xi_{\alpha_1}\xi_{\alpha_2}\cdots\xi_{\alpha_f} + O(\zeta)$$

であり，べきゼロ性，反可換性より和で残るのは $\alpha_1\cdots\alpha_f$ が $1\cdots f$ のときであり，

$$\begin{aligned}\xi_1'\xi_2'\cdots\xi_f' &= \sum_{\alpha_1,\alpha_2,\cdots,\alpha_f=1}^{f} \epsilon_{\alpha_1\alpha_2\cdots\alpha_f} M_{1\alpha_1}M_{2\alpha_2}\cdots M_{f\alpha_f}\xi_1\xi_2\cdots\xi_f + O(\zeta) \\ &\overset{(2.182)}{=} \det \boldsymbol{M}\,\xi_1\xi_2\cdots\xi_f + O(\zeta)\end{aligned}$$

と計算できるので，(2.179) が成り立つ．□

ξ^* の変数変換を，

$$\xi_\alpha^{*\prime} = \sum_{\beta=1}^{f} \xi_\beta^* N_{\beta\alpha} + \zeta_\alpha^*, \qquad \boldsymbol{\xi}'^{\dagger} = \boldsymbol{\xi}^{\dagger}\boldsymbol{N} + \boldsymbol{\zeta}^{\dagger} \tag{2.183}$$

と導入しよう．((2.178) の共役は $\boldsymbol{N}\to\boldsymbol{M}^\dagger$ である．) (2.179) に対応して

$$\xi_f^{*\prime}\xi_{f-1}^{*\prime}\cdots\xi_1^{*\prime} = \det \boldsymbol{N}\,\xi_f^*\xi_{f-1}^*\cdots\xi_1^* + O(\zeta^*) \tag{2.184}$$

となるので，積分測度は

$$d^f\boldsymbol{\xi}^{*\prime} = \frac{1}{\det \boldsymbol{N}}\, d^f\boldsymbol{\xi}^* \tag{2.185}$$

と変換される．

f次元のグラスマン"ガウス積分"は，

$$\int d^f\boldsymbol{\xi}\, d^f\boldsymbol{\xi}^* \exp[-\boldsymbol{\xi}^\dagger \boldsymbol{M}\boldsymbol{\xi}] = \det \boldsymbol{M}, \qquad \boldsymbol{\xi}^\dagger \equiv \begin{pmatrix} \xi_1^* \\ \vdots \\ \xi_f^* \end{pmatrix} \tag{2.186}$$

と与えられる．なぜなら，新しい変数を

$$\boldsymbol{\xi}' = \boldsymbol{M}\boldsymbol{\xi} \tag{2.187}$$

と導入すると[†7]，(2.180) より，

$$\begin{aligned}(2.186)\text{左辺} &= \det \boldsymbol{M}\int d^f\boldsymbol{\xi}'\, d^f\boldsymbol{\xi}^* \exp[-\boldsymbol{\xi}^*\boldsymbol{\xi}'] \\ &\overset{(2.153)}{=} \det \boldsymbol{M} \prod_{\alpha=1}^{f}\int d\xi'_\alpha\, d\xi_\alpha^*\, e^{-\xi_\alpha^*\xi'_\alpha} \overset{(2.144)}{=} (2.186)\text{右辺}\end{aligned}$$

のようになるからである．

公式 (2.186) は経路積分計算の基礎となるものであるが，複雑な行列式の計算にも応用することができる（練習問題 2.3a を参照）．

●微分

互いに独立なグラスマン数 ξ, ξ' に対する微分は，

$$\frac{\partial\xi}{\partial\xi} = 1, \qquad \frac{\partial\xi'}{\partial\xi} = 0 \tag{2.188}$$

である．

全体を通じ，微分としては左から作用する**左微分** (**left differenciation** (**to Grassmann variable**)) を採用することにする[†8]．$\partial/\partial\xi$ はグラスマン奇要素

---

†7　$\boldsymbol{\xi}, \boldsymbol{\xi}^*$ が互いに複素共役であったとすると，$\boldsymbol{\xi}$ のみに施す変数変換は許されないが，(2.145) ですでに述べたように，$\boldsymbol{\xi}, \boldsymbol{\xi}^*$ は独立なグラスマン数である．そもそも，複素共役の概念はグラスマン数にはない．大きさがないから複素数での極表示 $z = Re^{i\theta}(R = |z|)$ が存在しない．

†8　大きさのないグラスマン数に対して，通常の定義は意味を持たない．積分 (2.137) と同様約束事である．

なので，グラスマン数の関数 A, B に対して，

$$\frac{\partial}{\partial \xi}(AB) = \frac{\partial A}{\partial \xi} B + (-1)^{\epsilon_A} A \frac{\partial B}{\partial \xi} \tag{2.189}$$

となる．ϵ_A は A がグラスマン奇のとき 1，偶のとき 0 をとる．例えば，

$$\frac{\partial}{\partial \xi}(\xi\xi') = \xi', \qquad \frac{\partial}{\partial \xi}(\xi'\xi) = -\xi'$$

である．作用

$$\xi' \frac{\partial}{\partial \xi} \tag{2.190}$$

は偶要素であり，符号を気にすることなく左右に移動できる．つまり，ξ を ξ' におきかえる演算である．つまり，

$$\xi' \frac{\partial}{\partial \xi}(A \cdots \xi B \cdots) = A \cdots \xi' B \cdots$$

である．

練 習 問 題

【2.3a】 $f \times f$ 行列 $\boldsymbol{A} \sim \boldsymbol{D}$ で作られる行列式が

$$\det\begin{pmatrix} \boldsymbol{A} & \boldsymbol{B} \\ \boldsymbol{C} & \boldsymbol{D} \end{pmatrix} = \det(\boldsymbol{AD} - \boldsymbol{ACA}^{-1}\boldsymbol{B}) \tag{2.191}$$

と与えられることを，グラスマン積分を用いて示せ（$\det \boldsymbol{A} \neq 0$ である）．

【2.3b】 グラスマンデルタ関数（**Grassmann delta function**）をデルタ関数 (C.2)，(C.14) 同様，

$$\int f(\xi') \delta(\xi' - \xi)\, d\xi' = f(\xi) \tag{2.192}$$

$$(\xi' - \xi)\delta(\xi' - \xi) = 0 \tag{2.193}$$

として定義する．この条件を満たす解は，

$$\delta(\xi' - \xi) = \frac{1}{i}(\xi' - \xi) = \int e^{\xi^*(\xi'-\xi)}\, d\xi^* \tag{2.194}$$

となることを示せ（最後はデルタ関数のフーリエ変換に似ている）．

【2.3c】 もう 1 つのコヒーレント状態 (1)：ξ のみの消滅演算子固有状態，

$$|\xi\rangle\!\rangle \equiv e^{\hat{b}^\dagger \xi}|0\rangle, \qquad \langle\!\langle \xi| \equiv \langle 0|\delta(\xi - \hat{b}) \tag{2.195}$$

を考えることもできる．これらが，以下を満たすことを示せ．

$$\hat{b}|\xi\rangle\!\rangle = \xi|\xi\rangle\!\rangle, \qquad \langle\!\langle \xi|\hat{b} = \langle\!\langle \xi|\xi \tag{2.196}$$

$$\int |\xi\rangle\!\rangle\langle\!\langle \xi|\, d\xi = \hat{\boldsymbol{I}} \tag{2.197}$$

【2.3d】 もう 1 つのコヒーレント状態 (2)：ξ^* のみの生成演算子固有状態，

$$\hat{b}^\dagger|\xi^*\rangle\!\rangle = \xi^*|\xi^*\rangle\!\rangle, \qquad \langle\!\langle \xi^*|\hat{b}^\dagger = \langle\!\langle \xi^*|\xi^* \tag{2.198}$$

が以下を満たすことを示せ．

$$|\xi^*\rangle\!\rangle = \delta(\hat{b}^\dagger - \xi^*)|0\rangle, \qquad \langle\!\langle \xi^*| = \langle 0|e^{\xi^*\hat{b}} \tag{2.199}$$

$$\int d\xi^*|\xi^*\rangle\!\rangle\langle\!\langle \xi^*| = \hat{\boldsymbol{I}} \tag{2.200}$$

【2.3e】 もう 1 つのコヒーレント状態 (3)：前問のコヒーレント状態の内積が，

$$\langle\!\langle \xi'|\xi\rangle\!\rangle = \delta(\xi' - \xi), \qquad \langle\!\langle \xi^{*\prime}|\xi^*\rangle\!\rangle = \delta(\xi^{*\prime} - \xi^*) \tag{2.201}$$

$$\langle\!\langle \xi^*|\xi\rangle\!\rangle = e^{\xi^*\xi}, \qquad \langle\!\langle \xi|\xi^*\rangle\!\rangle = e^{-\xi^*\xi} \tag{2.202}$$

で与えられることを示せ．

【2.3f】 もう 1 つのコヒーレント状態 (4)：固有ケット $|\xi\rangle\!\rangle$，固有ブラ $\langle\!\langle \xi|$ とコヒーレント状態 (2.133)，単位の分解 (2.142) との関係を議論せよ．

【2.3g】 もう 1 つのコヒーレント状態 (5)：f 次元に拡張し，

$$|\boldsymbol{\xi}\rangle\!\rangle \equiv |\xi_f\rangle\!\rangle \otimes \cdots \otimes |\xi_1\rangle\!\rangle, \qquad \langle\!\langle \boldsymbol{\xi}| \equiv \langle\!\langle \xi_1| \otimes \cdots \otimes \langle\!\langle \xi_f| \tag{2.203}$$

$$\langle\!\langle \boldsymbol{\xi}^*| \equiv \langle\!\langle \xi_1^*| \otimes \cdots \otimes \langle\!\langle \xi_f^*|, \qquad |\boldsymbol{\xi}^*\rangle\!\rangle \equiv |\xi_f^*\rangle\!\rangle \otimes \cdots \otimes |\xi_1^*\rangle\!\rangle \tag{2.204}$$

としたとき，単位の分解が以下で与えられることを示せ．

$$\int |\boldsymbol{\xi}\rangle\!\rangle\langle\!\langle \boldsymbol{\xi}|\, d^f\boldsymbol{\xi} = \hat{\boldsymbol{I}}, \qquad \int d^f\boldsymbol{\xi}^*\, |\boldsymbol{\xi}^*\rangle\!\rangle\langle\!\langle \boldsymbol{\xi}^*| = \hat{\boldsymbol{I}} \tag{2.205}$$

作用原理と経路積分 — ディラックとファインマン —

本文中 (2.1 節の脚注 4) でも少し触れたが，ファインマンはディラックの教科書を読んでよくわからなかったので，自分なりのやり方で経路積分にたどり着いたということになっている．しかし，ディラックの教科書 § 32 の作用原理を読んでみると，経路積分のエッセンスはすべて書いてある．

ただ，不思議なことは，古典近似 $\hbar \to 0$ では作用とハミルトニアンを関係づけた — ハミルトン - ヤコビ方程式 — 議論をしているのに，その後で作用は

$$S = \int_{t_0}^{t} L(t')\, dt'$$

とラグランジュアンで与えてあって，確率振幅は，

$$\exp\left[\frac{i}{\hbar}\int_{t_a}^{t_b} L(t)\, dt\right] \Longleftrightarrow \langle q_b | q_a \rangle$$

と関係するだろうといっていて，これがファインマンをしてラグランジュアンを用いた記述に導いたのだろうが，もう少し読み込めば，ハミルトニアン経路積分に到達することは明らかである．

ファインマンという人は，テーマを知れば，後は自分なりに計算をしてみて納得するというスタイルをとる人なので，読んでよくわからなかったというのは単なる方便なのであろう．

2 人とも, 天才といわれているが, キャラクターは全くかけ離れている．ディラックは，ほとんど自分から話しかけることはなく，彼自身の言によれば，子供時代の父親との強制されたフランス語による会話の際の苦労が基で，

> …フランス語で自分の考えを表すのは無理だとわかってからは、口をつぐんでいるほうがよくなったんだ。…
>
> （グレアム・ファーメロ 著，吉田三知世 訳：「量子の海、ディラックの深淵」(早川書房，2010 年) p. 20）

というほどだ．グレアム・ファーメロによれば，彼は自閉症の可能性が高いようである (「量子の海、ディラックの深淵」第 30 章)．一方，ファインマンは外向的で，生涯で 3 回の結婚を経るなか，ボンゴの演奏をこよなく愛し，自分の発明したファインマングラフをあしらった車を運転し，彼の面白い講義には近所の奥さん方も駆けつけるほどであった．

第3章 統計力学と経路積分のユークリッド表示

経路積分がその有用性を増してきた1つの理由として，数値計算に向いていることが挙げられる．しかし，量子力学でのファインマン核は虚数単位iを含み，振動関数となって収束がよくない．収束性を向上し，複雑な物理的状態から基底状態のエネルギーを取り出す道筋を与えるため，統計力学と経路積分の関係を議論する．それは経路積分のユークリッド表示とよばれ，数学的に性質のよいものである．

3.1 統計力学の復習

3.1.1 密度行列・密度演算子

統計計算とは，一言でいえば未知の量を未知であることを認めた上で，その効果を最大限取り入れて，対象量を推し量ることである．以下のように，

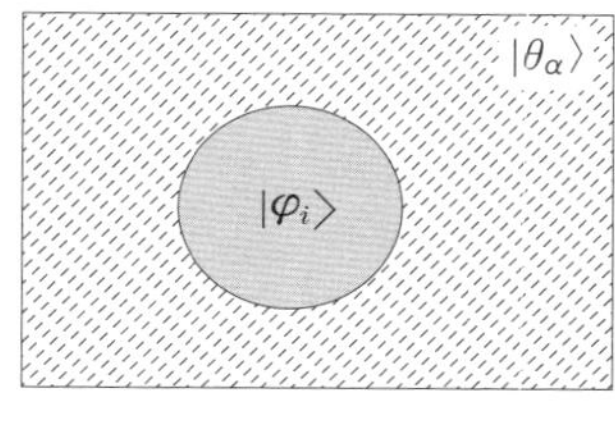

図 3.1 $|\Psi\rangle$ は宇宙全体，$|\varphi_i\rangle$ ($i=1,2,\ldots$) は観測領域，$|\theta_\alpha\rangle$ ($\alpha=1,2,\ldots$) は未知領域を表す．

規格化されている(と仮定した)$|\Psi\rangle$

$$\langle\Psi|\Psi\rangle = 1 \tag{3.1}$$

を，我々の宇宙と考える．それは観測領域，未知領域(熱浴ともいう)の基底$|\varphi_i\rangle$，$|\theta_\alpha\rangle$ ($i, \alpha = 1, 2, \cdots$) の直積，

$$|\Psi\rangle = \sum_{i,\alpha} C_{i\alpha}|\varphi_i\rangle \otimes |\theta_\alpha\rangle \tag{3.2}$$

で与えられる(図3.1)．もちろん，

$$\langle\varphi_i|\varphi_j\rangle = \delta_{ij}, \qquad \langle\theta_\alpha|\theta_\beta\rangle = \delta_{\alpha\beta} \tag{3.3}$$

である．$C_{i\alpha}$ は係数で (3.1) より，

$$\sum_{i,\alpha} |C_{i\alpha}|^2 = 1 \tag{3.4}$$

に従う．

さらに，物理量(演算子 $\widehat{A}$)の期待値は，

$$\begin{aligned}\langle\widehat{A}\rangle = \langle\Psi|\widehat{A}|\Psi\rangle &= \sum_{i,j,\alpha,\beta} C^*_{j\beta}C_{i\alpha}\langle\theta_\beta|\theta_\alpha\rangle\langle\varphi_j|\widehat{A}|\varphi_i\rangle \\ &\overset{(3.3)}{=} \sum_{i,j,\alpha} C_{i\alpha}C^*_{j\alpha}\langle\varphi_j|\widehat{A}|\varphi_i\rangle\end{aligned} \tag{3.5}$$

で与えられる．ここで，後の便利のために係数 $C_{i\alpha}$ を前に移動した($\widehat{A}$ は $|\theta_\alpha\rangle$ を素通りする)．

密度行列 (density matrix) とよばれる統計力学で中心的役割を果たす量 ρ_{ij} を，

$$\rho_{ij} \equiv \sum_{\alpha} C_{i\alpha}C^*_{j\alpha} \tag{3.6}$$

で導入すると，期待値 (3.5) は

$$\langle\widehat{A}\rangle = \sum_{i,j} \rho_{ij}\langle\varphi_j|\widehat{A}|\varphi_i\rangle \tag{3.7}$$

と書きかえられる．(3.6) と (3.4) を眺めると，

$$\sum_i \rho_{ii} = 1 \tag{3.8}$$

が成り立っている．ρ_{ij} の添字 ij は $|\varphi_i\rangle$, $|\varphi_j\rangle$ から来るはずだから，**密度演算子 (density operator)** $\hat{\rho}$ を，

$$\rho_{ij} = \langle \varphi_i | \hat{\rho} | \varphi_j \rangle \tag{3.9}$$

となるように導入すれば，

$$\hat{\rho}^{\dagger} = \hat{\rho} \tag{3.10}$$

のように $\hat{\rho}$ は自己共役演算子となる．

例題 3.1.1　(3.10) を示せ．

【解】　(3.6) と (3.9) より，$\langle \varphi_i | \hat{\rho} | \varphi_j \rangle = \sum_\alpha C_{i\alpha} C^*_{j\alpha}$ と書ける．ここで共役をとれば，

$$\langle \varphi_j | \hat{\rho}^{\dagger} | \varphi_i \rangle = \sum_\alpha C_{j\alpha} C^*_{i\alpha} \overset{(3.6)}{=} \rho_{ji} \overset{(3.9)}{=} \langle \varphi_j | \hat{\rho} | \varphi_i \rangle$$

が得られる．

これに，左から $|\varphi_j\rangle$，右から $\langle \varphi_i|$ を作用し，i, j で和をとり完全性 $\sum_i |\varphi_i\rangle\langle\varphi_i| = \hat{\boldsymbol{I}}$ を用いれば (3.10) である．□

密度演算子により物理量 $\hat{A}$ の期待値 (3.7) および (3.8) は，

$$\langle \hat{A} \rangle = \mathrm{Tr}\, \hat{\rho} \hat{A} \tag{3.11}$$

$$\mathrm{Tr}\, \hat{\rho} = 1 \tag{3.12}$$

と与えられる．Tr は**トレース (trace)** とよばれ，任意の基底 $|i\rangle$ を用いて以下のように定義される（これは，基底のとり方によらない．練習問題 3.1a を参照）．

$$\mathrm{Tr}\, \hat{A} \equiv \sum_i \langle i | \hat{A} | i \rangle \tag{3.13}$$

例題 3.1.2　(3.11)，(3.12) を示せ．

【解】　定義 (3.13) で，基底に $|\varphi_i\rangle$ を採用すれば，

$$\begin{aligned}\mathrm{Tr}\,\hat{\rho}\hat{A} &= \sum_i \langle\varphi_i|\hat{\rho}\hat{A}|\varphi_i\rangle \\ &\overset{\text{完全性を挿入}}{=} \sum_{i,j}\langle\varphi_i|\hat{\rho}|\varphi_j\rangle\langle\varphi_j|\hat{A}|\varphi_i\rangle \\ &\overset{(3.9)}{=} \sum_{i,j}\rho_{ij}\langle\varphi_j|\hat{A}|\varphi_i\rangle \overset{(3.7)}{=} \langle\hat{A}\rangle\end{aligned}$$

が得られる．すなわち，(3.11) が示せた．

ここで，$\hat{A}\to\hat{\boldsymbol{I}}$ として，$\langle\varphi_j|\hat{\boldsymbol{I}}|\varphi_i\rangle=\delta_{ji}$ に注意すれば

$$\mathrm{Tr}\,\hat{\rho} = \sum_{i,j}\rho_{ij}\delta_{ji} = \sum_i \rho_{ii} \overset{(3.8)}{=} 1$$

となり，(3.12) を得る．□

トレースの満たす以下の公式を与えよう．

$$\mathrm{Tr}\,\hat{A}\hat{B} = \mathrm{Tr}\,\hat{B}\hat{A} \tag{3.14}$$

これは，$\hat{A}$, $\hat{B}$ が互いに反可換なフェルミ演算子でも成り立つものである．

例題 3.1.3　(3.14) を証明せよ．

【解】 任意の基底 $|i\rangle$, $|j\rangle$ で考える．フェルミ系では，$|m,r\rangle$ (2.158) に相当する．

これを用いると，

$$\begin{aligned}\text{左辺} &= \sum_i\langle i|\hat{A}\hat{B}|i\rangle \overset{|j\rangle\text{ 完全性挿入}}{=} \sum_{i,j}\langle i|\hat{A}|j\rangle\langle j|\hat{B}|i\rangle = \sum_{i,j}\langle j|\hat{B}|i\rangle\langle i|\hat{A}|j\rangle \\ &\overset{|i\rangle\text{ 完全性}}{=} \sum_j\langle j|\hat{B}\hat{A}|j\rangle = \mathrm{Tr}\,\hat{B}\hat{A} = \text{右辺}\end{aligned}$$

となるので，(3.14) が証明された．

なお，フェルミ系で $\hat{A}$, $\hat{B}$ を生成・消滅演算子としても，$\langle i|\hat{A}|j\rangle$, $\langle j|\hat{B}|i\rangle$ は (2.161) より c 数だから，符号を気にすることなく両者の入れかえができる．□

(3.14) において $\hat{A}\to\hat{A}\hat{O}$, $\hat{B}\to\hat{O}^{-1}$ ($\hat{O}$:任意の逆を持つ演算子) とおけば，次の公式が成り立つ．

$$\mathrm{Tr}\,\widehat{A} = \mathrm{Tr}\,\widehat{O}^{-1}\widehat{A}\widehat{O} \tag{3.15}$$

3.1.2 分配関数

系が平衡状態にあれば，基底 $|\varphi_i\rangle$ として以下を満たす，ハミルトニアンの固有状態 $|E_i\rangle$ をとることができる．

$$\widehat{H}|E_i\rangle = E_i|E_i\rangle, \qquad \langle E_i|E_j\rangle = \delta_{ij} \quad (i, j = 1, 2, \cdots) \tag{3.16}$$

これにより，密度演算子のエネルギー表示が

$$\widehat{\rho}_E = \sum_i \omega(E_i)|E_i\rangle\langle E_i| \tag{3.17}$$

と求まる．これを証明しておこう．

【証明】　まず $|\alpha_i\rangle$, $|\beta_j\rangle$ を任意の基底としたとき，$\widehat{V} \equiv \sum_i |\alpha_i\rangle\langle\beta_i|$ が

$$\widehat{V}^\dagger\widehat{V} = \sum_{i,j}|\beta_i\rangle\langle\alpha_i|\alpha_j\rangle\langle\beta_j| \overset{\text{直交性}}{=} \sum_i |\beta_i\rangle\langle\beta_i| \overset{\text{完全性}}{=} \hat{\boldsymbol{I}} \tag{3.18}$$

のようにユニタリー演算子であることに注意しよう（$\widehat{V}\widehat{V}^\dagger = \hat{\boldsymbol{I}}$ も同様）．次に，$\widehat{\rho}$ の自己共役性から実固有値の固有ケット

$$\widehat{\rho}|\alpha_i\rangle = \alpha_i|\alpha_i\rangle, \qquad \langle\alpha_i|\alpha_j\rangle = \delta_{ij} \quad (i = 1, 2, \cdots) \tag{3.19}$$

が存在する．そこで，ユニタリー演算子

$$\widehat{V} \equiv \sum_i |\alpha_i\rangle\langle E_i|, \qquad \widehat{V}^\dagger = \sum_i |E_i\rangle\langle\alpha_i| \tag{3.20}$$

を導入して $\widehat{\rho}_E$ を定義すれば，

$$\widehat{\rho}_E \equiv \widehat{V}^\dagger\widehat{\rho}\widehat{V} = \sum_{i,j}|E_i\rangle\langle\alpha_i|\widehat{\rho}|\alpha_j\rangle\langle E_j| \overset{(3.19)}{=} \sum_i \alpha_i|E_i\rangle\langle E_i| \tag{3.21}$$

が得られる．ここで，$\alpha_i \to \omega(E_i)$ とすれば (3.17) である．□

さて，$\widehat{A}$ の期待値 (3.11) は $\widehat{\rho}_E$ を用いて，

$$\langle\widehat{A}\rangle = \mathrm{Tr}\,\widehat{\rho}_E\widehat{A} = \sum_i \langle E_i|\widehat{\rho}_E\widehat{A}|E_i\rangle \overset{(3.17)}{=} \sum_{i,j}\omega(E_j)\langle E_i|E_j\rangle\langle E_j|\widehat{A}|E_i\rangle$$

$$= \sum_{i,j} \omega(E_j)\delta_{ij}\langle E_j|\widehat{A}|E_i\rangle = \sum_i \omega(E_i)\langle E_i|\widehat{A}|E_i\rangle \tag{3.22}$$

のように与えられる．この意味は，$\langle E_i|\widehat{A}|E_i\rangle$ が E_i に関する期待値，$\omega(E_i)$ が，確率分布関数

$$\omega(E_i) \geq 0 \tag{3.23}$$

$$\sum_i \omega(E_i) = 1 \tag{3.24}$$

であることから明確である[†1]．$\omega(E_i)$ が (3.23)，(3.24) に従うことは，$\widehat{A}$ として (1.32) で議論した射影演算子 $\widehat{\mathcal{P}}_k \equiv |E_k\rangle\langle E_k|$ を考えてみればよい．

例題 3.1.4 $\widehat{A} \Longrightarrow \widehat{\mathcal{P}}_k$ としたとき (3.23)，(3.24) が満たされることを示せ．

【解】 (3.22) は，直交関係 (3.16) に注意すれば，

$$\langle \widehat{\mathcal{P}}_k \rangle = \mathrm{Tr}\,\widehat{\rho}_E \widehat{\mathcal{P}}_k = \sum_i \omega(E_i)\langle E_i|E_k\rangle\langle E_k|E_i\rangle \overset{(3.16)}{=} \omega(E_k)$$

となる．また，$\langle \widehat{\mathcal{P}}_k \rangle = \langle \Psi|\widehat{\mathcal{P}}_k|\Psi\rangle$ ((3.5)) であったから，すべての k に対して

$$\omega(E_k) = \langle \widehat{\mathcal{P}}_k \rangle = \langle \Psi|E_k\rangle\langle E_k|\Psi\rangle = |\langle E_k|\Psi\rangle|^2 \geq 0$$

が得られ，(3.23) が示せた．

一方，公式 (3.15) と (3.12) より

$$\mathrm{Tr}\widehat{\rho}_E = \mathrm{Tr}\widehat{\rho} = 1$$

なので，

$$1 = \mathrm{Tr}\,\widehat{\rho}_E = \sum_j \langle E_j|\widehat{\rho}_E|E_j\rangle \overset{(3.17)}{=} \sum_{i,j} \omega(E_i)\delta_{ji}\delta_{ij} = \sum_i \omega(E_i)$$

が得られ，(3.24) も示すことができた．□

---

†1 1つの $\omega(E_k)$ 以外ゼロであるときは純粋状態，そうでないときは混合状態にあるという．

次に，$\omega(E_i)$ の具体形を求めよう．エネルギーレベルは $\cdots > E_j \gg E_2 > E_1 > E_0 \ (j \gg 1)$ で，E_j 周りでの隣り合う順位はほとんど連続と見なせる．つまり，

$$E_{j+1} = E_j + \delta E \quad (E_{j+1},\, E_j \gg \delta E > 0) \tag{3.25}$$

である．

$\omega(E_i)$ の満たすべき条件は以下のようになる．

（i）エネルギーが低い方に系は移動するから，

$$\omega(E_k) < \omega(E_j) \quad (E_k > E_j) \tag{3.26}$$

を満たす．

（ii）$\omega(E_i)$ はエネルギー原点のとり方によらない．

これらより，

$$\omega(E_i) = \frac{e^{-\beta E_i}}{Z} \tag{3.27}$$

$$Z \equiv \sum_i e^{-\beta E_i} \tag{3.28}$$

が得られる．ここで，Z は**分配関数** (**partition function**) とよばれる．

例題 3.1.5　(3.27) を示せ．

【解】　$E_k > E_j \gg E_0$ とし $\omega(E_j)/\omega(E_k)$ を考える (条件 1 より $\omega(E_{j,k}) \ll 1$ だが比は意味がある)．(3.25) より $\omega(E_{j,k})$ は連続関数と見なせ，条件 2 より，

$$\frac{\omega(E_j)}{\omega(E_k)} = \frac{\omega(E_j + \varepsilon)}{\omega(E_k + \varepsilon)} \quad (\varepsilon \ll E_j,\, E_k) \tag{3.29}$$

と与えられる．ε で展開し $d\omega(E)/dE \equiv \omega'(E)$ と書けば，

$$\frac{\omega(E_j)}{\omega(E_k)} = \frac{\omega(E_j) + \varepsilon\omega'(E_j)}{\omega(E_k) + \varepsilon\omega'(E_k)} \Longrightarrow \frac{\omega'(E_k)}{\omega(E_k)} = \frac{\omega'(E_j)}{\omega(E_j)} = \kappa : \text{定数}$$

となる．最後では異なる関数が等しいことから，それを定数とおいた．

上式を積分すれば

$$\omega(E_i) = Ce^{\kappa E_i} \quad (i = j,\, k)$$

が得られ，条件 1 より $\kappa \to -\beta\,(\beta > 0)$ とおけば，$\omega(E_i) = Ce^{-\beta E_i}$ と決まる．(3.24) より

$$1 = C\sum_i e^{-\beta E_i} \overset{(3.28)}{=} CZ \to C = \frac{1}{Z}$$

となるので，(3.27) が示された．□

分配関数は最も重要な統計力学量であり，**(ヘルムホルツの) 自由エネルギー (Helmholtz's free energy)** F と

$$F = -\frac{1}{\beta}\ln Z \tag{3.30}$$

で結びつき，β は**ボルツマン定数 (Boltzmann constant)** k_{B} によって，温度 T の逆数

$$\beta \equiv \frac{1}{k_{\mathrm{B}}T} \tag{3.31}$$

で定義される (練習問題 3.1b を参照)．

(3.16) を考慮すれば，分配関数 (3.28)，密度演算子 (3.17) のハミルトニアン演算子による表示が以下のように得られる．

$$Z = \mathrm{Tr}\, e^{-\beta\hat{H}} \tag{3.32}$$

$$\hat{\rho}_E = \frac{e^{-\beta\hat{H}}}{Z} \tag{3.33}$$

なぜなら，(3.28) よりハミルトニアン固有状態 (3.16) を用いれば，

$$Z = \sum_i e^{-\beta E_i} \overset{(3.16)}{=} \sum_i \langle E_i|e^{-\beta\hat{H}}|E_i\rangle \overset{(3.13)}{=} \mathrm{Tr}\, e^{-\beta\hat{H}}$$

であり，(3.33) も同様に，(3.17) と (3.27) より，

$$\hat{\rho}_E = \frac{1}{Z}\sum_i e^{-\beta E_i}|E_i\rangle\langle E_i| \overset{(3.16)}{=} \frac{e^{-\beta\hat{H}}}{Z}\sum_i |E_i\rangle\langle E_i| \overset{\text{完全性}}{=} \frac{e^{-\beta\hat{H}}}{Z}$$

と導かれるからである.

練　習　問　題

【3.1a】　トレースが基底のとり方によらないこと,

$$\mathrm{Tr}\,\widehat{A} = \sum_{i=1}^{D_i} \langle i|\widehat{A}|i\rangle = \sum_{\alpha=1}^{D_\alpha} \langle \alpha|\widehat{A}|\alpha\rangle \tag{3.34}$$

を示せ ($D_i \neq D_\alpha$であってもかまわない).

【3.1b】　β が温度の逆数 (3.31), 分配関数 Z が自由エネルギー F と (3.30) で与えられることを示せ.

【3.1c】　調和振動子 (2.50) の分配関数を計算せよ.

【3.1d】　ボース系のハミルトニアンは (問題解答の (100) を参照)

$$\widehat{H}^{\mathrm{B}} \equiv \frac{\hbar\omega}{2}\{\hat{a}^\dagger,\, \hat{a}\}$$

と, 反交換関係で与えられていたことに対応して, フェルミ系のハミルトニアンを

$$\widehat{H}^{\mathrm{F}} \equiv \frac{\hbar\omega}{2}[\hat{b}^\dagger,\, \hat{b}] \tag{3.35}$$

と交換関係で与えたときの分配関数を計算せよ.

3.2　統計力学と経路積分

3.2.1　分配関数の経路積分表示 ― ユークリッド経路積分 ―

分配関数は統計力学のすべての情報を含んでいる. Z ((3.32)) の座標表示は,

$$Z = \mathrm{Tr}\, e^{-\beta\widehat{H}} = \int dx\, \langle x|e^{-\beta\widehat{H}}|x\rangle \tag{3.36}$$

と積分で (今は 1 次元で考えている) 与えられている.

例題 3.2.1 (3.36) を示せ.

【解】 トレースは対角和 (3.13) であったから，任意の基底 $|i\rangle$ により，

$$\mathrm{Tr}\, e^{-\beta \hat{H}} = \sum_i \langle i|e^{-\beta \hat{H}}|i\rangle$$

と書ける．右辺に，位置の完全性 (1.37) を挿入すれば，

$$\mathrm{Tr}\, e^{-\beta \hat{H}} = \sum_i \langle i| \int dx\, |x\rangle\langle x|e^{-\beta \hat{H}}|i\rangle = \sum_i \int dx\, \langle x|e^{-\beta \hat{H}}|i\rangle\langle i|x\rangle$$

$$\overset{|i\rangle\,\text{の完全性}}{=} \int dx\, \langle x|e^{-\beta \hat{H}}|x\rangle = (3.36)\text{右辺}$$

と導くことができる．□

さて，(3.36) での $\langle x|\mathrm{e}^{-\beta \hat{H}}|x\rangle$ を，ファインマン核

$$K(x,\, x'\,;\, T) = \langle x|e^{-iT\hat{H}/\hbar}|x'\rangle$$

と見比べると，おきかえ

$$T \Longleftrightarrow -i\mathcal{T} \quad (\mathcal{T} \equiv \hbar\beta) \tag{3.37}$$

で，$K(x,\, x'\,;\, T) \Longleftrightarrow \widetilde{K}(x,\, x'\,;\, \mathcal{T})$ と移り変わる．ここで，

$$\widetilde{K}(x,\, x'\,;\, \mathcal{T}) \equiv K(x,\, x'\,;\, -i\mathcal{T}) = \langle x|e^{-\mathcal{T}\hat{H}/\hbar}|x'\rangle \tag{3.38}$$

は**ユークリッドファインマン核**（**ユークリッド核**）(**Euclidean kernel**) とよばれる．なぜなら，相対性理論（= ミンコフスキー時空）での距離は c を光速度として $-(ct)^2 + \boldsymbol{x}^2$ で与えられるが[†2]，(3.37) での t のおきかえ，

$$t \to -i\tau \quad (\tau : \text{実数}) \tag{3.39}$$

により，ユークリッド空間の距離 $+(c\tau)^2 + \boldsymbol{x}^2$ となるからである．ここで，τ を**虚時間** (**imaginary time**)，操作 (3.39) を**ユークリッド化** (**Euclidean formalism**) という．

分配関数 (3.36) は，（温度 $\mathcal{T} = \hbar/(k_{\mathrm{B}}T)$ 依存性を明記し）ユークリッド

---

†2 $(ct)^2 - \boldsymbol{x}^2$ で定義することもある．練習問題 1.4c の問題解答における (29) ではこちらを採用している．

核により

$$\mathcal{Z}(\mathcal{T}) = \int dx\, \widetilde{K}(x, x\,;\, \mathcal{T}) \tag{3.40}$$

のように与えられる．なお，$\widetilde{K}(x, x'\,;\, \mathcal{T})$ で $x = x'$ とすることを**周期境界条件** (**periodic boundary condition**) とよぶ．

ハミルトニアンが (2.6) 同様，

$$H(\widehat{P}, \widehat{Q}) \equiv \sum_{m,n} h_{mn} \widehat{Q}^m \widehat{P}^n \tag{3.41}$$

と QP－順序で与えられるとき（今は時間によらないとする），ユークリッド核 (3.38) は，

$$\widetilde{K}(x, x'\,;\, \mathcal{T}) = \lim_{N\to\infty} \left(\prod_{j=1}^{N-1} \int dx_j\right)\left(\prod_{j=1}^{N} \int \frac{dp_j}{2\pi\hbar}\right) \times \exp\left[\frac{1}{\hbar} \sum_{j=1}^{N} \{ip_j \varDelta x_j - \varDelta\tau H(p_j, x_j)\}\right]_{x_0=x'}^{x_N=x} \tag{3.42}$$

と書ける．これは，ファインマン核 (2.14) でユークリッド化

$$\varDelta t \to -i\varDelta\tau, \qquad \varDelta\tau \equiv \frac{\mathcal{T}\,(=\hbar\beta)}{N} \tag{3.43}$$

を行ったものである（なお，$\varDelta x_j = x_j - x_{j-1}$である．(2.11) を参照のこと）．

分配関数 (3.40) は，(3.42) で $x' = x_N$ として x_N で積分した

$$\mathcal{Z}(\mathcal{T}) = \lim_{N\to\infty} \left(\prod_{j=1}^{N} \iint \frac{dp_j\, dx_j}{2\pi\hbar}\right) \exp\left[\frac{\varDelta\tau}{\hbar} \sum_{j=1}^{N} \left\{ip_j\left(\frac{\varDelta x_j}{\varDelta\tau}\right) - H(p_j, x_j)\right\}\right]_{\mathrm{P}} \tag{3.44}$$

となる．p 積分の数は x 積分と等しい（ファインマン核では 1 個多い）．また，ここで $]_{\mathrm{P}}$ は以下の周期境界条件を表す．

$$x_0 = x_N \tag{3.45}$$

ハミルトニアンが (1.143)

$$\widehat{H} = \frac{\widehat{P}^2}{2m} + V(\widehat{Q})$$

のときは，(3.42)，(3.44) で p_j 積分が例題 2.1.1 のように遂行でき，

$$\widetilde{K}(x, x'; \mathcal{T}) = \lim_{N\to\infty} \sqrt{\frac{m}{2\pi\hbar\Delta\tau}} \left(\prod_{j=1}^{N-1} \int \sqrt{\frac{m}{2\pi\hbar\Delta\tau}}\, dx_j\right) \times \exp\left[-\frac{\Delta\tau}{\hbar}\sum_{j=1}^{N}\left\{\frac{m}{2}\left(\frac{\Delta x_j}{\Delta\tau}\right)^2 + V(x_j)\right\}\right]_{x_0=x'}^{x_N=x} \tag{3.46}$$

$$\mathcal{Z}(\mathcal{T}) = \lim_{N\to\infty} \left(\prod_{j=1}^{N} \int \sqrt{\frac{m}{2\pi\hbar\Delta\tau}}\, dx_j\right) \exp\left[-\frac{\Delta\tau}{\hbar}\sum_{j=1}^{N}\left\{\frac{m}{2}\left(\frac{\Delta x_j}{\Delta\tau}\right)^2 + V(x_j)\right\}\right]_{\mathrm{P}} \tag{3.47}$$

が得られる．

3.2.2 ユークリッド経路積分の有効性

形式的な連続極限 $N \to \infty$ で考えると，分配関数は

$$\mathcal{Z}(\mathcal{T}) = \int \mathcal{D}x(\tau)\, \exp\left[-\frac{\widetilde{S}[x]}{\hbar}\right]_{\mathrm{P}} \tag{3.48}$$

で与えられる．ただし，

$$\widetilde{S}[x] \equiv \int_0^{\mathcal{T}} d\tau \left[\frac{m}{2}\left(\frac{dx(\tau)}{d\tau}\right)^2 + V(x)\right] \tag{3.49}$$

である．ここで，$]_{\mathrm{P}}$ は $x(\mathcal{T}) = x(0)$ で，$\widetilde{S}[x]$ は**ユークリッド作用** (**Euclidean action**) とよばれる．(2.19)，(2.20)，(2.21) と比べると，統計力学での経路積分の利点が見えてくる．話をわかりやすくするため，

$$\lim_{|x|\to\infty}\left\{\begin{matrix} V(x,\,t) & :\,(2.19) \\ V(x) & :\,(3.49) \end{matrix}\right\} = +\infty$$

の場合を考える．このとき，統計力学では量子力学に比べ，以下の 2 つの利点がある．

【利点 1】

積分の収束性がよい．各時刻での積分が存在するためには，$x(t)$ が大きい領域で被積分関数が発散しないことが必要である．上の仮定で V も大きくなるので，$e^{iS/\hbar}$ が被積分関数であるファインマン核 (2.21) はプラスとマイナス間を速く振動することでの打ち消し合いが期待される．ところが統計力学では，$e^{-\tilde{S}/\hbar}$ が急速にゼロになることで積分の収束性は極めて明白となる[†3]．

【利点 2】

波動関数 (特に基底状態) が直接得られる．ユークリッド核 (3.38) に $|n\rangle : \hat{H}|n\rangle = E_n|n\rangle$ $(n = 0,\,1,\,\cdots)$ の完全性を挿入した，以下の表式を見てみよう．

$$\begin{aligned}\tilde{K}(x,\,x'\,;\,\mathcal{T}) &= \sum_{n=0}\langle x|e^{-\mathcal{T}\hat{H}/\hbar}|n\rangle\langle n|x'\rangle \\ &= \sum_{n=0} e^{-\mathcal{T}E_n/\hbar}\varphi_n(x)\varphi_n^*(x') \qquad (3.50)\end{aligned}$$

ここで，$\varphi_n(x)$ は (1.170) で示した波動関数の 1 次元版である．$\mathcal{T}\to\infty$ では $e^{-\mathcal{T}E_n/\hbar}$ のため，和で基底状態 E_0 のみが生き残り，

$$\lim_{\mathcal{T}\to\infty}\widetilde{K}(x,\,x'\,;\,\mathcal{T}) = \lim_{\mathcal{T}\to\infty} e^{-E_0\mathcal{T}/\hbar}\varphi_0(x)\varphi_0^*(x') \qquad (3.51)$$

が得られ，$e^{-E_0\mathcal{T}/\hbar}$ の係数のうち，x 依存部分が基底状態の波動関数 $\varphi_0(x)$ である．

基底状態のエネルギーは，

---

†3　フレネル積分はガウス積分で定義されていたことを思い出そう．付録 (D.22) を参照のこと．

$$\lim_{\mathcal{T}\to\infty} -\hbar\frac{\ln\widetilde{K}(x,\,x'\,;\,\mathcal{T})}{\mathcal{T}} = E_0 \tag{3.52}$$

である．ここで $\mathcal{T}\equiv\hbar/(k_{\mathrm{B}}T)$ なので，$\mathcal{T}\to\infty$ は温度 $T\to 0$ を意味するから，基底状態が得られるのは当然である（経路積分法の本質に関わるものであり，すでに 1.4 節の (1.172) ～ (1.174) で議論した）．

3.2.3　ボース・フェルミ分配関数の経路積分表示

コヒーレント表示での分配関数は（f 次元とする），

$$\begin{aligned}\mathcal{Z}^{\mathrm{B}}(\mathcal{T}) &= \int\frac{d^{2f}\boldsymbol{\alpha}}{\pi^f}\langle\boldsymbol{\alpha}|e^{-\mathcal{T}\hat{H}/\hbar}|\boldsymbol{\alpha}\rangle\\ &= \int\frac{d^{2f}\boldsymbol{\alpha}}{\pi^f}\widetilde{K}(\boldsymbol{\alpha},\,\boldsymbol{\alpha}\,;\,\mathcal{T})\end{aligned} \tag{3.53}$$

であり，ここで

$$\widetilde{K}(\boldsymbol{\alpha}',\,\boldsymbol{\alpha}\,;\,\mathcal{T}) \equiv \langle\boldsymbol{\alpha}'|e^{-\mathcal{T}\hat{H}/\hbar}|\boldsymbol{\alpha}\rangle \tag{3.54}$$

と与えられている．

例題 3.2.2　(3.53) を示せ．

【解】　例題 3.2.1 同様に，基底 $|i\rangle$ での表示に単位の分解 (2.97) を挿入すれば，

$$\begin{aligned}\mathrm{Tr}\,e^{-\mathcal{T}\hat{H}/\hbar} &= \sum_i\langle i|e^{-\mathcal{T}\hat{H}/\hbar}|i\rangle = \sum_i\langle i|\int\frac{d^{2f}\boldsymbol{\alpha}}{\pi^f}|\boldsymbol{\alpha}\rangle\langle\boldsymbol{\alpha}|e^{-\mathcal{T}\hat{H}/\hbar}|i\rangle\\ &= \sum_i\int\frac{d^{2f}\boldsymbol{\alpha}}{\pi^f}\langle\boldsymbol{\alpha}|e^{-\mathcal{T}\hat{H}/\hbar}|i\rangle\langle i|\boldsymbol{\alpha}\rangle\end{aligned}$$

となる．$|i\rangle$ の完全性を用いれば (3.53) である．□

さて，ユークリッド核 $\widetilde{K}(\boldsymbol{\alpha}',\,\boldsymbol{\alpha}\,;\,\mathcal{T})$（(3.54)）の経路積分表示は，(2.100) で $\Delta t\to -i\Delta\tau$，$\boldsymbol{\alpha}\to\boldsymbol{\alpha}'$，$\boldsymbol{\alpha}_0\to\boldsymbol{\alpha}$ とおいて，

$$\widetilde{K}(\boldsymbol{\alpha}',\,\boldsymbol{\alpha}\,;\,\mathcal{T}) = \lim_{N\to\infty}\left(\prod_{j=1}^{N-1}\int\frac{d^{2f}\boldsymbol{\alpha}_j}{\pi^f}\right)$$

$$\times \exp\Big[-\sum_{j=1}^{N}\Big\{\frac{\boldsymbol{\alpha}_j^* \varDelta\boldsymbol{\alpha}_j}{2}-\frac{\varDelta\boldsymbol{\alpha}_j^*\boldsymbol{\alpha}_{j-1}}{2}+\frac{\varDelta\tau}{\hbar}H(\boldsymbol{\alpha}_j^*,\boldsymbol{\alpha}_{j-1})\Big\}\Big]_{\boldsymbol{\alpha}_0=\boldsymbol{\alpha}}^{\boldsymbol{\alpha}_N=\boldsymbol{\alpha}'} \tag{3.55}$$

と与えられる．ここで，ハミルトニアンは以下のように正規積順序

$$H(\boldsymbol{\alpha}^*,\boldsymbol{\alpha})=\sum_{m,n=0}h_{mn}(\alpha_1^*)^{m_1}\cdots(\alpha_f^*)^{m_f}(\alpha_1)^{n_1}\cdots(\alpha_f)^{n_f} \tag{3.56}$$

と定義されているとしよう（これは，(2.101) で $h_{mn}(t)\to h_{mn}$ としたものである）．こうして分配関数 (3.53) の経路積分表示は，$]_{\mathrm{P}}$ で周期境界条件

$$\boldsymbol{\alpha}_0=\boldsymbol{\alpha}_N \tag{3.57}$$

を表すとして，

$$Z^{\mathrm{B}}(\mathcal{T})=\lim_{N\to\infty}\Big(\prod_{j=1}^{N}\int\frac{d^{2f}\boldsymbol{\alpha}_j}{\pi^f}\Big)\exp\Big[-\sum_{j=1}^{N}\Big\{\boldsymbol{\alpha}_j^*\varDelta\boldsymbol{\alpha}_j+\frac{\varDelta\tau}{\hbar}H(\boldsymbol{\alpha}_j^*,\boldsymbol{\alpha}_{j-1})\Big\}\Big]_{\mathrm{P}} \tag{3.58}$$

となる．

例題 3.2.3　(3.58) を示せ．

【解】　(3.53) で $\boldsymbol{\alpha}$ 積分を $\boldsymbol{\alpha}_N$ 積分と見なし，(3.55) に端点公式（(2.85)，ただし $M\to N$ とする）を $\boldsymbol{\alpha}_0=\boldsymbol{\alpha}_N$ として用いれば，(3.55) における指数関数の肩の第1項と第2項が，

$$\sum_{j=1}^{N}\Big(\frac{\boldsymbol{\alpha}_j^*\varDelta\boldsymbol{\alpha}_j}{2}-\frac{\varDelta\boldsymbol{\alpha}_j^*\boldsymbol{\alpha}_{j-1}}{2}\Big)_P=\frac{\boldsymbol{\alpha}_N^*\boldsymbol{\alpha}_N}{2}+\frac{\boldsymbol{\alpha}_N^*\boldsymbol{\alpha}_N}{2}-\boldsymbol{\alpha}_N^*\boldsymbol{\alpha}_{N-1}+\sum_{j=1}^{N-1}\boldsymbol{\alpha}_j^*\varDelta\boldsymbol{\alpha}_j$$
$$=\sum_{j=1}^{N}\boldsymbol{\alpha}_j^*\varDelta\boldsymbol{\alpha}_j \tag{3.59}$$

となる．これは，(3.58) の運動項であり，ハミルトニアンは (2.82)，(2.100) 同様に求められるので，(3.58) が導けた．□

フェルミ粒子の分配関数を考えよう．トレース公式は

$$\mathcal{Z}^{\mathrm{F}}(\mathcal{T}) \equiv \mathrm{Tr}\, e^{-\mathcal{T}\hat{H}/\hbar} = \int d^f\boldsymbol{\xi}\, d^f\boldsymbol{\xi}^* \langle -\boldsymbol{\xi}| e^{-\mathcal{T}\hat{H}/\hbar} |\boldsymbol{\xi}\rangle$$

$$= \int d^f\boldsymbol{\xi}\, d^f\boldsymbol{\xi}^* \langle \boldsymbol{\xi}| e^{-\mathcal{T}\hat{H}/\hbar} |-\boldsymbol{\xi}\rangle \qquad (3.60)$$

のように始状態，終状態の符号が変わる**反周期境界条件**（**anti-periodic boundary condition**）で与えられる．これを証明しよう．

【証明】　基底として (2.158) を用いて，トレースは

$$\mathrm{Tr}\, e^{-\mathcal{T}\hat{H}/\hbar} = \sum_{m,r} \langle m\,;r| e^{-\mathcal{T}\hat{H}/\hbar} |m\,;r\rangle$$

$$\sum_{m,r} = \sum_{m=0}^{f} \sum_{r=1}^{r_m}$$

である．ここで，r_m は (2.157) で与えられる．単位の分解 (2.152) を $e^{-\mathcal{T}\hat{H}/\hbar}$ の左側に挿入すれば，

$$\mathrm{Tr}\, e^{-\mathcal{T}\hat{H}/\hbar} = \sum_{m,r} \langle m\,;r| \int d^f\boldsymbol{\xi}\, d^f\boldsymbol{\xi}^* |\boldsymbol{\xi}\rangle\langle\boldsymbol{\xi}| e^{-\mathcal{T}\hat{H}/\hbar} |m\,;r\rangle$$

となる．

グラスマン偶である $\int d^f\boldsymbol{\xi}\, d^f\boldsymbol{\xi}^*$ を左に寄せて，

$$\mathrm{Tr}\, e^{-\mathcal{T}\hat{H}/\hbar} = \int d^f\boldsymbol{\xi}\, d^f\boldsymbol{\xi}^* \sum_{m,r} \langle m\,;r|\boldsymbol{\xi}\rangle\langle\boldsymbol{\xi}| e^{-\mathcal{T}\hat{H}/\hbar} |m\,;r\rangle$$

とした後に $\langle m\,;r|\boldsymbol{\xi}\rangle$ を右に移動する．(2.165) より，

$$\langle m\,;r|\boldsymbol{\xi}\rangle = \xi_{\beta_m}\xi_{\beta_{m-1}}\cdots\xi_{\beta_1} \exp\left[-\frac{\boldsymbol{\xi}^*\boldsymbol{\xi}}{2}\right] \qquad (3.61)$$

なので，m 個の ξ_β を右に移していかなければならない．それらが，m 体状態 (2.158) の生成演算子を飛び越えるたびに，マイナス (-1) が出て（$\langle\boldsymbol{\xi}|$, $e^{-\mathcal{T}\hat{H}/\hbar}$, $|\mathbf{0}\rangle$ はグラスマン偶），全体で $[(-1)^m]^m = (-1)^m$ となる．この m 個のマイナスを m 個の ξ_β に振り分ければ，

$$\mathrm{Tr}\, e^{-\mathcal{T}\hat{H}/\hbar} = \int d^f\boldsymbol{\xi}\, d^f\boldsymbol{\xi}^*$$

$$\times \sum_{m,r} \langle \boldsymbol{\xi}|e^{-\mathcal{T}\hat{H}/\hbar}|m\,;\,r\rangle(-\xi_{\beta_m})(-\xi_{\beta_{m-1}})\cdots(-\xi_{\beta_1})\exp\left[-\frac{\boldsymbol{\xi}^*\boldsymbol{\xi}}{2}\right]$$

となる.

再び，(3.61) に戻れば，

$$\mathrm{Tr}\, e^{-\mathcal{T}\hat{H}/\hbar} = \int d^f\boldsymbol{\xi}\, d^f\boldsymbol{\xi}^* \sum_{m,r} \langle \boldsymbol{\xi}|e^{-\mathcal{T}\hat{H}/\hbar}|m\,;\,r\rangle\langle m\,;\,r|-\boldsymbol{\xi}\rangle$$

が得られ，最後に m 体状態の完全性 (2.160) を用いれば，(3.60) の最後の表式が得られる．その前の表式は，単位の分解を$e^{-\mathcal{T}\hat{H}/\hbar}$の右側に

$$\mathrm{Tr}\, e^{-\mathcal{T}\hat{H}/\hbar} = \sum_{m,r} \langle m\,;\,r|e^{-\mathcal{T}\hat{H}/\hbar}\int d^f\boldsymbol{\xi}\, d^f\boldsymbol{\xi}^*|\boldsymbol{\xi}\rangle\langle\boldsymbol{\xi}|m\,;\,r\rangle$$

と挿入して，これまでと同じことを繰り返せばよい．こうして (3.60) の証明が終わる．□

ユークリッド核を

$$\widetilde{K}(\boldsymbol{\xi}',\boldsymbol{\xi}\,;\,\mathcal{T}) \equiv K(\boldsymbol{\xi}',\boldsymbol{\xi}\,;\,-i\mathcal{T}) = \langle\boldsymbol{\xi}'|e^{-\mathcal{T}\hat{H}/\hbar}|\boldsymbol{\xi}\rangle \tag{3.62}$$

と書けば，(2.171) で $\Delta t\to -i\Delta\tau$，$\boldsymbol{\xi}\to\boldsymbol{\xi}'$，$\boldsymbol{\xi}_0\to\boldsymbol{\xi}$ とおいた，

$$\widetilde{K}(\boldsymbol{\xi}',\boldsymbol{\xi}\,;\,\mathcal{T}) = \lim_{N\to\infty}\left(\prod_{j=1}^{N-1}\int d^f\boldsymbol{\xi}_j\, d^f\boldsymbol{\xi}_j^*\right)\exp\left[-\sum_{j=1}^{N}\left\{\frac{\boldsymbol{\xi}_j^*\Delta\boldsymbol{\xi}_j}{2}\right.\right.$$
$$\left.\left.-\frac{\Delta\boldsymbol{\xi}_j^*\boldsymbol{\xi}_{j-1}}{2}+\frac{\Delta\tau}{\hbar}H(\boldsymbol{\xi}_j^*,\boldsymbol{\xi}_{j-1})\right\}\right]_{\xi_0=\xi}^{\xi_N=\xi'} \tag{3.63}$$

が得られる．ここで再び正規積を仮定したので，(2.172) で $h_{mn}(t)\to h_{mn}$ とした

$$H(\boldsymbol{\xi}^*,\boldsymbol{\xi}) = \sum_{m,n=0} h_{mn}(\xi_1^*)^{m_1}\cdots(\xi_f^*)^{m_f}(\xi_1)^{n_1}\cdots(\xi_f)^{n_f} \tag{3.64}$$

である.

また，分配関数

$$\mathcal{Z}^{\mathrm{F}}(\mathcal{T}) = \int d^f\boldsymbol{\xi}\, d^f\boldsymbol{\xi}^*\, \widetilde{K}(\boldsymbol{\xi}, -\boldsymbol{\xi}\,;\,\mathcal{T}) \tag{3.65}$$

は $\boldsymbol{\xi} \to \boldsymbol{\xi}_N$ と書き，(3.63) において端点公式 (2.85) に反周期条件 $\boldsymbol{\xi}_N{}^* = -\boldsymbol{\xi}_0{}^*$，$\boldsymbol{\xi}_N = -\boldsymbol{\xi}_0$ を代入すれば (3.59) 同様に，

$$\sum_{j=1}^{N}\left(\frac{\boldsymbol{\xi}_j^*\Delta\boldsymbol{\xi}_j}{2} - \frac{\Delta\boldsymbol{\xi}_j^*\boldsymbol{\xi}_{j-1}}{2}\right) = \sum_{j=1}^{N}\boldsymbol{\xi}_j^*\Delta\boldsymbol{\xi}_j$$

となるから，

$$\mathcal{Z}^{\mathrm{F}}(\mathcal{T}) = \lim_{N\to\infty}\left(\prod_{j=1}^{N}\int d^f\boldsymbol{\xi}_j\, d^f\boldsymbol{\xi}_j^*\right)\exp\left[-\sum_{j=1}^{N}\left\{\boldsymbol{\xi}_j^*\Delta\boldsymbol{\xi}_j + \frac{\Delta\tau}{\hbar}H(\boldsymbol{\xi}_j^*, \boldsymbol{\xi}_{j-1})\right\}\right]_{\mathrm{AP}} \tag{3.66}$$

が得られる．ここで，ボース系との大きな違いは，$]_{\mathrm{AP}}$ と書いた反周期境界条件

$$\boldsymbol{\xi}_0 = -\boldsymbol{\xi}_N, \qquad \boldsymbol{\xi}_0^* = -\boldsymbol{\xi}_N^* \tag{3.67}$$

であることに注意しよう.

練 習 問 題

【3.2a】 練習問題 2.3c ～ f で導入したコヒーレント状態でのトレース公式が,

$$\mathrm{Tr}\, e^{-\mathcal{T}\hat{H}/\hbar} = \int \langle\!\langle \boldsymbol{\xi}| e^{-\mathcal{T}\hat{H}/\hbar}|-\boldsymbol{\xi}\rangle\!\rangle\, d^f\boldsymbol{\xi} \tag{3.68}$$

で与えられることを示せ．このときは，$\boldsymbol{\xi}$ のみが $-\boldsymbol{\xi}$ になることで，$\boldsymbol{\xi} \Longrightarrow -\boldsymbol{\xi}$, $\boldsymbol{\xi}^* \Longrightarrow -\boldsymbol{\xi}^*$ とする (3.60) とは異なることに注意しよう.

経路積分とユークリッド化

“はじめに”でも触れたが，1970 年代の初期には，経路積分に対する風当たりは日本ではとても強かった．その理由は，日本での場の量子論研究は，正統的な ― いわゆる正準量子化を用いた ― 手法に基づく，しっかりとした伝統に支えられていたためである．外国でも反旗を翻す人々の多くは，同様の立場の人であった．

ともあれ，ファインマン核だけを見れば，波動関数はどこにも姿を現さないから，「これはいったい量子力学か？」というわけだ．ファインマン核からユークリッド化の方法，つまり，時間 T を虚時間 $\mathcal{T}$ に $T \to -i\mathcal{T}$ とし，$\mathcal{T} \to \infty$ とすることにより，基底状態のエネルギーや波動関数を引き出すことができるという事実には，思いもつかなかったのである．

こうしたユークリッド化の方法を経ることで，経路積分はその独自の立場を確立したといえる．本文で解説したように，量子力学の手続きを踏みながら，ファインマン核を作る過程からは，ある意味自明なことであるが，当時は，ファインマンによる経路積分の表式が最初にありきの立場であったから，その本質はなかなか見えなかった．

では，どこで明らかになったのかというと，それは Abers - Lee のレビュー (E.S. Abers and B.W. Lee：Physics Reports **9** #1 1-141 (1973)) であろう．その 60 ページからの経路積分の解説にこのことが述べてある．ちなみに，著者の 1 人，アーバース (Ernst Abers) は UCLA の名誉教授で，量子力学の教科書 (“*Quantum Mechanics*” (Benjamin, 2003)) を書いている．

もう一方の著者，ベン・リー (Benjamin Lee) は大変な秀才であった．ソウルで生まれた彼は，アメリカに渡りペンシルバニア大学で学位を得た後，60 年代半ばには第一線の研究者として名を馳せていた．その才能の一端は，彼のゲージ理論の講義を聴いたトフーフト (G.'t Hooft. 1999 年に師であるベルトマン (M. Veltman) と共に「電弱理論における量子構造の解明」でノーベル賞を受ける) 自身が「ベン・リーの話で頭の整理ができたので，我々の理論ができた.」と，言っていることからもわかる．残念なことに，自動車事故で若くして (42 歳) 亡くなってしまうが，生きていれば，間違いなくノーベル賞を受賞していたことであろう．それがもし，トフーフトたちと一緒であれば，韓国人として最初のノーベル賞受賞になったはずである (韓国人のノーベル賞受賞者は“金大中”ただ 1 人で，彼は 2000 年に平和賞を受賞している).

第4章 経路積分計算の基礎

この章では，経路積分を古典解周りの展開によって実行し，ファインマン核や分配関数を計算する．古典解は連続表示 $N \to \infty\,(\Delta t,\, \Delta\tau \to 0)$ で取り扱うことができるが，前因子と称する量子部分は積分変数で構成されていて差分型で与えられ，行列式あるいは固有関数を用いる方法で計算される．最後では連続表示の計算，いわゆる汎関数積分による方法を紹介する．

4.1 調和振動子の経路積分

4.1.1 ファインマン核の前因子・古典部分

調和振動子ハミルトニアン (2.50) に c 数関数 $J(t)$（**ソース** (**source**) という）を加えた，

$$\widehat{H}(t) = \frac{\widehat{P}^2}{2m} + \frac{m\omega^2}{2}\widehat{Q}^2 + \widehat{Q}J(t) \tag{4.1}$$

を考える（その役割は次章および付録 B で明らかになる）．ファインマン核は第 2 章の (2.16) で $t' \to T$，$t_0 \to 0$，$x' \to x_T$ とおきかえて

$$V(x_j,\, t_j) = \frac{m\omega^2}{2}x_j^2 + x_j J_j \qquad J_j \equiv J(t_j) \tag{4.2}$$

とした，

$$K^{(J)}(x_T, x_0\,;\,T) = \lim_{N\to\infty}\sqrt{\frac{m}{2\pi i\hbar\Delta t}}\left(\prod_{j=1}^{N-1}\int\sqrt{\frac{m}{2\pi i\hbar\Delta t}}\,dx_j\right)\exp\left[\frac{iS(\boldsymbol{x})}{\hbar}\right]_{x_0}^{x_T} \tag{4.3}$$

で与えられる．ただし

$$S(\boldsymbol{x}) \equiv \Delta t\sum_{j=1}^{N}\left[\frac{m}{2}\left(\frac{\Delta x_j}{\Delta t}\right)^2 - \frac{m\omega^2}{2}x_j^2 - x_jJ_j\right], \qquad \Delta x_j = x_j - x_{j-1} \tag{4.4}$$

である．

経路積分の精神に従い，まず作用 $S(\boldsymbol{x})$ の極値，すなわち次の運動方程式の古典解 x_j^{c} (c は classical を意識)

$$\left.\begin{aligned} 0 = \left.\frac{\partial S(\boldsymbol{x})}{\partial x_k}\right|_{x_k^{\mathrm{c}}} \Longrightarrow m\left(\frac{x_{k+1}^{\mathrm{c}} - 2x_k^{\mathrm{c}} + x_{k-1}^{\mathrm{c}}}{(\Delta t)^2} + \omega^2 x_k^{\mathrm{c}}\right) = -J_k \\ x_0^{\mathrm{c}} = x_0, \qquad x_N^{\mathrm{c}} = x_T \end{aligned}\right\} \tag{4.5}$$

を探す．

例題 4.1.1　(4.5) を示せ．

【解】　(4.4) で右辺の Δt を左辺に移項して，$\partial x_j/\partial x_k = \delta_{jk}$ に注意すれば，

$$\begin{aligned} \frac{1}{\Delta t}\frac{\partial S(\boldsymbol{x})}{\partial x_k} &= \sum_j\left[\frac{m}{(\Delta t)^2}(x_j - x_{j-1})(\delta_{jk} - \delta_{j-1,k}) - m\omega^2 x_j\delta_{jk} - \delta_{jk}J_j\right] \\ &= m\left[\frac{x_k - x_{k-1} - (x_{k+1} - x_k)}{(\Delta t)^2} - \omega^2 x_k\right] - J_k \\ &= 0 \end{aligned}$$

である．$x_k \to x_k^{\mathrm{c}}$ と書いて，m の比例項を右辺に移項すれば (4.5) である．□

差分方程式 (4.5) の解 x_j^{c} が求まったなら，

$$S(\boldsymbol{x}) = S(\boldsymbol{x}^{\mathrm{c}}) + \sum_{j=1}^{N} (x - x^{\mathrm{c}})_j \frac{\partial S(\boldsymbol{x})}{\partial x_j}\bigg|_{\boldsymbol{x}^{\mathrm{c}}} + \frac{1}{2}\sum_{j,k=1}^{N} (x - x^{\mathrm{c}})_j (x - x^{\mathrm{c}})_k \frac{\partial^2 S(\boldsymbol{x})}{\partial x_j \partial x_k}\bigg|_{\boldsymbol{x}^{\mathrm{c}}} \tag{4.6}$$

のように，その周りで $S(\boldsymbol{x})$ を展開する．上式の 1 次項は (4.5) からゼロであり，ソースに依存する古典作用を，

$$S_{\mathrm{c}} \equiv S(\boldsymbol{x}^{\mathrm{c}}) \tag{4.7}$$

また，ソースに依存しない 2 階微分項を，

$$\left.\begin{aligned} &\frac{\partial^2 S(\boldsymbol{x})}{\partial x_j \partial x_k}\bigg|_{\boldsymbol{x}^{\mathrm{c}}} = \frac{m}{\Delta t} M_{jk} \\ &M_{jk} \equiv -\delta_{j,k+1} + 2\delta_{jk} - \delta_{j,k-1} - \Omega^2 \delta_{jk}, \qquad \Omega \equiv \omega \Delta t \end{aligned}\right\} \tag{4.8}$$

と書くと，(4.3) は，

$$K^{(J)}(x_T, x_0 ; T) = \lim_{N\to\infty} \exp\left[i\frac{S_{\mathrm{c}}}{\hbar}\right]\sqrt{\frac{m}{2\pi i\hbar\Delta t}}\left(\prod_{j=1}^{N-1}\int\sqrt{\frac{m}{2\pi i\hbar\Delta t}}\,dx_j^{\mathrm{q}}\right) \times \exp\left[\frac{im}{2\hbar\Delta t}\sum_{j,k=1}^{N-1} x_j^{\mathrm{q}} M_{jk} x_k^{\mathrm{q}}\right] \tag{4.9}$$

と与えられる．

ここで $N-1$ 個の積分変数 x_j^{q}(q は quantum を意識) は，

$$x_j^{\mathrm{q}} \equiv x_j - x_j^{\mathrm{c}}, \qquad x_0^{\mathrm{q}} = x_N^{\mathrm{q}} = 0 \tag{4.10}$$

で定義されている．和が $1 \leq j, k \leq N-1$ となっていることに注意しよう．

(4.9) を以下のように古典部分と量子部分に分けて書こう．

$$K^{(J)}(x_T, x_0 ; T) = K_{\mathrm{q}}(T) K_{\mathrm{c}}^{(\tilde{J})}(x_T, x_0 ; T) \tag{4.11}$$

$$K_{\mathrm{c}}^{(\tilde{J})}(x_T, x_0 ; T) \equiv \lim_{N\to\infty} \exp\left[i\frac{S_{\mathrm{c}}}{\hbar}\right] \quad (\text{古典部分}) \tag{4.12}$$

$$K_{\rm q}(T) \equiv \lim_{N\to\infty}\sqrt{\frac{m}{2\pi i\hbar\varDelta t}}\,I_{\rm q} \quad \text{（前因子（量子部分））} \tag{4.13}$$

$$I_{\rm q} \equiv \left(\prod_{j=1}^{N-1}\int\sqrt{\frac{m}{2\pi i\hbar\varDelta t}}\,dx_j^{\rm q}\right)\exp\left[-\frac{m}{2i\hbar\varDelta t}\sum_{j,k=1}^{N-1}x_j^{\rm q}M_{jk}x_k^{\rm q}\right] \tag{4.14}$$

4.1.2 古 典 解

ソースに依存している古典部分は，連続極限 $N\to\infty\,(\varDelta t\to 0)$ をとることができ，$t_k\to t$，$x_{k\pm1}^{\rm c}=x^{\rm c}(t\pm\varDelta t)$ だから，

$$x_{k\pm1}^{\rm c}\to x^{\rm c}(t)\pm\varDelta t\frac{d}{dt}x^{\rm c}(t)+\frac{1}{2}(\varDelta t)^2\frac{d^2}{dt^2}x^{\rm c}(t)+O(\varDelta t^3)$$

と展開できる．よって (4.5) は

$$m\left(\frac{d^2}{dt^2}+\omega^2\right)x^{\rm c}(t)=-J(t),\qquad x^{\rm c}(0)=x_0,\qquad x^{\rm c}(T)=x_T \tag{4.15}$$

のように古典運動方程式となり，一般解は，

$$x^{\rm c}(t)=X(t)+\int_0^T dt'\,\boldsymbol{\varDelta}(t,t')\frac{J(t')}{m} \tag{4.16}$$

である．

ここで，$X(t)$ は (4.15) の境界条件を満たす，ソースのない微分方程式の解

$$\left(\frac{d^2}{dt^2}+\omega^2\right)X(t)=0,\qquad X(0)=x_0,\qquad X(T)=x_T \tag{4.17}$$

であり，

$$X(t)=\frac{x_T\sin\omega t+x_0\sin\omega(T-t)}{\sin\omega T} \tag{4.18}$$

と解くことができる．

例題 4.1.2 (4.18) を導け.

【解】 一般解 $A\sin\omega t + B\cos\omega t$ に境界条件を用いれば,

$$x_0 = B,\ x_T = A\sin\omega T + B\cos\omega T \Longrightarrow A = \frac{x_T - x_0\cos\omega T}{\sin\omega T}$$

となる. したがって,

$$X(t) = \frac{x_T\sin\omega t - x_0(\cos\omega T\sin\omega t - \sin\omega T\cos\omega t)}{\sin\omega T}$$

が得られ, x_0 の係数に次の加法定理

$$\sin(A \pm B) = \sin A\cos B \pm \cos A\sin B \tag{4.19}$$

を用いれば, (4.18) が導かれる. □

(4.16) での $\boldsymbol{\Delta}(t, t')$ は, 次の微分方程式, 境界条件に従う **グリーン関数**[†1] (**Green function**)

$$\left(\frac{\partial^2}{\partial t^2} + \omega^2\right)\boldsymbol{\Delta}(t, t') = -\delta(t - t'), \qquad \boldsymbol{\Delta}(0, t') = 0 = \boldsymbol{\Delta}(T, t') \tag{4.20}$$

で以下のように与えられる (導き方は練習問題 4.1a を参照).

$$\boldsymbol{\Delta}(t, t') = \frac{1}{\omega\sin\omega T}[\theta(t - t')\sin\omega(T - t)\sin\omega t' + \theta(t' - t)\sin\omega(T - t')\sin\omega t] \tag{4.21}$$

$$= \frac{1}{2\omega\sin\omega T}[\theta(t - t')\{\cos\omega(T - (t + t')) - \cos\omega(T - (t - t'))\} + \theta(t' - t)\{\cos\omega(T - (t + t')) - \cos\omega(T + (t - t'))\}] \tag{4.22}$$

---

†1 第5章では $\boldsymbol{\Delta}(t, t')/m$ はプロパゲーターとよばれる.

ここで，(4.21) と (4.22) は

$$\cos A - \cos B = -2\sin\frac{A+B}{2}\sin\frac{A-B}{2} \tag{4.23}$$

という公式でつながっており，$\boldsymbol{\Delta}(t,\, t')$ は $t \leftrightarrow t'$ に関して対称

$$\boldsymbol{\Delta}(t,\, t') = \boldsymbol{\Delta}(t',\, t) \tag{4.24}$$

となることに注意しよう．

まず，(4.16) が (4.15) を満たすことを確認しよう．(4.15) の$x^{\mathrm{c}}(t)$の境界条件は，(4.17) での X および (4.20) の $\boldsymbol{\Delta}$ の境界条件で満たされている．さらに，微分演算子 $m(\partial^2/\partial t^2 + \omega^2)$ を (4.16) に作用すれば，右辺第 1 項は (4.17) で落ち，

$$\text{右辺第 2 項} = \int_0^T dt' \left(\frac{\partial^2}{\partial t^2} + \omega^2\right)\boldsymbol{\Delta}(t,\, t')J(t')$$

$$\overset{(4.20)}{=} -\int_0^T dt'\, \delta(t-t')J(t') = -J(t) = (4.15)\text{右辺}$$

となり (4.15) が満たされていることがわかる．

次に，表式 (4.21) が (4.20) を満たすことの確認をしよう．境界条件 $\boldsymbol{\Delta}(T,\, t') = 0$ は，$t = T$ において第 1 項が $\sin\omega(T-t) = 0$ となり，また，第 2 項は $T > t'$ だから $\theta(t'-T) = 0$ となるので満たされている．同様に，$\boldsymbol{\Delta}(0,\, t') = 0$ についても，$t = 0$ で第 2 項は $\sin\omega t$ のためゼロとなり，第 1 項は $t' \geq 0$ なので $\theta(-t') = 0$ となり，これも満たされている．

$\boldsymbol{\Delta}(t,\, t')$ の 1 階微分は，

$$\begin{aligned}\frac{\partial}{\partial t}\boldsymbol{\Delta}(t,\, t') = \frac{1}{\omega\sin\omega T}[&\delta(t-t')\{\sin\omega(T-t)\sin\omega t' \\ &- \sin\omega(T-t')\sin\omega t\} - \omega\{\theta(t-t')\cos\omega(T-t)\sin\omega t' \\ &- \theta(t'-t)\sin\omega(T-t')\cos\omega t\}]\end{aligned}$$

である．ここで，符号関数の微分 (C.29)，

$$\frac{d}{dt}\theta(t-t')=\delta(t-t'), \qquad \frac{d}{dt}\theta(t'-t)=-\delta(t-t')$$

を用いた．デルタ関数の係数は付録 (C.15) のデルタ関数の性質から，$t=t'$ としてよいことからゼロとなる．

したがって，

$$\frac{\partial}{\partial t}\boldsymbol{\varDelta}(t,t')=-\frac{1}{\sin\omega T}[\theta(t-t')\cos\omega(T-t)\sin\omega t' \\ -\theta(t'-t)\sin\omega(T-t')\cos\omega t\}] \tag{4.25}$$

となり，さらに，t で微分して以下が得られる．

$$\frac{\partial^2}{\partial t^2}\boldsymbol{\varDelta}(t,t')=-\frac{1}{\sin\omega T}[\delta(t-t')\{\cos\omega(T-t)\sin\omega t' \\ +\sin\omega(T-t')\cos\omega t\}+\omega\{\theta(t-t')\sin\omega(T-t)\sin\omega t' \\ +\theta(t'-t)\sin\omega(T-t')\sin\omega t\}]$$

ここでも再び，デルタ関数の係数は，$t'\to t$ として公式 (4.19) に注意すれば，

$$\cos\omega(T-t)\sin\omega t+\sin\omega(T-t)\cos\omega t=\sin\omega T$$

となり，分母とキャンセルしマイナス (-1) が残る．符号関数の項は $-\omega^2\boldsymbol{\varDelta}(t,t')$ となるので，

$$\frac{\partial^2}{\partial t^2}\boldsymbol{\varDelta}(t,t')=-\delta(t-t')-\omega^2\boldsymbol{\varDelta}(t,t')$$

のように (4.20) が導かれる．

4.1.3 古典作用

前項までの議論より古典解がわかったので，古典作用を計算する．(4.4) の連続極限より，

$$S[x]=\int_0^T dt\left[\frac{m}{2}\left(\frac{dx(t)}{dt}\right)^2-\frac{m\omega^2}{2}(x(t))^2-x(t)J(t)\right] \quad (4.26)$$

である．これを部分積分して，運動方程式と境界条件 (4.15) に注意すれば，

$$S[x^{\mathrm{c}}]\equiv S_{\mathrm{c}}=\frac{m}{2}(x_T\dot{x}^{\mathrm{c}}(T)-x_0\dot{x}^{\mathrm{c}}(0))-\frac{1}{2}\int_0^T dt\,x^{\mathrm{c}}(t)J(t) \quad (4.27)$$

となる．

右辺第1項は，(4.16) と (4.18) より，

$$\dot{x}^{\mathrm{c}}(t)=\frac{\omega(x_T\cos\omega t-x_0\cos\omega(T-t))}{\sin\omega T}+\int_0^T dt'\,\frac{\partial}{\partial t}\boldsymbol{\Delta}(t,t')\frac{J(t')}{m} \quad (4.28)$$

なので，

$$x_T\dot{x}^{\mathrm{c}}(T)=\frac{\omega x_T(x_T\cos\omega T-x_0)}{\sin\omega T}+\int_0^T dt'\,x_T\frac{\partial}{\partial t}\boldsymbol{\Delta}(t,t')\bigg|_{t=T}\frac{J(t')}{m}$$

および，

$$x_0\dot{x}^{\mathrm{c}}(0)=\frac{\omega x_0(x_T-x_0\cos\omega T)}{\sin\omega T}+\int_0^T dt'\,x_0\frac{\partial}{\partial t}\boldsymbol{\Delta}(t,t')\bigg|_{t=0}\frac{J(t')}{m}$$

が得られる．

双方引き算すれば，

$$x_T\dot{x}^{\mathrm{c}}(T)-x_0\dot{x}^{\mathrm{c}}(0)=\frac{\omega\{((x_T)^2+(x_0)^2)\cos\omega T-2x_Tx_0\}}{\sin\omega T}+\int_0^T dt'\left(x_T\frac{\partial}{\partial t}\boldsymbol{\Delta}(t,t')\bigg|_{t=T}-x_0\frac{\partial}{\partial t}\boldsymbol{\Delta}(t,t')\bigg|_{t=0}\right)\frac{J(t')}{m} \quad (4.29)$$

となり，(4.18) と (4.25) より，

$$x_T\frac{\partial}{\partial t}\boldsymbol{\Delta}(t,t')\bigg|_{t=T}-x_0\frac{\partial}{\partial t}\boldsymbol{\Delta}(t,t')\bigg|_{t=0}=-X(t') \quad (4.30)$$

が得られる．

例題 4.1.3 (4.30) を示せ．

【解】 (4.25) で符号関数の性質 $\theta(t'-T)=0$, $\theta(-t')=0$ より，

$$\frac{\partial}{\partial t}\boldsymbol{\Delta}(t,t')\bigg|_{t=T} = -\frac{\sin\omega t'}{\sin\omega T}, \qquad \frac{\partial}{\partial t}\boldsymbol{\Delta}(t,t')\bigg|_{t=0} = \frac{\sin\omega(T-t')}{\sin\omega T}$$

となる．したがって，(4.30) の左辺は (4.18) を参照すると，(4.30) の右辺となることがわかる．□

こうして，(4.27) 右辺第 1 項は (4.29) および (4.30) を用いて，

$$\frac{m\omega[\{(x_T)^2+(x_0)^2\}\cos\omega T - 2x_T x_0]}{2\sin\omega T} - \frac{1}{2}\int_0^T dt'\, X(t')J(t')$$

と与えられる．一方，(4.27) の右辺第 2 項は (4.16) より，

$$-\frac{1}{2}\int_0^T dt'\, x^{\mathrm{c}}(t')J(t') = -\frac{1}{2}\int_0^T dt'\, X(t')J(t') - \frac{1}{2}\int_0^T dt\, dt'\, J(t)\frac{\boldsymbol{\Delta}(t,t')}{m}J(t')$$

となり，双方足せば目的の古典作用が以下のように求まる．

$$S_{\mathrm{c}} = \frac{m\omega}{2\sin\omega T}[\{(x_T)^2+(x_0)^2\}\cos\omega T - 2x_T x_0] - \int_0^T dt\, X(t)J(t) - \frac{1}{2}\int_0^T dt\, dt'\, J(t)\frac{\boldsymbol{\Delta}(t,t')}{m}J(t') \tag{4.31}$$

4.1.4 前因子 ― 行列式法 ―

(4.13)，(4.14) での前因子 K_{q}，I_{q}を行列式を用いる**行列式法** (**matrix method**) で計算しよう．(もう 1 つのやり方，**固有関数法** (**eigenfunction method**) は練習問題 4.1b，c を参照．) まず，$(N-1)\times(N-1)$ 行列 M_{jk}

$= (\boldsymbol{M}_{N-1})_{jk}$ は (4.8) より，

$$\boldsymbol{M}_{N-1} \equiv \begin{pmatrix} 2-\Omega^2 & -1 & 0 & \cdots & 0 \\ -1 & 2-\Omega^2 & -1 & \ddots & \vdots \\ 0 & -1 & \ddots & \ddots & 0 \\ \vdots & \ddots & \ddots & \ddots & -1 \\ 0 & \cdots & 0 & -1 & 2-\Omega^2 \end{pmatrix} \quad (\Omega = \omega \Delta t) \tag{4.32}$$

と与えられている．

形式的に，積分変数を

$$\sqrt{\frac{m}{i\hbar \Delta t}}\, dx_j^{\mathrm{q}} \to dx_j \tag{4.33}$$

とスケールすると，公式 (D. 25) より

$$I_{\mathrm{q}} = \left(\prod_{j=1}^{N-1} \int \frac{dx_j}{\sqrt{2\pi}}\right) \exp\left[-\frac{1}{2}\sum_{j,k=1}^{N-1} x_j M_{jk} x_k\right] \tag{4.34}$$

$$= \int D^{N-1}\boldsymbol{x} \exp\left[-\frac{1}{2}\boldsymbol{x}^{\mathrm{T}}\boldsymbol{M}_{N-1}\boldsymbol{x}\right] = \frac{1}{\sqrt{\det \boldsymbol{M}_{N-1}}} \tag{4.35}$$

と求まる．

ここで，(4.32) の行列式を計算しよう．$N-1 \to n$ として，$n \times n$ の行列式

$$M_n = \det \boldsymbol{M}_n \equiv \begin{vmatrix} 2-\Omega^2 & -1 & 0 & \cdots & 0 \\ -1 & 2-\Omega^2 & -1 & \ddots & \vdots \\ 0 & -1 & \ddots & \ddots & 0 \\ \vdots & \ddots & \ddots & \ddots & -1 \\ 0 & \cdots & 0 & -1 & 2-\Omega^2 \end{vmatrix} \tag{4.36}$$

で，余因子展開を 1 行目に対して行うと，

$$M_n = (2-\Omega^2)M_{n-1} + \begin{vmatrix} -1 & -1 & \cdots & 0 \\ 0 & 2-\Omega^2 & \ddots & \vdots \\ \vdots & \ddots & \ddots & -1 \\ 0 & 0 & -1 & 2-\Omega^2 \end{vmatrix}$$

となる．右辺第2項で1列目に関して余因子展開すると，

$$M_n = (2-\Omega^2)M_{n-1} - M_{n-2} \tag{4.37}$$

であるから，$M_0 = 1$ として，階差数列

$$C_n \equiv M_n - \alpha_+ M_{n-1}, \qquad C_n = \alpha_- C_{n-1}, \qquad C_0 = 1 \tag{4.38}$$

を導入することにより，この漸化式を解くと

$$M_n = \frac{(\alpha_+)^{n+1} - (\alpha_-)^{n+1}}{\alpha_+ - \alpha_-}, \qquad \alpha_+ + \alpha_- = 2 - \Omega^2, \qquad \alpha_+\alpha_- = 1 \tag{4.39}$$

が得られる．

例題 4.1.4 (4.39) を示せ．

【解】 (4.38) と (4.37) を比べれば，$\alpha_+ + \alpha_- = 2 - \Omega^2$，$\alpha_+\alpha_- = 1$ であることがわかる．また，(4.38) 右側の関係より $C_n = (\alpha_-)^n$ がいえる．よって，

$$M_n - \alpha_+ M_{n-1} = (\alpha_-)^n$$

となり，$n \to n-1$ として α_+ を掛ければ，

$$\alpha_+ M_{n-1} - (\alpha_+)^2 M_{n-2} = \alpha_+(\alpha_-)^{n-1}$$

である．この操作を順に行い足し上げれば，

$$\sum_{k=0}^{n-1} (\alpha_+)^k (M_{n-k} - \alpha_+ M_{n-k-1}) = \sum_{k=0}^{n-1} (\alpha_+)^k (\alpha_-)^{n-k}$$

が得られる．

左辺で残るのは，$M_n - (\alpha_+)^n$ $(M_0 = 1)$ である．$(\alpha_+)^n$ を右辺移行して

$$M_n = \sum_{k=0}^{n} (\alpha_+)^k (\alpha_-)^{n-k} = (\alpha_-)^n \sum_{k=0}^{n} \left(\frac{\alpha_+}{\alpha_-}\right)^k = (\alpha_-)^n \frac{1 - (\alpha_+/\alpha_-)^{n+1}}{1 - (\alpha_+/\alpha_-)}$$

として，整理すれば (4.39) である．□

$\alpha_{\pm}$ は $x^2-(2-\Omega^2)x+1=0$ の解で，$\Omega=\omega\Delta t$ であるから，

$$\alpha_{\pm}=1\pm i\omega\Delta t+O(\Delta t^2) \tag{4.40}$$

となる．行列式は $n\to N-1$ であったから，(4.39) に (4.40) を代入して

$$M_{N-1}=\frac{(1+i\omega\Delta t)^N-(1-i\omega\Delta t)^N}{2i\omega\Delta t} \tag{4.41}$$

と求まる．

よって，前因子 (4.13) は，

$$K_{\mathrm{q}}(T)=\lim_{N\to\infty}\sqrt{\frac{m}{2\pi i\hbar\Delta t}}\frac{1}{\sqrt{\det \boldsymbol{M}_{N-1}}}=\sqrt{\frac{m\omega}{2\pi i\hbar\sin\omega T}} \tag{4.42}$$

と与えられる．最後は，指数関数の定義 (1.87) に注意し，以下を用いた．

$$\lim_{N\to\infty}(1\pm i\Delta t\omega)^N=\lim_{N\to\infty}\left(1\pm\frac{i\omega T}{N}\right)^N=e^{\pm i\omega T}$$

4.1.5 ファインマン核

こうして，ファインマン核 (4.3) は，

$$K^{(J)}(x_T,x_0;T)=K^{(0)}(x_T,x_0;T)\times\exp\left[-\frac{i}{\hbar}\left(\int_0^T dt\,X(t)J(t)+\frac{1}{2}\int_0^T dt\,dt'\,J(t)\frac{\boldsymbol{\Delta}(t,t')}{m}J(t')\right)\right] \tag{4.43}$$

と導かれた．ただし，

$$K^{(0)}(x_T,x_0;T)\equiv\sqrt{\frac{m\omega}{2\pi i\hbar\sin\omega T}}\times\exp\left[\frac{im\omega}{2\hbar\sin\omega T}\{((x_T)^2+(x_0)^2)\cos\omega T-2x_Tx_0\}\right] \tag{4.44}$$

である．

前因子の計算で，虚数を含む因子に対して形式的な積分変数のおきかえ (4.33) を用いたが，答が正しいことをチェックしよう．ソースをゼロ $J \to 0$ とした (4.43)，すなわち (4.44) で $\omega \to 0$ をとれば，自由粒子のファインマン核 (1.165) の 1 次元版である，

$$K(x_T, x_0; T) = \sqrt{\frac{m}{2\pi i\hbar T}} \exp\left[i\frac{m(x_T - x_0)^2}{2\hbar T}\right] \tag{4.45}$$

になるはずである．実際，

$$\lim_{\varepsilon \to 0} \frac{\sin \varepsilon}{\varepsilon} = 1 \tag{4.46}$$

に注意すると，前因子は

$$\lim_{\omega \to 0} \sqrt{\frac{m\omega}{2\pi i\hbar \sin \omega T}} = \sqrt{\frac{m}{2\pi i\hbar T}}$$

であり，指数の肩は

$$\lim_{\omega \to 0} \frac{im\omega}{2\hbar \sin \omega T}[\{(x_T)^2 + (x_0)^2\}\cos \omega T - 2x_T x_0] = \frac{im(x_T - x_0)^2}{2\hbar T}$$

となり，これらは (4.45) の前因子と指数の肩であり，(4.43) の正しいことがわかる．

練　習　問　題

【4.1a】 グリーン関数 (4.22) を導け．

【4.1b】 前因子の固有関数法による計算 (1)：$j = 0$，N でゼロとなる

$$S_r(j) \equiv \sqrt{\frac{2}{N}} \sin \frac{\pi r}{N} j \quad \left(1 \leq \begin{Bmatrix} j \\ r \end{Bmatrix} \leq N - 1\right) \tag{4.47}$$

が，直交性・完全性

$$\sum_{r=1}^{N-1} S_r(j)\,S_r(k) = \delta_{jk}, \qquad \sum_{j=1}^{N-1} S_r(j)\,S_{r'}(j) = \delta_{rr'} \tag{4.48}$$

を満たすことを示せ（問題解答における (106) の差分版である）.

【4.1c】　前因子の固有関数法による計算 (2)：前問の固有関数により，前因子

$$K_{\mathrm{q}}(T) = \lim_{N\to\infty}\sqrt{\frac{m}{2\pi i\hbar\varDelta t}}\left(\prod_{j=1}^{N-1}\int\frac{dx_j^{\mathrm{q}}}{\sqrt{2\pi}}\right) \times \exp\left[-\frac{1}{2}\sum_{j=1}^{N-1}x_j^{\mathrm{q}}(-x_{j+1}^{\mathrm{q}} - x_{j-1}^{\mathrm{q}} + (2-\varOmega^2)x_j^{\mathrm{q}})\right] \tag{4.49}$$

を計算せよ（(4.8)，(4.13)，(4.14) を参照）.

4.2　調和振動子の分配関数

4.2.1　ユークリッド核の古典部分・前因子

前節の計算をユークリッド経路積分でやってみよう．同様の計算を行うが，ここでは区別するため，量にチルダ（～）をつけることにする．ソース $\widetilde{J}(\tau)$ は虚時間の関数で，ハミルトニアンは

$$\widehat{H}(\tau) = \frac{\widehat{P}^2}{2m} + \frac{m\omega^2}{2}\widehat{Q}^2 + \widehat{Q}\widetilde{J}(\tau) \tag{4.50}$$

であり，ユークリッド核は (4.3)，(4.4) で $\varDelta t \to -i\varDelta\tau$ ($\varDelta\tau \equiv \mathcal{T}/N$) を行った，

$$\widetilde{K}^{(\widetilde{J})}(x_{\mathcal{T}}, x_0\,;\,\mathcal{T}) = \lim_{N\to\infty}\sqrt{\frac{m}{2\pi\hbar\varDelta\tau}}\left(\prod_{j=1}^{N-1}\int\sqrt{\frac{m}{2\pi\hbar\varDelta\tau}}\,dx_j\right)\exp\left[-\frac{\widetilde{S}(\boldsymbol{x})}{\hbar}\right]_{x_0}^{x_N=x_{\mathcal{T}}} \tag{4.51}$$

で与えられる．ただし，

$$\widetilde{S}(\boldsymbol{x}) \equiv \varDelta\tau \sum_{j=1}^{N} \left[\frac{m}{2}\left(\frac{\varDelta x_j}{\varDelta\tau}\right)^2 + \frac{m\omega^2}{2} x_j^2 + x_j \widetilde{J}_j\right], \qquad \widetilde{J}_j \equiv \widetilde{J}(j\varDelta\tau) \tag{4.52}$$

である．

前節同様，$\tilde{S}(\boldsymbol{x})$ の極値で境界条件 $\widetilde{x}_N^{\mathrm{c}} = x_{\mathcal{T}}$, $\widetilde{x}_0^{\mathrm{c}} = x_0$ に従う古典解 $\widetilde{x}_j^{\mathrm{c}}$ を

$$\left.\frac{\partial \widetilde{S}(\boldsymbol{x})}{\partial x_j}\right|_{\widetilde{\boldsymbol{x}}^{\mathrm{c}}} = 0 \Longrightarrow -\frac{m(\widetilde{x}_{j+1}^{\mathrm{c}} - 2\widetilde{x}_j^{\mathrm{c}} + \widetilde{x}_{j-1}^{\mathrm{c}})}{(\varDelta\tau)^2} + m\omega^2 \widetilde{x}_j^{\mathrm{c}} + \widetilde{J}_j = 0 \tag{4.53}$$

のように求める．

ここで，積分変数を

$$\widetilde{x}_j^{\mathrm{q}} = x_j - \widetilde{x}_j^{\mathrm{c}}, \qquad \widetilde{x}_0^{\mathrm{q}} = \widetilde{x}_N^{\mathrm{q}} = 0$$

として，$\widetilde{S}(\boldsymbol{x})$ を $\widetilde{x}_j^{\mathrm{c}}$ の周りで展開し

$$\widetilde{K}^{(\widetilde{J})}(x_{\mathcal{T}}, x_0 ; \mathcal{T}) \equiv \widetilde{K}_{\mathrm{q}}(\mathcal{T}) \widetilde{K}_{\mathrm{c}}^{(\widetilde{J})}(x_{\mathcal{T}}, x_0 ; \mathcal{T}) \tag{4.54}$$

のように，古典部分と前因子に分けて書く．ここで，古典部分は

$$\widetilde{K}_{\mathrm{c}}^{(\widetilde{J})}(x_{\mathcal{T}}, x_0 ; \mathcal{T}) \equiv \lim_{N\to\infty} \exp\left[-\frac{\widetilde{S}_{\mathrm{c}}}{\hbar}\right], \qquad \widetilde{S}_{\mathrm{c}} \equiv \widetilde{S}(\widetilde{\boldsymbol{x}}^{\mathrm{c}}) \tag{4.55}$$

であり，前因子は

$$\widetilde{K}_{\mathrm{q}}(\mathcal{T}) \equiv \lim_{N\to\infty} \sqrt{\frac{m}{2\pi\hbar\varDelta\tau}} \left(\prod_{j=1}^{N-1} \int \sqrt{\frac{m}{2\pi\hbar\varDelta\tau}}\, d\widetilde{x}_j^{\mathrm{q}}\right) \times \exp\left[-\frac{m}{2\hbar\varDelta\tau} \sum_{j,k=1}^{N-1} \widetilde{x}_j^{\mathrm{q}} \widetilde{M}_{jk} \widetilde{x}_k^{\mathrm{q}}\right] \tag{4.56}$$

で与えられ，

$$\widetilde{M}_{jk} \equiv -\delta_{j,k+1} + 2\delta_{jk} - \delta_{j,k-1} + \widetilde{\varOmega}^2 \delta_{jk}, \qquad \widetilde{\varOmega} \equiv \omega\varDelta\tau \tag{4.57}$$

である．

例題 4.2.1　(4.54) ～ (4.57) を導け.

【解】　$\widetilde{S}(\boldsymbol{x})$ を $\widetilde{x}_j^{\mathrm{c}}$ 周りで,

$$\widetilde{S}(\boldsymbol{x}) = \widetilde{S}(\widetilde{\boldsymbol{x}}^{\mathrm{c}}) + \frac{1}{2}\sum_{j,k=1}^{N}(x_j - \widetilde{x}_j^{\mathrm{c}})(x_k - \widetilde{x}_k^{\mathrm{c}})\frac{\partial^2 \widetilde{S}(\boldsymbol{x})}{\partial x_j \partial x_k}\bigg|_{\widetilde{x}^{\mathrm{c}}}$$

と展開する. (4.51) の指数の肩は,

$$\text{指数の肩} = -\frac{\widetilde{S}(\widetilde{\boldsymbol{x}}^{\mathrm{c}})}{\hbar} - \frac{1}{2\hbar}\sum_{j,k=1}^{N}(x_j - \widetilde{x}_j^{\mathrm{c}})(x_k - \widetilde{x}_k^{\mathrm{c}})\frac{\partial^2 \widetilde{S}(\widetilde{\boldsymbol{x}})}{\partial x_j \partial x_k}\bigg|_{\widetilde{x}^{\mathrm{c}}}$$

となる. 右辺第 1 項が (4.55) であり, $x_j - \widetilde{x}_j^{\mathrm{c}} \to x_j^{\mathrm{q}}$ と積分変数を変換すれば, (4.51) の積分測度x_jはすべて x_j^{q}とおきかわる. さらに, (4.53) をもう 1 回微分することにより

$$\frac{\partial^2 \widetilde{S}(\boldsymbol{x})}{\partial x_j \partial x_k} = \varDelta\tau\Big[-\frac{m}{(\varDelta\tau)^2}(\delta_{j+1,k} - 2\delta_{jk} + \delta_{j-1,k}) + m\omega^2\delta_{jk}\Big] = \frac{m}{\varDelta\tau}\widetilde{M}_{jk}$$

が得られる. $\widetilde{x}_j^{\mathrm{q}}$ の境界条件は, $\widetilde{x}_N^{\mathrm{q}} = 0 = \widetilde{x}_0^{\mathrm{q}}$ だから和は $N-1$ までになり (4.56), (4.57) が導けた. □

4.2.2 古典解・古典作用

まず, $\widetilde{K}_{\mathrm{c}}^{(\widetilde{J})}$ を計算する. 連続極限をとれば, (4.53) は

$$m\Big(-\frac{d^2}{d\tau^2} + \omega^2\Big)\widetilde{x}^{\mathrm{c}}(\tau) = -\widetilde{J}(\tau), \qquad \widetilde{x}^{\mathrm{c}}(0) = x_0, \qquad \widetilde{x}^{\mathrm{c}}(\mathcal{T}) = x_{\mathcal{T}} \tag{4.58}$$

となる. 運動方程式 (4.15) と比べると, ユークリッド化 $t \to -i\tau$ の下で,

$$t \to \tau, \qquad m \to im, \qquad \omega \to -i\omega, \qquad J(t) \to -i\widetilde{J}(\tau) \tag{4.59}$$

のおきかえが成立している. よって, 古典解は (4.16) ～ (4.18) へのおきかえで,

$$\widetilde{x}^{\mathrm{c}}(\tau) = \widetilde{X}(\tau) - \int_0^{\mathcal{T}} d\tau'\, \widetilde{\varDelta}(\tau, \tau')\frac{J(\tau')}{m} \tag{4.60}$$

$$\left(-\frac{d^2}{d\tau^2}+\omega^2\right)\widetilde{X}(\tau)=0, \qquad \widetilde{X}(0)=x_0, \qquad \widetilde{X}(\mathcal{T})=x_{\mathcal{T}} \tag{4.61}$$

$$\widetilde{X}(\tau)=\frac{x_{\mathcal{T}}\sinh\omega\tau+x_0\sinh\omega(\mathcal{T}-\tau)}{\sinh\omega\mathcal{T}} \tag{4.62}$$

が得られる．

また，

$$\left(-\frac{\partial^2}{\partial\tau^2}+\omega^2\right)\widetilde{\varDelta}(\tau,\tau')=\delta(\tau-\tau'), \qquad \widetilde{\varDelta}(\mathcal{T},\tau')=0=\widetilde{\varDelta}(0,\tau') \tag{4.63}$$

を満たす**ユークリッドグリーン関数 (Euclidean Green function)** $\widetilde{\varDelta}(\tau,\tau')$ は，(4.21)，(4.22) におきかえを施して

$$\widetilde{\varDelta}(\tau,\tau')=\frac{1}{\omega\sinh\omega\mathcal{T}}[\theta(\tau-\tau')\sinh\omega(\mathcal{T}-\tau)\sinh\omega\tau' + \theta(\tau'-\tau)\sinh\omega(\mathcal{T}-\tau')\sinh\omega\tau] \tag{4.64}$$

$$=\frac{1}{2\omega\sinh\omega\mathcal{T}}[\theta(\tau-\tau')\{\cosh\omega(\mathcal{T}-(\tau-\tau')) - \cosh\omega(\mathcal{T}-(\tau+\tau'))\}+\theta(\tau'-\tau)\{\cosh\omega(\mathcal{T}-(\tau'-\tau)) - \cosh\omega(\mathcal{T}-(\tau+\tau'))\}] \tag{4.65}$$

と得られる†2(きちんとした導出は練習問題 4.2a を参照)．(4.65) へは以下の公式を用いた．

$$\cosh A-\cosh B=2\sinh\frac{A+B}{2}\sinh\frac{A-B}{2} \tag{4.66}$$

ユークリッド古典作用 ((4.52) の連続極限) は，

---

†2　ユークリッド化 $t\to -i\tau$ では，符号関数の意味 $\theta(-i\tau+i\tau')$ がわからなくなるが (4.59) で考えれば問題ない．

$$\widetilde{S}[x] \equiv \int_0^{\mathcal{T}} d\tau \left[\frac{m}{2}\left(\frac{dx(\tau)}{d\tau}\right)^2 + \frac{m\omega^2}{2}(x(\tau))^2 + x(\tau)\widetilde{J}(\tau)\right] \quad (4.67)$$

である．前節の $S[x]$ ((4.26)) におきかえ (4.59) を施すと，

$$S[x] \overset{(4.59)}{\Longrightarrow} i\widetilde{S}[x] \quad (4.68)$$

となる．

例題 4.2.2　(4.68) を確認せよ．

【解】　(4.59) での $t \to \tau$, $m \to im$, $\omega \to -i\omega$ の下で積分は $\int_0^T dt \Longrightarrow \int_0^{\mathcal{T}} d\tau$ となり，

$$\frac{m}{2}\left(\frac{dx(t)}{dt}\right)^2 - \frac{m\omega^2}{2}(x(t))^2 \Longrightarrow i\left[\frac{m}{2}\left(\frac{dx(\tau)}{d\tau}\right)^2 + \frac{m\omega^2}{2}(x(\tau))^2\right]$$

も得られる．

一方，ソース項は $J(t) \to -i\widetilde{J}(\tau)$ で $-x(t)J(t) \Longrightarrow ix(\tau)\widetilde{J}(\tau)$ となる．これらを $S[x]$ (4.26) に代入すれば (4.68) が確認される．□

(4.65) は，量子力学 (2.21) と統計力学 (3.48) の以下の関係を実現している．

$$\exp\left[i\frac{S[x]}{\hbar}\right] \overset{(4.59)}{\Longrightarrow} \exp\left[-\frac{\widetilde{S}[x]}{\hbar}\right]$$

(4.67) で $\widetilde{S}_{\mathrm{c}} \equiv \widetilde{S}[\widetilde{x}^{\mathrm{c}}]$ と書き，(4.59) のおきかえより（おきかえをしない導出は練習問題 4.2b で行う），

$$\widetilde{S}_{\mathrm{c}} = \frac{m\omega}{2\sinh\omega\mathcal{T}}[\{(x_{\mathcal{T}})^2 + (x_0)^2\}\cosh\omega\mathcal{T} - 2x_{\mathcal{T}}x_0]$$
$$+ \int_0^{\mathcal{T}} d\tau\, \widetilde{X}(\tau)\widetilde{J}(\tau) - \frac{1}{2}\int_0^{\mathcal{T}} d\tau\, d\tau'\, \widetilde{J}(\tau)\frac{\widetilde{\varDelta}(\tau, \tau')}{m}\widetilde{J}(\tau') \quad (4.69)$$

が得られる．

4.2.3 前因子 ― 固有関数法 ―

ここでは，前因子 (4.56) を，前節，練習問題 4.1b，c で紹介した固有関数法で計算してみよう（行列式法は練習問題 4.2c を参照）．実変数のスケール

$$\sqrt{\frac{m}{\hbar\varDelta\tau}}\,\widetilde{x}_j^{\mathrm{q}} \to \widetilde{x}_j \qquad (4.70)$$

によって ((4.10) は虚数を含んでいた．ユークリッド化の利点！)，

$$\widetilde{K}_{\mathrm{q}}(\mathcal{T}) = \lim_{N\to\infty}\sqrt{\frac{m}{2\pi\hbar\varDelta\tau}}\left(\prod_{j=1}^{N-1}\int\frac{d\widetilde{x}_j}{\sqrt{2\pi}}\right) \times \exp\left[-\frac{1}{2}\sum_{j=1}^{N-1}\widetilde{x}_j\{-\widetilde{x}_{j+1}-\widetilde{x}_{j-1}+(2+\widetilde{\varOmega}^2)\widetilde{x}_j\}\right] \qquad (4.71)$$

が得られる ((4.8)，(4.9) に (4.59) を行ったもの)．

ここで，境界条件 $\widetilde{x}_0 = 0 = \widetilde{x}_N$ を満たす固有関数 (4.47)

$$S_r(j) \equiv \sqrt{\frac{2}{N}}\sin\frac{\pi r}{N}j \quad (1 \leq r \leq N-1)$$

で，量子変数 $\widetilde{x}_j$ を以下のように展開する．

$$\widetilde{x}_j = \sum_{r=1}^{N-1}\widetilde{\mathrm{x}}_r S_r(j), \qquad \tilde{\boldsymbol{x}} = \boldsymbol{S}\widetilde{\mathbf{x}}, \qquad S_r(j) = (\boldsymbol{S})_{jr} \qquad (4.72)$$

直交性 $\boldsymbol{S}^{\mathrm{T}}\boldsymbol{S} = \boldsymbol{I}$ ((4.48)) よりヤコビアンは 1 (練習問題 4.1c を参照) なので，

$$\left(\prod_{j=1}^{N-1}d\widetilde{x}_j \Longrightarrow\right)d\widetilde{\boldsymbol{x}} = |\det\boldsymbol{S}|\,d\widetilde{\mathbf{x}} = d\widetilde{\mathbf{x}}\left(\Longleftarrow\prod_{r=1}^{N-1}d\widetilde{\mathrm{x}}_r\right) \qquad (4.73)$$

となる．さらに，(4.71) 指数の肩は

$$(4.71)\text{指数の肩} = -\frac{1}{2}\sum_{r=1}^{N-1}(\widetilde{\mathrm{x}}_r)^2\left(-2\cos\frac{\pi r}{N}+2+\widetilde{\varOmega}^2\right) \qquad (4.74)$$

のように対角化される．

例題 4.2.3　(4.74) を導け．

【解】　(4.71) の指数の肩に (4.72) を代入すると，

$$-\frac{1}{2}\sum_{r,r'=1}^{N-1}\sum_{j=1}^{N-1} x_{r'}x_r\widetilde{S}_{r'}(j)\left[-S_r(j+1)-S_r(j-1)+(2+\widetilde{\Omega}^2)S_r(j)\right]$$

となる．ここで，

$$\sin\frac{\pi r(j\pm 1)}{N}=\sin\frac{\pi rj}{N}\cos\frac{\pi r}{N}\pm\cos\frac{\pi rj}{N}\sin\frac{\pi r}{N}$$

を用いれば，

$$S_r(j+1)+S_r(j-1)=2\cos\frac{\pi r}{N}S_r(j)$$

となるので，直交性 (4.48) より (4.74) が得られる．□

こうして (4.71) は，各 r ごとのガウス積分 (D.1) で以下のように与えられる．

$$\begin{aligned}\widetilde{K}_{\mathrm{q}}(\mathcal{T}) &= \lim_{N\to\infty}\sqrt{\frac{m}{2\pi\hbar\Delta\tau}}\\ &\qquad\times\prod_{r=1}^{N-1}\left[\int\frac{d\widetilde{x}_r}{\sqrt{2\pi}}\exp\left[-\frac{1}{2}\left(2-2\cos\frac{\pi r}{N}+\widetilde{\Omega}^2\right)(\widetilde{x}_r)^2\right]\right]\\ &\overset{(\mathrm{D.1})}{=}\lim_{N\to\infty}\sqrt{\frac{m}{2\pi\hbar\Delta\tau}}\sqrt{\frac{1}{\widetilde{P}_N}},\qquad \widetilde{P}_N\equiv\prod_{r=1}^{N-1}\left(2-2\cos\frac{\pi r}{N}+\widetilde{\Omega}^2\right)\end{aligned}\tag{4.75}$$

ここで，公式 (F.10) で $\Omega(=\omega\Delta t)\to -i\widetilde{\Omega}(=-i\omega\Delta\tau)$ のおきかえを行い，$\widetilde{\alpha}_\pm\equiv 1\pm\omega\Delta\tau+O((\Delta\tau)^2)$，および $4+\widetilde{\Omega}^2\cong 4$ に注意すれば，

$$\begin{aligned}\widetilde{P}_N &= \sqrt{\frac{(1-(\widetilde{\alpha}_+)^{2N})(1-(\widetilde{\alpha}_-)^{2N})}{-\Omega^2(4+\Omega^2)}}\\ &= \frac{1}{2\omega\Delta\tau}\sqrt{\{(1+\omega\Delta\tau)^{2N}-1\}\{1-(1-\omega\Delta\tau)^{2N}\}}\end{aligned}$$

が得られ，(4.75) に代入し $\lim_{N\to\infty}(1\pm\omega\Delta\tau)^{2N}=e^{\pm 2\omega\mathcal{T}}$ に注意すると，

$$\widetilde{K}_{\mathrm{q}}(T)=\sqrt{\frac{m\omega}{\pi\hbar}}\sqrt{\frac{1}{\sqrt{(e^{2\omega\mathcal{T}}-1)(1-e^{-2\omega\mathcal{T}})}}}=\sqrt{\frac{m\omega}{2\pi\hbar\sinh\omega\mathcal{T}}} \tag{4.76}$$

となる．最後は以下を用いた．

$$(e^{2\omega\mathcal{T}}-1)(1-e^{-2\omega\mathcal{T}})=2(\cosh 2\omega\mathcal{T}-1)=4\sinh^2\omega\mathcal{T} \tag{4.77}$$

4.2.4 ユークリッド核

ユークリッド核は (4.69)，(4.76) より，

$$\begin{aligned}\widetilde{K}^{(\tilde{J})}(x_{\mathcal{T}},x_0\,;\,\mathcal{T})&=\sqrt{\frac{m\omega}{2\pi\hbar\sinh\omega\mathcal{T}}}\\&\times\exp\Big[-\frac{m\omega}{2\hbar\sinh\omega\mathcal{T}}\{((x_{\mathcal{T}})^2+(x_0)^2)\cosh\omega\mathcal{T}-2x_{\mathcal{T}}x_0\}\\&-\frac{1}{\hbar}\int_0^{\mathcal{T}}d\tau\,\widetilde{X}(\tau)\,\tilde{J}(\tau)+\frac{1}{2\hbar}\int_0^{\mathcal{T}}d\tau\,d\tau'\,\tilde{J}(\tau)\frac{\widetilde{\Delta}(\tau,\tau')}{m}\tilde{J}(\tau')\Big]\end{aligned} \tag{4.78}$$

と与えられた．前節 (4.44) と比較すれば，おきかえ (4.59) が以下のように成立していることがわかる．

$$K^{(J)}(x_T,x_0\,;\,T)\overset{(4.59)}{\Longrightarrow}\widetilde{K}^{(\tilde{J})}(x_{\mathcal{T}},x_0\,;\,\mathcal{T}) \tag{4.79}$$

例題 4.2.4 (4.79) を確認せよ．

【解】 $T\to\mathcal{T}$, $\omega\to -i\omega$ のおきかえの下で $\sin\omega T\Longrightarrow -i\sinh\omega\mathcal{T}$, $\cos\omega T\Longrightarrow\cosh\omega\mathcal{T}$ に注意し，さらに $m\to im$ を行えば前因子は，

$$\sqrt{\frac{m\omega}{2\pi i\hbar\sin\omega T}}\Longrightarrow\sqrt{\frac{m\omega}{2\pi\hbar\sinh\omega\mathcal{T}}}$$

となる．ソースによらない指数の肩は，

$$\frac{im\omega}{2\hbar \sin \omega T}[\{(x_T)^2 + (x_0)^2\}\cos \omega T - 2x_T x_0] \Longrightarrow$$

$$-\frac{m\omega}{2\hbar \sinh \omega \mathcal{T}}[\{(x_{\mathcal{T}})^2 + (x_0)^2\}\cosh \omega \mathcal{T} - 2x_{\mathcal{T}} x_0]$$

となる．ソース部分は，$J \to -i\tilde{J}$でそれ以外は単にチルダ（$\tilde{}$）をつけて

$$-\frac{i}{\hbar}\int_0^T dt\, X(t)J(t) - \frac{i}{2\hbar}\int_0^T dt\, dt'\, J(t)\frac{\varDelta(t, t')}{m}J(t') \Longrightarrow$$

$$-\frac{1}{\hbar}\int_0^{\mathcal{T}} d\tau\, \tilde{X}(\tau)\tilde{J}(\tau) + \frac{1}{2\hbar}\int_0^{\mathcal{T}} d\tau\, d\tau'\, \tilde{J}(\tau)\frac{\tilde{\varDelta}(\tau, \tau')}{m}\tilde{J}(\tau')$$

となり，これらは (4.78) である．□

4.2.5 分配関数

分配関数 (3.40) を計算しよう．それは，(4.78) で $x_{\mathcal{T}} = x_0 \to x$ として積分した，

$$Z^{(\tilde{J})}(\mathcal{T}) \equiv \int dx\, \tilde{K}^{(\tilde{J})}(x, x\,;\, \mathcal{T}) \tag{4.80}$$

である．このとき，古典解 (4.62) は，

$$\begin{aligned}\tilde{X}(\tau)\Big|_{\to x} &= \frac{x[\sinh \omega\tau + \sinh \omega(\mathcal{T} - \tau)]}{\sinh \omega \mathcal{T}} \\ &= \frac{2x[\sinh (\omega \mathcal{T}/2) \cosh \omega(\mathcal{T}/2 - \tau)]}{\sinh \omega \mathcal{T}} \\ &= x\frac{\cosh \omega(\mathcal{T}/2 - \tau)}{\cosh (\omega \mathcal{T}/2)}\end{aligned} \tag{4.81}$$

となる．ここで，以下の公式を用いた．

$$\sinh A + \sinh B = 2 \sinh \frac{A + B}{2} \cosh \frac{A - B}{2} \tag{4.82}$$

$$\sinh A = 2\sinh\frac{A}{2}\cosh\frac{A}{2} \tag{4.83}$$

(4.69) で周期条件 $x_{\mathcal{T}} = x_0 \to x$ を課すと，

$$\tilde{S}_{\mathrm{c}}\Big|_{\to x} = x^2 m\omega\tanh\frac{\omega\mathcal{T}}{2} + \frac{x}{\cosh(\omega\mathcal{T}/2)}\int_0^{\mathcal{T}} d\tau\,\tilde{J}(\tau)\cosh\omega\left(\frac{\mathcal{T}}{2}-\tau\right) - \frac{1}{2}\int_0^{\mathcal{T}} d\tau\,d\tau'\,\tilde{J}(\tau)\frac{\tilde{\varDelta}(\tau,\tau')}{m}\tilde{J}(\tau') \tag{4.84}$$

が得られる．

例題 4.2.5 (4.84) を示せ．

【解】 (4.69) において，ソースの 2 次項は (4.84) でもそのままであり，1 次項は (4.81) を用いればよい．ソース 0 次項は

$$\begin{aligned}(4.69)0\text{ 次項}\Big|_{\to x} &= \frac{m\omega}{\sinh\omega\mathcal{T}}[x^2(\cosh\omega\mathcal{T}-1)] \\ &= x^2 m\omega\frac{\sinh(\omega\mathcal{T}/2)}{\cosh(\omega\mathcal{T}/2)} = x^2 m\omega\tanh\left(\frac{\omega\mathcal{T}}{2}\right)\end{aligned}$$

となる．ここで 2 行目へは，1 行目の分母に (4.83)，分子に ($2\omega\mathcal{T}\to\omega\mathcal{T}$として) (4.77) をそれぞれ用いた．□

これより，

$$Z^{(\tilde{J})}(\mathcal{T}) = \sqrt{\frac{m\omega}{2\pi\hbar\sinh\omega\mathcal{T}}}\exp\left[\frac{1}{2\hbar}\int_0^{\mathcal{T}} d\tau\,d\tau'\,\tilde{J}(\tau)\frac{\tilde{\varDelta}(\tau,\tau')}{m}\tilde{J}(\tau')\right] \times\int dx\exp\left[-\left(\frac{m\omega}{\hbar}\tanh\frac{\omega\mathcal{T}}{2}\right)x^2 - \frac{\int_0^{\mathcal{T}} d\tau\,\tilde{J}(\tau)\cosh\omega(\mathcal{T}/2-\tau)}{\hbar\cosh(\omega\mathcal{T}/2)}x\right] \tag{4.85}$$

と与えられる．x 積分はガウス積分公式 (D.3) で読みかえ，

$$\alpha \to \frac{m\omega \tanh(\omega\mathcal{T}/2)}{\hbar}, \qquad \beta \to \frac{\int_0^{\mathcal{T}} d\tau\, \tilde{J}(\tau) \cosh\omega(\mathcal{T}/2-\tau)}{\hbar\cosh(\omega\mathcal{T}/2)}$$

を行えば $\sqrt{\pi/\alpha} \to \sqrt{\pi\hbar/m\omega\tanh(\omega\mathcal{T}/2)}$ なので，(4.85) の前因子は，

$$\sqrt{\frac{m\omega}{2\pi\hbar\sinh\omega\mathcal{T}}}\sqrt{\frac{\pi\hbar}{m\omega\tanh(\omega\mathcal{T}/2)}} \overset{(4.83)}{=} \frac{1}{2\sinh(\omega\mathcal{T}/2)}$$

となる．

さらに，指数の肩は，

$$\begin{aligned}\frac{\beta^2}{4\alpha} &\to \frac{\int_0^{\mathcal{T}} d\tau\, d\tau'\, \tilde{J}(\tau)\tilde{J}(\tau')\cosh\omega(\mathcal{T}/2-\tau)\cosh\omega(\mathcal{T}/2-\tau')}{4m\hbar\omega\sinh(\omega\mathcal{T}/2)\cosh(\omega\mathcal{T}/2)} \\ &= \frac{1}{2\hbar}\int_0^{\mathcal{T}} d\tau\, d\tau'\, \tilde{J}(\tau)\frac{1}{m}\frac{\cosh\omega(\mathcal{T}/2-\tau)\cosh\omega(\mathcal{T}/2-\tau')}{\omega\sinh\omega\mathcal{T}}\tilde{J}(\tau')\end{aligned}$$

と与えられる．よって，分配関数は，

$$Z^{(\tilde{J})}(\mathcal{T}) = \frac{1}{2\sinh(\omega\mathcal{T}/2)}\exp\left[\frac{1}{2\hbar}\int_0^{\mathcal{T}} d\tau\, d\tau'\, \tilde{J}(\tau)\frac{\bar{\Delta}(\tau,\tau')}{m}\tilde{J}(\tau')\right] \tag{4.86}$$

となる．

ここで，

$$\bar{\Delta}(\tau,\tau') \equiv \tilde{\Delta}(\tau,\tau') + \frac{\cosh\omega(\mathcal{T}/2-\tau)\cosh\omega(\mathcal{T}/2-\tau')}{\omega\sinh\omega\mathcal{T}} \tag{4.87}$$

$$\begin{aligned} &= \frac{1}{2\omega\sinh(\omega\mathcal{T}/2)}[\theta(\tau-\tau')\cosh\omega(\mathcal{T}/2-\tau+\tau') \\ &\qquad + \theta(\tau'-\tau)\cosh\omega(\mathcal{T}/2-\tau'+\tau)]\end{aligned} \tag{4.88}$$

は**周期グリーン関数** (**periodic Green function**) であり，周期境界条件

$$\bar{\Delta}(0,\ \tau') = \bar{\Delta}(\mathcal{T},\ \tau')\left(= \frac{\cosh\omega(\mathcal{T}/2-\tau')}{2\omega\sinh(\omega\mathcal{T}/2)}\right)$$

に従う．これからは，周期境界条件に従う物理量（一部の固有関数を除いて）にはバー（－）をつけることにする．$\bar{\Delta}(\tau,\ \tau')$ は (4.87) の右辺第 2 項が

$$\left(-\frac{d^2}{d\tau^2}+\omega^2\right)\cosh\omega\left(\frac{\mathcal{T}}{2}-\tau\right)=0$$

を満たしているので，$\bar{\Delta}(\tau,\ \tau')$ (4.63) と同じ微分方程式

$$\left(-\frac{\partial^2}{\partial\tau^2}+\omega^2\right)\bar{\Delta}(\tau,\ \tau') = \delta(\tau-\tau') \tag{4.89}$$

に従う．

例題 4.2.6　(4.88) を示せ．

【解】　(4.87) 右辺で，$\cosh A\cosh B = \{\cosh(A+B)+\cosh(A-B)\}/2$ を用いれば，

$$\cosh\omega\left(\frac{\mathcal{T}}{2}-\tau\right)\cosh\omega\left(\frac{\mathcal{T}}{2}-\tau'\right) = \frac{\cosh\omega(\mathcal{T}-\tau-\tau')+\cosh\omega(\tau'-\tau)}{2}$$

となる．練習問題 4.1a の問題解答と同様に，符号関数の性質 $\theta(\tau-\tau')+\theta(\tau'-\tau)=1$ ((C.26)) をこの係数に用いて (4.65) と足し合わすと，$\cosh\omega\,(\mathcal{T}-\tau-\tau') = \cosh\omega\,(\mathcal{T}-(\tau+\tau'))$ は互いに打ち消し合って，

$$\begin{aligned}
\text{右辺} &= \frac{1}{2\omega\sinh\omega\mathcal{T}}\Big[\theta(\tau-\tau')\{\cosh\omega(\mathcal{T}-(\tau-\tau'))\\
&\quad -\cosh\omega(\mathcal{T}-(\tau-\tau')\}+\theta(\tau'-\tau)\{\cosh\omega(\mathcal{T}-(\tau'-\tau))\\
&\quad -\cosh\omega(\mathcal{T}-(\tau-\tau'))\}\Big]\\
&\quad +\frac{1}{2\omega\sinh\omega\mathcal{T}}\Big[(\theta(\tau-\tau')+\theta(\tau'-\tau))\{\cosh\omega(\mathcal{T}-(\tau-\tau'))\\
&\quad +\cosh\omega(\tau'-\tau)\}\Big]
\end{aligned}$$

$$= \frac{1}{2\omega \sinh \omega \mathcal{T}} \Big[\theta(\tau - \tau') \{\cosh \omega(\mathcal{T} - (\tau - \tau')) + \cosh \omega(\tau' - \tau)\} \\ + \theta(\tau' - \tau) \{\cosh \omega(\mathcal{T} - (\tau' - \tau)) + \cosh \omega(\tau' - \tau)\} \Big]$$

を得る．最後に，$\cosh A + \cosh B = 2\cosh\{(A+B)/2\}\cosh\{(A-B)/2\}$，および (4.83) を用いれば (4.88) である．□

明らかに，

$$\boldsymbol{\Delta}(\tau, \tau') = \boldsymbol{\Delta}(\tau - \tau') \tag{4.90}$$

で，$\boldsymbol{\Delta}(\tau)$ は偶関数であるから，(虚) 時間の入れかえに対して $\boldsymbol{\Delta}(\tau, \tau') = \boldsymbol{\Delta}(\tau', \tau)$ と対称である．

(4.86) が正しいことは，$\tilde{J} \to 0$ としたものが調和振動子の分配関数 (練習問題 3.1c の問題解答 (101) を参照) と $\beta\hbar \Longleftrightarrow \mathcal{T}$ ((3.37)) で一致することからわかる．

4.2.6　基底状態の取り出し

(3.51)，(3.52)，および (1.172) ～ (1.174) での議論を思い出し，基底状態のエネルギー，波動関数を取り出してみよう．そのためには $\tilde{J} \to 0$ をゼロとしたユークリッド核 (4.78)

$$\tilde{K}^{(0)}(x_{\mathcal{T}}, x_0 ; \mathcal{T}) = \sqrt{\frac{m\omega}{2\pi\hbar \sinh \omega\mathcal{T}}} \\ \times \exp\Big[-\frac{m\omega}{2\hbar \sinh \omega\mathcal{T}} \{((x_{\mathcal{T}})^2 + (x_0)^2)\cosh \omega\mathcal{T} - 2x_{\mathcal{T}}x_0\} \Big] \tag{4.91}$$

で，$\mathcal{T} \to \infty$ の極限を考えればよい．ここで，

$$\lim_{\mathcal{T}\to\infty} \sinh \omega\mathcal{T} = \lim_{\mathcal{T}\to\infty} \cosh \omega\mathcal{T} = \lim_{\mathcal{T}\to\infty} e^{\omega\mathcal{T}}/2$$

に注意すれば，

$$\lim_{\mathcal{T}\to\infty} \widetilde{K}^{(0)}(x_{\mathcal{T}},\, x_0\,;\, \mathcal{T}) = \lim_{\mathcal{T}\to\infty} \sqrt{\frac{m\omega}{\pi\hbar}}\, e^{-\omega\mathcal{T}/2} \exp\left[-\frac{m\omega}{2\hbar}\{(x_{\mathcal{T}})^2 + (x_0)^2\}\right] \tag{4.92}$$

となる．

よって (3.52) より，

$$E_0 = \lim_{\mathcal{T}\to\infty} -\hbar\frac{\ln \widetilde{K}^{(0)}(x_{\mathcal{T}},\, x_0\,;\, \mathcal{T})}{\mathcal{T}} = \frac{\hbar\omega}{2} \tag{4.93}$$

が得られる．これを，**ゼロ点エネルギー**（**zero point energy**）という．さらに，(3.51) より，

$$\phi_0(x_{\mathcal{T}}) = \left(\frac{m\omega}{\pi\hbar}\right)^{1/4} \exp\left[-\frac{m\omega}{2\hbar}(x_{\mathcal{T}})^2\right] \tag{4.94}$$

が導かれる．これらは，練習問題 2.2a で見た基底状態のエネルギー（問題解答の (75)），波動関数（問題解答の (76)）である．

4.2.7 トレース公式からの分配関数

これまでは，ユークリッド核から分配関数を計算したが，直接トレース公式

$$\mathcal{Z}^{(\bar{J})}(\mathcal{T}) = \lim_{N\to\infty} \mathrm{Tr}\left[\left(\hat{\boldsymbol{I}} - \frac{\Delta\tau}{\hbar}\widehat{H}(\tau_N)\right) \cdots \left(\hat{\boldsymbol{I}} - \frac{\Delta\tau}{\hbar}\widehat{H}(\tau_j)\right) \cdots \left(\hat{\boldsymbol{I}} - \frac{\Delta\tau}{\hbar}\widehat{H}(\tau_1)\right)\right] \tag{4.95}$$

から出発してもよい．経路積分表示は周期境界条件を $]_{\mathrm{P}}$ と書き，

$$\mathcal{Z}^{(\bar{J})}(\mathcal{T}) = \lim_{N\to\infty} \left(\prod_{j=1}^{N} \int \sqrt{\frac{m}{2\pi\hbar\Delta\tau}}\, dx_j\right) \exp\left[-\frac{\widetilde{S}(\boldsymbol{x})}{\hbar}\right]_{\mathrm{P}} \tag{4.96}$$

で与えられる．$\widetilde{S}(\boldsymbol{x})$ は (4.52) である．これを固有関数法で計算しよう．固有関数$F_r(\tau)$ は，周期境界条件 $F_r(0) = F_r(\mathcal{T})$，一般には

$$F_r(\tau + \mathcal{T}) = F_r(\tau) \tag{4.97}$$

に従い，直交性・完全性

$$\left.\begin{aligned} &\text{直交性：}\quad \int_0^{\mathcal{T}} d\tau\, F_r^*(\tau) F_s(\tau) = \delta_{rs} \\ &\text{完全性：}\quad \sum_{r=-\infty}^{\infty} F_r(\tau) F_r^*(\tau') = \delta(\tau - \tau') \end{aligned}\right\} \tag{4.98}$$

を満たさなければならない．それは，

$$F_r(\tau) \equiv \frac{1}{\sqrt{\mathcal{T}}} \exp\left[\frac{2\pi i r}{\mathcal{T}} \tau\right] \quad (r = 0,\ \pm 1,\ \pm 2,\ \cdots) \tag{4.99}$$

で与えられる**周期固有関数 (periodic eigenfunction)** である．

例題 4.2.7　(4.98) を示せ．

【解】　直交性は (4.98) の左辺を見れば，

$$\text{左辺} \overset{(4.99)}{=} \frac{1}{\mathcal{T}} \int_0^{\mathcal{T}} d\tau \exp\left[-i \frac{2\pi(r-s)}{\mathcal{T}} \tau\right] = \frac{1 - e^{-2\pi i (r-s)}}{2\pi i (r-s)} = \delta_{rs} = \text{右辺}$$

となる．

完全性は公式 (E.12) で $n \to r$，$\theta \to 2\pi(\tau - \tau')/\mathcal{T}$ とおけば，

$$\begin{aligned} \text{左辺} &\overset{(4.99)}{=} \frac{1}{\mathcal{T}} \sum_{r=-\infty}^{\infty} \exp\left[i \frac{2\pi(\tau - \tau')}{\mathcal{T}} r\right] \\ &\overset{(\text{E}.12)}{=} \frac{2\pi}{\mathcal{T}} \sum_{m=-\infty}^{\infty} \delta\left(\frac{2\pi(\tau - \tau')}{\mathcal{T}} - 2\pi m\right) \end{aligned}$$

が得られ，$0 \le \tau,\ \tau' < \mathcal{T}$ より $-2\pi < 2\pi(\tau - \tau')/\mathcal{T} < 2\pi$ で $m = 0$ のみが寄与し，(C.20) を用いれば完全性の式 (4.98) 右辺である．□

$F_r(\tau)$ は複素数なので実関数，

$$\left.\begin{aligned} \overline{S}_r(\tau) &\equiv \frac{F_{|r|}(\tau) - F_{|r|}^*(\tau)}{\sqrt{2} i} = \sqrt{\frac{2}{\mathcal{T}}} \sin \frac{2\pi r}{\mathcal{T}} \tau \\ \overline{C}_r(\tau) &\equiv \frac{F_r(\tau) + F_r^*(\tau)}{\sqrt{2}} = \sqrt{\frac{2}{\mathcal{T}}} \cos \frac{2\pi r}{\mathcal{T}} \tau \end{aligned}\right\} \tag{4.100}$$

を考え ($S_r(\tau)$ (問題解答の (123) を参照) と変数が倍違う), これを用いて**実周期固有関数** (**real periodic eigenfunction**)

$$G_r(\tau) \equiv \begin{cases} \overline{C}_r(\tau) & (r \geq 1) \\ \dfrac{1}{\sqrt{\mathcal{T}}} & (r = 0) \\ \overline{S}_{|r|}(\tau) & (r \leq -1) \end{cases} \tag{4.101}$$

を導入する (フーリエ級数を思い出せばよい). もちろん直交性は

$$\int_0^{\mathcal{T}} d\tau\, G_{r'}(\tau) G_r(\tau) = \delta_{r'r} \tag{4.102}$$

のように満たされている.

例題 4.2.8 (4.102) を導け.

【解】 以下の公式

$$\sin A \cos B = \frac{1}{2}[\sin(A-B) + \sin(A+B)]$$

$$\begin{pmatrix} \sin A \sin B \\ \cos A \cos B \end{pmatrix} = \frac{1}{2}\begin{pmatrix} \cos(A-B) - \cos(A+B) \\ \cos(A-B) + \cos(A+B) \end{pmatrix}$$

を用い, 積分

$$\int_0^{\mathcal{T}} d\tau \sin\frac{2\pi(r-r')}{\mathcal{T}}\tau = 0, \qquad \int_0^{\mathcal{T}} d\tau \cos\frac{2\pi(r-r')}{\mathcal{T}}\tau = \mathcal{T}\delta_{rr'}$$

に注意すれば

$$\int_0^{\mathcal{T}} d\tau\ \overline{S}_r(\tau)\ \overline{S}_s(\tau) = \delta_{rs} = \int_0^{\mathcal{T}} d\tau\ \overline{C}_r(\tau)\ \overline{C}_s(\tau)$$

$$\int_0^{\mathcal{T}} d\tau\ \overline{C}_r(\tau)\ \overline{S}_s(\tau) = 0 = \int_0^{\mathcal{T}} d\tau\ \overline{S}_r(\tau)\ \overline{C}_s(\tau)$$

が得られる.

これより, $G_r(\tau)$ をそれぞれの場合で考えれば (4.102) は明らかである. □

関数形からわかるように，

$$-\frac{d^2}{d\tau^2}G_r(\tau)=\left(\frac{2\pi r}{\mathcal{T}}\right)^2 G_r(\tau) \tag{4.103}$$

である．これらによる分配関数・古典部分の計算は練習問題 4.2d に，前因子の行列式計算法は練習問題 4.2e にそれぞれある．

一方，古典解を経ることなく，直接 (4.96) の $\widetilde{S}(\boldsymbol{x})$ に対し $1\leq j\leq N$ で成り立つ**差分型周期固有関数** (**periodic eigenfunction in difference form**)((4.98) の差分型) を，

$$F_r(j)\equiv\frac{1}{\sqrt{N}}\exp\left[i\frac{2\pi r}{N}j\right]\quad(1\leq r\leq N),\qquad F_r(0)=F_r(N) \tag{4.104}$$

$$\sum_{j=1}^{N}F_r^*(j)F_s(j)=\delta_{rs},\qquad \sum_{r=1}^{N}F_r(j)F_r^*(k)=\delta_{jk} \tag{4.105}$$

で，導入し計算することもできる (練習問題 4.2f ～ 4.2h を参照)．

練 習 問 題

【4.2a】　古典作用 (1)：解 $\widetilde{X}$((4.62))，および $\widetilde{\mathit{\Delta}}$((4.65)) を導け．

【4.2b】　古典作用 (2)：ユークリッド古典作用 (4.69) を導け．

【4.2c】　行列式計算法：ユークリッド核の前因子 (4.71) を行列式法で計算せよ．

【4.2d】　分配関数 (1)：実周期固有関数 (4.101) を用いて，分配関数 (4.96) の古典作用を計算せよ．

【4.2e】　分配関数 (2)：分配関数 (4.96) の前因子を行列式法で計算せよ．

【4.2f】　差分型周期固有関数での分配関数 (1)：固有関数 (4.104) が直交性・完全性 (4.105) を満たすことを示せ．

【4.2g】　差分型周期固有関数での分配関数 (2)：固有関数 (4.104) を用いて，以下の直交性・完全性を満たす実周期関数 $R_r(j)$ を作れ．

$$\sum_{j=1}^{N} R_r(j) R_s(j) = \delta_{rs}, \qquad \sum_{r=1}^{N} R_r(j) R_r(k) = \delta_{jk} \tag{4.106}$$

【4.2h】　差分型周期固有関数での分配関数 (3)：前問の固有関数を用いて分配関数 (4.96) を計算せよ．

4.3　ボース系の分配関数

4.3.1　ユークリッド核の経路積分表示

この節では，ボース系生成・消滅演算子 (2.43) での分配関数を計算する．ハミルトニアン (問題解答の(100)) にソース $\hbar\rho(\tau)$ ($\hbar$ は便宜的につけた) を加えた，

$$\widehat{H}(\tau) = \frac{\hbar\omega}{2}(\hat{a}^{\dagger}\hat{a} + \hat{a}\hat{a}^{\dagger}) + \hbar(\hat{a}^{\dagger}\rho(\tau) + \rho^{*}(\tau)\hat{a}) \tag{4.107}$$

が出発点であり，ユークリッド核

$$\widetilde{K}^{\mathrm{B}(\rho^*,\rho)}(\alpha_N,\, \alpha_0\,;\, \mathcal{T}) \equiv \lim_{N\to\infty} \langle\alpha_N|\Big(\hat{\boldsymbol{I}} - \frac{\varDelta\tau}{\hbar}\widehat{H}_N\Big)\cdots\Big(\hat{\boldsymbol{I}} - \frac{\varDelta\tau}{\hbar}\widehat{H}_1\Big)|\alpha_0\rangle \tag{4.108}$$

で，ハミルトニアンはここでも正規積順序であり，以下のように与えられているとする．

$$\widehat{H}_j \equiv \hbar\omega\Big(\hat{a}^{\dagger}\hat{a} + \frac{1}{2}\Big) + \hbar(\hat{a}^{\dagger}\rho_j + \rho_j^{*}\hat{a}), \qquad \rho_j \equiv \rho(\tau_j \equiv j\varDelta\tau) \tag{4.109}$$

経路積分表示は (2.83) で $\varDelta t \to -i\varDelta\tau$ とおきかえた，

$$\widetilde{K}^{\mathrm{B}(\rho^*,\rho)}(\alpha_N,\, \alpha_0\,;\, \mathcal{T}) = e^{-\omega\mathcal{T}/2} \lim_{N\to\infty}\Big(\prod_{j=1}^{N-1}\int\frac{d^2\alpha_j}{\pi}\Big)\Big[e^{-\widetilde{S}^{\mathrm{B}}(\alpha^*,\alpha)}\Big]_{\alpha_0}^{\alpha_N} \tag{4.110}$$

で与えられる．ただし，$\widetilde{S}^{\mathrm{B}}(\alpha^*, \alpha)$ はボース粒子ユークリッド核の作用であり，

$$\widetilde{S}^{\mathrm{B}}(\alpha^*, \alpha) \equiv \sum_{j=1}^{N}\Big(\frac{\alpha_j^* \Delta\alpha_j}{2} - \frac{\Delta\alpha_j^* \alpha_{j-1}}{2} + \Delta\tau(\omega\alpha_j^*\alpha_{j-1} + \alpha_j^*\rho_j + \rho_j^*\alpha_{j-1})\Big) \tag{4.111}$$

と与えられる．また $e^{-\omega\mathcal{T}/2}$ は，(4.109) でのゼロ点エネルギー (4.93) の寄与である．なぜなら，指数の肩で

$$-\frac{\Delta\mathcal{T}}{\hbar}\sum_{j=1}^{N} H_j\Big|_{\text{ゼロ点エネルギー}} = -\frac{\Delta\mathcal{T}}{\hbar}\sum_{j=1}^{N}\frac{\hbar\omega}{2} = -\frac{\omega\Delta\mathcal{T}}{2}N = -\frac{\omega\mathcal{T}}{2}$$

と与えられるからである．

4.3.2　古典解・古典作用

これまでと同様に，作用 (4.111) の極値 (= 古典解 $\tilde{\alpha}_j^{\mathrm{c}}$) の周りで $\alpha_j = \tilde{\alpha}_j^{\mathrm{c}} + \alpha_j^{\mathrm{q}}$ と展開する．$\tilde{\alpha}_j^{\mathrm{c}}$ を決める運動方程式は ($\Delta\tilde{\alpha}_{j+1}^{\mathrm{c}*} \equiv \tilde{\alpha}_{j+1}^{\mathrm{c}*} - \tilde{\alpha}_j^{\mathrm{c}*}$)

$$\left.\begin{aligned} 0 &= \frac{\partial\widetilde{S}^{\mathrm{B}}}{\partial\alpha_j^*}\Big|_{\tilde{\alpha}^{\mathrm{c}}} = \Delta\tau\Big(\frac{\Delta\tilde{\alpha}_j^{\mathrm{c}}}{\Delta\tau} + \omega\tilde{\alpha}_{j-1}^{\mathrm{c}} + \rho_j\Big) \\ 0 &= \frac{\partial\widetilde{S}^{\mathrm{B}}}{\partial\alpha_j}\Big|_{\tilde{\alpha}^{\mathrm{c}*}} = \Delta\tau\Big(-\frac{\Delta\tilde{\alpha}_{j+1}^{\mathrm{c}*}}{\Delta\tau} + \omega\tilde{\alpha}_{j+1}^{\mathrm{c}*} + \rho_{j+1}^*\Big) \end{aligned}\right\} \tag{4.112}$$

である．ただし，$1 \leq j \leq N-1$ より，$\tilde{\alpha}^{\mathrm{c}}$ には端点 α_0，$\tilde{\alpha}^{\mathrm{c}*}$ には α_N^* のみが含まれる．連続極限では，$j\Delta\tau \to \tau$ として $\tilde{\alpha}_j^{\mathrm{c}} \to \tilde{\alpha}^{\mathrm{c}}(\tau)$，$\Delta\tilde{\alpha}_j^{\mathrm{c}} \to \Delta\tau\, d\tilde{\alpha}^{\mathrm{c}}/d\tau$，$\Delta\tilde{\alpha}_{j+1}^{\mathrm{c}*} \to \Delta\tau\, d\tilde{\alpha}^{\mathrm{c}*}/d\tau$ となるから，

$$\left.\begin{aligned}\left(\frac{d}{d\tau}+\omega\right)\tilde{\alpha}^{\mathrm{c}}(\tau)&=-\rho(\tau), &\quad \tilde{\alpha}^{\mathrm{c}}(0)&=\alpha_0\\ \left(\frac{d}{d\tau}-\omega\right)\tilde{\alpha}^{\mathrm{c}*}(\tau)&=\rho^*(\tau), &\quad \tilde{\alpha}^{\mathrm{c}*}(\mathcal{T})&=\alpha_N^*\end{aligned}\right\}\tag{4.113}$$

である．

これを解くため，まずソースのない運動方程式

$$\left.\begin{aligned}&\left(\frac{d}{d\tau}+\omega\right)\mathcal{A}(\tau)=0,\quad \mathcal{A}(0)=\alpha_0\Longrightarrow \mathcal{A}_-(\tau)=e^{-\omega\tau}\alpha_0\\ &\left(\frac{d}{d\tau}-\omega\right)\mathcal{A}^*(\tau)=0,\quad \mathcal{A}^*(\mathcal{T})=\alpha_N^*\Longrightarrow \mathcal{A}_+^*(\tau)=\alpha_N^*e^{-\omega(\mathcal{T}-\tau)}\end{aligned}\right\}\tag{4.114}$$

を考える．ここで，古典解は互いに複素共役でないことに注意しよう．次に，グリーン関数

$$\left(\frac{d}{d\tau}+\omega\right)\tilde{D}(\tau)=\delta(\tau)\Longrightarrow \tilde{D}(\tau)=\theta(\tau)e^{-\omega\tau}\tag{4.115}$$

を導入すれば (4.112) の解が以下のように求まる．

$$\left.\begin{aligned}\tilde{\alpha}^{\mathrm{c}}(\tau)&=\mathcal{A}_-(\tau)-\int_0^{\mathcal{T}}d\tau'\,\tilde{D}(\tau-\tau')\rho(\tau')\\ \tilde{\alpha}^{\mathrm{c}*}(\tau)&=\mathcal{A}_+^*(\tau)-\int_0^{\mathcal{T}}d\tau'\,\rho^*(\tau')\tilde{D}(\tau'-\tau)\end{aligned}\right\}\tag{4.116}$$

(4.116) が (4.113) を満たすか確かめてみよう．(4.115) より，

$$\left(\frac{d}{d\tau}+\omega\right)\tilde{D}(\tau-\tau')=\delta(\tau-\tau')$$

であり，$\mathcal{A}_-$は (4.114) を満たすので (4.116) の $\tilde{\alpha}^{\mathrm{c}}(\tau)$ 部分は (4.113) に従う．$\tilde{\alpha}^{\mathrm{c}*}(\tau)$ 部分は，$\mathcal{A}_+^*$が (4.114) を満たし，

$$\left(\frac{d}{d\tau}-\omega\right)\tilde{D}(\tau'-\tau)=-\left(\frac{d}{d(\tau'-\tau)}+\omega\right)\tilde{D}(\tau'-\tau)=-\delta(\tau'-\tau)$$

より，これも (4.113) に従う．さらに境界条件も (4.114) と共に，

$$\widetilde{D}(-\tau') = 0 = \widetilde{D}(\tau' - \mathcal{T}) \tag{4.117}$$

のように満たされる．

例題 4.3.1　(4.117) を示せ．

【解】　$0 \leq \tau, \tau' < \mathcal{T}$ に注意すれば，

$$\widetilde{D}(\tau - \tau') = \theta(\tau - \tau')e^{-\omega(\tau-\tau')}$$

において，$\tau = 0$ としたとき，$\widetilde{D}\,(-\tau') = \theta(-\tau')\,e^{\omega\tau'} = 0$ である．ここで，符号関数 $\theta(-\tau') = 0$ (C.24) を用いた．同様に，

$$\widetilde{D}(\tau' - \tau) = \theta(\tau' - \tau)e^{-\omega(\tau'-\tau)}$$

において，$\tau = \mathcal{T}$ としたとき，$\theta(\tau' - \mathcal{T}) = 0$ に注意すれば $\widetilde{D}\,(\tau' - \mathcal{T}) = 0$ が得られる．□

作用 (4.111) を端点公式 (2.85) に注意して書きかえると ($\rho_N = 0$ とする)，

$$\widetilde{S}_{\mathrm{c}}^{\mathrm{B}} = \frac{|\alpha_N|^2}{2} + \frac{|\alpha_0|^2}{2} - \alpha_N^*(1 - \widetilde{\Omega})\widetilde{\alpha}_{N-1}^{\mathrm{c}} + \Delta\tau\sum_{j=1}^{N-1}\rho_j^*\widetilde{\alpha}_{j-1}^{\mathrm{c}}$$
$$+ \Delta\tau\sum_{j=1}^{N-1}\widetilde{\alpha}_j^{\mathrm{c}*}\left(\frac{\Delta\widetilde{\alpha}_j^{\mathrm{c}}}{\Delta\tau} + \omega\widetilde{\alpha}_{j-1}^{\mathrm{c}} + \rho_j\right) \tag{4.118}$$

となり，連続極限をとれば $(1 - \widetilde{\Omega})\widetilde{\alpha}_{N-1}^{\mathrm{c}} \to \widetilde{\alpha}^{\mathrm{c}}(\mathcal{T})$ であるから，

$$\widetilde{S}_{\mathrm{c}}^{\mathrm{B}} \equiv \frac{|\alpha_N|^2}{2} + \frac{|\alpha_0|^2}{2} - \alpha_N^*\widetilde{\alpha}^{\mathrm{c}}(\mathcal{T}) + \int_0^{\mathcal{T}} d\tau\,\rho^*(\tau)\widetilde{\alpha}^{\mathrm{c}}(\tau)$$
$$+ \int_0^{\mathcal{T}} d\tau\,\widetilde{\alpha}^{\mathrm{c}*}(\tau)\left[\left(\frac{d}{d\tau} + \omega\right)\widetilde{\alpha}^{\mathrm{c}}(\tau) + \rho(\tau)\right]$$

が得られる．この 2 行目は運動方程式で落ちる．

また，1 行目の $\widetilde{\alpha}^{\mathrm{c}}(\mathcal{T})$ に (4.116) を適用するにあたり，$\widetilde{D}(\mathcal{T} - \tau) = e^{-\omega(\mathcal{T}-\tau)}$ ((4.115)) に注意すれば，

$$\alpha_N^* \widetilde{\alpha}^{\mathrm{c}}(\mathcal{T}) = \alpha_N^* e^{-\omega\mathcal{T}} \alpha_0 - \int_0^{\mathcal{T}} d\tau\, \alpha_N^* e^{-\omega(\mathcal{T}-\tau)} \rho(\tau)$$
$$\overset{(4.114)}{=} \alpha_N^* e^{-\omega\mathcal{T}} \alpha_0 - \int_0^{\mathcal{T}} d\tau\, \mathcal{A}_+^*(\tau) \rho(\tau)$$

となる．さらに，$\widetilde{\alpha}^{\mathrm{c}}(\tau)$ には (4.116) を代入して，ボーズ系の古典作用

$$\widetilde{S}_{\mathrm{c}}^{\mathrm{B}} = \frac{|\alpha_N|^2}{2} + \frac{|\alpha_0|^2}{2} - \alpha_N^* e^{-\omega\mathcal{T}} \alpha_0 + \int_0^{\mathcal{T}} d\tau\, \{\rho^*(\tau) \mathcal{A}_-(\tau) + \mathcal{A}_+^*(\tau)\rho(\tau)\} - \iint_0^{\mathcal{T}} d\tau\, d\tau'\, \rho^*(\tau) \widetilde{D}(\tau - \tau') \rho(\tau') \tag{4.119}$$

が得られる．ここで1つ注意をしておこう．$\widetilde{D}(\tau - \tau')$ の定義 (4.114) から $\theta(0) = 1/2$ とすれば $\widetilde{D}(0) = 1/2$ であるが，差分型できちんと議論すれば

$$\widetilde{D}(0) = 0 \tag{4.120}$$

である．（練習問題 4.3a を参照）．定義（4.115）と合わせると（意味は (B.29) を参照のこと），

$$\widetilde{D}(\tau) = 0 \quad (\tau \leq 0) \tag{4.121}$$

となる．

4.3.3 前因子

次の課題として，前因子 (量子部分) を計算しよう．作用の2階微分は，

$$(\boldsymbol{M}^{\mathrm{B}})_{jk} \equiv \frac{\partial^2 \widetilde{S}^{\mathrm{B}}}{\partial \alpha_j^* \partial \alpha_k} = \delta_{j,k} - (1 - \widetilde{\Omega}) \delta_{j-1,k}, \qquad \widetilde{\Omega} = \omega \varDelta\tau \tag{4.122}$$

であるから，行列表示は，

$$
\boldsymbol{M}^{\mathrm{B}} = \begin{pmatrix} 1 & & & & \\ 1-\widetilde{\Omega} & 1 & & \boldsymbol{0} & \\ & 1-\widetilde{\Omega} & \ddots & & \\ & & \ddots & \ddots & \\ \boldsymbol{0} & & & 1-\widetilde{\Omega} & 1 \end{pmatrix} \tag{4.123}
$$

となる．これは3角行列である．したがって，量子変数 α_j^{q} の積分は

$$
\left(\prod_{j=1}^{N-1}\int\frac{d^2\alpha_j^{\mathrm{q}}}{\pi}\right)\exp\Bigl[-\sum_{j,k=1}^{N-1}\alpha_j^{\mathrm{q}*}(\boldsymbol{M}^{\mathrm{B}})_{jk}\alpha_k^{\mathrm{q}}\Bigr]\overset{(\mathrm{D}.42)}{=}\frac{1}{\det\boldsymbol{M}^{\mathrm{B}}}=1
$$

となる．

よって，ユークリッド核は，(4.110) に (4.119) を用いて

$$
\begin{aligned}
\widetilde{K}^{\mathrm{B}(\rho^*,\rho)}(\alpha_N,\,\alpha_0\,;\,\mathcal{T}) = e^{-\omega\mathcal{T}/2}\exp\Bigl[&-\frac{|\alpha_N|^2}{2}-\frac{|\alpha_0|^2}{2}+\alpha_N^*e^{-\omega\mathcal{T}}\alpha_0 \\
&-\int_0^{\mathcal{T}}d\tau\,(\rho^*\mathcal{A}_- + \mathcal{A}_+^*\rho) + \iint_0^{\mathcal{T}}d\tau\,d\tau'\,\rho^*(\tau)\widetilde{D}(\tau-\tau')\rho(\tau')\Bigr]
\end{aligned} \tag{4.124}
$$

と求めることができる．

4.3.4 分配関数

次に，分配関数に進もう．これについては，

$$
\mathcal{Z}^{\mathrm{B}(\rho^*,\rho)}(\mathcal{T}) \equiv \int\frac{d^2\alpha_N}{\pi}\widetilde{K}^{\mathrm{B}(\rho^*,\rho)}(\alpha_N,\,\alpha_N\,;\,\mathcal{T}) \tag{4.125}
$$

であるから，(4.124) で $\alpha_0\to\alpha_N$ として，

$$
\begin{aligned}
\text{指数の肩} = &-(1-e^{-\omega\mathcal{T}})|\alpha_N|^2 - \alpha_N^*\int_0^{\mathcal{T}}d\tau\,e^{-\omega(\mathcal{T}-\tau)}\rho(\tau) \\
&-\int_0^{\mathcal{T}}d\tau\,\rho^*(\tau)e^{-\omega\tau}\alpha_N + \iint_0^{\mathcal{T}}d\tau\,d\tau'\,\rho^*(\tau)\widetilde{D}(\tau-\tau')\rho(\tau')
\end{aligned}
$$

となる（$\mathcal{A}_-$，$\mathcal{A}_+^*$((4.114)) を代入した）．したがって，

$$\mathcal{Z}^{\mathrm{B}(\rho^*,\rho)}(\mathcal{T}) = e^{-\omega\mathcal{T}/2}\exp\Bigl[\iint_0^{\mathcal{T}} d\tau\, d\tau'\, \rho^*(\tau)\widetilde{D}(\tau-\tau')\rho(\tau')\Bigr]\int\frac{d^2\alpha_N}{\pi}$$
$$\times\exp\Bigl[-(1-e^{-\omega\mathcal{T}})|\alpha_N|^2 - \alpha_N^*\int_0^{\mathcal{T}} d\tau\, e^{-\omega(\mathcal{T}-\tau)}\rho(\tau) - \int_0^{\mathcal{T}} d\tau\, \rho^*(\tau)e^{-\omega\tau}\alpha_N\Bigr]$$

が得られる.

残ったα_N積分を行うため，公式 (D.36) で

$$\lambda \to 1-e^{-\omega\mathcal{T}},\qquad \rho_1 \to -\int_0^{\mathcal{T}} d\tau\, e^{-\omega(\mathcal{T}-\tau)}\rho,\qquad \rho_2^* \to -\int_0^{\mathcal{T}} d\tau\, \rho^* e^{-\omega\tau}$$

とおけば,

$$\mathcal{Z}^{\mathrm{B}(\rho^*,\rho)}(\mathcal{T}) = \frac{e^{-\omega\mathcal{T}/2}}{1-e^{-\omega\mathcal{T}}}$$
$$\times\exp\Bigl[\iint_0^{\mathcal{T}} d\tau\, d\tau'\, \rho^*(\tau)\Bigl(\widetilde{D}(\tau-\tau') + \frac{e^{-\omega(\mathcal{T}+\tau-\tau')}}{1-e^{-\omega\mathcal{T}}}\Bigr)\rho(\tau')\Bigr]$$

と求めることができる．前因子は $e^{-\omega\mathcal{T}/2}/(1-e^{-\omega\mathcal{T}}) = 1/\{2\sinh(\omega\mathcal{T}/2)\}$ となり，**プロパゲーター (propagator)**（正確には**ボソンプロパゲーター (boson propagator)**）は,

$$\bar{D}(\tau-\tau') \equiv \widetilde{D}(\tau-\tau') + \frac{e^{-\omega(\mathcal{T}+\tau-\tau')}}{1-e^{-\omega\mathcal{T}}}$$
$$= \frac{\theta(\tau-\tau')e^{-\omega(\tau-\tau'-\mathcal{T}/2)} + \theta(\tau'-\tau)e^{-\omega(\tau-\tau'+\mathcal{T}/2)}}{2\sinh(\omega\mathcal{T}/2)} \qquad (4.126)$$

と与えられる.

例題 4.3.2 (4.126) を示すと共に，周期条件

$$\bar{D}(\tau-\tau') = \bar{D}(\tau-\tau'\pm\mathcal{T}) \qquad (4.127)$$

を満たすことを確認せよ.

【解】 (4.126) 1 行目に $\widetilde{D}$ の値 (4.115) を代入し，通分すると,

$$(4.126)\ 1行目右辺 = \theta(\tau-\tau')e^{-\omega(\tau-\tau')} + \frac{e^{-\omega(\mathcal{T}+\tau-\tau')}}{1-e^{-\omega\mathcal{T}}}$$

$$= \frac{\theta(\tau-\tau')e^{-\omega(\tau-\tau')} + \{1-\theta(\tau-\tau')\}e^{-\omega(\mathcal{T}+\tau-\tau')}}{1-e^{-\omega\mathcal{T}}}$$

である．ここで，$1/(1-e^{-\omega\mathcal{T}}) = e^{\omega\mathcal{T}/2}/\{2\sinh(\omega\mathcal{T}/2)\}$ と $1-\theta(\tau) = \theta(-\tau)$ ((C.26)) より，(4.126) が得られる．

周期条件 (4.127) を示そう．図 4.1 を見よう．$\tau-\tau' \to \tau-\tau'+\mathcal{T}$ とシフトするとき，$\tau-\tau'<0$ であるから (4.126) より

$$\bar{D}(\tau-\tau') = \frac{\theta(\tau'-\tau)e^{-\omega(\tau-\tau'+\mathcal{T}/2)}}{2\sinh(\omega\mathcal{T}/2)} = \frac{e^{-\omega(\tau-\tau'+\mathcal{T}/2)}}{2\sinh(\omega\mathcal{T}/2)}$$

となり，一方 $\tau-\tau'+\mathcal{T}>0$ であるから

$$\bar{D}(\tau-\tau'+\mathcal{T}) = \frac{\theta(\tau-\tau'+\mathcal{T})e^{-\omega(\tau-\tau'+\mathcal{T}-\mathcal{T}/2)}}{2\sinh(\omega\mathcal{T}/2)} = \frac{e^{-\omega(\tau-\tau'+\mathcal{T}/2)}}{2\sinh(\omega\mathcal{T}/2)}$$

が得られ，(4.127) の $+\mathcal{T}$ の場合が示された．$-\mathcal{T}$ の場合も同様である．□

$\bar{D}(\tau-\tau')$ は (4.126) で $\tilde{D}$ が (4.115) に従い，第 2 項は

$$\left(\frac{d}{d\tau}+\omega\right)\frac{e^{-\omega(\mathcal{T}+\tau-\tau')}}{1-e^{-\omega\mathcal{T}}} = 0$$

に従うことより，

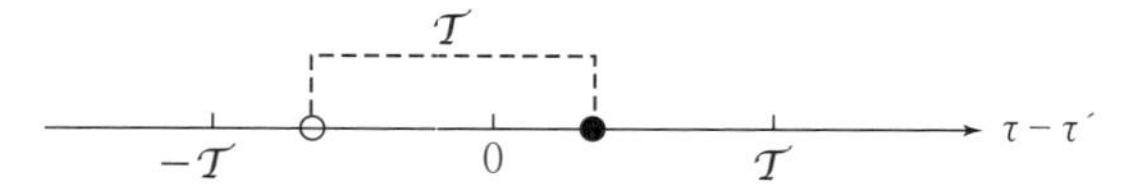

図 4.1　シフト $\tau-\tau' \to \tau-\tau' \pm \mathcal{T}$．$+\mathcal{T}$ では ○ → ● と移動する．このときは，$\tau-\tau'<0$ である．$-\mathcal{T}$ では● → ○へと移り，$\tau-\tau'>0$ である．

$$\left(\frac{d}{d\tau}+\omega\right)\bar{D}(\tau-\tau')=\delta(\tau-\tau') \tag{4.128}$$

を満たすことがわかる．(4.121) と異なり，(4.126) では虚時間の逆向きに進むことが可能である ((B.31) を参照)．こうして，分配関数 (4.125) は，

$$\mathcal{Z}^{\mathrm{B}(\rho^*,\rho)}(\mathcal{T})=\frac{1}{2\sinh(\omega\mathcal{T}/2)}\exp\left[\iint_0^{\mathcal{T}}d\tau\,d\tau'\,\rho^*(\tau)\,\bar{D}(\tau-\tau')\rho(\tau')\right] \tag{4.129}$$

となる．ソースを $\rho^*,\ \rho\to 0$ とした表式は，調和振動子の分配関数 (問題解答の (101)) と一致する．

自由度 f ではソース $\boldsymbol{\rho}\equiv(\rho_1,\rho_2,\cdots,\rho_f)$ を導入し，

$$\hat{H}(\tau)=\frac{\hbar\omega}{2}(\hat{\boldsymbol{a}}^\dagger\hat{\boldsymbol{a}}+\hat{\boldsymbol{a}}\hat{\boldsymbol{a}}^\dagger)+\hbar(\hat{\boldsymbol{a}}^\dagger\boldsymbol{\rho}(\tau)+\boldsymbol{\rho}^*(\tau)\hat{\boldsymbol{a}}) \tag{4.130}$$

を出発点とする．(4.129) の f 個の積より，

$$\mathcal{Z}^{\mathrm{B}(\boldsymbol{\rho}^*,\boldsymbol{\rho})}(\mathcal{T})=\left[\frac{1}{2\sinh(\omega\mathcal{T}/2)}\right]^f \times\exp\left[\sum_{\beta=1}^{f}\iint_0^{\mathcal{T}}d\tau\,d\tau'\,\rho_\beta^*(\tau)\,\bar{D}(\tau-\tau')\rho_\beta(\tau')\right] \tag{4.131}$$

が与えられる．行列表示

$$(\bar{\boldsymbol{D}})_{\beta\gamma}(\tau)\equiv\delta_{\beta\gamma}\bar{D}(\tau) \tag{4.132}$$

および $\boldsymbol{\rho}^\dagger\equiv(\boldsymbol{\rho}^*)^{\mathrm{T}}$ (T は転置) を導入すれば，

$$\mathcal{Z}^{\mathrm{B}(\boldsymbol{\rho}^*,\boldsymbol{\rho})}(\mathcal{T})=\left[\frac{1}{2\sinh(\omega\mathcal{T}/2)}\right]^f\exp\left[\iint_0^{\mathcal{T}}d\tau\,d\tau'\,\boldsymbol{\rho}^\dagger(\tau)\,\bar{\boldsymbol{D}}(\tau-\tau')\boldsymbol{\rho}(\tau')\right] \tag{4.133}$$

となる．

一方，(4.108) 演算子部分のトレース

$$\mathcal{Z}^{\mathrm{B}(\rho^*,\rho)}(\mathcal{T}) = \lim_{N\to\infty} \mathrm{Tr}\left[\left(\hat{\boldsymbol{I}} - \frac{\varDelta\tau}{\hbar}\hat{H}_N\right)\cdots\left(\hat{\boldsymbol{I}} - \frac{\varDelta\tau}{\hbar}\hat{H}_1\right)\right] \quad (4.134)$$

の経路積分表示は，周期境界条件 $\alpha_N = \alpha_0$ を $]_{\mathrm{P}}$ として，

$$\mathcal{Z}^{\mathrm{B}(\rho^*,\rho)}(\mathcal{T}) = e^{-\omega\mathcal{T}/2} \lim_{N\to\infty}\left(\prod_{j=1}^{N}\int\frac{d^2\alpha_j}{\pi}\right)[e^{-\bar{S}^{\mathrm{B}}(\boldsymbol{\alpha})}]_{\mathrm{P}} \quad (4.135)$$

となる．ここで

$$\bar{S}^{\mathrm{B}}(\boldsymbol{\alpha}) \equiv \sum_{j=1}^{N}\{\alpha_j^*\varDelta\alpha_j + \varDelta\tau(\omega\alpha_j^*\alpha_{j-1} + \alpha_j^*\rho_j + \rho_j^*\alpha_{j-1})\} \quad (4.136)$$

はボース分配関数の作用である．

例題 4.3.3　(4.135)，(4.136) を確認せよ．

【解】　(4.125) より，分配関数はユークリッド核 (4.110) で $\alpha_0 \to \alpha_N$ として，α_N 積分したものであるから，古典作用 (4.111) にこの周期条件を適用すると，運動項は端点公式 (2.85) に注意すれば

$$\sum_{j=1}^{N}\left(\frac{\alpha_j^*\varDelta\alpha_j}{2} - \frac{\varDelta\alpha_j^*\alpha_{j-1}}{2}\right) = \sum_{j=1}^{N}\alpha_j^*(\alpha_j - \alpha_{j-1})$$

である．残りは双方等しいので，(4.136) が導かれる．□

(4.134) を出発点とし，前節での差分型周期固有関数 (4.104) である

$$F_r(j) \equiv \frac{1}{\sqrt{N}} = \exp\left[i\frac{2\pi r}{N}j\right] \quad (1 \leq r \leq N)$$

を利用して計算することもできる (練習問題 4.3b，4.3c を参照)．なお，古典解周りの展開による計算は練習問題 4.3d，4.3e に用意したので，余力のある読者は試してほしい．

練　習　問　題

【4.3a】 $\widetilde{D}(0)=0$ ((4.120)) を確認せよ．

【4.3b】 **差分型周期関数による分配関数 (1)**：(4.104) で，

$$\left.\begin{aligned}\alpha_j &= \sum_{r=1}^{N}\widetilde{\alpha}_r F_r(j), & \rho_j &= \sum_{r=1}^{N}\widetilde{\rho}_r F_r(j)\\ \alpha_j^* &= \sum_{r=1}^{N}\widetilde{\alpha}_r^* F_r^*(j), & \rho_j^* &= \sum_{r=1}^{N}\widetilde{\rho}_r^* F_r^*(j)\end{aligned}\right\} \tag{4.137}$$

と展開したとき，分配関数が以下で与えられることを示せ ($\boldsymbol{\omega}_r^{(+)}$ は (F.1) にある)．

$$\begin{aligned}\mathcal{Z}^{\mathrm{B}(\rho^*,\rho)}(\mathcal{T}) &= e^{-\omega\mathcal{T}/2}\lim_{N\to\infty}\prod_{r=1}^{N}\Biggl[\int\frac{d^2\widetilde{\alpha}_r}{\pi}\\ &\times\exp[-\{\widetilde{\alpha}_r^*(1-(\boldsymbol{\omega}_r^{(+)})^{-1}(1-\widetilde{\Omega}))\widetilde{\alpha}_r+\Delta\tau\widetilde{\alpha}_r^*\widetilde{\rho}_r+\Delta\tau\widetilde{\rho}_r^*(\boldsymbol{\omega}_r^{(+)})^{-1}\widetilde{\alpha}_r\}]\Biggr]\end{aligned} \tag{4.138}$$

【4.3c】 **差分型周期関数による分配関数 (2)**：分配関数 (4.138) を計算せよ．

【4.3d】 **古典解による分配関数 (1)**：分配関数 (4.135) で古典解を求めよ．

【4.3e】 **古典解による分配関数 (2)**：前問の結果を用いて分配関数を計算せよ．

4.4　フェルミ系の分配関数

4.4.1　トレース公式からの分配関数

ボース系同様に 1 自由度で考える．自由ハミルトニアン (3.35) に，グラスマンソース $\eta(\tau)$，$\eta^*(\tau)$ を導入した

$$\widehat{H}(\tau)=\frac{\hbar\omega}{2}(\widehat{b}^{\dagger}\widehat{b}-\widehat{b}\widehat{b}^{\dagger})+\hbar(\widehat{b}^{\dagger}\eta(\tau)+\eta^*(\tau)\widehat{b}) \tag{4.139}$$

を，正規積順序に直した

$$\widehat{H}_j \equiv \hbar\Big(\omega \hat{b}^\dagger \hat{b} - \frac{\omega}{2} + \hat{b}^\dagger \eta_j + \eta_j^* \hat{b}\Big), \qquad \eta_j^* \equiv \eta^*(\tau_j), \qquad \eta_j \equiv \eta(\tau_j) \tag{4.140}$$

を出発点とする．

ゼロ点エネルギーはボース系 (4.109) と逆符号である．ユークリッド核

$$\widetilde{K}^{\mathrm{F}(\eta^*,\eta)}(\xi_N, \xi_0 ; \mathcal{T}) \equiv \lim_{N\to\infty} \langle \xi_N | \Big(\hat{\boldsymbol{I}} - \frac{\Delta\tau}{\hbar}\widehat{H}_N\Big) \cdots \Big(\hat{\boldsymbol{I}} - \frac{\Delta\tau}{\hbar}\widehat{H}_1\Big) | \zeta_0 \rangle$$

は，$f \to 1$ とした (2.171) で $\Delta t \to -i\Delta\tau$ とした，

$$\widetilde{K}^{\mathrm{F}(\eta^*,\eta)}(\xi_N, \xi_0 ; \mathcal{T}) = e^{\omega\mathcal{T}/2} \lim_{N\to\infty} \Big(\prod_{j=1}^{N-1} \int d\xi_j\, d\xi_j^*\Big) \Big[e^{-\widetilde{S}^{\mathrm{F}}(\xi^*,\xi)}\Big]_{\xi_0}^{\xi_N} \tag{4.141}$$

$$\widetilde{S}^{\mathrm{F}}(\xi^*,\xi) \equiv \sum_{j=1}^{N} \Big\{\frac{\xi_j^* \Delta\xi_1}{2} - \frac{\Delta\xi_j^* \xi_{j-1}}{2} + \Delta\tau(\omega\xi_j^*\xi_{j-1} + \xi_j^*\eta_j + \eta_j^*\xi_{j-1})\Big\} \tag{4.142}$$

で与えられる．

この計算は前節同様なので練習問題 4.4a ～ 4.4c に譲ることにして，ここではトレースで定義された分配関数

$$\mathcal{Z}^{\mathrm{F}(\eta^*,\eta)}(\mathcal{T}) \equiv \lim_{N\to\infty} \mathrm{Tr}\Big[\Big(\hat{\boldsymbol{I}} - \frac{\Delta\tau}{\hbar}\widehat{H}_N\Big) \cdots \Big(\hat{\boldsymbol{I}} - \frac{\Delta\tau}{\hbar}\widehat{H}_1\Big)\Big] \tag{4.143}$$

を考えよう．計算するものは

$$\mathcal{Z}^{\mathrm{F}(\eta^*,\eta)}(\mathcal{T}) = e^{\omega\mathcal{T}/2} \lim_{N\to\infty} \Big(\prod_{j=1}^{N} \int d\xi_j\, d\xi_j^*\Big) [e^{-\overline{S}^{\mathrm{F}}(\xi^*,\xi)}]_{\mathrm{AP}} \tag{4.144}$$

$$\overline{S}^{\mathrm{F}}(\xi^*,\xi) \equiv \sum_{j=1}^{N} \Big[\xi_j^* \Delta\xi_j + \Delta\tau(\omega\xi_j^*\xi_{j-1} + \xi_j^*\eta_j + \eta_j^*\xi_{j-1})\Big] \tag{4.145}$$

であり，$]_{\mathrm{AP}}$ は反周期境界条件 $\xi_0 = -\xi_N$ である（(4.141) に ξ_N, ξ_N^* 積分をつけ加え，$]_{\mathrm{AP}}$ を課し $\widetilde{S}^{\mathrm{F}}$ (4.142) に端点公式 (2.85) を用いれば $\overline{S}^{\mathrm{F}}$ とな

る).

周期固有関数 (4.104) にならい，**反周期固有関数** (**anti - periodic eigenfunction**) を $1 \leq j \leq N$ で，

$$f_r(j) \equiv \frac{1}{\sqrt{N}} e^{i\pi(2r+1)j/N}, \qquad f_r(0) = -f_r(N) \quad (1 \leq r \leq N) \tag{4.146}$$

と導入する．直交性・完全性は

$$\sum_{j=1}^{N} f_r^*(j) f_s(j) = \delta_{rs}, \qquad \sum_{r=1}^{N} f_r(j) f_r^*(k) = \delta_{jk} \tag{4.147}$$

と成り立つ．

例題 4.4.1　(4.147) を示せ．

【解】　左側から始めよう．(4.146) より

$$\text{左側} = \frac{1}{N} \sum_{j=1}^{N} \exp\left[i \frac{2\pi(s-r)}{N} j\right]$$

である．一方，右側は

$$\text{右側} = \frac{1}{N} \sum_{r=1}^{N} \exp\left[i \frac{\pi(j-k)}{N}(2r+1)\right]$$
$$= \frac{e^{i\pi(j-k)/N}}{N} \sum_{r=1}^{N} \exp\left[i \frac{2\pi(j-k)}{N} r\right]$$

となり，和の対象は $j \leftrightarrow r$ 対称なので r，つまり右側で考える．1 の N 乗根 $(\boldsymbol{\omega}_r^{(+)})^{j-k}$ を用い，公式 (F.4) より

$$\text{右側} = \frac{e^{i\pi(j-k)/N}}{N} \sum_{r=1}^{N} \left(\boldsymbol{\omega}_r^{(+)}\right)^{j-k}$$
$$= e^{i\pi(j-k)/N} \delta_{j-k,\,nN} \quad (n = 0,\ \pm 1,\ \cdots)$$

が得られる．$-N+1 \leq j-k \leq N-1$ なので $n=0$ のみが寄与し

$$\text{右側} = e^{i\pi(j-k)/N} \delta_{j,k} = \delta_{j,k}$$

となる．同様に，

$$\text{左側} = \delta_{rs}$$

が得られる．□

このの $f_r(j)$ で ξ_j，$\tilde{\eta}_j$などを以下のように展開する．

$$\left.\begin{aligned} \xi_j &= \sum_{r=1}^{N} \tilde{\xi}_r f_r(j), \qquad \xi_j^* = \sum_{r=1}^{N} \tilde{\xi}_r^* f_r^*(j) \\ \eta_j &= \sum_{r=1}^{N} \tilde{\eta}_r f_r(j), \qquad \eta_j^* = \sum_{r=1}^{N} \tilde{\eta}_r^* f_r^*(j) \end{aligned}\right\} \tag{4.148}$$

付録 (F.2) で導入した -1 の N 乗根 $\boldsymbol{\omega}_r^{(-)}$ のおかげで，

$$f_r(j-1) = (\boldsymbol{\omega}_r^{(-)})^{-1} f_r(j) \tag{4.149}$$

と書けるので，直交性 (4.147) (左の式) を用いれば (4.145) は，

$$-\sum_{r=1}^{N} [\tilde{\xi}_r^* \{1 - (\boldsymbol{\omega}_r^{(-)})^{-1}(1 - \tilde{\Omega})\} \tilde{\xi}_r + \Delta\tau(\tilde{\xi}_r^* \tilde{\eta}_r + \tilde{\eta}_r^* (\boldsymbol{\omega}_r^{(-)})^{-1} \tilde{\xi}_r)] \tag{4.150}$$

となる．(ただし，$\tilde{\Omega} = \omega\Delta\tau$ である．)

ここで，ベクトル記号 $\xi_j \equiv (\boldsymbol{\xi})_j$，$\tilde{\xi}_r \equiv (\tilde{\boldsymbol{\xi}})_r$，$(\boldsymbol{f})_{jr} \equiv f_r(j)$ などを導入すれば，(4.148) (の 1 行目) は

$$\boldsymbol{\xi} = \boldsymbol{f}\tilde{\boldsymbol{\xi}}, \qquad \boldsymbol{\xi}^\dagger = \tilde{\boldsymbol{\xi}}^\dagger \boldsymbol{f}^\dagger \tag{4.151}$$

であるから，(2.180)，(2.185) に注意すれば，変換のヤコビアンは 1 となり

$$\begin{aligned} \prod_{j=1}^{N} d\xi_j \, d\xi_j^* &= \frac{1}{\det(\boldsymbol{f}\boldsymbol{f}^\dagger)} \prod_{r=1}^{N} d\tilde{\xi}_r \, d\tilde{\xi}_r^* \\ &\overset{(4.147)}{=} \prod_{r=1}^{N} d\tilde{\xi}_r \, d\tilde{\xi}_r^* \end{aligned} \tag{4.152}$$

が得られる．

例題 4.4.2 (4.152) を示せ.

【解】 例題 2.3.6 でやったことを思い出せば,

$$\prod_{j=1}^{N} d\xi_j\, d\xi_j^* \equiv d^N\boldsymbol{\xi}\, d^N\boldsymbol{\xi}^*, \qquad \prod_{r=1}^{N} d\tilde{\xi}_r\, d\tilde{\xi}_r^* \equiv d^N\tilde{\boldsymbol{\xi}}\, d^N\tilde{\boldsymbol{\xi}}^* \tag{4.153}$$

である. 変数変換 (2.178), (2.183) で $\boldsymbol{\zeta} = \boldsymbol{\zeta}^\dagger = 0$ としたものと (4.151) を見比べて, (2.180), (2.185) より,

$$d^N\boldsymbol{\xi} = \frac{1}{\det \boldsymbol{f}}\, d^N\tilde{\boldsymbol{\xi}}, \qquad d^N\boldsymbol{\xi}^* = \frac{1}{\det \boldsymbol{f}}\, d^N\tilde{\boldsymbol{\xi}}^* \tag{4.154}$$

となる. これより,

$$d^N\boldsymbol{\xi}\, d^N\boldsymbol{\xi}^* = \frac{1}{\det \boldsymbol{f} \det \boldsymbol{f}^\dagger}\, d^N\tilde{\boldsymbol{\xi}}\, d^N\tilde{\boldsymbol{\xi}}^* = \frac{1}{\det\, (\boldsymbol{f}\boldsymbol{f}^\dagger)}\, d^N\tilde{\boldsymbol{\xi}}\, d^N\tilde{\boldsymbol{\xi}}^*$$

が得られる. 一方, 直交性・完全性の条件 (4.147) は

$$\boldsymbol{f}^\dagger \boldsymbol{f} = \boldsymbol{I}, \qquad \boldsymbol{f}\boldsymbol{f}^\dagger = \boldsymbol{I} \tag{4.155}$$

と書けるので, $\det\, (\boldsymbol{f}\boldsymbol{f}^\dagger) = 1$ である. よって, (4.152) が示された. □

4.4.2 前因子・プロパゲーター

変数変換 (4.151) によって, 分配関数 (4.144), (4.145) は,

$$\begin{aligned} \mathcal{Z}^{\mathrm{F}(\eta^*, \eta)}(\mathcal{T}) = e^{\omega\mathcal{T}/2} \lim_{N\to\infty} \prod_{r=1}^{N} \biggl[\int d\tilde{\xi}_r\, d\tilde{\xi}_r^* \exp[-\{\tilde{\xi}_r^*(1 \\ - (\boldsymbol{\omega}_r^{(-)})^{-1}(1 - \tilde{\Omega}))\tilde{\xi}_r + \varDelta\tau(\tilde{\xi}_r^*\tilde{\eta}_r + \tilde{\eta}_r^*(\boldsymbol{\omega}_r^{(-)})^{-1}\tilde{\xi}_r)\}] \biggr] \end{aligned} \tag{4.156}$$

となる. グラスマン積分公式 ((D.45) において $n \to 1$ としたもの) で,

$$\boldsymbol{M} \to 1 - (\boldsymbol{\omega}_r^{(-)})^{-1}(1 - \tilde{\Omega}), \qquad \boldsymbol{\eta}_1 \to \varDelta\tau\, \tilde{\eta}_r, \qquad \boldsymbol{\eta}_2^\dagger \to \varDelta\tau(\boldsymbol{\omega}_r^{(-)})^{-1}\tilde{\eta}_r^*$$

などとすれば,

$$\mathcal{Z}^{\mathrm{F}(\eta^*,\eta)}(\mathcal{T}) = e^{\omega\mathcal{T}/2}\lim_{N\to\infty}\prod_{r=1}^{N}\{1-(\boldsymbol{\omega}_r^{(-)})^{-1}(1-\widetilde{\Omega})\}$$
$$\times\exp\left[(\varDelta\tau)^2\sum_{r=1}^{N}\widetilde{\eta}_r^*\frac{1}{\boldsymbol{\omega}_r^{(-)}-(1-\widetilde{\Omega})}\widetilde{\eta}_r\right] \tag{4.157}$$

が得られる．ここで，$e^{\omega\mathcal{T}/2}$ を除く前因子は，$\boldsymbol{\omega}_r^{(-)}$ の性質 (F.3) より

$$\prod_{r=1}^{N}\{1-(\boldsymbol{\omega}_r^{(-)})^{-1}(1-\widetilde{\Omega})\} = 1+(1-\widetilde{\Omega})^N \tag{4.158}$$

である．

例題 4.4.3　(4.158) を示せ．

【解】　左辺から計算していけば，

$$(4.158)\text{左辺} = (-1)^N\prod_{r=1}^{N}\frac{1}{\boldsymbol{\omega}_r^{(-)}}\prod_{r=1}^{N}\{(1-\widetilde{\Omega})-\boldsymbol{\omega}_r^{(-)}\}$$
$$\overset{(\mathrm{F}.5)}{=}\frac{(-1)^N}{(-1)^N}\prod_{r=1}^{N}\{(1-\widetilde{\Omega})-\boldsymbol{\omega}_r^{(-)}\}\overset{(\mathrm{F}.3)}{=}(1-\widetilde{\Omega})^N+1=\text{右辺}$$

と (4.158) が示せた．□

(4.157) 指数の肩は，ボース系 (問題解答の (183)) 同様にソースの逆変換

$$\widetilde{\eta}_r = \sum_{j=1}^{N}\eta_j f_r^*(j), \qquad \widetilde{\eta}_r^* = \sum_{j=1}^{N}\eta_j^* f_r(j) \tag{4.159}$$

を用いれば，

$$(\varDelta\tau)^2\sum_{r=1}^{N}\widetilde{\eta}_r^*\frac{1}{\boldsymbol{\omega}_r^{(-)}-(1-\widetilde{\Omega})}\widetilde{\eta}_r = (\varDelta\tau)^2\sum_{j,k=1}^{N}\eta_j^*\,\overline{S}_{jk}\eta_k \tag{4.160}$$

となる．ここで，

$$\overline{S}_{jk} \equiv \sum_{r=1}^{N}\frac{f_r(j)f_r^*(k)}{\boldsymbol{\omega}_r^{(-)}-(1-\widetilde{\Omega})} = \frac{1}{N}\sum_{r=1}^{N}\frac{(\boldsymbol{\omega}_r^{(-)})^{j-k}}{\boldsymbol{\omega}_r^{(-)}-(1-\widetilde{\Omega})} \tag{4.161}$$

は**フェルミプロパゲーター**（**fermi propagator**）であり，(F.15) マイナス（−）下側の表式より，

$$\overline{S}_{jk} = H^{(-)}(1-\tilde{\Omega}\,;j-k) \tag{4.162}$$

と与えられる．

今，$-N+1 \leq j-k \leq N-1$ なので $M_{\mathrm{L}} = -N+1$，$M_{\mathrm{H}} = N-1$ となり，(F.17) より，

$$\begin{aligned} n_0 &= \left[\frac{M_{\mathrm{L}}-N}{N}\right] = \left[\frac{-2N+1}{N}\right] = \left[-2+\frac{1}{N}\right] \\ &= -1 \\ n_K &= \left[\frac{M_{\mathrm{H}}-1}{N}\right] = \left[\frac{N-2}{N}\right] = \left[1-\frac{2}{N}\right] \\ &= 0 = n_1 \end{aligned}$$

が得られる（ボース系の練習問題 4.3c と同じ）．よって，

$$H^{(-)}(1-\tilde{\Omega}\,;j-k) = \frac{1}{1+(1-\tilde{\Omega})^N}[\theta_{j-k,1}(1-\tilde{\Omega})^{j-k-1} - \theta_{0,j-k}(1-\tilde{\Omega})^{j-k-1+N}] \tag{4.163}$$

と求めることができる．

$\theta_{j-k,1}$，$\theta_{0,j-k}$ をそれぞれ書き直し，(4.162) に代入すれば

$$\overline{S}_{jk} = \frac{\theta_{j,k+1}(1-\tilde{\Omega})^{j-k-1} - \theta_{k,j}(1-\tilde{\Omega})^{j-k-1+N}}{1+(1-\tilde{\Omega})^N} \tag{4.164}$$

となる．連続表示は $\tilde{\Omega} = \varDelta\tau\omega$ を思い出し，$\varDelta\tau j \to \tau$，$\varDelta\tau k \to \tau'$ と読みかえているので，

$$(1-\tilde{\Omega})^{j-k-1} \to e^{-\omega(\tau-\tau')}, \qquad (1-\tilde{\Omega})^{j-k-1+N} \to e^{-\omega(\tau-\tau'+T)}$$

などから，

$$\bar{S}(\tau-\tau') = \frac{\theta(\tau-\tau')e^{-\omega(\tau-\tau')} - \theta(\tau'-\tau)e^{-\omega(\tau-\tau'+\mathcal{T})}}{1+e^{-\omega\mathcal{T}}}$$
$$= \frac{\theta(\tau-\tau')e^{-\omega(\tau-\tau'-\mathcal{T}/2)} - \theta(\tau'-\tau)e^{-\omega(\tau-\tau'+\mathcal{T}/2)}}{2\cosh(\omega\mathcal{T}/2)} \tag{4.165}$$

が得られる．

これは以下のように，ボソンプロパゲーターと同じ微分方程式 (4.128) に従う．

$$\left(\frac{d}{d\tau}+\omega\right)\bar{S}(\tau-\tau') = \delta(\tau-\tau') \tag{4.166}$$

例題 4.4.4　(4.166) を示せ．

【解】　(4.165) での指数関数部分が $\{(d/d\tau)+\omega\}e^{-\omega(\tau-\tau'\pm\mathcal{T}/2)}=0$ を満たし，符号関数の微分が $(d/d\tau)\theta(\tau-\tau')=\delta(\tau-\tau')$，$(d/d\tau)\theta(\tau'-\tau)=-\delta(\tau-\tau')$ であるから，

$$\left(\frac{d}{d\tau}+\omega\right)\frac{\theta(\tau-\tau')e^{-\omega(\tau-\tau'-\mathcal{T}/2)} - \theta(\tau'-\tau)e^{-\omega(\tau-\tau'+\mathcal{T}/2)}}{2\cosh(\omega\mathcal{T}/2)}$$
$$= \delta(\tau-\tau')\,\frac{e^{-\omega(\tau-\tau'-\mathcal{T}/2)} + e^{-\omega(\tau-\tau'+\mathcal{T}/2)}}{2\cosh(\omega\mathcal{T}/2)}$$

となり，右辺のデルタ関数の係数は $\tau=\tau'$ ((C.15) を参照) とすれば 1 となる．こうして，(4.166) が示された．□

微分方程式の形は同じだが，境界条件が異なるので (周期境界条件と反周期境界条件) 答は (4.126) と (4.165) のように違ってくる．

4.4.3 分配関数

これまでの議論により，分配関数は

$$\mathcal{Z}^{\mathrm{F}(\eta^*,\eta)}(\mathcal{T}) = e^{\omega\mathcal{T}/2}\lim_{N\to\infty}[1+(1-\tilde{\Omega})^N]\exp\left[(\Delta\tau)^2\sum_{j,k=1}^{N}\eta_j^*\bar{S}_{jk}\eta_k\right]$$
$$= 2\cosh\left(\frac{\omega\mathcal{T}}{2}\right)\exp\left[\iint_0^{\mathcal{T}} d\tau\, d\tau'\ \eta^*(\tau)\,\bar{S}\,(\tau-\tau')\eta(\tau')\right] \tag{4.167}$$

となり，η^*，$\eta\to 0$ で分配関数（問題解答の (102)）と一致し，正しいことが確認できる（古典解による方法は練習問題 4.4e，4.4f を参照）．

自由度 f のハミルトニアンはソース $\boldsymbol{\eta}=(\eta_1,\eta_2,\cdots,\eta_f)$ を導入し，

$$\hat{H}(\tau)=\frac{\hbar\omega}{2}(\hat{\boldsymbol{b}}^\dagger\hat{\boldsymbol{b}}-\hat{\boldsymbol{b}}\hat{\boldsymbol{b}}^\dagger)+\hbar(\hat{\boldsymbol{b}}^\dagger\boldsymbol{\eta}(\tau)+\boldsymbol{\eta}^*(\tau)\hat{\boldsymbol{b}}) \tag{4.168}$$

と書く．分配関数は (4.167) の f 個の積をとって，

$$\mathcal{Z}^{\mathrm{F}(\eta^*,\eta)}(\mathcal{T}) = \left[2\cosh\left(\frac{\omega\mathcal{T}}{2}\right)\right]^f$$
$$\times\exp\left[\sum_{\beta=1}^{f}\iint_0^{\mathcal{T}} d\tau\, d\tau'\ \eta_\beta^*(\tau)\,\bar{S}\,(\tau-\tau')\eta_\beta(\tau')\right] \tag{4.169}$$

で与えられる．行列表示 $\boldsymbol{\eta}^\dagger\equiv(\boldsymbol{\eta}^*)^{\mathrm{T}}$ と

$$(\bar{\boldsymbol{S}})_{\beta\gamma}(\tau)\equiv\delta_{\beta\gamma}\,\bar{S}\,(\tau) \tag{4.170}$$

を導入すれば，以下のように与えられる．

$$\mathcal{Z}^{\mathrm{F}(\eta^*,\eta)}(\mathcal{T}) = \left[2\cosh\left(\frac{\omega\mathcal{T}}{2}\right)\right]^f\exp\left[\iint_0^{\mathcal{T}} d\tau\, d\tau'\ \boldsymbol{\eta}^\dagger(\tau)\,\bar{\boldsymbol{S}}\,(\tau-\tau')\boldsymbol{\eta}(\tau')\right] \tag{4.171}$$

練 習 問 題

【4.4a】 ユークリッド核 (1)：ユークリッド核 (4.141)，(4.142) で古典解を求めよ．

【4.4b】　ユークリッド核 (2)：前問に基づき，ユークリッド核を計算せよ.

【4.4c】　ユークリッド核 (3)：前問より分配関数を計算せよ.

【4.4d】　反周期固有関数 (4.146) の連続表示が,

$$f_r(\tau) = \frac{1}{\sqrt{\mathcal{T}}} \exp\left[\frac{i\pi(2r+1)}{\mathcal{T}}\tau\right] \quad (r = 0, \pm 1, \pm 2, \cdots) \tag{4.172}$$

で与えられることを確認し，直交性・完全性

$$\int_0^{\mathcal{T}} d\tau\, f_r^*(\tau) f_s(\tau) = \delta_{rs}, \qquad \sum_{r=-\infty}^{\infty} f_r(\tau) f_r^*(\tau') = \delta(\tau - \tau') \tag{4.173}$$

を満たすことを示せ.

【4.4e】　古典解による分配関数 (1)：分配関数 (4.144), (4.145) の運動方程式と解を求めよ.

【4.4f】　古典解による分配関数 (2)：前問の結果より分配関数を計算せよ.

4.5　連続表示での経路積分

4.5.1　調和振動子の分配関数 ― ソース部分 ―

これまで量子部分は差分型で計算してきたが,「古典解で行ったように連続表示のままで計算できないものか？」という問題を考えてみよう. 例えば，調和振動子の分配関数 (4.96) の形式的な連続表示をとった

$$\left.\begin{aligned} \mathcal{Z}^{[\tilde{J}]}(\mathcal{T}) &\equiv \int \mathcal{D}x(\tau) \exp\left[-\frac{\widetilde{S}[x]}{\hbar}\right]_{\mathrm{P}} \\ \widetilde{S}[x] &\equiv \int_0^{\mathcal{T}} d\tau \left\{\frac{m}{2}\left(\frac{dx(\tau)}{d\tau}\right)^2 + \frac{m\omega^2 (x(\tau))^2}{2} + x(\tau)\widetilde{J}(\tau)\right\} \end{aligned}\right\} \tag{4.174}$$

を見てみよう. 作用 $\widetilde{S}[x]$ は座標 $x(\tau)$ の汎関数である. 汎関数に対する積分なので**汎関数積分** (functional integral), $\mathcal{D}x(\tau)$ を**汎関数測度** (func-

tional measure）という[†3].

(4.174) の作用で周期境界条件を考慮して部分積分を行えば，表面項は落ちて

$$\tilde{S}[x] = \int_0^{\mathcal{T}} d\tau \left\{ \frac{m}{2} x(\tau) \left(-\frac{d^2}{d\tau^2} + \omega^2 \right) x(\tau) + x(\tau) \tilde{J}(\tau) \right\}$$
$$\equiv \frac{1}{2} \iint_0^{\mathcal{T}} d\tau\, d\tau'\, x(\tau) \bar{M}(\tau, \tau'\,; \omega) x(\tau') + \int_0^{\mathcal{T}} d\tau\, x(\tau) \tilde{J}(\tau) \tag{4.175}$$

が得られる．ただし，

$$\bar{M}(\tau, \tau'\,; \omega) \equiv m \left(-\frac{\partial^2}{\partial \tau^2} + \omega^2 \right) \delta(\tau - \tau') \tag{4.176}$$

を**行列関数**（**matrices with continuous indices**）とよび（行列の足が，連続変数 τ, τ'，になったと思えばよい），次のように対称行列である．

$$\bar{M}(\tau, \tau'\,; \omega) = \bar{M}(\tau', \tau\,; \omega) \tag{4.177}$$

例題 4.5.1 (4.177) を示せ．

【解】 デルタ関数は偶関数 $\delta(x) = \delta(-x)$ ((1.46)) なので，

$$\bar{M}(\tau', \tau\,; \omega) = m \left(-\frac{\partial^2}{\partial \tau'^2} + \omega^2 \right) \delta(\tau' - \tau) = m \left(-\frac{\partial^2}{\partial \tau'^2} + \omega^2 \right) \delta(\tau - \tau')$$

となる．$(\partial/\partial\tau')\delta(\tau - \tau') = -(\partial/\partial\tau)\delta(\tau - \tau')$ に注意すれば（2回使うので符号は出ずに），

$$\bar{M}(\tau', \tau\,; \omega) = m \left(-\frac{\partial^2}{\partial \tau'^2} + \omega^2 \right) \delta(\tau - \tau')$$
$$= m \left(-\frac{\partial^2}{\partial \tau^2} + \omega^2 \right) \delta(\tau - \tau') = \bar{M}(\tau, \tau'\,; \omega)$$

---

†3 今までの計算は，時間（虚時間）をメッシュに切った無限積分で汎関数測度を定義したことになる．

が得られ，(4.177) が示された．□

ここで，(4.175) を見てもわかるように，連続表示の経路積分では，それぞれの変数に関して積分記号が必要である．この煩雑さを回避するため，次のように，太字の括弧で表す

$$(x\bar{M}x) \equiv \iint_0^{\mathcal{T}} d\tau\, d\tau'\, x(\tau)\bar{M}(\tau, \tau'\,;\omega)x(\tau'), \qquad (x\tilde{J}) \equiv \int_0^{\mathcal{T}} d\tau\, x(\tau)\tilde{J}(\tau) \tag{4.178}$$

簡便記法 (**shorthand notation for functional integral**) を導入しよう．これにより右辺の積分記号をすべて省略することができる．よって，(4.174) は

$$\mathcal{Z}^{[\tilde{J}]}(\mathcal{T}) = \int \mathcal{D}x(\tau)\exp\left[-\frac{1}{\hbar}\left\{\frac{1}{2}(x\bar{M}x) + (x\tilde{J})\right\}\right] \tag{4.179}$$

と見やすくなった．

ここで，$\bar{M}$の逆行列 $\bar{M}^{-1}$ を導入しよう．それは $\boldsymbol{M}\boldsymbol{M}^{-1} = \boldsymbol{I} = \boldsymbol{M}^{-1}\boldsymbol{M}$(成分では $\sum_k M_{ik}(M^{-1})_{kj} = \delta_{ij} = \sum_k (M^{-1})_{ik}M_{kj}$) に対応して，

$$(\bar{M}\bar{M}^{-1}) = 1 = (\bar{M}^{-1}\bar{M}) \tag{4.180}$$

を満たすことになる．具体的に書き下せば (積分範囲は省略)，

$$\begin{aligned}\int d\tau''\, \bar{M}(\tau, \tau''\,;\omega)\bar{M}^{-1}(\tau'', \tau'\,;\omega) &= \delta(\tau - \tau') \\ &= \int d\tau''\, \bar{M}^{-1}(\tau, \tau''\,;\omega)\bar{M}(\tau'', \tau'\,;\omega)\end{aligned} \tag{4.181}$$

である．なお，$\bar{M}^{-1}$ も次のように対称行列である[†4]．

$$\bar{M}^{-1}(\tau, \tau'\,;\omega) = \bar{M}^{-1}(\tau', \tau\,;\omega) \tag{4.182}$$

さて，(4.179) でシフト，

---

†4　$\boldsymbol{M}^{\mathrm{T}} = \boldsymbol{M}$としたとき，$\boldsymbol{M}\boldsymbol{M}^{-1} = \boldsymbol{I}$を転置すると，$\boldsymbol{I} = (\boldsymbol{M}^{-1})^{\mathrm{T}}\boldsymbol{M}^{\mathrm{T}} = (\boldsymbol{M}^{-1})^{\mathrm{T}}\boldsymbol{M}$となる．右から$\boldsymbol{M}^{-1}$を作用すると$\boldsymbol{M}^{-1} = (\boldsymbol{M}^{-1})^{\mathrm{T}}$が得られる．

$$x(\tau) \to x(\tau) - (\bar{M}^{-1}\tilde{J})(\tau) \equiv x(\tau) - \int d\tau' \, \bar{M}^{-1}(\tau, \tau'; \omega)\tilde{J}(\tau') \tag{4.183}$$

を行えば，汎関数積分測度は不変であり，

$$\mathcal{Z}^{[\tilde{J}]}(\mathcal{T}) = \exp\left[\frac{1}{2\hbar}(\tilde{J}\bar{M}^{-1}\tilde{J})\right]\int \mathcal{D}x(\tau)\exp\left[-\frac{1}{2\hbar}(x\bar{M}x)\right] \tag{4.184}$$

のように x の 1 次項を消去できる (平方完成！).

例題 4.5.2 (4.184) を導け.

【解】 $\bar{M}^{-1}$ は対称だから，左側のシフトは $x \to x - (J\bar{M}^{-1})$ と書いて，それぞれ

$$(x\bar{M}x) \to (\{x - (\tilde{J}\bar{M}^{-1})\}\bar{M}\{x - (\bar{M}^{-1}\tilde{J})\}) = (x\bar{M}x) - 2(x\tilde{J}) + (\tilde{J}\bar{M}^{-1}\tilde{J})$$

$$(xJ) \to (\{x - (\tilde{J}\bar{M}^{-1})\}\tilde{J}) = (x\tilde{J}) - (\tilde{J}\bar{M}^{-1}\tilde{J})$$

のようになる．よって，(4.179) の { } 内が

$$\frac{1}{2}(x\bar{M}x) + (xJ) \to \frac{1}{2}(x\bar{M}x) - \frac{1}{2}(\tilde{J}\bar{M}^{-1}\tilde{J})$$

となる．なお，ソース項は積分の外に出した．こうして，(4.184) が示された．□

$\bar{M}^{-1}$ は (4.181) の初めの表式と (4.176) より，

$$\int d\tau'' \, m\left(-\frac{\partial^2}{\partial\tau^2} + \omega^2\right)\delta(\tau - \tau'')\bar{M}^{-1}(\tau'', \tau'; \omega)$$
$$= m\left(-\frac{\partial^2}{\partial\tau^2} + \omega^2\right)\bar{M}^{-1}(\tau, \tau'; \omega) = \delta(\tau - \tau') \tag{4.185}$$

に従う．周期グリーン関数 $\boldsymbol{\Delta}(\tau, \tau')$ ((4.88)) の満たす微分方程式 (4.89) と比べると，

$$\bar{M}^{-1}(\tau, \tau'; \omega) = \frac{\bar{\Delta}(\tau, \tau')}{m} \tag{4.186}$$

であることがわかる.

例題 4.5.3　(4.186) が逆行列の関係 (4.181) の 2 番目の表式

$$\int d\tau''\, \bar{M}^{-1}(\tau, \tau''; \omega) \bar{M}(\tau'', \tau'; \omega) = \delta(\tau - \tau')$$

を満たすことを確認せよ.

【解】　対称性 $\bar{\Delta}(\tau, \tau'') = \bar{\Delta}(\tau'', \tau)$ を用いて,

$$\begin{aligned}
\text{左辺} &= \int d\tau''\, \bar{\Delta}(\tau'', \tau)\left(-\frac{\partial^2}{\partial \tau''^2} + \omega^2\right)\delta(\tau'' - \tau') \\
&\overset{\text{部分積分}}{=} \int d\tau''\, \delta(\tau'' - \tau')\left(-\frac{\partial^2}{\partial \tau''^2} + \omega^2\right)\bar{\Delta}(\tau'', \tau) \\
&\overset{(4.89)}{=} \int d\tau''\, \delta(\tau'' - \tau')\delta(\tau'' - \tau) = \delta(\tau - \tau') = \text{右辺}
\end{aligned}$$

となり, 確かに満たしている. □

(4.186) を (4.184) のソース部分に代入すれば,

$$\frac{1}{2\hbar}(\tilde{J}\bar{M}^{-1}\tilde{J}) = \frac{1}{2\hbar}\iint_0^{\mathcal{T}} d\tau\, d\tau'\, \tilde{J}(\tau)\, \frac{\bar{\Delta}(\tau, \tau')}{m}\, \tilde{J}(\tau') \tag{4.187}$$

と与えられる.

4.5.2　調和振動子の分配関数 — 関数行列式 —

残った仕事は, (4.184) での汎関数積分の実行である. そのため, しばらく一般論に戻り, n 次元ガウス積分公式 (D.25) の連続表示, つまり汎関数積分の定義として,

$$\frac{1}{\sqrt{\mathrm{Det}\, M}} = \int \mathcal{D}x(t) \exp\left[-\frac{1}{2}(xMx)\right] \tag{4.188}$$

を採用しよう. この $\mathrm{Det}\, M$ を**関数行列式 (functional determinant)** とよび, 通常の行列式 det と区別する. 関数行列式に意味を与えることが汎関数

積分の定義となる．なお，ここでは t は時間とは限らず任意のパラメータとするので，簡便記法 (4.178) も

$$(xMx) = \iint_a^b dt\,dt'\,x(t)M(t,\,t'\,;\,\omega)x(t')$$

で与えられるものとしている．

行列関数を定義するため $x(t)$ に課せられた境界条件，例えば $x(a) \equiv x_a$, $x(b) \equiv x_b$ と同じ条件，$u_n(a) = x_a$，$u_n(b) = x_b$ に従う，何かある演算子 $F(d/dt, t)$ の固有関数 $u_n(t)$ を導入する．すなわち，固有値を λ_n とするとき，

$$F\left(\frac{d}{dt}, t\right)u_n(t) = \lambda_n u_n(t), \qquad u_n(a) = x_a,\ u_n(b) = x_b$$

を考える．$u_n(t)$ は直交条件

$$(u_m u_n) = \int_a^b dt\,u_m(t)u_n(t) = \delta_{mn} \tag{4.189}$$

を満たしているとする．n の総数はいつも無限個である．この $u_n(t)$ で $x(t)$ を，

$$x(t) = \sum_n x_n u_n(t) \tag{4.190}$$

と展開する．(4.188) の指数の肩は

$$\frac{1}{2}(xMx) = \frac{1}{2}\sum_{m,n} x_m M_{mn}^{(\omega)} x_n \tag{4.191}$$

と書ける．ここで，無限次元の行列 $M_{mn}^{(\omega)}$ は

$$M_{mn}^{(\omega)} \equiv \int_a^b dt\,dt'\,u_m(t)M(t,\,t'\,;\,\omega)u_n(t')\,(=(\boldsymbol{M}^{(\omega)})_{mn}) \tag{4.192}$$

で定義される．もし，F が M であれば $M_{mn}^{(\omega)} = \lambda_n \delta_{mn}$ と対角化される．

こうした固有関数の導入により，汎関数積分測度は

$$\mathcal{D}x(t) \equiv \mathcal{N}\prod_n \frac{dx_n}{\sqrt{2\pi}} \tag{4.193}$$

と与えることができる．ここで，$\mathcal{N}$は以下で見るように無限大の規格化定数である．(4.193) によって (4.188) の右辺は n 次元ガウス積分公式 (D.25) において，$n \to \infty$ とした

$$(4.188)\text{右辺} = \mathcal{N} \frac{1}{\sqrt{\det \boldsymbol{M}^{(\omega)}}}$$

となる．しかし，無限次元行列 $M_{mn}^{(\omega)}$ のため行列式は無限大となり定義されない．そこで，定数 $\mathcal{N}$を $\omega \to 0$ とした，

$$\mathcal{N} = \sqrt{\det \boldsymbol{M}^{(\omega=0)}}$$

ととることで汎関数測度 (4.193)，すなわち関数行列式を以下のように定義することができる．

$$\mathrm{Det}\, M \equiv \frac{\det \boldsymbol{M}^{(\omega)}}{\det \boldsymbol{M}^{(\omega=0)}} \tag{4.194}$$

これより，ガウス積分公式 (4.188) で $M \to aM$(a は任意の定数) としても関数行列式は変わらないことに注意しよう．

本題である，(4.188) の関数行列式に戻る．今は $t \to \tau$，$[a,\, b] \to [0,\, \mathcal{T}]$ で，$u_n(t)$ としては周期境界条件 $\bar{x}(\mathcal{T}) = \bar{x}(0)$ を満たす実固有関数が必要である．それは (4.101) で導入した

$$G_r(\tau) = \begin{cases} \bar{C}_r(\tau) = \sqrt{\dfrac{2}{\mathcal{T}}} \cos \dfrac{2\pi r}{\mathcal{T}} \tau & (r \geq 1) \\ \dfrac{1}{\sqrt{\mathcal{T}}} & (r = 0) \\ \bar{S}_{|r|}(\tau) = \sqrt{\dfrac{2}{\mathcal{T}}} \sin \dfrac{2\pi |r|}{\mathcal{T}} \tau & (r \leq -1) \end{cases} \tag{4.195}$$

である．行列 (4.192) は，$G_r(\tau)$が 2 階微分の固有関数であること (4.103) を思い出せば

$$\bar{M}_{rr'}^{(\omega)} = \frac{m}{\hbar}\int_0^{\mathcal{T}} d\tau\, d\tau'\, G_r(\tau)\left(-\frac{\partial^2}{\partial\tau^2} + \omega^2\right)\delta(\tau - \tau')\, G_{r'}(\tau')$$

$$\overset{d\tau'}{=} \frac{m}{\hbar}\int_0^{\mathcal{T}} d\tau\, G_r(\tau)\left(-\frac{d^2}{d\tau^2} + \omega^2\right) G_{r'}(\tau) \overset{(4.103)}{=} \frac{m}{\hbar}\left[\left(\frac{2\pi r}{\mathcal{T}}\right)^2 + \omega^2\right]\delta_{rr'} \tag{4.196}$$

と与えられる．最後の表式は，直交性 (4.102) の結果である．これは対角化されているが，$r = 0$ を含むので $\omega \to 0$ はとれない．そこで，

$$\prod_{r=-\infty}^{\infty} \bar{M}_{rr'}^{(\omega)} = \left(\frac{m}{\hbar}\omega^2\right)\prod_{r=1}^{\infty}\left(\frac{m}{\hbar}\right)^2\left[\left(\frac{2\pi r}{\mathcal{T}}\right)^2 + \omega^2\right]^2$$

とした表式で，次元を考慮し $m\omega^2/\hbar \to m/\hbar\mathcal{T}^2$ とおきかえて

$$\prod_{r=-\infty}^{\infty} \bar{M}_{rr'}^{(\omega)} \Longrightarrow \left(\frac{m}{\hbar}\frac{1}{\mathcal{T}^2}\right)\prod_{r=1}^{\infty}\left(\frac{m}{\hbar}\right)^2\left[\left(\frac{2\pi r}{\mathcal{T}}\right)^2 + \omega^2\right]^2 \tag{4.197}$$

を考える．この形で $\omega = 0$ として割り算すれば，(4.194) は

$$\mathrm{Det}\,\bar{M} = \left[\omega\mathcal{T}\prod_{r=1}^{\infty}\left\{1 + \left(\frac{\omega\mathcal{T}}{2\pi r}\right)^2\right\}\right]^2 = \left(2\sinh\frac{\omega\mathcal{T}}{2}\right)^2 \tag{4.198}$$

となる．

最後の表式で公式（森口繁一，宇田川銈久，一松信 共著：「岩波 数学公式 II 級数・フーリエ解析」（岩波書店，1987 年）p. 86）

$$\prod_{r=1}^{\infty}\left[1 + \left(\frac{x}{r}\right)^2\right] = \frac{\sinh(\pi x)}{\pi x} \tag{4.199}$$

を用いた．

(4.184) に (4.187) と (4.198) を代入すれば，

$$\mathcal{Z}^{[\tilde{J}]}(\mathcal{T}) = \frac{1}{2\sinh(\omega\mathcal{T}/2)}\exp\left[\frac{1}{2\hbar}\int_0^{\mathcal{T}} d\tau\, d\tau'\, \tilde{J}(\tau)\,\frac{\bar{\Delta}(\tau, \tau')}{m}\,\tilde{J}(\tau')\right]$$

$$= \mathcal{Z}^{(\tilde{J})}(\mathcal{T})$$

が得られる．$\mathcal{Z}^{(\tilde{J})}(\mathcal{T})$ は正しい分配関数 (4.86) である．

4.5.3 調和振動子のファインマン核

次にファインマン核 (4.3)，(4.4) の形式的な連続極限をとった，

$$K^{[J]}(x_T, x_0 ; T) \equiv \sqrt{\frac{m}{2\pi i\hbar T}}\int \mathcal{D}x(t)\exp\left[\frac{iS[x]}{\hbar}\right]_{x_0}^{x_T} \tag{4.200}$$

を考えよう．ここで

$$S[x] \equiv \int_0^T dt\left\{\frac{m}{2}\left(\frac{dx(t)}{dt}\right)^2 - \frac{m\omega^2}{2}(x(t))^2 - x(t)J(t)\right\} \tag{4.201}$$

である．(4.200) の右辺では (4.3) の積分に含まれない因子 $\sqrt{m/(2\pi i\hbar \Delta t)}$ を，次元を合わせるために $\Delta t \to T$ としてつけ加えた．

分配関数の場合 (4.175) と異なり，(4.201) での部分積分で表面項は残り，

$$S[x] = x_T\dot{x}(T) - x_0\dot{x}(0) + \frac{1}{2}(xMx) - (xJ) \tag{4.202}$$

となる．ただし

$$M(t, t' ; \omega) \equiv m\left(-\frac{\partial^2}{\partial t^2} - \omega^2\right)\delta(t - t') \tag{4.203}$$

は対称行列である．$x_T\dot{x}(T) - x_0\dot{x}(0)$ は運動方程式を用いなければ計算できないので，以降 $x_T = x_0 = 0$ とおく．つまり，

$$K^{[J]}(0, 0 ; T) = \sqrt{\frac{m}{2\pi i\hbar T}}\int \mathcal{D}x(t)\exp\left[\frac{iS[x]}{\hbar}\right]_{x_0=0}^{x_T=0} \tag{4.204}$$

を計算する．シフト

$$x(t) \to x(t) + (M^{-1}J)(t) \equiv x(t) + \int_0^T dt'\, M^{-1}(t, t' ; \omega)J(t') \tag{4.205}$$

で平方完成ができて，

$$S[x] = \frac{1}{2}(xMx) - (xJ) \to \frac{1}{2}(xMx) - \frac{1}{2}(JM^{-1}J) \quad (4.206)$$

が得られる．

例題 4.5.4 (4.206) を確認せよ．

【解】 M^{-1} はここでも対称だから，左側のシフトは $x \to x + (JM^{-1})$ と書いて

$$(xMx) \to (\{x + (JM^{-1})\}M\{x + (M^{-1}J)\}) = (xMx) + 2(xJ) + (JM^{-1}J)$$
$$(xJ) \to (\{x + (JM^{-1})\}J) = (xJ) + (JM^{-1}J)$$

となる．よって

$$S = \frac{1}{2}(xMx) - (xJ) \to \frac{1}{2}(xMx) - \frac{1}{2}(JM^{-1}J)$$

となるので，(4.206) が導けた．□

こうして，

$$\begin{aligned} &K^{[J]}(0,\,0\,;\,T) \\ &\quad = \exp\left[-\frac{i}{2\hbar}(JM^{-1}J)\right]\sqrt{\frac{m}{2\pi i\hbar T}}\int \mathcal{D}x(t)\exp\left[-\frac{1}{2i\hbar}(xMx)\right]_{x_0=0}^{x_T=0} \\ &\quad \overset{(4.188)}{=} \exp\left[-\frac{i}{2\hbar}(JM^{-1}J)\right]\sqrt{\frac{m}{2\pi i\hbar T}}\,\frac{1}{\sqrt{\mathrm{Det}\,M}} \end{aligned} \quad (4.207)$$

と求まる．ここで，先に述べたように $M \to M/(i\hbar)$ は関数行列式に影響を及ぼさないことに注意しよう．

先の (4.186) で見たように，ここでも M^{-1} はプロパゲーターのはずである．実際，(4.181) に対応した

$$\int_0^T dt''\, m\left(-\frac{\partial^2}{\partial t^2} - \omega^2\right)\delta(t - t'')M^{-1}(t'',\,t'\,;\,\omega)$$

$$= m\left(-\frac{\partial^2}{\partial t^2} - \omega^2\right) M^{-1}(t,\, t'\,;\, \omega) = \delta(t - t') \tag{4.208}$$

を見て，(4.20) を比べることで，

$$M^{-1}(t,\, t'\,;\, \omega) = \frac{\boldsymbol{\Delta}(t,\, t')}{m} \tag{4.209}$$

と求まる．境界条件は $x_0 = x_T = 0$ であるから，固有関数 (練習問題 4.1a, 問題解答の (106) を参照)

$$S_r(t) = \sqrt{\frac{2}{T}} \sin\left(\frac{\pi r}{T} t\right) \quad (r = 1,\, 2,\, \cdots)$$

を用いることにすれば，無限次元行列 (4.192) は

$$\frac{d^2 S_r(t)}{dt^2} = -\left(\frac{\pi r}{T}\right)^2 S_r(t)$$

と直交性 (問題解答の (107)) に留意することで，

$$\begin{aligned} M_{rr'}^{(\omega)} &= \frac{m}{i\hbar} \int_0^T dt\, dt'\; S_r(t) \left(-\frac{\partial^2}{\partial t^2} - \omega^2\right) \delta(t - t')\, S_{r'}(t') \\ &\overset{dt'}{=} \frac{m}{i\hbar} \int_0^T dt\; S_r(t) \left(-\frac{d^2}{dt^2} - \omega^2\right) S_{r'}(t) = \frac{m}{i\hbar} \left[\left(\frac{\pi r}{T}\right)^2 - \omega^2\right] \delta_{rr'} \end{aligned} \tag{4.210}$$

となる．なお，$M_{rr'}^{(\omega)}$ は対角化されており，$r = 0$ は含まないので関数行列式 (4.194) は

$$\mathrm{Det}\, M = \prod_{r=1}^{\infty} \frac{(\pi r/T)^2 - \omega^2}{(\pi r/T)^2} = \prod_{r=1}^{\infty} \left[1 - \left(\frac{\omega T}{\pi r}\right)^2\right]$$

となる．

　ここで，無限乗積の公式 (森口繁一，宇田川銈久，一松信 共著：「岩波 数学公式Ⅱ 級数・フーリエ解析」(岩波書店，1987 年) p. 86)

$$\prod_{r=1}^{\infty}\left[1-\left(\frac{x}{r}\right)^2\right]=\frac{\sin(\pi x)}{\pi x} \tag{4.211}$$

で $x \to \omega T/\pi$ とおけば

$$\mathrm{Det}\, M=\frac{\sin\omega T}{\omega T} \tag{4.212}$$

と与えられる．この答と (4.209) を (4.207) に代入すれば，

$$K^{[J]}(0,0\,;T)=\sqrt{\frac{m\omega}{2\pi i\hbar\sin\omega T}}\exp\!\left[-\frac{i}{2\hbar}\left(J\frac{\varDelta}{m}J\right)\right]$$

$$=K^{(\tilde{J})}(0,0\,;T) \tag{4.213}$$

が得られる．

右辺は (4.43) と (4.44) で $x_0=0=x_T$ としたものである．このことは，ユークリッド核 (4.56) の場合でも同様である（練習問題 4.5a を参照）．

4.5.4　ボース・フェルミ分配関数

ボース自由粒子の分配関数 (4.135)，(4.136) の形式的極限は

$$\mathcal{Z}^{\mathrm{B}[\rho^*,\rho]}(\mathcal{T})\equiv\int\mathcal{D}^2\alpha(\tau)\exp\!\left[\,\overline{S}^{\mathrm{B}}[\alpha^*,\alpha]_{\mathrm{P}}\right] \tag{4.214}$$

である．ここで，作用は

$$\overline{S}^{\mathrm{B}}[\alpha^*,\alpha]\equiv\int_0^{\mathcal{T}}d\tau\left\{\alpha^*(\tau)\left(\frac{d}{d\tau}+\omega\right)\alpha(\tau)+\alpha^*(\tau)\rho(\tau)+\rho^*(\tau)\alpha(\tau)\right\}$$

$$=(\alpha^* M^{\mathrm{B}}\alpha)+(\alpha^*\rho)+(\rho^*\alpha) \tag{4.215}$$

であり，

$$M^{\mathrm{B}}(\tau,\tau'\,;\omega)\equiv\left(\frac{\partial}{\partial\tau}+\omega\right)\delta(\tau-\tau') \tag{4.216}$$

と書いた（因子 $e^{-\omega\mathcal{T}/2}$ は無視した）．M^{B} の逆行列の満たす関係，

$$(M^{\mathrm{B}}(M^{\mathrm{B}})^{-1})=1=((M^{\mathrm{B}})^{-1}M^{\mathrm{B}}) \tag{4.217}$$

すなわち，

$$\int d\tau''\, M^{\mathrm{B}}(\tau,\tau'\,;\omega)\,(M^{\mathrm{B}})^{-1}(\tau'',\tau'\,;\omega)$$

$$= \delta(\tau-\tau') \tag{4.218}$$

$$= \int d\tau''\,(M^{\mathrm{B}})^{-1}(\tau,\tau''\,;\omega)\,M^{\mathrm{B}}(\tau'',\tau'\,;\omega)$$

において，(4.216) および (4.218) とボソンプロパゲーターの満たす微分方程式 (4.128) を比べれば

$$(M^{\mathrm{B}})^{-1}(\tau,\tau'\,;\omega) = \overline{D}(\tau-\tau') \tag{4.219}$$

と求まる．

そこでシフト[†5]

$$\alpha(\tau) \to \alpha(\tau) - \big((M^{\mathrm{B}})^{-1}\rho\big)(\tau) \equiv \alpha(\tau) - \int_0^{\mathcal{T}} d\tau'\,(M^{\mathrm{B}})^{-1}(\tau,\tau'\,;\omega)\rho(\tau') \tag{4.220}$$

$$\alpha^*(\tau) \to \alpha^*(\tau) - \big(\rho^*(M^{\mathrm{B}})^{-1}\big)(\tau)$$
$$\equiv \alpha^*(\tau) - \int_0^{\mathcal{T}} d\tau'\,\rho^*(\tau')\,(M^{\mathrm{B}})^{-1}(\tau',\tau\,;\omega) \tag{4.221}$$

の下，汎関数積分測度は不変であり，

$$\overline{S}^{\,\mathrm{B}} \to (\alpha^* M^{\mathrm{B}}\alpha) - (\rho^*(M^{\mathrm{B}})^{-1}\rho)$$

となる．よって，

$$\mathcal{Z}^{\mathrm{B}[\rho^*,\rho]}(\mathcal{T}) = \exp\big[(\rho^*(M^{\mathrm{B}})^{-1}\rho)\big]\int \mathcal{D}^2\alpha(\tau)\exp\big[-(\alpha^* M^{\mathrm{B}}\alpha)\big]_{\mathrm{P}}$$

$$\overset{(4.219)}{=} \frac{1}{\mathrm{Det}\,M^{\mathrm{B}}}\exp\big[(\rho^*\overline{D}\rho)\big]$$

が得られる．最後の表式で，(D.40) での複素ガウス積分を汎関数積分へ拡

---

†5　互いに複素共役であることに注意すること．実行列関数（(4.126) を見よ）である $(M^B)^{-1}$ の足が転置 ($\tau \leftrightarrow \tau'$) されている．

張した．

関数行列式を計算するための無限次元行列 (4.192) は，固有関数 (4.99)

$$F_r(\tau) \equiv \frac{1}{\sqrt{\mathcal{T}}} \exp\left[\frac{2\pi i r}{\mathcal{T}}\tau\right] \quad (r = 0,\ \pm 1,\ \pm 2,\ \cdots)$$

を用いて

$$\frac{d}{d\tau} F_r(\tau) = \frac{2\pi i r}{\mathcal{T}} F_r(\tau)$$

に注意することで

$$\begin{aligned} M_{rr'}^{\mathrm{B}(\omega)} &\equiv \int_0^{\mathcal{T}} d\tau\, d\tau'\, F_r^*(\tau)\left(\frac{d}{d\tau} + \omega\right)\delta(\tau - \tau')F_{r'}(\tau') \\ &\overset{d\tau'}{=} \int_0^{\mathcal{T}} d\tau\, F_r^*(\tau)\left(\frac{d}{d\tau} + \omega\right)F_{r'}(\tau) \overset{\text{直交性}}{=} \left(\frac{2\pi i r}{\mathcal{T}} + \omega\right)\delta_{rr'} \end{aligned} \tag{4.222}$$

となる．(4.222) は対角化されてはいるものの $r = 0$ を含むので，このままでは $\omega \to 0$ とはできない．そこで，先と同等に，

$$\prod_{r=-\infty}^{\infty} M_{rr'}^{\mathrm{B}(\omega)} = \omega \prod_{r=1}^{\infty}\left(\frac{2\pi i r}{\mathcal{T}} + \omega\right)\left(-\frac{2\pi i r}{\mathcal{T}} + \omega\right) = \omega \prod_{r=1}^{\infty}\left[\left(\frac{2\pi r}{\mathcal{T}}\right)^2 + \omega^2\right] \tag{4.223}$$

と変形した表式で，規格化因子を (4.197) 同様に (次元を揃えるため $1/\mathcal{T}$ を導入し)

$$\prod_{r=-\infty}^{\infty} M_{rr'}^{\mathrm{B}(\omega)} \Longrightarrow \frac{1}{\mathcal{T}} \prod_{r=1}^{\infty}\left[\left(\frac{2\pi r}{\mathcal{T}}\right)^2 + \omega^2\right] \tag{4.224}$$

とする．こうして，$\omega \to 0$ をとって規格化すると (4.194) より

$$\mathrm{Det}\, M^{\mathrm{B}} = \omega\mathcal{T} \prod_{r=1}^{\infty}\left[1 + \left(\frac{\omega\mathcal{T}}{2\pi r}\right)^2\right] \overset{(4.199)}{=} 2\sinh\frac{\omega\mathcal{T}}{2} \tag{4.225}$$

となる．

したがって，

$$\mathcal{Z}^{\mathrm{B}[\rho^*,\rho]}(\mathcal{T}) = \frac{1}{2\sinh(\omega\mathcal{T}/2)}\exp\bigl[(\rho^*\,\overline{D}\rho)\bigr] = \mathcal{Z}^{\mathrm{B}(\rho^*,\rho)}(\mathcal{T}) \tag{4.226}$$

が得られる．なお，右辺は (4.129) である．

最後に，フェルミ自由粒子の分配関数 (4.144)，(4.145) の連続表示

$$\mathcal{Z}^{\mathrm{F}[\eta^*,\eta]}(\mathcal{T}) \equiv \int \mathcal{D}\xi(\tau)\,\mathcal{D}\xi^*(\tau)\exp\bigl[-\overline{S}^{\mathrm{F}}[\xi^*,\xi]\bigr]_{\mathrm{AP}} \tag{4.227}$$

を考えよう．ここで

$$\overline{S}^{\mathrm{F}}[\xi^*,\xi] \equiv \int_0^{\mathcal{T}} d\tau\left[\xi^*(\tau)\left(\frac{d}{d\tau}+\omega\right)\xi(\tau) + \xi^*(\tau)\eta(\tau) + \eta^*(\tau)\xi(\tau)\right] \tag{4.228}$$

である．結果は

$$\mathcal{Z}^{\mathrm{F}[\eta^*,\eta]}(\mathcal{T}) = \cosh\frac{\omega\mathcal{T}}{2}\exp\bigl[(\eta^*\,\overline{S}\,\eta)\bigr] = \frac{1}{2}\mathcal{Z}^{\mathrm{F}(\eta^*,\eta)}(\mathcal{T}) \tag{4.229}$$

で与えられ，$\mathcal{Z}^{\mathrm{F}(\eta^*,\eta)}(\mathcal{T})$ ((4.167)) と比べると 2 倍ずれるが，その他は正しい答となる．この計算は練習問題 4.5b に詳しい．

4.5.5　結果の吟味

このように，座標をゼロ $x_T = 0 = x_0$ としたファインマン核，および分配関数ではフェルミ系での 2 倍因子を除き，連続表示においても正しい答が得られる．場の量子論では通常，場 (量子力学での座標 x) は無限遠点でゼロとなるので，座標をゼロとしたファインマン核の計算になる．したがって，連続表示でも十分役に立つことがわかっている．もちろん，因子部分まで正確な計算を行うには差分形式を用いるしかないが，フェルミ系のようにそれがずれていても，基底状態のエネルギーは (3.2 節 (3.52))

$$E_0 = \lim_{\mathcal{T}\to\infty} -\hbar\frac{\ln\widetilde{K}(x,x';\mathcal{T})}{\mathcal{T}}$$

で取り出すか，あるいは，($x = x'$ として x で積分した) 分配関数の対数

$$E_0 = \lim_{\mathcal{T}\to\infty} -\hbar\frac{\ln Z(\mathcal{T})}{\mathcal{T}} \tag{4.230}$$

で取り出すから問題にならない．複雑な系においては，連続表示での計算は役に立つ (5.2 節を参照)．

この節で学んだことを振り返ると，汎関数積分

$$I \equiv \int \mathcal{D}x(t)\exp\left[-\frac{1}{2}(xMx) - (Jx)\right]$$

を計算するには，シフト $x \to x - (M^{-1}J)$ により平方完成を行えば，

$$I = \exp\left[\frac{1}{2}(JM^{-1}J)\right]\int \mathcal{D}x(t)\exp\left[-\frac{1}{2}(xMx)\right] \tag{4.231}$$

が得られ，残った汎関数積分は，関数行列式を与えられた境界条件で規格化して計算するというものであった．代表として x で行ったが，複素数 α，グラスマン数 ξ でも事情は同じである．ここで，M^{-1} はプロパゲーターとよばれる (第 5 章で明らかになる)．

最後に，よく用いられる公式

$$\det \boldsymbol{M} = \exp[\mathrm{Tr}\ln \boldsymbol{M}] \tag{4.232}$$

を挙げておこう (証明は練習問題 4.5c を参照)．これは $n \times n$ 行列 $\boldsymbol{M}$ に対して成り立つものであるが，行列関数 $M(x, y)$ に対しても，

$$\mathrm{Det}\, M = \exp[\mathbf{Tr}\ln M] \tag{4.233}$$

のように用いる．ここで，行列関数 M に対するトレースを太字 $\mathbf{Tr}$ と書いて，

$$\mathbf{Tr}\, M \equiv \int_{\mathcal{R}} dx\, \langle x|M|x\rangle \quad (\langle x|y\rangle = \delta(x-y)) \tag{4.234}$$

で定義する．これは，トレースの定義 (3.13) での不連続なラベル i を連続な x に拡張したものである．x の積分領域 $\mathcal{R}$ は場合によりいろいろである．

練　習　問　題

【4.5a】 ユークリッド核 (4.51), (4.52) で, $x_{\mathcal{T}}=0=x_0$ とした形式的極限,

$$\left.\begin{aligned}\widetilde{K}^{[\widetilde{J}]}(0,0;\mathcal{T}) &\equiv \sqrt{\frac{m}{2\pi\hbar\mathcal{T}}}\int\mathcal{D}x(\tau)\exp\left[-\frac{\widetilde{S}[x]}{\hbar}\right]_{x_0=0}^{x_{\mathcal{T}}=0}\\ \widetilde{S}[x] &\equiv \int_0^{\mathcal{T}}d\tau\left[\frac{m}{2}\left(\frac{dx(\tau)}{d\tau}\right)^2+\frac{m\omega^2}{2}(x(\tau))^2+x(\tau)\widetilde{J}(\tau)\right]\end{aligned}\right\} \quad (4.235)$$

を計算せよ.

【4.5b】 フェルミ自由粒子分配関数 (4.144) の汎関数積分 (4.227), (4.228)

$$\left.\begin{aligned}\mathcal{Z}^{\mathrm{F}[\eta^*,\eta]}(\mathcal{T}) &= \int\mathcal{D}\xi(\tau)\mathcal{D}\xi^*(\tau)\exp[-\{(\xi^*M^{\mathrm{F}}\xi)+(\xi^*\eta)+(\eta^*\xi)\}]_{\mathrm{AP}}\\ M^{\mathrm{F}}(\tau,\tau';\omega) &\equiv \left(\frac{\partial}{\partial\tau}+\omega\right)\delta(\tau-\tau')\end{aligned}\right\} \quad (4.236)$$

を計算せよ (ここでは簡便記法で書いた).

【4.5c】 行列式の公式 (4.232) を証明せよ.

自然の基本は調和振動子 !?

この章では, 正確に積分できる場合を議論した. これらは, (ソース項を落とした) ハミルトニアン $\widehat{H}$ が

$$\frac{\widehat{P}^2}{2m}+\frac{m\omega^2\widehat{Q}^2}{2}, \qquad \hbar\omega\left(\widehat{a}^\dagger\widehat{a}+\frac{1}{2}\right), \qquad \hbar\omega\left(\widehat{b}^\dagger\widehat{b}-\frac{1}{2}\right)$$

などで与えられる簡単な場合であるが, 実は, いろいろな物理系に応用することができ, また自然を記述するにはなくてはならないものである. それは, 自由度を増やしていくとわかってくる. 例えば, ボース系

$$\left[\widehat{a}_\alpha,\widehat{a}_\beta^\dagger\right]=\delta_{\alpha\beta}, \qquad \left[\widehat{a}_\alpha,\widehat{a}_\beta\right]=0=\left[\widehat{a}_\alpha^\dagger,\widehat{a}_\beta^\dagger\right]$$

で自由度を2 ($\alpha, \beta = 1, 2$) としたとき，2次形式で作られる

$$\hat{J}_1 \equiv \hbar\left(\hat{a}_1^\dagger \hat{a}_2 + \hat{a}_2^\dagger \hat{a}_1\right), \qquad J_2 \equiv \frac{\hbar}{i}\left(\hat{a}_1^\dagger \hat{a}_2 - \hat{a}_2^\dagger \hat{a}_1\right), \qquad J_3 \equiv \hbar\left(\hat{a}_1^\dagger \hat{a}_1 - \hat{a}_2^\dagger \hat{a}_2\right)$$

は，角運動量演算子の交換関係

$$\left[\hat{J}_j, \hat{J}_k\right] = i\hbar\epsilon_{jkl}\hat{J}_l \quad (j, k, l = 1, 2, 3)$$

を満たす (ϵ_{jkl} はレビ・チビタ記号 (2.183)，$\epsilon_{123} = \epsilon_{231} = \epsilon_{312} = 1$，$\epsilon_{213} = \epsilon_{132} = \epsilon_{321} = -1$ である)．シュウィンガー (J. Schwinger) によって見出されたので，この $\hat{a}_\alpha$ を**シュウィンガーボソン (Schwinger boson)** という．角運動量は $SU(2)$ という代数であるが，さらに，自由度を増やしていくと，いろいろな代数を，わかりやすい粒子数表示で扱うことができるようになる．

一方，電場 $\boldsymbol{E}(t, \boldsymbol{x})$，磁場 $\boldsymbol{B}(t, \boldsymbol{x})$ に対する真空中のマクスウエル方程式は，ベクトル記号を無視して $\boldsymbol{E}, \boldsymbol{B} \Longrightarrow \phi(t, \boldsymbol{x})$ と書くと共に，

$$\left(\frac{\partial^2}{c^2 \partial t^2} - \nabla^2\right)\phi(t, \boldsymbol{x}) = 0$$

で与えられることは，よく知られている．波数ベクトル $\boldsymbol{k}$ について，

$$\phi(t, \boldsymbol{x}) = \iiint \frac{d^3\boldsymbol{k}}{(2\pi)^{3/2}} \tilde{\phi}(t, \boldsymbol{k})\, e^{i\boldsymbol{kx}}$$

とフーリエ変換すれば，$\omega(\boldsymbol{k}) \equiv c|\boldsymbol{k}|$ として，

$$\frac{\partial^2}{\partial t^2}\tilde{\phi}(t, \boldsymbol{k}) = -\,\omega^2(\boldsymbol{k})\,\tilde{\phi}(t, \boldsymbol{k})$$

となる．これを，調和振動子の方程式 $\ddot{q} = -\,\omega^2 q$ と比べると，各波数 $\boldsymbol{k}$ に関する，調和振動子の集まりであることがわかる (その数は無限個)．実は，電磁場だけでなく，すべての波動場についても同様で，それらは調和振動子の集まりであることがわかっていて，これを量子化した「場の量子論」は現代物理学の根幹をなしている†6．

---

†6　例えば，坂本眞人 著：「量子力学選書 場の量子論 - 不変性と自由場を中心にして -」(裳華房，2014年) を参照．

第5章 経路積分計算の方法

前章の結果を頭において，経路積分の取り扱い方法を詳述する．摂動論においては，ソースのおかげでファインマングラフを用いた系統的な計算ができることが示される．さらに，（ディラックの唱えた）古典作用による量子力学の記述法に準拠した $\hbar \to 0$ での近似 — WKB 近似あるいはループ展開 — を，最後に経路積分ならではの計算手段である補助場の方法を順に紹介しよう．

5.1 摂動論

5.1.1 ソースの役割

系を一般的な場合に拡張しよう．すなわちハミルトニアン (4.1) にポテンシャル $V(\widehat{Q})$ ($\widehat{Q}$ の 3 次以上で，かつ系の安定性より最高次は偶数) が加わった，

$$\widehat{H} = \frac{1}{2m}\widehat{P}^2 + \frac{m\omega^2}{2}\widehat{Q}^2 + V(\widehat{Q}) + \widehat{Q}J(t) \tag{5.1}$$

を考える．

ファインマン核は

$$K^{(\tilde{J})}(x_T, x_0 ; T) = \lim_{N\to\infty}\sqrt{\frac{m}{2\pi i\hbar\varDelta t}}\left(\prod_{j=1}^{N-1}\int\sqrt{\frac{m}{2\pi i\hbar\varDelta t}}\,dx_j\right)$$
$$\times\exp\left[\frac{i\varDelta t}{\hbar}\sum_{j=1}^{N}\left\{\frac{m}{2}\left(\frac{\varDelta x_j}{\varDelta t}\right)^2 - \frac{m\omega^2}{2}x_j^2 - V(x_j) - x_jJ_j\right\}\right]_{x_0}^{x_N=x_T} \tag{5.2}$$

である．

以下では，ポテンシャルの寄与が小さい場合，

$$\left|\frac{\varDelta t}{\hbar}\sum_j V(x_j)\right| \ll 1 \tag{5.3}$$

を考え，ポテンシャル項のべき展開で計算を進める．こうした扱いを**摂動論** (**perturbation theory**) という．

最も簡単な場合は，

$$V(\hat{Q}) = \frac{\lambda}{4!}\hat{Q}^4 \tag{5.4}$$

で与えられる．ここでλは**結合定数** (**coupling constant**) であり，上記の議論よりその値は小さいと仮定する．

ここで，ソースの役割が見えてくる．任意関数$F(x_j)$に対して

$$F(x_j)\exp\left[-\frac{i\varDelta t}{\hbar}\sum_{j=1}^{N}x_jJ_j\right] = F\left(\frac{i\hbar}{\varDelta t}\frac{\partial}{\partial J_j}\right)\exp\left[-\frac{i\varDelta t}{\hbar}\sum_{j=1}^{N}x_jJ_j\right] \tag{5.5}$$

なので，Vを含まないファインマン核 (4.3) を$K_0^{(\tilde{J})}$とすれば，

$$K^{(J)}(x_T, x_0 ; T) = \lim_{N\to\infty}\exp\left[-\frac{i\varDelta t}{\hbar}\sum_{j=1}^{N}V\left(\frac{i\hbar}{\varDelta t}\frac{\partial}{\partial J_j}\right)\right]K_0^{(J)}(x_T, x_0 ; T) \tag{5.6}$$

と書かれる．$K_0^{(J)}$は連続表示 (4.43)，(4.44) で

$$K_0^{(J)}(x_T, x_0 ; T) = K_0^{(0)}(x_T, x_0 ; T)\exp\left[-\frac{i}{\hbar}(XJ) - \frac{i}{2\hbar}\left(J\frac{\boldsymbol{\varDelta}}{m}J\right)\right] \tag{5.7}$$

と与えられる．ただし，

$$K_0^{(0)}(x_T, x_0; T) \equiv \sqrt{\frac{m\omega}{2\pi i\hbar \sin\omega T}} \times \exp\left[\frac{im\omega}{2\hbar\sin\omega T}\left\{((x_T)^2+(x_0)^2)\cos\omega T - 2x_T x_0\right\}\right] \tag{5.8}$$

である．なお，$K_0^{(0)}$の添字 (0) は$J=0$を，下つきは摂動ゼロ次を表すことを頭においておこう．ここでも，再び簡便記法 (4.178)

$$(XJ) \equiv \int_0^T dt\, X(t)J(t), \qquad \left(J\frac{\boldsymbol{\Delta}}{m}J\right) \equiv \iint_0^T dt\,dt'\, J(t)\frac{\boldsymbol{\Delta}(t,t')}{m}J(t')$$

を導入した．連続表示で (5.6) の和は積分，微分は

$$\frac{1}{\Delta t}\frac{\partial}{\partial J_j} \overset{\Delta t\to 0}{\Longrightarrow} \frac{\delta}{\delta J(t)} \tag{5.9}$$

のように汎関数微分におきかわる (汎関数微分については (A.10) を参照)．

よって，(5.6) は今や，

$$K^{(J)}(x_T, x_0; T) = \exp\left[-\frac{i}{\hbar}\left(V\left(i\hbar\frac{\delta}{\delta J}\right)\right)\right]K_0^{(J)}(x_T, x_0; T) \tag{5.10}$$

と与えられる．ただし，簡便記法は

$$\left(V\left(i\hbar\frac{\delta}{\delta J}\right)\right) \equiv \int_0^T dt\, V\left(i\hbar\frac{\delta}{\delta J(t)}\right) \tag{5.11}$$

である．このようにVを含む一般の場合，新たに経路積分をする必要はなく，前章の結果をソースに関して微分し最後にゼロにすればよい．ソースは触媒のようなもので，結果には顔を出さないが計算の見通しをよくする．

5.1.2 摂動展開

(5.10) は今や，

$$K^{(J)}(x_T,\, x_0\,;\, T) = K_0^{(0)}(x_T,\, x_0\,;\, T)\exp\left[-\frac{i}{\hbar}\left(V\left(i\hbar\frac{\delta}{\delta J}\right)\right)\right]$$
$$\times\exp\left[-\frac{i}{\hbar}(XJ) - \frac{i}{2\hbar}\left(J\frac{\boldsymbol{\Delta}}{m}J\right)\right] \tag{5.12}$$

と与えられている．汎関数微分をした後にソースをゼロとするわけである．汎関数微分は，$(\delta/\delta J(t))(XJ) = X(t)$ であるから，

$$i\hbar\frac{\delta}{\delta J(t)}\exp\left[-\frac{i}{\hbar}(XJ)\right] = X(t)\exp\left[-\frac{i}{\hbar}(XJ)\right] \tag{5.13}$$

となる．(5.5) に対応し，一般の関数に対しても，

$$F\left(i\hbar\frac{\delta}{\delta J(t)}\right)\exp\left[-\frac{i}{\hbar}(XJ)\right] = F(X(t))\exp\left[-\frac{i}{\hbar}(XJ)\right] \tag{5.14}$$

が得られる．

しかし，(5.12) は系ごとに異なるポテンシャル V に微分が含まれており統一的な扱いはできない．そのため，改良を施そう．F，G を任意関数とする公式

$$F\left(i\hbar\frac{\delta}{\delta J}\right)G(J)\bigg|_{J\to 0} = G\left(i\hbar\frac{\delta}{\delta q}\right)F(q)\bigg|_{q\to 0} \tag{5.15}$$

を用いると，$J\to 0$ とした (5.12) は

$$K^{(0)}(x_T,\, x_0\,;\, T) = K_0^{(0)}(x_T,\, x_0\,;\, T)$$
$$\times\exp\left[\left(X\frac{\delta}{\delta q}\right) + \frac{1}{2}\left(\frac{\delta}{\delta q}\frac{i\hbar\boldsymbol{\Delta}}{m}\frac{\delta}{\delta q}\right)\right]\exp\left[-\frac{i}{\hbar}(V(q))\right]_{q\to 0} \tag{5.16}$$

と期待した形となる．つまり，微分はすべての系に共通した $X(t)$，$\boldsymbol{\Delta}(t,\, t')$ 項に含まれており，ポテンシャル $V(q)$ には含まれていない．

例題 5.1.1　(5.15) を示せ.

【解】 (5.13) を頭におけば，因子 $e^{-i(qJ)/\hbar}$ は

$$i\hbar\frac{\delta}{\delta q(t)}e^{-i(qJ)/\hbar}=J(t)e^{-i(qJ)/\hbar}$$

を満たす．そこで，この因子を利用して (5.15) の左辺を

$$F\Big(i\hbar\frac{\delta}{\delta J}\Big)G(J)=F\Big(i\hbar\frac{\delta}{\delta J}\Big)G(J)e^{-i(qJ)/\hbar}\Big|_{q\to 0}$$

と書きかえる．ここで，(5.13) より

$$G(J)e^{-i(qJ)/\hbar}\Big|_{q\to 0}=G\Big(i\hbar\frac{\delta}{\delta q}\Big)e^{-i(qJ)/\hbar}\Big|_{q\to 0}$$

なので，(5.15) の左辺は

$$F\Big(i\hbar\frac{\delta}{\delta J}\Big)G\Big(i\hbar\frac{\delta}{\delta q}\Big)e^{-i(qJ)/\hbar}\Big|_{q\to 0}=G\Big(i\hbar\frac{\delta}{\delta q}\Big)F\Big(i\hbar\frac{\delta}{\delta J}\Big)e^{-i(qJ)/\hbar}\Big|_{q\to 0}$$

と変形できる．$G(J)$ を q の微分でおきかえたことで，F と G の入れかえができたことに注意しよう．ここで再び (5.13) を用いて

$$F\Big(i\hbar\frac{\delta}{\delta J}\Big)e^{-i(qJ)/\hbar}\Big|_{q\to 0}=F(q)e^{-i(qJ)/\hbar}\Big|_{q\to 0}$$

であるから，結局，(5.15) の左辺は

$$F\Big(i\hbar\frac{\delta}{\delta J}\Big)G(J)e^{-i(qJ)/\hbar}\Big|_{q\to 0}=G\Big(i\hbar\frac{\delta}{\delta q}\Big)F(q)e^{-i(qJ)/\hbar}\Big|_{q\to 0}$$

となり，$J\to 0$ をとれば (5.15) が示される．□

こうして，(5.16) が摂動展開の出発点となる．(5.16) を $V(q)$ のべき展開で与え，その各次数において q に関する微分を遂行すればよいわけである．例として (5.4) をとろう．つまり

$$V(q)=\frac{\lambda}{4\,!}q^4 \tag{5.17}$$

である．1次摂動 $K_1^{(0)}$ では q が4個あり，

$$K_1^{(0)}(x_T,\, x_0\,;\, T) = K_0^{(0)}(x_T,\, x_0\,;\, T)$$
$$\times \left[1 - \frac{i\lambda}{\hbar}\sum_{n,l=0}^{\infty}\frac{1}{n!}\left[\left(X\frac{\delta}{\delta q}\right)\right]^n \frac{1}{l!}\left[\frac{1}{2}\left(\frac{\delta}{\delta q}\frac{i\hbar\varDelta}{m}\frac{\delta}{\delta q}\right)\right]^l \frac{(q^4)}{4!}\right]_{q\to 0} \tag{5.18}$$

となる．ここで $q\to 0$ で残るものを拾い出す．それは，微分を4個含む場合であり，$X(t)$ ― **外線** (**external line**) ― の4次 ($n=4,\ l=0$)，2次 ($n=2,\ l=1$)，0次 ($n=0,\ l=2$) と分類される．

この計算に際し，

$$\frac{\delta}{\delta q(t_i)}\frac{(q(t))^n}{n!} = \frac{(q(t))^{n-1}}{(n-1)!}\delta(t-t_i) \tag{5.19}$$

に注意して，外線の4次は (5.18) で $n=4,\ l=0$ とすれば，

$$-\frac{i\lambda}{\hbar}\frac{1}{4!}\left[\left(X\frac{\delta}{\delta q}\right)\right]^4\frac{(q^4)}{4!}$$
$$= -\frac{i\lambda}{\hbar}\frac{1}{4!}\int_0^T dt_1\cdots dt_4\, X(t_1)\cdots X(t_4)\frac{\delta^4}{\delta q(t_1)\cdots\delta q(t_4)}\int_0^T dt\,\frac{(q(t))^4}{4!}$$
$$\overset{(5.19)}{=} -\frac{i\lambda}{\hbar}\frac{1}{4!}\int_0^T dt\int_0^T dt_1\cdots dt_4\, X(t_1)\cdots X(t_4)\delta(t-t_1)\cdots\delta(t-t_4)$$
$$= -\frac{i\lambda}{4!\,\hbar}\int_0^T dt\,(X(t))^4 \tag{5.20}$$

となる．

次に，外線の2次は $n=2,\ l=1$ として，

$$-\frac{i\lambda}{\hbar}\frac{1}{2!}\left[\left(X\frac{\delta}{\delta q}\right)\right]^2\left[\frac{1}{2}\left(\frac{\delta}{\delta q}\frac{i\hbar\varDelta}{m}\frac{\delta}{\delta q}\right)\right]\frac{(q^4)}{4!}$$
$$= -\frac{i\lambda}{\hbar}\frac{i\hbar}{4}\int_0^T dt_1\,dt_2\,X(t_1)X(t_2)\,\frac{\delta^2}{\delta q(t_1)\delta q(t_2)}$$

$$\times \int_0^T dt_3\, dt_4 \frac{\boldsymbol{\Delta}(t_3,\, t_4)}{m} \frac{\delta^2}{\delta q(t_3)\delta q(t_4)} \int_0^T dt \frac{(q(t))^4}{4}$$

$$= -\frac{i\lambda}{\hbar}\frac{i\hbar}{4}\int_0^T dt_1\, dt_2\, X(t_1)X(t_2)$$

$$\times \int_0^T dt_3\, dt_4 \frac{\boldsymbol{\Delta}(t_3,\, t_4)}{m} \frac{\delta^4}{\delta q(t_1)\cdots\delta q(t_4)} \int_0^T dt \frac{(q(t))^4}{4!}$$

$$\overset{(5.19)}{=} \frac{\lambda}{4}\int_0^T dt\, (X(t))^2 \frac{\boldsymbol{\Delta}(t,\, t)}{m} \tag{5.21}$$

となる．

最後に外線の 0 次は $n = 0$, $l = 2$ として，

$$-\frac{i\lambda}{\hbar}\frac{1}{2!}\left[\frac{1}{2}\left(\frac{\delta}{\delta q}\frac{i\hbar\boldsymbol{\Delta}}{m}\frac{\delta}{\delta q}\right)\right]^2\frac{(q^4)}{4!} = \frac{i\hbar\lambda}{8}\int_0^T dt_1\cdots dt_4$$

$$\times \frac{\boldsymbol{\Delta}(t_1,\, t_2)}{m}\frac{\boldsymbol{\Delta}(t_3,\, t_4)}{m}\frac{\delta^4}{\delta q(t_1)\cdots\delta q(t_4)}\int_0^T dt \frac{(q(t))^4}{4!}$$

$$\overset{(5.19)}{=} \frac{i\hbar\lambda}{8}\int_0^T dt \left(\frac{\boldsymbol{\Delta}(t,\, t)}{m}\right)^2 \tag{5.22}$$

となる．

これらの結果に対して，$X(t)$ ((4.18))，$\boldsymbol{\Delta}(t,\, t)$ ((4.21)) を代入し t 積分を行うことは容易である．

5.1.3　ファインマングラフ

汎関数微分を遂行するのは，高次になるほど煩雑になる．この手続きを見通しよくしてくれるのが，**ファインマン・ダイヤグラム**（**ファインマングラフ**）（**Feynman diagram (Feynman graph)**）である．まず，(5.16) のポテンシャルのべき展開 $-iV(q)/\hbar$，今は $-i\lambda(q(t))^4/(\hbar 4!)$ を**バーテックス**（**頂点**）（**vertex**）とよび，点（時刻 t）を中心とした 4 本の線で表し，$-i\lambda/\hbar$ を与える（図 5.1 (a)）．係数 $1/4!$ については以下で見るよう，別途に考えることになる．次に，このバーテックスに作用し，q を 1 個消し外線 $X(t)$ に割

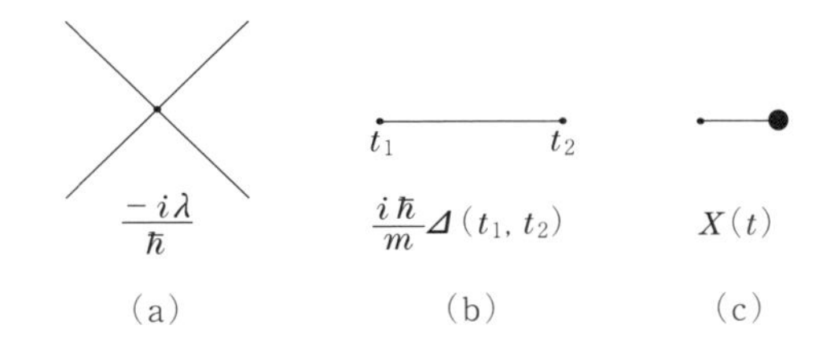

図 5.1　ファインマン核に対するファインマン・ダイヤグラム．(a) バーテックス $-i\lambda/\hbar$．時間 t を付与するが，区別が必要なとき以外は省く．(b) プロパゲーター $i\hbar\Delta(t_1, t_2)/m$．(c) 外線 $X(t)$．および，各バーテックスの時間積分．

り当てる操作には，線端に黒丸をつける（図 5.1 (c)）．一方，q を 2 個消し $i\hbar\Delta(t_1, t_2)/m$ でおきかえる操作，つまり q を 2 個つなぐことを**縮約**（**contraction**）といい，次のように表す．

$$\overline{qq}qq, \qquad \overline{qqq}q, \qquad \overline{qqqq} \tag{5.23}$$

2 個のバーテックスの時刻を t_1，t_2 とすると，縮約は

$$\cdots q(t_1)\overline{q(t_1)q}(t_2)q(t_2)\cdots \tag{5.24}$$

で与えられ $i\hbar\Delta(t_1, t_2)/m$ と書き，これを**プロパゲーター**（**propagator**）という[†1]（図 5.1 (b)）．計算の最後で，各バーテックスに関して時間積分する．こうした手続きを**ファインマン則**（**Feynman rule**）とよぶ（表 5.1）．

表 5.1　$V(q) = \lambda q^4/4!$：ファインマン核のファインマン則

1	時刻 t バーテックス：　$-i\dfrac{\lambda}{\hbar}$　（図 5.1(a)）
2	時刻 t_1，t_2 間プロパゲーター：　$\dfrac{i\hbar\Delta(t_1, t_2)}{m}$　（図 5.1(b)）
3	時刻 t 外線：　$X(t)$　（図 5.1(c)）
4	各バーテックスごとに時間積分：　$\int_0^T dt$

†1　(4.231) での指摘どおり，(5.7) でソースに挟まれた量はプロパゲーターである．

5.1.4　1次グラフ

1次グラフを表す図5.2にファインマン則を適用しよう．上で述べたよう

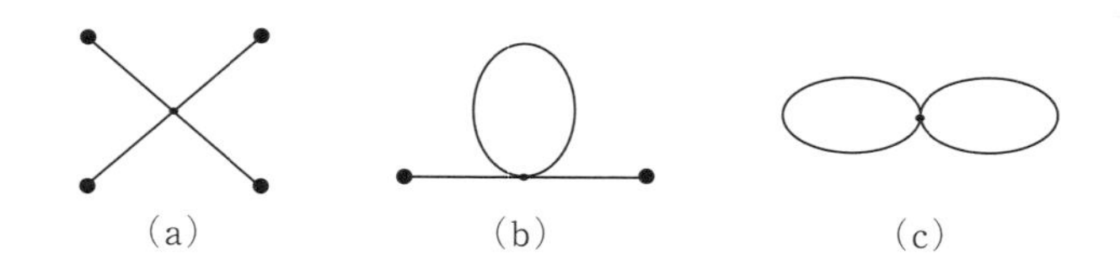

図 5.2　1次摂動のファインマン・ダイヤグラム．(a) X－4本，(b) X－2本，(c) X－0本．

に，バーテックスは，

$$\frac{-i\lambda}{\hbar}\frac{q^4}{4!} \tag{5.25}$$

で与えられる．これを基にして，係数 1/4! について，以下で外線の4次，2次，0次それぞれについて考えていこう．

● 外線4次（図5.2 (a)）

4個の q から4本の外線 X を選び出す場合の数は，

$${}_4\mathrm{C}_4 = 1$$

であり，因子 1/(4!) に $-i\lambda/\hbar$ を掛け，t 積分をつけ加えれば (5.20) である．

● 外線2次（図5.2 (b)）

4個の q から2本の外線を選び出す場合の数は ${}_4\mathrm{C}_2 = 6$ で，全体の因子は

$$\frac{6}{4!} = \frac{1}{4}$$

となる．こうして得られる係数を**対称因子** (**symmetry factor**) という．さらに残った2個の q は縮約してプロパゲーター $i\hbar\boldsymbol{\Delta}(t, t)/m$ となる (2個の $q(t)$ は同じ時刻なので $\boldsymbol{\Delta}(t, t)$ と t がそろうことに注意しよう)．こ

れらに，$-i\lambda/\hbar$を掛けt積分をつけ加えれば (5.21) である．

● 外線0次 (図5.2 (c))

4個のqの縮約は (5.23) のように3通りなので，対称因子は

$$\frac{3}{4!}=\frac{1}{8}$$

となる．プロパゲーターは残りの2つの$q(t)$の縮約からも得られるので，$(i\hbar\boldsymbol{\Delta}(t,t)/m)^2$となり，これにバーテックス$-i\lambda/\hbar$を掛け$t$積分をつけ加えれば (5.22) である．

図5.2 (b)，(c) は閉じたプロパゲーターを持っているが，これらを**ループ (loop)** という．図5.2 (b) は1ループ，(c) は2ループグラフである．ループの数Lと，プロパゲーターの数I，バーテックスの数Vとの間には，

$$L=I-V+1 \tag{5.26}$$

の関係がある[†2]．ループを含まない樹木のようなグラフ (a) を，**トゥリーグラフ (tree graph)** とよぶ．実際，(a) は$I=0$，$V=1$で，$L=0$である．(b) は$I=1$，$V=1$で，$L=1$である．(c) は$I=2$，$V=1$で，$L=2$となっている．

得られた1次摂動項を指数の肩に戻せば (こうすることで，余分なグラフを考えなくてよいことがすぐわかる)，

$$\begin{aligned}K_1^{(0)}(x_T,x_0\,;T)=&\sqrt{\frac{m\omega}{2\pi i\hbar\sin\omega T}}\exp\left[\frac{i\hbar\lambda}{8}\int_0^T dt\left(\frac{\boldsymbol{\Delta}(t,t)}{m}\right)^2\right]\\&\times\exp\biggl[\frac{im\omega}{2\hbar\sin\omega T}\left\{((x_T)^2+(x_0)^2)\cos\omega T-2x_Tx_0\right\}\\&+\frac{\lambda}{4}\int_0^T dt\,(X(t))^2\frac{\boldsymbol{\Delta}(t,t)}{m}-\frac{i\lambda}{\hbar}\int_0^T dt\,(X(t))^4\biggr]\end{aligned} \tag{5.27}$$

が得られる．

---

†2 バーテックスがq^4以外の任意のべきでも成り立つ．

5.1.5　2次グラフ

2次摂動ではバーテックスは2個で，簡単のため $q(t_i)$ を q_i $(i=1, 2)$ と書いて，

$$\left(\frac{-i\lambda}{\hbar}\right)^2 \frac{1}{(4!)^2 \times 2}(q_1)^4(q_2)^4, \qquad q_i \equiv q(t_i) \quad (i=1, 2) \quad (5.28)$$

を考える．

8個の q を外線でおきかえるグラフ図5.3(a)は，1次グラフ図5.2(a)の積からなり**非連結グラフ（disconnected graph）**とよばれるが，(5.27)で X^4 項を指数の肩に上げることで，すでに考慮されている．同様に図5.3(b)は図5.2(a)，(b)の積からなることがわかる．計算の結果を指数の肩に上げることで，こうした非連結グラフは考慮の必要は無く，**連結グラフ（connected graph）**だけでよい．

それでは，2次の連結グラフである図5.4を見ながら，計算していこう．

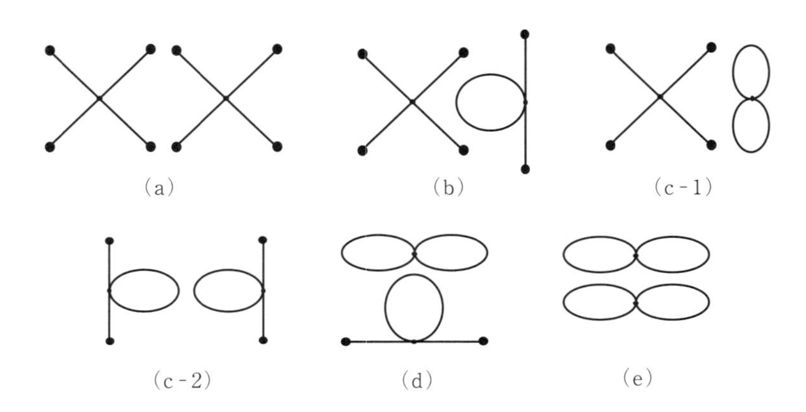

図 5.3　2次非連結グラフ．1次グラフ図5.2(a)〜(c)の積で与えられる．(a) X-8本：(図5.2(a))^2．(b) X-6本：(図5.2(a))×(図5.2(b))．(c) X-4本：(c-1)(図5.2(a))×(図5.2(c))．(c-2)：(図5.2(b))^2．(d) X-2本：(図5.2(b))×(図5.2(c))．(e) X-0本：(図5.2(c))^2．

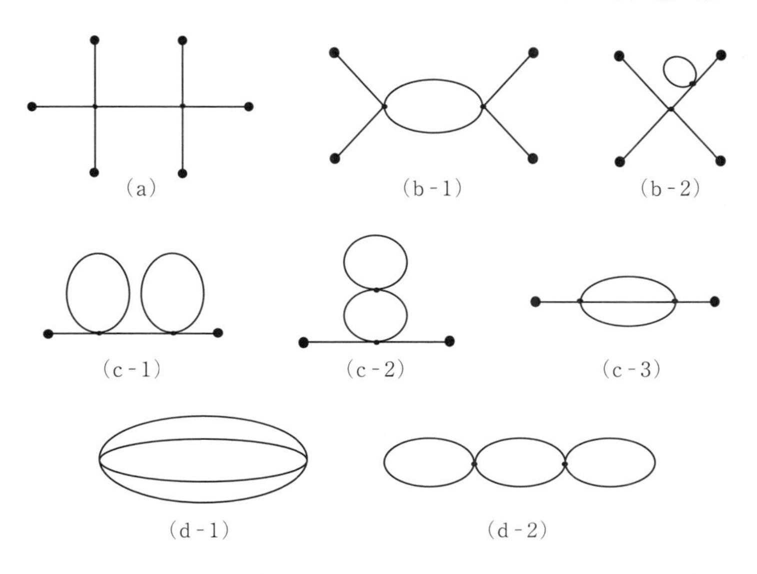

図 5.4　2 次連結グラフ．(a) X-6 本．(b) X-4 本．(c) X-2 本．(d) X-0 本．

● 外線 6 次 (図 5.4 (a))

これはトゥリーグラフであり，

$$-i\frac{\lambda^2}{\hbar}\frac{1}{72}\left((X_1)^3\frac{\varDelta_{12}}{m}(X_2)^3\right) \tag{5.29}$$

と与えられる．時間積分 $\int dt_i$ $(i=1,2)$ は繰り返し文字で表し，次の簡略記号

$$X_i \equiv X(t_i) \quad (i=1,2), \qquad \varDelta_{12} \equiv \varDelta(t_1, t_2) \tag{5.30}$$

を導入した．

例題 5.1.2　(5.29) を導け．

【解】　それぞれの q_i $(i=1,2)$ から 3 本の外線を取り出す場合の数は，${}_4C_3 \times {}_4C_3 = 4^2$ なので，(5.28) の係数を考慮すると対称因子は $4^2/(4!)^2 \times 2 = 1/(3!)^2 \times 2$

$= 1/72$ となる．q_1，q_2 縮約のプロパゲーター $i\hbar\boldsymbol{\Delta}_{12}/m$，$(X_1)^3$，$(X_2)^3$，バーテックス $(-i\lambda/\hbar)^2$ を掛け合わせれば (5.29) である．□

●外線 4 次 (図 5.4 (b - 1))

これは 1 ループグラフで，

$$\frac{\lambda^2}{16}\left((X_1)^2\left(\frac{\boldsymbol{\Delta}_{12}}{m}\right)^2(X_2)^2\right) \tag{5.31}$$

と与えられる．

例題 5.1.3　(5.31) を導け．

【解】　4 個の q_i から 2 本の外線を選ぶ場合の数は，${}_4\mathrm{C}_2 \times {}_4\mathrm{C}_2 = 36$ $(= (3\,!)^2)$ であり，残った $(q_1)^2$，$(q_2)^2$ の縮約は以下の 2 通りである (残りの縮約は省いた)．

$$\overline{q_1q_1q_2}q_2, \qquad \overline{q_1q_1q_2q_2} \tag{5.32}$$

(5.28) の係数を考慮すると，対称因子は $36 \times 2/((4\,!)^2 \times 2) = 1/4^2 = 1/16$ であり，これに $(X_1)^2$，$(X_2)^2$，バーテックス $(-i\lambda/\hbar)^2$，プロパゲーター $(i\hbar\boldsymbol{\Delta}_{12}/m)^2$ を掛け合わせれば (5.31) である．□

●外線 4 次 (図 5.4 (b - 2))

これも 1 ループグラフであり，

$$\frac{\lambda^2}{12}\left((X_1)^3\frac{\boldsymbol{\Delta}_{12}}{m}\frac{\boldsymbol{\Delta}_{22}}{m}X_2\right) \tag{5.33}$$

で与えられる．確かめてみよう．4 個の q_1 のうち 3 個を外線 X_1 に割り当てる場合の数は ${}_4\mathrm{C}_3 = 4$ となり，4 個の q_2 のうち，1 個を外線に割り当てる場合の数は ${}_4\mathrm{C}_1 = 4$ である．残った $q_1(q_2)^3$ を縮約すると，

$$\overline{q_1q_2}q_2q_2, \qquad \overline{q_1q_2q_2}q_2, \qquad \overline{q_1q_2q_2q_2}$$

の 3 通り (残りの q_2 同士の縮約は省いた)．今は q_1 を先に考えたが，q_2 との入れかえを考慮して全体を 2 倍する．

こうして，(5.28) の係数と合わせて，対称因子は

$$\frac{4 \times 4 \times 3 \times 2}{(4\,!)^2 \times 2} = \frac{1}{12}$$

が得られ，これに，$(X_1)^3$，X_2，バーテックス $(-\,i\lambda/\hbar)^2$，プロパゲーター $(i\hbar\varDelta_{12}/m)$ と $(i\hbar\varDelta_{22}/m)$ を掛け合わせれば (5.33) である．

●外線2次 (図5.4 (c-1))

これは2ループグラフであり，

$$i\frac{\lambda^2\hbar}{8}\left(X_1\frac{\varDelta_{11}}{m}\frac{\varDelta_{12}}{m}\frac{\varDelta_{22}}{m}X_2\right) \tag{5.34}$$

で与えられる．なぜなら，4個の q_i のうち1個を X_i に割り当てる場合の数は，${}_4C_1 \times {}_4C_1 = 4^2$ である．残った3個の q_1，q_2 から，それぞれ1つ選んで縮約する場合の数 ($i\hbar\varDelta_{12}/m$ を生成) は ${}_3C_1 \times {}_3C_1 = 3^2$ である (残った q_1，q_2 同士で縮約し，$i\hbar\varDelta_{11}/m$，$i\hbar\varDelta_{22}/m$ を生成)．

再び (5.28) の係数と合わせて，対称因子として

$$\frac{4^2 \times 3^2}{(4\,!)^2 \times 2} = \frac{1}{8}$$

が得られる．これに，X_1, X_2, バーテックス $(-\,i\lambda/\hbar)^2$，プロパゲーター $i\hbar\varDelta_{11}/m$，$i\hbar\varDelta_{12}/m$，$i\hbar\,\varDelta_{22}/m$ を掛け合わせれば (5.34) となるからである．

●外線2次 (図5.4 (c-2))

これも2ループグラフであり，

$$i\frac{\lambda^2\hbar}{8}\left((X_1)^2\left(\frac{\varDelta_{12}}{m}\right)^2\frac{\varDelta_{22}}{m}\right) \tag{5.35}$$

で与えられる．確かめてみよう．4個の q_1 から2個を X_1 に割り当てる場合の数は ${}_4C_2 = 6$ となる．4個の q_2 から2個選び縮約する場合の数は ${}_4C_2 = 6$ である (プロパゲーター $i\hbar\varDelta_{22}/m$ を生成)．残った2個の q_2 と2個の q_1 を縮約する場合の数は，(5.32) より2通り (プロパゲーター $(i\hbar\varDelta_{12}/m)^2$ を生成)．

q_1，q_2 入れかえの2倍を考慮し，(5.28) の係数と合わせて，

$$\frac{6 \times 6 \times 2 \times 2}{(4\,!)^2 \times 2} = \frac{1}{8}$$

と対称因子が求まる．$(X_1)^2$，バーテックス $(-i\lambda/\hbar)^2$，プロパゲーター $i\hbar\Delta_{22}/m$，$(i\hbar\Delta_{12}/m)^2$ を掛け合わせれば (5.35) である．

● 外線 2 次（図 5.4 (c－3)）

3 つめの 2 ループグラフであり，

$$i\frac{\lambda^2\hbar}{12}\left(X_1\left(\frac{\Delta_{12}}{m}\right)^3 X_2\right) \tag{5.36}$$

で与えられる．なぜなら，4 個の q_i から 1 個を外線に割り当てる場合の数は ${}_4\mathrm{C}_1 \times {}_4\mathrm{C}_1 = 4^2$ であり，残った 3 個の q_1 と 3 個の q_2 の縮約は，まず

$$\overline{q_1q_1q_1q_2}q_2q_2, \qquad q_1\overline{q_1q_1q_2q_2}q_2, \qquad q_1q_1\overline{q_1q_2q_2q_2}$$

の 3 通りで，また，(5.32) から 2 個の q_1 と 2 個の q_2 の縮約は 2 通りであったから，

$$(q_1)^3 \sim (q_2)^3 \text{ の縮約} = 3\,! \tag{5.37}$$

となる．

(5.28) の係数と合わせて対称因子

$$\frac{4^2 \times 3\,!}{(4\,!)^2 \times 2} = \frac{1}{12}$$

が得られ，X_1，X_2，バーテックス $(-i\lambda/\hbar)^2$，プロパゲーター $(i\hbar\Delta_{12}/m)^3$ を掛け合わせれば (5.36) となるからである．

● 外線 0 次（図 5.4 (d－1)）

これは 3 ループグラフであり，

$$-\frac{\lambda^2\hbar^2}{48}\left(\left(\frac{\Delta_{12}}{m}\right)^4\right) \tag{5.38}$$

で与えられる．

例題 5.1.4　3ループであることを (5.26) で確認せよ.

【解】 2次摂動であるから，$V = 2$ である．また，図 5.4 (d-1) より，バーテックス間のプロパゲーターは4個であるから，$I = 4$ として，(5.26) より

$$L = 4 - 2 + 1 = 3$$

となる．よって3ループである．□

(5.38) を確かめてみよう．$(q_1)^4$，$(q_2)^4$ の縮約はまず，

$$\overline{q_1 q_1 q_1 q_1 q_2} q_2 q_2 q_2, \qquad \overline{q_1 q_1 q_1 q_1 q_2 q_2} q_2 q_2$$

$$\overline{q_1 q_1 q_1 q_1 q_2 q_2 q_2} q_2, \qquad \overline{q_1 q_1 q_1 q_1 q_2 q_2 q_2 q_2}$$

のように4通りがあり，以下は3個同士 (5.37)，2個同士 (5.32) の縮約より，

$$(q_1)^4 \sim (q_2)^4 \text{ の縮約} = 4! \tag{5.39}$$

であるから，(5.28) の係数と合わせて対称因子

$$\frac{4!}{(4!)^2 \times 2} = \frac{1}{4! \times 2} = \frac{1}{48}$$

が得られる．これにバーテックス $(-i\lambda/\hbar)^2$，プロパゲーター $(i\hbar\boldsymbol{\Delta}_{12}/m)^4$ を掛け合わせれば (5.38) である．

●外線0次 (図 5.4 (d-2))

これも，3ループグラフであり，

$$-\frac{\lambda^2\hbar^2}{16}\left(\frac{\boldsymbol{\Delta}_{11}}{m}\left(\frac{\boldsymbol{\Delta}_{12}}{m}\right)^2\frac{\boldsymbol{\Delta}_{22}}{m}\right) \tag{5.40}$$

で与えられる．なぜなら，4個の q_i それぞれから2個を選び出す場合の数は，${}_4\mathrm{C}_2 \times {}_4\mathrm{C}_2 = 6^2$ となり，これらの縮約でプロパゲーター $(i\hbar\boldsymbol{\Delta}_{12}/m)^2$ を出す場合の数は，(5.32) より2通りである．また，残った2個の q_1，q_2 は自分自身で縮約し1通りである．

(5.28) の係数と合わせた対称因子は

$$\frac{6^2 \times 2}{(4\,!)^2 \times 2} = \frac{1}{4^2} = \frac{1}{16}$$

となり，これに $(-\,i\lambda/\hbar)^2$，$i\hbar\varDelta_{11}/m$，$(i\hbar\varDelta_{12}/m)^2$，$i\hbar\varDelta_{22}/m$ を掛ければ (5.40) となるからである．

5.1.6 ユークリッド核・分配関数

ユークリッド核

$$\widetilde{K}^{(\widetilde{J})}(x_{\mathcal{T}},\, x_0\,;\, \mathcal{T}) = \lim_{N\to\infty}\sqrt{\frac{m}{2\pi\hbar\varDelta\tau}}\left(\prod_{j=1}^{N-1}\int\sqrt{\frac{m}{2\pi\hbar\varDelta\tau}}\,dx_j\right)$$
$$\times \exp\left[-\frac{\varDelta\tau}{\hbar}\sum_{j=1}^{N}\left\{\frac{m}{2}\left(\frac{\varDelta x_j}{\varDelta\tau}\right)^2 + \frac{m\omega^2}{2}x_j^2 + V(x_j) + x_j\widetilde{J}_j\right\}\right]_{x_0}^{x_N = x_{\mathcal{T}}} \tag{5.41}$$

の摂動計算も同様に進められる．2 次までの寄与は，図 5.2 と図 5.4 にファインマン則および表 5.2 を適用すればよい (練習問題 5.1a，5.1b を参照)．ユークリッド系での簡便記法

$$\int_0^{\mathcal{T}} d\tau_1\, d\tau_2\, \widetilde{X}(\tau_1)\widetilde{\varDelta}(\tau_1 - \tau_2)\widetilde{X}(\tau_2) \equiv (\widetilde{X}_1\widetilde{\varDelta}_{12}\widetilde{X}_2) \tag{5.42}$$

を用いることで，例えば，以下のような議論ができる．

表 5.2　$V(q) = \lambda q^4/4\,!$: ユークリッド核のファインマン則

1	虚時刻 τ バーテックス：　$-\dfrac{\lambda}{\hbar}$
2	虚時刻 τ_1，τ_2 間プロパゲーター：　$\dfrac{\hbar\widetilde{\varDelta}(\tau_1,\, \tau_2)}{m}$
3	虚時刻 τ 外線：　$\widetilde{X}(\tau)$
4	各バーテックスごとに虚時間積分：　$\int_0^{\mathcal{T}} d\tau$

●外線4次 (図5.4 (b - 1))

先と同様の1ループグラフであり，結果は，

$$\frac{\lambda^2}{16}\left((\widetilde{X}_1)^2\left(\frac{\widetilde{\varDelta}_{12}}{m}\right)^2(\widetilde{X}_2)^2\right) \tag{5.43}$$

で与えられる.

●外線2次 (図5.4 (c - 3))

これは，2ループグラフであり，

$$\frac{\lambda^2\hbar}{12}\left(\widetilde{X}_1\left(\frac{\widetilde{\varDelta}_{12}}{m}\right)^3\widetilde{X}_2\right) \tag{5.44}$$

で与えられる.

分配関数

$$\mathcal{Z}^{(\tilde{J})}(\mathcal{T}) = \lim_{N\to\infty}\left(\prod_{j=1}^{N}\int\sqrt{\frac{m}{2\pi\hbar\varDelta\tau}}\,dx_j\right) \times \exp\left[-\frac{\varDelta\tau}{\hbar}\sum_{j=1}^{N}\left\{\frac{m}{2}\left(\frac{\varDelta x_j}{\varDelta\tau}\right)^2+\frac{m\omega^2}{2}x_j^2+V(x_j)+x_j\tilde{J}_j\right\}\right]_{\mathrm{P}} \tag{5.45}$$

に対するファインマン則は，座標 $\widetilde{X}(\tau)$ を外し，プロパゲーターを

$$\frac{\hbar\widetilde{\varDelta}(\tau_1,\,\tau_2)}{m} \Longrightarrow \frac{\hbar\overline{\varDelta}\,(\tau_1-\tau_2)}{m} \tag{5.46}$$

とすればよい (練習問題5.1c を参照). 1次のグラフは図5.2 (c) のみであり，2次は図5.4 (d - 1)，(d - 2) の計3つである.

5.1.7 ボース・フェルミ系ユークリッド核

ボース・フェルミ粒子に対しては，自由度を f (ボース系は $f=1$ が可能) として

$$\widehat{V} = \begin{cases} \dfrac{\lambda\hbar}{2}\displaystyle\sum_{\alpha,\beta=1}^{f} \widehat{a}_\alpha^\dagger \widehat{a}_\beta^\dagger \widehat{a}_\beta \widehat{a}_\alpha : \text{ボース系} \\ \dfrac{\lambda\hbar}{2}\displaystyle\sum_{\alpha,\beta=1}^{f} \widehat{b}_\alpha^\dagger \widehat{b}_\beta^\dagger \widehat{b}_\beta \widehat{b}_\alpha : \text{フェルミ系} \end{cases} \quad (\lambda > 0) \quad (5.47)$$

のように**4体相互作用**（**four - body interaction**）を正規積順序で導入する．ただし，λ は結合定数である．

こうして，ユークリッド核はそれぞれ，

$$\widetilde{K}^{\mathrm{B}(\boldsymbol{\rho}^*,\boldsymbol{\rho})}(\boldsymbol{\alpha}_N, \boldsymbol{\alpha}_0 ; \mathcal{T})$$
$$= e^{-f\omega\mathcal{T}/2} \lim_{N\to\infty} \left(\prod_{j=1}^{N-1} \int \frac{d^{2f}\boldsymbol{\alpha}_j}{\pi^f}\right) \exp\left[-\sum_{j=1}^{N}\left\{\frac{\boldsymbol{\alpha}_j^* \varDelta\boldsymbol{\alpha}_j}{2} - \frac{\varDelta\boldsymbol{\alpha}_j^* \boldsymbol{\alpha}_{j-1}}{2}\right.\right.$$
$$\left.\left. + \varDelta\tau\left(\omega\boldsymbol{\alpha}_j^*\boldsymbol{\alpha}_{j-1} + \frac{\lambda}{2}(\boldsymbol{\alpha}_j^*\boldsymbol{\alpha}_{j-1})^2 + \boldsymbol{\alpha}_j^*\boldsymbol{\rho}_j + \boldsymbol{\rho}_j^*\boldsymbol{\alpha}_{j-1}\right)\right\}\right]_{\boldsymbol{\alpha}_0}^{\boldsymbol{\alpha}_N}$$
$$(5.48)$$

および

$$\widetilde{K}^{\mathrm{F}(\boldsymbol{\eta}^*,\boldsymbol{\eta})}(\boldsymbol{\xi}_N, \boldsymbol{\xi}_0 ; \mathcal{T})$$
$$= e^{f\omega\mathcal{T}/2} \lim_{N\to\infty} \left(\prod_{j=1}^{N-1} \int d^f\boldsymbol{\xi}_j\, d^f\boldsymbol{\xi}_j^*\right) \exp\left[-\sum_{j=1}^{N}\left\{\frac{\boldsymbol{\xi}_j^* \varDelta\boldsymbol{\xi}_j}{2} - \frac{\varDelta\boldsymbol{\xi}_j^* \boldsymbol{\xi}_{j-1}}{2}\right.\right.$$
$$\left.\left. + \varDelta\tau\left(\omega\boldsymbol{\xi}_j^*\boldsymbol{\xi}_{j-1} + \frac{\lambda}{2}(\boldsymbol{\xi}_j^*\boldsymbol{\xi}_{j-1})^2 + \boldsymbol{\xi}_j^*\boldsymbol{\eta}_j + \boldsymbol{\eta}_j^*\boldsymbol{\xi}_{j-1}\right)\right\}\right]_{\boldsymbol{\xi}_0}^{\boldsymbol{\xi}_N}$$
$$(5.49)$$

と与えられる．

例題 5.1.5　4体相互作用 (5.47) が，$(\boldsymbol{\alpha}_j^*\boldsymbol{\alpha}_{j-1})^2$，$(\boldsymbol{\xi}_j^*\boldsymbol{\xi}_{j-1})^2$ として与えられることを確認せよ．

【解】　どちらも全く同じに議論できるので，フェルミ系で考えよう．$\langle\boldsymbol{\xi}_j|$，$|\boldsymbol{\xi}_{j-1}\rangle$ で (5.47) を挟むと，

$$\sum_{\alpha,\beta=1}^{f}\langle\boldsymbol{\xi}_j|\hat{b}_\alpha^\dagger\hat{b}_\beta^\dagger\hat{b}_\beta\hat{b}_\alpha|\boldsymbol{\xi}_{j-1}\rangle=\sum_{\alpha,\beta=1}^{f}(\xi_j^*)_\alpha(\xi_j^*)_\beta(\xi_{j-1})_\beta(\xi_{j-1})_\alpha\langle\boldsymbol{\xi}_j|\boldsymbol{\xi}_{j-1}\rangle$$

が得られる．$(\xi_{j-1})_\alpha$ を左に2つ移動（符号は出ない！）すれば，$(\boldsymbol{\xi}_j^*\boldsymbol{\xi}_{j-1})^2$ となる．ボース系の場合も明らかである．□

5.1.8 ボース・フェルミ系ソースの役割

ボース・フェルミ系は並行して議論できるので，フェルミ系で行う．グラスマン奇要素のため符号に気をつけて，

$$\frac{\partial}{\varDelta\tau\partial\boldsymbol{\eta}_j}\exp\left[-\varDelta\tau\sum_{k=1}^{N}(\boldsymbol{\xi}_k^*\boldsymbol{\eta}_k+\boldsymbol{\eta}_k^*\boldsymbol{\xi}_{k-1})\right]=\boldsymbol{\xi}_j^*\exp\left[-\varDelta\tau\sum_{k=1}^{N}(\boldsymbol{\xi}_k^*\boldsymbol{\eta}_k+\boldsymbol{\eta}_k^*\boldsymbol{\xi}_{k-1})\right]\tag{5.50}$$

$$\frac{\partial}{\varDelta\tau\partial\boldsymbol{\eta}_j^*}\exp\left[-\varDelta\tau\sum_{k=1}^{N}(\boldsymbol{\xi}_k^*\boldsymbol{\eta}_k+\boldsymbol{\eta}_k^*\boldsymbol{\xi}_{k-1})\right]=-\boldsymbol{\xi}_{j-1}\exp\left[-\varDelta\tau\sum_{k=1}^{N}(\boldsymbol{\xi}_k^*\boldsymbol{\eta}_k+\boldsymbol{\eta}_k^*\boldsymbol{\xi}_{k-1})\right]\tag{5.51}$$

のようにソースの微分を行う．

これにより，4体相互作用部分を書きかえると，

$$(5.49)=\lim_{N\to\infty}\exp\left[-\varDelta\tau\sum_{j=1}^{N}\frac{\lambda}{2}\left(\frac{\partial}{\varDelta\tau\partial\boldsymbol{\eta}_j}\frac{-\partial}{\varDelta\tau\partial\boldsymbol{\eta}_j^*}\right)^2\right]\widetilde{K}_0^{\mathrm{F}(\eta^*,\eta)}(\boldsymbol{\xi}_N,\boldsymbol{\xi}_0\,;\mathcal{T})\tag{5.52}$$

となる．ここで，$\widetilde{K}_0^{\mathrm{F}(\eta^*,\eta)}$ は相互作用を含まないユークリッド核（問題解答の(208)を自由度 f にしたもの）

$$\widetilde{K}_0^{\mathrm{F}(\eta^*,\eta)}(\boldsymbol{\xi}_N, \boldsymbol{\xi}_0 ; \mathcal{T}) \equiv e^{f\omega\mathcal{T}/2} \exp\Big[-\frac{\boldsymbol{\xi}_N^*\boldsymbol{\xi}_N}{2} - \frac{\boldsymbol{\xi}_0^*\boldsymbol{\xi}_0}{2} + \boldsymbol{\xi}_N^* e^{-\omega\mathcal{T}}\boldsymbol{\xi}_0 - (\boldsymbol{\eta}^*\boldsymbol{\zeta}_-) - (\boldsymbol{\zeta}_+^*\boldsymbol{\eta}) + (\boldsymbol{\eta}^*\widetilde{\boldsymbol{D}}\boldsymbol{\eta}) \Big] \tag{5.53}$$

であり，連続表示をとった簡便記法 (4.178) を用いた．

さらに，$\boldsymbol{\zeta}_-$，$\boldsymbol{\zeta}_+^*$ はソース無し自由解（問題解答の (203)）を f 次元にした以下のものである．

$$\left.\begin{aligned} \left(\frac{d}{d\tau} + \omega\right)\boldsymbol{\zeta}_-(\tau) = 0, &\qquad \boldsymbol{\zeta}_-(\tau) = \boldsymbol{\xi}_0 e^{-\omega\tau} \\ \left(\frac{d}{d\tau} - \omega\right)\boldsymbol{\zeta}_+^*(\tau) = 0, &\qquad \boldsymbol{\zeta}_+^*(\tau) = \boldsymbol{\xi}_N^* e^{-\omega(\mathcal{T}-\tau)} \end{aligned}\right\} \tag{5.54}$$

ここでも，ソースの間に挟まれた量はプロパゲーター $(\widetilde{\boldsymbol{D}})_{\beta\gamma}(\tau)$ であり，

$$(\widetilde{\boldsymbol{D}})_{\beta\gamma}(\tau) \equiv \delta_{\beta\gamma}\widetilde{D}(\tau) = \delta_{\beta\gamma}\theta(\tau)e^{-\omega\tau} \tag{5.55}$$

と与えられ，虚時間の逆方向には伝搬しない．つまり，$\widetilde{\boldsymbol{D}}(\tau) = 0$ $(\tau \le 0)$ である（(4.120)）．

連続極限では，(5.52) のソース微分は汎関数微分

$$\frac{1}{\Delta\tau}\frac{\partial}{\partial\boldsymbol{\eta}_j} \overset{\Delta\tau\to 0}{\Longrightarrow} \frac{\delta}{\delta\boldsymbol{\eta}(\tau)}, \qquad \frac{1}{\Delta\tau}\frac{\partial}{\partial\boldsymbol{\eta}_j^*} \overset{\Delta\tau\to 0}{\Longrightarrow} \frac{\delta}{\delta\boldsymbol{\eta}^*(\tau)} \tag{5.56}$$

におきかわり，

$$\widetilde{K}^{\mathrm{F}(\eta^*,\eta)}(\boldsymbol{\xi}_N, \boldsymbol{\xi}_0 ; \mathcal{T}) = \widetilde{K}_0^{\mathrm{F}}(\boldsymbol{\xi}_N, \boldsymbol{\xi}_0 ; \mathcal{T}) \exp\Big[-\Big(\frac{\lambda}{2}\Big(\frac{-\delta}{\delta\boldsymbol{\eta}}\frac{\delta}{\delta\boldsymbol{\eta}^*}\Big)^2\Big) \Big] \times \exp[-(\boldsymbol{\eta}^*\boldsymbol{\zeta}_-) - (\boldsymbol{\zeta}_+^*\boldsymbol{\eta}) + (\boldsymbol{\eta}^*\widetilde{\boldsymbol{D}}\boldsymbol{\eta})] \tag{5.57}$$

および

$$\widetilde{K}_0^{\mathrm{F}}(\boldsymbol{\xi}_N, \boldsymbol{\xi}_0 ; \mathcal{T}) \equiv e^{f\omega\mathcal{T}/2} \exp\left[-\frac{\boldsymbol{\xi}_N^* \boldsymbol{\xi}_N}{2} - \frac{\boldsymbol{\xi}_0^* \boldsymbol{\xi}_0}{2} + \boldsymbol{\xi}_N^* e^{-\omega\mathcal{T}} \boldsymbol{\xi}_0\right] \tag{5.58}$$

と与えられる．

f次元グラスマン変数 ψ，ψ^* に対し指数関数を

$$E_{\mathrm{F}} \equiv \exp[-(\boldsymbol{\psi}^* \boldsymbol{\eta}) - (\boldsymbol{\eta}^* \boldsymbol{\psi})] \tag{5.59}$$

で導入すると，

$$\left.\begin{aligned} \frac{\delta E_{\mathrm{F}}}{\delta \boldsymbol{\psi}^*(\tau)} &= -\boldsymbol{\eta}(\tau) E_{\mathrm{F}}, \qquad \frac{\delta E_{\mathrm{F}}}{\delta \boldsymbol{\psi}(\tau)} = \boldsymbol{\eta}^*(\tau) E_{\mathrm{F}} \\ \frac{\delta E_{\mathrm{F}}}{\delta \boldsymbol{\eta}^*(\tau)} &= -\boldsymbol{\psi}(\tau) E_{\mathrm{F}}, \qquad \frac{\delta E_{\mathrm{F}}}{\delta \boldsymbol{\eta}(\tau)} = \boldsymbol{\psi}^*(\tau) E_{\mathrm{F}} \end{aligned}\right\} \tag{5.60}$$

が得られる．これより，グラスマン偶要素の任意関数 F，G に対し以下の公式が成り立つ．

$$F\left(\frac{\delta}{\delta \boldsymbol{\eta}}, \frac{-\delta}{\delta \boldsymbol{\eta}^*}\right) G(\boldsymbol{\eta}^*, \boldsymbol{\eta}) \Big|_{\eta, \eta^* \to 0} = G\left(\frac{\delta}{\delta \boldsymbol{\psi}}, \frac{-\delta}{\delta \boldsymbol{\psi}^*}\right) F(\boldsymbol{\psi}^*, \boldsymbol{\psi}) \Big|_{\psi, \psi^* \to 0} \tag{5.61}$$

例題 5.1.6　(5.61) を導け．

【解】 (5.60) より，

$$\begin{aligned} F\left(\frac{\delta}{\delta \boldsymbol{\eta}}, \frac{-\delta}{\delta \boldsymbol{\eta}^*}\right) G(\boldsymbol{\eta}^*, \boldsymbol{\eta}) E_{\mathrm{F}} &= F\left(\frac{\delta}{\delta \boldsymbol{\eta}}, \frac{-\delta}{\delta \boldsymbol{\eta}^*}\right) G\left(\frac{\delta}{\delta \boldsymbol{\psi}}, \frac{-\delta}{\delta \boldsymbol{\psi}^*}\right) E_{\mathrm{F}} \\ &\overset{F \leftrightarrow G}{=} G\left(\frac{\delta}{\delta \boldsymbol{\psi}}, \frac{-\delta}{\delta \boldsymbol{\psi}^*}\right) F\left(\frac{\delta}{\delta \boldsymbol{\eta}}, \frac{-\delta}{\delta \boldsymbol{\eta}^*}\right) E_{\mathrm{F}} \\ &= G\left(\frac{\delta}{\delta \boldsymbol{\psi}}, \frac{-\delta}{\delta \boldsymbol{\psi}^*}\right) F(\boldsymbol{\psi}^*, \boldsymbol{\psi}) E_{\mathrm{F}} \end{aligned}$$

が得られる．最後の表式では再び (5.60) を用いた．左辺で $\boldsymbol{\eta}$，$\boldsymbol{\eta}^* \to 0$，右辺最終形で $\boldsymbol{\psi}$，$\boldsymbol{\psi}^* \to 0$ とすれば (5.61) となる．□

さて，(5.61) を (5.57) に適用すれば，

$$\widetilde{K}^{\mathrm{F}(0,0)}(\boldsymbol{\xi}_N, \boldsymbol{\xi}_0 ; \mathcal{T}) = \widetilde{K}_0^{\mathrm{F}}(\boldsymbol{\xi}_N, \boldsymbol{\xi}_0 ; \mathcal{T})\exp\Big[\Big(\boldsymbol{\zeta}_- \frac{\delta}{\delta\boldsymbol{\psi}}\Big) + \Big(\boldsymbol{\zeta}_+^* \frac{\delta}{\delta\boldsymbol{\psi}^*}\Big) + \Big(\frac{\delta}{\delta\boldsymbol{\psi}}(-\widetilde{\boldsymbol{D}})\frac{\delta}{\delta\boldsymbol{\psi}^*}\Big)\Big]\exp\Big[-\Big(\frac{\lambda}{2}(\boldsymbol{\psi}^*\boldsymbol{\psi})^2\Big)\Big]_{\psi^*, \psi\to 0} \tag{5.62}$$

となる．ここで，

$$\frac{\delta}{\delta\boldsymbol{\psi}}\boldsymbol{\zeta}_- = -\boldsymbol{\zeta}_- \frac{\delta}{\delta\boldsymbol{\psi}}$$

を用い，$\delta/\delta\psi^*$ のマイナス符号をプロパゲーターの前に移した．

ボース系では微分の符号に注意する必要はなく，(5.54) で $\boldsymbol{\zeta}_- \to \boldsymbol{\mathcal{A}}_-$，$\boldsymbol{\zeta}_+^* \to \boldsymbol{\mathcal{A}}_+^*$ として，f 次元変数 $\boldsymbol{\varphi}$，$\boldsymbol{\varphi}^*$ を導入すると（導出は練習問題 5.1d を参照），

$$\widetilde{K}^{\mathrm{B}(\boldsymbol{\rho}^*, \boldsymbol{\rho})}(\boldsymbol{\alpha}_N, \boldsymbol{\alpha}_0 ; \mathcal{T}) = \widetilde{K}_0^{\mathrm{B}}(\boldsymbol{\alpha}_N, \boldsymbol{\alpha}_0 ; \mathcal{T})\exp\Big[\Big(\boldsymbol{\mathcal{A}}_- \frac{\delta}{\delta\boldsymbol{\varphi}}\Big) + \Big(\boldsymbol{\mathcal{A}}_+^* \frac{\delta}{\delta\boldsymbol{\varphi}^*}\Big) + \Big(\frac{\delta}{\delta\boldsymbol{\varphi}}\widetilde{\boldsymbol{D}}\frac{\delta}{\delta\boldsymbol{\varphi}^*}\Big)\Big]\exp\Big[-\Big(\frac{\lambda}{2}(\boldsymbol{\varphi}^*\boldsymbol{\varphi})^2\Big)\Big]_{\varphi^*, \varphi\to 0} \tag{5.63}$$

と与えられる．ただし，

$$\widetilde{K}_0^{\mathrm{B}}(\boldsymbol{\alpha}_N, \boldsymbol{\alpha}_0 ; \mathcal{T}) \equiv e^{-f\omega\mathcal{T}/2}\exp\Big[-\frac{\boldsymbol{\alpha}_N^*\boldsymbol{\alpha}_N}{2} - \frac{\boldsymbol{\alpha}_0^*\boldsymbol{\alpha}_0}{2} + \boldsymbol{\alpha}_N^* e^{-\omega\mathcal{T}}\boldsymbol{\alpha}_0\Big] \tag{5.64}$$

である．

5.1.9　ユークリッド核のファインマングラフ

(5.62)，(5.63) よりファインマングラフは図 5.5 で与えられ，縮約は

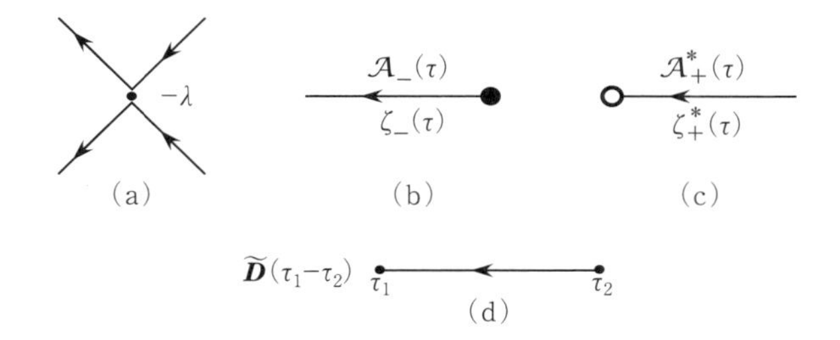

図 5.5 4体相互作用ユークリッド核ダイヤグラム．上段ボース系，下段フェルミ系．虚時間の流れは右から左．(a) バーテックス $-\lambda$．(b) 生成外線 $\mathcal{A}_-(\tau)$，$\boldsymbol{\zeta}_-(\tau)$．(c) 消滅外線 $\mathcal{A}^*_+(\tau)$, $\boldsymbol{\zeta}^*_+(\tau)$．(d) プロパゲーター $\widetilde{\boldsymbol{D}}(\tau)$．

$$\left\{ \begin{array}{c} \overline{\phi_\alpha(\tau)\,\phi}{}^*_\beta(\tau') \\ \overline{\varphi_\alpha(\tau)\,\varphi}{}^*_\beta(\tau') \end{array} \right\} \Longrightarrow (\widetilde{\boldsymbol{D}})_{\alpha\beta}(\tau-\tau') \equiv \delta_{\alpha\beta}\widetilde{D}(\tau-\tau') \quad (5.65)$$

であり，虚時間の大きい方向にしか伝搬しないので，外線，バーテックス，プロパゲーターには (右から左に流れる) 虚時間に対応した矢印がつき，ループは存在しない[†3]．ファインマン則は表 5.3 に与えてある．

フェルミ粒子に対する 1 次摂動を考えてみよう．バーテックスは，

表 5.3 ボース・フェルミ粒子：ユークリッド核のファインマン則

1	虚時刻 τ バーテックス：　$-\lambda$
2	虚時刻 τ_1，τ_2 間プロパゲーター：　$\widetilde{\boldsymbol{D}}(\tau_1-\tau_2)$：$\tau_1>\tau_2$
3	虚時刻 τ　生成外線：$\left\{\begin{array}{l}\boldsymbol{\mathcal{A}}_-(\tau)\\ \boldsymbol{\zeta}_-(\tau)\end{array}\right.$　消滅外線：$\left\{\begin{array}{l}\boldsymbol{\mathcal{A}}^*_+(\tau)\\ \boldsymbol{\zeta}^*_+(\tau)\end{array}\right.$
4	各バーテックスごとに虚時間積分：　$\int_0^{\mathcal{T}} d\tau$

†3　物理的には明らかで，(B.29) で触れたように虚時間の逆向きは真空条件で落ちてしまう．反粒子のない (非相対論的) 場合，ループは存在しない．

$$-\frac{\lambda}{2}(\boldsymbol{\psi}^*\boldsymbol{\psi})^2$$

である．ファインマングラフは図 5.6 で与えられており，結果は

$$-\frac{\lambda}{2}\langle(\boldsymbol{\zeta}_+^*\boldsymbol{\zeta}_-)^2\rangle = -\frac{\lambda}{2}\left(\int_0^{\mathcal{T}} d\tau\, \boldsymbol{\zeta}_+^*(\tau)\boldsymbol{\zeta}_-(\tau)\right)^2 \tag{5.66}$$

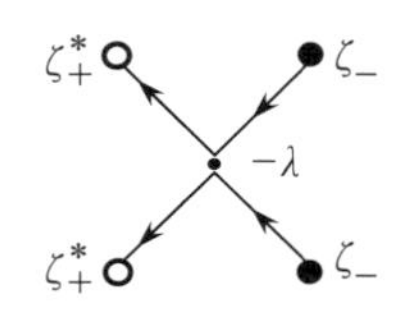

図 5.6　フェルミ粒子に対する 1 次のグラフ

と与えられる．ここで，対称因子 1/2 については 2 個の $\boldsymbol{\psi}^*$，$\boldsymbol{\psi}$ をそれぞれ 2 個ずつの $\boldsymbol{\zeta}_+^*$，$\boldsymbol{\zeta}_-$ に割り当てる場合の数が ${}_2\mathrm{C}_2 \times {}_2\mathrm{C}_2 = 1$ なので，もともとのバーテックスの 1/2 がそのまま残ったことによる．

2 次摂動は，バーテックスを $\boldsymbol{\psi}_i^* \equiv \boldsymbol{\psi}^*(\tau_i)$ $(i = 1, 2)$ などとし，

$$\left(\frac{\lambda}{2}\right)^2 \frac{1}{2}\langle(\boldsymbol{\psi}_1^*\boldsymbol{\psi}_1)^2(\boldsymbol{\psi}_2^*\boldsymbol{\psi}_2)^2\rangle$$

と書く．ファインマングラフは図 5.7 で与えられ，

$$\frac{\lambda^2}{2}(\boldsymbol{\zeta}_+^*\widetilde{\boldsymbol{D}}\boldsymbol{\zeta}_-)^2 = \frac{\lambda^2}{2}\left[\iint_0^{\mathcal{T}} d\tau_1\, d\tau_2\, \boldsymbol{\zeta}_+^*(\tau_1)\widetilde{\boldsymbol{D}}(\tau_1 - \tau_2)\boldsymbol{\zeta}_-(\tau_2)\right]^2 \tag{5.67}$$

となる．対称因子は，時刻 τ_1 に関して 2 個の $\boldsymbol{\psi}^*$ を 2 個の外線 $\boldsymbol{\zeta}_+^*$ に，時刻 τ_2 に関して 2 個の $\boldsymbol{\psi}$ を 2 個の外線 $\boldsymbol{\zeta}_-$ に割り当てる場合の数，それぞれ上と同様に ${}_2\mathrm{C}_2 \times {}_2\mathrm{C}_2 = 1$ である．残り 4 個の縮約は

$$\overline{\psi_1\psi_1\psi_2^*}\psi_2^* \qquad \psi_1\overline{\psi_1\psi_2^*}\psi_2^*$$

の 2 通りである．ただし，残った縮約は省略した．実際は $(\boldsymbol{\zeta}_+^*\boldsymbol{\psi}_1)(\boldsymbol{\zeta}_+^*\boldsymbol{\psi}_1)$

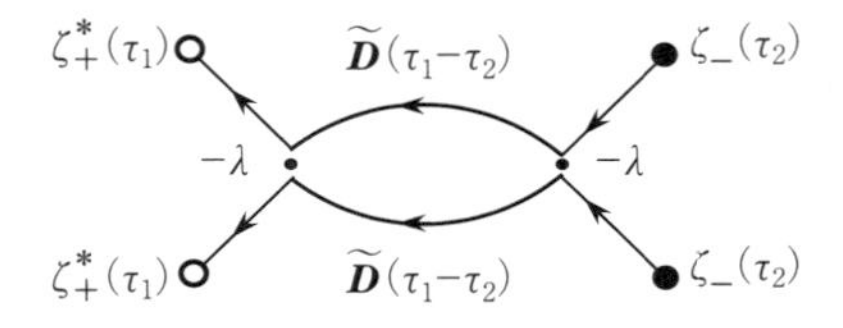

図 5.7　フェルミ粒子に対する 2 次のグラフ

$\times\,(\boldsymbol{\psi}_2^*\boldsymbol{\zeta}_-)(\boldsymbol{\psi}_2^*\boldsymbol{\zeta}_-)$ の縮約なので，縮約同士はグラスマン偶要素で符号は気にしなくてよいことになる．さらに，$\tau_1 \leftrightarrow \tau_2$ の入れかえがあるので，2倍して対称因子は $(2\times 2)/2^3 = 1/2$ となる．

5.1.10 ボース・フェルミ分配関数

以下のボース・フェルミ分配関数

$$\mathcal{Z}^{\mathrm{B}(\boldsymbol{\rho}^*,\boldsymbol{\rho})}(\mathcal{T}) = e^{-f\omega\mathcal{T}/2}\lim_{N\to\infty}\left(\prod_{j=1}^{N}\int\frac{d^{2f}\boldsymbol{\alpha}_j}{\pi^f}\right)\exp\Big[-\sum_{j=1}^{N}\Big\{\boldsymbol{\alpha}_j^*\varDelta\boldsymbol{\alpha}_j + \varDelta\tau\Big(\omega\boldsymbol{\alpha}_j^*\boldsymbol{\alpha}_{j-1} + \frac{\lambda}{2}(\boldsymbol{\alpha}_j^*\boldsymbol{\alpha}_{j-1})^2 + \boldsymbol{\alpha}_j^*\boldsymbol{\rho}_j + \boldsymbol{\rho}_j^*\boldsymbol{\alpha}_{j-1}\Big)\Big\}\Big]_{\mathrm{P}} \tag{5.68}$$

$$\mathcal{Z}^{\mathrm{F}(\boldsymbol{\eta}^*,\boldsymbol{\eta})}(\mathcal{T}) = e^{f\omega\mathcal{T}/2}\lim_{N\to\infty}\left(\prod_{j=1}^{N}\int d^f\boldsymbol{\xi}_j\,d^f\boldsymbol{\xi}_j^*\right)\exp\Big[-\sum_{j=1}^{N}\Big\{\boldsymbol{\xi}_j^*\varDelta\boldsymbol{\xi}_j + \varDelta\tau\Big(\omega\boldsymbol{\xi}_j^*\boldsymbol{\xi}_{j-1} + \frac{\lambda}{2}(\boldsymbol{\xi}_j^*\boldsymbol{\xi}_{j-1})^2 + \boldsymbol{\xi}_j^*\boldsymbol{\eta}_j + \boldsymbol{\eta}_j^*\boldsymbol{\xi}_{j-1}\Big)\Big\}\Big]_{\mathrm{AP}} \tag{5.69}$$

に対しては，

$$\mathcal{Z}^{\mathrm{B}(0,0)}(\mathcal{T}) = \left[\frac{1}{2\sinh(\omega\mathcal{T}/2)}\right]^f \times\exp\left[\left(\frac{\delta}{\delta\boldsymbol{\varphi}}\,\bar{\boldsymbol{D}}\,\frac{\delta}{\delta\boldsymbol{\varphi}^*}\right)\right]\exp\left[-\left(\frac{\lambda}{2}(\boldsymbol{\varphi}^*\boldsymbol{\varphi})^2\right)\right]_{\boldsymbol{\varphi}^*,\boldsymbol{\varphi}\to 0} \tag{5.70}$$

$$\mathcal{Z}^{\mathrm{F}(0,0)}(\mathcal{T}) = \left[2\cosh\left(\frac{\omega\mathcal{T}}{2}\right)\right]^f \times\exp\left[\left(\frac{\delta}{\delta\boldsymbol{\psi}}(-\bar{S})\frac{\delta}{\delta\boldsymbol{\psi}^*}\right)\right]\exp\left[-\left(\frac{\lambda}{2}(\boldsymbol{\psi}^*\boldsymbol{\psi})^2\right)\right]_{\boldsymbol{\psi}^*,\boldsymbol{\psi}\to 0} \tag{5.71}$$

表 5.4　ボース・フェルミ粒子：分配関数ファインマン則

1	虚時刻 τ バーテックス：　$-\lambda$
2	虚時刻 τ_1, τ_2 間プロパゲーター：　$\begin{cases} \overline{\boldsymbol{D}}(\tau_1 - \tau_2) \\ \overline{\boldsymbol{S}}(\tau_1 - \tau_2) \end{cases}$
3	フェルミ粒子のループには (−) を付加
4	各バーテックスごとに虚時間積分：　$\int_0^T d\tau$

と変形でき，ファインマン則は表 5.4 となる (練習問題 5.1e を参照).

これからわかるように，縮約はボース・フェルミ系で境界条件が異なるので

$$\overline{\varphi_\alpha(\tau)\varphi_\beta^*}(\tau') \Longrightarrow (\overline{\boldsymbol{D}})_{\alpha\beta}(\tau - \tau') = \delta_{\alpha\beta}\overline{D}(\tau - \tau') \tag{5.72}$$

$$\overline{\psi_\alpha(\tau)\psi_\beta^*}(\tau') \Longrightarrow (\overline{\boldsymbol{S}})_{\alpha\beta}(\tau - \tau') = \delta_{\alpha\beta}\overline{S}(\tau - \tau') \tag{5.73}$$

のようにプロパゲーターは異なったものとなる．ここで，$\overline{D}$ は (4.126)，$\overline{S}$ は (4.165) である．これらは虚時間の過去・未来どちらにも伝搬するのでループが存在し，フェルミ系の場合にはマイナス符号が出る．

これを見るために，フェルミ分配関数に対する 1 次ファインマングラフ (図 5.8) を考える．バーテックスは，再び

$$-\frac{\lambda}{2}(\boldsymbol{\psi}^*\boldsymbol{\psi})^2$$

であるから，$\sum_{\alpha,\beta=1}^{f}\psi_\alpha^*\psi_\alpha\psi_\beta^*\psi_\beta$ の縮約は，入れかえによるマイナス符号に注意し，

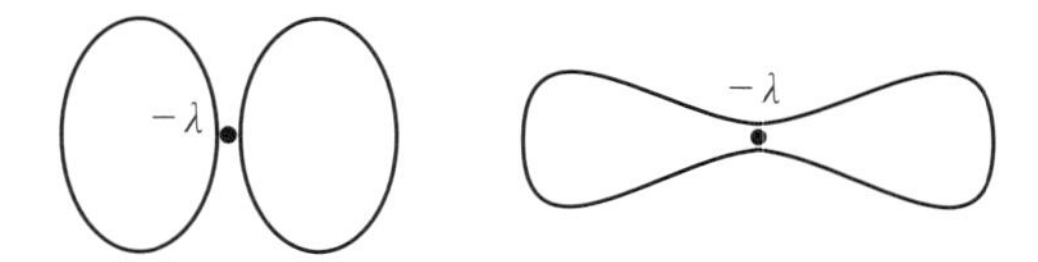

図 5.8　分配関数への 1 次のグラフ．左はフェルミ粒子に対する 2 個のループで，右は 1 個のループ．

$$(-1)^2 \sum_{\alpha,\beta=1}^{f} \overline{\psi_\alpha \psi_\alpha^*}\, \overline{\psi_\beta \psi_\beta^*} = (-1)^2 (\mathrm{Tr}\, \overline{\boldsymbol{S}}(0))^2 = f^2 (\overline{S}(0))^2 \quad (5.74)$$

$$-\sum_{\alpha,\beta=1}^{f} \overline{\psi_\beta \psi_\alpha^*}\, \overline{\psi_\alpha \psi_\beta^*} = -\mathrm{Tr}(\overline{\boldsymbol{S}}(0)\overline{\boldsymbol{S}}(0)) = -f(\overline{S}(0))^2 \quad (5.75)$$

である．なお, Tr はフェルミ粒子の自由度に関するもので, いまは f である．このようにフェルミ粒子ではループごとにマイナス符号がつく．これらは虚時間によらないので，結果は $\mathcal{T}$ を含めて

$$-\frac{\lambda \mathcal{T}}{2}(f^2 - f)(\overline{S}(0))^2 \quad (5.76)$$

で与えられる．

したがって (5.71) より，1 次摂動項は

$$Z_1^{\mathrm{F}}(\mathcal{T}) \equiv -\frac{\lambda \mathcal{T}}{2}\left[2\cosh\left(\frac{\omega \mathcal{T}}{2}\right)\right]^f (f^2 - f)(\overline{S}(0))^2 \quad (5.77)$$

である．同一点のプロパゲーターとして (4.164) で $j \to J-1,\ k \to J$ とおいた ($N \to \infty$ とした),

$$\overline{S}(0) \equiv \frac{-e^{-\omega \mathcal{T}}}{1 + e^{-\omega \mathcal{T}}} \quad (5.78)$$

を採用すれば正しい答である[†4](練習問題 5.1f を参照).

ボース系では，ループのマイナス符号をはずし，プロパゲーター $\overline{S}(0)$ を

$$\overline{D}(0) \equiv \frac{e^{-\omega \mathcal{T}}}{1 - e^{-\omega \mathcal{T}}} \quad (5.79)$$

とすれば (問題解答の (187) で $j \to J-1,\ k \to J,\ N \to \infty$ とした表式を参照), (5.71) の 1 次は,

---

†4 差分型で 4 体相互作用が $(\boldsymbol{\xi}_j^* \boldsymbol{\xi}_{j-1})^2$ であったから，同一点の縮約は上のようにとるのが正しい連続表示 (4.126), (4.165) で, $\theta(0) = 1/2$ とした

$$\overline{D}(0) = \frac{\coth(\omega \mathcal{T}/2)}{2}, \qquad \overline{S}(0) = \frac{\tanh(\omega \mathcal{T}/2)}{2}$$

は摂動解を再現しない．

$$Z_1^{\mathrm{B}}(\mathcal{T}) \equiv -\frac{\lambda\mathcal{T}}{2}\left[\frac{1}{2\sinh(\omega\mathcal{T}/2)}\right]^f (f^2+f)(\bar{D}(0))^2 \quad (5.80)$$

となる (練習問題 5.1f を参照).

練　習　問　題

【5.1a】 公式 (5.15) のユークリッド版である以下を示せ.

$$F\left(-\hbar\frac{\delta}{\delta\tilde{J}}\right)G(\tilde{J})\Big|_{\tilde{J}\to 0} = G\left(-\hbar\frac{\delta}{\delta\tilde{q}}\right)F(\tilde{q})\Big|_{\tilde{q}\to 0} \quad (5.81)$$

【5.1b】 ユークリッド核 (5.41) に対するファインマン則 (表 5.2) を導け.

【5.1c】 分配関数 (5.45) おけるファインマン則 (5.46) を導け.

【5.1d】 (5.63) を導け.

【5.1e】 4 体相互作用の分配関数 (5.70), (5.71), およびファインマン則 (表 5.4) を導け.

【5.1f】 ボース・フェルミ分配関数に対する, 4 体相互作用の 1 次摂動が (5.77) および (5.80) で与えられることを示せ.

5.2　WKB 近似 — ループ展開 —

5.2.1　積分とループ展開

いくつかの場合で経路積分を作用の極値 (= 古典解) 周りの展開で計算してきたが, 近似法という観点から見てみよう. 簡単のため, 1 次元積分

$$Z \equiv \int_{-\infty}^{\infty}\frac{dx}{\sqrt{2\pi\hbar}}\exp\left[-\frac{S(x)}{\hbar}\right] \quad (5.82)$$

を考えよう. 積分が存在するために $\lim_{|x|\to\infty} S(x) = \infty$ が必要であり, $S(x)$ に定数を足したり, 引いたりして,

$$S(x) \geq 0 \quad (5.83)$$

とおく．$\hbar$ はこれまでプランク定数として顔を出してきたが，ここでは最後に $\hbar \to 0$ とするパラメータである[†5]．$e^{-S/\hbar}$ はこの極限で至る所でゼロになり，積分に効くのは，

$$S_{\mathrm{c}}^{(1)} \equiv \left.\frac{dS}{dx}\right|_{x^{\mathrm{c}}} = 0 \tag{5.84}$$

$$S_{\mathrm{c}}^{(2)} \equiv \left.\frac{d^2S}{dx^2}\right|_{x^{\mathrm{c}}} > 0 \tag{5.85}$$

で与えられる関数の極小点 x^{c} の周りのみである．(5.85) を**安定条件** (**stability condition**) という．これは下で見るように，積分が存在する条件である．被積分関数が量子力学型 $e^{iS/\hbar}$ のときも (5.84)，(5.85) を満たす点以外では，激しい振動のため値が相殺して積分には効かないので，事情は同じである．

したがって，x^{c} 周りの展開

$$S(x) = S_{\mathrm{c}} + \frac{S_{\mathrm{c}}^{(2)}}{2}(x - x^{\mathrm{c}})^2 + \cdots + \frac{S_{\mathrm{c}}^{(n)}}{n\,!}(x - x^{\mathrm{c}})^n + \cdot\cdot, \qquad S_{\mathrm{c}}^{(n)} \equiv \left.\frac{d^nS}{dx^n}\right|_{x^{\mathrm{c}}} \tag{5.86}$$

を代入すれば，

$$Z = e^{-S_{\mathrm{c}}/\hbar} \int_{-\infty}^{\infty} \frac{dx}{\sqrt{2\pi\hbar}} \exp\left[-\frac{S_{\mathrm{c}}^{(2)}}{2\hbar}(x - x^{\mathrm{c}})^2 \cdots - \frac{S_{\mathrm{c}}^{(n)}}{n\,!\,\hbar}(x - x^{\mathrm{c}})^n - \cdots\right] \tag{5.87}$$

が得られる．ここで，変数変換

$$\frac{x - x^{\mathrm{c}}}{\sqrt{\hbar}} = x^{\mathrm{q}} \qquad x = x^{\mathrm{c}} + \sqrt{\hbar}\,x^{\mathrm{q}} \tag{5.88}$$

を行うと，$(x^{\mathrm{q}})^3$ 以上の項は $\sqrt{\hbar}$ のべきに比例することが次のようにわかる．

---

†5　厳密には，$|S(x)| \gg \hbar$ を考えていることになる．$S(x)$ が作用であるとすると，それが古典的なパラメータで構成されていれば，この条件 $|S(x)| \gg \hbar$ を満たすことになり，後で議論する準古典近似という言葉の意味も理解できるであろう．

$$Z = e^{-S_c/\hbar}\int_{-\infty}^{\infty}\frac{dx^q}{\sqrt{2\pi}}\exp\left[-\frac{S_c^{(2)}}{2}(x^q)^2\cdots-(\hbar)^{n/2-1}\frac{S_c^{(n)}}{n!}(x^q)^n\cdots\right]$$

$\hbar$ でべき展開し（再び $x^q \to x$ とする），被積分関数の偶奇性に留意すると，

$$Z = e^{-S_c/\hbar}\int_{-\infty}^{\infty}\frac{dx}{\sqrt{2\pi}}\exp\left[-\frac{S_c^{(2)}}{2}x^2\right] \times\left[1+\hbar\left\{-\frac{S_c^{(4)}}{4!}x^4+\frac{1}{2}\left(\frac{S_c^{(3)}}{3!}\right)^2x^6\right\}+O(\hbar^2)\right] \tag{5.89}$$

となり，安定条件 (5.85) の下 $x \to x/\sqrt{S_c^{(2)}}$ とスケールすれば，

$$Z = \frac{e^{-S_c/\hbar}}{\sqrt{S_c^{(2)}}}\int_{-\infty}^{\infty}\frac{dx}{\sqrt{2\pi}}\exp\left[-\frac{x^2}{2}\right] \times\left[1+\hbar\left\{-\frac{S_c^{(4)}}{4!(S_c^{(2)})^2}x^4+\frac{1}{2(S_c^{(2)})^3}\left(\frac{S_c^{(3)}}{3!}\right)^2x^6\right\}+O(\hbar^2)\right] \tag{5.90}$$

が得られる．最後に，ガウス積分の公式

$$\int_{-\infty}^{\infty}\frac{dx}{\sqrt{2\pi}}x^{2m}e^{-x^2/2} = (2m-1)(2m-3)\cdots3\cdot1 \tag{5.91}$$

を用いれば（練習問題 5.2a を参照），次のように $\hbar$ 展開が求まる．

$$Z = \frac{e^{-S_c/\hbar}}{\sqrt{S_c^{(2)}}}\left[1+\hbar\left\{-\frac{S_c^{(4)}}{8(S_c^{(2)})^2}+\frac{5(S_c^{(3)})^2}{24(S_c^{(2)})^3}\right\}+O(\hbar^2)\right] \tag{5.92}$$

ここで，具体例を考えよう．a^2 は $a^2 \neq 0$ なる実数とし，

$$S(x) = \frac{g^2}{8}(x^2-a^2)^2\left(=-\frac{g^2a^2}{4}x^2+\frac{g^2}{8}x^4+\frac{g^2}{8}a^4\right) \tag{5.93}$$

としよう．微分は，

$$\left.\begin{aligned} S'(x) &= \frac{g^2}{2}x(x^2-a^2), \qquad S^{(2)}(x) = \frac{3g^2}{2}x^2-\frac{g^2a^2}{2} \\ S^{(3)}(x) &= 3g^2x, \qquad S^{(4)} = 3g^2 \end{aligned}\right\} \tag{5.94}$$

なので，$S'(x)=0$ の解は a^2 の符号によって，以下の 2 つの場合に分かれる．

（ i ） $a^2 \equiv -|a|^2 < 0$

解は $x=0$ であり，安定条件は満たされ各微分係数は，

$$S^{(2)}(0) = \frac{g^2|a|^2}{2} > 0$$

$$S(0) = \frac{g^2}{8}a^4, \qquad S^{(3)}(0) = 0$$

となる．これらと，$S^{(4)}$を (5.92) に代入すれば，

$$Z^{(-)} = \sqrt{\frac{2}{g^2|a|^2}}\exp\left[-\frac{g^2}{8\hbar}a^4\right]\left(1 - \hbar\frac{3}{2g^2a^4} + O(\hbar^2)\right) \quad (5.95)$$

が得られる．

（ ii ） $a^2 > 0$

解は (p. 212 の図 5.9 を参照)

$$x = 0, \quad \pm a$$

の 3 通りあるが，安定条件 (5.85) を満たすものは $x = \pm a$ である．

例題 5.2.1 安定条件を満たすのは $x = \pm a$ であることを確かめよ．

【解】 $a^2 > 0$ で解 $x=0$ は $S^{(2)}(0) = -g^2a^2/2 < 0$ なので，安定条件を満たさない．$x = \pm a$ は，$S^{(2)}(\pm a) = g^2a^2 > 0$ で安定条件を満たしている．□

$$S(\pm a) = 0, \qquad S^{(3)}(\pm a) = \pm 3g^2a, \qquad S^{(4)} = 3g^2$$

より，(5.92) に代入し

$$Z^{(+)} = \frac{2}{\sqrt{g^2a^2}}\left(1 + \hbar\frac{3}{2g^2a^4} + O(\hbar^2)\right) \qquad (5.96)$$

を得る．なお，因子 2 は，$\pm a$ の寄与が同じであるための 2 倍である．

摂動展開は (5.93) で x^4 の係数 g^2 が小さいとし，そのべき展開で与えられるが，$Z^{(\mp)}$ では，g^2 は分母にあり摂動では決して得ることができない．

このように，$\hbar$ 展開は非摂動的側面を持っている．

1次元積分で考えてきたが，$N(\to\infty)$ 重積分である経路積分でも $\hbar$ の入り方は全く同じなので，こうした近似が適用できる．量子力学で $\hbar\to 0$ 近似は **WKB** (Wentzel - Kramers - Brillouin) **近似** (**WKB approximation**) あるいは**準古典近似** (**semiclassical approximation**) とよばれており，$\hbar$ 展開は WKB 近似そのものである．

一方，計算の過程 (5.89) ～ (5.92) を見ればわかるように，$\hbar$ 展開は積分変数を2次までと，それ以上に分けることで与えられる．前節では，ソース J の導入によって2次より高次の部分をバーテックスとして扱っていたので，$\hbar$ 展開で見れば同じであるはずだ．実際，(ファインマン核) 摂動計算の基 (5.16)，(そのユークリッド版である問題解答の) (243)，(分配関数に対する問題解答の) (244) を見れば，バーテックス V の前に $1/\hbar$，プロパゲーターに $\hbar$ がかかっている．そこで，バーテックスの数が V 個，プロパゲーターが I 本のグラフは，ループ数の関係 (5.26) を思い出すと，$\hbar$ のべきとして

$$\hbar^{-V+I}=\hbar^{L-1} \tag{5.97}$$

となる．すなわち，$\hbar$ 展開は**ループ展開** (**loop expansion**) であることがわかる．この立場から前節の結果を見直してみれば，$\hbar$ 展開とループ数展開が一致していることがわかる．

- トゥリーグラフ $O(\hbar^{-1})$：図 5.2 (a) (5.20)，図 5.4 (a) (5.29)．
- 1 ループグラフ $O(\hbar^{0})$：図 5.2 (b) (5.21)，図 5.4 (b - 1) (5.31)，(b - 2) (5.33)．
- 2 ループグラフ $O(\hbar^{1})$：図 5.2 (c) (5.22)，図 5.4 (c - 1) (5.34)，(c - 2) (5.35)，(c - 3) (5.36)．
- 3 ループグラフ $O(\hbar^{2})$：図 5.4 (d - 1) (5.38)，(d - 2) (5.40)．

ボーズ・フェルミ系 (5.48)，(5.49) では $\hbar$ は現れないが，形式的に $\hbar$ を導入して最後に $\hbar\to 1$ とすれば，ループ展開が求まる ($\hbar\to 0$ ではないが近似は悪くない)．

5.2.2　分配関数に対する WKB 近似

摂動論との違いをより深く理解するために，分配関数の経路積分表示 (3.48)，(3.49)

$$\mathcal{Z}(\mathcal{T}) = \int \mathcal{D}x(\tau)\exp\Big[-\frac{\bar{S}[x]}{\hbar}\Big]_{\mathrm{P}}$$

$$\bar{S}[x] = \int_0^{\mathcal{T}} d\tau\left[\frac{m}{2}\left(\frac{dx(\tau)}{d\tau}\right)^2 + V(x)\right]$$

の連続表示を思い出そう (詳しくは 4.5 節参照)．(5.84) の条件は，古典運動方程式

$$0 = \frac{\delta\bar{S}[x]}{\delta x(\tau)}\bigg|_{\bar{x}^{\mathrm{c}}} = -m\frac{d^2\bar{x}^{\mathrm{c}}}{d\tau^2} + V'(\bar{x}^{\mathrm{c}}), \qquad V'(x) \equiv \frac{dV(x)}{dx} \tag{5.98}$$

を与える．ここで周期境界条件を満たす解 $\bar{x}^{\mathrm{c}}(\tau)$ を求め，その周りで

$$x(\tau) = \bar{x}^{\mathrm{c}}(\tau) + \bar{x}^{\mathrm{q}}(\tau)$$

と展開し，変数変換 $x \to \bar{x}^{\mathrm{q}}$ を行えば，

$$\mathcal{Z}(\mathcal{T}) = \exp\Big[-\frac{\bar{S}[\bar{x}^{\mathrm{c}}]}{\hbar}\Big]\int \mathcal{D}\bar{x}^{\mathrm{q}}(\tau)\exp\Big[-\frac{1}{2\hbar}\int_0^{\mathcal{T}} d\tau \times\Big\{\bar{x}^{\mathrm{q}}(\tau)\Big(-m\frac{d^2}{d\tau^2} + V''(\bar{x}^{\mathrm{c}})\Big)\bar{x}^{\mathrm{q}}(\tau) + O((\bar{x}^{\mathrm{q}})^3)\Big\}\Big] \tag{5.99}$$

となる．

安定条件 (5.85) は，行列関数

$$M(\tau, \tau' ; V) \equiv \Big(-m\frac{d^2}{d\tau^2} + V''(\bar{x}^{\mathrm{c}}(\tau))\Big)\delta(\tau - \tau')$$

から作られる行列 $M^{(V)}_{mn}$ の固有値 Λ_n が，

$$\Lambda_n > 0, \qquad {}^{\forall}n \tag{5.100}$$

を満たすことである（$^\forall n$ は任意の n に対してという意味である）．

例題 5.2.2　(5.100) を確かめよ．

【解】

$$\left(-m\frac{d^2}{d\tau^2}+V''(\bar{x}^{\rm c})\right)u_n(\tau)=\Lambda_n u_n(\tau) \tag{5.101}$$

に従う固有関数を考える．

4.5 節でやったように，$\bar{x}^{\rm q}(\tau)=\sum_n \chi_n u_n(\tau)$ と展開すれば，$\bar{x}^{\rm q}$ の 2 次の項は

$$\left.\begin{aligned}&(5.99)\text{指数の肩}=-\frac{1}{2\hbar}\sum_{m,n}\chi_m M^{(V)}_{mn}\chi_n\equiv-\frac{1}{2\hbar}\boldsymbol{\chi}^{\rm T}\boldsymbol{M}^{(V)}\boldsymbol{\chi}\\&\left(\boldsymbol{M}^{(V)}\right)_{mn}=M^{(V)}_{mn}\equiv\int_0^{\mathcal{T}}d\tau\,u_m(\tau)\left(-m\frac{d^2}{d\tau^2}+V''(\bar{x}^{\rm c})\right)u_n(\tau)\\&\qquad=\Lambda_n\delta_{mn}\end{aligned}\right\} \tag{5.102}$$

となる．ここで $u_n(\tau)$ の直交性を用いた．

したがって，

$$(5.99)\text{指数の肩}=-\frac{1}{2\hbar}\sum_n\Lambda_n(\chi_n)^2 \tag{5.103}$$

となる．よって，χ_n ガウス積分の存在には，$\Lambda_n>0$ ($^\forall n$) が必要である．□

再び具体例で，ポテンシャル $V(x)$ が以下のように与えられた場合を考えよう（図 5.9）．

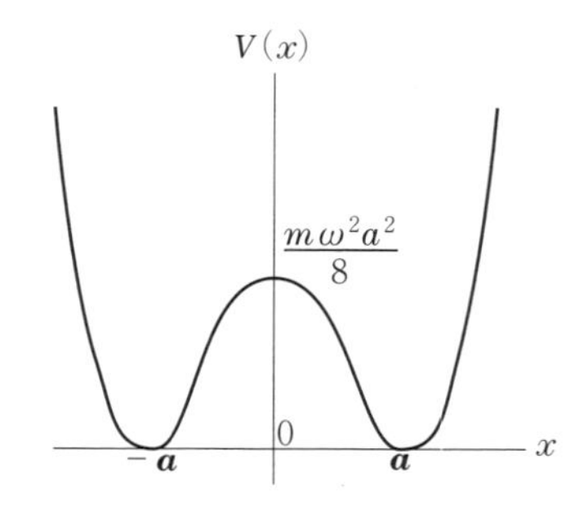

図 5.9　$V(x)$ の形．

$$V(x) = \frac{m\omega^2}{8a^2}(x^2 - a^2)^2 \left(= -\frac{m\omega^2}{4}x^2 + \frac{m\omega^2}{8a^2}x^4 + \frac{m\omega^2 a^2}{8} \right) \quad (a^2 > 0) \tag{5.104}$$

これは，(5.93) の $S(x)$ でおきかえ

$$g^2 \to \frac{m\omega^2}{a^2} \tag{5.105}$$

を行ったものであり，

$$V'(x) = \frac{m\omega^2}{2a^2}x(x^2 - a^2), \qquad V''(x) = \frac{m\omega^2}{2}\left(\frac{3x^2}{a^2} - 1\right) \tag{5.106}$$

より，運動方程式 (5.98) の虚時間によらない解 $\bar{x}^{\mathrm{c}} = 0, \pm a$ のうち，安定条件 (5.100) を満たす解は

$$\bar{x}^{\mathrm{c}} = \pm a \tag{5.107}$$

である．

例題 5.2.3　(5.107) を確認せよ．

【解】　(5.106) より $\bar{x}^{\mathrm{c}} = 0$ では $V''(0) = -m\omega^2/2$ である．固有関数として 4.2 節での $G_r(\tau)$ ((4.101)) を用いれば，(5.101) は

$$m\left(-\frac{d^2}{d\tau^2} - \frac{\omega^2}{2}\right)G_r(\tau) = m\left[\left(\frac{2\pi r}{\mathcal{T}}\right)^2 - \frac{\omega^2}{2}\right]G_r(\tau)$$

となる．(5.101) の Λ_n は $m[(2\pi r/\mathcal{T})^2 - \omega^2/2]$ であり，明らかに r の小さいところで負となるので，安定条件 (5.101) を満たさない．一方，$\bar{x}^{\mathrm{c}} = \pm a$ では $V''(\pm a) = m\omega^2$ なので，

$$m\left(-\frac{d^2}{d\tau^2} + \omega^2\right)G_r(\tau) = m\left[\left(\frac{2\pi r}{\mathcal{T}}\right)^2 + \omega^2\right]G_r(\tau)$$

となり，すべての固有値が正であり安定条件を満たしている．□

さらに $\bar{S}[\pm a]=0$ なので，分配関数 (5.99) は $\bar{x}^{\mathrm{c}}=\pm a$ 双方の寄与を足して，

$$Z(\mathcal{T})=\int\mathcal{D}x(\tau)\exp\left[-\frac{m}{2\hbar}\int_0^{\mathcal{T}}d\tau\,x(\tau)\left(-\frac{d^2}{d\tau^2}+\omega^2\right)x(\tau)+\frac{1}{\hbar}O(x^3)\right]$$
$$+\ (\bar{x}^{\mathrm{c}}=-a\text{ の寄与})\tag{5.108}$$

となる．$O(x^3)\sim O(\sqrt{\hbar})$ 項を無視すれば，双方は同じ調和振動子の分配関数（(4.174) で $J\to 0$ としたもの）なので，

$$\begin{aligned}Z(\mathcal{T})&=2\times\frac{1}{2\sinh(\omega\mathcal{T}/2)}+O(\hbar)\\&=\frac{1}{\sinh(\omega\mathcal{T}/2)}+O(\hbar)\end{aligned}\tag{5.109}$$

となる．

基底エネルギーは (4.229) より $E_0=\hbar\omega/2$ となる．これは以下の事情による．

図 5.9 より $\bar{x}^{\mathrm{c}}=\pm a$ はポテンシャルの 2 つの底である．その近傍はそれぞれ 2 次関数，つまり調和振動子と見なすことができる．つまり，(縮退した) 調和振動子の基底エネルギーが得られたわけである．実際は，トンネル効果によって真の基底状態に落ち着くことになるのだが，それは，

$$x_{\mathrm{K}}^{\mathrm{c}}(\tau)=\pm a\tanh\frac{\omega(\tau-\tau_0)}{2}\tag{5.110}$$

を考えることで取り入れることができる．+ の場合を**キンク解** (**kink solution**)，− を**反キンク解** (**anti - kink solution**) という．τ_0 は任意でキンクの中心を表す．

例題 5.2.4 (5.110) が運動方程式 (5.98)

$$\frac{d^2 x_{\rm K}^{\rm c}}{d\tau^2} - \frac{\omega^2}{2a^2} x_{\rm K}^{\rm c}((x_{\rm K}^{\rm c})^2 - a^2) = 0 \tag{5.111}$$

の解であることを確かめよ．

【解】 $x \equiv \omega(\tau - \tau_0)/2$ として書きかえれば，(5.111) の左辺は

$$0 = \frac{1}{2}\frac{d^2}{dx^2}(\tanh x) - \tanh x(\tanh^2 x - 1) = \frac{1}{2}\frac{d^2}{dx^2}(\tanh x) + \frac{\sin x}{\cosh^3 x}$$

となる．微分公式 $(\tanh x)' = 1/\cosh^2 x$ をもう 1 回微分すれば $(\tanh x)'' = -2\sinh x/(\cosh^3 x)$ だから，明らかに (5.111) は満たされている．□

(5.111) の解であることは，図 5.10 からもわかる．キンク解では無限の鎖が $\tau \to -\infty$ では $x = -a$ にあり，$\tau = \tau_0$ で山の頂を越えて $\tau \to \infty$ で $x = a$ に至る．鎖は無限の長さがあるので，片方を持ち上げて移動させることは不

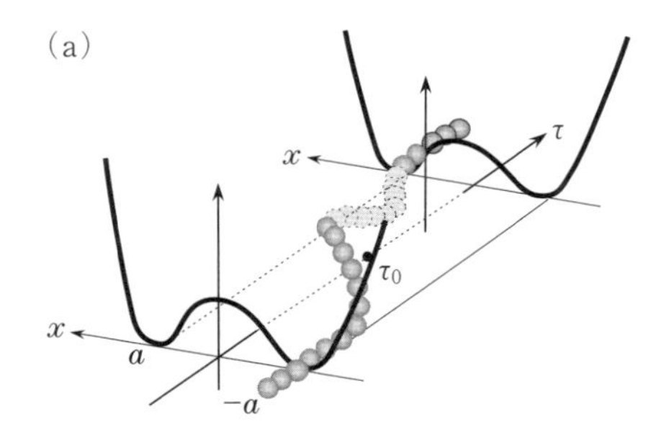

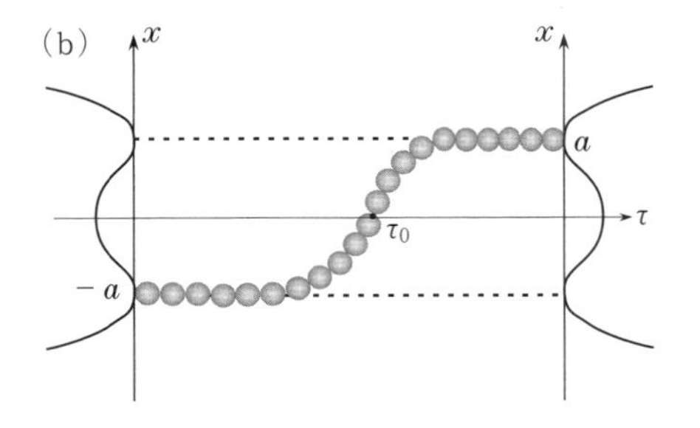

図 5.10 キンク解．$\tau \to -\infty$ で $x = -a$ にある鎖が，$\tau \to \infty$ で $x = a$ に山を越えて渡っている．すべての鎖を片方に移動するのは無限のエネルギーが必要である．(b) は (a) を上から見たものである．

可能である．つまり，この解は安定である (**ソリトン解** (**soliton solution**) といわれる)．

しかし，これは周期境界条件を満たしていないから，このままでは $\bar{x}^{\mathrm{c}}$ として採用することはできない．そこで，中心をそれぞれ $\tau = \tau_0$，$\tau = \tau_1$ とするキンク・反キンク解の積 (図 5.11)

$$\bar{x}^{\mathrm{c}}_{\mathrm{K}}(\tau) = \pm\, a \tanh\frac{\omega(\tau - \tau_0)}{2}\tanh\frac{\omega(\tau - \tau_1)}{2} \quad (\omega|\tau_1 - \tau_0| \gg 1) \tag{5.112}$$

を考える．条件 $\omega|\tau_1 - \tau_0| \gg 1$ より，$x = \omega(\tau - \tau_0)/2$ で書き直すと，

$$\tanh\frac{\omega(\tau - \tau_1)}{2} = \tanh\left(x - \frac{\omega(\tau_1 - \tau_0)}{2}\right) = -1 + O(e^{-\omega|\tau_1 - \tau_0|/2})$$

である．

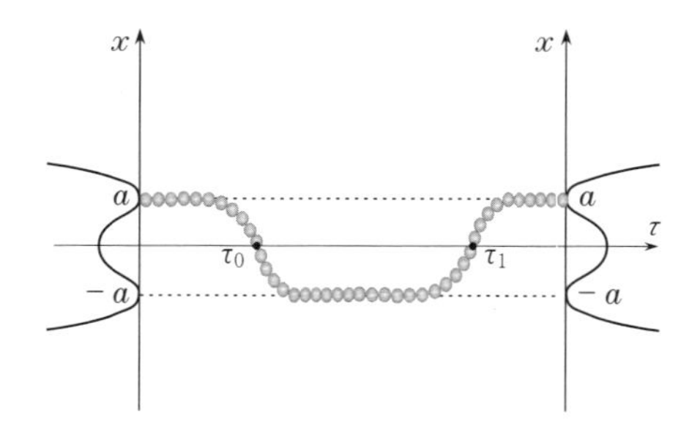

図 5.11　キンク・反キンク解．(5.112) で ＋ 符号の場合．

例題 5.2.5　この式を確かめよ．

【解】　$\omega(\tau - \tau_1)/2 \equiv X$ として，加法定理

$$\tanh\,(x - X) = \frac{\tanh x - \tanh X}{1 - \tanh x \tanh X}$$

において，$\tanh X = 1 + O\,(e^{-X})\ (X \gg 1)$ に注意すれば

$$\tanh\,(x - X) = \frac{\tan x - 1 + O\,(e^{-X})}{1 - \tanh x\,(1 + O\,(e^{-X}))} = -1 + O\,(e^{-X})$$

が得られる. □

この解を運動方程式 (5.111) に代入すると,

$$\frac{d^2\bar{x}^{\mathrm{c}}_{\mathrm{k}}}{d\tau^2} - \frac{\omega^2}{2a^2}\bar{x}^{\mathrm{c}}_{\mathrm{k}}[(\bar{x}^{\mathrm{c}}_{\mathrm{k}})^2 - a^2] = O(e^{-\omega|\tau_1-\tau_0|/2})$$

となる.

つまり, キンクと反キンクが十分離れているとき, この積は解となり周期条件も満たす. これを用いて計算を進めることを**希ガス近似** (**dilute gas approximation**) という. 詳しい計算は紙面の関係で省略するが, 最終的に,

$$E_0 = \frac{\hbar\omega}{2} - 2\hbar\omega\sqrt{\frac{m\omega a^2}{\pi\hbar}}\exp\left[-\frac{2m\omega a^2}{3\hbar}\right] \qquad (5.113)$$

とトンネル効果を取り入れた基底状態のエネルギーが得られる†6. おきかえ (5.105) に注意して, 結合定数 $g^2 = m\omega^2/a^2$ で書き直してみると, 第2項は

$$-2\hbar\omega\sqrt{\frac{m^2\omega^3}{\pi\hbar g^2}}\exp\left[-\frac{2m^2\omega^3}{3\hbar g^2}\right]$$

で, $g^2 \to 0$ では $\exp[-2m^2\omega^3/(3\hbar g^2)]$ のためにゼロになる. つまり, 摂動論では決して得られない値である.

このように, ループ展開 (= WKB近似) は摂動論を越えた, より一般的な計算方法を与えるものである. 特に, 結合定数を含んだ変換 (例えばゲージ変換) の不変性は, ループ展開を用いて調べるしかない (摂動論では, 変換自体が摂動の次数を変えてしまう!).

練 習 問 題

【5.2a】 ガウス積分の公式 (5.91) を導け.

---

†6 大貫義郎, 鈴木増雄, 柏太郎 共著「現代物理学叢書 経路積分の方法」(岩波書店, 2012年) pp. 58-70 に詳しく議論してある.

5.3　補助場の方法

この節では，経路積分に特徴的な近似方法を紹介する．

5.3.1　積分での補助場

出発点は，付録 D のガウス積分公式 (D.3) から得られる $\mathcal{Y}$ を任意の複素数としたときの

$$\int_{-\infty}^{\infty} \frac{dy}{\sqrt{2\pi\hbar}} \exp\left[-\frac{1}{2\hbar}(y - \mathcal{Y})^2\right] = 1 \tag{5.114}$$

という恒等式である．

> **例題 5.3.1**　(5.114) を確認せよ．

【解】　(D.3) で $x \to y$, $\alpha \to 1/(2\hbar)$ とした，

$$\int_{-\infty}^{\infty} dy \exp\left[-\frac{1}{2\hbar}y^2 - \beta y\right] = \sqrt{2\pi\hbar}\exp\left[\frac{\hbar\beta^2}{2}\right]$$

の右辺を移項すれば，指数の肩は

$$-\frac{1}{2\hbar}y^2 - \beta y - \frac{\hbar\beta^2}{2} = -\frac{1}{2\hbar}(y + \hbar\beta)^2$$

となり，$\beta \to -\mathcal{Y}/\hbar$ とおけば (5.114) である．$\alpha = 1/(2\hbar)$ は付録 D.2 節で記した条件 (ⅰ) に当てはまるから，複素数 $\mathcal{Y}$ には何の条件もなく全く任意でよい．□

1 次元積分 (5.82) の $S(x)$ が (5.93) で与えられる以下の場合を考えよう．

$$\begin{aligned} Z &= \int_{-\infty}^{\infty} \frac{dx}{\sqrt{2\pi\hbar}} \exp\left[-\frac{g^2}{8\hbar}(x^2 - a^2)^2\right] \\ &= \exp\left[-\frac{g^2a^4}{8\hbar}\right]\int_{-\infty}^{\infty} \frac{dx}{\sqrt{2\pi\hbar}} \exp\left[\frac{g^2a^2}{4\hbar}x^2 - \frac{g^2}{8\hbar}x^4\right] \end{aligned} \tag{5.115}$$

x^4 項を消すように (5.114) で $\mathcal{Y} = -igx^2/2$ とした，

$$1 = \int_{-\infty}^{\infty} \frac{dy}{\sqrt{2\pi\hbar}} \exp\left[-\frac{1}{2\hbar}\left(y + \frac{ig}{2}x^2\right)^2\right]$$

を (5.115) に挿入すれば (以下では積分の上限，下限は省く)，

$$Z = e^{-g^2a^4/(8\hbar)}I, \qquad I \equiv \int \frac{dx\,dy}{2\pi\hbar} \exp\left[-\frac{y^2}{2\hbar} - \frac{g\Omega}{2\hbar}x^2\right] \tag{5.116}$$

となる．ただし，

$$\Omega \equiv iy - \frac{ga^2}{2} \tag{5.117}$$

である．ここで，新しい変数 y を場の理論の用語で**補助場 (auxiliary field)** という (その物理的な意味は後で解説する)．なお，

$$\mathrm{Re}\,\Omega > 0, \qquad g > 0 \tag{5.118}$$

であれば，x のガウス積分は簡単にできて，

$$I = \int \frac{dy}{\sqrt{2\pi\hbar g}} \frac{1}{\sqrt{\Omega}} \exp\left[-\frac{y^2}{2\hbar}\right] = \int \frac{dy}{\sqrt{2\pi\hbar g}}\, e^{-S(y)/\hbar} \tag{5.119}$$

が得られる．ここで，

$$S(y) \equiv \frac{y^2}{2} + \frac{\hbar}{2}\ln\Omega \tag{5.120}$$

である．最後の表式で $1/\sqrt{\Omega}$ を指数の肩に上げた．

前節の議論を思い出し，

$$S'(y) = y + \frac{\hbar}{2}\frac{i}{\Omega} = 0 \tag{5.121}$$

の解 y_{c}

$$y_{\mathrm{c}} + \frac{\hbar}{2}\frac{i}{\Omega_{\mathrm{c}}} = 0$$

を探す．このとき，y_{c} の代わりに (5.117) での

$$\Omega_{\mathrm{c}} \equiv iy_{\mathrm{c}} - \frac{ga^2}{2}$$

を用いれば，$\Omega_{\rm c}$ は，

$$S'(y_{\rm c})=0 \Longrightarrow \Omega_{\rm c}+\frac{ga^2}{2}-\frac{\hbar}{2\Omega_{\rm c}}=0$$

$$\Longrightarrow 2(\Omega_{\rm c})^2+ga^2\Omega_{\rm c}-\hbar=0 \qquad (5.122)$$

を満たさなくてはならない．$S(y)$ のさらなる微分は，

$$S^{(2)}(y)=1+\frac{\hbar}{2(\Omega)^2}, \qquad S^{(n)}(y)=-\frac{\hbar(n-1)!}{2}\left(\frac{-i}{\Omega}\right)^n \quad (n\geq 3)$$

$$(5.123)$$

で与えられる．

よって，$S(y)$ の $y_{\rm c}$ の周りでのべき展開は，

$$S(y)=S_{\rm c}+\frac{1}{2}S_{\rm c}^{(2)}(y-y_{\rm c})^2+\cdots+\frac{1}{n!}S_{\rm c}^{(n)}(y-y_{\rm c})^2+\cdots$$

$$(5.124)$$

であり，ここで

$$S_{\rm c}\equiv S(y_{\rm c}), \qquad S_{\rm c}^{(n)}\equiv S^{(n)}(y_{\rm c}) \qquad (5.125)$$

と書き，補助場 y を $y-y_{\rm c}\to y$ とシフトして，

$$I=e^{-S_{\rm c}/\hbar}\int\frac{dy}{\sqrt{2\pi\hbar g}}\exp\left[-\frac{1}{2\hbar}\left(1+\frac{\hbar}{2(\Omega_{\rm c})^2}\right)y^2+\frac{1}{2}\sum_{n=3}^{\infty}\frac{1}{n}\left(\frac{-iy}{\Omega_{\rm c}}\right)^n\right]$$

$$(5.126)$$

が得られる．なお，

$$S_{\rm c}\equiv\frac{y_{\rm c}^2}{2}+\frac{\hbar}{2}\ln\Omega_{\rm c}\overset{(5.122)}{=}-\frac{\hbar^2}{8(\Omega_{\rm c})^2}+\frac{\hbar}{2}\ln\Omega_{\rm c} \qquad (5.127)$$

である．(5.126) を見れば，実数の $\Omega_{\rm c}$ に対して y 積分の安定条件 (5.85) は満たされている．一方，$\Omega_{\rm c}$ に対する 2 次方程式 (5.122) の解は

$$\Omega^{(\pm)} \equiv \begin{cases} \dfrac{ga^2}{4}\left(\sqrt{1+\dfrac{8\hbar}{(ga^2)^2}}-1\right) \\ -\dfrac{ga^2}{4}\left(\sqrt{1+\dfrac{8\hbar}{(ga^2)^2}}+1\right) \end{cases} \tag{5.128}$$

である．これを見ると，x 積分の可能条件 (5.118) が満たされるには，$\Omega^{(+)}$ では $a^2>0$ が，$\Omega^{(-)}$ では $a^2<0$ がそれぞれ必要である．$\hbar$ で展開すれば

$$\Omega^{(\pm)} = \begin{cases} \dfrac{\hbar}{ga^2}\left(1-\dfrac{2\hbar}{(ga^2)^2}+\dfrac{8\hbar^2}{(ga^2)^4}+O(\hbar^3)\right) \\ \dfrac{g|a^2|}{2}\left(1+\dfrac{2\hbar}{(ga^2)^2}-\dfrac{4\hbar^2}{(ga^2)^4}+O(\hbar^3)\right) \end{cases} \tag{5.129}$$

となる．

$\Omega^{(+)}$ は $O(\hbar)$ で計算が少し煩雑になるので練習問題 5.3a に譲ることにして，ここでは $O(1)$ の $\Omega^{(-)}$ の場合を計算しよう．(5.126) で

$$y \to \sqrt{\frac{\hbar}{1+\hbar/(2\Omega^{(-)2})}}\,y$$

とスケールすれば，

$$\begin{aligned} I^{(-)} &\equiv e^{-S_c/\hbar}\frac{1}{\sqrt{1+\hbar/(2\Omega^{(-)2})}}\int\frac{dy}{\sqrt{2\pi g}} \\ &\qquad \times \exp\left[-\frac{y^2}{2}+\frac{1}{2}\sum_{n=3}^{\infty}\frac{\hbar^{n/2}}{n}\left(\frac{-iy}{\Omega^{(-)}\sqrt{1+\hbar/(2\Omega^{(-)2})}}\right)^n\right] \\ &= \frac{e^{-S_c/\hbar}}{\sqrt{1+\hbar/(2\Omega^{(-)2})}}\int\frac{dy}{\sqrt{2\pi g}}\exp\left[-\frac{y^2}{2}\right](1+O(\hbar^2)) \end{aligned} \tag{5.130}$$

となる．$O(\hbar^2)$ から展開が始まるのは，$O(\hbar^{3/2})$ の $n=3$ は奇関数 y^3 なので積分で落ち，$n=4$ が最低次となるからである．

さらに，y 積分を行い $O(\hbar)$ までを

$$I^{(-)} = \frac{e^{-S_c/\hbar}}{\sqrt{g(1+\hbar/(2\Omega^{(-)^2}))}} \tag{5.131}$$

のように評価する．(5.129) より，

$$\begin{aligned}(\Omega^{(-)})^2 &= \frac{(g|a^2|)^2}{4}\left(1+\frac{2\hbar}{(ga^2)^2}-\frac{4\hbar^2}{(ga^2)^4}+O(\hbar^3)\right)^2 \\ &= \frac{(g|a^2|)^2}{4}\left(1+\frac{4\hbar}{(ga^2)^2}+O(\hbar^2)\right)\end{aligned} \tag{5.132}$$

なので，

$$\begin{aligned}\frac{1}{\sqrt{1+\hbar/(2\Omega^{(-)^2})}} &= \frac{1}{\sqrt{1+2\hbar/(ga^2)^2}}+O(\hbar^2) \\ &= 1-\frac{\hbar}{(ga^2)^2}+O(\hbar^2)\end{aligned} \tag{5.133}$$

となる．一方，(5.127) の $S_c(=-\hbar^2/8(\Omega_c)^2+(\hbar/2)\ln\Omega_c)$ を $S_c^{(-)}$ と以下のように書く．

$$S_c^{(-)} = \frac{\hbar}{2}\ln\frac{g|a^2|}{2}+\frac{\hbar^2}{2(g|a^2|)^2}+O(\hbar^3) \tag{5.134}$$

例題 5.3.2　(5.134) を導け．

【**解**】 (5.132) より

$$\frac{1}{(\Omega^{(-)})^2} = \frac{4}{(g|a^2|)^2}\left(1-\frac{4\hbar}{(ga^2)^2}+O(\hbar^2)\right)$$

なので

$$第1項 \equiv -\frac{\hbar^2}{8(\Omega^{(-)})^2} = -\frac{\hbar^2}{2(g|a^2|)^2}+O(\hbar^3)$$

$$\begin{aligned}第2項 \equiv \frac{\hbar}{2}\ln\Omega^{(-)} &= \frac{\hbar}{2}\ln\frac{g|a^2|}{2}+\frac{\hbar}{2}\ln\left(1+\frac{2\hbar}{(ga^2)^2}-\frac{4\hbar^2}{(ga^2)^4}+O(\hbar^3)\right) \\ &= \frac{\hbar}{2}\ln\frac{g|a^2|}{2}+\frac{\hbar^2}{(ga^2)^2}+O(\hbar^3)\end{aligned}$$

のように，それぞれ与えられる．これより (5.134) が求まる（指数の肩では $\hbar$ で割るから $\hbar^2$ まで必要である）．□

こうして，$\exp[-(1/2)\ln(g|a^2|/2)] = \sqrt{2/g|a^2|}$ に注意すれば，

$$e^{-S_c^{(-)}/\hbar} = \exp\left[-\frac{1}{2}\ln\frac{g|a^2|}{2} - \frac{\hbar}{2(g|a^2|)^2} + O(\hbar^2)\right]$$

$$= \sqrt{\frac{2}{g|a^2|}}\left(1 - \frac{\hbar}{2(g|a^2|)^2} + O(\hbar^2)\right) \qquad (5.135)$$

となり，最後に $1/\sqrt{g}$ を掛け，(5.133) と (5.135) とを合わせれば (5.131) は，

$$I^{(-)} = \sqrt{\frac{2}{g^2|a^2|}}\left(1 - \frac{3\hbar}{2(g|a^2|)^2} + O(\hbar^2)\right) \qquad (5.136)$$

と求められる．なお，Z の表式 (5.116) に戻れば，前節 $Z^{(-)}$ (5.95) と一致していることがわかる．

5.3.2 4体フェルミ系での補助場

計算の道筋がわかったところで，現実的な模型としてソース $\boldsymbol{\eta}$, $\boldsymbol{\eta}^*$ をゼロとした，フェルミ4体相互作用 (5.47) の分配関数 (5.71) を取り上げよう．ここでの議論によって，「補助場」という言葉の意味もわかる．分配関数として，連続表示を用いた．

$$Z^{\mathrm{F}}(\mathcal{T}) = \int \mathcal{D}^f\boldsymbol{\xi}\mathcal{D}^f\boldsymbol{\xi}^* \exp\left[-\int_0^{\mathcal{T}} d\tau \left\{\boldsymbol{\xi}^*\left(\frac{d}{d\tau} + \omega\right)\boldsymbol{\xi} + \frac{\lambda}{2}(\boldsymbol{\xi}^*\boldsymbol{\xi})^2\right\}\right]_{\mathrm{AP}} \qquad (5.137)$$

から出発する．4体相互作用を消すように，補助場 $y(\tau)$ を

$$1 = \int \mathcal{D}y \exp\left[-\int_0^{\mathcal{T}} d\tau \frac{1}{2}\{y + i\sqrt{\lambda}(\boldsymbol{\xi}^*\boldsymbol{\xi})\}^2\right] \qquad (5.138)$$

と導入すれば，

$$
\mathcal{Z}^{\mathrm{F}}(\mathcal{T}) = \int \mathcal{D}y\mathcal{D}^f\boldsymbol{\xi}\mathcal{D}^f\boldsymbol{\xi}^* \times \exp\left[-\int_0^{\mathcal{T}} d\tau \left\{\boldsymbol{\xi}^*\left(\frac{d}{d\tau} + i\sqrt{\lambda}y + \omega\right)\boldsymbol{\xi} + \frac{y^2}{2}\right\}\right]_{\mathrm{AP}} \tag{5.139}
$$

となる．

$y\boldsymbol{\xi}^*\boldsymbol{\xi}$ は相互作用を表すが，y には運動項 — $(dy/d\tau)^2$ — がない（今は，虚時間で考えている）．こうした物理的自由度を持たない量を「補助場」という（力学系では，ラグランジュの未定常数とよばれる）．特徴は (5.139) で摂動（$\sqrt{\lambda}$ が小さい場合）を考えると明らかになる．補助場のプロパゲーターは，

$$
\boldsymbol{\Delta}_y^{(0)}(\tau - \tau') = \delta(\tau - \tau') \tag{5.140}
$$

となる（$\boldsymbol{\Delta}_y^{(0)}$ の (0) は摂動の 0 次を表す）．

例題 5.3.3　(5.140) を確認せよ．

【解】　(4.231) を思い出し，(5.139) の補助場項を以下のように書く．

$$
\int_0^{\mathcal{T}} d\tau\, y^2 = \iint_0^{\mathcal{T}} d\tau\, d\tau'\, y(\tau)\delta(\tau - \tau')y(\tau')
$$

よって $M(\tau, \tau') \to \delta(\tau - \tau')$ である．M^{-1} がプロパゲーターであったから，

$$
\int_0^{\mathcal{T}} d\tau''\, \delta(\tau - \tau'')\delta(\tau'' - \tau') = \delta(\tau - \tau')
$$

に注意すれば，プロパゲーターは (5.140) となる．□

図 5.12 (a) のファインマン則（練習問題 5.3b を参照）を用いれば，分配関数に対する $O(\lambda)$ の寄与は図 5.12 (b) で与えられる．これは，図 5.8 の 4 点バーテックスを補助場で分解した形で，見やすく扱いやすい．補助場を導入する利点の 1 つである．

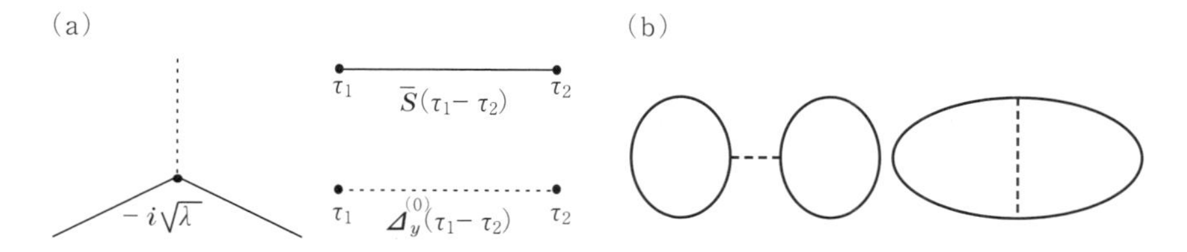

図 5.12 (a) フェルミ粒子・補助場分配関数でのファイマン則．実線はフェルミ粒子．点線は補助場．(b) フェルミループの寄与．図5.8の4点バーテックスが補助場により分けられている．

例題 5.3.4 図 5.12 (b) が結果 (5.74)，(5.75) を再現することを示せ．

【解】 $\dfrac{(-i\sqrt{\lambda})^2}{2}(Y_1\boldsymbol{\psi}_1^*\boldsymbol{\psi}_1)(Y_2\boldsymbol{\psi}_2^*\boldsymbol{\psi}_2)$ における縮約 $\overbrace{Y_1\underbrace{\boldsymbol{\psi}_1^*\boldsymbol{\psi}_1}Y_2}\underbrace{\boldsymbol{\psi}_2^*\boldsymbol{\psi}_2}$ が図の左側で，図の右側は $\overbrace{Y_1\boldsymbol{\psi}_1^*\boldsymbol{\psi}_1 Y_2}\boldsymbol{\psi}_2^*\boldsymbol{\psi}_2$ である（下側の縮約に関して，フェルミ粒子の入れかえのマイナスがつくことに注意しよう）．これにファインマン則を当てはめれば，

$$
\text{左図} = -\frac{\lambda}{2}\int_0^{\mathcal{T}} d\tau_1\, d\tau_2\, \varDelta_y^{(0)}(\tau_1-\tau_2)(-1)^2(\mathrm{Tr}\,\overline{S}(0))^2 = -\frac{f^2\lambda\mathcal{T}(\overline{S}(0))^2}{2}
$$

$$
\text{右図} = -\frac{\lambda}{2}\int_0^{\mathcal{T}} d\tau_1\, d\tau_2\, \varDelta_y^{(0)}(\tau_1-\tau_2)(-1)\,\mathrm{Tr}(\overline{S}(\tau_1-\tau_2)\overline{S}(\tau_2-\tau_1)) = \frac{f\lambda\mathcal{T}(\overline{S}(0))^2}{2}
$$

それぞれ (5.74) × $\mathcal{T}$，(5.75) × $\mathcal{T}$ であり，図 5.12 (b) は (5.74)，(5.75) を再現している．□

5.3.3 4体相互作用での補助場の役割

補助場の導入は，グラフの見通しをよくするためだけではない．それを見るために，これからはボース系も同時に議論していこう．ボース4体相互作用の分配関数は，(5.70) でソースをゼロとした，

$$
\mathcal{Z}^{\mathrm{B}}(\mathcal{T}) = \int \mathcal{D}^f\boldsymbol{\alpha}\mathcal{D}^f\boldsymbol{\alpha}^*\exp\left[-\int_0^{\mathcal{T}} d\tau\left\{\boldsymbol{\alpha}^*\left(\frac{d}{d\tau}+\omega\right)\boldsymbol{\alpha}+\frac{\lambda}{2}(\boldsymbol{\alpha}^*\boldsymbol{\alpha})^2\right\}\right]_{\mathrm{P}} \tag{5.141}
$$

であり，これに補助場を (5.138) で $\xi \to \alpha$ とおきかえて導入し，

$$\mathcal{Z}^{\mathrm{B}}(\mathcal{T}) = \int \mathcal{D}y\mathcal{D}^f\boldsymbol{\alpha}\mathcal{D}^f\boldsymbol{\alpha}^* \times \exp\left[-\int_0^{\mathcal{T}} d\tau \left\{\boldsymbol{\alpha}^*\left(\frac{d}{d\tau} + i\sqrt{\lambda}y + \omega\right)\boldsymbol{\alpha} + \frac{y^2}{2}\right\}\right]_{\mathrm{P}} \tag{5.142}$$

を得る．(5.139) と異なるのは周期条件で計算することである．ガウス積分を行えば

$$\begin{aligned}\mathcal{Z}^{\mathrm{B}}(\mathcal{T}) &= \int \mathcal{D}y \frac{1}{(\mathrm{Det}[d/d\tau + i\sqrt{\lambda}y + \omega])^f} \exp\left[-\int_0^{\mathcal{T}} d\tau \frac{y^2}{2}\right] \\ &= \exp\left[-f\,\mathbf{Tr}\ln\left[\frac{d}{d\tau} + i\sqrt{\lambda}y + \omega\right] - \left(\frac{y^2}{2}\right)\right]\end{aligned} \tag{5.143}$$

となる．ここで，簡便記法 (5.42)，行列式を指数の肩に移す公式 (4.233) を用いた．一方，(5.139) でグラスマン積分を行えば

$$\begin{aligned}\mathcal{Z}^{\mathrm{F}}(\mathcal{T}) &= \int \mathcal{D}y \left(\mathrm{Det}\left[\frac{d}{d\tau} + i\sqrt{\lambda}y + \omega\right]\right)^f \exp\left[-\int_0^{\mathcal{T}} d\tau \frac{y^2}{2}\right] \\ &= \int \mathcal{D}y \exp\left[f\,\mathbf{Tr}\ln\left[\frac{d}{d\tau} + i\sqrt{\lambda}y + \omega\right] - \left(\frac{y^2}{2}\right)\right]\end{aligned} \tag{5.144}$$

となる．ボーズ・フェルミ自由度を積分した結果をまとめて書けば，それぞれ

$$\mathcal{Z}^{\binom{\mathrm{B}}{\mathrm{F}}}(\mathcal{T}) = \int \mathcal{D}y \exp[-S^{(\pm)}[y]] \tag{5.145}$$

$$S^{(\pm)}[y] \equiv \left(\frac{y^2}{2}\right) \pm f\,\mathbf{Tr}\ln\left[\frac{d}{d\tau} + \Omega_y(\tau)\right] \tag{5.146}$$

$$\Omega_y(\tau) \equiv i\sqrt{\lambda}y(\tau) + \omega \tag{5.147}$$

である．

5.3.4 古典解・ギャップ方程式

(5.121) に対応し，補助場の古典解 $y_{\rm c}(\tau)$ について

$$0 = \left.\frac{\delta S^{(\pm)}[y]}{\delta y(\tau)}\right|_{y_{\rm c}} \tag{5.148}$$

を探し，その周りで，(5.124) のようにべき展開を行うと

$$\left.\begin{aligned} S^{(\pm)}[y] &= S_{\rm c}^{(\pm)} + \left(\frac{S_{\rm c}^{(\pm\,:\,2)}}{2}(y-y_{c})^2\right) + \cdots + \left(\frac{S_{\rm c}^{(\pm\,:\,n)}}{n!}(y-y_{\rm c})^n\right) + \cdots \\ S_{\rm c}^{(\pm)} &\equiv S^{(\pm)}[y_{\rm c}], \qquad S_{\rm c}^{(\pm\,:\,n)} \equiv \left.\frac{\delta^n S^{(\pm)}}{\delta y(\tau_1)\cdots\delta y(\tau_n)}\right|_{y_{\rm c}} \end{aligned}\right\} \tag{5.149}$$

が得られる．ただし，

$$\left(\frac{S_{\rm c}^{(\pm\,:\,n)}}{n!}(y-y_{\rm c})^n\right) \equiv \frac{1}{n!}\int\cdots\int d\tau_1\cdots d\tau_n (y-y_{\rm c})(\tau_1)\cdots(y-y_{\rm c})(\tau_n) \times \left.\frac{\delta^n S^{(\pm)}}{\delta y(\tau_1)\cdots\delta y(\tau_n)}\right|_{y_{\rm c}}$$

である ($S^{(\pm)}[y] \to S^{(\pm)}[y]/\hbar$ として $\hbar$ で展開すれば補助場のループ展開が得られる)．

ここで，シフト $y - y_{\rm c} \to y$ を行えば，

$$\mathcal{Z}^{\left(\substack{\rm B\\ \rm F}\right)}(\mathcal{T}) = e^{-S_{\rm c}^{(\pm)}}\int \mathcal{D}y \exp\left[-\left(\frac{S_{\rm c}^{(\pm\,:\,2)}}{2}y^2\right)\cdots - \left(\frac{S_{\rm c}^{(\pm\,:\,n)}}{n!}y^n\right)\cdots\right] \tag{5.150}$$

が与えられる．

さて，(5.148) の解 $y_{\rm c}$ を探すため，補助場 $y(\tau)$ に依存するボーズ・フェルミ系のプロパゲーター $\mathscr{D}_y$, $\mathscr{S}_y$ を定義する．

$$\left(\frac{d}{d\tau}+\Omega_y(\tau)\right)\boldsymbol{\mathcal{D}}(\tau,\,\tau')=\delta(\tau-\tau'),\qquad \boldsymbol{\mathcal{D}}(\tau,\,\tau')\equiv\begin{Bmatrix}\mathscr{D}_y(\tau,\,\tau')\\ \mathscr{S}_y(\tau,\,\tau')\end{Bmatrix} \tag{5.151}$$

と定義する．これを用い，$\Omega_y(\tau)$ ((5.147)) の (汎関数) 微分 ((A.10), (A.11) を参照)

$$\frac{\delta\Omega_y(\tau)}{\delta y(\tau')}=i\sqrt{\lambda}\,\delta(\tau-\tau') \tag{5.152}$$

に注意すれば，(5.148) の右辺は以下のように書ける．

$$(5.148)\ \text{右辺}=\frac{\delta S^{(\pm)}[y]}{\delta y(\tau)}=y(\tau)\pm if\sqrt{\lambda}\,\boldsymbol{\mathcal{D}}(\tau,\,\tau) \tag{5.153}$$

この右辺第 2 項を以下で導いていこう．まず，準備として，周期 (4.99)・反周期固有関数 (4.172) をまとめて，

$$\langle\tau|r\rangle=\mathcal{F}_r(\tau)\equiv\frac{1}{\sqrt{\mathcal{T}}}\exp\left[\frac{i\pi(2r+\varepsilon)}{\mathcal{T}}\tau\right]\quad\left(\varepsilon\equiv\begin{Bmatrix}0 & :\text{ボーズ系}\\ 1 & :\text{フェルミ系}\end{Bmatrix}\right) \tag{5.154}$$

と書き，直交性・完全性 ((4.98), (4.173) をそれぞれ参照)

$$\int_0^{\mathcal{T}}d\tau\,\mathcal{F}^*_{r'}(\tau)\mathcal{F}_r(\tau)=\delta_{r'r}\,,\qquad \sum_{r=-\infty}^{\infty}\mathcal{F}_r(\tau)\mathcal{F}^*_r(\tau')=\delta(\tau-\tau') \tag{5.155}$$

を，以下のようにブラ・ケットで与える．

$$\int_0^{\mathcal{T}}d\tau\,|\tau\rangle\langle\tau|=\boldsymbol{I},\qquad \sum_{r=-\infty}^{\infty}|r\rangle\langle r|=\boldsymbol{I} \tag{5.156}$$

さらに，演算子 $\hat{\tau}$，共役な運動量演算子 $\widehat{P}_\tau$ を，

$$\left(\frac{d}{d\tau}+\Omega_y(\tau)\right)\langle\tau|=\langle\tau|\widehat{\boldsymbol{\mathcal{D}}}{}_y^{-1},\qquad \widehat{\boldsymbol{\mathcal{D}}}{}_y^{-1}\equiv i\widehat{P}_\tau+\Omega_y(\hat{\tau}) \tag{5.157}$$

と導入すれば，プロパゲーター (5.151) は，

$$\boldsymbol{\mathcal{D}}(\tau,\,\tau') = \langle\tau|\widehat{\boldsymbol{\mathcal{D}}}_y|\tau'\rangle, \qquad \widehat{\boldsymbol{\mathcal{D}}}_y \equiv \frac{1}{i\widehat{P}_\tau + \Omega_y(\widehat{\tau})} \tag{5.158}$$

と与えられる．これらより，

$$\boldsymbol{\mathcal{D}}^{-1}(\tau,\,\tau') \equiv \langle\tau|\widehat{\boldsymbol{\mathcal{D}}}_y^{-1}|\tau'\rangle = \left(\frac{d}{d\tau} + \Omega_y(\tau)\right)\delta(\tau - \tau') \tag{5.159}$$

を導入すれば，以下が成り立つ．

$$\int_0^{\mathcal{T}} d\tau''\,\boldsymbol{\mathcal{D}}^{-1}(\tau,\,\tau'')\boldsymbol{\mathcal{D}}(\tau'',\,\tau') = \delta(\tau - \tau') = \int_0^{\mathcal{T}} d\tau''\,\boldsymbol{\mathcal{D}}(\tau,\,\tau'')\boldsymbol{\mathcal{D}}^{-1}(\tau'',\,\tau') \tag{5.160}$$

これで，準備はできた．(5.153) を導出しよう．まず，(5.146) は

$$S^{(\pm)}[y] = \left(\frac{y^2}{2}\right) \pm f\,\mathbf{Tr}\ln\widehat{\boldsymbol{\mathcal{D}}}_y^{-1}$$

と書けることに注意しよう．この右辺第 2 項の微分は，行列関数の公式 (4.234)

$$\mathbf{Tr}\ln\widehat{\boldsymbol{\mathcal{D}}}_y^{-1} = \int_0^{\mathcal{T}} d\tau_1\,\langle\tau_1|\ln\widehat{\boldsymbol{\mathcal{D}}}_y^{-1}|\tau_1\rangle$$

において $\delta\ln\widehat{\boldsymbol{\mathcal{D}}}_y^{-1}/\delta y(\tau) = \widehat{\boldsymbol{\mathcal{D}}}_y\,(\delta\widehat{\boldsymbol{\mathcal{D}}}_y^{-1}/\delta y(\tau))$ であるから，

$$\frac{\delta\mathbf{Tr}\ln\widehat{\boldsymbol{\mathcal{D}}}_y^{-1}}{\delta y(\tau)} = \int_0^{\mathcal{T}} d\tau_1\,d\tau_2\,\langle\tau_1|\widehat{\boldsymbol{\mathcal{D}}}_y|\tau_2\rangle\frac{\delta}{\delta y(\tau)}\langle\tau_2|\widehat{\boldsymbol{\mathcal{D}}}_y^{-1}|\tau_1\rangle$$

となる．なお，演算子積の間に τ_2 に関する完全性 (5.156) を挿入した．(5.159) を用いれば，

$$\frac{\delta}{\delta y(\tau)}\langle\tau_2|\widehat{\boldsymbol{\mathcal{D}}}_y^{-1}|\tau_1\rangle = \frac{\delta\Omega_y(\tau_1)}{\delta y(\tau)}\delta(\tau_2 - \tau_1) \overset{(5.152)}{=} i\sqrt{\lambda}\,\delta(\tau_1 - \tau)\delta(\tau_1 - \tau_2)$$

なので，

$$\frac{\delta \mathbf{Tr} \ln \widehat{\boldsymbol{\mathcal{D}}}_y^{-1}}{\delta y(\tau)} = \int_0^{\mathcal{T}} d\tau_1\, d\tau_2\, \langle \tau_1 | \widehat{\boldsymbol{\mathcal{D}}}_y | \tau_2 \rangle\, i\sqrt{\lambda}\, \delta(\tau_1 - \tau)\, \delta(\tau_1 - \tau_2)$$

が得られる．これに (5.158) を代入し τ_1，τ_2 積分を行えば，目的の (5.153) 第 2 項が求めらる．

エネルギーの低い状態の解は定数の $\bar{y}$，つまり (5.147) より，

$$\bar{\Omega} \equiv i\sqrt{\lambda}\bar{y} + \omega \tag{5.161}$$

で実現するから，このときのプロパゲーター (5.158) を次のように書く．

$$\bar{\boldsymbol{\mathcal{D}}}(\tau, \tau') \equiv \langle \tau | \widehat{\boldsymbol{\mathcal{D}}} | \tau' \rangle = \sum_{r=-\infty}^{\infty} \frac{\mathcal{F}_r(\tau)\mathcal{F}_r^*(\tau')}{i\pi(2r+\varepsilon)/\mathcal{T} + \bar{\Omega}}, \qquad \widehat{\boldsymbol{\mathcal{D}}} \equiv \frac{1}{i\widehat{P}_\tau + \bar{\Omega}} \tag{5.162}$$

例題 5.3.5　(5.162) を導け．

【解】　$|r\rangle$ の完全性を挿入し，

$$\bar{\boldsymbol{\mathcal{D}}}(\tau, \tau') = \sum_{r=-\infty}^{\infty} \left\langle \tau \middle| \frac{1}{i\widehat{P}_\tau + \bar{\Omega}} \middle| r \right\rangle \langle r | \tau' \rangle \overset{(5.157)}{=} \sum_{r=-\infty}^{\infty} \frac{1}{d/d\tau + \bar{\Omega}} \langle \tau | r \rangle \langle r | \tau' \rangle$$

を得る．$\langle \tau | r \rangle$ に (5.154) を用い

$$\frac{d}{d\tau}\mathcal{F}_r(\tau) = \frac{i\pi(2r+\varepsilon)}{\mathcal{T}}\mathcal{F}_r(\tau)$$

より，

$$\frac{1}{d/d\tau + \bar{\Omega}}\mathcal{F}_r(\tau) = \frac{1}{i\pi(2r+\varepsilon)/\mathcal{T} + \bar{\Omega}}\mathcal{F}_r(\tau)$$

が成り立つ．よって，$\langle r | \tau' \rangle = \mathcal{F}_r^*(\tau')$ を代入すれば (5.162) である．□

こうして，(5.148) は $y_{\rm c} \to \bar{y}$ と書いて (5.153) を用いれば，

$$\bar{y} = \mp\, if\sqrt{\lambda}\,\bar{\boldsymbol{\mathcal{D}}}(\tau, \tau) \tag{5.163}$$

あるいは

$$\bar{\Omega} = \omega \pm f\lambda\bar{\boldsymbol{\mathcal{D}}}(\tau, \tau) \tag{5.164}$$

と与えられ，**ギャップ方程式** (**gap equation**)[†7]とよばれる ((5.164) は $\bar{\Omega}$ に関する方程式なので，こちらを主に使う).

(5.162) は $\bar{D}$ (問題解答の (194) を参照)，$\bar{S}$ (問題解答の (218) を参照) で $\omega \to \bar{\Omega}$ とした式なので，(4.127) と (4.165) より，

$$\left.\begin{aligned} \bar{\boldsymbol{\mathcal{D}}}(\tau,\,\tau') &= \begin{Bmatrix} \mathscr{D}_{\bar{\Omega}}(\tau,\,\tau') \\ \mathscr{S}_{\bar{\Omega}}(\tau,\,\tau') \end{Bmatrix} \\ \mathscr{D}_{\bar{\Omega}}(\tau,\,\tau') &\equiv \frac{\theta(\tau-\tau')e^{-\bar{\Omega}(\tau-\tau'-\mathcal{T}/2)} + \theta(\tau'-\tau)e^{-\bar{\Omega}(\tau-\tau'+\mathcal{T}/2)}}{2\sinh(\bar{\Omega}\mathcal{T}/2)} \\ \mathscr{S}_{\bar{\Omega}}(\tau,\,\tau') &\equiv \frac{\theta(\tau-\tau')e^{-\bar{\Omega}(\tau-\tau'-\mathcal{T}/2)} - \theta(\tau'-\tau)e^{-\bar{\Omega}(\tau-\tau'+\mathcal{T}/2)}}{2\cosh(\bar{\Omega}\mathcal{T}/2)} \end{aligned}\right\} \tag{5.165}$$

と，それぞれ与えられる．$\theta(0) = 1/2$ より

$$\mathscr{D}_{\bar{\Omega}}(\tau,\,\tau) = \frac{1}{2}\coth X \equiv \bar{\mathscr{D}}(X), \qquad X \equiv \frac{\bar{\Omega}\mathcal{T}}{2} \tag{5.166}$$

および,

$$\mathscr{S}_{\bar{\Omega}}(\tau,\,\tau) = \frac{1}{2}\tanh X \equiv \bar{\mathscr{S}}(X) \tag{5.167}$$

あるいは公式 (E.9) で $A \to \bar{\Omega} + i\pi\varepsilon/\mathcal{T}$ とおいた以下を採用しよう[†8].

---

†7 BCS 理論は電子の 4 体相互作用を持つ理論で，自由度 f を無限大にしたものであり，この式に相当するものがエネルギーギャップを決めることから名前がついた．そこでは，補助場のない (5.137) で 4 体相互作用の 2 個を定数でおきかえる**平均場近似** (**mean field approximation**) が用いられた．しかし，補助場の方法のような系統的な計算方法ではない．

†8 5.1 節の脚注 4 で指摘したように，摂動解を再現するには

$$\bar{\boldsymbol{\mathcal{D}}}(\tau,\,\tau) = \frac{\pm\, e^{-\bar{\Omega}\mathcal{T}}}{1 \mp e^{-\bar{\Omega}\mathcal{T}}} \tag{ハ}$$

をとるべきであるが，物理的には (5.168)，つまり (5.166)，(5.167) が面白い．(ハ) での議論は練習問題 5.3c を参照のこと．

$$\bar{\mathcal{D}}(\tau,\tau) \equiv \bar{\mathcal{D}}(X) = \frac{1}{\mathcal{T}} \sum_{r=-\infty}^{\infty} \frac{1}{i\pi(2r+\varepsilon)/\mathcal{T} + \bar{\Omega}}$$
$$= \frac{1}{2}\coth\left(X + \frac{i\pi\varepsilon}{2}\right) \tag{5.168}$$

において，$\coth(X + i\pi/2) = \tanh X$ より，$\varepsilon = 0, 1$ で (5.166)，(5.167) が再現されることに注意しよう．

こうして，ギャップ方程式 (5.164) は

$$\bar{\Omega} - \omega = \frac{f\lambda}{2}\left\{\begin{array}{c} \coth X \\ -\tanh X \end{array}\right\} \tag{5.169}$$

となる．全体に $\mathcal{T}$を掛け X 同様，

$$X_0 \equiv \frac{\omega\mathcal{T}}{2}, \qquad \Lambda \equiv \frac{f\lambda\mathcal{T}}{2}, \qquad X = \frac{\bar{\Omega}\mathcal{T}}{2} \tag{5.170}$$

を導入すれば，

$$X - X_0 = \frac{\Lambda}{2}\left\{\begin{array}{c} \coth X \\ -\tanh X \end{array}\right\} \tag{5.171}$$

で与えられる．ここで，ボース系 ― 図 5.13 ― では，直線 $X - X_0$ と双曲線関数 $(\Lambda \coth X)/2$ の交点が解 X_Λ となる．これは，Λ と共に大きくなり $\Lambda \to \infty$ で $X(\bar{\Omega}) \to \infty$ となる．$\coth X \sim 1$ とすれば，

$$X \sim \frac{\Lambda}{2} \Longrightarrow \bar{\Omega} \sim \frac{f\lambda}{2} \tag{5.172}$$

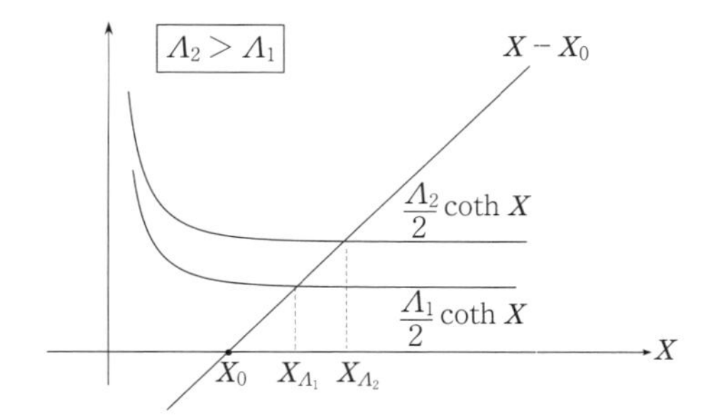

図 5.13 ボースギャップ方程式 (5.171) の解．$X - X_0$ と $(\Lambda \times \coth X)/2$ の交点が解で，$\Lambda_1 \to \Lambda_2$ と共に $X_0 \to X_{\Lambda_1} \to X_{\Lambda_2}$ と大きくなっていく．

を得る.

一方, フェルミ系 — 図 5.14 — では, 直線 $X - X_0$ と $(-\Lambda \tanh X)/2$ の交点が解である. 状況は全く逆で Λ が大きくなるにつれ, 解は小さくなり $\Lambda \to \infty$ で $X(\bar{\Omega}) \to 0$ となる. 実際, Λ の大きいときは $X \ll 1$ なので $\tanh X \sim X$ を用いて,

$$X = \frac{2X_0}{\Lambda} \Longrightarrow \bar{\Omega} = \frac{2\omega}{f\lambda \mathcal{T}} \tag{5.173}$$

を得る. λ が分母に入った非摂動効果が見てとれる. $\lambda \to \infty$ (強結合極限という) で, $\bar{\Omega} \to 0$ となる. なお, (5.172) も λ に比例してはいるが, 値が大きいのでやはり摂動解ではない.

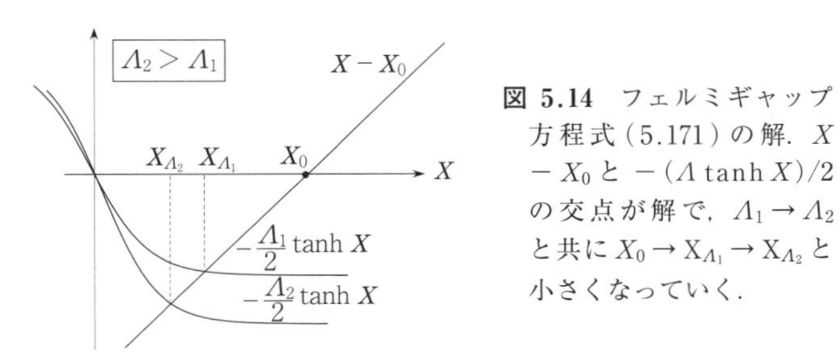

図 5.14 フェルミギャップ方程式 (5.171) の解. $X - X_0$ と $-(\Lambda \tanh X)/2$ の交点が解で, $\Lambda_1 \to \Lambda_2$ と共に $X_0 \to \mathrm{X}_{\Lambda_1} \to \mathrm{X}_{\Lambda_2}$ と小さくなっていく.

5.3.5 安定条件

ここでは, 安定条件 (5.85) を調べる. プロパゲーターの (汎関数) 微分は, (5.160) を $y(\tau_3)$ で汎関数微分した

$$\int_0^{\mathcal{T}} d\tau'' \left[\frac{\delta \boldsymbol{\mathcal{D}}^{-1}(\tau, \tau'')}{\delta y(\tau_3)} \boldsymbol{\mathcal{D}}(\tau'', \tau') + \boldsymbol{\mathcal{D}}^{-1}(\tau, \tau'') \frac{\delta \boldsymbol{\mathcal{D}}(\tau'', \tau')}{\delta y(\tau_3)}\right] = 0 \tag{5.174}$$

に注意すれば, 以下のように求まる.

$$\frac{\delta \boldsymbol{\mathcal{D}}(\tau_1, \tau_2)}{\delta y(\tau_3)} = -i\sqrt{\lambda}\, \boldsymbol{\mathcal{D}}(\tau_1, \tau_3) \boldsymbol{\mathcal{D}}(\tau_3, \tau_2) \tag{5.175}$$

例題 5.3.6　(5.175) を導け．

【解】　$\boldsymbol{\mathcal{D}}^{-1}$ の表示 (5.159) で Ω_y の微分 (5.152) に注意すれば

$$\frac{\delta \boldsymbol{\mathcal{D}}^{-1}(\tau,\,\tau'')}{\delta y(\tau_3)} = i\sqrt{\lambda}\,\delta(\tau-\tau_3)\,\delta(\tau-\tau'')$$

なので，(5.174) 左辺第 1 項を右辺に移項して，

$$\int_0^{\mathcal{T}} d\tau''\,\boldsymbol{\mathcal{D}}^{-1}(\tau,\,\tau'')\frac{\delta \boldsymbol{\mathcal{D}}(\tau'',\,\tau')}{\delta y(\tau_3)} = -\,i\sqrt{\lambda}\,\delta(\tau-\tau_3)\,\boldsymbol{\mathcal{D}}(\tau,\,\tau')$$

を得る．両辺に $\boldsymbol{\mathcal{D}}(\tau_1,\,\tau)$ を掛けて τ 積分する．右辺は

$$\begin{aligned}\text{右辺} &= \int_0^{\mathcal{T}} d\tau\,\boldsymbol{\mathcal{D}}(\tau_1,\,\tau)\left(-\,i\sqrt{\lambda}\,\delta(\tau-\tau_3)\,\boldsymbol{\mathcal{D}}(\tau,\,\tau')\right)\\ &= -i\sqrt{\lambda}\,\boldsymbol{\mathcal{D}}(\tau_1,\,\tau_3)\,\boldsymbol{\mathcal{D}}(\tau_3,\,\tau')\end{aligned}$$

であり，左辺は (5.160) に注意して

$$\begin{aligned}\text{左辺} &= \iint_0^{\mathcal{T}} d\tau\,d\tau''\,\boldsymbol{\mathcal{D}}(\tau_1,\,\tau)\,\boldsymbol{\mathcal{D}}^{-1}(\tau,\,\tau'')\frac{\delta \boldsymbol{\mathcal{D}}(\tau'',\,\tau')}{\delta y(\tau_3)}\\ &\overset{(5.160)}{=} \int_0^{\mathcal{T}} d\tau''\,\delta(\tau_1-\tau'')\frac{\delta \boldsymbol{\mathcal{D}}(\tau'',\,\tau')}{\delta y(\tau_3)} = \frac{\delta \boldsymbol{\mathcal{D}}(\tau_1,\,\tau')}{\delta y(\tau_3)}\end{aligned}$$

となり，$\tau' \to \tau_2$ とすれば (5.175) である．□

これより (5.153) を $y(\tau')$ で微分すると，

$$\begin{aligned}\frac{\delta^2 S^{(\pm)}[y]}{\delta y(\tau)\,\delta y(\tau')} &= \frac{\delta}{\delta y(\tau')}\left[y(\tau)\,\pm\,if\sqrt{\lambda}\,\boldsymbol{\mathcal{D}}(\tau,\,\tau)\right]\\ &= \delta(\tau-\tau')\,\pm f\lambda\boldsymbol{\mathcal{D}}(\tau,\,\tau')\,\boldsymbol{\mathcal{D}}(\tau',\,\tau) \qquad (5.176)\end{aligned}$$

が得られる．ここで右辺第 1 項は (A.10) より，第 2 項は (5.175) で $\tau_1,\,\tau_2 \to \tau,\,\tau_3 \to \tau'$ とすることによりそれぞれ求められる．

ところで，(5.145) において，補助場を古典解 $y_{\mathrm{c}}(\tau)$ の周りで展開したときの 2 次の項は，指数の肩で

$$-\frac{1}{2}\iint_0^{\mathcal{T}} d\tau\, d\tau'\,(y(\tau)-y_{\rm c}(\tau))\,\frac{\delta^2 S^{(\pm)}}{\delta y(\tau)\delta y(\tau')}\bigg|_{y_{\rm c}}(y(\tau')-y_{\rm c}(\tau'))$$

と与えられる．$y-y_{\rm c}\to x$ として (4.231) と比べれば

$$M(\tau,\,\tau')=\frac{\delta^2 S^{(\pm)}}{\delta y(\tau)\delta y(\tau')}\bigg|_{y_{\rm c}}$$

であるから，M^{-1} がプロパゲーターであったことを思い出し，補助場のプロパゲーターを $\boldsymbol{\varDelta}_y(\tau,\,\tau')$ と書けば，

$$\boldsymbol{\varDelta}_y^{-1}(\tau,\,\tau')\equiv\frac{\delta^2 S^{(\pm)}[y]}{\delta y(\tau)\delta y(\tau')} \tag{5.177}$$

なので，

$$\frac{\delta^2 S^{(\pm)}[y]}{\delta y(\tau)\delta y(\tau')}\bigg|_{\bar{\Omega}}\equiv\bar{\boldsymbol{\varDelta}}_y^{-1}(\tau,\,\tau')=\delta(\tau-\tau')\pm f\lambda\bar{\boldsymbol{\mathcal{D}}}(\tau,\,\tau')\bar{\boldsymbol{\mathcal{D}}}(\tau',\,\tau) \tag{5.178}$$

となるが，右辺最後の項は

$$\bar{\boldsymbol{\mathcal{D}}}^{2\mathrm{T}}\equiv\bar{\boldsymbol{\mathcal{D}}}(\tau,\,\tau')\bar{\boldsymbol{\mathcal{D}}}(\tau',\,\tau)=\pm\frac{1}{4}\begin{Bmatrix}\dfrac{1}{\sinh^2 X}\\[2mm]\dfrac{1}{\cosh^2 X}\end{Bmatrix} \tag{5.179}$$

と与えられるので（$\tau,\,\tau'$ によらない）

$$\frac{\delta^2 S^{(\pm)}[y]}{\delta y(\tau)\delta y(\tau')}\bigg|_{\bar{\Omega}}=\delta(\tau-\tau')+\frac{f\lambda}{4}\begin{Bmatrix}\dfrac{1}{\sinh^2 X}\\[2mm]\dfrac{1}{\cosh^2 X}\end{Bmatrix}>0 \tag{5.180}$$

となり，補助場の安定条件 (5.85) は満たされていることがわかる．ここで，デルタ関数は正 (>0) であることを用いている（付録 C 参照）．

ここで (5.179) を示しておこう．(5.165) より分子にのみ着目すれば

$$\bar{\boldsymbol{\mathcal{D}}}(\tau,\tau')\bar{\boldsymbol{\mathcal{D}}}(\tau',\tau)\text{ の分子} = (\theta(\tau-\tau')e^{-\bar{\Omega}(\tau-\tau'-\mathcal{T}/2)}$$
$$\pm(\theta(\tau'-\tau)e^{-\bar{\Omega}(\tau-\tau'+\mathcal{T}/2)})$$
$$\times(\theta(\tau'-\tau)e^{-\bar{\Omega}(\tau'-\tau-\mathcal{T}/2)}$$
$$\pm(\theta(\tau-\tau')e^{-\bar{\Omega}(\tau'-\tau+\mathcal{T}/2)})$$
$$=\pm\theta(\tau-\tau')\pm\theta(\tau'-\tau)=\pm 1$$

となる．なぜなら，$(\theta(\tau-\tau'))^2=\theta(\tau-\tau')$，$\theta(\tau-\tau')\theta(\tau'-\tau)=0$ であるからである．分母の自乗を考慮すれば (5.179) が示されたことになる．

補助場プロパゲーターは (5.178)，(5.179) より[†9]，

$$\bar{\boldsymbol{\Delta}}_y(\tau,\tau')=\delta(\tau-\tau')\mp\frac{f\lambda\bar{\boldsymbol{\mathcal{D}}}^{2\mathrm{T}}}{1\pm f\lambda\mathcal{T}\bar{\boldsymbol{\mathcal{D}}}^{2\mathrm{T}}} \qquad (5.181)$$

と得られる．

(5.181) を示すには (5.178) を

$$\bar{\boldsymbol{\Delta}}_y^{-1}(\tau,\tau')=\delta(\tau-\tau')+C_1,\qquad C_1\equiv\pm f\lambda\bar{\boldsymbol{\mathcal{D}}}^{2\mathrm{T}} \qquad (5.182)$$

とし，さらに $\bar{\boldsymbol{\Delta}}_y$ を

$$\bar{\boldsymbol{\Delta}}_y(\tau'',\tau')=\delta(\tau''-\tau')+C \qquad (5.183)$$

と書いて，

$$\int_0^{\mathcal{T}}d\tau''\,\bar{\boldsymbol{\Delta}}_y^{-1}(\tau,\tau'')\bar{\boldsymbol{\Delta}}_y(\tau'',\tau')=\delta(\tau-\tau')$$

に代入すれば，

$$\text{左辺}=\int_0^{\mathcal{T}}d\tau''\,\{\delta(\tau-\tau'')\delta(\tau''-\tau')+\delta(\tau''-\tau')C_1+\delta(\tau-\tau'')C+C_1C\}$$
$$=\delta(\tau-\tau')+C_1+C+\mathcal{T}C_1C$$

となる．

右辺に等しいためには

$$C_1+C+\mathcal{T}C_1C=0\Longrightarrow C=-C_1/(1+\mathcal{T}C_1)$$

---

†9　$\lambda=0$ のとき $\bar{\boldsymbol{\Delta}}_y$((5.181)) は $\boldsymbol{\Delta}_y^{(0)}$((5.140)) になる．

となる必要があり，C_1((5.182)) を用い整理すれば，

$$C = \mp \frac{f\lambda \bar{\mathcal{D}}^{2\mathrm{T}}}{1 \pm f\lambda \mathcal{T} \bar{\mathcal{D}}^{2\mathrm{T}}} \tag{5.184}$$

であるから，これを (5.183) に代入すれば (5.181) である．

5.3.6 トゥリーと1ループ近似

安定条件は (5.180) で満たされので，$\bar{y}$ すなわち $\bar{\Omega}$ を採用し，作用 (5.146) に代入すれば，

$$\begin{aligned}\bar{S}^{(\pm)} &\equiv \mathcal{T}\frac{\bar{y}^2}{2} \pm f\mathbf{Tr}\ln\left(\frac{d}{d\tau} + \bar{\Omega}\right) \\ &\overset{(5.163)}{=} -\frac{f^2\lambda\mathcal{T}}{2}(\bar{\mathcal{D}}(X))^2 \pm f\mathbf{Tr}\ln\widehat{\mathcal{D}}^{-1}\end{aligned} \tag{5.185}$$

となる．ここで，(5.159) の表示を用いた．こうして，トゥリーの寄与は，

$$\text{トゥリー} = e^{-\bar{S}^{(\pm)}} = \exp\left[-\frac{f^2\lambda\mathcal{T}}{2}(\bar{\mathcal{D}}(X))^2 \pm f\mathbf{Tr}\ln\widehat{\mathcal{D}}^{-1}\right] \tag{5.186}$$

と求められる．なお，最後の項は $\bar{\mathcal{D}}(X)$ の積分で与えられており (練習問題 5.3d を参照)，

$$\mathbf{Tr}\ln\widehat{\mathcal{D}}^{-1} = \begin{Bmatrix}\ln\sinh X \\ \ln\cosh X\end{Bmatrix} \tag{5.187}$$

となる．以下では，簡単のため τ の積分領域は

$$\int_0^{\mathcal{T}} d\tau \Longrightarrow \int d\tau$$

のように省くことにする．補助場1ループの寄与は y の汎関数積分より，

$$1\,\text{ループ} = \frac{1}{\sqrt{\mathrm{Det}\,\bar{\boldsymbol{\Delta}}_y^{-1}}} = \exp\left[-\frac{1}{2}\ln(1 \pm f\lambda\mathcal{T}\bar{\mathcal{D}}^{2\mathrm{T}})\right] \tag{5.188}$$

と与えられる．

例題 5.3.7　(5.188) を導け．

【解】

$$\frac{1}{\sqrt{\mathrm{Det}\,\bar{\Delta}_y^{-1}}} = \int \mathcal{D}y(\tau)\exp\Big[-\frac{1}{2}(y\bar{\Delta}_y^{-1}y)\Big]$$

の指数の肩で $G_r(\tau)$ ((4.101)) を用い $y(\tau) = \sum_{r=-\infty}^{\infty} G_r(\tau)y_r$ と展開すれば，

$$(y\bar{\Delta}_y^{-1}y) = \sum_{r,r'=-\infty}^{\infty} y_r y_{r'} \iint d\tau\, d\tau'\, G_r(\tau)\,(\delta(\tau-\tau') + C_1)\,G_{r'}(\tau')$$

となる．ここで (5.182) の表式を代入した．右辺は

$$\text{右辺} = \sum_{r,r'=-\infty}^{\infty} y_r y_{r'}\Big[\int d\tau\, G_r(\tau)\,G_{r'}(\tau) + C_1\int d\tau\, G_r(\tau)\int d\tau'\, G_{r'}(\tau')\Big]$$

であり，$G_0(\tau) = 1/\sqrt{\mathcal{T}}$ を思い出せば

$$\text{右辺} = \sum_{r,r'=-\infty}^{\infty} y_r y_{r'}\Big[\int d\tau\, G_r(\tau)\,G_{r'}(\tau) + C_1\,\mathcal{T}\Big(\int d\tau\, G_r(\tau)\,G_0(\tau)\Big) \times \Big(\int d\tau'\, G_{r'}(\tau')\,G_0(\tau')\Big)\Big]$$

と与えられており，$G_r(\tau)$ の直交性 (4.102) より

$$\begin{aligned}\text{右辺} &= \sum_{r,r'=-\infty}^{\infty} y_r y_{r'}\Big[\delta_{rr'} + C_1\,\mathcal{T}\,\delta_{r0}\,\delta_{r'0}\Big] \\ &= \sum_{r=-\infty}^{\infty} y_r^2 + C_1\,\mathcal{T}y_0^2 = \sum_{r\neq 0} y_r^2 + (1 + C_1\,\mathcal{T})\,y_0^2\end{aligned}$$

となる．こうして

$$\frac{1}{\sqrt{\mathrm{Det}\,\bar{\Delta}_y^{-1}}} = \prod_{r\neq 0}\int\frac{dy_r}{\sqrt{2\pi}}\,e^{-y_r^2/2}\int\frac{dy_0}{\sqrt{2\pi}}\exp\Big[-(1+\mathcal{T}C_1)\frac{y_0^2}{2}\Big] = \frac{1}{\sqrt{1+\mathcal{T}C_1}}$$

が得られる．ここで補助場の積分測度は (4.193) より

$$\mathcal{D}y(\tau) = \mathcal{N}\prod_{r=-\infty}^{\infty}\frac{dy_r}{\sqrt{2\pi}}$$

であるが，無限大はどこにも現れないので $\mathcal{N}=1$ としたことに注意しよう．最後に，C_1 の値 (5.182) を代入し，指数の肩に上げれば (5.188) である．□

このように，答はボーズ・フェルミプロパゲーター $\bar{\boldsymbol{\mathcal{D}}}(X)$ ((5.168))，$\bar{\boldsymbol{\mathcal{D}}}^{2\mathrm{T}}$ ((5.179)) で与えられる．

5.3.7 2ループ近似のバーテックス

事情は2ループ計算でも同様で，以下で見るように，これらに加えてその微分が現れてくる．必要なバーテックスは((5.92) の $O(\hbar)$ 項を思い出そう)，(5.175) に注意し，$\bar{\boldsymbol{\mathcal{D}}}(\tau_1, \tau_2) \to \bar{\boldsymbol{\mathcal{D}}}_{12}$ などと書き，

$$\begin{aligned}\bar{S}^{(3)}_{1,2,3} &\equiv \left.\frac{\delta^3 S[y]}{\delta y(\tau_1)\delta y(\tau_2)\delta y(\tau_3)}\right|_{\bar{\Omega}} \\ &= \mp\, if\lambda^{3/2}(\bar{\boldsymbol{\mathcal{D}}}_{12}\bar{\boldsymbol{\mathcal{D}}}_{23}\bar{\boldsymbol{\mathcal{D}}}_{31} + \bar{\boldsymbol{\mathcal{D}}}_{13}\bar{\boldsymbol{\mathcal{D}}}_{32}\bar{\boldsymbol{\mathcal{D}}}_{21}) \qquad (5.189)\end{aligned}$$

$$\begin{aligned}\bar{S}^{(4)}_{1,2,3,4} &\equiv \left.\frac{\delta^4 S[y]}{\delta y(\tau_1)\delta y(\tau_2)\delta y(\tau_3)\delta y(\tau_4)}\right|_{\bar{\Omega}} \\ &= \mp f\lambda^2(\bar{\boldsymbol{\mathcal{D}}}_{12}\bar{\boldsymbol{\mathcal{D}}}_{23}\bar{\boldsymbol{\mathcal{D}}}_{34}\bar{\boldsymbol{\mathcal{D}}}_{41} + \bar{\boldsymbol{\mathcal{D}}}_{12}\bar{\boldsymbol{\mathcal{D}}}_{24}\bar{\boldsymbol{\mathcal{D}}}_{43}\bar{\boldsymbol{\mathcal{D}}}_{31} + \bar{\boldsymbol{\mathcal{D}}}_{13}\bar{\boldsymbol{\mathcal{D}}}_{32}\bar{\boldsymbol{\mathcal{D}}}_{24}\bar{\boldsymbol{\mathcal{D}}}_{41} \\ &\quad + \bar{\boldsymbol{\mathcal{D}}}_{13}\bar{\boldsymbol{\mathcal{D}}}_{34}\bar{\boldsymbol{\mathcal{D}}}_{42}\bar{\boldsymbol{\mathcal{D}}}_{21} + \bar{\boldsymbol{\mathcal{D}}}_{14}\bar{\boldsymbol{\mathcal{D}}}_{42}\bar{\boldsymbol{\mathcal{D}}}_{23}\bar{\boldsymbol{\mathcal{D}}}_{31} + \bar{\boldsymbol{\mathcal{D}}}_{14}\bar{\boldsymbol{\mathcal{D}}}_{43}\bar{\boldsymbol{\mathcal{D}}}_{32}\bar{\boldsymbol{\mathcal{D}}}_{21}) \\ &\qquad (5.190)\end{aligned}$$

であり，それぞれ足 (1, 2, 3)，(1, 2, 3, 4) の入れかえで対称である．

5.3.8 2ループグラフ(1)—4点バーテックス—

図5.15 (a) で与えられる，2ループグラフを書き下せば (繰り返し数字は τ 積分を表し，足の対称性に注意する)，

$$\begin{aligned}&\frac{\bar{S}^{(4)}_{1,2,3,4}}{4!}\{\boldsymbol{\varDelta}_y(1,2)\boldsymbol{\varDelta}_y(3,4) + \boldsymbol{\varDelta}_y(1,3)\boldsymbol{\varDelta}_y(2,4) + \boldsymbol{\varDelta}_y(1,4)\boldsymbol{\varDelta}_y(2,3)\} \\ &\quad = \frac{1}{8}\bar{S}^{(4)}_{1,2,3,4}\boldsymbol{\varDelta}_y(1,2)\boldsymbol{\varDelta}_y(3,4) = \frac{1}{2}\,[\text{graph}] + \frac{1}{4}\,[\text{graph}] \qquad (5.191)\end{aligned}$$

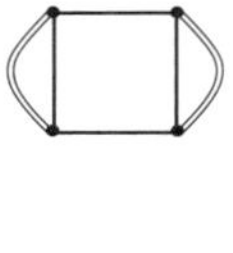

となる．

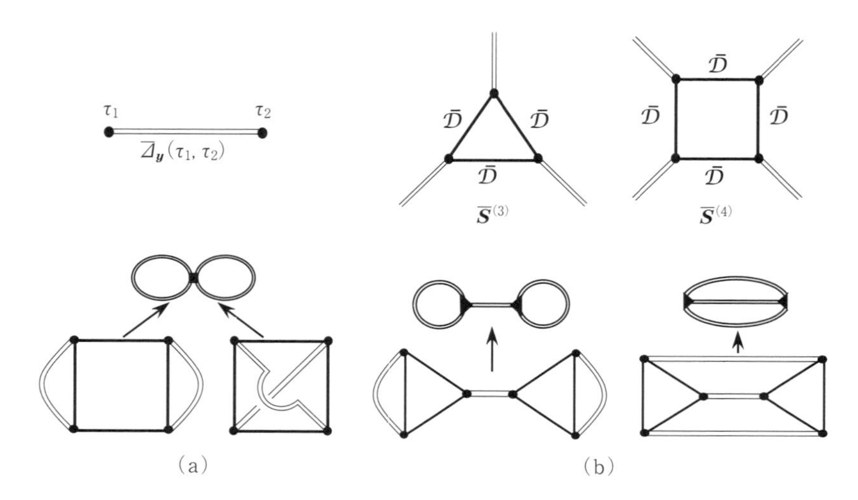

図 5.15　2ループ計算のファインマングラフ．上段は補助場プロパゲーター $\overline{\boldsymbol{\varDelta}}_y$，それぞれボース・フェルミループからなっている3点 $\overline{S}^{(3)}$，4点 $\overline{S}^{(4)}$ バーテックス．頂点に番号を振れば (5.189)，(5.190) である．下段は補助場の2ループグラフ．(a)，(b) は，それぞれの頂点を1点に縮めた図に対応している．

例題 5.3.8　(5.191) を確認せよ．

【解】　1行目第2項は，$\overline{S}^{(4)}_{1,2,3,4} = \overline{S}^{(4)}_{1,3,2,4}$ に注意すれば

$$\overline{S}^{(4)}_{1,2,3,4}\,\overline{\boldsymbol{\varDelta}}_y(1,3)\,\overline{\boldsymbol{\varDelta}}_y(2,4) \overset{2\leftrightarrow 3}{=} \overline{S}^{(4)}_{1,3,2,4}\,\overline{\boldsymbol{\varDelta}}_y(1,2)\,\overline{\boldsymbol{\varDelta}}_y(3,4)$$
$$= \overline{S}^{(4)}_{1,2,3,4}\,\overline{\boldsymbol{\varDelta}}_y(1,2)\,\overline{\boldsymbol{\varDelta}}_y(3,4)$$

である．同様に第3項は，$\overline{S}^{(4)}_{1,2,3,4} = \overline{S}^{(4)}_{1,4,3,2}$ に注意すれば

$$\overline{S}^{(4)}_{1,2,3,4}\,\overline{\boldsymbol{\varDelta}}_y(1,4)\,\overline{\boldsymbol{\varDelta}}_y(2,3) \overset{4\leftrightarrow 2}{=} \overline{S}^{(4)}_{1,4,3,2}\,\overline{\boldsymbol{\varDelta}}_y(1,2)\,\overline{\boldsymbol{\varDelta}}_y(4,3)$$
$$= \overline{S}^{(4)}_{1,2,3,4}\,\overline{\boldsymbol{\varDelta}}_y(1,2)\,\overline{\boldsymbol{\varDelta}}_y(3,4)$$

となる．最後は $\overline{\boldsymbol{\varDelta}}_y(4,3) = \overline{\boldsymbol{\varDelta}}_y(3,4)$ を用いた．これで前半は示された．後半は，バーテックスの番号を具体的に書き下し，補助場のプロパゲーターで結べば，

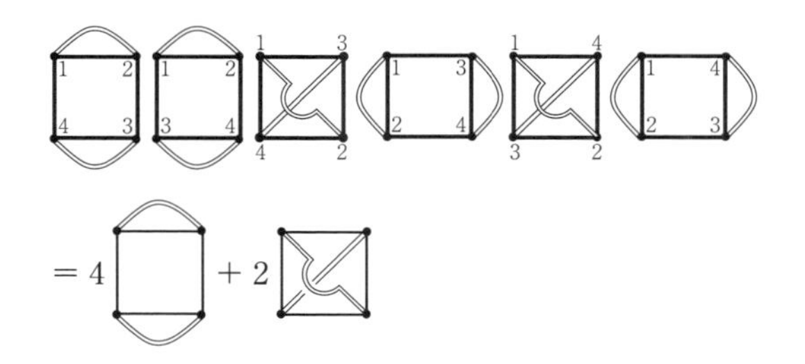

のようになるので，(5.191) が得られる．□

$\bar{\boldsymbol{\Delta}}_y$ の表式 (5.183) を用い，デルタ関数部分は積分を行えば

$$
\begin{aligned}
\frac{1}{2} \quad &= \pm \frac{f\lambda^2}{2} \bar{\boldsymbol{\Delta}}_y(1,\, 2)\, \bar{\boldsymbol{\mathcal{D}}}_{12} \bar{\boldsymbol{\mathcal{D}}}_{23} \bar{\boldsymbol{\mathcal{D}}}_{34} \bar{\boldsymbol{\mathcal{D}}}_{41} \bar{\boldsymbol{\Delta}}_y(3,\, 4) \\
&= \pm \frac{f\lambda^2}{2} [\bar{\boldsymbol{\mathcal{D}}}_{11} \bar{\boldsymbol{\mathcal{D}}}_{13} \bar{\boldsymbol{\mathcal{D}}}_{33} \bar{\boldsymbol{\mathcal{D}}}_{31} + C(\bar{\boldsymbol{\mathcal{D}}}_{11} \bar{\boldsymbol{\mathcal{D}}}_{13} \bar{\boldsymbol{\mathcal{D}}}_{34} \bar{\boldsymbol{\mathcal{D}}}_{41} \\
&\qquad + \bar{\boldsymbol{\mathcal{D}}}_{12} \bar{\boldsymbol{\mathcal{D}}}_{23} \bar{\boldsymbol{\mathcal{D}}}_{33} \bar{\boldsymbol{\mathcal{D}}}_{31}) + C^2 \bar{\boldsymbol{\mathcal{D}}}_{12} \bar{\boldsymbol{\mathcal{D}}}_{23} \bar{\boldsymbol{\mathcal{D}}}_{34} \bar{\boldsymbol{\mathcal{D}}}_{41}]
\end{aligned}
\tag{5.192}
$$

となる．ここで (5.168) より $\bar{\boldsymbol{\mathcal{D}}}_{11} = \bar{\boldsymbol{\mathcal{D}}}_{33} = \bar{\boldsymbol{\mathcal{D}}}(X)$ であり，(5.179) より $\bar{\boldsymbol{\mathcal{D}}}_{13}\, \bar{\boldsymbol{\mathcal{D}}}_{31} = \bar{\boldsymbol{\mathcal{D}}}^{2\mathrm{T}}$ である．(共に τ_i $(i = 1,\, 3)$ によらない)．こうして，右辺第 1 項は，τ_1, τ_3 積分を行って，

$$
\bar{\boldsymbol{\mathcal{D}}}_{11} \bar{\boldsymbol{\mathcal{D}}}_{13} \bar{\boldsymbol{\mathcal{D}}}_{33} \bar{\boldsymbol{\mathcal{D}}}_{31} = \mathcal{T}^2 (\bar{\boldsymbol{\mathcal{D}}}(X))^2 \bar{\boldsymbol{\mathcal{D}}}^{2\mathrm{T}}
$$

となる．

次に，C に比例する項は，

$$
\begin{aligned}
\bar{\boldsymbol{\mathcal{D}}}_{11} \bar{\boldsymbol{\mathcal{D}}}_{13} \bar{\boldsymbol{\mathcal{D}}}_{34} \bar{\boldsymbol{\mathcal{D}}}_{41} &= \bar{\boldsymbol{\mathcal{D}}}(X) \int \cdots \int d\tau_1\, d\tau_3\, d\tau_4\, \langle \tau_1 | \widehat{\boldsymbol{\mathcal{D}}} | \tau_3 \rangle \langle \tau_3 | \widehat{\boldsymbol{\mathcal{D}}} | \tau_4 \rangle \langle \tau_4 | \widehat{\boldsymbol{\mathcal{D}}} | \tau_1 \rangle \\
&\overset{\tau_3,\, \tau_4\ \text{完全性}}{=} \bar{\boldsymbol{\mathcal{D}}}(X) \int d\tau_1\, \langle \tau_1 | \widehat{\boldsymbol{\mathcal{D}}}^3 | \tau_1 \rangle = \bar{\boldsymbol{\mathcal{D}}}(X)\, \mathbf{Tr} \widehat{\boldsymbol{\mathcal{D}}}^3
\end{aligned}
$$

および，

$$\bar{\boldsymbol{\mathcal{D}}}_{12}\bar{\boldsymbol{\mathcal{D}}}_{23}\bar{\boldsymbol{\mathcal{D}}}_{33}\bar{\boldsymbol{\mathcal{D}}}_{31} = \bar{\boldsymbol{\mathcal{D}}}(X)\int\cdots\int d\tau_1\, d\tau_2\, d\tau_3\, \langle\tau_1|\widehat{\boldsymbol{\mathcal{D}}}|\tau_2\rangle\langle\tau_2|\widehat{\boldsymbol{\mathcal{D}}}|\tau_3\rangle\langle\tau_3|\widehat{\boldsymbol{\mathcal{D}}}|\tau_1\rangle$$
$$\overset{\tau_2,\tau_3\,\text{完全性}}{=} \bar{\boldsymbol{\mathcal{D}}}(X)\int d\tau_1\, \langle\tau_1|\widehat{\boldsymbol{\mathcal{D}}}^3|\tau_1\rangle = \bar{\boldsymbol{\mathcal{D}}}(X)\,\mathbf{Tr}\widehat{\boldsymbol{\mathcal{D}}}^3$$

となる．

最後に，C^2 に比例する項は，

$$\bar{\boldsymbol{\mathcal{D}}}_{12}\bar{\boldsymbol{\mathcal{D}}}_{23}\bar{\boldsymbol{\mathcal{D}}}_{34}\bar{\boldsymbol{\mathcal{D}}}_{41}$$
$$= \int\cdots\int d\tau_1\, d\tau_2\, d\tau_3\, d\tau_4\, \langle\tau_1|\widehat{\boldsymbol{\mathcal{D}}}|\tau_2\rangle\langle\tau_2|\widehat{\boldsymbol{\mathcal{D}}}|\tau_3\rangle\langle\tau_3|\widehat{\boldsymbol{\mathcal{D}}}|\tau_4\rangle\langle\tau_4|\widehat{\boldsymbol{\mathcal{D}}}|\tau_1\rangle$$
$$= \mathbf{Tr}\widehat{\boldsymbol{\mathcal{D}}}^4$$

となる．

(5.158) で $\bar{\Omega}_y(\tau) \to \bar{\Omega}$ とした表式を思い出すと

$$\left.\begin{aligned}
\langle\tau|\widehat{\boldsymbol{\mathcal{D}}}^n|\tau\rangle &= \langle\tau\Big|\Big(\frac{1}{i\widehat{P}_\tau + \bar{\Omega}}\Big)^n\Big|\tau\rangle = \frac{(-1)^{n-1}}{(n-1)\,!}\Big(\frac{\partial}{\partial\bar{\Omega}}\Big)^{n-1}\langle\tau\Big|\Big(\frac{1}{i\widehat{P}_{\mathrm{c}} + \bar{\Omega}}\Big)\Big|\tau\rangle \\
&= \frac{(-1)^{n-1}}{(n-1)\,!}\Big(\frac{\partial}{\partial\bar{\Omega}}\Big)^{n-1}\bar{\boldsymbol{\mathcal{D}}}(X) = \frac{(-1)^{n-1}}{(n-1)\,!}\Big(\frac{\mathcal{T}}{2}\Big)^{n-1}\bar{\boldsymbol{\mathcal{D}}}^{(n-1)}(X) \\
\bar{\boldsymbol{\mathcal{D}}}^{(n-1)}(X) &\equiv \frac{d^{n-1}}{dX^{n-1}}\,\bar{\boldsymbol{\mathcal{D}}}(X)
\end{aligned}\right\} \tag{5.193}$$

となる．最後の式変形で $X = \bar{\Omega}\mathcal{T}/2$ の関係を用いた．τ によらないので，トレース公式の τ 積分を考慮すれば，

$$\mathbf{Tr}\widehat{\boldsymbol{\mathcal{D}}}^n = \frac{(-1)^{n-1}}{(n-1)!}\Big(\frac{\mathcal{T}^n}{2^{n-1}}\Big)\bar{\boldsymbol{\mathcal{D}}}^{(n-1)}(X) \tag{5.194}$$

である．

こうして (5.192) は，

$$\frac{1}{2} = \pm\frac{f(\lambda\mathcal{T})^2}{2}\Big[(\bar{\boldsymbol{\mathcal{D}}}(X))^2\bar{\boldsymbol{\mathcal{D}}}^{\,2\mathrm{T}} + \frac{C\mathcal{T}}{4}\,\bar{\boldsymbol{\mathcal{D}}}(X)\,\bar{\boldsymbol{\mathcal{D}}}^{(2)}(X) - \frac{(C\mathcal{T})^2}{48}\,\bar{\boldsymbol{\mathcal{D}}}^{(3)}(X)\Big] \tag{5.195}$$

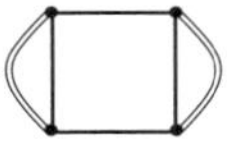

のように求められる.

(5.191) のもう片方は,

$$\begin{aligned}\frac{1}{4} &= \pm\frac{f\lambda^2}{4}\,\bar{\boldsymbol{\Delta}}_y(1,3)\,\bar{\boldsymbol{\Delta}}_y(2,4)\,\bar{\boldsymbol{\mathcal{D}}}_{12}\bar{\boldsymbol{\mathcal{D}}}_{23}\bar{\boldsymbol{\mathcal{D}}}_{34}\bar{\boldsymbol{\mathcal{D}}}_{41} \\ &= \pm\frac{f\lambda^2}{4}[\bar{\boldsymbol{\mathcal{D}}}_{12}\bar{\boldsymbol{\mathcal{D}}}_{21}\bar{\boldsymbol{\mathcal{D}}}_{12}\bar{\boldsymbol{\mathcal{D}}}_{21} + C(\bar{\boldsymbol{\mathcal{D}}}_{12}\bar{\boldsymbol{\mathcal{D}}}_{23}\bar{\boldsymbol{\mathcal{D}}}_{32}\bar{\boldsymbol{\mathcal{D}}}_{21} \\ &\qquad + \bar{\boldsymbol{\mathcal{D}}}_{12}\bar{\boldsymbol{\mathcal{D}}}_{21}\bar{\boldsymbol{\mathcal{D}}}_{14}\bar{\boldsymbol{\mathcal{D}}}_{41}) + C^2\bar{\boldsymbol{\mathcal{D}}}_{12}\bar{\boldsymbol{\mathcal{D}}}_{23}\bar{\boldsymbol{\mathcal{D}}}_{34}\bar{\boldsymbol{\mathcal{D}}}_{41}]\end{aligned} \tag{5.196}$$

であり，繰り返し文字の積分を考慮して,

$$\bar{\boldsymbol{\mathcal{D}}}_{12}\bar{\boldsymbol{\mathcal{D}}}_{21}\bar{\boldsymbol{\mathcal{D}}}_{12}\bar{\boldsymbol{\mathcal{D}}}_{21} = \mathcal{T}^2(\bar{\boldsymbol{\mathcal{D}}}^{2\mathrm{T}})^2$$

および

$$\bar{\boldsymbol{\mathcal{D}}}_{12}\bar{\boldsymbol{\mathcal{D}}}_{23}\bar{\boldsymbol{\mathcal{D}}}_{32}\bar{\boldsymbol{\mathcal{D}}}_{21} = \bar{\boldsymbol{\mathcal{D}}}_{12}\bar{\boldsymbol{\mathcal{D}}}_{21}\bar{\boldsymbol{\mathcal{D}}}_{14}\bar{\boldsymbol{\mathcal{D}}}_{41} = \mathcal{T}^3(\bar{\boldsymbol{\mathcal{D}}}^{2\mathrm{T}})^2$$

となる.

C^2 項は先と同様で，結果は

$$\frac{1}{4} = \pm\frac{f(\lambda\mathcal{T})^2}{4}\Big[(1+2C\mathcal{T})\,(\bar{\boldsymbol{\mathcal{D}}}^{2\mathrm{T}})^2 - \frac{(C\mathcal{T})^2}{48}\,\bar{\boldsymbol{\mathcal{D}}}^{(3)}\Big] \tag{5.197}$$

と与えられる.

5.3.9 2ループグラフ（2）—3点バーテックス—

図 5.15 (b) は（ここで，べき展開の係数 1/2 は $\overline{S}^{(3)}_{1,2,3} \leftrightarrow \overline{S}^{(3)}_{4,5,6}$ のおきかえ

でキャンセルしている),

$$\frac{\overline{S}^{(3)}_{1,2,3}\overline{S}^{(3)}_{4,5,6}}{3!3!}[\{\bar{\boldsymbol{\Delta}}_y(1,2)(\bar{\boldsymbol{\Delta}}_y(3,4)\bar{\boldsymbol{\Delta}}_y(5,6)+\bar{\boldsymbol{\Delta}}_y(3,5)\bar{\boldsymbol{\Delta}}_y(4,6)$$

$$+\bar{\boldsymbol{\Delta}}_y(3,6)\bar{\boldsymbol{\Delta}}_y(4,5))+(1,2,3)\mathrm{cyclic}\}$$

$$+\{\bar{\boldsymbol{\Delta}}_y(1,4)(\bar{\boldsymbol{\Delta}}_y(2,5)\bar{\boldsymbol{\Delta}}_y(3,6)+\bar{\boldsymbol{\Delta}}_y(2,6)\bar{\boldsymbol{\Delta}}_y(3,5))+(1,2,3)\mathrm{cyclic}\}]$$

と与えられる．1，2行目はそれぞれのバーテックス内で縮約する場合で，$\overline{S}^{(3)}$の足の対称性を考慮すれば9個，3行目はバーテックス間の縮約で6個あり，$\overline{S}^{(3)}$に(5.189)を代入すれば以下のようになる．

$$\overline{S}^{(3)}_{1,2,3}\overline{S}^{(3)}_{4,5,6}\left[\frac{\bar{\boldsymbol{\Delta}}_y(1,2)\bar{\boldsymbol{\Delta}}_y(3,4)\bar{\boldsymbol{\Delta}}_y(5,6)}{4}+\frac{\bar{\boldsymbol{\Delta}}_y(1,4)\bar{\boldsymbol{\Delta}}_y(2,5)\bar{\boldsymbol{\Delta}}_y(3,6)}{6}\right]$$

$$=-f^2\lambda^3[\bar{\boldsymbol{\mathcal{D}}}_{12}\bar{\boldsymbol{\mathcal{D}}}_{23}\bar{\boldsymbol{\mathcal{D}}}_{31}\bar{\boldsymbol{\Delta}}_y(1,2)\bar{\boldsymbol{\Delta}}_y(3,4)\bar{\boldsymbol{\Delta}}_y(5,6)\bar{\boldsymbol{\mathcal{D}}}_{45}\bar{\boldsymbol{\mathcal{D}}}_{56}\bar{\boldsymbol{\mathcal{D}}}_{64}$$

$$+\frac{1}{3}\bar{\boldsymbol{\mathcal{D}}}_{13}\bar{\boldsymbol{\mathcal{D}}}_{32}\bar{\boldsymbol{\mathcal{D}}}_{21}\bar{\boldsymbol{\Delta}}_y(1,4)\bar{\boldsymbol{\Delta}}_y(2,5)\bar{\boldsymbol{\Delta}}_y(3,6)\bar{\boldsymbol{\mathcal{D}}}_{45}\bar{\boldsymbol{\mathcal{D}}}_{56}\bar{\boldsymbol{\mathcal{D}}}_{64}$$

$$+\frac{1}{3}\bar{\boldsymbol{\mathcal{D}}}_{12}\bar{\boldsymbol{\mathcal{D}}}_{23}\bar{\boldsymbol{\mathcal{D}}}_{31}\bar{\boldsymbol{\Delta}}_y(1,4)\bar{\boldsymbol{\Delta}}_y(2,5)\bar{\boldsymbol{\Delta}}_y(3,6)\bar{\boldsymbol{\mathcal{D}}}_{45}\bar{\boldsymbol{\mathcal{D}}}_{56}\bar{\boldsymbol{\mathcal{D}}}_{64}]$$

$$=\quad+\frac{1}{3}\quad+\frac{1}{3}\qquad(5.198)$$

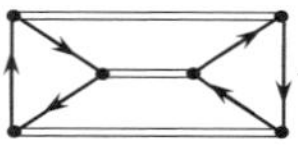

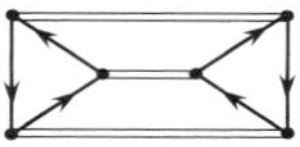

例題 5.3.9　(5.198) を確認せよ．

【解】　まず

$$\frac{\overline{S}^{(3)}_{1,2,3}\overline{S}^{(3)}_{4,5,6}}{4}\bar{\boldsymbol{\Delta}}_y(1,2)\,\bar{\boldsymbol{\Delta}}_y(3,4)\,\bar{\boldsymbol{\Delta}}_y(5,6)$$

に着目しよう．$\overline{S}^{(3)}_{1,2,3}$ に (5.189) を用いると，

$$\overline{S}^{(3)}_{1,2,3}\,\bar{\boldsymbol{\Delta}}_y(1,2)=\mp if\lambda^{3/2}(\bar{\boldsymbol{\mathcal{D}}}_{12}\bar{\boldsymbol{\mathcal{D}}}_{23}\bar{\boldsymbol{\mathcal{D}}}_{31}+\bar{\boldsymbol{\mathcal{D}}}_{13}\bar{\boldsymbol{\mathcal{D}}}_{32}\bar{\boldsymbol{\mathcal{D}}}_{21})\bar{\boldsymbol{\Delta}}_y(1,2)$$

$$=\mp 2if\lambda^{3/2}\bar{\boldsymbol{\mathcal{D}}}_{12}\bar{\boldsymbol{\mathcal{D}}}_{23}\bar{\boldsymbol{\mathcal{D}}}_{31}\,\bar{\boldsymbol{\Delta}}_y(1,2)$$

となる．ここで，$\bar{\boldsymbol{\Delta}}_y(1,2)=\bar{\boldsymbol{\Delta}}_y(2,1)$ を用いた．同様に，

$$\bar{S}^{(3)}_{4,5,6}\,\bar{\boldsymbol{\Delta}}_y(5,6)=\mp\,2if\lambda^{3/2}\,\bar{\boldsymbol{\mathcal{D}}}_{45}\bar{\boldsymbol{\mathcal{D}}}_{56}\bar{\boldsymbol{\mathcal{D}}}_{64}\,\bar{\boldsymbol{\Delta}}_y(5,6)$$

であり，双方を合わせれば

$$\frac{\bar{S}^{(3)}_{1,2,3}\bar{S}^{(3)}_{4,5,6}}{4}\,\bar{\boldsymbol{\Delta}}_y(1,2)\,\bar{\boldsymbol{\Delta}}_y(3,4)\,\bar{\boldsymbol{\Delta}}_y(5,6)=-\,f^2\lambda^3(\bar{\boldsymbol{\mathcal{D}}}_{12}\bar{\boldsymbol{\mathcal{D}}}_{23}\bar{\boldsymbol{\mathcal{D}}}_{31}\,\bar{\boldsymbol{\Delta}}_y(1,2)\,\bar{\boldsymbol{\Delta}}_y(3,4)$$
$$\times\,\bar{\boldsymbol{\Delta}}_y(5,6)\,\bar{\boldsymbol{\mathcal{D}}}_{45}\bar{\boldsymbol{\mathcal{D}}}_{56}\bar{\boldsymbol{\mathcal{D}}}_{64}$$

が得られる．次に (5.189) より

$$\frac{\bar{S}^{(3)}_{1,2,3}\bar{S}^{(3)}_{4,5,6}}{6}\,\bar{\boldsymbol{\Delta}}_y(1,4)\,\bar{\boldsymbol{\Delta}}_y(2,5)\,\bar{\boldsymbol{\Delta}}_y(3,6)$$
$$=\frac{1}{6}(\bar{\boldsymbol{\mathcal{D}}}_{12}\bar{\boldsymbol{\mathcal{D}}}_{23}\bar{\boldsymbol{\mathcal{D}}}_{31}\,\bar{\boldsymbol{\Delta}}_y(1,4)\,\bar{\boldsymbol{\Delta}}_y(2,5)\,\bar{\boldsymbol{\Delta}}_y(3,6)\,\bar{\boldsymbol{\mathcal{D}}}_{45}\bar{\boldsymbol{\mathcal{D}}}_{56}\bar{\boldsymbol{\mathcal{D}}}_{64}$$
$$+\,\bar{\boldsymbol{\mathcal{D}}}_{13}\bar{\boldsymbol{\mathcal{D}}}_{32}\bar{\boldsymbol{\mathcal{D}}}_{21}\,\bar{\boldsymbol{\Delta}}_y(1,4)\,\bar{\boldsymbol{\Delta}}_y(2,5)\,\bar{\boldsymbol{\Delta}}_y(3,6)\,\bar{\boldsymbol{\mathcal{D}}}_{45}\bar{\boldsymbol{\mathcal{D}}}_{56}\bar{\boldsymbol{\mathcal{D}}}_{64}$$
$$+\,\bar{\boldsymbol{\mathcal{D}}}_{12}\bar{\boldsymbol{\mathcal{D}}}_{23}\bar{\boldsymbol{\mathcal{D}}}_{31}\,\bar{\boldsymbol{\Delta}}_y(1,4)\,\bar{\boldsymbol{\Delta}}_y(2,5)\,\bar{\boldsymbol{\Delta}}_y(3,6)\,\bar{\boldsymbol{\mathcal{D}}}_{46}\bar{\boldsymbol{\mathcal{D}}}_{65}\bar{\boldsymbol{\mathcal{D}}}_{54}$$
$$+\,\bar{\boldsymbol{\mathcal{D}}}_{13}\bar{\boldsymbol{\mathcal{D}}}_{32}\bar{\boldsymbol{\mathcal{D}}}_{21}\,\bar{\boldsymbol{\Delta}}_y(1,4)\,\bar{\boldsymbol{\Delta}}_y(2,5)\,\bar{\boldsymbol{\Delta}}_y(3,6)\,\bar{\boldsymbol{\mathcal{D}}}_{46}\bar{\boldsymbol{\mathcal{D}}}_{65}\bar{\boldsymbol{\mathcal{D}}}_{54}$$

と与えられるが，右辺 3 行目で $2\to3$，$5\to6$ のおきかえを同時に行うと

$$\text{右辺 3 行目}=\bar{\boldsymbol{\mathcal{D}}}_{13}\bar{\boldsymbol{\mathcal{D}}}_{32}\bar{\boldsymbol{\mathcal{D}}}_{21}\,\bar{\boldsymbol{\Delta}}_y(1,4)\,\bar{\boldsymbol{\Delta}}_y(3,6)\,\bar{\boldsymbol{\Delta}}_y(2,5)\,\bar{\boldsymbol{\mathcal{D}}}_{45}\bar{\boldsymbol{\mathcal{D}}}_{56}\bar{\boldsymbol{\mathcal{D}}}_{64}$$

となり右辺 2 行目に等しくなる．同様に右辺 4 行目で $2\to3$，$5\to6$ を行うと

$$\text{右辺 4 行目}=\bar{\boldsymbol{\mathcal{D}}}_{12}\bar{\boldsymbol{\mathcal{D}}}_{23}\bar{\boldsymbol{\mathcal{D}}}_{31}\,\bar{\boldsymbol{\Delta}}_y(1,4)\,\bar{\boldsymbol{\Delta}}_y(3,6)\,\bar{\boldsymbol{\Delta}}_y(2,5)\,\bar{\boldsymbol{\mathcal{D}}}_{45}\bar{\boldsymbol{\mathcal{D}}}_{56}\bar{\boldsymbol{\mathcal{D}}}_{64}$$

と右辺 1 行目と等しくなる．こうして，

$$\frac{\bar{S}^{(3)}_{1,2,3}\bar{S}^{(3)}_{4,5,6}}{6}\,\bar{\boldsymbol{\Delta}}_y(1,4)\,\bar{\boldsymbol{\Delta}}_y(2,5)\,\bar{\boldsymbol{\Delta}}_y(3,6)$$
$$=\frac{1}{3}(\bar{\boldsymbol{\mathcal{D}}}_{13}\bar{\boldsymbol{\mathcal{D}}}_{32}\bar{\boldsymbol{\mathcal{D}}}_{21}\,\bar{\boldsymbol{\Delta}}_y(1,4)\,\bar{\boldsymbol{\Delta}}_y(2,5)\,\bar{\boldsymbol{\Delta}}_y(3,6)\,\bar{\boldsymbol{\mathcal{D}}}_{45}\bar{\boldsymbol{\mathcal{D}}}_{56}\bar{\boldsymbol{\mathcal{D}}}_{64}$$
$$+\,\bar{\boldsymbol{\mathcal{D}}}_{12}\bar{\boldsymbol{\mathcal{D}}}_{23}\bar{\boldsymbol{\mathcal{D}}}_{31}\,\bar{\boldsymbol{\Delta}}_y(1,4)\,\bar{\boldsymbol{\Delta}}_y(2,5)\,\bar{\boldsymbol{\Delta}}_y(3,6)\,\bar{\boldsymbol{\mathcal{D}}}_{45}\bar{\boldsymbol{\mathcal{D}}}_{56}\bar{\boldsymbol{\mathcal{D}}}_{64})$$

が得られる．図で与えると であり，左は矢印で表した時間の向きが時計回りでそろっているが，右は (1, 2, 3) が反時計回りとなって

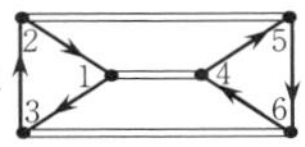

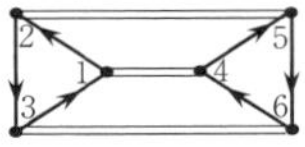

いる．□

(5.198) の最初のグラフから計算しよう．$\bar{\varDelta}_y$ に (5.183) を用いると

$$
\begin{aligned}
&= -f^2\lambda^3\bar{\mathcal{D}}_{12}\bar{\mathcal{D}}_{23}\bar{\mathcal{D}}_{31}\bar{\varDelta}_y(1,2)\bar{\varDelta}_y(3,4)\bar{\varDelta}_y(5,6)\bar{\mathcal{D}}_{45}\bar{\mathcal{D}}_{56}\bar{\mathcal{D}}_{64}\\
&= -f^2\lambda^3[\bar{\mathcal{D}}_{11}\bar{\mathcal{D}}_{13}\bar{\mathcal{D}}_{31}\bar{\mathcal{D}}_{35}\bar{\mathcal{D}}_{55}\bar{\mathcal{D}}_{53}\\
&\quad + C(\bar{\mathcal{D}}_{12}\bar{\mathcal{D}}_{23}\bar{\mathcal{D}}_{31}\bar{\mathcal{D}}_{35}\bar{\mathcal{D}}_{55}\bar{\mathcal{D}}_{53} + \bar{\mathcal{D}}_{11}\bar{\mathcal{D}}_{13}\bar{\mathcal{D}}_{31}\bar{\mathcal{D}}_{45}\bar{\mathcal{D}}_{55}\bar{\mathcal{D}}_{54}\\
&\quad + \bar{\mathcal{D}}_{11}\bar{\mathcal{D}}_{13}\bar{\mathcal{D}}_{31}\bar{\mathcal{D}}_{35}\bar{\mathcal{D}}_{56}\bar{\mathcal{D}}_{63}) + C^2(\bar{\mathcal{D}}_{11}\bar{\mathcal{D}}_{13}\bar{\mathcal{D}}_{31}\bar{\mathcal{D}}_{45}\bar{\mathcal{D}}_{56}\bar{\mathcal{D}}_{64}\\
&\quad + \bar{\mathcal{D}}_{12}\bar{\mathcal{D}}_{23}\bar{\mathcal{D}}_{31}\bar{\mathcal{D}}_{35}\bar{\mathcal{D}}_{56}\bar{\mathcal{D}}_{63} + \bar{\mathcal{D}}_{12}\bar{\mathcal{D}}_{23}\bar{\mathcal{D}}_{31}\bar{\mathcal{D}}_{45}\bar{\mathcal{D}}_{55}\bar{\mathcal{D}}_{54})\\
&\qquad\qquad + C^3\bar{\mathcal{D}}_{12}\bar{\mathcal{D}}_{23}\bar{\mathcal{D}}_{31}\bar{\mathcal{D}}_{45}\bar{\mathcal{D}}_{56}\bar{\mathcal{D}}_{64}]
\end{aligned}
\tag{5.199}
$$

となる．

まず，C によらない項は，τ によらない量 (5.168)，(5.179) に注意して τ_1, τ_3, τ_5 積分を行って，以下のようになる．

$$\bar{\mathcal{D}}_{11}\bar{\mathcal{D}}_{13}\bar{\mathcal{D}}_{31}\bar{\mathcal{D}}_{35}\bar{\mathcal{D}}_{55}\bar{\mathcal{D}}_{53} = \mathcal{T}^3(\bar{\mathcal{D}}(X))^2(\bar{\mathcal{D}}^{2\mathrm{T}})^2$$

次に，C 比例項は $\bar{\mathcal{D}}_{35}\,\bar{\mathcal{D}}_{55}\,\bar{\mathcal{D}}_{53} \overset{\tau_5\text{積分}}{=} \mathcal{T}\bar{\mathcal{D}}(X)\,\bar{\mathcal{D}}^{2\mathrm{T}}$ より，

$$
\begin{aligned}
\bar{\mathcal{D}}_{12}\bar{\mathcal{D}}_{23}\bar{\mathcal{D}}_{31}\bar{\mathcal{D}}_{35}\bar{\mathcal{D}}_{55}\bar{\mathcal{D}}_{53} &= \mathcal{T}\bar{\mathcal{D}}(X)\,\bar{\mathcal{D}}^{2\mathrm{T}}\iiint d\tau_1\,d\tau_2\,d\tau_3\\
&\qquad \times \langle\tau_1|\widehat{\mathcal{D}}|\tau_2\rangle\langle\tau_2|\widehat{\mathcal{D}}|\tau_3\rangle\langle\tau_3|\widehat{\mathcal{D}}|\tau_1\rangle\\
&\overset{\tau_2,\tau_3\text{完全性}}{=} \mathcal{T}\bar{\mathcal{D}}(X)\,\bar{\mathcal{D}}^{2\mathrm{T}}\mathrm{Tr}\widehat{\mathcal{D}}^3
\end{aligned}
$$

であり，同様に $\bar{\mathcal{D}}_{11}\bar{\mathcal{D}}_{13}\bar{\mathcal{D}}_{31} \overset{\tau_1\text{積分}}{=} \mathcal{T}\bar{\mathcal{D}}(X)\,\bar{\mathcal{D}}^{2\mathrm{T}}$ に注意して，

$$\bar{\mathcal{D}}_{11}\bar{\mathcal{D}}_{13}\bar{\mathcal{D}}_{31}\bar{\mathcal{D}}_{35}\bar{\mathcal{D}}_{56}\bar{\mathcal{D}}_{63} = \mathcal{T}\bar{\mathcal{D}}(X)\,\bar{\mathcal{D}}^{2\mathrm{T}}\mathrm{Tr}\widehat{\mathcal{D}}^3$$

となる．残りの項は $\tau_1, \tau_3, \tau_4, \tau_5$ の積分を行って，

$$\bar{\mathcal{D}}_{11}\bar{\mathcal{D}}_{13}\bar{\mathcal{D}}_{31}\bar{\mathcal{D}}_{45}\bar{\mathcal{D}}_{55}\bar{\mathcal{D}}_{54} = \mathcal{T}^4(\bar{\mathcal{D}}(X))^2(\bar{\mathcal{D}}^{2\mathrm{T}})^2$$

と与えられる．さらに，C^2 比例項は $\bar{\mathcal{D}}_{11}\bar{\mathcal{D}}_{13}\bar{\mathcal{D}}_{31} \overset{\tau_1,\,\tau_3\text{積分}}{=} \mathcal{T}^2\bar{\mathcal{D}}(X)\,\bar{\mathcal{D}}^{2\mathrm{T}}$ より，

$$\bar{\boldsymbol{\mathcal{D}}}_{11}\bar{\boldsymbol{\mathcal{D}}}_{13}\bar{\boldsymbol{\mathcal{D}}}_{31}\bar{\boldsymbol{\mathcal{D}}}_{45}\bar{\boldsymbol{\mathcal{D}}}_{56}\bar{\boldsymbol{\mathcal{D}}}_{64} = \mathcal{T}^2\bar{\boldsymbol{\mathcal{D}}}(X)\,\bar{\boldsymbol{\mathcal{D}}}^{2\mathrm{T}}\iiint d\tau_4\,d\tau_5\,d\tau_6 \times \langle\tau_4|\widehat{\boldsymbol{\mathcal{D}}}|\tau_5\rangle\langle\tau_5|\widehat{\boldsymbol{\mathcal{D}}}|\tau_6\rangle\langle\tau_6|\widehat{\boldsymbol{\mathcal{D}}}|\tau_4\rangle$$

$$\overset{\tau_5,\,\tau_6\,\text{完全性}}{=} \mathcal{T}^2\bar{\boldsymbol{\mathcal{D}}}(X)\,\bar{\boldsymbol{\mathcal{D}}}^{2\mathrm{T}}\mathbf{Tr}\widehat{\boldsymbol{\mathcal{D}}}^{3}$$

であり，同様に $\bar{\boldsymbol{\mathcal{D}}}_{45}\bar{\boldsymbol{\mathcal{D}}}_{55}\bar{\boldsymbol{\mathcal{D}}}_{54} \overset{\tau_4,\,\tau_5\,\text{積分}}{=} \mathcal{T}^2\bar{\boldsymbol{\mathcal{D}}}(X)\,\bar{\boldsymbol{\mathcal{D}}}^{2\mathrm{T}}$ より，

$$\bar{\boldsymbol{\mathcal{D}}}_{12}\bar{\boldsymbol{\mathcal{D}}}_{23}\bar{\boldsymbol{\mathcal{D}}}_{31}\bar{\boldsymbol{\mathcal{D}}}_{45}\bar{\boldsymbol{\mathcal{D}}}_{55}\bar{\boldsymbol{\mathcal{D}}}_{54} = \mathcal{T}^2\bar{\boldsymbol{\mathcal{D}}}(X)\,\bar{\boldsymbol{\mathcal{D}}}^{2\mathrm{T}}\mathbf{Tr}\widehat{\boldsymbol{\mathcal{D}}}^{3}$$

となる．残りは

$$\bar{\boldsymbol{\mathcal{D}}}_{12}\bar{\boldsymbol{\mathcal{D}}}_{23}\bar{\boldsymbol{\mathcal{D}}}_{31}\bar{\boldsymbol{\mathcal{D}}}_{35}\bar{\boldsymbol{\mathcal{D}}}_{56}\bar{\boldsymbol{\mathcal{D}}}_{63} = \int\cdots\int d\tau_1\,d\tau_2\,d\tau_3\,\langle\tau_1|\widehat{\boldsymbol{\mathcal{D}}}|\tau_2\rangle\langle\tau_2|\widehat{\boldsymbol{\mathcal{D}}}|\tau_3\rangle\langle\tau_3|\widehat{\boldsymbol{\mathcal{D}}}|\tau_1\rangle \times \iint d\tau_5\,d\tau_6\,\langle\tau_3|\widehat{\boldsymbol{\mathcal{D}}}|\tau_5\rangle\langle\tau_5|\widehat{\boldsymbol{\mathcal{D}}}|\tau_6\rangle\langle\tau_6|\widehat{\boldsymbol{\mathcal{D}}}|\tau_3\rangle$$

$$\overset{\tau_5,\,\tau_6\,\text{完全性}}{=} \langle\tau_3|\widehat{\boldsymbol{\mathcal{D}}}^{3}|\tau_3\rangle \times \int\cdots\int d\tau_1\,d\tau_2\,d\tau_3 \times \langle\tau_1|\widehat{\boldsymbol{\mathcal{D}}}|\tau_2\rangle\langle\tau_2|\widehat{\boldsymbol{\mathcal{D}}}|\tau_3\rangle\langle\tau_3|\widehat{\boldsymbol{\mathcal{D}}}|\tau_1\rangle$$

$$\overset{(5.193)}{=} \left(\frac{\mathcal{T}}{2}\right)^2\frac{\bar{\boldsymbol{\mathcal{D}}}^{(2)}}{2}\mathbf{Tr}\widehat{\boldsymbol{\mathcal{D}}}^{3}$$

と与えられる．最後に，C^3 項は

$$\bar{\boldsymbol{\mathcal{D}}}_{12}\bar{\boldsymbol{\mathcal{D}}}_{23}\bar{\boldsymbol{\mathcal{D}}}_{31}\bar{\boldsymbol{\mathcal{D}}}_{45}\bar{\boldsymbol{\mathcal{D}}}_{56}\bar{\boldsymbol{\mathcal{D}}}_{64} = (\mathbf{Tr}\widehat{\boldsymbol{\mathcal{D}}}^{3})^2 \tag{5.200}$$

となる．

よって，トレースの公式 (5.194) を代入して，整理すれば，

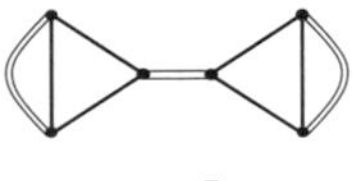

$$= -f^2(\lambda\mathcal{T})^3(1 + C\mathcal{T}) \times \left[(\bar{\boldsymbol{\mathcal{D}}}(X))^2(\bar{\boldsymbol{\mathcal{D}}}^{2\mathrm{T}})^2 + \frac{C\mathcal{T}}{4}\bar{\boldsymbol{\mathcal{D}}}(X)\,\bar{\boldsymbol{\mathcal{D}}}^{2\mathrm{T}}\bar{\boldsymbol{\mathcal{D}}}^{(2)}(X) + \frac{(C\mathcal{T})^2}{64}(\bar{\boldsymbol{\mathcal{D}}}^{(2)}(X))^2\right] \tag{5.201}$$

と求められる．

5.3.10　2 ループグラフ（3）─ 3 点バーテックス ─

(5.198) の真ん中のグラフは，再び (5.183) を代入して，

$$
\begin{aligned}
\frac{1}{3}\ &= -\frac{f^2\lambda^3}{3}\bar{\boldsymbol{\mathcal{D}}}_{13}\bar{\boldsymbol{\mathcal{D}}}_{32}\bar{\boldsymbol{\mathcal{D}}}_{21}\,\bar{\boldsymbol{\varDelta}}_y(1,4)\,\bar{\boldsymbol{\varDelta}}_y(2,5)\,\bar{\boldsymbol{\varDelta}}_y(3,6)\,\bar{\boldsymbol{\mathcal{D}}}_{45}\bar{\boldsymbol{\mathcal{D}}}_{56}\bar{\boldsymbol{\mathcal{D}}}_{64}\\
&= -\frac{f^2\lambda^3}{3}[\bar{\boldsymbol{\mathcal{D}}}_{13}\bar{\boldsymbol{\mathcal{D}}}_{32}\bar{\boldsymbol{\mathcal{D}}}_{21}\bar{\boldsymbol{\mathcal{D}}}_{12}\bar{\boldsymbol{\mathcal{D}}}_{23}\bar{\boldsymbol{\mathcal{D}}}_{31}\\
&\quad + C(\bar{\boldsymbol{\mathcal{D}}}_{13}\bar{\boldsymbol{\mathcal{D}}}_{32}\bar{\boldsymbol{\mathcal{D}}}_{21}\bar{\boldsymbol{\mathcal{D}}}_{42}\bar{\boldsymbol{\mathcal{D}}}_{23}\bar{\boldsymbol{\mathcal{D}}}_{34} + \bar{\boldsymbol{\mathcal{D}}}_{13}\bar{\boldsymbol{\mathcal{D}}}_{32}\bar{\boldsymbol{\mathcal{D}}}_{21}\bar{\boldsymbol{\mathcal{D}}}_{15}\bar{\boldsymbol{\mathcal{D}}}_{53}\bar{\boldsymbol{\mathcal{D}}}_{31}\\
&\quad + \bar{\boldsymbol{\mathcal{D}}}_{13}\bar{\boldsymbol{\mathcal{D}}}_{32}\bar{\boldsymbol{\mathcal{D}}}_{21}\bar{\boldsymbol{\mathcal{D}}}_{12}\bar{\boldsymbol{\mathcal{D}}}_{26}\bar{\boldsymbol{\mathcal{D}}}_{61}) + C^2(\bar{\boldsymbol{\mathcal{D}}}_{13}\bar{\boldsymbol{\mathcal{D}}}_{32}\bar{\boldsymbol{\mathcal{D}}}_{21}\bar{\boldsymbol{\mathcal{D}}}_{15}\bar{\boldsymbol{\mathcal{D}}}_{56}\bar{\boldsymbol{\mathcal{D}}}_{61}\\
&\quad + \bar{\boldsymbol{\mathcal{D}}}_{13}\bar{\boldsymbol{\mathcal{D}}}_{32}\bar{\boldsymbol{\mathcal{D}}}_{21}\bar{\boldsymbol{\mathcal{D}}}_{42}\bar{\boldsymbol{\mathcal{D}}}_{26}\bar{\boldsymbol{\mathcal{D}}}_{64} + \bar{\boldsymbol{\mathcal{D}}}_{13}\bar{\boldsymbol{\mathcal{D}}}_{32}\bar{\boldsymbol{\mathcal{D}}}_{21}\bar{\boldsymbol{\mathcal{D}}}_{45}\bar{\boldsymbol{\mathcal{D}}}_{53}\bar{\boldsymbol{\mathcal{D}}}_{34})\\
&\qquad\qquad + C^3\bar{\boldsymbol{\mathcal{D}}}_{13}\bar{\boldsymbol{\mathcal{D}}}_{32}\bar{\boldsymbol{\mathcal{D}}}_{21}\bar{\boldsymbol{\mathcal{D}}}_{45}\bar{\boldsymbol{\mathcal{D}}}_{56}\bar{\boldsymbol{\mathcal{D}}}_{64}]
\end{aligned}
\tag{5.202}
$$

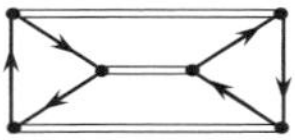

となる．

再び各項ごとに見ていけば，C によらない項は

$$\bar{\boldsymbol{\mathcal{D}}}_{13}\bar{\boldsymbol{\mathcal{D}}}_{32}\bar{\boldsymbol{\mathcal{D}}}_{21}\bar{\boldsymbol{\mathcal{D}}}_{12}\bar{\boldsymbol{\mathcal{D}}}_{23}\bar{\boldsymbol{\mathcal{D}}}_{31} = \mathcal{T}^3(\bar{\boldsymbol{\mathcal{D}}}^{2\mathrm{T}})^3$$

であり，C 比例項は，すべて等しく

$$
\left.
\begin{aligned}
\bar{\boldsymbol{\mathcal{D}}}_{13}\bar{\boldsymbol{\mathcal{D}}}_{32}\bar{\boldsymbol{\mathcal{D}}}_{21}\bar{\boldsymbol{\mathcal{D}}}_{42}\bar{\boldsymbol{\mathcal{D}}}_{23}\bar{\boldsymbol{\mathcal{D}}}_{34} &= \bar{\boldsymbol{\mathcal{D}}}^{2\mathrm{T}}\bar{\boldsymbol{\mathcal{D}}}_{13}\bar{\boldsymbol{\mathcal{D}}}_{34}\bar{\boldsymbol{\mathcal{D}}}_{42}\bar{\boldsymbol{\mathcal{D}}}_{21}\\
&= \bar{\boldsymbol{\mathcal{D}}}^{2\mathrm{T}}\int\cdots\int d\tau_1\,d\tau_2\\
&\quad \times d\tau_3\,d\tau_4\langle\tau_1|\widehat{\boldsymbol{\mathcal{D}}}|\tau_3\rangle\langle\tau_3|\widehat{\boldsymbol{\mathcal{D}}}|\tau_4\rangle\langle\tau_4|\widehat{\boldsymbol{\mathcal{D}}}|\tau_2\rangle\langle\tau_2|\widehat{\boldsymbol{\mathcal{D}}}|\tau_1\rangle\\
&= \bar{\boldsymbol{\mathcal{D}}}^{2\mathrm{T}}\mathrm{Tr}\widehat{\boldsymbol{\mathcal{D}}}^4\\
\bar{\boldsymbol{\mathcal{D}}}_{13}\bar{\boldsymbol{\mathcal{D}}}_{32}\bar{\boldsymbol{\mathcal{D}}}_{21}\bar{\boldsymbol{\mathcal{D}}}_{15}\bar{\boldsymbol{\mathcal{D}}}_{53}\bar{\boldsymbol{\mathcal{D}}}_{31} &= \bar{\boldsymbol{\mathcal{D}}}^{2\mathrm{T}}\mathrm{Tr}\widehat{\boldsymbol{\mathcal{D}}}^4\\
\bar{\boldsymbol{\mathcal{D}}}_{13}\bar{\boldsymbol{\mathcal{D}}}_{32}\bar{\boldsymbol{\mathcal{D}}}_{21}\bar{\boldsymbol{\mathcal{D}}}_{12}\bar{\boldsymbol{\mathcal{D}}}_{26}\bar{\boldsymbol{\mathcal{D}}}_{61} &= \bar{\boldsymbol{\mathcal{D}}}^{2\mathrm{T}}\mathrm{Tr}\widehat{\boldsymbol{\mathcal{D}}}^4
\end{aligned}
\right\}
\tag{5.203}
$$

となる．

例題 5.3.10　(5.203) の残りを示せ．

【解】　$\bar{\boldsymbol{\mathcal{D}}}_{13}\bar{\boldsymbol{\mathcal{D}}}_{32}\bar{\boldsymbol{\mathcal{D}}}_{21}\bar{\boldsymbol{\mathcal{D}}}_{15}\bar{\boldsymbol{\mathcal{D}}}_{53}\bar{\boldsymbol{\mathcal{D}}}_{31}$ において，$\bar{\boldsymbol{\mathcal{D}}}_{13}\bar{\boldsymbol{\mathcal{D}}}_{31} = \bar{\boldsymbol{\mathcal{D}}}^{2\mathrm{T}}$ ((5.179)) であり，τ_1，τ_3 によらないので，残りの項は

$$\bar{\boldsymbol{\mathcal{D}}}_{32}\bar{\boldsymbol{\mathcal{D}}}_{21}\bar{\boldsymbol{\mathcal{D}}}_{15}\bar{\boldsymbol{\mathcal{D}}}_{53} = \int\cdots\int d\tau_1\,d\tau_2\,d\tau_3\,d\tau_5\,\langle\tau_3|\widehat{\boldsymbol{\mathcal{D}}}|\tau_2\rangle\langle\tau_2|\widehat{\boldsymbol{\mathcal{D}}}|\tau_1\rangle\,\langle\tau_1|\widehat{\boldsymbol{\mathcal{D}}}|\tau_5\rangle\langle\tau_5|\widehat{\boldsymbol{\mathcal{D}}}|\tau_3\rangle$$

$$\overset{\tau_2,\,\tau_1,\,\tau_5\,\text{完全性}}{=} \int d\tau_3\,\langle\tau_3|\widehat{\boldsymbol{\mathcal{D}}}^4|\tau_3\rangle = \mathrm{Tr}\widehat{\boldsymbol{\mathcal{D}}}^4$$

となり，全体で $\bar{\boldsymbol{\mathcal{D}}}^{2\mathrm{T}}\mathrm{Tr}\widehat{\boldsymbol{\mathcal{D}}}^4$ である．

最後の表式は，$\bar{\boldsymbol{\mathcal{D}}}_{21}\bar{\boldsymbol{\mathcal{D}}}_{12} = \bar{\boldsymbol{\mathcal{D}}}^{2\mathrm{T}}$ であり，τ_2，τ_3，τ_6 積分を行うことで $\bar{\boldsymbol{\mathcal{D}}}_{13}\bar{\boldsymbol{\mathcal{D}}}_{32}\bar{\boldsymbol{\mathcal{D}}}_{26}\bar{\boldsymbol{\mathcal{D}}}_{61} = \langle\tau_1|\widehat{\boldsymbol{\mathcal{D}}}^4|\tau_1\rangle$ となり，τ_1 積分により $\mathrm{Tr}\widehat{\boldsymbol{\mathcal{D}}}^4$ となる．□

さらに，C^2 項もすべて等しく，最初は τ_2，τ_3，τ_5，τ_6 積分を行えば，

$$\bar{\boldsymbol{\mathcal{D}}}_{13}\bar{\boldsymbol{\mathcal{D}}}_{32}\bar{\boldsymbol{\mathcal{D}}}_{21}\bar{\boldsymbol{\mathcal{D}}}_{15}\bar{\boldsymbol{\mathcal{D}}}_{56}\bar{\boldsymbol{\mathcal{D}}}_{61} = \int d\tau_1\,(\langle\tau_1|\widehat{\boldsymbol{\mathcal{D}}}^3|\tau_1\rangle)^2 \overset{(5.193)}{=} \frac{(\mathcal{T})^5}{64}(\bar{\boldsymbol{\mathcal{D}}}^{(2)}(X))^2$$

であり，同様に，τ_1，τ_3，τ_4，τ_6，および τ_1，τ_2，τ_4，τ_5 積分を行って，

$$\bar{\boldsymbol{\mathcal{D}}}_{13}\bar{\boldsymbol{\mathcal{D}}}_{32}\bar{\boldsymbol{\mathcal{D}}}_{21}\bar{\boldsymbol{\mathcal{D}}}_{42}\bar{\boldsymbol{\mathcal{D}}}_{26}\bar{\boldsymbol{\mathcal{D}}}_{64} = \int d\tau_2\,(\langle\tau_2|\widehat{\boldsymbol{\mathcal{D}}}^3|\tau_2\rangle)^2 = \frac{(\mathcal{T})^5}{64}(\bar{\boldsymbol{\mathcal{D}}}^{(2)}(X))^2$$

および

$$\bar{\boldsymbol{\mathcal{D}}}_{13}\bar{\boldsymbol{\mathcal{D}}}_{32}\bar{\boldsymbol{\mathcal{D}}}_{21}\bar{\boldsymbol{\mathcal{D}}}_{45}\bar{\boldsymbol{\mathcal{D}}}_{53}\bar{\boldsymbol{\mathcal{D}}}_{34} = \int d\tau_3\,(\langle\tau_3|\widehat{\boldsymbol{\mathcal{D}}}^3|\tau_3\rangle)^2 = \frac{(\mathcal{T})^5}{64}(\bar{\boldsymbol{\mathcal{D}}}^{(2)}(X))^2$$

となる．C^3 項は先の結果 (5.200) と同じ．よって，トレースの公式 (5.194) を用いて

$$\frac{1}{3}\ = -\frac{f^2(\lambda\mathcal{T})^3}{3}\Big[(\bar{\boldsymbol{\mathcal{D}}}^{2\mathrm{T}})^3 - \frac{C\mathcal{T}}{16}\bar{\boldsymbol{\mathcal{D}}}^{2\mathrm{T}}\bar{\boldsymbol{\mathcal{D}}}^{(3)}(X) + \frac{3(C\mathcal{T})^2}{64}(\bar{\boldsymbol{\mathcal{D}}}^{(2)}(X))^2 + \frac{(C\mathcal{T})^3}{64}(\bar{\boldsymbol{\mathcal{D}}}^{(2)}(X))^2\Big] \tag{5.204}$$

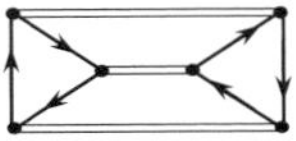

と求められる．

5.3.11　2ループグラフ（4）— 3点バーテックス —

(5.198) 最後のグラフは (5.183) より

$$
\begin{aligned}
\frac{1}{3}\ \ &= -\frac{f^2\lambda^3}{3}\bar{\mathcal{D}}_{12}\bar{\mathcal{D}}_{23}\bar{\mathcal{D}}_{31}\bar{\Delta}_y(1,4)\bar{\Delta}_y(2,5)\bar{\Delta}_y(3,6)\bar{\mathcal{D}}_{45}\bar{\mathcal{D}}_{56}\bar{\mathcal{D}}_{64} \\
&= -\frac{f^2\lambda^3}{3}[(\bar{\mathcal{D}}_{12}\bar{\mathcal{D}}_{23}\bar{\mathcal{D}}_{31})^2 \\
&\quad + C(\bar{\mathcal{D}}_{12}\bar{\mathcal{D}}_{23}\bar{\mathcal{D}}_{31}\bar{\mathcal{D}}_{42}\bar{\mathcal{D}}_{23}\bar{\mathcal{D}}_{34} + \bar{\mathcal{D}}_{12}\bar{\mathcal{D}}_{23}\bar{\mathcal{D}}_{31}\bar{\mathcal{D}}_{15}\bar{\mathcal{D}}_{53}\bar{\mathcal{D}}_{31} \\
&\qquad \times \bar{\mathcal{D}}_{12}\bar{\mathcal{D}}_{23}\bar{\mathcal{D}}_{31}\bar{\mathcal{D}}_{12}\bar{\mathcal{D}}_{26}\bar{\mathcal{D}}_{61}) + C^2(\bar{\mathcal{D}}_{12}\bar{\mathcal{D}}_{23}\bar{\mathcal{D}}_{31}\bar{\mathcal{D}}_{15}\bar{\mathcal{D}}_{56}\bar{\mathcal{D}}_{61} \\
&\quad + \bar{\mathcal{D}}_{12}\bar{\mathcal{D}}_{23}\bar{\mathcal{D}}_{31}\bar{\mathcal{D}}_{42}\bar{\mathcal{D}}_{26}\bar{\mathcal{D}}_{64} + \bar{\mathcal{D}}_{12}\bar{\mathcal{D}}_{23}\bar{\mathcal{D}}_{31}\bar{\mathcal{D}}_{45}\bar{\mathcal{D}}_{53}\bar{\mathcal{D}}_{34}) \\
&\qquad\qquad + C^3\bar{\mathcal{D}}_{12}\bar{\mathcal{D}}_{23}\bar{\mathcal{D}}_{31}\bar{\mathcal{D}}_{45}\bar{\mathcal{D}}_{56}\bar{\mathcal{D}}_{64}]
\end{aligned}
\tag{5.205}
$$

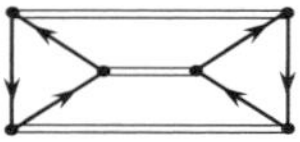

となる．

ここで，C によらない項は

$$
(\bar{\mathcal{D}}_{12}\bar{\mathcal{D}}_{23}\bar{\mathcal{D}}_{31})^2 = \iiint d\tau_1\,d\tau_2\,d\tau_3\,(\langle\tau_1|\widehat{\mathcal{D}}|\tau_2\rangle\langle\tau_2|\widehat{\mathcal{D}}|\tau_3\rangle\langle\tau_3|\widehat{\mathcal{D}}|\tau_1\rangle)^2
\tag{5.206}
$$

である（自乗なのでトレースにはならない）．次に C 比例項は，

$$
\begin{aligned}
\bar{\mathcal{D}}_{12}\bar{\mathcal{D}}_{23}\bar{\mathcal{D}}_{31}\bar{\mathcal{D}}_{42}\bar{\mathcal{D}}_{23}\bar{\mathcal{D}}_{34} &\overset{\tau_1,\tau_4\text{ 積分}}{=} (\bar{\mathcal{D}}_{23}\langle\tau_3|\widehat{\mathcal{D}}^2|\tau_2\rangle)^2 \\
\bar{\mathcal{D}}_{12}\bar{\mathcal{D}}_{23}\bar{\mathcal{D}}_{31}\bar{\mathcal{D}}_{15}\bar{\mathcal{D}}_{53}\bar{\mathcal{D}}_{31} &\overset{\tau_2,\tau_5\text{ 積分}}{=} (\bar{\mathcal{D}}_{31}\langle\tau_1|\widehat{\mathcal{D}}^2|\tau_3\rangle)^2 \\
\bar{\mathcal{D}}_{12}\bar{\mathcal{D}}_{23}\bar{\mathcal{D}}_{31}\bar{\mathcal{D}}_{12}\bar{\mathcal{D}}_{26}\bar{\mathcal{D}}_{61} &\overset{\tau_3,\tau_6\text{ 積分}}{=} (\bar{\mathcal{D}}_{12}\langle\tau_2|\widehat{\mathcal{D}}^2|\tau_1\rangle)^2
\end{aligned}
$$

となり，これらは皆等しく

$$C\,比例項 = 3\int d\tau_1\, d\tau_2\, (\langle\tau_1|\widehat{\boldsymbol{\mathcal{D}}}|\tau_2\rangle\langle\tau_2|\widehat{\boldsymbol{\mathcal{D}}}^2|\tau_1\rangle)^2 \tag{5.207}$$

となる．C^2 比例項も皆等しく，

$$\bar{\boldsymbol{\mathcal{D}}}_{12}\bar{\boldsymbol{\mathcal{D}}}_{23}\bar{\boldsymbol{\mathcal{D}}}_{31}\bar{\boldsymbol{\mathcal{D}}}_{15}\bar{\boldsymbol{\mathcal{D}}}_{56}\bar{\boldsymbol{\mathcal{D}}}_{61} \overset{\tau_2,\tau_3,\tau_5,\tau_6\,積分}{=} \int d\tau_1\, (\langle\tau_1|\widehat{\boldsymbol{\mathcal{D}}}^3|\tau_1\rangle)^2$$

$$\bar{\boldsymbol{\mathcal{D}}}_{12}\bar{\boldsymbol{\mathcal{D}}}_{23}\bar{\boldsymbol{\mathcal{D}}}_{31}\bar{\boldsymbol{\mathcal{D}}}_{42}\bar{\boldsymbol{\mathcal{D}}}_{26}\bar{\boldsymbol{\mathcal{D}}}_{64} \overset{\tau_1,\tau_3,\tau_4,\tau_6\,積分}{=} \int d\tau_2\, (\langle\tau_2|\widehat{\boldsymbol{\mathcal{D}}}^3|\tau_2\rangle)^2$$

$$\bar{\boldsymbol{\mathcal{D}}}_{12}\bar{\boldsymbol{\mathcal{D}}}_{23}\bar{\boldsymbol{\mathcal{D}}}_{31}\bar{\boldsymbol{\mathcal{D}}}_{45}\bar{\boldsymbol{\mathcal{D}}}_{53}\bar{\boldsymbol{\mathcal{D}}}_{34} \overset{\tau_1,\tau_2,\tau_4,\tau_5\,積分}{=} \int d\tau_3\, (\langle\tau_3|\widehat{\boldsymbol{\mathcal{D}}}^3|\tau_3\rangle)^2$$

であり，(5.193) より，

$$C^2\,比例項 = 3\int d\tau\, (\langle\tau|\widehat{\boldsymbol{\mathcal{D}}}^3|\tau\rangle)^2 = 3\mathcal{T}\left\{\frac{1}{2}\left(\frac{\mathcal{T}}{2}\right)^2\bar{\boldsymbol{\mathcal{D}}}^{(2)}\right\}^2 = \frac{3\mathcal{T}^5}{64}(\bar{\boldsymbol{\mathcal{D}}}^{(2)})^2 \tag{5.208}$$

のように求まる．C^3 項は，今までと同じ $(\mathrm{Tr}\widehat{\boldsymbol{\mathcal{D}}}^3)^2$ である．

残った (5.206)，(5.207) を計算する．そのために，プロパゲーター (5.162) を，

$$\left.\begin{aligned}\bar{\boldsymbol{\mathcal{D}}}(\tau,\tau') &= \langle\tau|\widehat{\boldsymbol{\mathcal{D}}}|\tau'\rangle = \sum_{r=-\infty}^{\infty}\frac{\mathcal{F}_r(\tau)\mathcal{F}_r^*(\tau')}{D(r:\bar{\Omega})}\\ D(r:A) &\equiv \frac{i\pi(2r+\varepsilon)}{\mathcal{T}} + A\end{aligned}\right\} \tag{5.209}$$

と書くことにしよう．(5.206) は，

$$\begin{aligned}(\bar{\boldsymbol{\mathcal{D}}}_{12}\bar{\boldsymbol{\mathcal{D}}}_{23}\bar{\boldsymbol{\mathcal{D}}}_{31})^2 = \iiint d\tau_1\, d\tau_2\, d\tau_3 \sum_{r_1,r_2,r_3}\sum_{r_1',r_2',r_3'}\\ \times\frac{\mathcal{F}_{r_1}(\tau_1)\mathcal{F}_{r_1}^*(\tau_2)\mathcal{F}_{r_2}(\tau_2)\mathcal{F}_{r_2}^*(\tau_3)\mathcal{F}_{r_3}(\tau_3)\mathcal{F}_{r_3}^*(\tau_1)}{D(r_1:\bar{\Omega})D(r_2:\bar{\Omega})D(r_3:\bar{\Omega})}\\ \times\frac{\mathcal{F}_{r_1'}(\tau_1)\mathcal{F}_{r_1'}^*(\tau_2)\mathcal{F}_{r_2'}(\tau_2)\mathcal{F}_{r_2'}^*(\tau_3)\mathcal{F}_{r_3'}(\tau_3)\mathcal{F}_{r_3'}^*(\tau_1)}{D(r_1':\bar{\Omega})D(r_2':\bar{\Omega})D(r_3':\bar{\Omega})}\end{aligned}$$

となる．ここで，

$$\int d\tau_1\, \mathcal{F}_{r_1}(\tau_1)\,\mathcal{F}_{r_1'}(\tau_1)\,\mathcal{F}^*_{r_3}(\tau_1)\,\mathcal{F}^*_{r_3'}(\tau_1)$$

$$= \frac{1}{\mathcal{T}}\int \frac{d\tau_1}{\mathcal{T}} \exp\Big[i\frac{2\pi(r_1 + r_1' - r_3 - r_3')}{\mathcal{T}}\tau_1\Big]$$

$$= \frac{1}{\mathcal{T}}\delta_{r_1+r_1',\, r_3+r_3'} \qquad (5.210)$$

であるから，

$$(\bar{\boldsymbol{D}}_{12}\bar{\boldsymbol{D}}_{23}\bar{\boldsymbol{D}}_{31})^2 = \sum_{r_1,r_2,r_3}\sum_{r_1',r_2',r_3'} \delta_{r_1+r_1',\,r_3+r_3'}\delta_{r_1+r_1',\,r_2+r_2'}\delta_{r_2+r_2',\,r_3+r_3'} \times \frac{1}{(\mathcal{T})^3}\prod_{k=1}^{3}\frac{1}{D(r_k : \bar{\Omega})D(r_k' : \bar{\Omega})} \qquad (5.211)$$

となる．

これに和の対称性を保つため，恒等式

$$\sum_{n=-\infty}^{\infty}\delta_{n,\,r_1+r_1'} = 1$$

を挿入すれば (5.206) は

$$(\bar{\boldsymbol{D}}_{12}\bar{\boldsymbol{D}}_{23}\bar{\boldsymbol{D}}_{31})^2 = \sum_{n=-\infty}^{\infty}\left(\frac{1}{\mathcal{T}}\sum_{r=-\infty}^{\infty}\frac{1}{D(r : \bar{\Omega})D(n-r : \bar{\Omega})}\right)^3 \qquad (5.212)$$

であることがわかる．

例題 5.3.11　(5.212) を確認せよ．

【解】　(5.211) の和の部分に恒等式を挿入すると，

$$\sum_{n}\sum_{r_1,r_2,r_3}\sum_{r_1',r_2',r_3'}\delta_{n,\,r_1+r_1'}\delta_{r_1+r_1',\,r_3+r_3'}\delta_{r_1+r_1',\,r_2+r_2'}\delta_{r_2+r_2',\,r_3+r_3'}$$

$$= \sum_{n}\sum_{r_1,r_2,r_3}\sum_{r_1',r_2',r_3'}\delta_{n,\,r_1+r_1'}\delta_{n,\,r_2+r_2'}\delta_{n,\,r_3+r_3'}\delta_{n,\,n}$$

であり，最後のクロネッカデルタは 1 であるから，r_1', r_2', r_3' の和が $r_k' = n - r_k$

$(k=1,2,3)$ ととることができて，

$$(5.211)=\sum_n\prod_{k=1}^{3}\left(\frac{1}{\mathcal{T}}\sum_{r_k}\frac{1}{D(r_k:\bar{\Omega})D(n-r_k:\bar{\Omega})}\right)$$

となる．括弧の中は同じ量なので (5.212) が得られる．□

同様に (5.207) は，

$$\langle\tau_2|\widehat{\boldsymbol{\mathcal{D}}}^2|\tau_1\rangle=\sum_{r_2}\frac{\mathcal{F}_{r_2}(\tau_2)\mathcal{F}^*_{r_2}(\tau_1)}{(D(r_2:\bar{\Omega}))^2}$$

であるから，

$$C\,比例項=3\iint d\tau_1\,d\tau_2\sum_{r_1,r_2,r_1',r_2'}\frac{\mathcal{F}_{r_1}(\tau_1)\mathcal{F}^*_{r_1}(\tau_2)\mathcal{F}_{r_2}(\tau_2)\mathcal{F}^*_{r_2}(\tau_1)}{D(r_1:\bar{\Omega})\,(D(r_2:\bar{\Omega}))^2}$$
$$\times\frac{\mathcal{F}_{r_1'}(\tau_1)\mathcal{F}^*_{r_1'}(\tau_2)\mathcal{F}_{r_2'}(\tau_2)\mathcal{F}^*_{r_2'}(\tau_1)}{D(r_1':\bar{\Omega})\,(D(r_2':\bar{\Omega}))^2}$$

となる．上と同じことを繰り返せば，

$$C\,比例項=3\sum_{n=-\infty}^{\infty}\left(\frac{1}{\mathcal{T}}\sum_{r=-\infty}^{\infty}\frac{1}{D(r:\bar{\Omega})\,(D\,(n-r:\bar{\Omega}))^2}\right)^2\qquad(5.213)$$

が得られる．

例題 5.3.12 (5.213) を確認せよ．

【解】 τ_1, τ_2 積分より，

$$C\,比例項=3\frac{1}{\mathcal{T}^2}\sum_{r_1,r_2,r_1',r_2'}\delta_{r_1+r_1',r_2+r_2'}\delta_{r_1+r_1',r_2+r_2'}$$
$$\times\frac{1}{D(r_1:\bar{\Omega})\,(D(r_2:\bar{\Omega}))^2}\frac{1}{D(r_1':\bar{\Omega})\,(D(r_2':\bar{\Omega}))^2}$$

であり，$\sum_{n=-\infty}^{\infty}\delta_{n,r_1+r_1'}=1$ を挿入すれば，和は $\sum_n\sum_{r_1,r_2,r_1',r_2'}\delta_{n,r_1+r_1'}\delta_{n,r_2+r_2'}\delta_{n,n}$ になる．r_1', r_2' の和は $r_k'=n-r_k$ $(k=1,2)$ ととることができ，

$$C\text{ 比例項} = 3\sum_n \left[\frac{1}{\mathcal{T}}\sum_{r_1}\frac{1}{D(r_1:\bar{\Omega})\ (D(n-r_1:\bar{\Omega}))^2}\right] \times \left[\frac{1}{\mathcal{T}}\sum_{r_2}\frac{1}{D(r_2:\bar{\Omega})\ (D(n-r_2:\bar{\Omega}))^2}\right]$$

であり，それぞれ同じものであるから (5.213) が得られる．□

ここで，(5.212) と (5.213) を眺めれば，

$$\Sigma(n:A) \equiv \frac{1}{\mathcal{T}}\sum_{r=-\infty}^{\infty}\frac{1}{D(r:\bar{\Omega})D(n-r:A)} \tag{5.214}$$

を導入することで，

$$\left.\begin{aligned} (5.212) &= \sum_{n=-\infty}^{\infty}(\Sigma(n:\bar{\Omega}))^3 \\ (5.213) &= 3\sum_{n=-\infty}^{\infty}\left(\left.\frac{\partial\Sigma(n:A)}{\partial A}\right|_{A=\bar{\Omega}}\right)^2 \end{aligned}\right\} \tag{5.215}$$

と与えられる ((5.209) より $D(r:A)$ が A の 1 次式であることを用いた)．こうして，(5.206) と (5.207) は (5.214) が求まればわかる．そこで，部分分数に分解すれば，(5.214) は

$$\Sigma(n:A) = \frac{1}{i\pi 2(n+\varepsilon)/\mathcal{T} + \bar{\Omega} + A} \times \frac{1}{\mathcal{T}}\sum_{r=-\infty}^{\infty}\left[\frac{1}{D(r:\bar{\Omega})} + \frac{1}{D(r:A)}\right] \tag{5.216}$$

である．

例題 5.3.13　(5.216) を導け．

【解】　(5.214) において，

$$\frac{1}{D(r:\bar{\Omega})D(n-r:A)} = \frac{1}{D(r:\bar{\Omega})+D(n-r:A)}\left[\frac{1}{D(r:\bar{\Omega})}+\frac{1}{D(n-r:A)}\right]$$

とすれば，(5.209) より，

$$D(r:\bar{\Omega})+D(n-r:A) = \frac{i\pi 2(n+\varepsilon)}{\mathcal{T}}+\bar{\Omega}+A$$

であり，r によらないので，右辺第 2 項で，和を $n-r\to r$ ととりかえれば

$$\sum_{r=-\infty}^{\infty}\frac{1}{D(n-r:A)} = \sum_{r=-\infty}^{\infty}\frac{1}{D(r:A)}$$

である．

よって (5.216) が得られる．□

次に，$\bar{\boldsymbol{\mathcal{D}}}(X)$ ((5.168)) を思い出し，

$$\bar{\boldsymbol{\mathcal{D}}}_A \equiv \frac{1}{\mathcal{T}}\sum_{r=-\infty}^{\infty}\frac{1}{D(r:A)} = \frac{1}{2}\coth\left(\frac{A\mathcal{T}}{2}+\frac{i\pi\varepsilon}{2}\right) \qquad (5.217)$$

とおけば，

$$\Sigma(n:A) = \frac{\bar{\boldsymbol{\mathcal{D}}}_{\bar{\Omega}}+\bar{\boldsymbol{\mathcal{D}}}_A}{i\pi 2(n+\varepsilon)/\mathcal{T}+\bar{\Omega}+A} \qquad (5.218)$$

となり，$\bar{\boldsymbol{\mathcal{D}}}_{\bar{\Omega}} = \bar{\boldsymbol{\mathcal{D}}}(X)$ であるから (5.215) を見れば，

$$\begin{aligned}(5.212) &= \sum_{n=-\infty}^{\infty}\frac{1}{(i\pi 2(n+\varepsilon)/\mathcal{T}+2\bar{\Omega})^3}(2\bar{\boldsymbol{\mathcal{D}}}(X))^3 \\ &\overset{n+\varepsilon\to n}{=} 8(\bar{\boldsymbol{\mathcal{D}}}(X))^3\sum_{n=-\infty}^{\infty}\frac{1}{(i2\pi n/\mathcal{T}+2\bar{\Omega})^3}\end{aligned}$$

を得る．ボーズプロパゲーター $\bar{\mathscr{D}}_{\bar{\Omega}}(\tau,\tau)$ の表式 ((5.162), (5.166) を参照)

$$\bar{\mathscr{D}}(X) = \frac{1}{\mathcal{T}}\sum_{r=-\infty}^{\infty}\frac{1}{i2\pi r/\mathcal{T}+\bar{\Omega}}\left(=\frac{1}{2}\coth X,\quad X=\frac{\bar{\Omega}\mathcal{T}}{2}\right) \qquad (5.219)$$

を用いれば,

$$\left.\begin{aligned} \sum_{n=-\infty}^{\infty} \frac{1}{(i2\pi n/\mathcal{T} + 2\bar{\Omega})^3} &= \frac{\mathcal{T}^3}{8} \bar{\mathscr{D}}^{(2)}\Big|_{2X} \\ \bar{\mathscr{D}}^{(2)}\Big|_{2X} &\equiv \frac{d^2\bar{\mathscr{D}}(X)}{dX^2}\Big|_{2X} \end{aligned}\right\} \tag{5.220}$$

のように与えられる.

例題 5.3.14　(5.220) を導け.

【解】　(5.219) の両辺を $\bar{\Omega}$ で 2 階微分すると ($r \to n$ とする),

$$\frac{\partial^2}{\partial\bar{\Omega}^2} \bar{\mathscr{D}}(X) = \frac{2}{\mathcal{T}} \sum_{n=-\infty}^{\infty} \frac{1}{(i2\pi n/\mathcal{T} + \bar{\Omega})^3}$$

であり, 左辺を X 微分にかえると,

$$\frac{\partial^2}{\partial\bar{\Omega}^2} \bar{\mathscr{D}}(X) = \left(\frac{\mathcal{T}}{2}\right)^2 \frac{d^2}{dX^2} \bar{\mathscr{D}}(X)$$

となる. 右辺の $2/\mathcal{T}$ を左辺に移動し, 最後に $\bar{\Omega} \to 2\bar{\Omega}$ にすればよいが, これは $X \to 2X$ とすることだから (5.220) が求まる. □

こうして,

$$(5.212) = \mathcal{T}^3 (\bar{\boldsymbol{D}}(X))^3 \bar{\mathscr{D}}^{(2)}\Big|_{2X} \tag{5.221}$$

と求まった. 一方, (5.218) に A 微分を行えば

$$\frac{\partial \Sigma(n:A)}{\partial A}\Big|_{A=\bar{\Omega}} = -\frac{2\bar{\boldsymbol{D}}(X)}{(i\pi 2(n+\varepsilon)/\mathcal{T} + 2\bar{\Omega})^2} + \frac{\mathcal{T}\bar{\boldsymbol{D}}^{(1)}(X)}{2(i\pi 2(n+\varepsilon)/\mathcal{T} + 2\bar{\Omega})} \tag{5.222}$$

が得られる.

例題 5.3.15 (5.222) を確認せよ．

【解】 $\bar{\boldsymbol{\mathcal{D}}}_A$ の A 微分を $\bar{\boldsymbol{\mathcal{D}}}'_A$ と書けば，

$$\frac{\partial\Sigma(n:A)}{\partial A} = -\frac{\bar{\boldsymbol{\mathcal{D}}}_{\bar{\Omega}} + \bar{\boldsymbol{\mathcal{D}}}_A}{(i\pi 2(n+\varepsilon)/\mathcal{T} + \bar{\Omega} + A)^2} + \frac{\bar{\boldsymbol{\mathcal{D}}}'_A}{i\pi 2(n+\varepsilon)/\mathcal{T} + \bar{\Omega} + A}\Big]$$

となる．$A \to \bar{\Omega}$ では $\bar{\boldsymbol{\mathcal{D}}}_{\bar{\Omega}} = \bar{\boldsymbol{\mathcal{D}}}(X)$ であったから，

$$\bar{\boldsymbol{\mathcal{D}}}'_{\bar{\Omega}} = \frac{\partial}{\partial\bar{\Omega}}\bar{\boldsymbol{\mathcal{D}}}(X) = \frac{\mathcal{T}}{2}\frac{d}{dX}\bar{\boldsymbol{\mathcal{D}}}(X) \overset{(5.193)}{=} \frac{\mathcal{T}}{2}\bar{\boldsymbol{\mathcal{D}}}^{(1)}(X)$$

が得られ，これらを代入すれば (5.222) である．□

こうして (5.222) を (5.215) に用いれば，

$$(5.213) = 3\sum_{n=-\infty}^{\infty}\left(\frac{-2\bar{\boldsymbol{\mathcal{D}}}(X)}{(i\pi 2(n+\varepsilon)/\mathcal{T} + 2\bar{\Omega})^2} + \frac{\mathcal{T}\bar{\boldsymbol{\mathcal{D}}}^{(1)}(X)}{2(i\pi 2(n+\varepsilon)/\mathcal{T} + 2\bar{\Omega})}\right)^2$$

$$= 3\sum_{n=-\infty}^{\infty}\left(\frac{4(\bar{\boldsymbol{\mathcal{D}}}(X))^2}{(i\pi 2(n+\varepsilon)/\mathcal{T} + 2\bar{\Omega})^4} - \frac{2\mathcal{T}\bar{\boldsymbol{\mathcal{D}}}(X)\bar{\boldsymbol{\mathcal{D}}}^{(1)}(X)}{(i\pi 2(n+\varepsilon)/\mathcal{T} + 2\bar{\Omega})^3} + \frac{\mathcal{T}^2}{4}\frac{(\bar{\boldsymbol{\mathcal{D}}}^{(1)}(X))^2}{(i\pi 2(n+\varepsilon)/\mathcal{T} + 2\bar{\Omega})^2}\right)$$

$$\overset{n+\varepsilon\to n}{=} 3\sum_{n=-\infty}^{\infty}\left(\frac{4(\bar{\boldsymbol{\mathcal{D}}}(X))^2}{(i2\pi n/\mathcal{T} + 2\bar{\Omega})^4} - \frac{2\mathcal{T}\bar{\boldsymbol{\mathcal{D}}}(X)\bar{\boldsymbol{\mathcal{D}}}^{(1)}(X)}{(i2\pi n/\mathcal{T} + 2\bar{\Omega})^3} + \frac{\mathcal{T}^2}{4}\frac{(\bar{\boldsymbol{\mathcal{D}}}^{(1)}(X))^2}{(i2\pi n/\mathcal{T} + 2\bar{\Omega})^2}\right)$$

であり，ここで，例題 5.3.15 の表式をもう 1 回微分して得られる

$$\sum_{n=-\infty}^{\infty}\frac{1}{(i2\pi n/\mathcal{T} + 2\bar{\Omega})^4} = -\frac{\mathcal{T}^4}{48}\bar{\mathscr{D}}^{(3)}\big|_{2X} \qquad (5.223)$$

と (5.220) さらに，

$$\sum_{n=-\infty}^{\infty}\frac{1}{(i2\pi n/\mathcal{T} + 2\bar{\Omega})^2} = -\frac{\mathcal{T}^2}{2}\bar{\mathscr{D}}^{(1)}\big|_{2X}$$

より

$$
(5.213) = -\frac{\mathcal{T}^4}{4}(\bar{\boldsymbol{D}}(X))^2\bar{\mathscr{D}}^{(3)}|_{2X} - \frac{3\mathcal{T}^4}{4}\bar{\boldsymbol{D}}(X)\,\bar{\boldsymbol{D}}^{(1)}(X)\,\bar{\mathscr{D}}^{(2)}|_{2X} - \frac{3\mathcal{T}^4}{8}(\bar{\boldsymbol{D}}^{(1)}(X))^2\bar{\mathscr{D}}^{(1)}|_{2X} \tag{5.224}
$$

と求められる.

このようにして，2ループの最後のグラフは (5.208)，(5.221)，および (5.224) より

$$
\begin{aligned}
\frac{1}{3} = &-\frac{f^2(\lambda\mathcal{T})^3}{3}\Big[(\bar{\boldsymbol{D}}(X))^3\bar{\mathscr{D}}^{(2)}|_{2X} - \frac{C\mathcal{T}}{4}(\bar{\boldsymbol{D}}(X))^2\bar{\mathscr{D}}^{(3)}|_{2X} \\
&- \frac{3C\mathcal{T}}{4}\bar{\boldsymbol{D}}(X)\,\bar{\boldsymbol{D}}^{(1)}(X)\,\bar{\mathscr{D}}^{(2)}|_{2X} - \frac{3C\mathcal{T}}{8}(\bar{\boldsymbol{D}}^{(1)}(X))^2\bar{\mathscr{D}}^{(1)}|_{2X} \\
&+ \frac{3(C\mathcal{T})^2}{64}(\bar{\boldsymbol{D}}^{(2)}(X))^2 + \frac{(C\mathcal{T})^3}{64}(\bar{\boldsymbol{D}}^{(2)}(X))^2\Big]
\end{aligned} \tag{5.225}
$$

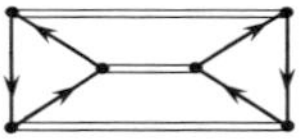

で与えられる.

2ループまでの議論でわかるように，ループが増えると計算量は増すが，道筋ははっきりしているので，必要に応じて進めていけばよい.

練　習　問　題

【5.3a】　(5.128) で $a^2 > 0 : \Omega^{(+)}$ の場合を計算せよ.

【5.3b】　補助場とフェルミ粒子の分配関数 (5.139) のファインマン則(図 5.12 (a))を導け.

【5.3c】　本章脚注 8 の (ハ) を採用したときのギャップ方程式を議論せよ.

【5.3d】　(5.187) を示せ.

近似法

自然を記述するさまざまな方程式を，すべて正確に解くのは不可能である．そこで近似法が必要となるのだが，物理での近似法に初めて出会うのは，量子力学の後半の講義における摂動論であろう．一般論は極めて明解である．ハミルトニアンの中で，小さいと考えられる部分をべき展開の方法で逐次求めていくだけである．しかし，実際の系に適用して計算をするのは大変である．ポテンシャルの行列要素をレベルごとに計算して，レベルのエネルギーで割り算して，可能なレベルでの和をとることになる．

……むかし，むかし，ある研究会の休憩時間に，議論が始まった．「それは面白いね，摂動で調べてみたらいいね．」ということになり，その場は散会した．次のセッションが終わり，再び休憩時間になったとき，件のグループがまた集まった．そのとき「さっきの答だけど，こうなるよ．」と言った人がいたが，その場にいた誰一人そのことを信用することができなかった．それはそうだ，従来の摂動論では，どんなに頑張っても 2，3 日かかりそうな計算だったから．……これが，ファインマングラフを編み出した，ファインマンに関する 1 つの逸話である．

優れている近似法の条件とは，誰でも，少しの準備で，すぐ計算を始められることである．ファインマングラフを一度マスターすれば，このことは理解できるであろう．今や，誰も昔の摂動論を用いて計算しようなどとは思わないはずである．

近似法はその他にも，数多ある．しかし，多くのものは，ケースバイケースの答を出すのには使えても普遍性がなかったり，ごちゃごちゃして使いにくかったりで，片隅に埋もれてしまう．使いやすさ，見通しの良さは必須条件である．

経路積分での，プランク定数 $\hbar \to 0$ の近似（WKB 近似）は，我々が古典的世界に住んでいる以上，極めて現実的な近似である．さらに，$\hbar$ に関する摂動として見たとき，ファイマングラフのループ展開という形で，見通しよく遂行できる．

これを基礎とした，補助場の方法は，対象となる自由度の 4 体相互作用を，補助場を導入して消去した後，自由度に関するガウス積分を行い，最後に補助場のループ展開を適用するという，最も経路積分的な近似方法であるといえよう．

シュレディンガー方程式での WKB 近似と異なり，経路積分においては，古典運動方程式が量子論で果たす役割を，誰にでもわかる形で明らかにした（ディラックは気づいていたわけであるが）．このことから，さまざまな非線形方程式の解，ソリトン解，インスタントン解，最近では，ブレーン解などが精力的に研究されてきた．古典解を探ることは，量子の世界の多様性を見ることなのである．

付　録

A．解析力学の復習

B．グリーン関数と演算子のＴ（時間）積

C．デルタ関数とシータ関数

D．ガウス積分公式

E．分配関数で必要な無限和を含む公式

F．±1のN乗根に関する公式

G．参考文献

付録A　解析力学の復習

A.1　作 用 原 理

出発点は作用に関する変分原理である．一般化座標を $\boldsymbol{q} = (q_1, q_2, \cdots, q_f)$，ラグランジュアンを $L(\dot{\boldsymbol{q}}, \boldsymbol{q}\,;t)$ と書いたとき，

$$S[\boldsymbol{q}] = \int_{t_0}^{t_1} dt\, L(\dot{\boldsymbol{q}}, \boldsymbol{q}\,;t) \tag{A.1}$$

を作用という．さて，無限小の**変分** (**variation**) $|\delta\boldsymbol{q}| \ll 1$,

$$\boldsymbol{q}(t) \to \boldsymbol{q}(t) + \delta\boldsymbol{q}(t), \qquad \delta\boldsymbol{q}(t_0) = \delta\boldsymbol{q}(t_1) = 0 \tag{A.2}$$

を考える．作用 (A.1) の変化は，簡単のためベクトル微分記号を用いると，

$$\begin{aligned}\delta S \;&\equiv\; S[\boldsymbol{q} + \delta\boldsymbol{q}] - S[\boldsymbol{q}] = \int_{t_0}^{t_1} dt \left[\left(\frac{d}{dt}\delta\boldsymbol{q}\right)\frac{\partial L}{\partial\dot{\boldsymbol{q}}} + \delta\boldsymbol{q}\frac{\partial L}{\partial\boldsymbol{q}}\right] \\ &\overset{\text{部分積分}}{=} \int_{t_0}^{t_1} dt\, \delta\boldsymbol{q}\left[-\frac{d}{dt}\frac{\partial L}{\partial\dot{\boldsymbol{q}}} + \frac{\partial L}{\partial\boldsymbol{q}}\right]\end{aligned} \tag{A.3}$$

と与えられる．部分積分による表面項は条件 (A.2) より落ちる．作用の変化がゼロ，すなわち作用の極値はオイラー - ラグランジュ方程式を与える．

$$\delta S = 0 \Longrightarrow \frac{d}{dt}\frac{\partial L}{\partial\dot{\boldsymbol{q}}} - \frac{\partial L}{\partial\boldsymbol{q}} = 0 \tag{A.4}$$

これを**作用原理** (**action principle**) とよぶ．

(A.4) を導こう．それは，任意の変分 $\delta q(t)\,(\delta q(0) = 0 = \delta q(T))$ に対して以下を示すことである．

$$0 = \int_0^T dt\, \delta q(t) M(t) \Longrightarrow M(t) = 0 \tag{A.5}$$

ここで，$\delta\boldsymbol{q}$ の任意性により $f - 1$ 次元分をゼロとすることで 1 次元問題となり，簡単のため $t_0 \to 0$, $t_1 \to T$ とした．

【証明】　次の補題に注意しよう．任意の c_n に対して，

$$\sum_n c_n M_n = 0 \Longleftrightarrow {}^\forall M_n = 0 \tag{A.6}$$

が成り立つ．すなわち，c_n の任意性より，例えば $c_1 \neq 0$ とし残りをゼロとおけば $M_1 = 0$ が得られ，繰り返せば ${}^\forall M_n = 0$ となる．

さて，変分は端点でゼロなので，

$$\left.\begin{aligned} S_n(t) &\equiv \sqrt{\frac{2}{T}} \sin\left(\frac{\pi n}{T} t\right) \quad (n = 1, 2, \cdots) \\ \int_0^T dt\, S_m(t) S_n(t) &= \delta_{mn}, \qquad \sum_{n=1}^{\infty} S_n(t) S_n(t') = \delta(t - t') \end{aligned}\right\} \tag{A.7}$$

を用い（問題解答の (106)，(107) を参照），

$$\delta q(t) = \sum_{n=1}^{\infty} c_n S_n(t) \tag{A.8}$$

と展開すれば (A.5) の左側の表式は，

$$(0 =) \int_0^T dt\, \delta q(t) M(t) = \sum_{n=1}^{\infty} c_n M_n, \qquad M_n \equiv \int_0^T dt\, M(t) S_n(t)$$

となる．

したがって，補題より

$$M_n = 0 = \int_0^T dt\, M(t) S_n(t)$$

となり，これに $S_n(t')$ を掛けて，n の和をとれば完全性から，

$$0 = \int_0^T dt\, M(t) \sum_{n=1}^{\infty} S_n(t') S_n(t) \overset{\text{(A.7)}}{=} \int_0^T dt\, M(t) \delta(t' - t) = M(t')$$

が得られる．こうして (A.5) が示された．□

これで，運動方程式は作用原理から導かれることがわかった．“最小作用の原理” とよばれたこともあったが，最小とは限らない．それを見ていこう．

$$L = \frac{m}{2} \dot{x}^2 - V(x)$$

の 2 次変分は，部分積分を運動項に行って)，

$$\delta^2 S = \frac{m}{2}\int_0^T dt\,\delta x(t)\left(-\frac{d^2}{dt^2} - \frac{1}{m}\frac{d^2V}{dx^2}\right)\delta x(t) \tag{A.9}$$

である．$V(x)$ が x の 1 次までなら，右辺第 1 項のみが残り，展開 (A.8) を代入すれば，

$$\begin{aligned}\delta^2 S &= \frac{m}{2}\sum_{n,n'} c_n c_{n'}\left(\frac{\pi n'}{T}\right)^2\int_0^T dt\, S_n(t)\, S_{n'}(t)\\ &\overset{(A.7)}{=} \frac{m}{2}\sum_{n=1}^{\infty}(c_n)^2\left(\frac{\pi n}{T}\right)^2 > 0\end{aligned}$$

となり，作用は極小である．しかし，調和振動子 $V(x) = m\omega^2 x^2/2$ では

$$\begin{aligned}\delta^2 S &= \frac{m}{2}\sum_{n,n'} c_n c_{n'}\left\{\left(\frac{\pi n'}{T}\right)^2 - \omega^2\right\}\int_0^T dt\, S_n(t)\, S_{n'}(t)\\ &\overset{(A.7)}{=} \frac{m}{2}\sum_{n=1}^{\infty}(c_n)^2\left\{\left(\frac{\pi n}{T}\right)^2 - \omega^2\right\}\end{aligned}$$

なので $[\bullet]$ をガウス記号として，$n < [\omega T/\pi]$ のとき，作用は極大でそれを超えると極小に変化する．作用が最小であることは例外的なのである．

一方，オイラー‐ラグランジュ方程式は作用の汎関数微分として導くこともできる．$\boldsymbol{\varepsilon} \equiv (\varepsilon_1, \varepsilon_2, \cdots, \varepsilon_f)$ として，$S[\boldsymbol{q}]$ に対する汎関数微分を

$$\frac{\delta S[\boldsymbol{q}]}{\delta q_a(t)} \equiv \lim_{\varepsilon\to 0}\frac{S[\boldsymbol{q}(\bullet) + \boldsymbol{\varepsilon}\delta(\bullet - t)] - S[\boldsymbol{q}(\bullet)]}{\varepsilon_a} \quad (a = 1, 2\cdots, f) \tag{A.10}$$

で定義する．例えば，関数 $x(t)$ の汎関数微分は

$$\begin{aligned}\frac{\delta x(t)}{\delta x(t')} &= \lim_{\varepsilon\to 0}\frac{x(t) + \varepsilon\delta(t - t') - x(t)}{\varepsilon}\\ &= \delta(t - t')\end{aligned} \tag{A.11}$$

であり，(A.10) を (A.1) に適用すれば，

$$\frac{\delta S[\boldsymbol{q}]}{\delta q_a(t)} = \lim_{\varepsilon\to 0}\frac{1}{\varepsilon_a}\int_{t_0}^{t_1} dt' \left[L\left(\frac{d(\boldsymbol{q}(t') + \varepsilon\delta(t'-t))}{dt'}, \boldsymbol{q}(t') + \varepsilon\delta(t'-t) ; t'\right) - L\left(\frac{d\boldsymbol{q}(t')}{dt'}, \boldsymbol{q}(t') ; t'\right)\right]$$

$$= \int_{t_0}^{t_1} dt' \left[\frac{d}{dt'}\delta(t'-t)\frac{\partial L}{\partial \dot{q}_a(t')} + \delta(t'-t)\frac{\partial L}{\partial q_a(t')}\right]$$

$$\overset{\text{部分積分}}{=} \int_{t_0}^{t_1} dt'\, \delta(t'-t)\left[-\frac{d}{dt'}\frac{\partial L}{\partial \dot{q}_a(t')} + \frac{\partial L}{\partial q_a(t')}\right]$$

となる．最後で dt' 積分すれば，

$$\frac{\delta S[\boldsymbol{q}]}{\delta q_a(t)} = \frac{\partial L}{\partial q_a(t)} - \frac{d}{dt}\frac{\partial L}{\partial \dot{q}_a(t)} \quad (a = 1, 2, \cdots, f) \tag{A.12}$$

が得られ，(A.12) = 0 とおけばオイラー - ラグランジュ方程式である．汎関数微分のときは，境界条件は必要ない．

A.2 正 準 形 式

ラグランジュアンは座標と速度の関数であったが，速度の代わりに一般化運動量

$$\boldsymbol{p} \equiv \frac{\partial L}{\partial \dot{\boldsymbol{q}}} \tag{A.13}$$

を定義すれば，**ルジャンドル変換** (**Legendre transformation**)

$$H(\boldsymbol{p}, \boldsymbol{q} ; t) = \boldsymbol{p}\dot{\boldsymbol{q}} - L(\dot{\boldsymbol{q}}, \boldsymbol{q} ; t) \tag{A.14}$$

によって，運動量と座標の関数であるハミルトニアン $H(\boldsymbol{p}, \boldsymbol{q} ; t)$ を導入することができる．ハミルトニアンを用いる形式を**正準形式** (**canonical formalism**) といい，ここでの運動方程式もやはり作用原理から導かれる．

出発点は (A.14) を (A.1) に代入した

$$S[\boldsymbol{p}, \boldsymbol{q}] = \int_{t_0}^{t_1} dt\,(\boldsymbol{p}\dot{\boldsymbol{q}} - H(\boldsymbol{p}, \boldsymbol{q} ; t)) \tag{A.15}$$

である．作用は $\boldsymbol{p}, \boldsymbol{q}$ の汎関数で，作用原理は (A.2) と共に

$$\boldsymbol{p}(t) \to \boldsymbol{p}(t) + \delta\boldsymbol{p}(t), \qquad \delta\boldsymbol{p}(t_0) = \delta\boldsymbol{p}(t_1) = 0 \tag{A.16}$$

の下で，作用が極値

$$\delta S = 0 \;=\; \int_{t_0}^{t_1} dt \left[\delta \boldsymbol{p}\dot{\boldsymbol{q}} + \boldsymbol{p}\left(\frac{d}{dt}\delta \boldsymbol{q}\right) - \delta \boldsymbol{p}\frac{\partial H}{\partial \boldsymbol{p}} - \delta \boldsymbol{q}\frac{\partial H}{\partial \boldsymbol{q}}\right]$$

$$\overset{\text{部分積分}}{=} \int_{t_0}^{t_1} dt \left[\delta \boldsymbol{p}\left(\dot{\boldsymbol{q}} - \frac{\partial H}{\partial \boldsymbol{p}}\right) - \delta \boldsymbol{q}\left(\dot{\boldsymbol{p}} + \frac{\partial H}{\partial \boldsymbol{q}}\right)\right] \tag{A.17}$$

をとることより，**ハミルトンの運動方程式** (**Hamilton's equation of motion**)

$$\dot{\boldsymbol{p}} = -\frac{\partial H}{\partial \boldsymbol{q}}, \qquad \dot{\boldsymbol{q}} = \frac{\partial H}{\partial \boldsymbol{p}} \tag{A.18}$$

が得られる (運動量の変分条件 (A.16) はここでは必要ないが，以下の正準変換で使う)．

A.3　正準変換

前節の議論で，作用原理から $(\boldsymbol{p},\ \boldsymbol{q})$ でのハミルトンの運動方程式が得られることがわかった．別の変数 $(\boldsymbol{P},\ \boldsymbol{Q})$ を用いた作用

$$S[\boldsymbol{P},\ \boldsymbol{Q}] = \int_{t_0}^{t_1} dt\,(\boldsymbol{P}\dot{\boldsymbol{Q}} - K(\boldsymbol{P},\ \boldsymbol{Q}\,;\,t)) \tag{A.19}$$

からも，全く同型の

$$\dot{\boldsymbol{P}} = -\frac{\partial K}{\partial \boldsymbol{Q}}, \qquad \dot{\boldsymbol{Q}} = \frac{\partial K}{\partial \boldsymbol{P}} \tag{A.20}$$

が得られる．この両者の関係が**正準変換** (**canonical transformation**) である[†1]．

それを見るために，(A.15)，(A.19) の作用の値が，変数に依存しない定数を除いて等しいとしよう．このとき，F_1 の全微分の任意性

$$\int_{t_0}^{t_1} dt\,(\boldsymbol{p}\dot{\boldsymbol{q}} - H(\boldsymbol{p},\ \boldsymbol{q}\,;\,t)) = \int_{t_0}^{t_1} dt\left(\boldsymbol{P}\dot{\boldsymbol{Q}} - K(\boldsymbol{P},\ \boldsymbol{Q}\,;\,t) + \frac{dF_1}{dt}\right)$$

がある (違いは積分両端の差 $F_1(t_1) - F_1(t_0)$ だが，そこでは変分しないので運動方程式には影響しない)．積分を外して，微分形で見ると

$$\boldsymbol{p}\,d\boldsymbol{q} - H\,dt = \boldsymbol{P}\,d\boldsymbol{Q} - K\,dt + dF_1(\boldsymbol{q},\ \boldsymbol{Q}\,;\,t) \tag{A.21}$$

---

†1　例えば，高橋康 著：「量子力学を学ぶための解析力学入門 増補第 2 版」(講談社サイエンティフィク，2000 年) を参照のこと．

となる．なお，F_1 の変数依存をあらわに書いた．つまり，

$$dF_1(\boldsymbol{q},\ \boldsymbol{Q}\ ;\ t) = \frac{\partial F_1}{\partial t}dt + \frac{\partial F_1}{\partial \boldsymbol{q}}d\boldsymbol{q} + \frac{\partial F_1}{\partial \boldsymbol{Q}}d\boldsymbol{Q}$$

であるから，独立な変数 $dt,\ d\boldsymbol{q},\ d\boldsymbol{Q}$ の係数を等しくおくことで，

$$\left.\begin{aligned} \boldsymbol{p} &= \frac{\partial F_1}{\partial \boldsymbol{q}} \\ \boldsymbol{P} &= -\frac{\partial F_1}{\partial \boldsymbol{Q}} \\ K(\boldsymbol{P},\ \boldsymbol{Q}\ ;\ t) &= H(\boldsymbol{p},\ \boldsymbol{q}\ ;\ t) + \frac{\partial F_1}{\partial t} \end{aligned}\right\} \tag{A.22}$$

と正準変換 $(\boldsymbol{p},\ \boldsymbol{q}) \leftrightarrow (\boldsymbol{P},\ \boldsymbol{Q})$ が求まる．F_1 を**正準変換の母関数**（**generating function of canonical transformation**）という．例えば，$m,\ \omega$ をそれぞれ質量，振動数として

$$F_1 = m\omega\boldsymbol{q}\boldsymbol{Q} \tag{A.23}$$

とすると，座標と運動量を入れかえる変換

$$\boldsymbol{p} = m\omega\boldsymbol{Q}, \qquad \boldsymbol{q} = -\frac{\boldsymbol{P}}{m\omega}$$

が得られる（本文の (1.94) と絡めて議論した，交換関係が $\hat{Q} \to -\hat{P},\ \hat{P} \to \hat{Q}$ で不変であることに対応）．

量子力学との関係で重要なのは，古い座標 $\boldsymbol{q}$ と新しい運動量 $\boldsymbol{P}$ の関数 $F_2(\boldsymbol{q},\ \boldsymbol{P}\ ;\ t)$ である．これは F_1 からルジャンドル変換

$$F_2(\boldsymbol{q},\ \boldsymbol{P}\ ;\ t) = F_1(\boldsymbol{q},\ \boldsymbol{Q},\ t) + \boldsymbol{P}\boldsymbol{Q}, \qquad \boldsymbol{P} = -\frac{\partial F_1}{\partial \boldsymbol{Q}} \tag{A.24}$$

で構成される．$dF_2 = dF_1 + d(\boldsymbol{P}\boldsymbol{Q})$ を (A.21) に代入すると，

$$\boldsymbol{p}\,d\boldsymbol{q} - H\,dt = -\boldsymbol{Q}\,d\boldsymbol{P} - K\,dt + dF_2 \tag{A.25}$$

であるから，

$$\boldsymbol{p} = \frac{\partial F_2}{\partial \boldsymbol{q}}, \qquad \boldsymbol{Q} = \frac{\partial F_2}{\partial \boldsymbol{P}}, \qquad K = H + \frac{\partial F_2}{\partial t} \tag{A.26}$$

が得られる．なお，(A.25) 右辺でハミルトンの運動方程式を導出するのに，運動量の変分条件 (A.16) が必要である†2.

$$F_2 = \boldsymbol{Pq} \tag{A.27}$$

とおくと，(A.26) より，

$$\boldsymbol{p} = \boldsymbol{P}, \qquad \boldsymbol{q} = \boldsymbol{Q} \tag{A.28}$$

という恒等変換が得られる．これより，無限小変換は母関数 $\Delta G(\boldsymbol{p}, \boldsymbol{q}\,; t)$ を用いて

$$F_2 = \boldsymbol{Pq} + \Delta G(\boldsymbol{p}, \boldsymbol{q}\,; t) \tag{A.29}$$

で生成される．ΔG が古い運動量 $\boldsymbol{p}$ の関数となっているが間違いではない．実際，

$$\boldsymbol{p} = \boldsymbol{P} + \frac{\partial \Delta G}{\partial \boldsymbol{q}} \tag{A.30}$$

で，$\boldsymbol{P}$ と $\boldsymbol{p}$ の差は無限小である．こうして，無限小変換は以下で与えられる．

$$\Delta \boldsymbol{p} \equiv \boldsymbol{P} - \boldsymbol{p} = -\frac{\partial \Delta G}{\partial \boldsymbol{q}}, \qquad \Delta \boldsymbol{q} \equiv \boldsymbol{Q} - \boldsymbol{q} = \frac{\partial \Delta G}{\partial \boldsymbol{p}} \tag{A.31}$$

こうした無限小正準変換は，量子力学でのユニタリー変換と結びつく．

A.4　ポアッソン括弧式

$\boldsymbol{p}, \boldsymbol{q}$ の関数である A, B に対する**ポアッソン括弧式** (**Poisson brackets**)

$$\{A, B\}_{\mathrm{P}} \equiv \sum_{a=1}^{f} \left(\frac{\partial A}{\partial q_a} \frac{\partial B}{\partial p_a} - \frac{\partial A}{\partial p_a} \frac{\partial B}{\partial q_a} \right) = \frac{\partial A}{\partial \boldsymbol{q}} \frac{\partial B}{\partial \boldsymbol{p}} - \frac{\partial A}{\partial \boldsymbol{p}} \frac{\partial B}{\partial \boldsymbol{q}} \tag{A.32}$$

を導入すると，ハミルトンの運動方程式 (A.18) は，

$$\dot{\boldsymbol{q}} = \{\boldsymbol{q}, H\}_{\mathrm{P}}, \qquad \dot{\boldsymbol{p}} = \{\boldsymbol{p}, H\}_{\mathrm{P}} \tag{A.33}$$

---

†2　$S = \int_{t_0}^{t_1} dt \Big(-\boldsymbol{Q}\dot{\boldsymbol{P}} - K(\boldsymbol{P}, \boldsymbol{Q}) \Big)$ に作用原理を適用すると，

$$\begin{aligned}
\delta S = 0 \ &= \int_{t_0}^{t_1} dt \left[-\delta \boldsymbol{Q} \Big(\dot{\boldsymbol{P}} + \frac{\partial K}{\partial \boldsymbol{Q}} \Big) - \boldsymbol{Q} \frac{d\delta \boldsymbol{P}}{dt} - \delta \boldsymbol{P} \frac{\partial K}{\partial \boldsymbol{P}} \right] \\
&\overset{\text{部分積分}}{=} \int_{t_0}^{t_1} dt \left[-\delta \boldsymbol{Q} \Big(\dot{\boldsymbol{P}} + \frac{\partial K}{\partial \boldsymbol{Q}} \Big) + \delta \boldsymbol{P} \Big(\dot{\boldsymbol{Q}} - \frac{\partial K}{\partial \boldsymbol{P}} \Big) \right]
\end{aligned}$$

となる．最後の部分積分で (A.16) を用いた．

となり，無限小変換 (A.31) は，

$$\varDelta \boldsymbol{p} = \{\boldsymbol{p}, \varDelta G\}_{\mathrm{P}}, \qquad \varDelta \boldsymbol{q} = \{\boldsymbol{q}, \varDelta G\}_{\mathrm{P}} \tag{A.34}$$

と $\boldsymbol{p}$, $\boldsymbol{q}$ 対称な形で与えられる．

ポアッソン括弧式と量子力学の交換関係を

$$\{A, B\}_{\mathrm{P}} \Longleftrightarrow \frac{1}{i\hbar}[\widehat{A}, \widehat{B}] \tag{A.35}$$

と対応させることを**ディラックの量子化条件** (**Dirac's quantization condition**) といって，量子化手続きの1つである．

付録 B　グリーン関数と演算子の T (時間) 積

ここでは，ファインマン核，分配関数のソース微分と演算子の期待値との関係を見る．

B.1　ファインマン核

定義に戻って，ソースを含む時間推進演算子の積

$$K^{(J)}(x_T,\, x_0\,;\, T) = \lim_{N\to\infty}\langle x_T|\left(\hat{\boldsymbol{I}} - \frac{i\varDelta t}{\hbar}\widehat{H}_N\right)\cdots\left(\hat{\boldsymbol{I}} - \frac{i\varDelta t}{\hbar}\widehat{H}_j\right)\cdots$$
$$\times\left(\hat{\boldsymbol{I}} - \frac{i\varDelta t}{\hbar}\widehat{H}_k\right)\cdots\left(\hat{\boldsymbol{I}} - \frac{i\varDelta t}{\hbar}\widehat{H}_1\right)|x_0\rangle$$

に対して $(i\hbar/\varDelta t)^2$ を掛け，ソース J_j, J_k で微分，最後にソースをゼロにし $t \equiv j\varDelta t$, $t' \equiv k\varDelta t$ とおくと，次の表式が得られる．

$$(i\hbar)^2 \frac{\delta^2 K^{(J)}(x_T,\, x_0\,;\, T)}{\delta J(t)\,\delta J(t')}\bigg|_{J=0} = \langle x_T|e^{-i(T-t)\widehat{H}/\hbar}\widehat{Q}e^{-i(t-t')\widehat{H}/\hbar}\widehat{Q}e^{-it'\widehat{H}/\hbar}|x_0\rangle \tag{B.1}$$

なぜなら，左辺には，汎関数微分の表式 (5.9) を用い，右辺は，

$$\text{右辺} = \lim_{N\to\infty}\langle x_T|\left(\hat{\boldsymbol{I}} - \frac{i\varDelta t}{\hbar}\widehat{H}\right)^{N-j}\widehat{Q}\left(\hat{\boldsymbol{I}} - \frac{i\varDelta t}{\hbar}\widehat{H}\right)^{j-k-1}\widehat{Q}\left(\hat{\boldsymbol{I}} - \frac{i\varDelta t}{\hbar}\widehat{H}\right)^{k-1}|x_0\rangle$$

である．ここで，$\widehat{H}$ はソースのないハミルトニアンで，時間によらないから $N\to\infty$ とすると

$$\left.\begin{aligned}\left(\hat{\boldsymbol{I}} - \frac{i\varDelta t}{\hbar}\widehat{H}\right)^{N-j} \to e^{-i(T-t)\widehat{H}/\hbar}, \qquad \left(\hat{\boldsymbol{I}} - \frac{i\varDelta t}{\hbar}\widehat{H}\right)^{j-k-1} \to e^{-i(t-t')\widehat{H}/\hbar} \\ \left(\hat{\boldsymbol{I}} - \frac{i\varDelta t}{\hbar}\widehat{H}\right)^{k-1} \to e^{-it'\widehat{H}/\hbar} \quad (N\varDelta t = T)\end{aligned}\right\} \tag{B.2}$$

となるからである.

$t > t'$ としたが，時刻に依存する演算子（**ハイゼンベルグ表示**（**Heisenberg representation**））

$$\hat{O}(t) = e^{it\hat{H}/\hbar}\hat{O}e^{-it\hat{H}/\hbar} \tag{B.3}$$

と，**時間積**（**T 積**）（**time - ordered product**）

$$\mathrm{T}(\hat{O}(t)\hat{O}(t')) \equiv \theta(t-t')\hat{O}(t)\hat{O}(t') + \theta(t'-t)\hat{O}(t')\hat{O}(t) \tag{B.4}$$

および，位置ケットとブラ

$$|x(t)\rangle \equiv e^{it\hat{H}/\hbar}|x\rangle, \qquad \langle x(t)| = \langle x|e^{-it\hat{H}/\hbar} \tag{B.5}$$

を導入すると，

$$(i\hbar)^2 \frac{\delta^2 K^{(J)}(x_T,\, x_0\,;\, T)}{\delta J(t)\delta J(t')}\bigg|_{J=0} = \langle x_T(T)|\mathrm{T}(\hat{Q}(t)\hat{Q}(t'))|x_0\rangle \tag{B.6}$$

と与えられる.

一方，$x_T = 0 = x_0$ としたファインマン核 (4.43)，(4.44) のソース微分からは，

$$\frac{1}{K^{(J)}(x_T,\, x_0\,;\, T)} \frac{(i\hbar)^2\delta^2 K^{(J)}(x_T,\, x_0\,;\, T)}{\delta J(t)\delta J(t')}\bigg|_{J=0}^{x_T=0=x_0} = i\frac{\hbar}{m}\boldsymbol{\varDelta}(t,\, t') \tag{B.7}$$

となる．よって，(B.6) と (B.7) より以下が求まる.

$$\boxed{\frac{\langle x_T(T)|\mathrm{T}(\hat{Q}(t)\hat{Q}(t'))|x_0\rangle}{\langle x_T(T)|x_0\rangle}\bigg|_{x_T=0=x_0} = i\frac{\hbar}{m}\boldsymbol{\varDelta}(t,\, t')} \tag{B.8}$$

これを確かめよう．調和振動子では，

$$[\hat{H},\, \hat{Q}] = -i\frac{\hbar}{m}\hat{P}, \qquad [\hat{H}, \hat{P}] = i\hbar m\omega^2\hat{Q} \tag{B.9}$$

であるから，公式 (1.92) より，

$$\hat{Q}(t) = e^{it\hat{H}/\hbar}\hat{Q}e^{-it\hat{H}/\hbar} = \hat{Q}\cos\omega t + \frac{\hat{P}}{m\omega}\sin\omega t \tag{B.10}$$

となる．よって，(B.6) 右辺で $x_T = 0$, $x_0 = 0$ としたものは，

$$
\begin{aligned}
\text{(B.6)右辺} &= \theta(t-t')\langle x_T=0|e^{-i(T-t)\hat{H}/\hbar}\hat{Q}e^{i(T-t)\hat{H}/\hbar}e^{-iT\hat{H}/\hbar} \\
&\qquad\qquad \times e^{it'\hat{H}/\hbar}\hat{Q}e^{-it'\hat{H}/\hbar}|x_0=0\rangle + (t\leftrightarrow t') \\
&= \theta(t-t')\langle x_T=0|\Big(\hat{Q}\cos\omega(T-t) - \frac{\hat{P}}{m\omega}\sin\omega(T-t)\Big) \\
&\qquad \times e^{-iT\hat{H}/\hbar}\Big(\hat{Q}\cos\omega t' + \frac{\hat{P}}{m\omega}\sin\omega t'\Big)|x_0=0\rangle + (t\leftrightarrow t') \\
&= \Big[\theta(t-t')\Big(\frac{i\hbar\sin\omega(T-t)}{m\omega}\frac{\partial}{\partial x_T}\Big)\Big(\frac{i\hbar\sin\omega t'}{m\omega}\frac{\partial}{\partial x_0}\Big) + (t\leftrightarrow t')\Big] \\
&\qquad \times K^{(0)}(x_T,\, x_0\,;\,T)\Big|_{x_T=0=x_0}
\end{aligned}
$$

となる．最後の表式では

$$
\langle x_T=0|\hat{Q}=0, \qquad \hat{Q}|x_0=0\rangle = 0
$$

$$
\langle x|\hat{P} = -i\hbar\frac{d}{dx}\langle x|, \qquad \hat{P}|x\rangle = i\hbar\frac{d}{dx}|x\rangle
$$

を用いた．(4.44) を思い出せば，

$$
\frac{\partial^2 K^{(0)}(x_T,\, x_0\,;\,T)}{\partial x_T\partial x_0}\Big|_{x_T=0=x_0} = -\frac{im\omega}{\hbar\sin\omega T}K^{(0)}(x_T=0,\, x_0=0\,;\,T)
$$

である．

したがって，(B.8) 左辺分子は

$$
\begin{aligned}
&\Longrightarrow \frac{i\hbar}{m}\Big(\frac{\theta(t-t')\sin\omega(T-t)\sin\omega t'}{\omega\sin\omega T} + (t\leftrightarrow t')\Big)K^{(0)}(x_T,\, x_0\,;\,T)\Big|_{x_T=0=x_0} \\
&\overset{(4.21)}{=} \frac{i\hbar}{m}\varDelta(t,\, t')\langle x_T(T)=0|x_0=0\rangle
\end{aligned}
$$

と求まる．これは，(B.8) である．

B.2　ユークリッド核

(B.1) のユークリッド化で，$\tau > \tau'$ とすると，

$$(\hbar)^2 \frac{\widetilde{K}^{(\widetilde{J})}(x_{\mathcal{T}},\, x_0\,;\, \mathcal{T})}{\delta \widetilde{J}(\tau)\delta \widetilde{J}(\tau')}\bigg|_{\widetilde{J}=0} = \langle x_{\mathcal{T}} | e^{-(\mathcal{T}-\tau)\widehat{H}/\hbar} \widehat{Q} e^{-(\tau-\tau')\widehat{H}/\hbar} \widehat{Q} e^{-\tau'\widehat{H}/\hbar} | x_0 \rangle \tag{B.11}$$

である．ここに，

$$\widehat{O}(\tau) = e^{\tau\widehat{H}/\hbar}\widehat{O}e^{-\tau\widehat{H}/\hbar} \tag{B.12}$$

および

$$|x(\tau)\rangle \equiv e^{\tau\widehat{H}/\hbar}|x\rangle, \qquad \langle x(\tau)| \equiv \langle x|e^{-\tau\widehat{H}/\hbar} \tag{B.13}$$

と共に，**虚時間積 (imaginary time - ordered product)**

$$\widetilde{\mathrm{T}}(\widehat{O}(\tau)\widehat{O}(\tau')) \equiv \theta(\tau-\tau')\widehat{O}(\tau)\widehat{O}(\tau') + \theta(\tau'-\tau)\widehat{O}(\tau')\widehat{O}(\tau) \tag{B.14}$$

を導入すると，

$$(\hbar)^2 \frac{\widetilde{K}^{(\widetilde{J})}(x_{\mathcal{T}},\, x_0\,;\, \mathcal{T})}{\delta \widetilde{J}(\tau)\delta \widetilde{J}(\tau')}\bigg|_{\widetilde{J}=0} = \langle x_{\mathcal{T}}(\mathcal{T}) | \widetilde{\mathrm{T}}(\widehat{Q}(\tau)\widehat{Q}(\tau')) | x_0 \rangle \tag{B.15}$$

となる．(4.78) より，

$$\frac{1}{\widetilde{K}^{(\widetilde{J})}(x_{\mathcal{T}},\, x_0\,;\, \mathcal{T})} \frac{(\hbar)^2 \widetilde{K}^{(\widetilde{J})}(x_{\mathcal{T}},\, x_0\,;\, \mathcal{T})}{\delta \widetilde{J}(\tau)\delta \widetilde{J}(\tau')}\bigg|_{\widetilde{J}=0}^{x_{\mathcal{T}}=0=x_0} = \frac{\hbar}{m}\widetilde{\Delta}(\tau,\, \tau') \tag{B.16}$$

であるから，以下が得られる．

$$\boxed{\frac{\langle x_{\mathcal{T}}(\mathcal{T}) | \widetilde{\mathrm{T}}(\widehat{Q}(\tau)\widehat{Q}(\tau')) | x_0 \rangle}{\langle x_{\mathcal{T}}(\mathcal{T}) | x_0 \rangle} = \frac{\hbar}{m}\widetilde{\Delta}(\tau,\, \tau')} \tag{B.17}$$

B.3 分配関数

(4.95) より，今までの議論と同様に

$$\begin{aligned} \hbar^2 \frac{\delta^2 Z^{(\widetilde{J})}(\mathcal{T})}{\delta \widetilde{J}(\tau)\delta \widetilde{J}(\tau')}\bigg|_{\widetilde{J}=0} &= \theta(\tau-\tau')\mathrm{Tr}[e^{-(\mathcal{T}-\tau)\widehat{H}/\hbar}\widehat{Q}e^{-(\tau-\tau')\widehat{H}/\hbar}\widehat{Q}e^{-\tau'\widehat{H}/\hbar}] + (\tau \leftrightarrow \tau') \\ &= \mathrm{Tr}[e^{-\mathcal{T}\widehat{H}/\hbar}\widetilde{\mathrm{T}}(\widehat{Q}(\tau)\widehat{Q}(\tau'))] \end{aligned} \tag{B.18}$$

が求まる．なお，$\mathcal{T}$は最大値であるから，$e^{-\mathcal{T}\widehat{H}/\hbar}$ は $\widetilde{\mathrm{T}}$ 積の中，外どちらにおいてもよい．

一方，(4.86) より

$$\frac{\hbar^2}{\mathcal{Z}^{(\tilde{J})}(\mathcal{T})}\frac{\delta^2 \mathcal{Z}^{(\tilde{J})}(\mathcal{T})}{\delta\tilde{J}(\tau)\delta\tilde{J}(\tau')}\bigg|_{\tilde{J}=0} = \frac{\hbar}{m}\mathit{\Delta}(\tau,\,\tau')$$

である．これは，**温度グリーン関数** (**temperature Green function**) とよばれ，以下が導かれる．

$$\frac{\mathrm{Tr}[e^{-\mathcal{T}\hat{H}/\hbar}\tilde{\mathrm{T}}(\hat{Q}(\tau)\hat{Q}(\tau'))]}{\mathrm{Tr}e^{-\mathcal{T}\hat{H}/\hbar}} = \frac{\hbar}{m}\mathit{\Delta}(\tau,\,\tau') \tag{B.19}$$

では，確かめよう．(B.9)，(1.92) より，

$$\hat{Q}(\tau) = e^{\tau\hat{H}/\hbar}\hat{Q}e^{-\tau\hat{H}/\hbar} = \hat{Q}\cosh\omega\tau - i\frac{\hat{P}}{m\omega}\sinh\omega\tau \tag{B.20}$$

であるから，(B.18) は

$$\begin{aligned}(\mathrm{B}.18) &= \theta(\tau-\tau')\mathrm{Tr}[e^{-(\mathcal{T}-\tau)\hat{H}/\hbar}\hat{Q}e^{(\mathcal{T}-\tau)\hat{H}/\hbar}e^{-\mathcal{T}\hat{H}/\hbar}e^{\tau'\hat{H}/\hbar}\hat{Q}e^{-\tau'\hat{H}/\hbar}] + (\tau\leftrightarrow\tau') \\ &= \theta(\tau-\tau')\mathrm{Tr}\bigg[\bigg(\hat{Q}\cosh\omega(\mathcal{T}-\tau) + i\frac{\hat{P}}{m\omega}\sinh\omega(\mathcal{T}-\tau)\bigg)e^{-\mathcal{T}\hat{H}/\hbar} \\ &\qquad\times\bigg(\hat{Q}\cosh\omega\tau' - i\frac{\hat{P}}{m\omega}\sinh\omega\tau'\bigg)\bigg] + (\tau\leftrightarrow\tau')\end{aligned}$$

となる．トレースの性質 (3.14) を用いて最後の項を一番前に移動し，

$$\begin{aligned}(\mathrm{B}.18) = \theta(\tau-\tau')\bigg\{&\mathrm{Tr}[\hat{Q}^2e^{-\mathcal{T}\hat{H}/\hbar}]\cosh\omega(\mathcal{T}-\tau)\cosh\omega\tau' \\ &+ \mathrm{Tr}\bigg[\bigg(\frac{\hat{P}}{m\omega}\bigg)^2e^{-\mathcal{T}\hat{H}/\hbar}\bigg]\sinh\omega(\mathcal{T}-\tau)\sinh\omega\tau' \\ &- i\mathrm{Tr}\bigg[\bigg(\frac{\hat{P}\hat{Q}}{m\omega}\bigg)e^{-\mathcal{T}\hat{H}/\hbar}\bigg]\cosh\omega(\mathcal{T}-\tau)\sinh\omega\tau' \\ &+ i\mathrm{Tr}\bigg[\bigg(\frac{\hat{Q}\hat{P}}{m\omega}\bigg)e^{-\mathcal{T}\hat{H}/\hbar}\bigg]\sinh\omega(\mathcal{T}-\tau)\cosh\omega\tau'\bigg\} + (\tau\leftrightarrow\tau')\end{aligned}$$

を得る．

トレースは，個数表示 (2.47)，(2.48) を用い $\hat{H} = \hbar\omega\hat{a}^\dagger\hat{a}$ として（ゼロ点エネルギー $\hbar\omega/2$ は，(B.19) で示すように分母・分子でキャンセルしている）計算する．まず (2.43) を思い出せば，

$$\mathrm{Tr}[\hat{Q}^2 e^{-\mathcal{T}\hat{H}/\hbar}] = \mathrm{Tr}\left[\left(\frac{\hat{P}}{m\omega}\right)^2 e^{-\mathcal{T}\hat{H}/\hbar}\right] = \frac{\hbar}{2m\omega}\sum_{n=0}^{\infty}\langle n|\{\hat{a},\,\hat{a}^\dagger\}|n\rangle e^{-n\omega\mathcal{T}}$$
$$= \frac{\hbar}{2m\omega}\sum_{n=0}^{\infty}(2n+1)e^{-n\omega\mathcal{T}} = \frac{\hbar}{2m\omega}\frac{1+e^{-\omega\mathcal{T}}}{(1-e^{-\omega\mathcal{T}})^2} \qquad \text{(B.21)}$$

である．同様に

$$-i\mathrm{Tr}\left[\left(\frac{\hat{P}\hat{Q}}{m\omega}\right)e^{-\mathcal{T}\hat{H}/\hbar}\right] = i\mathrm{Tr}\left[\left(\frac{\hat{Q}\hat{P}}{m\omega}\right)e^{-\mathcal{T}\hat{H}/\hbar}\right]$$
$$= \frac{-\hbar}{2m\omega}\sum_{n=0}^{\infty}\langle n|[\hat{a},\,\hat{a}^\dagger]|n\rangle e^{-n\omega\mathcal{T}}$$
$$= \frac{-\hbar}{2m\omega}\sum_{n=0}^{\infty}e^{-n\omega\mathcal{T}}$$
$$= \frac{-\hbar}{2m\omega}\frac{1}{1-e^{-\omega\mathcal{T}}} \qquad \text{(B.22)}$$

が得られる．ここで，以下を使った．

$$\left.\begin{aligned}
&\sum_{n=0}^{\infty}e^{-n\omega\mathcal{T}} = \frac{1}{1-e^{-\omega\mathcal{T}}}\\
&\sum_{n=0}^{\infty}ne^{-n\omega\mathcal{T}} = -\frac{\partial}{\partial(\omega\mathcal{T})}\sum_{n=0}^{\infty}e^{-n\omega\mathcal{T}} = \frac{e^{-\omega\mathcal{T}}}{(1-e^{-\omega\mathcal{T}})^2}
\end{aligned}\right\} \qquad \text{(B.23)}$$

こうして，双曲線関数の加法定理（問題解答の (30) 参照）に注意すれば，

$$\text{(B.18)} = \frac{1}{1-e^{-\omega\mathcal{T}}}\frac{\hbar}{2m\omega}\left[\theta(\tau-\tau')\left\{\frac{1+e^{-\omega\mathcal{T}}}{1-e^{-\omega\mathcal{T}}}\cosh\omega(\mathcal{T}-\tau+\tau')\right.\right.$$
$$\left.\left. - \sinh\omega(\mathcal{T}-\tau+\tau')\right\}\right] + (\tau\leftrightarrow\tau')$$

と求まり，分母は $\mathrm{Tr}e^{-\mathcal{T}\hat{H}/\hbar} = 1/(1-e^{-\omega\mathcal{T}})$ であるから，

$$\text{(B.19)左辺} = \frac{\hbar}{m}\left[\frac{\theta(\tau-\tau')}{2\omega\sinh(\omega\mathcal{T}/2)}\{\cosh\frac{\omega\mathcal{T}}{2}\cosh\omega(\mathcal{T}-\tau+\tau')\right.$$
$$\left. - \sinh\frac{\omega\mathcal{T}}{2}\sinh\omega(\mathcal{T}-\tau+\tau')\} + (\tau\leftrightarrow\tau')\right]$$

となる．最後に，再び加法定理 (30) を用い (4.88) を思い出せば，(B.19) 右辺で

ある．

B.4　ボースユークリッド核

(4.108) のソース微分は，これまでと同様に考えれば，

$$\left.\frac{\delta^2 \widetilde{K}^{(\mathrm{B}:\rho^*,\rho)}(\alpha_N, \alpha_0; \mathcal{T})}{\delta\rho^*(\tau)\delta\rho(\tau')}\right|_{\rho^*,\rho\to 0} = \theta(\tau-\tau')\langle\alpha_N|e^{-(\mathcal{T}-\tau)\hat{H}/\hbar}\hat{a}e^{-(\tau-\tau')\hat{H}/\hbar}\hat{a}^\dagger e^{-\tau'\hat{H}/\hbar}|\alpha_0\rangle$$
$$+\,\theta(\tau'-\tau)\langle\alpha_N|e^{-(\mathcal{T}-\tau')\hat{H}/\hbar}\hat{a}^\dagger e^{-(\tau'-\tau)\hat{H}/\hbar}\hat{a}e^{-\tau\hat{H}/\hbar}|\alpha_0\rangle \tag{B.24}$$

と求まる．$\langle\alpha_N(\mathcal{T})| \equiv \langle\alpha_N|e^{-\mathcal{T}\hat{H}/\hbar}$，(B.12)，(B.14) を用いると，(B.24) は

$$\left.\frac{\delta^2 \widetilde{K}^{(\mathrm{B}:\rho^*,\rho)}(\alpha_N, \alpha_0; \mathcal{T})}{\delta\rho^*(\tau)\delta\rho(\tau')}\right|_{\rho^*,\rho\to 0} = \langle\alpha_N(\mathcal{T})|\widetilde{\mathrm{T}}(\hat{a}(\tau)\hat{a}^\dagger(\tau'))|\alpha_0\rangle \tag{B.25}$$

と与えられる．

一方，(4.124) より

$$\frac{1}{\widetilde{K}^{(\mathrm{B}:\rho^*,\rho)}(\alpha_N, \alpha_0; \mathcal{T})}\left.\frac{\delta^2 \widetilde{K}^{(\mathrm{B}:\rho^*,\rho)}(\alpha_N, \alpha_0; \mathcal{T})}{\delta\rho^*(\tau)\delta\rho(\tau')}\right|^{\alpha_N=0=\alpha_0}_{\rho^*,\rho\to 0} = \widetilde{D}(\tau-\tau') \tag{B.26}$$

が得られる．ここで，(2.65) を思い出し $\alpha=0$ としたコヒーレント状態は，真空

$$|\alpha=0\rangle = |0\rangle$$

であり，$\langle 0(\mathcal{T})| \equiv \langle 0|e^{-\mathcal{T}\hat{H}/\hbar}$ に注意すれば，

$$\boxed{\frac{\langle 0(\mathcal{T})|\widetilde{\mathrm{T}}(\hat{a}(\tau)\hat{a}^\dagger(\tau'))|0\rangle}{\langle 0(\mathcal{T})|0\rangle} = \widetilde{D}(\tau-\tau')} \tag{B.27}$$

と求えられる．

これを，確かめよう．$[\hat{H}, \hat{a}] = -\hbar\omega\hat{a}$，$[\hat{H}, \hat{a}^\dagger] = \hbar\omega\hat{a}^\dagger$ なので，

$$\left.\begin{aligned}\hat{a}(\tau) &= e^{\tau\hat{H}/\hbar}\hat{a}e^{-\tau\hat{H}/\hbar} = e^{-\omega\tau}\hat{a}\\ \hat{a}^\dagger(\tau) &= e^{\tau\hat{H}/\hbar}\hat{a}^\dagger e^{-\tau\hat{H}/\hbar} = e^{\omega\tau}\hat{a}^\dagger\end{aligned}\right\} \tag{B.28}$$

である．よって，(B.24) を念頭におけば

$$
\begin{aligned}
(\text{B.27})\text{左辺分子} &= \theta(\tau-\tau')\langle 0|e^{-\mathcal{T}\hat{H}/\hbar}\hat{a}e^{-\omega\tau}\hat{a}^{\dagger}e^{\omega\tau'}|0\rangle \\
&\qquad + \theta(\tau'-\tau)\langle 0|e^{-\mathcal{T}\hat{H}/\hbar}\hat{a}^{\dagger}e^{\omega\tau'}\hat{a}e^{-\omega\tau}|0\rangle \\
&= \theta(\tau-\tau')e^{-\omega(\tau-\tau')}\langle 0|e^{-\mathcal{T}\hat{H}/\hbar}|0\rangle \\
&= \theta(\tau-\tau')e^{-\omega(\tau-\tau')}\langle 0(\mathcal{T})|0\rangle
\end{aligned}
\tag{B.29}
$$

となる．ここで，右辺第2項は真空条件 (2.49) で落としたことに注意しよう．

B.5　ボース分配関数

(4.134) のソース微分は

$$
\begin{aligned}
\left.\frac{\delta^2 Z^{\mathrm{B}}(\mathcal{T};\boldsymbol{\rho})}{\delta\rho^*(\tau)\delta\rho(\tau')}\right|_{\rho=0} &= \theta(\tau-\tau')\,\mathrm{Tr}[e^{-(\mathcal{T}-\tau)\hat{H}/\hbar}\hat{a}e^{-(\tau-\tau')\hat{H}/\hbar}\hat{a}^{\dagger}e^{-\tau'\hat{H}/\hbar}] \\
&\qquad + \theta(\tau'-\tau)\,\mathrm{Tr}[e^{-(\mathcal{T}-\tau')\hat{H}/\hbar}\hat{a}^{\dagger}e^{-(\tau'-\tau)\hat{H}/\hbar}\hat{a}e^{-\tau\hat{H}/\hbar}] \\
&= \mathrm{Tr}[e^{-\mathcal{T}\hat{H}/\hbar}\widetilde{\mathrm{T}}(\hat{a}(\tau)\hat{a}^{\dagger}(\tau'))]
\end{aligned}
\tag{B.30}
$$

である．(4.129) を見れば，

$$
\frac{\mathrm{Tr}[e^{-\mathcal{T}\hat{H}/\hbar}\widetilde{\mathrm{T}}(\hat{a}(\tau)\hat{a}^{\dagger}(\tau'))]}{\mathrm{Tr}[e^{-\mathcal{T}\hat{H}/\hbar}]} = \bar{D}(\tau-\tau') \tag{B.31}
$$

と与えられることがわかる．

では，確かめてみよう．左辺の分子は，(B.28) を用いれば，

$$
\begin{aligned}
\text{左辺の分子} &= \theta(\tau-\tau')e^{\omega(\mathcal{T}-\tau+\tau')}\mathrm{Tr}[\hat{a}e^{-\mathcal{T}\hat{H}/\hbar}\hat{a}^{\dagger}] \\
&\qquad + \theta(\tau'-\tau)e^{-\omega(\mathcal{T}-\tau'+\tau)}\mathrm{Tr}[\hat{a}^{\dagger}e^{-\mathcal{T}\hat{H}/\hbar}\hat{a}]
\end{aligned}
$$

となり，これにトレースの性質 (3.14) を用いれば，

$$
\begin{aligned}
\text{左辺の分子} &= \theta(\tau-\tau')e^{\omega(\mathcal{T}-\tau+\tau')}\mathrm{Tr}[\hat{a}^{\dagger}\hat{a}e^{-\mathcal{T}\hat{H}/\hbar}] \\
&\qquad + \theta(\tau'-\tau)e^{-\omega(\mathcal{T}-\tau'+\tau)}\mathrm{Tr}[\hat{a}\hat{a}^{\dagger}e^{-\mathcal{T}\hat{H}/\hbar}]
\end{aligned}
\tag{B.32}
$$

となる．個数表示 (2.45) に関してトレースをとれば，(B.23) により，

$$
\begin{aligned}
(\mathrm{B}.32) &= \frac{1}{1-e^{-\omega\mathcal{T}}}\left[\theta(\tau-\tau')\frac{e^{-\omega(\tau-\tau')}}{1-e^{-\omega\mathcal{T}}}+\theta(\tau'-\tau)\frac{e^{-\omega(\mathcal{T}-\tau'+\tau)}}{1-e^{-\omega\mathcal{T}}}\right] \\
&= \frac{1}{1-e^{-\omega\mathcal{T}}}\frac{\theta(\tau-\tau')e^{\omega(\mathcal{T}/2-\tau+\tau')}+\theta(\tau'-\tau)e^{-\omega(\mathcal{T}/2-\tau'+\tau)}}{2\sinh(\omega\mathcal{T}/2)} \\
&\overset{(4.126)}{=} \frac{1}{1-e^{-\omega\mathcal{T}}}\,\bar{D}(\tau-\tau')
\end{aligned}
$$

と与えられる．(B.32) の分母は$1/(1-e^{-\omega\mathcal{T}})$ であるから，(B.31) が示された．

B.6　フェルミユークリッド核と分配関数

ユークリッド核は，グラスマン微分の符号に注意するのみでボース系と同じである．分配関数 (4.143) のソース微分は

$$
\begin{aligned}
-\left.\frac{\delta^2 Z^{\mathrm{F}}(\mathcal{T};\boldsymbol{\eta})}{\delta\eta^*(\tau)\delta\eta(\tau')}\right|_{\eta=0} &= \theta(\tau-\tau')\mathrm{Tr}[e^{-(\mathcal{T}-\tau)\hat{H}/\hbar}\hat{b}e^{-(\tau-\tau')\hat{H}/\hbar}\hat{b}^{\dagger}e^{-\tau'\hat{H}/\hbar}] \\
&\quad -\theta(\tau'-\tau)\mathrm{Tr}[e^{-(\mathcal{T}-\tau')\hat{H}/\hbar}\hat{b}^{\dagger}e^{-(\tau'-\tau)\hat{H}/\hbar}\hat{b}e^{-\tau\hat{H}/\hbar}] \\
&= \mathrm{Tr}[e^{-\mathcal{T}\hat{H}/\hbar}\tilde{\mathrm{T}}(\hat{b}(\tau)\hat{b}^{\dagger}(\tau'))]
\end{aligned}
\tag{B.33}
$$

で与えられる．ただし，フェルミ演算子に対する（虚）時間積は，

$$
\tilde{\mathrm{T}}(\hat{b}(\tau)\hat{b}^{\dagger}(\tau')) \equiv \theta(\tau-\tau')\hat{b}(\tau)\hat{b}^{\dagger}(\tau')-\theta(\tau'-\tau)\hat{b}^{\dagger}(\tau')\hat{b}(\tau) \tag{B.34}
$$

で定義される．一方，(4.167) より，

$$
-\frac{1}{Z^{\mathrm{F}}(\mathcal{T};\boldsymbol{\eta})}\left.\frac{\delta^2 Z^{\mathrm{F}}(\mathcal{T};\boldsymbol{\eta})}{\delta\eta^*(\tau)\delta\eta(\tau')}\right|_{\eta=0} = \bar{S}(\tau-\tau')
$$

であり，よって，

$$
\boxed{\frac{\mathrm{Tr}[e^{-\mathcal{T}\hat{H}/\hbar}\tilde{\mathrm{T}}(\hat{b}(\tau)\hat{b}^{\dagger}(\tau'))]}{\mathrm{Tr}[e^{-\mathcal{T}\hat{H}/\hbar}]} = \bar{S}(\tau-\tau')} \tag{B.35}
$$

が得られる．

これも確かめてみよう．$\hat{H}=\hbar\omega(\hat{b}^{\dagger}\hat{b}-1/2)$，$[\hat{H},\hat{b}]=-\hbar\omega\hat{b}$，$[\hat{H},\hat{b}^{\dagger}]=\hbar\omega\hat{b}^{\dagger}$ より，

$$\left.\begin{aligned} \hat{b}(\tau) &= e^{\tau\hat{H}/\hbar}\hat{b}e^{-\tau\hat{H}/\hbar} = e^{-\omega\tau}\hat{b} \\ \hat{b}^{\dagger}(\tau) &= e^{\tau\hat{H}/\hbar}\hat{b}^{\dagger}e^{-\tau\hat{H}/\hbar} = e^{\omega\tau}\hat{b}^{\dagger} \end{aligned}\right\} \qquad \text{(B.36)}$$

となる．これを，(B.33) に適用すると，

$$\begin{aligned} \text{(B.35)左辺の分子} &= \theta(\tau - \tau')e^{\omega(\mathcal{T}-\tau+\tau')}\mathrm{Tr}[\hat{b}e^{-\mathcal{T}\hat{H}/\hbar}\hat{b}^{\dagger}] \\ &\quad - \theta(\tau' - \tau)e^{-\omega(\mathcal{T}-\tau'+\tau)}\mathrm{Tr}[\hat{b}^{\dagger}e^{-\mathcal{T}\hat{H}/\hbar}\hat{b}] \end{aligned}$$

となり，トレースの性質 (3.14) を用いれば，それぞれ

$$\mathrm{Tr}[\hat{b}e^{-\mathcal{T}\hat{H}/\hbar}\hat{b}^{\dagger}] = \mathrm{Tr}[\hat{b}^{\dagger}\hat{b}e^{-\mathcal{T}\hat{H}/\hbar}] = \sum_{n=0}^{1} ne^{-n\omega\mathcal{T}} = e^{-\omega\mathcal{T}}$$

$$\mathrm{Tr}[\hat{b}^{\dagger}e^{-\mathcal{T}\hat{H}/\hbar}\hat{b}] = \mathrm{Tr}[\hat{b}\hat{b}^{\dagger}e^{-\mathcal{T}\hat{H}/\hbar}] = \sum_{n=0}^{1}(-n+1)e^{-n\omega\mathcal{T}} = 1$$

と与えられるので，

$$\text{(B.35)左辺の分子} = \theta(\tau - \tau')e^{-\omega(\tau-\tau')} - \theta(\tau' - \tau)e^{-\omega(\mathcal{T}-\tau'+\tau)}$$

と求まる．全体を，分配関数 $1 + e^{-\omega\mathcal{T}} = 2\cosh(\omega\mathcal{T}/2)e^{-\omega\mathcal{T}/2}$ で割り算すれば $\overline{S}(\tau - \tau')$ ((4.165)) であり，(B.35) が成り立つことがわかる．

付録C　デルタ関数とシータ関数

C.1　デルタ関数の定義

デルタ関数 $\delta(x)$ は，無限回微分可能で $|x|$ の大きいところで，

$$\lim_{|x|\to\infty} f(x) = 0 \tag{C.1}$$

のように，急速にゼロになる任意の関数 $f(x)$（**急減少関数**（**rapidly decreasing function**）という）に対して以下を満たすものである．

$$\int_{-\infty}^{\infty} dx\, \delta(x) f(x) = f(0) \tag{C.2}$$

C.2　フーリエ変換とガウス関数表示

フーリエ変換は以下で与えられる．

$$\delta(x) = \int_{-\infty}^{\infty} \frac{dk}{2\pi}\, e^{ikx} \tag{C.3}$$

積分は発散するが，急減少関数との積の下では意味をなす．つまり，

$$\begin{aligned}(\text{C.2})\text{左辺} &= \int_{-\infty}^{\infty} dx \int_{-\infty}^{\infty} \frac{dk}{2\pi}\, e^{ikx} f(x) = \int_{-\infty}^{\infty} \frac{dk}{\sqrt{2\pi}} \int_{-\infty}^{\infty} \frac{dx}{\sqrt{2\pi}}\, e^{ikx} f(x) \\ &= \int_{-\infty}^{\infty} \frac{dk}{\sqrt{2\pi}}\, \tilde{f}(k) = f(0)\end{aligned}$$

である．ここで，$f(x)$ のフーリエ変換を以下のように用いた（条件（C.1）の，下いつでも可能）．

$$f(x) = \int_{-\infty}^{\infty} \frac{dk}{\sqrt{2\pi}}\, e^{-ikx} \tilde{f}(k) \overset{\text{逆変換}}{\Longleftrightarrow} \tilde{f}(k) = \int_{-\infty}^{\infty} \frac{dx}{\sqrt{2\pi}}\, e^{ikx} f(x) \tag{C.4}$$

デルタ関数自体を議論するには，収束因子をつけて定義する．まず，

$$\delta(x) \equiv \lim_{\varepsilon \to 0+} \int_{-\infty}^{\infty} \frac{dk}{2\pi}\, e^{ikx - \varepsilon k^2} \tag{C.5}$$

を考えよう．これは，$x \to k$ としたガウス積分公式 (D.3) ($\alpha \to \varepsilon, \beta \to -ix$ として) を用いると，以下の表式となる．

$$\delta(x) = \lim_{\varepsilon \to 0+} \frac{1}{\sqrt{4\pi\varepsilon}} \exp\left[-\frac{x^2}{4\varepsilon}\right] \tag{C.6}$$

これより，デルタ関数は，$x = 0$ を中心とする高さ $\sim 1/\sqrt{\varepsilon}$，幅 $\sim \sqrt{\varepsilon}$ のガウス関数の極限値 $\varepsilon \to 0$ として与えられる (図 C.1)．指数の肩が，ゼロの点 $x = 0$ 以外では図のように急速にゼロとなり，原点を中心とする幅が無限小，高さ無限大の関数に近づく．なお，こうした極限で定義される関数は**超関数** (**hyperfunction**) とよばれる)．

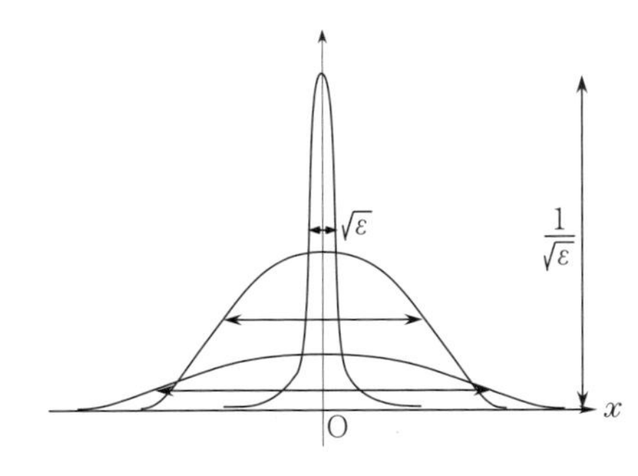

図 C.1　デルタ関数の概念図．$x = 0$ を中心として，高さ $\sim 1/\sqrt{\varepsilon}$，幅 $\sim \sqrt{\varepsilon}$ のガウス関数．$\varepsilon \to 0$ で $x = 0$ 以外では至るところゼロ．

C.3　分数関数表示

一方，次のような収束因子を入れた定義もできる．

$$\delta(x) \equiv \lim_{\varepsilon \to 0+} \int_{-\infty}^{\infty} \frac{dk}{2\pi}\, e^{ikx - \varepsilon |k|} \tag{C.7}$$

これを，以下のように書きかえる．

$$\begin{aligned}
(\text{C.7})\text{右辺} &= \lim_{\varepsilon \to 0+} \left[\int_0^{\infty} \frac{dk}{2\pi}\, e^{ikx - \varepsilon k} + \int_{-\infty}^{0} \frac{dk}{2\pi}\, e^{ikx + \varepsilon k}\right] \\
&\overset{2\text{項目で } k \to -k}{=} \lim_{\varepsilon \to 0+} \int_0^{\infty} \frac{dk}{2\pi}\, [e^{ikx - \varepsilon k} + e^{-ikx - \varepsilon k}]
\end{aligned}$$

ここで積分を行うと，

$$\delta(x) = \lim_{\varepsilon\to 0+} \frac{1}{2\pi}\left(\frac{i}{x+i\varepsilon} - \frac{i}{x-i\varepsilon}\right) \tag{C.8}$$

$$= \lim_{\varepsilon\to 0+} \frac{1}{\pi}\frac{\varepsilon}{x^2+\varepsilon^2} \tag{C.9}$$

が得られる．

(C.9) より $x \neq 0$ なら，分母はゼロでないから $\varepsilon \to 0_+$ がとれてゼロとなり，$x = 0$ なら $1/\varepsilon$ であるから無限大となり $\delta(x)$ を与える．(C.9)，(C.6) から偶関数であることは明白である．

一方，(C.2) で $f(x) \to 1$ とした

$$\int_{-\infty}^{\infty} dx\, \delta(x) = 1 \tag{C.10}$$

を満たすことは，(C.6) 右辺にガウス積分公式 (D.1) を用いること，および (C.9) で

$$\int_{-\infty}^{\infty} \frac{\varepsilon}{x^2+\varepsilon^2}\, dx = \left[\tan^{-1}\frac{x}{\varepsilon}\right]_{-\infty}^{\infty} = \pi$$

よりわかる．

C.4　主値積分とデルタ関数

ところで，表示 (C.8) は以下の公式を想起する．

$$\lim_{\varepsilon\to 0+} \frac{1}{x \pm i\varepsilon} = \mathrm{P}\frac{1}{x} \mp i\pi\delta(x) \tag{C.11}$$

$\mathrm{P}(1/x)$ を積分の**主値** (**principal value**) とよび，(急減少) 関数 $f(x)$ と共に，

$$\mathrm{P}\int_{-\infty}^{\infty} \frac{f(x)}{x}\, dx \equiv \lim_{\varepsilon'\to 0+}\left(\int_{-\infty}^{-\varepsilon'} + \int_{\varepsilon'}^{\infty}\right)\frac{f(x)}{x}\, dx \tag{C.12}$$

で定義される (ε' は ε とは異なる微小量)．つまり証明すべきは，

$$\lim_{\varepsilon\to 0+} \int_{-\infty}^{\infty} \frac{f(x)}{x \pm i\varepsilon}\, dx = \mathrm{P}\int_{-\infty}^{\infty} \frac{f(x)}{x}\, dx \mp i\pi f(0) \tag{C.13}$$

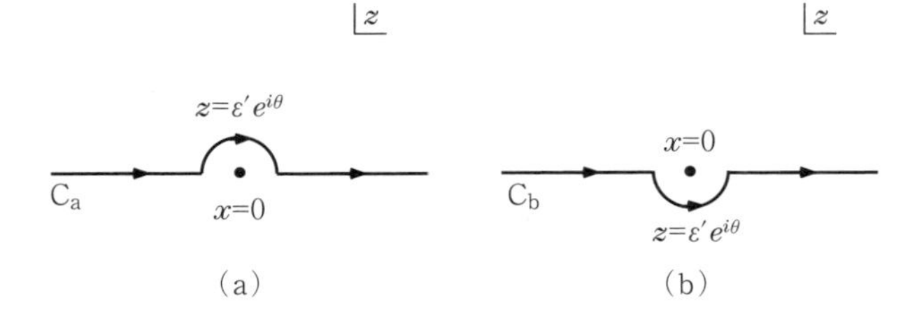

図 C.2　(a) $\lim_{\varepsilon\to 0} 1/(x+i\varepsilon)$，(b) $\lim_{\varepsilon\to 0} 1/(x-i\varepsilon)$ としたときの積分路.

である．そのため複素平面で考える．図 C.2 を見よう．(a) が $1/(x+i\varepsilon)$，(b) が $1/(x-i\varepsilon)$ で $\varepsilon\to 0$ とした場合の積分路であり，それぞれ $\mathrm{C_a}$，$\mathrm{C_b}$ と書く．それらは，$-\infty < x \le -\varepsilon'$ と実軸上を進み $z=\varepsilon' e^{i\theta}$ の半円周上を θ に関して $\pi\to 0$，$\pi\to 2\pi$ とそれぞれ周り，実軸上を $\varepsilon' \le x < \infty$ と進む（$f(x)$ は無限小の半円上に解析接続できる）．つまり，$+i\varepsilon$ の場合は，

$$\lim_{\varepsilon\to 0+}\int_{-\infty}^{\infty}\frac{f(x)\,dx}{x+i\varepsilon}=\int_{\mathrm{C_a}}\frac{f(z)\,dz}{z}=\lim_{\varepsilon'\to 0+}\left(\int_{-\infty}^{-\varepsilon'}+\int_{\varepsilon'}^{\infty}\right)\frac{f(x)}{x}\,dx$$

$$+\lim_{\varepsilon'\to 0+}\int_{\pi}^{0}\frac{f(\varepsilon' e^{i\theta})}{\varepsilon' e^{i\theta}}\,i\varepsilon' e^{i\theta}\,d\theta \overset{(\mathrm{C.12})}{=} \mathrm{P}\int_{-\infty}^{\infty}\frac{f(x)}{x}\,dx-i\pi f(0)$$

と求められる．

同様に，$-i\varepsilon$ では最後の項は

$$+\lim_{\varepsilon'\to 0+}\int_{\pi}^{2\pi}\frac{f(\varepsilon' e^{i\theta})}{\varepsilon' e^{i\theta}}\,i\varepsilon' e^{i\theta}\,d\theta = i\pi f(0)$$

である．まとめて書けば，求める (C.13) である．

C.5　デルタ関数の性質

(Ⅰ) 性質 (1)

$$x\delta(x)=0 \tag{C.14}$$

【証明】　デルタ関数の表示 (C.9) を用い，

$$x\delta(x) = \lim_{\varepsilon\to 0+} \frac{1}{\pi} \frac{x\varepsilon}{x^2 + \varepsilon^2}$$

を考える．これは $x \to 0$ でゼロ．$x \neq 0$ では $\varepsilon \to 0+$ でゼロであるから，(C.14) が成り立つ．□

（Ⅱ）性質（2）

$$F(x)\delta(x - x_0) = F(x_0)\delta(x - x_0) \qquad \text{(C.15)}$$

【証明】　$F(x)$ を $x = x_0$ の周りで，以下のようにテーラー展開する．

$$F(x) = F(x_0) + (x - x_0)F_1(x)$$

ただし，

$$F_1(x) \equiv F^{(1)}(x_0) + \frac{x - x_0}{2!}F^{(2)}(x_0) + \cdots + \frac{(x - x_0)^{n-1}}{n!}F^{(n)}(x_0) + \cdots$$

である．両辺に $\delta(x - x_0)$ を掛ければ，(C.14) より (C.15) が導かれる．□

（Ⅲ）性質（3）

1次のゼロ点を複数個持つ関数 (図 C.3 を参照)

$$F(x_i) = 0, \qquad 0 \neq F'(x_i) \equiv \frac{d}{dx}F(x)|_{x=x_i} \quad (i = 1, 2, \cdots) \qquad \text{(C.16)}$$

を考える．そのデルタ関数において，

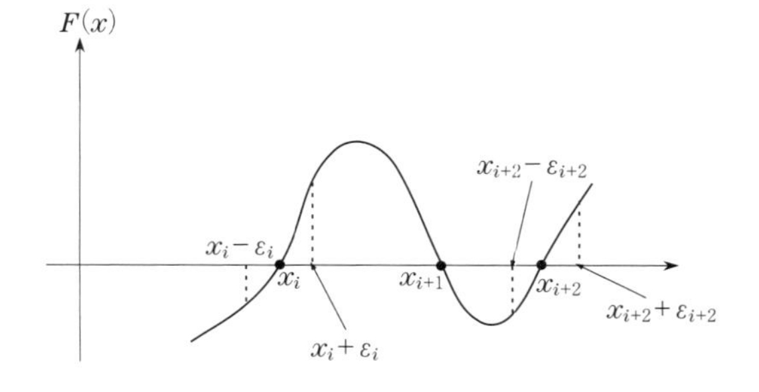

図 C.3　ゼロ点 $F(x) = 0$ にいくつかの解 $x = x_i$, x_{i+1}, x_{i+2} があるとき．

$$\delta(F(x)) = \sum_i \frac{1}{|F'(x_i)|}\delta(x - x_i) \tag{C.17}$$

が成り立つ.

【**証明**】 表示 (C.6) を用い,

$$\delta(F(x)) = \lim_{\varepsilon\to 0+} \frac{1}{\sqrt{4\pi\varepsilon}} \exp\left[-\frac{F(x)^2}{4\varepsilon}\right] \tag{C.18}$$

を考える. 右辺で $F(x) = 0$ なる点以外は $\varepsilon \to 0$ でゼロなので, ゼロ点のみを考える. (C.16) を考慮すれば, ゼロ点 $x = x_i$ の近傍で

$$F(x) = (x - x_i)F_1(x), \qquad F'(x_i) = F_1(x_i) \neq 0 \tag{C.19}$$

と書ける. よって,

$$(\text{C.18})\text{右辺} = \sum_i \lim_{\varepsilon\to 0+} \frac{1}{\sqrt{4\pi\varepsilon}} \exp\left[-\frac{(F_1(x))^2(x - x_i)^2}{4\varepsilon}\right]$$

と与えられる. ここで, $\tilde{\varepsilon} \equiv \varepsilon/(F_1(x))^2$ を導入する. $x \sim x_i$ では $\tilde{\varepsilon}$ も無限小で

$$(\text{C.18})\text{右辺} = \sum_i \frac{1}{|F_1(x)|} \lim_{\tilde{\varepsilon}\to 0+} \frac{1}{\sqrt{4\pi\tilde{\varepsilon}}} \exp\left[-\frac{(x - x_i)^2}{4\tilde{\varepsilon}}\right]$$

である. ($\sqrt{(F_1(x))^2} = |F_1(x)|$ に注意.) 最後に $\tilde{\varepsilon} \to 0$ の極限をとれば,

$$(\text{C.18})\text{右辺} = \sum_i \frac{1}{|F_1(x)|}\delta(x - x_i) \overset{(\text{C.19})}{=} (\text{C.17})\text{右辺}$$

が得られる. □

【**例**】 $F(x) = a(x - x_0)$ (a：定数) のとき (C.17) より,

$$\delta(a(x - x_0)) = \frac{1}{|a|}\delta(x - x_0) \tag{C.20}$$

となる.

C.6　合成関数のデルタ関数

G が関数 $F(x)$ の関数 $G(F(x))$ であり, $G = 0$ の近傍 Ω_G は $F(x) = C_G$(定数) を含む近傍 Ω_F に移されるとすると,

$$\delta(G(F(x))) = \frac{1}{|dG/dF|}\delta(F(x) - C_G) \tag{C.21}$$

が成り立つ．

【証明】 表式 (C.10) を G に対して適用した，

$$1 = \int_{\Omega_G} dG\, \delta(G)$$

から出発する．変数を $G \to F$ へと変換すると，

$$\text{右辺} = \int_{\Omega_F} dF \left|\frac{dG}{dF}\right| \delta(G(F(x)))$$

のように，変換のヤコビアン $|dG/dF|$ には絶対値がつく．全体が1になるためには，$\delta(G(F(x)))$ は (C.21) を満たさねばならない．□

【例】 $G(X) = \sqrt{X}$，$C_G = 0$ とする．$dG/dX = 1/(2\sqrt{X})$ である．$X \to F(x)$ として，

$$\delta(\sqrt{F(x)}) = 2\sqrt{F(x)}\,\delta(F(x)) \tag{C.22}$$

となる．

【例】 $G(X) = \sin X$，$C_G = n\pi\,(n = 0, \pm 1, \cdots)$ とする．$X \to F(x)$ として，$|\cos n\pi| = 1$ だから，

$$\delta(\sin F(x)) = \sum_{n=-\infty}^{\infty} \frac{1}{|\cos F(x)|}\delta(F(x) - n\pi) = \sum_{n=-\infty}^{\infty} \delta(F(x) - n\pi) \tag{C.23}$$

となる．

C.7　シータ関数

シータ関数 ($\boldsymbol{\theta}$ **- function**) の定義は

$$\theta(x) = \begin{cases} 1 & (x > 0) \\ 0 & (x < 0) \end{cases} \tag{C.24}$$

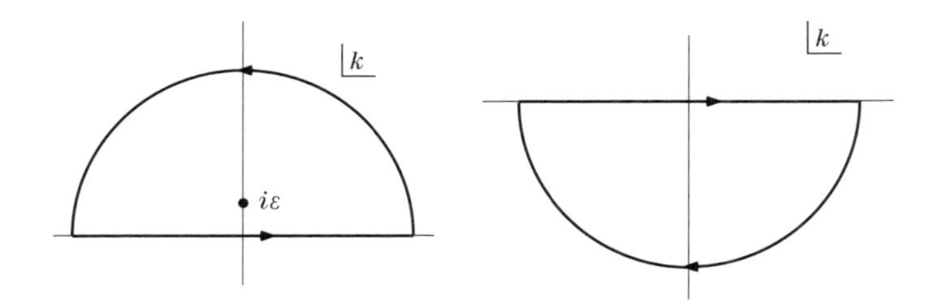

図 C.4 $\theta(x)$ のフーリエ変換における k 空間での積分路．$x>0$ のときは，左図のように上半面に解析接続できて極を含み，$x<0$ のときは右図のように下半面への解析接続となるが極はない．

である．フーリエ変換は

$$\theta(x)=\lim_{\varepsilon\to 0}\int_{-\infty}^{\infty}\frac{dk}{2\pi i}\frac{e^{ikx}}{k-i\varepsilon} \tag{C.25}$$

で与えられる．なぜなら，被積分関数の分子はe^{ikx}であるから，ジョルダン補助定理より $x>0$ で k 空間の上半面に解析接続できて，周回積分で極 $i\varepsilon$ から積分は 1 となる．$x<0$ では下半面となるが，極がないので積分はゼロとなり (C.24) を与えるからである (図 C.4)．

定義 (C.24) からシータ関数の和は，

$$\theta(x)+\theta(-x)=1 \tag{C.26}$$

となり，シータ関数の差である

$$\epsilon(x)\equiv\theta(x)-\theta(-x)=\begin{cases}1 & (x>0)\\ -1 & (x<0)\end{cases} \tag{C.27}$$

も，しばしば使われ，これによって絶対値は

$$|x|=x\epsilon(x) \tag{C.28}$$

と与えられる．

C.8　デルタ関数とシータ関数

表式 (C.3) と (C.25) を見比べると，

$$\frac{d}{dx}\theta(x) = \delta(x) \tag{C.29}$$

が成り立つのがわかる．

付録D　ガウス積分公式

D.1　1次元ガウス積分（1）

α は複素数で実部が正であるとして，

$$\int_{-\infty}^{\infty} dx\, e^{-\alpha x^2} = \sqrt{\frac{\pi}{\alpha}} \quad (\mathrm{Re}\,\alpha > 0) \tag{D.1}$$

が成り立つ．

【証明】　以下の積分

$$I \equiv \int_{-\infty}^{\infty} dx\, e^{-\alpha x^2}$$

の自乗を考える．すると，

$$I^2 = \int_{-\infty}^{\infty}\int_{-\infty}^{\infty} dx\, dy\, e^{-\alpha(x^2+y^2)} \overset{\text{極座標}}{=} \int_0^{\infty} dr\, r \int_0^{2\pi} d\phi\, e^{-\alpha r^2}$$

$$\overset{\phi\,\text{積分}}{=} 2\pi \int_0^{\infty} dr\, r\, e^{-\alpha r^2} \overset{r^2 \to X}{=} \pi \int_0^{\infty} dX\, e^{-\alpha X}$$

$$= \frac{\pi}{\alpha}$$

となり，(D.1) は示された．□

最後の積分が値を持つには，$\mathrm{Re}\,\alpha > 0$ が必要である．積分領域が $0 \leq x < \infty$ のとき，

$$\int_0^{\infty} dx\, e^{-\alpha x^2} = \frac{1}{2}\sqrt{\frac{\pi}{\alpha}} \tag{D.2}$$

のように値は半分になる．

D.2　1次元ガウス積分（2）

複素数 α，β が，

（i）　$\mathrm{Re}\,\alpha > 0 \quad \left(|\arg\alpha| < \dfrac{\pi}{2}\right)$　（β：任意）

（ii）　$\mathrm{Re}\,\alpha = \mathrm{Re}\,\beta = 0 \quad \left(|\arg\alpha| = |\arg\beta| = \dfrac{\pi}{2}\right)$

のどちらかを満たすとき，

$$\boxed{\int_{-\infty}^{\infty} dx \exp[-\alpha x^2 - \beta x] = \sqrt{\frac{\pi}{\alpha}} \exp\left[\frac{\beta^2}{4\alpha}\right]} \tag{D.3}$$

が成り立つ．

証明は2つのステップで行う．

【証明】

ステップ1

γを複素数としたとき，以下の公式が成り立つ．

$$\int_{-\infty}^{\infty} dx \exp[-x^2 - \gamma x] = \sqrt{\pi} \exp\left[\frac{\gamma^2}{4}\right] \tag{D.4}$$

指数の肩を平方完成すれば，

$$-x^2 - \gamma x = -\left(x + \frac{\gamma}{2}\right)^2 + \frac{\gamma^2}{4}$$

となる．$\gamma = \gamma_{\mathrm{R}} + i\gamma_{\mathrm{I}}$と書いて，

$$(\mathrm{D.4})\text{左辺} = \exp\left[\frac{\gamma^2}{4}\right] \int_{-\infty}^{\infty} dx \exp\left[-\left(x + \frac{\gamma_{\mathrm{R}}}{2} + i\frac{\gamma_{\mathrm{I}}}{2}\right)^2\right]$$

を得る．$x \to x - \gamma_{\mathrm{R}}/2$とシフトすれば，

$$(\mathrm{D.4})\text{左辺} = \exp\left[\frac{\gamma^2}{4}\right] \int_{-\infty}^{\infty} dx \exp\left[-\left(x + i\frac{\gamma_{\mathrm{I}}}{2}\right)^2\right] \tag{D.5}$$

なので，

$$\int_{-\infty}^{\infty} dx \exp\left[-\left(x + i\frac{\gamma_{\mathrm{I}}}{2}\right)^2\right] = \int_{-\infty}^{\infty} dx \exp[-x^2] \tag{D.6}$$

を示せばよい．そのため，図D.1の積分路で以下の積分を考える．

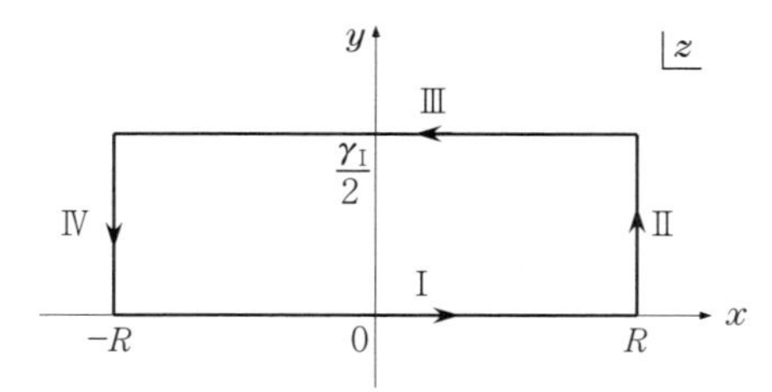

図 D.1　虚軸方向のシフトを導く積分路 C．経路Ⅱ，Ⅳの寄与が $R \to \infty$ でゼロになれば，積分路ⅠとⅢは等しい．

$$\oint_\mathrm{C} dz \exp[-z^2]$$

積分路の内部に極はないから，

$$\int_{\mathrm{I}+\mathrm{II}+\mathrm{III}+\mathrm{IV}} dz \exp[-z^2] = 0 \tag{D.7}$$

である．積分路Ⅰは $z = x$ で x が $-R$ から R まで変化するので，

$$\int_{-R}^{R} dx \exp[-x^2] \tag{D.8}$$

であり，積分路Ⅲは $z = x + i\gamma_\mathrm{I}/2$ で x が R から $-R$ まで変化するので，

$$\int_{R}^{-R} dx \exp\left[-\left(x + i\frac{\gamma_\mathrm{I}}{2}\right)^2\right] = -\int_{-R}^{R} dx \exp\left[-\left(x + i\frac{\gamma_\mathrm{I}}{2}\right)^2\right] \tag{D.9}$$

で与えられる．これより，$R \to \infty$ で積分路Ⅱ，Ⅳの寄与がゼロであれば，(D.6) が示される．このことを確かめるため，積分路Ⅱ，Ⅳを見よう．そこでは，$z = \pm R + iy$ であり，Ⅱでは y は 0 から $\gamma_\mathrm{I}/2$ まで，Ⅳでは $\gamma_\mathrm{I}/2$ から 0 まで動く．つまり

（Ⅱ）　$$i\int_{0}^{\gamma_\mathrm{I}/2} dy \exp[-(R + iy)^2]$$

（Ⅳ）　$$i\int_{\gamma_\mathrm{I}/2}^{0} dy \exp[-(-R + iy)^2] = -i\int_{0}^{\gamma_\mathrm{I}/2} dy \exp[-(R - iy)^2]$$

を考えることになる．

ここで，積分可能な関数 $f(x)$ に対する積分不等式

$$\left|\int_a^b dx\, f(x)\right| \le \int_a^b dx\, |f(x)| \tag{D.10}$$

に注意して，

$$\left|\pm i\int_0^{\gamma_1/2} dy \exp[-(R\pm iy)^2]\right| \le \int_0^{\gamma_1/2} dy\, |\exp[-(R\pm iy)^2]|$$
$$= \int_0^{\gamma_1/2} dy\, e^{-R^2+y^2} = e^{-R^2}\int_0^{\gamma_1/2} dy\, e^{y^2} \tag{D.11}$$

のように全体の絶対値を考える．(D.11) で y 積分は R によらないから，

$$\lim_{R\to\infty} \pm i\int_0^{\gamma_1/2} dy \exp[-(R\pm iy)^2] = 0 \tag{D.12}$$

となり，$R\to\infty$ で積分路Ⅱ，Ⅳは落ちることがわかった．こうして，(D.6) が示され，ガウス積分 (D.1) を用いれば

$$\int_{-\infty}^{\infty} dx \exp\left[-\left(x+i\frac{\gamma_{\mathrm{I}}}{2}\right)^2\right] = \int_{-\infty}^{\infty} dx \exp[-x^2] \overset{(\mathrm{D}.1)}{=} \sqrt{\pi}$$

が得られる．これを (D.5) に代入すれば，目的とする (D.4) が得られる．□

ステップ 2

α, β の偏角を θ_1, θ_2 とし，γ を以下のように導入する．

$$\alpha = |\alpha|e^{i\theta_1}, \qquad \beta = |\beta|e^{i\theta_2}, \qquad |\theta_1| \le \frac{\pi}{2} \tag{D.13}$$

$$\gamma \equiv \frac{\beta}{\sqrt{\alpha}} = |\gamma|e^{i(\theta_2-\theta_1/2)}, \qquad |\gamma| = \frac{|\beta|}{\sqrt{|\alpha|}} \tag{D.14}$$

(D.13) での，θ_1 の (等号を含まない) 条件は (D.1) の収束条件から来ている．$x \to x/\sqrt{|\alpha|}$ とスケールした

$$(\mathrm{D}.3)\text{左辺} = \frac{1}{\sqrt{|\alpha|}}\int_{-\infty}^{\infty} dx \exp\left[-e^{i\theta_1}x^2 - \frac{\beta}{\sqrt{|\alpha|}}x\right] \tag{D.15}$$

を頭において，図 D.2 の積分路で

$$\oint_{\mathrm{C}} dz \exp[-z^2-\gamma z]$$

を考える．内部に極はないので，

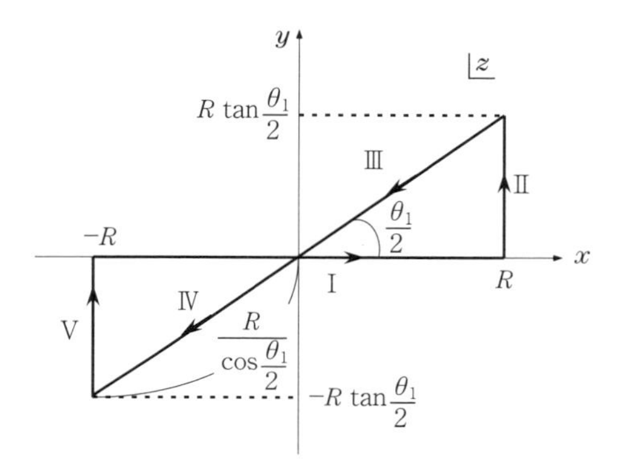

図 D.2　積分路 C．経路Ⅱ，Ⅴからの寄与が $R\to\infty$ でゼロになれば，積分路Ⅰと（Ⅲ＋Ⅳ）は等しくなる．

$$\oint_{\mathrm{I+II+III+IV+V}} dz \exp[-z^2-\gamma z]=0 \tag{D.16}$$

である．積分路Ⅰは $z=x$ で x が $-R$ から R まで変化するので，

$$(\mathrm{I})\qquad \int_{-R}^{R} dx \exp[-x^2-\gamma x] \tag{D.17}$$

である．積分路ⅢとⅣに関しては，Ⅲでは $z=re^{i\theta_1/2}$ であり r は x から 0 まで変化する．ここで，x は

$$x\cos\frac{\theta_1}{2}=R$$

を満足しなければならない．つまり $x=R/\cos(\theta_1/2)$ である．同様にⅣでは $z=re^{i(\pi+\theta_1/2)}$ であり，r は 0 から $R/\cos(\theta_1/2)$ まで動く．こうして，それぞれ

$$(\mathrm{III})\qquad e^{i\theta_1/2}\int_{R/\cos(\theta_1/2)}^{0} dr \exp[-e^{i\theta_1}r^2-\gamma e^{i\theta_1/2}r]$$

$$=-e^{i\theta_1/2}\int_{0}^{R/\cos(\theta_1/2)} dr \exp\left[-e^{i\theta_1}r^2-\frac{\beta}{\sqrt{|\alpha|}}r\right]$$

$$(\mathrm{IV})\qquad e^{i(\pi+\theta_1/2)}\int_{0}^{R/\cos(\theta_1/2)} dr \exp[-e^{i\theta_1}r^2+\gamma e^{i\theta_1/2}r]$$

$$\overset{r\to -r}{=}-e^{i\theta_1/2}\int_{-R/\cos(\theta_1/2)}^{0} dr \exp\left[-e^{i\theta_1}r^2-\frac{\beta}{\sqrt{|\alpha|}}r\right]$$

と与えられる．ここで，γ の定義 (D.14) を用いた．

したがって，

$$(\text{III} + \text{IV}) = -e^{i\theta_1/2}\int_{-R/\cos(\theta_1/2)}^{R/\cos(\theta_1/2)} dx \exp\left[-e^{i\theta_1}x^2 - \frac{\beta}{\sqrt{|\alpha|}}x\right] \tag{D.18}$$

である．積分路II，Vの寄与が $R \to \infty$ でゼロとなるなら，(D.16) ～ (D.18)より，

$$\int_{-\infty}^{\infty} dx \exp\left[-e^{i\theta_1}x^2 - \frac{\beta}{\sqrt{|\alpha|}}x\right] = e^{-i\theta_1/2}\int_{-\infty}^{\infty} dx \exp[-x^2 - \gamma x] \tag{D.19}$$

とステップ2の目標式が出る．

そこで，積分路II，Vに着目する．IIでは $z = R + iy$ で y は0から $R\tan(\theta_1/2)$ まで動き，一方，Vでは $z = -R + iy$ で y は $-R\tan(\theta_1/2)$ から0へと変化する．したがって，それぞれ

(II)
$$i\int_0^{R\tan(\theta_1/2)} dy \exp[-(R+iy)^2 - \gamma(R+iy)]$$

(V)
$$i\int_{-R\tan(\theta_1/2)}^{0} dy \exp[-(-R+iy)^2 - \gamma(-R+iy)]$$
$$\overset{y\to -y}{=} i\int_0^{R\tan(\theta_1/2)} dy \exp[-(R+iy)^2 + \gamma(R+iy)]$$

で与えられる．つまり，示すべきは，

$$I_{\text{II},\text{V}} \equiv \lim_{R\to\infty} i\int_0^{R\tan(\theta_1/2)} dy \exp[-(R+iy)^2 \mp \gamma(R+iy)] = 0$$

である．そこで，全体の絶対値をとり，積分不等式 (D.10) を用いれば，

$$|I_{\text{II},\text{V}}| \le \int_0^{R\tan(\theta_1/2)} dy\, |\exp[-(R+iy)^2 \mp \gamma(R+iy)]|$$
$$= e^{-R^2 \mp \gamma_R R}\int_0^{R\tan(\theta_1/2)} dy\, e^{y^2 \pm \gamma_I y}, \qquad \gamma = \gamma_R + i\gamma_I$$

となる．図D.3より $0 \le y \le R\tan(\theta_1/2)$ で成り立つ不等式

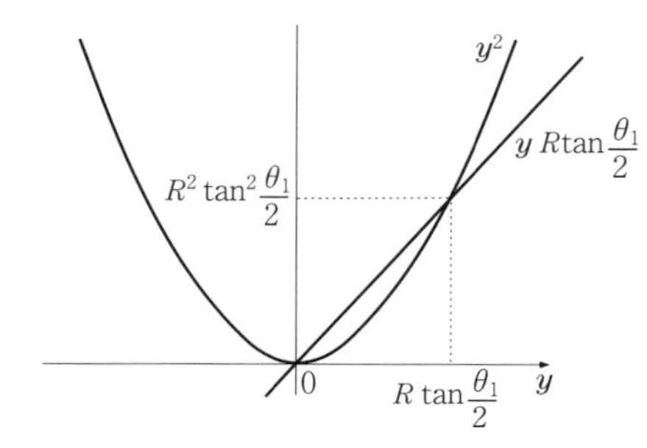

図 D.3　$0 \leq y \leq R\tan(\theta_1/2)$ で成り立つ不等式，$y^2 \leq yR \times \tan(\theta_1/2)$.

$$y^2 \leq yR\tan\frac{\theta_1}{2} \Longrightarrow e^{y^2} \leq e^{yR\tan(\theta_1/2)} \tag{D.20}$$

を利用すると（最後の表式は指数関数の単調増加性を用いた），

$$|I_{\mathrm{II},\mathrm{V}}| \leq e^{-R^2 \mp \gamma_{\mathrm{R}} R} \int_0^{R\tan(\theta_1/2)} dy\, e^{(R\tan(\theta_1/2) \pm \gamma_{\mathrm{I}})y}$$

$$= \frac{\exp[-R^2\cos\theta_1/\cos^2(\theta_1/2) \mp R(\gamma_{\mathrm{R}} - \gamma_{\mathrm{I}}\tan(\theta_1/2))] - \exp[-R^2 \mp \gamma_{\mathrm{R}} R]}{R\tan(\theta_1/2) \pm \gamma_{\mathrm{I}}}$$

が得られる．ここで，分子第2項は $R \to \infty$ でゼロとなる．一方，第1項は，

$$\cos\theta_1 > 0 \Longrightarrow |\theta_1| < \frac{\pi}{2}$$

であれば，$(-R^2)$ 項の係数は正であるので，$R \to \infty$ でこれもゼロとなる．この条件が（ i ）である．

もし，$(-R^2)$ 項の係数がゼロ，つまり

$$\cos\theta_1 = 0 \Longrightarrow |\theta_1| = \frac{\pi}{2}$$

のときは，分子第1項は$\exp[\mp R(\gamma_{\mathrm{R}} - \gamma_{\mathrm{I}}\tan(\theta_1/2))]$となるので，$R \to \infty$ で落ちるためには R 項の係数は

$$\gamma_{\mathrm{R}} - \gamma_{\mathrm{I}}\tan\frac{\theta_1}{2} = 0$$

でなければならない．ここで，(D.14) より得られる

$$\gamma_{\mathrm{R}} = |\gamma| \cos\left(\theta_2 - \frac{\theta_1}{2}\right), \qquad \gamma_{\mathrm{I}} = |\gamma| \sin\left(\theta_2 - \frac{\theta_1}{2}\right)$$

を代入し，加法定理 (147) を用いれば，上の条件は

$$|\gamma| \left[\cos\left(\theta_2 - \frac{\theta_1}{2}\right) - \sin\left(\theta_2 - \frac{\theta_1}{2}\right) \tan\frac{\theta_1}{2}\right] = |\gamma| \frac{\cos\theta_2}{\cos(\theta_1/2)} = 0 \qquad \text{(D.21)}$$

となる．つまり $|\theta_2| = \pi/2$ という条件 (ii) である．

こうして，積分路II，Vは条件 (i) あるいは (ii) の下で落ちることがわかり，(D.19) の成立を示すことができた．

準備はできた．証明に進もう．(D.19) が示されたので，(D.15) に代入し

$$\begin{aligned}\int_{-\infty}^{\infty} dx \exp[-\alpha x^2 - \beta x] &= \frac{1}{\sqrt{|\alpha|}} \int_{-\infty}^{\infty} dx \exp\left[-e^{i\theta_1} x^2 - \frac{\beta}{\sqrt{|\alpha|}} x\right] \\ &= \frac{e^{-i\theta_1/2}}{\sqrt{|\alpha|}} \int_{-\infty}^{\infty} dx \exp[-x^2 - \gamma x] \\ &\overset{\text{(D.4)}}{=} e^{-i\theta_1/2} \sqrt{\frac{\pi}{|\alpha|}} \exp\left[\frac{\gamma^2}{4}\right]\end{aligned}$$

が得られる．ここで，$e^{-i\theta_1/2}/\sqrt{|\alpha|} = 1/\sqrt{\alpha}$ であるので証明が終わる．□

条件 (ii) は純虚数を係数とする積分で，**フレネル積分** (**Fresnel integral**) とよばれる (正確には $|\beta| = 0$ の場合)，以下で与えられる．

$$\int_{-\infty}^{\infty} dx \exp[i|\alpha| x^2 \pm i|\beta| x] = \sqrt{\frac{i\pi}{|\alpha|}} \exp\left[-i\frac{|\beta|^2}{4|\alpha|}\right] \qquad \text{(D.22)}$$

$$\int_{-\infty}^{\infty} dx \exp[-i|\alpha| x^2 \mp i|\beta| x] = \sqrt{\frac{\pi}{i|\alpha|}} \exp\left[i\frac{|\beta|^2}{4|\alpha|}\right] \qquad \text{(D.23)}$$

D.3　多次元ガウス積分 (1)

フレネル積分の場合 (α = 純虚数) を含む以下を出発点とする．

$$\int_{-\infty}^{\infty} \frac{dx}{\sqrt{2\pi}} \exp\left[-\frac{\alpha}{2} x^2\right] = \frac{1}{\sqrt{\alpha}} \quad (\mathrm{Re}\,\alpha \geq 0) \qquad \text{(D.24)}$$

$\boldsymbol{x}$ を n 次元ベクトル $\boldsymbol{x} = (x_1, x_2, \cdots, x_n)$，$\boldsymbol{M}$ を $n \times n$ 実行列でその固有値を

$\lambda^{(k)} > 0\ (k = 1, 2, \cdots, n)$ としたとき，次の公式が成立する．

$$\left.\begin{aligned} \int D^n \boldsymbol{x} \exp\left[-\frac{1}{2}\boldsymbol{x}^{\mathrm{T}}\boldsymbol{M}\boldsymbol{x}\right] &= \frac{1}{\sqrt{\det \boldsymbol{M}}} \\ \prod_{k=1}^{n}\int_{-\infty}^{\infty}\frac{dx_k}{\sqrt{2\pi}} &\equiv \int D^n \boldsymbol{x} \end{aligned}\right\} \tag{D.25}$$

【準備】　$\boldsymbol{M}$ は対称部分と反対称部分に，

$$\boldsymbol{M} = \frac{\boldsymbol{M}+\boldsymbol{M}^{\mathrm{T}}}{2} + \frac{\boldsymbol{M}-\boldsymbol{M}^{\mathrm{T}}}{2} \equiv \boldsymbol{M}_{\mathrm{S}} + \boldsymbol{M}_{\mathrm{A}} \quad (\boldsymbol{M}_{\mathrm{S}}^{\mathrm{T}} = \boldsymbol{M}_{\mathrm{S}}, \quad \boldsymbol{M}_{\mathrm{A}}^{\mathrm{T}} = -\boldsymbol{M}_{\mathrm{A}}) \tag{D.26}$$

のように分けることができる（$\boldsymbol{M}^{\mathrm{T}}$ は転置行列）．このとき，指数の肩で反対称部分は

$$\boldsymbol{x}^{\mathrm{T}}\boldsymbol{M}_{\mathrm{A}}\boldsymbol{x} = 0 \tag{D.27}$$

である．なぜなら，

$$\boldsymbol{x}^{\mathrm{T}}\boldsymbol{M}_{\mathrm{A}}\boldsymbol{x} = \sum_{j,k=1}^{n} x_j x_k (\boldsymbol{M}_{\mathrm{A}})_{jk} = -\sum_{j,k=1}^{n} x_j x_k (\boldsymbol{M}_{\mathrm{A}})_{kj} = -\boldsymbol{x}^{\mathrm{T}}\boldsymbol{M}_{\mathrm{A}}\boldsymbol{x}$$

となるからである．つまり，(D.25) での $\boldsymbol{M} \to \boldsymbol{M}_{\mathrm{S}}$ である．

【証明】　固有ベクトルを $\boldsymbol{u}^{(k)}\ (k = 1, 2, \cdots, n)$ とする．つまり，

$$\boldsymbol{M}_{\mathrm{S}}\boldsymbol{u}^{(k)} = \lambda^{(k)}\boldsymbol{u}^{(k)}, \qquad (\boldsymbol{u}^{(j)})^{\mathrm{T}}\boldsymbol{u}^{(k)} = \delta_{jk} \tag{D.28}$$

とする．これより，$\boldsymbol{M}_{\mathrm{S}}$ は以下のように対角化される．

$$\boldsymbol{O}^{\mathrm{T}}\boldsymbol{M}_{\mathrm{S}}\boldsymbol{O} = \begin{pmatrix} \lambda^{(1)} & 0 & \cdots & 0 \\ 0 & \lambda^{(2)} & \cdots & 0 \\ \vdots & 0 & \ddots & 0 \\ 0 & 0 & \cdots & \lambda^{(n)} \end{pmatrix} \equiv \boldsymbol{\lambda}_{\mathrm{D}} \tag{D.29}$$

ただし，

$$\boldsymbol{O} \equiv (\boldsymbol{u}^{(1)}\boldsymbol{u}^{(2)}\cdots\boldsymbol{u}^{(n)}), \qquad \boldsymbol{O}^{\mathrm{T}}\boldsymbol{O} = \boldsymbol{I} \tag{D.30}$$

である．

さて，積分変数を $\boldsymbol{x} = \boldsymbol{O}\boldsymbol{x}'$ と変換する．変換のヤコビアンは，

$$J = \left\| \frac{\partial(x_1, x_2, \cdots, x_n)}{\partial(x'_1, x'_2, \cdots, x'_n)} \right\| = |\det \boldsymbol{O}| \tag{D.31}$$

であり，$\boldsymbol{O}^{\mathrm{T}}\boldsymbol{O} = \boldsymbol{I}$ より，両辺の行列式をとれば $|\det \boldsymbol{O}| = 1$ であるから

$$D^n \boldsymbol{x} = D^n \boldsymbol{x}' \tag{D.32}$$

が成り立つ．指数の肩は

$$\boldsymbol{x}^{\mathrm{T}}\boldsymbol{M}\boldsymbol{x} = \boldsymbol{x}'^{\mathrm{T}}\boldsymbol{O}^{\mathrm{T}}\boldsymbol{M}\boldsymbol{O}\boldsymbol{x}' \overset{(\mathrm{D}.29)}{=} \sum_{k=1}^{n} \lambda^{(k)} (x_k')^2$$

となるから，$x_k' \to x_k$ と書いて出発点の式 (D.24) に注意して

$$(\mathrm{D}.25)\text{左辺} = \prod_{k=1}^{n} \int_{-\infty}^{\infty} \frac{dx_k}{\sqrt{2\pi}} \exp\left[-\frac{\lambda^{(k)}}{2} (x_k)^2 \right] \overset{(\mathrm{D}.24)}{=} \prod_{k=1}^{n} \frac{1}{\sqrt{\lambda^{(k)}}}$$

を得る．なお，固有値の積は

$$\prod_{k=1}^{n} \lambda^{(k)} = \det \boldsymbol{\lambda}_{\mathrm{D}} = \det \boldsymbol{M}_{\mathrm{S}} \tag{D.33}$$

のように行列式であった（(D.25) の $\boldsymbol{M}$ は $\boldsymbol{M}_{\mathrm{S}}$ であったことを思い出そう）．□

D.4　多次元ガウス積分（2）

以下の公式が成り立つ．

$$\int D^n \boldsymbol{x} \exp\left[-\frac{1}{2} \boldsymbol{x}^{\mathrm{T}}\boldsymbol{M}\boldsymbol{x} + \boldsymbol{J}\boldsymbol{x} \right] = \frac{1}{\sqrt{\det \boldsymbol{M}}} \exp\left[\frac{1}{2} \boldsymbol{J}^{\mathrm{T}}\boldsymbol{M}^{-1}\boldsymbol{J} \right] \tag{D.34}$$

【証明】 $\boldsymbol{J}\boldsymbol{x}$ 項を落とすように，以下のように変数をシフトする（平方完成と同じ操作である）．

$$\boldsymbol{x} \to \boldsymbol{x} + \boldsymbol{M}^{-1}\boldsymbol{J} \qquad \boldsymbol{x}^{\mathrm{T}} \to \boldsymbol{x}^{\mathrm{T}} + \boldsymbol{J}^{\mathrm{T}}\boldsymbol{M}^{-1} \tag{D.35}$$

ここで，$\boldsymbol{M}$ が対称行列 $(\boldsymbol{M}^{-1})^{\mathrm{T}} = \boldsymbol{M}^{-1}$ であることを用いた．よって，

$$-\frac{1}{2}\boldsymbol{x}^{\mathrm{T}}\boldsymbol{M}\boldsymbol{x} \quad \to \quad -\frac{1}{2}\boldsymbol{x}^{\mathrm{T}}\boldsymbol{M}\boldsymbol{x} - \frac{1}{2}\boldsymbol{x}^{\mathrm{T}}\boldsymbol{J} - \frac{1}{2}\boldsymbol{J}^{\mathrm{T}}\boldsymbol{x} - \frac{1}{2}\boldsymbol{J}^{\mathrm{T}}\boldsymbol{M}^{-1}\boldsymbol{J}$$

$$= -\frac{1}{2}\boldsymbol{x}^{\mathrm{T}}\boldsymbol{M}\boldsymbol{x} - \boldsymbol{J}\boldsymbol{x} - \frac{1}{2}\boldsymbol{J}^{\mathrm{T}}\boldsymbol{M}^{-1}\boldsymbol{J}$$

および

$$\boldsymbol{J}\boldsymbol{x} \to \boldsymbol{J}\boldsymbol{x} + \boldsymbol{J}^{\mathrm{T}}\boldsymbol{M}^{-1}\boldsymbol{J}$$

が得られる．

双方加えれば，(D.34) 左辺の指数の肩は，

$$-\frac{1}{2}\boldsymbol{x}^{\mathrm{T}}\boldsymbol{M}\boldsymbol{x} + \frac{1}{2}\boldsymbol{J}^{\mathrm{T}}\boldsymbol{M}^{-1}\boldsymbol{J}$$

となる．積分測度は不変であるから，

$$(\text{D.34})\text{左辺} = \exp\left[\frac{1}{2}\boldsymbol{J}^{\mathrm{T}}\boldsymbol{M}^{-1}\boldsymbol{J}\right]\int D^n\boldsymbol{x}\exp\left[-\frac{1}{2}\boldsymbol{x}^{\mathrm{T}}\boldsymbol{M}\boldsymbol{x}\right]$$

である．これに，公式 (D.25) を用いれば (D.34) 右辺である．□

D.5　複素ガウス積分 (1)

λ は正の実数，ρ_1，ρ_2 は複素数としたとき，

$$\int\frac{d^2\alpha}{\pi}\exp[-\lambda\alpha^*\alpha + \alpha^*\rho_1 + \rho_2{}^*\alpha] = \frac{1}{\lambda}\exp\left[\frac{\rho_2{}^*\rho_1}{\lambda}\right] \qquad \text{(D.36)}$$

が成り立つ．

【証明】　$\alpha = x + iy$ と書けば，積分測度は

$$\frac{d^2\alpha}{\pi} = \frac{dx\,dy}{\pi} \qquad \text{(D.37)}$$

で与えられる．左辺指数の肩は

$$\text{指数の肩} = -\lambda x^2 - \lambda y^2 + (\rho_1 + \rho_2{}^*)x - i(\rho_1 - \rho_2{}^*)y$$

となり，$x \to x/\sqrt{\lambda}$，$y \to y/\sqrt{\lambda}$ とスケールすれば，

$$(\text{D.36})\text{左辺} = \frac{1}{\lambda}\iint_{-\infty}^{\infty}\frac{dx\,dy}{\pi} \times \exp\left[-x^2 + \frac{(\rho_1 + \rho_2{}^*)}{\sqrt{\lambda}}x - y^2 - \frac{i(\rho_1 - \rho_2{}^*)}{\sqrt{\lambda}}y\right]$$

が得られる．ここで，x，y それぞれに公式 (D.4) を適用すれば

$$
\text{(D.36)左辺} = \frac{1}{\lambda}\exp\left[\frac{(\rho_1+\rho_2{}^*)^2}{4\lambda} - \frac{(\rho_1-\rho_2{}^*)^2}{4\lambda}\right]
$$

$$
= \frac{1}{\lambda}\exp\left[\frac{\rho_2{}^*\rho_1}{\lambda}\right] = \text{(D.36)右辺}
$$

と目的が達せられる．□

公式(D.36)は，次のように考えることもできる．積分測度$d^2\alpha$は，それぞれ独立なシフト

$$
\alpha \to \alpha + \frac{\rho_1}{\lambda}, \qquad \alpha^* \to \alpha^* + \frac{\rho_2{}^*}{\lambda} \tag{D.38}
$$

に対して不変であるとする．このとき，

$$
-\lambda\alpha^*\alpha \to -\lambda\alpha^*\alpha - \alpha^*\rho_1 - \rho_2{}^*\alpha - \frac{\rho_2{}^*\rho_1}{\lambda}
$$

$$
\alpha^*\rho_1 \to \alpha^*\rho_1 + \frac{\rho_2{}^*\rho_1}{\lambda}
$$

$$
\rho_2{}^*\alpha \to \rho_2{}^*\alpha + \frac{\rho_2{}^*\rho_1}{\lambda}
$$

なので，

$$
\text{(D.36)左辺} = \exp\left[\frac{\rho_2{}^*\rho_1}{\lambda}\right]\int\frac{d^2\alpha}{\pi}\exp[-\lambda\alpha^*\alpha]
$$

であり，最後に

$$
\int\frac{d^2\alpha}{\pi}\exp[-\lambda\alpha^*\alpha] = \frac{1}{\lambda} \tag{D.39}
$$

を用いれば右辺が得られる．

D.6　複素ガウス積分(2)

n自由度，α_k $(k = 1, 2, \cdots, n)$で，$\boldsymbol{M}$は$n\times n$エルミート行列，$\boldsymbol{M}^\dagger = \boldsymbol{M}$，固有値はすべて正であるとする．このとき，

$$\int \frac{d^{2n}\boldsymbol{\alpha}}{\pi^n} \exp[-\boldsymbol{\alpha}^\dagger \boldsymbol{M}\boldsymbol{\alpha} + \boldsymbol{\alpha}^\dagger \boldsymbol{\rho}_1 + \boldsymbol{\rho}_2^\dagger \boldsymbol{\alpha}] = \frac{1}{\det \boldsymbol{M}} \exp[\boldsymbol{\rho}_2^\dagger \boldsymbol{M}^{-1} \boldsymbol{\rho}_1] \tag{D.40}$$

が成り立つ．

【証明】　(D.38) ～ (D.39) に従って，$\boldsymbol{\alpha}^\dagger \boldsymbol{\rho}_1$，$\boldsymbol{\rho}_2^\dagger \boldsymbol{\alpha}$ を落とすようにシフト

$$\boldsymbol{\alpha}^\dagger \to \boldsymbol{\alpha}^\dagger + \boldsymbol{\rho}_2^\dagger \boldsymbol{M}^{-1}, \qquad \boldsymbol{\alpha} \to \boldsymbol{\alpha} + \boldsymbol{M}^{-1}\boldsymbol{\rho}_1 \tag{D.41}$$

を行えば，

$$\begin{aligned}
-\boldsymbol{\alpha}^\dagger \boldsymbol{M}\boldsymbol{\alpha} &\to -\boldsymbol{\alpha}^\dagger \boldsymbol{M}\boldsymbol{\alpha} - \boldsymbol{\alpha}^\dagger \boldsymbol{\rho}_1 - \boldsymbol{\rho}_2^\dagger \boldsymbol{\alpha} - \boldsymbol{\rho}_2^\dagger \boldsymbol{M}^{-1}\boldsymbol{\rho}_1 \\
\boldsymbol{\alpha}^\dagger \boldsymbol{\rho}_1 &\to \boldsymbol{\alpha}^\dagger \boldsymbol{\rho}_1 + \boldsymbol{\rho}_2^\dagger \boldsymbol{M}^{-1}\boldsymbol{\rho}_1 \\
\boldsymbol{\rho}_2^\dagger \boldsymbol{\alpha} &\to \boldsymbol{\rho}_2^\dagger \boldsymbol{\alpha} + \boldsymbol{\rho}_2^\dagger \boldsymbol{M}^{-1}\boldsymbol{\rho}_1
\end{aligned}$$

となるので，

$$(\text{D.40})左辺 = \exp[\boldsymbol{\rho}_2^\dagger \boldsymbol{M}^{-1}\boldsymbol{\rho}_1] \int \frac{d^{2n}\boldsymbol{\alpha}}{\pi^n} \exp[-\boldsymbol{\alpha}^\dagger \boldsymbol{M}\boldsymbol{\alpha}]$$

が得られる．

つまり，積分

$$\int \frac{d^{2n}\boldsymbol{\alpha}}{\pi^n} \exp[-\boldsymbol{\alpha}^\dagger \boldsymbol{M}\boldsymbol{\alpha}] = \frac{1}{\det \boldsymbol{M}} \tag{D.42}$$

が示されればよい．そのため，$\boldsymbol{\alpha}$ にユニタリー変換

$$\boldsymbol{\alpha} = \boldsymbol{V}\boldsymbol{\alpha}', \qquad \boldsymbol{\alpha}^\dagger = \boldsymbol{\alpha}'^\dagger \boldsymbol{V}^\dagger \tag{D.43}$$

を施す．変換のヤコビアンは (2.105) より 1 であり，エルミート行列はユニタリー行列によって

$$\boldsymbol{V}^\dagger \boldsymbol{M}\boldsymbol{V} = \boldsymbol{\lambda}_{\mathrm{D}} = \begin{pmatrix} \lambda^{(1)} & 0 & \cdots & 0 \\ 0 & \lambda^{(2)} & \cdots & 0 \\ \vdots & 0 & \ddots & 0 \\ 0 & 0 & \cdots & \lambda^{(n)} \end{pmatrix} \tag{D.44}$$

のように対角化される．(証明は (D.29) でやったことを，複素固有ベクトル $\boldsymbol{u}^{(k)}$

$(k = 1, 2, \cdots, n)$，$(\boldsymbol{u}^{(J)})^{\dagger}\boldsymbol{u}^{k} = \delta_{jk}$ で行えばよい.）これらにより，

$$\begin{aligned}
(\text{D.42})\text{左辺} &= \int \frac{d^{2n}\boldsymbol{\alpha}'}{\pi^{n}} \exp\left[-\sum_{k=1}^{n} \lambda^{(k)} \alpha'^{*}_{k} \alpha'_{k}\right] \\
&\overset{\alpha' \to \alpha}{=} \prod_{k=1}^{n} \int \frac{d^{2}\alpha_{k}}{\pi} \exp[-\lambda^{(k)} \alpha_{k}^{*} \alpha_{k}] \\
&\overset{(\text{D.39})}{=} \prod_{k=1}^{n} \frac{1}{\lambda^{(k)}} = \frac{1}{\det \boldsymbol{M}} = \text{右辺}
\end{aligned}$$

と目的が達せられる. □

D.7　グラスマンガウス積分

n 自由度，ξ_{k} $(k = 1, 2, \cdots, n)$ で，$\boldsymbol{M}$ は行列式がゼロでない $n \times n$ 行列であるとする. このとき，

$$\int d^{n}\boldsymbol{\xi}\, d^{n}\boldsymbol{\xi}^{*} \exp[-\boldsymbol{\xi}^{\dagger}\boldsymbol{M}\boldsymbol{\xi} + \boldsymbol{\xi}^{\dagger}\boldsymbol{\eta}_{1} + \boldsymbol{\eta}_{2}^{\dagger}\boldsymbol{\xi}] = \det \boldsymbol{M} \exp[\boldsymbol{\eta}_{2}^{\dagger}\boldsymbol{M}^{-1}\boldsymbol{\eta}_{1}] \tag{D.45}$$

が成り立つ.

【証明】　グラスマン変数を，以下のようにシフトする.

$$\boldsymbol{\xi} \to \boldsymbol{\xi} + \boldsymbol{M}^{-1}\boldsymbol{\eta}_{1}, \qquad \boldsymbol{\xi}^{\dagger} \to \boldsymbol{\xi}^{\dagger} + \boldsymbol{\eta}_{2}^{\dagger}\boldsymbol{M}^{-1} \tag{D.46}$$

これはボーズ変数のシフト (D.41) と同じ形である[†3]. よって，

$$\begin{aligned}
-\boldsymbol{\xi}^{\dagger}\boldsymbol{M}\boldsymbol{\xi} &\to -\boldsymbol{\xi}^{\dagger}\boldsymbol{M}\boldsymbol{\xi} - \boldsymbol{\xi}^{\dagger}\boldsymbol{\eta}_{1} - \boldsymbol{\eta}_{2}^{\dagger}\boldsymbol{\xi} - \boldsymbol{\eta}_{2}^{\dagger}\boldsymbol{M}^{-1}\boldsymbol{\eta}_{1} \\
\boldsymbol{\xi}^{\dagger}\boldsymbol{\eta}_{1} &\to \boldsymbol{\xi}^{\dagger}\boldsymbol{\eta}_{1} + \boldsymbol{\eta}_{2}^{\dagger}\boldsymbol{M}^{-1}\boldsymbol{\eta}_{1} \\
\boldsymbol{\eta}_{2}^{\dagger}\boldsymbol{\xi} &\to \boldsymbol{\eta}_{2}^{\dagger}\boldsymbol{\xi} + \boldsymbol{\eta}_{2}^{\dagger}\boldsymbol{M}^{-1}\boldsymbol{\eta}_{1}
\end{aligned}$$

となる. これらより，(D.45) 左辺は，

$$\exp[\boldsymbol{\eta}_{2}^{\dagger}\boldsymbol{M}^{-1}\boldsymbol{\eta}_{1}] \int d^{n}\boldsymbol{\xi}\, d^{n}\boldsymbol{\xi}^{*} \exp[-\boldsymbol{\xi}^{\dagger}\boldsymbol{M}\boldsymbol{\xi}] \overset{(2.186)}{=} (\text{D.45})\text{右辺}$$

と求まる. □

---

†3　グラスマン数 $\boldsymbol{\xi}^{\dagger}$，$\boldsymbol{\xi}$ は互いに独立である. ガウス積分公式 (2.145) を参照.

付録E 分配関数で必要な無限和を含む公式

E.1 ユークリッド経路積分で現れる公式

$-2\pi < \phi < 2\pi$, $a > 0$ で，$\theta(\phi)$ を符号関数 (C.24) としたとき，

$$\sum_{r=-\infty}^{\infty} \frac{e^{ir\phi}}{r^2 + a^2} = \sum_{r=1}^{\infty} \frac{2\cos r\phi}{r^2 + a^2} + \frac{1}{a^2}$$
$$= \frac{\pi}{a\sinh a\pi}[\theta(\phi)\cosh a(\pi - \phi) + \theta(-\phi)\cosh a(\pi + \phi)] \tag{E.1}$$

が成り立つ．

【証明】 積分路 C_0 ($z = x + iy$: $-R \leq x \leq R$, $-\varepsilon \leq y \leq \varepsilon$ $(\varepsilon \ll 1)$) で，

$$\oint_{C_0} dz \frac{f(z)}{e^{2\pi iz} - 1} \tag{E.2}$$

を考える (図 E.1)．ここで，

$$R \equiv N + \frac{1}{2} \quad (N \gg 1 : \text{正整数}) \tag{E.3}$$

である．$f(z)$ は C_0 内に極を持たないとする．積分路内の極は整数 $z = r$ ($r = 0$, ±1, ±2, $\cdots$, $\pm N$) で与えられるから，留数定理より

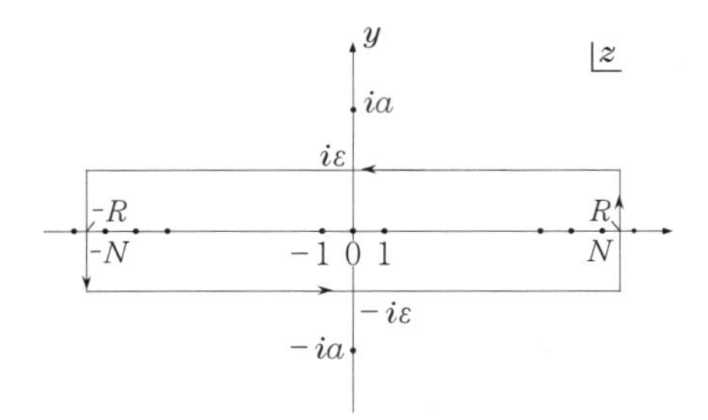

図 E.1 積分路 C_0. $-R \leq x \leq R (\equiv N + 1/2$, Nは正整数), $-\varepsilon \leq y \leq \varepsilon$.

$$\oint_{C_0} dz \frac{f(z)}{e^{2\pi iz}-1} = \sum_{r=-N}^{N} 2\pi i(z-r)\frac{f(z)}{e^{2\pi iz}-1}\Bigg|_{z=r} = \sum_{r=-N}^{N} f(r) \qquad \text{(E.4)}$$

となる.

$\phi > 0$ の場所から考えていこう. (E.4) と (E.1) の左辺より,

$$f(z) \to f^{(+)}(z) = \frac{e^{i\phi z}}{z^2+a^2} \qquad \text{(E.5)}$$

として, 図 E.1 の積分路C_0の y を図 E.2 のように $-R' \leq y \leq R'$ と拡げる. $f^{(+)}(z)$ の極を左図のようによけていくと, 右図のように, 極 $\pm ia$ を逆方向に回る留数と積分路 I ～ IV

(I) $z = x - iR'$, $x : -R \to R$,　　(II) $z = R + iy$, $y : -R' \to R'$

(III) $z = x + iR'$, $x : R \to -R$,　　(IV) $z = -R + iy$, $y : R' \to -R'$

の和となる. 結局,

$$\text{(E.4)左辺} = \int_{\mathrm{I+II+III+IV}} dz \frac{e^{i\phi z}}{(z^2+a^2)(e^{2\pi iz}-1)} - 2\pi i(\mathrm{Res}(ia) + \mathrm{Res}(-ia))$$

となる. 留数は

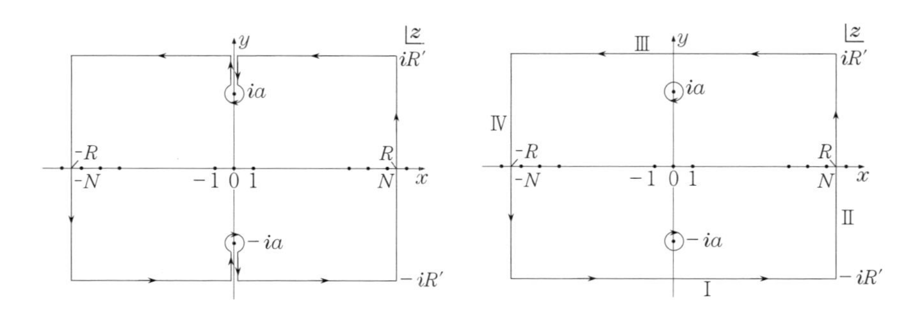

図 E.2　C_0の拡大. 虚軸上の極 $\pm ia$ を左図のようによけると, 右図のように極 $\pm ia$ を逆向きに回る留数と, 積分路 I ～ IVの和となる.

$$\mathrm{Res}(ia) = \frac{e^{-\phi a}}{2ia(e^{-2a\pi} - 1)} = \frac{-e^{a(\pi-\phi)}}{2ia(e^{a\pi} - e^{-a\pi})} = \frac{-e^{a(\pi-\phi)}}{4ia\sinh a\pi}$$

$$\mathrm{Res}(-ia) = \frac{e^{\phi a}}{-2ia(e^{2a\pi} - 1)} = \frac{-e^{-a(\pi-\phi)}}{2ia(e^{a\pi} - e^{-a\pi})} = \frac{-e^{-a(\pi-\phi)}}{4ia\sinh a\pi}$$

であるから,

$$-2\pi i(\mathrm{Res}(ia) + \mathrm{Res}(-ia)) = \frac{\pi}{a}\frac{\cosh a(\pi - \phi)}{\sinh a\pi} \tag{E.6}$$

と求められる．これは，(E.1) 右辺の $\phi > 0$ である．

残りは，積分路 I ～ IV が $R(N) \to \infty$, $R' \to \infty$ で落ちることが示されればよい．経路 I，III から調べよう．$z = x \mp iR'$ であったから（符号の上（下）が経路 I（III）），

$$\left|\int_{\mathrm{I,III}}\right| = \left|\pm\int_{-R}^{R} dx \frac{e^{ix\phi \pm R'\phi}}{((x \mp iR')^2 + a^2)(e^{2\pi ix}e^{\pm 2\pi R'} - 1)}\right|$$
$$\leq \int_{-R}^{R} dx \frac{e^{\pm R'\phi}}{|x^2 - R'^2 + a^2 \mp 2iR'x||e^{\pm 2\pi R'}e^{2\pi ix} - 1|}$$

となる．ここで，積分不等式 (D.10) を用いた．最後の表式の分母に着目し，

$$\mathcal{D}_1(x) \equiv |x^2 - R'^2 + a^2 \mp 2iR'x|$$
$$= \sqrt{x^4 + 2(R'^2 + a^2)x^2 + (R'^2 - a^2)^2}$$

とおくと，$-R \leq x \leq R$ で

$$\mathcal{D}_1(0) \leq \mathcal{D}_1(x) \leq \mathcal{D}_1(R) \Longrightarrow \frac{1}{\mathcal{D}_1(x)} \leq \frac{1}{\mathcal{D}_1(0)} = \frac{1}{R'^2 - a^2}$$

と与えられる．

一方，

$$\mathcal{D}_2(x) \equiv |e^{\pm 2\pi R'}e^{2\pi ix} - 1| = |e^{\pm 2\pi R'}\cos 2\pi x - 1 + ie^{\pm 2\pi R'}\sin 2\pi x|$$
$$= \sqrt{e^{\pm 4\pi R'} - 2e^{\pm 2\pi R'}\cos 2\pi x + 1}$$

とおくと，$|\cos 2\pi x| \leq 1$ より，

$$|e^{\pm 2\pi R'}-1| \le \mathcal{D}_2(x) \le e^{\pm 2\pi R'}+1 \Longrightarrow \frac{1}{\mathcal{D}_2(x)} \le \frac{1}{|e^{\pm 2\pi R'}-1|}$$

と与えられる．

これらの結果を用いれば，

$$\left|\int_{\text{I, III}}\right| \le \int_{-R}^{R} dx \frac{e^{\pm R'\phi}}{(R'^2-a^2)|e^{\pm 2\pi R'}-1|} = \frac{2R}{(R'^2-a^2)}\frac{e^{\pm R'\phi}}{|e^{\pm 2\pi R'}-1|}$$

であるから，経路 I では

$$\lim_{R'\to\infty}\frac{2R}{(R'^2-a^2)}\frac{e^{R'\phi}}{e^{2\pi R'}-1} = \lim_{R'\to\infty}\frac{2R}{R'^2}e^{-(2\pi-\phi)R'} = 0$$

となる．$(2\pi-\phi>0$ である) 経路 III では

$$\lim_{R'\to\infty}\frac{2R}{(R'^2-a^2)}\frac{e^{-R'\phi}}{1-e^{-2\pi R'}} = \lim_{R'\to\infty}\frac{2R}{R'^2}e^{-R'\phi} = 0$$

であり，経路 I，III は落ちることがわかった．

経路 II，IV は $z=\pm R+iy$(符号は上（下）が II（IV）) であるから，

$$\left|\int_{\text{II, IV}}\right| = \left|\pm i\int_{-R'}^{R'} dy \frac{e^{\pm iR\phi}e^{-\phi y}}{[(R\pm iy)^2+a^2](e^{-2\pi y}e^{\pm 2\pi R}-1)}\right| \le \int_{-R'}^{R'} dy \frac{e^{-\phi y}}{|y^2-R^2-a^2\mp 2iRy||e^{-2\pi y}e^{\pm 2\pi iR}-1|}$$

となる．最後の表式での分母に関して，(E.3) を思い出すと，

$$e^{\pm 2\pi iR} = e^{\pm 2\pi iN}e^{\pm i\pi} = -1$$

である．また，

$$\mathcal{D}(y) \equiv |y^2-R^2-a^2\mp 2iRy| = \sqrt{y^4+2(R^2-a^2)y^2+(R^2+a^2)^2}$$

とおくと，

$$\mathcal{D}(0) \le \mathcal{D}(y) \le \mathcal{D}(R') \Longrightarrow \frac{1}{\mathcal{D}(y)} \le \frac{1}{\mathcal{D}(0)} = \frac{1}{R^2+a^2}$$

なので，

$$
\begin{aligned}
\left|\int_{\mathrm{II},\mathrm{IV}}\right| &\le \frac{1}{R^2+a^2}\int_{-R'}^{R'} dy\,\frac{e^{-\phi y}}{e^{-2\pi y}+1} \\
&= \frac{1}{R^2+a^2}\int_0^{R'} dy\left(\frac{e^{-\phi y}}{e^{-2\pi y}+1}+\frac{e^{\phi y}}{e^{2\pi y}+1}\right) \\
&= \frac{1}{R^2+a^2}\int_0^{R'} dy\,\frac{\cosh(\pi-\phi)y}{\cosh \pi y} < \frac{1}{R^2+a^2}\int_0^{R'} dy = \frac{R'}{R^2+a^2}
\end{aligned}
$$

となる．最後の不等式は，$\cosh X$ が $X \ge 0$ で単調増加関数であることより，

$$(\pi-\phi) < \pi \Longrightarrow \cosh(\pi-\phi)y < \cosh \pi y$$

を用いた．こうして，積分路II，IVの寄与がゼロであること，すなわち

$$\lim_{R\to\infty}\left|\int_{\mathrm{II},\mathrm{IV}}\right| < \lim_{R\to\infty}\frac{R'}{R^2+a^2} = 0$$

が得られる．以上で，(E.4) の右辺で $N\to\infty$ としたものが，(E.6) と等しいこと，すなわち，求める (E.1) の $\phi>0$ の場合が示された．

$\phi<0$ の場合は (E.5) に代わって，

$$f(x) \Longrightarrow f^{(-)}(z) = \frac{e^{-i\phi z}}{z^2+a^2} \tag{E.7}$$

から出発すればよい．結果は，今までの議論で $\phi\to-\phi$ のおきかえを行なったものとなり，(E.1) の $\theta(-\phi)$ の項となる．□

（系 1）　$\phi=0$ の公式（森口繁一，宇田川銈久，一松信 共著：「岩波 数学公式II 級数・フーリエ解析」（岩波書店，1987 年）p. 68）は以下のようになる．

$$\sum_{r=-\infty}^{\infty}\frac{1}{r^2+a^2} = \frac{\pi}{a}\coth a\pi \tag{E.8}$$

【証明】　(E.1) で $\phi\to0$ とし，$\theta(0)=1/2$ を用いれば

$$\text{(E.1)右辺} \to \frac{\pi}{2a\sinh a\pi}\,2\cosh a\pi = \frac{\pi}{a}\coth a\pi$$

となる．これは，(E.8) の右辺である．□

（系2）　ボース・フェルミプロパゲーターの（虚時間ゼロ）公式で与えられる．

$$\sum_{r=-\infty}^{\infty} \frac{1}{i2\pi r/\mathcal{T} + A} = \frac{\mathcal{T}}{2} \coth \frac{A\mathcal{T}}{2} \tag{E.9}$$

【証明】　$r \to -r$ とすれば

$$左辺 = \sum_{r=-\infty}^{\infty} \frac{1}{-i2\pi r/\mathcal{T} + A}$$

となるので，

$$\begin{aligned} 左辺 &= \frac{1}{2} \sum_{r=-\infty}^{\infty} \left(\frac{1}{i2\pi r/\mathcal{T} + A} + \frac{1}{-i2\pi r/\mathcal{T} + A} \right) \\ &= A \sum_{r=-\infty}^{\infty} \frac{1}{(2\pi r/\mathcal{T})^2 + A^2} = \frac{A}{(2\pi/\mathcal{T})^2} \sum_{r=-\infty}^{\infty} \frac{1}{r^2 + (A\mathcal{T}/2\pi)^2} \end{aligned}$$

が得られる．これに，公式（E.8）を用いれば（E.9）右辺である．□

E.2　経路積分で現れる公式

$-2\pi < \phi < 2\pi$, $a > 0$ としたとき，

$$\begin{aligned} \sum_{r=-\infty}^{\infty} \frac{e^{ir\phi}}{r^2 - a^2} &= \left(\sum_{r=1}^{\infty} \frac{2\cos r\phi}{r^2 - a^2} - \frac{1}{a^2} \right) \\ &= -\frac{\pi}{a \sin a\pi} [\theta(\phi) \cos a(\pi - \phi) + \theta(-\phi) \cos a(\pi + \phi)] \end{aligned} \tag{E.10}$$

が成り立つ．

【証明】　公式（E.1）と同様に進める．ここでの出発点は複素積分

$$\int_{C_1} dz \frac{e^{i\phi z}}{z^2 - a^2} \frac{1}{e^{2\pi iz} - 1}$$

である．ただし，ここでは実軸上に極 $\pm a$ を持つので，それを外した積分路 C_1 を考える（図E.3）．積分路に関しては，（E.1）で $a^2 \to -a^2$ としたものになるので，周回積分は全く同じように落ちることがわかり，実軸上の極に対する留数

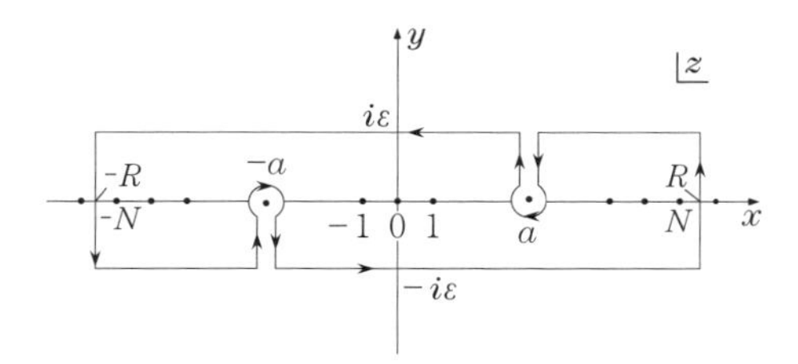

図 E.3 積分路 C_1. $-R \le x \le R(\equiv N+1/2,\ N$ は正整数$)$, $-\varepsilon \le y \le \varepsilon$.

$$
\begin{aligned}
-2\pi i(\mathrm{Res}(a)+\mathrm{Res}(-a)) &= -2\pi i\left(\frac{e^{i\phi a}}{2a}\frac{1}{e^{2\pi ia}-1}-\frac{e^{-i\phi a}}{2a}\frac{1}{e^{-2\pi ia}-1}\right)\\
&= -\frac{\pi\cos a(\pi-\phi)}{a\sin a\pi} \qquad \text{(E.11)}
\end{aligned}
$$

が残る．これは，(E.10) 右辺の $\phi>0$ の場合である．$\phi<0$ のときは $\phi\to-\phi$ としたもので，こうして (E.10) が示された．□

E.3 無限和とデルタ関数 — 直交関数の完全性 —

用いるのは，以下の公式である．

$$
\sum_{n=-\infty}^{\infty} e^{in\theta} = 2\pi\sum_{m=-\infty}^{\infty}\delta(\theta-2m\pi) \qquad \text{(E.12)}
$$

【証明】 急減少関数 (C.1) を掛けて証明することもできるが (このとき得られる表式はポアッソン和公式とよばれる)，以下では，付録 C でデルタ関数の意味づけで行ったように，収束因子を導入して計算を進める．

まず，(E.12) 左辺の和を以下のように変形する．

$$
\sum_{n=-\infty}^{\infty} e^{in\theta} = \sum_{n=0}^{\infty}(e^{in\theta}+e^{-in\theta})-1 = I(\theta)+I^*(\theta)-1 \qquad \text{(E.13)}
$$

ただし，

$$
I(\theta) \equiv \sum_{n=0}^{\infty} e^{in\theta} \qquad \text{(E.14)}
$$

であり，この $I(\theta)$ を計算する．

これは，無限等比級数で公比 $e^{i\theta}$ の絶対値は 1 なので発散する．そこで，収束因

子を導入すれば和がとれて,

$$I(\theta) \equiv \lim_{\varepsilon\to 0+} \sum_{n=0}^{\infty} e^{in\theta - n\varepsilon} = \lim_{\varepsilon\to 0+} \frac{1}{1 - e^{i(\theta+i\varepsilon)}}$$

となる．少し変形して,

$$I(\theta) = \lim_{\varepsilon\to 0+} \frac{e^{-i(\theta+i\varepsilon)/2}}{e^{-i(\theta+i\varepsilon)/2} - e^{i(\theta+i\varepsilon)/2}} = \lim_{\varepsilon\to 0+} \frac{ie^{-i(\theta+i\varepsilon)/2}}{2\sin\{(\theta+i\varepsilon)/2\}}$$

を得る．発散は $\theta = 0$ で起こり，これを回避するのが ε の役目なので，分子ではゼロにすることができる．加法定理 (4.19) より,

$$\text{分母} = 2\sin\frac{\theta}{2} + i\varepsilon\cos\frac{\theta}{2} + O(\varepsilon^2)$$

となる．ここで $\sin(i\varepsilon/2) \simeq i\varepsilon/2$ を用いた．したがって,

$$I(\theta) = \frac{1}{2}\lim_{\varepsilon\to 0+} \frac{ie^{-i\theta/2}}{\sin(\theta/2) + i\varepsilon\cos(\theta/2)} \tag{E.15}$$

と求まる．

ここで，公式 (C.11) において $x \to \sin(\theta/2)$ としたものと比べてみる．デルタ関数前の符号は $\cos(\theta/2)$ の正負によるので，符号関数 $\epsilon(x)$ ((C.27)) を導入して,

$$I(\theta) = \frac{1}{2}\left[\mathrm{P}\frac{ie^{-i\theta/2}}{\sin(\theta/2)} + \pi e^{-i\theta/2}\epsilon\left(\cos\frac{\theta}{2}\right)\delta\left(\sin\frac{\theta}{2}\right)\right] \tag{E.16}$$

となる．複素共役は

$$I^*(\theta) = \frac{1}{2}\left[\mathrm{P}\frac{-ie^{i\theta/2}}{\sin(\theta/2)} + \pi e^{i\theta/2}\epsilon\left(\cos\frac{\theta}{2}\right)\delta\left(\sin\frac{\theta}{2}\right)\right] \tag{E.17}$$

であり,

$$\begin{aligned} I(\theta) + I^*(\theta) &= \mathrm{P}\frac{\sin(\theta/2)}{\sin(\theta/2)} + \pi\cos\frac{\theta}{2}\epsilon\left(\cos\frac{\theta}{2}\right)\delta\left(\sin\frac{\theta}{2}\right) \\ &= 1 + \pi\left|\cos\frac{\theta}{2}\right|\delta\left(\sin\frac{\theta}{2}\right) \end{aligned}$$

と求まる．ここで1行目第1項では，分母・分子が相殺するので主値Pを外すことができた（主値は分母のゼロ点を外す操作）．第2項は (C.28) を用いた．公式

(C.23) で，$(\sin(\theta/2))' = (1/2)\cos(\theta/2)$，$\sin(\theta/2) = 0$ より $\theta = 2m\pi (m = 0, \pm 1, \pm 2, \cdots)$ なので，

$$\delta\left(\sin\frac{\theta}{2}\right) = \sum_{m=-\infty}^{\infty} \frac{2}{|\cos(\theta/2)|}\delta(\theta - 2m\pi) = 2\sum_{m=-\infty}^{\infty}\delta(\theta - m\pi)$$

となる．最後で，$|\cos m\pi| = |(-1)^m| = 1$を用いた．こうして，(E.13) は

$$\sum_{n=-\infty}^{\infty} e^{in\theta} = \pi\left|\cos\frac{\theta}{2}\right|\delta\left(\sin\frac{\theta}{2}\right) = 2\pi\sum_{m=-\infty}^{\infty}\delta(\theta - 2m\pi)$$

と (E.12) を満たすことがわかった．□

【応用 1】 $S_r(t) \equiv \sqrt{\dfrac{2}{T}}\sin\left(\dfrac{\pi r}{T}t\right)$ の完全性

$$\sum_{r=1}^{\infty} S_r(t) S_r(t') = \delta(t - t') \quad (0 < t,\ t' < T) \tag{E.18}$$

から示していこう (問題解答の (107)，(A.7) で，すでに登場した)．

左辺で三角関数の積を和に直して，

$$\frac{2}{T}\sum_{r=1}^{\infty}\sin\left(\frac{\pi r}{T}t\right)\sin\left(\frac{\pi r}{T}t'\right) = \frac{1}{T}\sum_{r=1}^{\infty}\left[\cos\frac{\pi r}{T}(t - t') - \cos\frac{\pi r}{T}(t + t')\right]$$

とする．cos は偶関数，$r = 0$ 項はキャンセルするので和をマイナス方向へ伸ばして，

$$\text{左辺} = \frac{1}{2T}\sum_{r=-\infty}^{\infty}\left[\cos\frac{\pi r}{T}(t - t') - \cos\frac{\pi r}{T}(t + t')\right]$$

と変形して，オイラーの公式を用いれば (sin 項は奇関数で落ちる)，

$$\text{左辺} = \frac{1}{2T}\sum_{r=-\infty}^{\infty}\left[e^{i\pi r(t-t')/T} - e^{i\pi r(t+t')/T}\right]$$

を得る．

ここで，公式 (E.12) で $n \to r$，$\theta \to \pi(t - t')/T$ (右辺第 1 項)，$\theta \to \pi(t + t')/T$ (右辺第 2 項) とおけば

$$\text{左辺} = \frac{\pi}{T}\sum_{m=-\infty}^{\infty}\left[\delta\left(\frac{\pi(t - t')}{T} - 2m\pi\right) - \delta\left(\frac{\pi(t + t')}{T} - 2m\pi\right)\right]$$

なる．ところで，

$$-\pi < \frac{\pi(t-t')}{T} < \pi, \qquad 0 < \frac{\pi(t+t')}{T} < 2\pi$$

なので，第1項は $m=0$ のみが寄与し，第2項はゼロである．最後はデルタ関数の性質 (C.20) を用いれば，左辺 $= \delta(t-t')$ となり (E.18) が成り立つことがわかった．

【応用 2】 実周期固有関数 (4.101) の完全性

$$\sum_{r=-\infty}^{\infty} G_r(\tau) G_r(\tau') = \delta(\tau-\tau') \quad (0 \leq \tau,\ \tau' < \mathcal{T}) \tag{E.19}$$

を示そう．$G_r(\tau)$ の定義 (4.101) より，

$$\text{(E.19)左辺} = \frac{2}{\mathcal{T}} \sum_{r=1}^{\infty} \cos\frac{2\pi r}{\mathcal{T}}\tau \cos\frac{2\pi r}{\mathcal{T}}\tau' + \frac{1}{\mathcal{T}} + \frac{2}{\mathcal{T}} \sum_{r=1}^{\infty} \sin\frac{2\pi r}{\mathcal{T}}\tau \sin\frac{2\pi r}{\mathcal{T}}\tau'$$

となる．ここで，第3項では $-r \to r$ とした．第1，3項に加法定理（問題解答の (145)）を用いると，

$$\text{(E.19)左辺} = \frac{2}{\mathcal{T}} \sum_{r=1}^{\infty} \cos\frac{2\pi r}{\mathcal{T}}(\tau-\tau') + \frac{1}{\mathcal{T}} = \frac{1}{\mathcal{T}} \sum_{r=-\infty}^{\infty} \exp\left[i\frac{2\pi(\tau-\tau')}{\mathcal{T}}r\right]$$

となる．ここで，再びオイラーの公式を用いた．先と同様に sin 項は落ちる．

ここで，公式 (E.12) で $n \to r$，$\theta \to 2\pi(\tau-\tau')/\mathcal{T}$ とおけば，

$$\text{(E.19)左辺} = \frac{2\pi}{\mathcal{T}} \sum_{m=-\infty}^{\infty} \delta\left(\frac{2\pi(\tau-\tau')}{\mathcal{T}} - 2\pi m\right) \overset{\text{(C.20)}}{=} \sum_{m=-\infty}^{\infty} \delta(\tau-\tau'-m\mathcal{T})$$

が得られる．τ, τ' の範囲 (E.19) より，

$$-\mathcal{T} < \tau-\tau' < \mathcal{T} \tag{E.20}$$

であるから，m の和で残るのは $m=0$ のみである．こうして (E.19) が示された．

付録F ± 1のN乗根に関する公式

前因子や分配関数のグリーン関数計算に必要な公式をまとめておく．

F.1 因数分解・べきの和・積

± 1のN乗根（N-th root of ± 1）を$r = 1, 2, \cdots, N$として次のように与える．

$$(\boldsymbol{\omega}_r^{(+)})^N = 1, \qquad \boldsymbol{\omega}_r^{(+)} \equiv \exp\left[\frac{i\pi}{N} 2r\right] \tag{F.1}$$

$$(\boldsymbol{\omega}_r^{(-)})^N = -1, \qquad \boldsymbol{\omega}_r^{(-)} \equiv \exp\left[\frac{i\pi}{N}(2r+1)\right] \tag{F.2}$$

このとき，N次方程式$X^N \mp 1$の因数分解は，以下で与えられる．

$$X^N \mp 1 = \prod_{r=1}^{N} (X - \boldsymbol{\omega}_r^{(\pm)}) \tag{F.3}$$

べきの和はKを整数として

$$\frac{1}{N}\sum_{r=1}^{N} (\boldsymbol{\omega}_r^{(\pm)})^K = (\pm 1)^n \delta_{K, nN} \quad (n = 0, \pm 1, \pm 2, \cdots) \tag{F.4}$$

である．

【証明】 (F.3)が成り立つことを用いて示すこともできるが，直接計算していこう．左辺は，それぞれ

$$左辺 = \begin{Bmatrix} 1 \\ e^{i\pi K/N} \end{Bmatrix} \frac{1}{N}\sum_{r=1}^{N} \exp\left[i\frac{2\pi K}{N} r\right]$$

と書け，この右辺の和は公比$e^{i2\pi K/N}$の等比級数だから，

$$\frac{1}{N}\sum_{r=1}^{N} \exp\left[i\frac{2\pi K}{N} r\right] = \frac{e^{i2\pi K/N}}{N}\frac{1 - e^{2\pi i K}}{1 - e^{i2\pi K/N}}$$

となる．分子のために，$K = nN$ $(n = 0, \pm 1, \cdots)$以外はゼロとなる（このときは，分母もゼロとなるので）．

よって,

$$\frac{1}{N}\sum_{r=1}^{N}(\boldsymbol{\omega}_r^{(+)})^K = \delta_{K,nN}$$

$$\frac{1}{N}\sum_{r=1}^{N}(\boldsymbol{\omega}_r^{(-)})^K = e^{i\pi K/N}\delta_{K,nN} = (-1)^n\delta_{K,nN}$$

が得られる. □

積については,

$$\prod_{r=1}^{N}\boldsymbol{\omega}_r^{(\pm)} = (\mp 1)(-1)^N \tag{F.5}$$

が成り立つ.

【証明】 左辺はそれぞれ,

$$\begin{Bmatrix} 1 \\ e^{i\pi} \end{Bmatrix}\exp\left[\frac{2\pi i}{N}\sum_{r=1}^{N} r\right] = \begin{Bmatrix} 1 \\ e^{i\pi} \end{Bmatrix}\exp\left[\frac{2\pi i}{N}\frac{N(N+1)}{2}\right]$$

$$= \begin{Bmatrix} (-1)^{N+1} \\ (-1)(-1)^{N+1} \end{Bmatrix} = \begin{Bmatrix} (-1)^{N-1} \\ (-1)^N \end{Bmatrix}$$

と求められる. □

ここで, これらを用いることで得られる公式を議論しておこう.

【応用 1】 以下の $\cos(2\pi r/N)$ の積公式 $(\tilde{\Omega} > 0)$ から始めよう.

$$\prod_{r=1}^{N}\left(2 - 2\cos\frac{2\pi r}{N} + \tilde{\Omega}^2\right) = ((\tilde{\alpha}_+)^N - 1)(1 - (\tilde{\alpha}_-)^N) \tag{F.6}$$

$$\tilde{\alpha}_+ + \tilde{\alpha}_- = 2 + \tilde{\Omega}^2, \qquad \tilde{\alpha}_+\tilde{\alpha}_- = 1 \tag{F.7}$$

【証明】 $2\cos(2\pi r/N) = \boldsymbol{\omega}_r^{(+)} + (\boldsymbol{\omega}_r^{(+)})^{-1}$ であるから,

$$2 - 2\cos\frac{2\pi r}{N} + \tilde{\Omega}^2 = -\frac{(\boldsymbol{\omega}_r^{(+)})^2 - (2 + \tilde{\Omega}^2)\boldsymbol{\omega}_r^{(+)} + 1}{\boldsymbol{\omega}_r^{(+)}}$$

$$= -\frac{(\boldsymbol{\omega}_r^{(+)} - \tilde{\alpha}_+)(\boldsymbol{\omega}_r^{(+)} - \tilde{\alpha}_-)}{\boldsymbol{\omega}_r^{(+)}} \tag{F.8}$$

となる．ただし $\widetilde{\alpha}_\pm$ は，以下の 2 次方程式の解である．

$$x^2 - (2 + \widetilde{\Omega}^2)x + 1 = 0, \qquad \widetilde{\alpha}_\pm = \frac{2 \pm \widetilde{\Omega}\sqrt{4 + \widetilde{\Omega}^2} + \widetilde{\Omega}^2}{2} \tag{F.9}$$

したがって，

$$\prod_{r=1}^{N}\left(2 - 2\cos\frac{2\pi r}{N} + \widetilde{\Omega}^2\right) = (-1)^N \prod_{r=1}^{N} \frac{(\boldsymbol{\omega}_r^{(+)} - \widetilde{\alpha}_+)(\boldsymbol{\omega}_r^{(+)} - \widetilde{\alpha}_-)}{\boldsymbol{\omega}_r^{(+)}}$$

$$\overset{(\mathrm{F}.3)(\mathrm{F}.5)}{=} (-1)^N(-1)^{N-1}((\widetilde{\alpha}_+)^N - 1)((\widetilde{\alpha}_-)^N - 1)$$

$$= ((\widetilde{\alpha}_+)^N - 1)(1 - (\widetilde{\alpha}_-)^N)$$

が得られる．□

【応用 2】　次に，以下の $\cos(\pi r/N)$ の積公式 $(\Omega > 0)$ を考えよう．

$$\prod_{r=1}^{N-1}\left(2 - 2\cos\frac{\pi r}{N} - \Omega^2\right) = \frac{1}{\Omega}\sqrt{\frac{(1 - (\alpha_+)^{2N})(1 - (\alpha_-)^{2N})}{4 - \Omega^2}} \tag{F.10}$$

$$\alpha_+ + \alpha_- = 2 - \Omega^2, \qquad \alpha_+\alpha_- = 1 \tag{F.11}$$

(F.6) との違いは $\widetilde{\Omega} \to i\Omega$ だけではなく，$\cos(2\pi r/N) \to \cos(\pi r/N)$ で，証明には少し面倒な計算を必要とする．

【証明】　$\boldsymbol{\omega}_r^{(+)}$の代わりに 1 の $2N$ 乗根

$$\mathcal{W}_r \equiv \exp\left[\frac{i\pi}{N}r\right] = \exp\left[\frac{i\pi}{2N}2r\right]$$

を考える．$2\cos\pi r/N = \mathcal{W}_r + (\mathcal{W}_r)^{-1}$ なので，(F.8) と同様に因数分解を行うと，

$$2 - 2\cos\frac{\pi r}{N} - \Omega^2 = -\frac{(\mathcal{W}_r - \alpha_+)(\mathcal{W}_r - \alpha_-)}{\mathcal{W}_r} \tag{F.12}$$

であり，$\alpha_\pm$ は以下の 2 次方程式の解である．

$$x^2 - (2 - \Omega^2)x + 1 = 0, \qquad \alpha_\pm = \frac{2 \pm i\Omega\sqrt{4 - \Omega^2} - \Omega^2}{2} \tag{F.13}$$

一方，問題解答 (120) のP_Nは，

$$P_N \equiv \prod_{r=1}^{N-1}\left(2-2\cos\frac{\pi r}{N}-\Omega^2\right)=\prod_{r=-N+1}^{-1}\left(2-2\cos\frac{\pi r}{N}-\Omega^2\right)$$

なので，

$$\left.\left(2-2\cos\frac{\pi r}{N}-\Omega^2\right)\right|_{r=0}=-\Omega^2,\qquad \left.\left(2-2\cos\frac{\pi r}{N}-\Omega^2\right)\right|_{r=N}=4-\Omega^2$$

を考慮して，

$$\begin{aligned}P_N&=\sqrt{\frac{\prod_{r=-N+1}^{N}\left(2-2\cos\frac{\pi r}{N}-\Omega^2\right)}{(-\Omega^2)(4-\Omega^2)}}\\&\overset{(\mathrm{F}.12)}{=}\sqrt{\frac{\prod_{r=-N+1}^{N}(\mathcal{W}_r-\alpha_+)(\mathcal{W}_r-\alpha_-)}{-\Omega^2(4-\Omega^2)\prod_{r=-N+1}^{N}(-\mathcal{W}_r)}}\end{aligned}\tag{F.14}$$

となる．積の項数は $2N$ 個なので，(F.5) で $N\to 2N$ とすれば $\prod_{r=-N+1}^{N}(-\mathcal{W}_r)=(-1)^{2N}(-1)^{2N-1}=(-1)$ である．したがって，(F.3) を考慮して，

$$P_N=\sqrt{\frac{(1-(\alpha_+)^{2N})(1-(\alpha_-)^{2N})}{\Omega^2(4-\Omega^2)}}$$

が得られる．□

F.2　プロパゲーター（グリーン関数）の導出公式

$$H^{(\pm)}(\alpha\,;m)\equiv\frac{1}{N}\sum_{r=1}^{N}\frac{(\boldsymbol{\omega}_r^{(\pm)})^m}{\boldsymbol{\omega}_r^{(\pm)}-\alpha}\quad(M_\mathrm{L}\le m\le M_\mathrm{H})\tag{F.15}$$

で定義された $H^{(\pm)}(\alpha\,;m)$ は

$$\begin{aligned}H^{(\pm)}(\alpha\,;m)=&(\pm1)^{n_0}\theta_{n_1N,m}\frac{\alpha^{m-1-n_0N}}{1\mp\alpha^N}+(\pm1)^{n_1}\theta_{n_2N,m}\theta_{m,n_1N+1}\\&\times\frac{\alpha^{m-1-n_1N}}{1\mp\alpha^N}+\cdots+(\pm1)^{n_K}\theta_{m,n_KN+1}\frac{\alpha^{m-1-n_KN}}{1\mp\alpha^N}\end{aligned}\tag{F.16}$$

を満たす．ただし，$n_J\equiv n_0+J$ の範囲は，ガウスの記号 $[a]$（a を越えない整数）を

用いて，

$$\left[\frac{M_{\mathrm{L}}-N}{N}\right]=n_0\leq n_J\leq n_K=\left[\frac{M_{\mathrm{H}}-1}{N}\right]\quad (J=0,1,\cdots,K)\quad \text{(F.17)}$$

であり，$\theta_{l,m}$ は $\theta(x)$（(C.24)）の不連続版で，以下のように定義される．

$$\theta_{l,m}=\begin{cases}1 & (l\geq m)\\ 0 & (l\leq m-1)\end{cases}\quad \text{(F.18)}$$

【証明】

$$\text{(F.15) 右辺}=\frac{1}{N}\sum_{r=1}^{N}\left(\boldsymbol{\omega}_r^{(\pm)}\right)^{m-1}\frac{1}{1-(\alpha/\boldsymbol{\omega}_r^{(\pm)})}$$

と書きかえる．$1/(1-(\alpha/\boldsymbol{\omega}_r^{(\pm)}))$ を (F.1)，(F.2) に注意して，べき展開すると

$$\begin{aligned}\frac{1}{1-(\alpha/\boldsymbol{\omega}_r^{(\pm)})}=1+\left(\frac{\alpha}{\boldsymbol{\omega}_r^{(\pm)}}\right)+\cdots+\left(\frac{\alpha}{\boldsymbol{\omega}_r^{(\pm)}}\right)^{N-1}\\ \pm\alpha^N\left\{1+\left(\frac{\alpha}{\boldsymbol{\omega}_r^{(\pm)}}\right)+\cdots+\left(\frac{\alpha}{\boldsymbol{\omega}_r^{(\pm)}}\right)^{N-1}\right\}\\ +\alpha^{2N}\left\{1+\left(\frac{\alpha}{\boldsymbol{\omega}_r^{(\pm)}}\right)+\cdots+\left(\frac{\alpha}{\boldsymbol{\omega}_r^{(\pm)}}\right)^{N-1}\right\}+\cdots\end{aligned}$$

となり，$1/(1\mp x)$ の級数展開に注意すると，

$$\frac{1}{1-(\alpha/\boldsymbol{\omega}_r^{(\pm)})}=\frac{1}{1\mp\alpha^N}\sum_{l=0}^{N-1}\left(\frac{\alpha}{\boldsymbol{\omega}_r^{(\pm)}}\right)^l$$

と与えられる．したがって，

$$\text{(F.15)右辺}=\frac{1}{1\mp\alpha^N}\sum_{l=0}^{N-1}\alpha^l\left(\frac{1}{N}\sum_{r=1}^{N}(\boldsymbol{\omega}_r^{(\pm)})^{m-l-1}\right)\quad \text{(F.19)}$$

が得られる．

ここで，(F.4) より $\boldsymbol{\omega}_r^{(\pm)}$ の和で残るのは $m-l-1=nN$（n：整数）のときである．$M_{\mathrm{L}}\leq m\leq M_{\mathrm{H}}$，$0\leq l\leq N-1$ より，

$$M_{\mathrm{L}}-N\leq m-l-1\leq M_{\mathrm{H}}-1$$

なので，

$$m-l-1=n_JN,\qquad n_J=n_0+J\quad (J=0,1,\cdots,K)\quad \text{(F.20)}$$

とおけば，ガウス記号を用いて以下のように (F.17) が得られる．

$$\left[\frac{M_{\mathrm{L}}-N}{N}\right] \equiv n_0 \leq n_J \leq n_K \equiv \left[\frac{M_{\mathrm{H}}-1}{N}\right]$$

n_J の上限，下限が決まったので，定まった n_J に対し m の範囲は

$$l = m - 1 - n_J N \tag{F.21}$$

であり，$0 \leq l \leq N-1$ であったから，

$$n_J N + 1 \leq m \leq (n_J + 1)N \equiv n_{J+1} N \tag{F.22}$$

となる．$0 \leq J \leq K$ を頭において，(F.21)，(F.22) を (F.19) に代入すれば，

$$\text{(F.15)右辺} = \sum_{J=0}^{K} \theta_{n_{J+1}N,m}\theta_{m,n_J N+1}(\pm 1)^{n_J}\frac{\alpha^{m-1-n_J N}}{1 \mp \alpha^N}$$

が得られる．これは求める (F.16) である（そこでは $J=0$，K の端点 $\theta_{m,n_0 N+1}$，$\theta_{n_{K+1}N,m}$ を省いている）．□

F.3　cos(2πr/N) を含む和公式

$\widetilde{\alpha}_{\pm}$ は (F.7) で与えられているとしたとき，以下が成り立つ．

$$\frac{1}{N}\sum_{r=1}^{N}\frac{\sin(2\pi rm/N)}{2-2\cos(2\pi r/N)+\widetilde{\Omega}^2} = 0 \tag{F.23}$$

$$\frac{1}{N}\sum_{r=1}^{N}\frac{\cos(2\pi rm/N)}{2-2\cos(2\pi r/N)+\widetilde{\Omega}^2}$$

$$= \frac{1}{\widetilde{\alpha}_+ - \widetilde{\alpha}_-}[H^{(+)}(\widetilde{\alpha}_-\,;m+1) - H^{(+)}(\widetilde{\alpha}_+\,;m+1)] \tag{F.24}$$

$$= \frac{1}{\widetilde{\alpha}_+ - \widetilde{\alpha}_-}[H^{(+)}(\widetilde{\alpha}_-\,;m+1) + \widetilde{\alpha}_- H^{(+)}(\widetilde{\alpha}_-\,;-m)] \tag{F.25}$$

【証明】 $f(x)$ を任意の関数としたとき，

$$\sum_{r=1}^{N} f(\boldsymbol{\omega}_r^{(+)} + (\boldsymbol{\omega}_r^{(+)})^{-1})(\boldsymbol{\omega}_r^{(+)})^{m} = \sum_{r=1}^{N} f(\boldsymbol{\omega}_r^{(+)} + (\boldsymbol{\omega}_r^{(+)})^{-1})(\boldsymbol{\omega}_r^{(+)})^{-m} \tag{F.26}$$

が成り立つことに注意しよう．なぜなら，1 の N 乗根として $(\boldsymbol{\omega}_r^{(+)})^{-1} = e^{-i2\pi r/N}$ を持ってきても，公式 (F.3)，(F.4)，(F.5) は全く同様に成り立つからである．そこで，

$$\cos\frac{2\pi r}{N} = \frac{\boldsymbol{\omega}_r^{(+)} + (\boldsymbol{\omega}_r^{(+)})^{-1}}{2}, \qquad \sin\frac{2\pi r}{N}m = \frac{(\boldsymbol{\omega}_r^{(+)})^m - (\boldsymbol{\omega}_r^{(+)})^{-m}}{2i}$$

に注意すれば (F.23) が求まる．後半は

$$\begin{aligned}
\frac{1}{N}\sum_{r=1}^{N}\frac{\cos(2\pi rm/N)}{2-2\cos(2\pi r/N)+\widetilde{\Omega}^2} &= \frac{1}{2N}\sum_{r=1}^{N}\frac{(\boldsymbol{\omega}_r^{(+)})^m + (\boldsymbol{\omega}_r^{(+)})^{-m}}{2-2\cos(2\pi r/N)+\widetilde{\Omega}^2} \\
&\overset{(\mathrm{F}.26)}{=} \frac{1}{N}\sum_{r=1}^{N}\frac{(\boldsymbol{\omega}_r^{(+)})^m}{2-2\cos(2\pi r/N)+\widetilde{\Omega}^2} \\
&= \frac{1}{\widetilde{\alpha}_+ - \widetilde{\alpha}_-}\frac{1}{N}\sum_{r=1}^{N}(\boldsymbol{\omega}_r^{(+)})^{m+1} \\
&\qquad \times\left(\frac{1}{\boldsymbol{\omega}_r^{(+)} - \widetilde{\alpha}_-} - \frac{1}{\boldsymbol{\omega}_r^{(+)} - \widetilde{\alpha}_+}\right)
\end{aligned} \tag{F.27}$$

と変形する．最後では分母を (F.8) 同様に因数分解し，部分分数分解した．ここで，(F.15) を用いれば (F.24) である．

(F.25) へは，以下のように $\widetilde{\alpha}_+\widetilde{\alpha}_- = 1$ を用い $\widetilde{\alpha}_+$ を消去する．

$$\begin{aligned}
-\frac{1}{N}\sum_{r=1}^{N}\frac{(\boldsymbol{\omega}_r^{(+)})^{m+1}}{\boldsymbol{\omega}_r^{(+)} - 1/\widetilde{\alpha}_-} &= \frac{\widetilde{\alpha}_-}{N}\sum_{r=1}^{N}\frac{(\boldsymbol{\omega}_r^{(+)})^m}{(\boldsymbol{\omega}_r^{(+)})^{-1} - \widetilde{\alpha}_-} \\
&= \frac{\widetilde{\alpha}_-}{N}\sum_{r=1}^{N}\frac{((\boldsymbol{\omega}_r^{(+)})^{-1})^{-m}}{(\boldsymbol{\omega}_r^{(+)})^{-1} - \widetilde{\alpha}_-}
\end{aligned}$$

最後の表式で $(\boldsymbol{\omega}_r^{(+)})^{-1} \to \boldsymbol{\omega}_r^{(+)}$ の読みかえをすれば，(F.15) より (F.25) の最後の項が求まる．□

付録G　参 考 文 献

［1］ J. J. Sakurai 著，桜井明夫 訳：「現代の量子力学 上，下」(吉岡書店，1989年)

［2］ ディラック 著，朝永振一郎，玉木英彦，木場二郎，大塚益比古，伊藤大介 共訳：「量子力学 原著第4版」(岩波書店，1968年)

［3］ メシア 著，小出昭一郎，田村二郎 共訳：「量子力学1，2，3」(東京図書，1971，1972年)

［4］ ファインマン 著，砂川重信 訳：「ファインマン物理学5 量子力学」(岩波書店，1986年)

量子力学全般：

［5］ 江沢　洋 著：「量子力学Ⅰ，Ⅱ」(裳華房，2002年)

［6］ 猪木慶治，川合　光 共著：「量子力学Ⅰ，Ⅱ」(講談社サイエンティフィク，1994年)

解析力学：

［7］ 高橋　康 著：「量子力学を学ぶための解析力学入門 増補第2版」(講談社サイエンティフィク，2000年)

統計力学：

［8］ P. P. ファインマン 著，田中　新，佐藤　仁 訳，西川恭治 監訳：「ファインマン統計力学」(丸善出版，2012年)(原著は R. P. Feynman：“*Statistical Mechanics：A Set of Lectures*” (W. A. BENJAMIN, INC., 1972))

［9］ 高橋　康 著：「統計力学入門 - 愚問からのアプローチ -」(講談社サイエンティフィク，1984年)

経路積分：

［10］ 大貫義郎，鈴木増雄，柏　太郎 共著：「現代物理学叢書 経路積分の方法」(岩波書店，2000年)

［11］ 崎田文二，吉川圭二 共著：「径路積分による多自由度の量子力学」(岩波書店，

1986 年）

［12］ L. S. シュルマン 著，高塚和夫 訳：「ファインマン経路積分」（講談社サイエンティフィク，1995 年）（原著は Lawrence S. Schulman：“*TECHNIQUES AND APPLICATIONS OF PATH INTEGRATION*”（Wiley - Interscience, 1981））

［13］ R. P. ファインマン，A. R. ヒッブス 共著，北原和夫 訳：「ファインマン経路積分と量子力学」（マグロウヒル，1990 年）（原著は Richard P. Feynman, Albert R. Hibbs：“*QUANTUM MECHANICS AND PATH INTEGRALS*”（McGraw - Hill, 1965））

練習問題解答

第 1 章

1.1a　$\hat{A}(\hat{B}+\hat{C})|\phi\rangle$ を考える．まず，

$$\hat{A}(\hat{B}+\hat{C})|\phi\rangle \overset{(1.20)}{=} \hat{A}((\hat{B}+\hat{C})|\phi\rangle) \overset{(1.19)}{=} \hat{A}(\hat{B}|\phi\rangle + \hat{C}|\phi\rangle)$$

が成り立つ．$\hat{B}|\phi\rangle \to |\phi_1\rangle$，$\hat{C}|\phi\rangle \to |\phi_2\rangle$と見て，(1.16) を用いれば，

$$\begin{aligned}\hat{A}(\hat{B}+\hat{C})|\phi\rangle &= \hat{A}(|\phi_1\rangle + |\phi_2\rangle) \overset{(1.16)}{=} \hat{A}(\hat{B}|\phi\rangle) + \hat{A}(\hat{C}|\phi\rangle) \\ &\overset{(1.20)}{=} \hat{A}\hat{B}|\phi\rangle + \hat{A}\hat{C}|\phi\rangle \overset{(1.19)}{=} (\hat{A}\hat{B}+\hat{A}\hat{C})|\phi\rangle\end{aligned}$$

となる．$|\phi\rangle$ は任意だから (1.21) 左側が示された．右側は $\hat{C}|\phi\rangle = |\varphi\rangle$ とし，

$$(\hat{A}+\hat{B})\hat{C}|\phi\rangle = (\hat{A}+\hat{B})|\varphi\rangle \overset{(1.19)}{=} \hat{A}|\varphi\rangle + \hat{B}|\varphi\rangle$$

$$\hat{A}(\hat{C}|\phi\rangle) + \hat{B}(\hat{C}|\phi\rangle) \overset{(1.20)}{=} \hat{A}\hat{C}|\phi\rangle + \hat{B}\hat{C}|\phi\rangle \overset{(1.19)}{=} (\hat{A}\hat{C}+\hat{B}\hat{C})|\phi\rangle$$

となる．$|\phi\rangle$ は任意だから右側も示すことができた．
（補足：任意であるから，例えば $|\phi\rangle$ として完全性 (1.34) を満たす $|n\rangle$ をとれば

$$(\hat{A}+\hat{B})\hat{C}|n\rangle = (\hat{A}\hat{C}+\hat{B}\hat{C})|n\rangle$$

で，右から $\langle n|$ を作用して n で和をとれば，$(\hat{A}+\hat{B})\hat{C} = (\hat{A}\hat{C}+\hat{B}\hat{C})$ が求まる．）

1.1b　$|\phi'\rangle \equiv \hat{B}|\phi\rangle$ として共役を行えば

$$|\phi'\rangle \equiv \hat{B}|\phi\rangle \overset{*}{\Longleftrightarrow} \langle\phi'| = \langle\phi|\hat{B}^\dagger$$

となる．したがって，

$$\hat{A}\hat{B}|\phi\rangle = \hat{A}|\phi'\rangle \overset{*}{\Longleftrightarrow} \langle\phi'|\hat{A}^\dagger = \langle\phi|\hat{B}^\dagger\hat{A}^\dagger$$

が得られる．$|\phi\rangle$，$\langle\phi|$ は任意であるから (1.27) となる．

1.1c　固有値 α_n の規格化された固有ケットを $|n\rangle$ とし，以下のように共役を考える．

$$\hat{A}|n\rangle = \alpha_n|n\rangle \overset{*}{\Longleftrightarrow} \langle n|\hat{A} = \langle n|\alpha_n^* \quad (n = 1, 2, \cdots)$$

　ここで，$\hat{A}^\dagger = \hat{A}$ を用いた．左の表式に左から $\langle m|$ を，$n \to m$ とした右の表式に右から $|n\rangle$ を作用させ，

$$\langle m|\hat{A}|n\rangle = \alpha_n\langle m|n\rangle, \qquad \langle m|\hat{A}|n\rangle = \alpha_m^*\langle m|n\rangle$$

を得る．双方引き算して，

$$(\alpha_m^* - \alpha_n)\langle m|n\rangle = 0$$

となる．これより，$m = n$ ならば固有値は実数 $\alpha_n = \alpha_n^*$ である．$m \neq n$ では，$\langle m|n\rangle = 0$ で規格化の条件 (1.6) と合わせれば (1.30) が得られる．

1.1d　クロネッカデルタの関係式

$$\sum_{n'=1} \delta_{mn'}\delta_{n'n} = \delta_{mn}$$

に着目する．クロネッカデルタのそれぞれに (1.30) を代入すると，

$$\sum_{n'=1} \langle m|n'\rangle\langle n'|n\rangle = \langle m|n\rangle$$

が得られる．これは，$\sum_{n'=1} |n'\rangle\langle n'| = \hat{I}$ を，すなわち (1.34) を示している．

1.2a　完全性 (1.53) を挿入し，波動関数の定義（(1.41) の 3 次元版）およびその共役を用いれば，以下のように表すことができる．

$$\langle\varphi|\varphi\rangle = \int d^3\boldsymbol{x}\,\langle\varphi|\boldsymbol{x}\rangle\langle\boldsymbol{x}|\varphi\rangle = \int d^3\boldsymbol{x}\,\varphi^*(\boldsymbol{x})\varphi(\boldsymbol{x}) = 1$$

1.2b　まず，クロネッカデルタが

$$\delta_{r'r} = \int_{-\pi}^{\pi} \frac{d\theta}{2\pi} e^{i\theta(r'-r)} \tag{1}$$

と与えられることに注意しよう．すると，(1.36) の右辺は

$$\frac{\delta_{r'r}}{\Delta x} = \frac{1}{2\pi}\int_{-\pi}^{\pi} \frac{d\theta}{\Delta x}\, e^{i\theta(r'-r)} \overset{\theta=k\Delta x}{=} \frac{1}{2\pi}\int_{-\pi/\Delta x}^{\pi/\Delta x} dk\, e^{ik(x'-x)}$$

となる．最後の表式で $r'\Delta x = x_{r'} \equiv x'$，$r\Delta x = x_r \equiv x$ とおいた．ここで，$\Delta x \to 0$ とすれば

$$\lim_{\Delta x\to 0} \frac{\delta_{r'r}}{\Delta x} = \frac{1}{2\pi}\int_{-\infty}^{\infty} dk\, e^{ik(x'-x)} \overset{(\mathrm{C.3})}{=} \delta(x'-x)$$

が得られる．さらに，左辺は

$$\langle x_{r'} = x'|x_r = x\rangle$$

であるから (1.44) が得られる．

1.2c　$\Delta\hat{A}$ と $\Delta\hat{B}$ から作られる状態

$$|\phi\rangle \equiv (x\Delta\hat{A} + i\Delta\hat{B})|\varphi\rangle \quad (x：実数) \tag{2}$$

について，ベクトルの大きさが正である条件（例題 1.1.1）より，

$$\begin{aligned}\langle\phi|\phi\rangle &= \langle\varphi|(x\Delta\hat{A} - i\Delta\hat{B})(x\Delta\hat{A} + i\Delta\hat{B})|\varphi\rangle \\ &= \langle(\Delta\hat{A})^2\rangle x^2 + i\langle[\Delta\hat{A},\,\Delta\hat{B}]\rangle x + \langle(\Delta\hat{B})^2\rangle \geq 0 \end{aligned} \tag{3}$$

が与えられる．$\hat{A}$，$\hat{B}$ が自己共役なので $(\Delta\hat{A})^\dagger = \Delta\hat{A}$，$(\Delta\hat{B})^\dagger = \Delta\hat{B}$ である．(3)

は実数 x に関する 2 次方程式で，x^2 の係数は以下で見るように正である．

$$\langle(\varDelta\hat{A})^2\rangle \overset{\text{完全性挿入}}{=} \sum_n \langle\varphi|\varDelta\hat{A}|n\rangle\langle n|\varDelta\hat{A}|\varphi\rangle = \sum_n |\langle\varphi|\varDelta\hat{A}|n\rangle|^2 > 0$$

また，$[\varDelta\hat{A}, \varDelta\hat{B}] = [\hat{A}, \hat{B}]$ で，交換関係 $\times\, i$ は自己共役演算子 (1.60) で，期待値は実数 $(i\langle[\hat{A}, \hat{B}]\rangle)^* = i\langle[\hat{A}, \hat{B}]\rangle$((1.50)) であることに注意すれば，(3) で示した 2 次方程式が正の条件は，判別式が以下のように負でなければならない．

$$D = (i\langle[\hat{A}, \hat{B}]\rangle)^2 - 4\langle(\varDelta\hat{A})^2\rangle\langle(\varDelta\hat{B})^2\rangle \leq 0$$

ここで，虚数単位を外し，絶対値で書きかえたものが求める (1.63) である．

1.3a　付録 (A.31) より，$\varDelta G$ は時間にはあらわによらないとして，

$$0 = \varDelta p_a = -\frac{\partial\varDelta G(\boldsymbol{P}, \boldsymbol{q})}{\partial q_a}, \qquad \varepsilon = \varDelta q_a = \frac{\partial\varDelta G(\boldsymbol{p}, \boldsymbol{q})}{\partial p_a}$$

が得られる．左式から $\varDelta G$ は座標 q_a によらず，右式を積分すれば，

$$\varDelta G = \varepsilon\sum_{a=1}^{f} p_a = \varepsilon P$$

が得られる．

1.3b　パラメータ t よりなる以下のような演算子関数を導入する．

$$\hat{f}(t) \equiv e^{t\hat{A}}\hat{B}e^{-t\hat{A}}$$

t 微分を見ていこう．$\hat{A}e^{\pm t\hat{A}} = e^{\pm t\hat{A}}\hat{A}$ だから，

$$\frac{d\hat{f}}{dt} = e^{t\hat{A}}[\hat{A}, \hat{B}]e^{-t\hat{A}}, \qquad \frac{d^2\hat{f}}{dt^2} = e^{t\hat{A}}[\hat{A}, [\hat{A}, \hat{B}]]e^{-t\hat{A}}, \quad \cdots,$$

$$\frac{d^n\hat{f}}{dt^n} = e^{t\hat{A}}\overbrace{[\hat{A}, \cdots [\hat{A}, [\hat{A}, [\hat{A}}^{n\text{個}}, \hat{B}]]]\cdots]e^{-t\hat{A}}$$

などと与えられる．したがって，テイラー展開は以下のように得られる．

$$\hat{f}(t) = \sum_{n=0}^{\infty}\frac{t^n}{n!}\hat{f}^{(n)}(0) = \sum_{n=0}^{\infty}\frac{t^n}{n!}\overbrace{[\hat{A}, \cdots [\hat{A}, [\hat{A}, [\hat{A}}^{n\text{個}}, \hat{B}]]]\cdots]$$

ここで，$t = 1$ としたものが求める (1.92) である．

1.3c　3 次元で行うが $\theta \to \pi/2$, $\partial/\partial\theta \to 0$ とおけば 2 次元となる．運動量演算子の座標表示 (1.98) より，

$$\langle\boldsymbol{x}|\hat{P}_r = \frac{-i\hbar}{2}[(\sin\theta\cos\phi, \sin\theta\sin\phi, \cos\theta))\cdot\boldsymbol{\nabla} + \boldsymbol{\nabla}\cdot(\sin\theta\cos\phi, \sin\theta\sin\phi, \cos\theta)]\langle\boldsymbol{x}|$$

で与えられる．$\boldsymbol{\nabla}$ は，

$$
\begin{aligned}
\frac{\partial}{\partial x} &= \sin\theta\cos\phi\frac{\partial}{\partial r} + \frac{\cos\theta\cos\phi}{r}\frac{\partial}{\partial\theta} - \frac{\sin\phi}{r\sin\theta}\frac{\partial}{\partial\phi} \\
\frac{\partial}{\partial y} &= \sin\theta\sin\phi\frac{\partial}{\partial r} + \frac{\cos\theta\sin\phi}{r}\frac{\partial}{\partial\theta} + \frac{\cos\phi}{r\sin\theta}\frac{\partial}{\partial\phi} \\
\frac{\partial}{\partial z} &= \cos\theta\frac{\partial}{\partial r} - \frac{\sin\theta}{r}\frac{\partial}{\partial\theta}
\end{aligned}
$$

のように書きかえることができるので,

$$
\sin\theta\cos\phi\frac{\partial}{\partial x} + \sin\theta\sin\phi\frac{\partial}{\partial y} + \cos\theta\frac{\partial}{\partial z} = \frac{\partial}{\partial r}
$$

および,

$$
\frac{\partial}{\partial x}(\sin\theta\cos\phi) + \frac{\partial}{\partial y}(\sin\theta\sin\phi) + \frac{\partial}{\partial z}\cos\theta = \begin{cases} \dfrac{2}{r} & (D=3) \\ \dfrac{1}{r} & (D=2) \end{cases}
$$

のように (1.118) が求まる.

後半の問いに進もう. 自己共役演算子の期待値は実数だから,

$$
C_p \equiv \langle\psi|\hat{P}_r|\psi\rangle - \langle\psi|\hat{P}_r|\psi\rangle^*
$$

はゼロのはずである. これは, 波動関数を $\psi(\boldsymbol{x}) \equiv \langle\boldsymbol{x}|\psi\rangle$ と書いて

$$
\begin{aligned}
C_p &= \int d^D\boldsymbol{x}\,[\psi^*(\boldsymbol{x})(\hat{P}_r\psi(\boldsymbol{x})) - (\hat{P}_r\psi(\boldsymbol{x}))^*\psi(\boldsymbol{x})] \\
&= -i\hbar\int d\Omega\int_0^\infty dr\,r^{D-1}\left[\psi^*\left\{\left(\frac{\partial}{\partial r} + \frac{D-1}{2r}\right)\psi\right\} + \left\{\left(\frac{\partial}{\partial r} + \frac{D-1}{2r}\right)\psi^*\right\}\psi\right] \\
&= -i\hbar\int d\Omega\int_0^\infty dr\frac{\partial}{\partial r}(r^{D-1}|\psi|^2) \qquad (4)
\end{aligned}
$$

のように計算される. 角度部分は

$$
\int d\Omega \equiv \begin{cases} \displaystyle\int_0^{2\pi} d\phi & (D=2) \\ \displaystyle\int_0^{2\pi} d\phi\int_0^{\pi} d\theta\sin\theta & (D=3) \end{cases}
$$

となり, (4) で $C_p \to 0$ であるためには,

$$
|r^{(D-1)/2}\psi|_{r=\infty} = 0, \qquad |r^{(D-1)/2}\psi|_{r=0} = 0 \qquad (5)
$$

が必要だが, エルミート演算子 $\hat{P}_r$ の固有関数

$$\left.\begin{aligned} -i\hbar\Big(\frac{\partial}{\partial r}+\frac{D-1}{2r}\Big)\Psi(\boldsymbol{x}) &= p\Psi(\boldsymbol{x}) \\ \Psi(\boldsymbol{x}) &= \frac{e^{ipr/\hbar}}{r^{(D-1)/2}}\Psi_0(\Omega) \quad (\Omega\text{ は角度部分}) \end{aligned}\right\} \tag{6}$$

は (5) の $r=0$ での条件を満たさず，固有値は実数でない．

このように，$\widehat{P}_r$((1.117)) はエルミートだが自己共役でない演算子である．理由は，$\widehat{P}_r$ と正準共役な $\hat{r}$ の固有値領域 (スペクトルという) が，デカルト座標のように $-\infty<x<\infty\to\boldsymbol{R}\equiv(-\infty,+\infty)$ ではなく $0\le r<\infty\to\boldsymbol{R}^+=[0,+\infty)$ であるからだ．エネルギーのスペクトルも $\boldsymbol{R}^+(0\le E<\infty)$ だが，正準共役量である時間 t は量子力学ではパラメータである．粒子数 $N=a^*a$ と位相 $\Theta(a=\sqrt{N}e^{i\Theta})$ も互いに正準共役だが，N のスペクトルは $\boldsymbol{R}^+(0\le N<\infty)$ であるから，自己共役演算子としての Θ は存在しない．

1.3d　並進の関係式 (1.91) より得られる，

$$\Big\langle x-\Big(\frac{1}{2}-\alpha\Big)v\Big| = \langle x|\exp\Big[-i\Big(\frac{1}{2}-\alpha\Big)v\frac{\widehat{P}}{\hbar}\Big]$$

$$\Big|x+\Big(\frac{1}{2}+\alpha\Big)v\Big\rangle = \exp\Big[-i\Big(\frac{1}{2}+\alpha\Big)v\frac{\widehat{P}}{\hbar}\Big]|x\rangle$$

を用いれば，

$$\begin{aligned}(1.119)\text{右辺} &= \iiint\frac{dp}{2\pi\hbar}\,dv\,dx\,e^{ipv/\hbar} \\ &\qquad\times\exp\Big[-i\Big(\frac{1}{2}+\alpha\Big)v\frac{\widehat{P}}{\hbar}\Big]\widehat{Q}^m|x\rangle\langle x|\exp\Big[-i\Big(\frac{1}{2}-\alpha\Big)v\frac{\widehat{P}}{\hbar}\Big]p^n\end{aligned}$$

となる．ここで，$x^m|x\rangle=\widehat{Q}^m|x\rangle$ を用いて $x^m\to\widehat{Q}^m$ とおきかえた．x 積分は完全性 (1.37) で単位演算子となり，

$$\begin{aligned}(1.119)\text{右辺} &= \iint\frac{dp}{2\pi\hbar}\,dv\,e^{ipv/\hbar} \\ &\qquad\times\exp\Big[-i\Big(\frac{1}{2}+\alpha\Big)v\frac{\widehat{P}}{\hbar}\Big]\widehat{Q}^m\exp\Big[-i\Big(\frac{1}{2}-\alpha\Big)v\frac{\widehat{P}}{\hbar}\Big]p^n \\ &= \iint\frac{dp}{2\pi\hbar}\,dv\exp\Big[-i\Big(\frac{1}{2}+\alpha\Big)v\frac{\widehat{P}}{\hbar}\Big]\widehat{Q}^m\exp\Big[-i\Big(\frac{1}{2}-\alpha\Big)v\frac{\widehat{P}}{\hbar}\Big] \\ &\qquad\times\Big(-i\hbar\frac{\partial}{\partial v}\Big)^n e^{ipv/\hbar}\end{aligned}$$

のようになる．2 番目の等号において，p を v 微分で表した．p 積分はデルタ関数を与え，

$$(1.119)\text{右辺} = \int dv \exp\Big[-i\Big(\frac{1}{2}+\alpha\Big)v\frac{\hat{P}}{\hbar}\Big]$$
$$\times \hat{Q}^m \exp\Big[-i\Big(\frac{1}{2}-\alpha\Big)v\frac{\hat{P}}{\hbar}\Big]\Big[\Big(-i\hbar\frac{\partial}{\partial v}\Big)^n \delta(v)\Big]$$

となり，さらに部分積分すれば，

$$(1.119)\text{右辺} = \int dv\, \delta(v)\Big(i\hbar\frac{\partial}{\partial v}\Big)^n$$
$$\times \Big\{\exp\Big[-i\Big(\frac{1}{2}+\alpha\Big)v\frac{\hat{P}}{\hbar}\Big]\hat{Q}^m \exp\Big[-i\Big(\frac{1}{2}-\alpha\Big)v\frac{\hat{P}}{\hbar}\Big]\Big\}$$

が得られる．こうして (1.82) が導かれる．

$$(\hat{Q}^m\hat{P}^n)^{(\alpha)} = \Big(i\hbar\frac{\partial}{\partial v}\Big)^n \exp\Big[\Big(\frac{1}{2}+\alpha\Big)\frac{-iv\hat{P}}{\hbar}\Big]\hat{Q}^m \exp\Big[\Big(\frac{1}{2}-\alpha\Big)\frac{-iv\hat{P}}{\hbar}\Big]\Big|_{v=0}$$

(1.119) より QP - 順序 (1.83)，PQ - 順序 (1.84)，ワイル順序 (1.85) はそれぞれ，

$$\hat{Q}^m\hat{P}^n = \iiint \frac{dp}{2\pi\hbar}\, dv\, dx\, e^{ipv/\hbar}|x\rangle\langle x-v|x^m p^n \tag{7}$$

$$\hat{P}^n\hat{Q}^m = \iiint \frac{dp}{2\pi\hbar}\, dv\, dx\, e^{ipv/\hbar}|x+v\rangle\langle x|x^m p^n \tag{8}$$

$$(\hat{Q}^m\hat{P}^n)_{\mathrm{W}} = \iiint \frac{dp}{2\pi\hbar}\, dv\, dx\, e^{ipv/\hbar}\Big|x+\frac{v}{2}\Big\rangle\Big\langle x-\frac{v}{2}\Big|x^m p^n \tag{9}$$

と与えられる．各項が α - 順序 (1.82) で定義された

$$F^{(\alpha)}(\hat{P},\hat{Q}) = \sum_{m,n=0} F_{m,n}(\hat{Q}^m\hat{P}^n)^{(\alpha)} \tag{10}$$

と，対応する古典関数

$$F(p,x) = \sum_{m,n=0} F_{m,n}x^m p^n \tag{11}$$

を導入すると，(1.119) は

$$F^{(\alpha)}(\hat{P},\hat{Q}) = \iiint \frac{dp}{2\pi\hbar}\, dv\, dx\, e^{ipv/\hbar}\,\Big|x+\Big(\frac{1}{2}+\alpha\Big)v\Big\rangle\Big\langle x-\Big(\frac{1}{2}-\alpha\Big)v\Big|F(p,x) \tag{12}$$

と書ける．

1.3e　(1.85) の共役を以下のように考える．

$$(\widehat{Q}^m\widehat{P}^n)^\dagger_{\mathrm{W}} = \left(\left(i\hbar\frac{\partial}{\partial v}\right)^n e^{-iv\widehat{P}/2\hbar}\widehat{Q}^m e^{-iv\widehat{P}/2\hbar}\right)^\dagger\Bigg|_{v=0}$$
$$= \left(-i\hbar\frac{\partial}{\partial v}\right)^n e^{iv\widehat{P}/2\hbar}\widehat{Q}^m e^{iv\widehat{P}/2\hbar}\Bigg|_{v=0}$$
$$\overset{v\to -v}{=} \left(i\hbar\frac{\partial}{\partial v}\right)^n e^{-iv\widehat{P}/2\hbar}\widehat{Q}^m e^{-iv\widehat{P}/2\hbar}\Bigg|_{v=0} = (\widehat{Q}^m\widehat{P}^n)_{\mathrm{W}}$$

これより，エルミートである (2 行目では $\widehat{P}$, $\widehat{Q}$ のエルミート性を用いた).

問題文の後半については (1.85) で $m=1$, $n=1$ とおけば,

$$(\widehat{Q}\widehat{P})_{\mathrm{W}} = \left(i\hbar\frac{\partial}{\partial v}\right)e^{-iv\widehat{P}/2\hbar}\widehat{Q}e^{-iv\widehat{P}/2\hbar}\Bigg|_{v=0} = \frac{\widehat{P}\widehat{Q}+\widehat{Q}\widehat{P}}{2}$$

が得られ，$m=1$, $n=2$ では,

$$(\widehat{Q}\widehat{P}^2)_{\mathrm{W}} = \left(i\hbar\frac{\partial}{\partial v}\right)^2 e^{-iv\widehat{P}/2\hbar}\widehat{Q}e^{-iv\widehat{P}/2\hbar}\Bigg|_{v=0}$$
$$= \left(i\hbar\frac{\partial}{\partial v}\right)e^{-iv\widehat{P}/2\hbar}\frac{\widehat{P}\widehat{Q}+\widehat{Q}\widehat{P}}{2}e^{-iv\widehat{P}/2\hbar}\Bigg|_{v=0}$$
$$= \frac{\widehat{P}^2\widehat{Q}+2\widehat{P}\widehat{Q}\widehat{P}+\widehat{Q}\widehat{P}^2}{4} \overset{\text{交換関係}}{=} \widehat{P}\widehat{Q}\widehat{P}$$

を与える.

ここで，以下の交換関係を使った.

$$\widehat{P}^2\widehat{Q} = \widehat{P}\widehat{Q}\widehat{P} - i\hbar\widehat{P}, \qquad \widehat{Q}\widehat{P}^2 = \widehat{P}\widehat{Q}\widehat{P} + i\hbar\widehat{P}$$

1.3f　$\alpha \neq \alpha'$ なるパラメータで与えられた α - 順序 (1.119)

$$(\widehat{Q}^m\widehat{P}^n)^{(\alpha')} = \iiint \frac{dp'}{2\pi\hbar}\,dv'\,dx'\,e^{ip'v'/\hbar}\left|x'+\left(\frac{1}{2}+\alpha'\right)v'\right\rangle\left\langle x'-\left(\frac{1}{2}-\alpha'\right)v'\right| x'^m p'^n$$

を考えよう．題意は，(1.121) で $\alpha=\alpha'$ のとき $F^{(\alpha)}(p,x) \Longrightarrow x^m p^n$ を示すことである．(1.121) は，今は

$$F^{(\alpha)}(p,x) = \int\cdots\int du\,\frac{dp'}{2\pi\hbar}\,dv'\,dx'\,e^{i(p'v'+xu)/\hbar}$$
$$\times\left\langle p+\left(\frac{1}{2}-\alpha\right)u\middle| x'+\left(\frac{1}{2}+\alpha'\right)v'\right\rangle$$
$$\times\left\langle x'-\left(\frac{1}{2}-\alpha'\right)v'\middle| p-\left(\frac{1}{2}+\alpha\right)u\right\rangle x'^m p'^n$$

である．ここで内積 (1.112) に注意すれば,

$$F^{(\alpha)}(p,x) = \int\cdots\int \frac{du\,dp'\,dv'\,dx'}{(2\pi\hbar)^2} x'^m p'^n e^{i(p'v'+xu)/\hbar} \times \exp\left[\frac{i}{\hbar}(-pv' - ux' + (\alpha-\alpha')uv')\right]$$

となる．u 積分は $2\pi\hbar\delta(x'-x-(\alpha-\alpha')v')$（(C.3) を参照）となり，$x'$ 積分の結果，

$$\begin{aligned} F^{(\alpha)}(p,x) &= \iint \frac{dp'\,dv'}{2\pi\hbar}(x+(\alpha-\alpha')v')^m p'^n e^{i(p'-p)v'/\hbar} \\ &= \left(x+(\alpha-\alpha')\left(i\hbar\frac{\partial}{\partial p}\right)\right)^m \iint \frac{dp'\,dv'}{2\pi\hbar} p'^n e^{i(p'-p)v'/\hbar} \\ &\overset{dv'\,dp'}{=} \left(x+(\alpha-\alpha')\left(i\hbar\frac{\partial}{\partial p}\right)\right)^m p^n \end{aligned} \tag{13}$$

が得られる．これより，$\alpha=\alpha'$ のときは $F^{(\alpha)}(p,x)|_{\alpha=\alpha'} = x^m p^n$ となる．

1.3g　(1.123) 右辺の行列要素

$$\left\langle p+\left(\frac{1}{2}-\alpha\right)u\middle|F^{(\alpha)}(\hat{P},\hat{Q})\middle|p-\left(\frac{1}{2}+\alpha\right)u\right\rangle \tag{14}$$

に，$p\to p'$, $x\to x'$ とした (12) を代入すると，

$$\begin{aligned} (14) &= \iiint \frac{dp'}{2\pi\hbar}dv\,dx'\, e^{ip'v/\hbar}\left\langle p+\left(\frac{1}{2}-\alpha\right)u\middle|x'+\left(\frac{1}{2}+\alpha\right)v\right\rangle \\ &\qquad \times \left\langle x'-\left(\frac{1}{2}-\alpha\right)v\middle|p-\left(\frac{1}{2}+\alpha\right)u\right\rangle F(p',x') \\ &\overset{(1.112)}{=} \iiint \frac{dp'}{2\pi\hbar}\frac{dv}{2\pi\hbar}dx'\,F(p',x')\exp\left[\frac{i}{\hbar}(v(p'-p)-ux')\right] \end{aligned}$$

となる．v 積分より $2\pi\hbar\delta(p'-p)$ が得られ，

$$\begin{aligned} (14) &= \iint \frac{dp'\,dx'}{2\pi\hbar}\delta(p'-p)F(p',x')e^{-iux'/\hbar} \\ &\overset{dp'}{=} \int \frac{dx'}{2\pi\hbar}F(p,x')e^{-iux'/\hbar} \end{aligned}$$

となる．これを，(1.123) 右辺に代入する．

$$\begin{aligned} (1.123)\text{右辺} &= \iint \frac{du\,dx'}{2\pi\hbar} e^{iu(x-x')/\hbar}F(p,x') \\ &\overset{du}{=} \int dx'\,\delta(x-x')F(p,x') = F(p,x) = \text{左辺} \end{aligned}$$

よって，(1.123) が求められた．

1.3h　(1.121) を代入して計算してもよいが，次のように考えてみよう．演算子

$F(\widehat{P}, \widehat{Q})$ に対し運動量 p_1，p_2，座標 q_1，q_2 の完全性を挿入し，

$$F(\widehat{P}, \widehat{Q}) = \int \cdots \int dq_1\, dq_2\, dp_1\, dp_2\, |q_1\rangle\langle q_1|p_1\rangle\langle p_1|F(\widehat{P}, \widehat{Q})|p_2\rangle\langle p_2|q_2\rangle\langle q_2|$$
$$\overset{(1.112)}{=} \int \cdots \int \frac{dq_1\, dq_2\, dp_1\, dp_2}{2\pi\hbar} e^{i(p_1 q_1 - p_2 q_2)/\hbar} |q_1\rangle\langle q_2|\, \langle p_1|F(\widehat{P}, \widehat{Q})|p_2\rangle \tag{15}$$

が得られる．

ここで，変数変換 $(p_1, p_2\,;\, q_1, q_2) \to (p, u\,;\, x, v)$，

$$\left.\begin{aligned} p_1 &= p + \left(\frac{1}{2} - \alpha\right)u, \qquad q_1 = x + \left(\frac{1}{2} + \alpha\right)v \\ p_2 &= p - \left(\frac{1}{2} + \alpha\right)u, \qquad q_2 = x - \left(\frac{1}{2} - \alpha\right)v \end{aligned}\right\} \tag{16}$$

を行うと，変換のヤコビアン $|\det \boldsymbol{J}| \equiv \|\boldsymbol{J}\|$ は

$$\left\|\frac{\partial(p_1, p_2)}{\partial(p, u)}\right\| = \left\|\begin{matrix} 1 & \frac{1}{2} - \alpha \\ 1 & -\frac{1}{2} - \alpha \end{matrix}\right\| = 1, \qquad \left\|\frac{\partial(q_1, q_2)}{\partial(x, v)}\right\| = \left\|\begin{matrix} 1 & \frac{1}{2} + \alpha \\ 1 & -\frac{1}{2} + \alpha \end{matrix}\right\| = 1$$

のようになる．

さらに，$p_1 q_1 - p_2 q_2 = pv + ux$ であるから，(15) は，

$$F(\widehat{P}, \widehat{Q}) = \iiint \frac{dp}{2\pi\hbar}\, dv\, dx\, e^{ipv/\hbar} \left| x + \left(\frac{1}{2} + \alpha\right)v \right\rangle \left\langle x - \left(\frac{1}{2} - \alpha\right)v \right|$$
$$\times \int du\, e^{ixu/\hbar} \left\langle p + \left(\frac{1}{2} - \alpha\right)u \right| F(\widehat{P}, \widehat{Q}) \left| p - \left(\frac{1}{2} + \alpha\right)u \right\rangle$$

と与えられる．これは (1.121) に注意すれば，(1.124) そのものである．

これより (1.124) が α に依存しないことは明らかである．

1.3i　まず，

$$\langle \boldsymbol{p}|\widehat{\boldsymbol{Q}} \overset{(1.53)}{=} \int d^3\boldsymbol{x}\, \langle \boldsymbol{p}|\widehat{\boldsymbol{Q}}|\boldsymbol{x}\rangle\langle \boldsymbol{x}| \overset{(1.52)\,(1.100)}{=} \int \frac{d^3\boldsymbol{x}\, e^{-i\boldsymbol{px}/\hbar}}{\sqrt{(2\pi\hbar)^3}} \boldsymbol{x}\langle \boldsymbol{x}|$$
$$= i\hbar \frac{\partial}{\partial \boldsymbol{p}} \int \frac{d^3\boldsymbol{x}\, e^{-i\boldsymbol{px}/\hbar}}{\sqrt{(2\pi\hbar)^3}} \langle \boldsymbol{x}| \overset{(1.100)}{=} i\hbar \frac{\partial}{\partial \boldsymbol{p}} \int d^3\boldsymbol{x} \langle \boldsymbol{p}|\boldsymbol{x}\rangle\langle \boldsymbol{x}|$$
$$\overset{(1.53)}{=} i\hbar \frac{\partial}{\partial \boldsymbol{p}} \langle \boldsymbol{p}|$$

なので，座標演算子の運動量表示は

$$\langle \boldsymbol{p}|\widehat{\boldsymbol{Q}} = i\hbar \frac{\partial}{\partial \boldsymbol{p}} \langle \boldsymbol{p}| \quad \left(\widehat{\boldsymbol{Q}} \to i\hbar \frac{\partial}{\partial \boldsymbol{p}}\right) \tag{17}$$

となる．指数演算子の定義 (1.88) より，

$$\langle \boldsymbol{p}|\exp\left[-\frac{i}{\hbar}\boldsymbol{b}\hat{\boldsymbol{Q}}\right] = \sum_{n=0}^{\infty}\frac{1}{n!}\langle \boldsymbol{p}|\left(-\frac{i}{\hbar}\boldsymbol{b}\hat{\boldsymbol{Q}}\right)^n \overset{(17)}{=} \sum_{n=0}^{\infty}\frac{1}{n!}\left(\boldsymbol{b}\frac{\partial}{\partial \boldsymbol{p}}\right)^n\langle \boldsymbol{p}| = \langle \boldsymbol{p}+\boldsymbol{b}|$$

が得られる．$|\boldsymbol{p}+\boldsymbol{b}\rangle$ は共役をとり $\hat{\boldsymbol{Q}}$ のエルミート性を用いれば，同様に求められる．

1.4a　(1.175) より，

$$\begin{cases} \Delta p_a = p_a(t+\delta t) - p_a(t) = \delta t \dot{p}_a \\ \Delta q_a = q_a(t+\delta t) - q_a(t) = \delta t \dot{q}_a \end{cases}$$

が成り立つので，付録の (A.31) を用いれば，

$$\frac{\partial \Delta G}{\partial q_a} = -\delta t \dot{p}_a, \qquad \frac{\partial \Delta G}{\partial q_a} = \delta t \dot{q}_a$$

が得られる．ハミルトンの運動方程式 (A.18) と比べれば，(1.176) が出る．

1.4b　ファインマン核 (1.165) は $\Delta \boldsymbol{x} \equiv \boldsymbol{x} - \boldsymbol{x}_0$ の関数であるから，時刻 T での波動関数は (1.155) より，

$$\begin{aligned} \Psi(T, \boldsymbol{x}) &= \int d^3\boldsymbol{x}_0\, K(\Delta \boldsymbol{x}\,;T)\,\Psi_0(\boldsymbol{x}_0) \\ &\overset{d^3x_0\to d^3\Delta x}{=} \int d^3\Delta \boldsymbol{x}\, K(\Delta \boldsymbol{x}\,;T)\,\Psi_0(\boldsymbol{x}-\Delta \boldsymbol{x}) \end{aligned} \tag{18}$$

と与えられる．これに (1.166) を代入すれば，

$$\Psi(T, \boldsymbol{x}) = \left(\frac{m}{2\pi i\hbar T}\right)^{3/2}\left(\frac{1}{\sqrt{\pi}\Delta}\right)^{3/2}\int d^3\Delta \boldsymbol{x}\exp\left[\frac{im(\Delta \boldsymbol{x})^2}{2\hbar T} - \frac{(\boldsymbol{x}-\Delta \boldsymbol{x})^2}{2\Delta^2}\right] \tag{19}$$

となる．

　ここで $\boldsymbol{x}$ を z 軸に，極座標 $(r \equiv |\Delta \boldsymbol{x}|, \theta, \phi)$ を図 1 のようにとれば，

$$\text{指数の肩} = -A\frac{r^2}{2} + \frac{|\boldsymbol{x}|r\cos\theta}{\Delta^2} - \frac{\boldsymbol{x}^2}{2\Delta^2}, \qquad A \equiv \frac{1}{\Delta^2} + \frac{m}{i\hbar T} \tag{20}$$

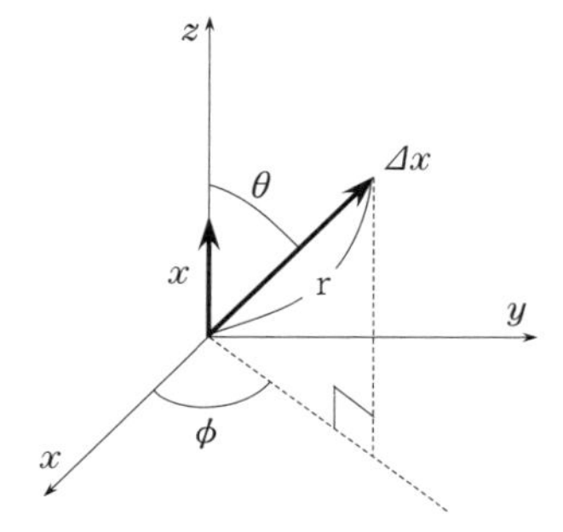

図 1　$\Delta \boldsymbol{x}$ 空間の極座標．$\boldsymbol{x}$ を z 軸にとる．

となる．ϕ によらないので 2π を掛け，θ 積分を評価すると，

$$e^{-\boldsymbol{x}^2/(2\Delta^2)}2\pi\int_{-1}^{1}d(\cos\theta)\exp\left(\frac{|\boldsymbol{x}|r\cos\theta}{\Delta^2}\right)=e^{-\boldsymbol{x}^2/(2\Delta^2)}\frac{2\pi\Delta^2}{|\boldsymbol{x}|r}(e^{|\boldsymbol{x}|r/\Delta^2}-e^{-|\boldsymbol{x}|r/\Delta^2})$$

である．残った r 積分は，

$$\begin{aligned}I_r&\equiv e^{-\boldsymbol{x}^2/(2\Delta^2)}\frac{2\pi\Delta^2}{|\boldsymbol{x}|}\int_0^\infty dr\,r(e^{|\boldsymbol{x}|r/\Delta^2}-e^{-|\boldsymbol{x}|r/\Delta^2})e^{-Ar^2/2}\\&=e^{-\boldsymbol{x}^2/(2\Delta^2)}\frac{2\pi\Delta^2}{|\boldsymbol{x}|}\int_{-\infty}^\infty dr\,re^{-Ar^2/2+|\boldsymbol{x}|r/\Delta^2}\end{aligned}$$

となり，指数の肩を

$$-\frac{A}{2}r^2+\frac{|\boldsymbol{x}|}{\Delta^2}r=-\frac{A}{2}\left(r-\frac{|\boldsymbol{x}|}{A\Delta^2}\right)^2+\frac{\boldsymbol{x}^2}{2A\Delta^4}$$

のように平方完成し，シフト $r\to r+|\boldsymbol{x}|/(A\Delta^2)$ を行えば，r 積分は

$$I_r=\frac{2\pi\Delta^2}{|\boldsymbol{x}|}\exp\left[-\frac{\boldsymbol{x}^2}{2}\left(\frac{1}{\Delta^2}-\frac{1}{A\Delta^4}\right)\right]\int_{-\infty}^\infty dr\left(r+\frac{|\boldsymbol{x}|}{A\Delta^2}\right)\exp\left[-\frac{A}{2}r^2\right]$$

となる．

被積分関数における奇関数の部分は落ちるので，

$$\begin{aligned}I_r&=\frac{2\pi\Delta^2}{|\boldsymbol{x}|}\exp\left[-\frac{\boldsymbol{x}^2}{2\Delta^2}\left(1-\frac{1}{A\Delta^2}\right)\right]\frac{|\boldsymbol{x}|}{A\Delta^2}\int_{-\infty}^\infty dr\exp\left[-\frac{A}{2}r^2\right]\\&\overset{(\mathrm{D.1})}{=}\left(\frac{2\pi}{A}\right)^{3/2}\exp\left[-\frac{\boldsymbol{x}^2}{2\Delta^2}\frac{A\Delta^2-1}{A\Delta^2}\right]\end{aligned}$$

となり，(19) と (20) に戻れば，以下のように

$$\begin{aligned}\Psi(T,\boldsymbol{x})&=\left(\frac{m}{2\pi i\hbar T}\right)^{3/2}\left(\frac{1}{\sqrt{\pi}|\Delta|}\right)^{3/2}\left(\frac{2\pi}{A}\right)^{3/2}\exp\left[-\frac{\boldsymbol{x}^2}{2\Delta^2}\frac{A\Delta^2-1}{A\Delta^2}\right]\\&=\left(\frac{m|\Delta|}{\sqrt{\pi}(m\Delta^2+i\hbar T)}\right)^{3/2}\exp\left[-\frac{m\boldsymbol{x}^2}{2(m\Delta^2+i\hbar T)}\right]\end{aligned}$$

が求められる．

問題文の後半は，時間微分 $\partial/\partial T$ を行って，

$$i\hbar\frac{\partial\Psi}{\partial T}=\hbar^2\left[\frac{3}{2(m\Delta^2+i\hbar T)}-\frac{m\boldsymbol{x}^2}{2(m\Delta^2+i\hbar T)^2}\right]\Psi \tag{21}$$

を得る．一方，a を定数としたとき，

$$\boldsymbol{\nabla}^2e^{-a\boldsymbol{x}^2/2}=\boldsymbol{\nabla}(-a\boldsymbol{x}e^{-a\boldsymbol{x}^2/2})=(-3a+a^2\boldsymbol{x}^2)e^{-a\boldsymbol{x}^2/2}$$

となる．(ただし，$\boldsymbol{\nabla x}=(\partial/\partial x)x+(\partial/\partial y)y+(\partial/\partial z)z=3$ である)．さらに，$a\to m/(m\Delta^2+i\hbar T)$ として，

$$-\frac{\hbar^2}{2m}\boldsymbol{\nabla}^2\Psi=-\frac{\hbar^2}{2m}\left\{-3\frac{m}{(m\Delta^2+i\hbar T)}+\frac{m^2\boldsymbol{x}^2}{(m\Delta^2+i\hbar T)^2}\right\}\Psi$$

が得られる．これは，(21) の右辺である．

1.4c　正準形式 (付録 A) に従って，正準運動量は，

$$\boldsymbol{p} = \frac{\partial L}{\partial \dot{\boldsymbol{x}}} = \frac{m\dot{\boldsymbol{x}}}{\sqrt{1-\dot{\boldsymbol{x}}^2/c^2}} \tag{22}$$

である．両辺自乗して，$\dot{\boldsymbol{x}}^2$ を $\boldsymbol{p}^2$ で書き表すと，

$$\dot{\boldsymbol{x}}^2 = \frac{\boldsymbol{p}^2c^2}{\boldsymbol{p}^2+m^2c^2} \Longrightarrow \sqrt{1-\frac{\dot{\boldsymbol{x}}^2}{c^2}} = \frac{mc}{\sqrt{\boldsymbol{p}^2+m^2c^2}} \tag{23}$$

となる．(22) は，

$$\dot{\boldsymbol{x}} = \frac{c\boldsymbol{p}}{\sqrt{\boldsymbol{p}^2+m^2c^2}} \tag{24}$$

となり，速度が運動量で表された．ハミルトニアンは，

$$H = \boldsymbol{p}\dot{\boldsymbol{x}} - L = \frac{c\boldsymbol{p}^2}{\sqrt{\boldsymbol{p}^2+m^2c^2}} + \frac{m^2c^3}{\sqrt{\boldsymbol{p}^2+m^2c^2}} = c\sqrt{\boldsymbol{p}^2+m^2c^2}$$

と表される．これを，量子論として採用したのが (1.178) である．

ファインマン核 (1.162) を計算しよう．まず

$$K(\varDelta\boldsymbol{x}\,;\,T) = \int\frac{d^3\boldsymbol{p}}{(2\pi\hbar)^3}\exp\left[\frac{i}{\hbar}\boldsymbol{p}\varDelta\boldsymbol{x} - \frac{iTc}{\hbar}\sqrt{\boldsymbol{p}^2+m^2c^2}\right]$$

$$\overset{p/\hbar\to k}{=} \int\frac{d^3\boldsymbol{k}}{(2\pi)^3}\exp[i\boldsymbol{k}\varDelta\boldsymbol{x} - icT\sqrt{\boldsymbol{k}^2+\mu^2}] \tag{25}$$

$$\mu \equiv \frac{mc}{\hbar} \tag{26}$$

のように書く．$\varDelta\boldsymbol{x}$ を $\boldsymbol{k}$ 空間内の z 軸にとり，図 2 のように極座標 ($k\equiv|\boldsymbol{k}|$, θ, ϕ) をとる．被積分関数は ϕ $(0\leq\phi<2\pi)$ によらないので積分して，

$$K(\varDelta\boldsymbol{x}\,;\,T) = \frac{1}{4\pi^2}\int_{-1}^{1}d(\cos\theta)\ e^{ikr\cos\theta}\int_0^\infty dk\ k^2e^{-icT\sqrt{k^2+\mu^2}}$$

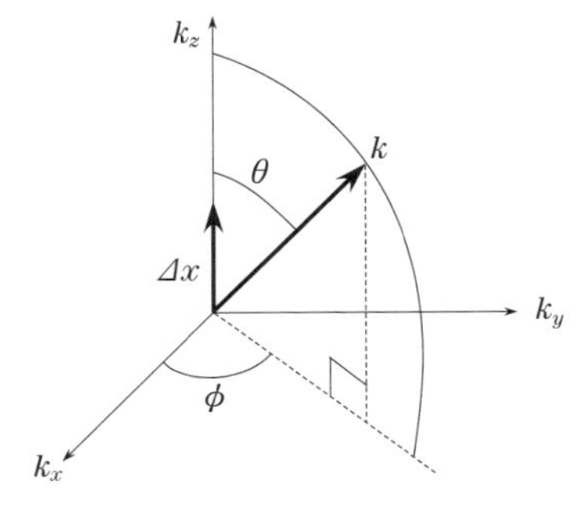

図 2　$\boldsymbol{k}$ 空間の極座標．$\varDelta\boldsymbol{x}$ を k_z 軸にとる．

となる．なお，$r \equiv |\Delta \boldsymbol{x}|$ とおいた．θ 積分を行って，

$$
\begin{aligned}
K(\Delta \boldsymbol{x}\,;\,T) &= \frac{1}{4\pi^2 ir}\int_0^\infty dk\, k(e^{ikr} - e^{-ikr})e^{-icT\sqrt{k^2+\mu^2}} \\
&= \frac{1}{4\pi^2 ir}\int_{-\infty}^\infty dk\, ke^{ikr}e^{-icT\sqrt{k^2+\mu^2}} = -\frac{1}{4\pi^2 r}\frac{\partial I}{\partial r} \qquad (27)
\end{aligned}
$$

を得る．ただし

$$
I \equiv \int_{-\infty}^\infty dk \exp[i(kr - cT\sqrt{k^2+\mu^2})] \qquad (28)
$$

である．この I を以下で計算する．

変数変換 $k = \mu \sinh \Theta$, $dk = \mu \cosh \Theta\, d\Theta$ によって，

$$
I = \mu \int_{-\infty}^\infty d\Theta \cosh \Theta \exp[-i\mu(cT\cosh \Theta - r\sinh \Theta)]
$$

となる．ここで，相対論的不変量

$$
x_\mu^2 \equiv (cT)^2 - r^2 \qquad (29)
$$

を導入し，双曲線函数の公式

$$
\left.
\begin{aligned}
\sinh(A \pm B) &= \sinh A \cosh B \pm \cosh A \sinh B \\
\cosh(A \pm B) &= \cosh A \cosh B \pm \sinh A \sinh B
\end{aligned}
\right\} \qquad (30)
$$

を用いれば，

$$
\begin{aligned}
&cT\cosh \Theta - r\sinh \Theta \\
&= \begin{cases}
\sqrt{x_\mu^2}\cosh(\Theta - \alpha), & \tanh \alpha = \dfrac{r}{cT} \quad (cT > r) \\
-\sqrt{-x_\mu^2}\sinh(\Theta - \beta), & \tanh \beta = \dfrac{cT}{r} \quad (r > cT)
\end{cases} \qquad (31)
\end{aligned}
$$

が得られる．$T > 0$ であることに注意しよう．符号関数 (C.24) の助けを借りれば，

$$
\begin{aligned}
I = \mu\theta(cT - r)&\int_{-\infty}^\infty d\Theta \cosh(\Theta + \alpha)e^{-i\chi_+ \cosh \Theta} \\
&+ \mu\theta(r - cT)\int_{-\infty}^\infty d\Theta \cosh(\Theta + \beta)e^{i\chi_- \sinh \Theta} \\
&\qquad (\chi_\pm \equiv \mu\sqrt{\pm x_\mu^2}) \qquad (32)
\end{aligned}
$$

と与えられる．第1，第2項目で，変数変換 $\Theta \to \Theta + \alpha$, $\Theta + \beta$ を行った．再び双曲線関数の加法定理 (30) を用いれば，

$$I=\mu\theta(cT-r)\cosh\alpha\int_{-\infty}^{\infty}d\Theta\cosh\Theta e^{-i\chi_+\cosh\Theta}+\mu\theta(r-cT)$$
$$\times\left[\cosh\beta\int_{-\infty}^{\infty}d\Theta\cosh\Theta e^{i\chi_-\sinh\Theta}+\sinh\beta\int_{-\infty}^{\infty}d\Theta\sinh\Theta e^{i\chi_-\sinh\Theta}\right] \tag{33}$$

のようになる．なお，$\int_{-\infty}^{\infty}d\Theta\sinh\Theta e^{-i\chi_+\cosh\Theta}=0$ である．ここで以下のベッセル関数の表式

$$\int_{-\infty}^{\infty}d\Theta\cosh\Theta\cos(x\cosh\Theta)=-\pi J_1(x) \tag{34}$$

$$\int_{-\infty}^{\infty}d\Theta\cosh\Theta\sin(x\cosh\Theta)=-\pi N_1(x) \tag{35}$$

$$\int_{-\infty}^{\infty}d\Theta\sinh\Theta e^{\pm ix\sinh\Theta}=2iK_1(x) \tag{36}$$

に注意する．これらは，最後に挙げてある (57) ～ (59) を x で微分し Z_n を J_n, N_n, K_n とした

$$\frac{d}{dx}Z_0(x)=-Z_1(x)$$

を用いて得られる．(33) 第 1 項目と第 3 項目は，

$$\int_{-\infty}^{\infty}d\Theta\cosh\Theta e^{-i\chi_+\cosh\Theta}=-\pi H_1^{(2)}(\chi_+) \tag{37}$$

$$\int_{-\infty}^{\infty}d\Theta\sinh\Theta e^{i\chi_-\sinh\Theta}=2iK_1(\chi_-) \tag{38}$$

である．ただし，

$$H_n^{(2)}(z)=J_n(z)-iN_n(z)\quad(n=0,1,2,\cdots) \tag{39}$$

は第 2 種ハンケル関数である．よって

(33) 右辺 1 項目 ＋ 右辺 3 項目

$$=-\theta(cT-r)\pi\mu\cosh\alpha H_1^{(2)}(\chi_+)+\theta(r-cT)2i\mu\sinh\beta K_1(\chi_-)$$
$$=-\theta(cT-r)\frac{\pi\mu cT}{\sqrt{x_\mu^2}}H_1^{(2)}(\chi_+)+\theta(r-cT)\frac{2i\mu cT}{\sqrt{-x_\mu^2}}K_1(\chi_-) \tag{40}$$

と与えられる．最後の表式は (31) から得られる $\cosh\alpha=cT/\sqrt{x_\mu^2}$，$\sinh\beta=cT/\sqrt{-x_\mu^2}$ を代入した．

残った (33) 右辺第 2 項には，デルタ関数公式 (C.3) および (C.22) を用いることで

$$\int_{-\infty}^{\infty} d\Theta \cosh \Theta e^{i\chi_- \sinh \Theta} = \int_{-\infty}^{\infty} d(\sinh \Theta)\, e^{i\chi_- \sinh \Theta}$$
$$\overset{(\mathrm{C}.3)}{=} 2\pi\delta(\chi_-) = \frac{2\pi}{\mu}\delta(\sqrt{-x_\mu^2})$$
$$\overset{(\mathrm{C}.22)}{=} \frac{4\pi\sqrt{-x_\mu^2}}{\mu}\delta(x_\mu^2) \tag{41}$$

を得る．$\cosh\beta = r/\sqrt{-x_\mu^2}$，デルタ関数公式 (C.17) を考慮すれば，

$$(33)\text{右辺 2 項目} = \theta(r - cT)\left(\mu\frac{r}{\sqrt{-x_\mu^2}}\right)\left(\frac{4\pi\sqrt{-x_\mu^2}}{\mu}\right)\delta(x_\mu^2)$$
$$= 4\pi r\theta(r - cT)\delta(x_\mu^2)$$
$$\overset{(\mathrm{C}.17)}{=} \theta(r - cT)\frac{2\pi r}{cT}(\delta(cT - r) + \delta(cT + r))$$

である．このとき，$cT > 0$，$r \geq 0$ より $\delta(cT + r) = 0$ である．$\theta(0) = 1/2$ として，

$$(33)\text{右辺 2 項目} = \frac{\pi r}{cT}\delta(cT - r) \overset{(\mathrm{C}.15)}{=} \pi\delta(cT - r) \tag{42}$$

を得る．こうして，

$$I = \pi\delta(cT - r) - \theta(cT - r)\frac{cT\mu^2\pi H_1^{(2)}(\chi_+)}{\chi_+} + i\theta(r - cT)\frac{2cT\mu^2 K_1(\chi_-)}{\chi_-} \tag{43}$$

が求められる．

(27) よりファインマン核は I の微分で与えられているので，結果は，

$$K(\varDelta\boldsymbol{x}\,;T) = \frac{1}{4\pi rc}\frac{\partial}{\partial T}\delta(cT - r) - \frac{i\mu^2}{4\pi^2}\delta(cT - r)$$
$$+ \theta(cT - r)\frac{cT\mu^2}{4\pi}\frac{H_2^{(2)}(\mu\sqrt{x_\mu^2})}{x_\mu^2}$$
$$- i\theta(r - cT)\frac{cT\mu^2}{2\pi^2}\frac{K_2(\mu\sqrt{-x_\mu^2})}{x_\mu^2}, \quad r \equiv |\varDelta\boldsymbol{x}| \tag{44}$$

となる．μ の表式 (26) を思い出し $\hbar$ を復活させれば，次のようにファインマン核の最終結果が得られる．

$$K(\varDelta \boldsymbol{x}\,;\,T)=\frac{1}{4\pi rc}\frac{\partial}{\partial T}\delta(cT-r)-\frac{im^2c^2}{4\pi^2\hbar^2}\delta(cT-r)$$

$$+\theta(cT-r)\frac{m^2c^3T}{4\pi\hbar^2}\frac{H_2^{(2)}\left(\frac{mc}{\hbar}\sqrt{x_\mu^2}\right)}{x_\mu^2}$$

$$-i\theta(r-cT)\frac{m^2c^3T}{2\pi^2\hbar^2}\frac{K_2\left(\frac{mc}{\hbar}\sqrt{-x_\mu^2}\right)}{x_\mu^2} \tag{45}$$

残った仕事は，I に対する微分を行い (44) を導くことである．(27) で $(-1/4\pi^2 r)\times(\partial/\partial r)$ であったので，

$$\text{(43)右辺第 1 項} \Longrightarrow -\frac{\pi}{4\pi^2 r}\frac{\partial}{\partial r}\delta(cT-r)=\frac{1}{4\pi rc}\frac{\partial}{\partial T}\delta(cT-r) \tag{46}$$

となる．これは (44) の右辺第 1 項である．(43) 右辺 2 項目，3 項目でベッセル関数に対する微分は，

$$\frac{1}{r}\frac{\partial}{\partial r}\overset{(32)}{=}\mp\mu^2\frac{1}{\chi_\pm}\frac{\partial}{\partial\chi_\pm} \tag{47}$$

を利用すれば，

$$\theta(cT-r)\frac{cT\mu^2}{4\pi}(-\mu^2)\left(\frac{1}{\chi_+}\frac{d}{d\chi_+}\right)\left(\frac{H_1^{(2)}(\chi_+)}{\chi_+}\right)$$

$$-i\theta(r-cT)\frac{cT\mu^2}{2\pi^2}(\mu^2)\left(\frac{1}{\chi_-}\frac{d}{d\chi_-}\right)\left(\frac{K_1(\chi_-)}{\chi_-}\right) \tag{48}$$

が得られる．次に，$Z_n(x)$ を $H_n^{(2)}(x)$，$K_n(x)\,(n=0,1,2,\cdots)$ としたときの公式

$$\left(\frac{1}{x}\frac{d}{dx}\right)\left(\frac{Z_1(x)}{x}\right)=-\frac{Z_2(x)}{x^2} \tag{49}$$

に注意すれば，(44) の右辺第 3，4 項目である．最後は，(43) の符号関数に対する微分である．(C.29) より，

$$\frac{\partial}{\partial r}\theta(cT-r)=-\delta(cT-r),\qquad \frac{\partial}{\partial r}\theta(r-cT)=\delta(cT-r)$$

となるので，

$$-\frac{cT\mu^2}{2\pi^2 r}\delta(cT-r)\left[\frac{\pi}{2}\frac{H_1^{(2)}(\chi_+)}{\chi_+}+i\frac{K_1(\chi_-)}{\chi_-}\right] \tag{50}$$

である．ここで，$cT-r=0\to\chi_\pm=0$ なので，デルタ関数の性質 (C.15) を使っ

て，

$$\frac{\pi}{2}\frac{H_1^{(2)}(\chi_+)}{\chi_+}\bigg|_{\chi_+=0}+i\frac{K_1(\chi_-)}{\chi_-}\bigg|_{\chi_-=0}\overset{(39)}{=}\frac{\pi}{2}\frac{J_1(\chi_+)}{\chi_+}\bigg|_{\chi_+=0} -i\left\{\frac{\pi}{2}\frac{N_1(\chi_+)}{\chi_+}\bigg|_{\chi_+=0}-\frac{K_1(\chi_-)}{\chi_-}\bigg|_{\chi_-=0}\right\} \tag{51}$$

を得る．$J_n(z)$，$I_n(z)$ の定義式 (53)，(54) より，以下のように求まる．

$$\frac{J_1(\chi_+)}{\chi_+}\bigg|_{\chi_+=0}=\frac{1}{2},\qquad \frac{I_1(\chi_-)}{\chi_-}\bigg|_{\chi_-=0}=\frac{1}{2} \tag{52}$$

一方，(55)，(56) より，

$$\frac{\pi}{2}\frac{N_1(\chi_+)}{\chi_+}\bigg|_{\chi_+=0}=\frac{J_1(\chi_+)}{\chi_+}\left(\gamma+\ln\frac{\chi_+}{2}\right)\bigg|_{\chi_+=0}-\frac{1}{4}-\frac{1}{\chi_+^2}\bigg|_{\chi_+=0}$$

$$\frac{K_1(\chi_-)}{\chi_-}\bigg|_{\chi_-=0}=\frac{I_1(\chi_-)}{\chi_-}\left(\gamma+\ln\frac{\chi_-}{2}\right)\bigg|_{\chi_-=0}+\frac{1}{4}+\frac{1}{\chi_-^2}\bigg|_{\chi_-=0}$$

であるから，(52) を代入し，差をとれば，

$$\begin{aligned}\frac{\pi}{2}\frac{N_1(\chi_+)}{\chi_+}\bigg|_{\chi_+=0}-\frac{K_1(\chi_-)}{\chi_-}\bigg|_{\chi_-=0}\\ &=\frac{1}{2}(\ln\sqrt{x_\mu^2}-\ln\sqrt{-x_\mu^2})\bigg|_{x_\mu^2=0}-\frac{1}{2}-\left(\frac{1}{\mu^2x_\mu^2}-\frac{1}{\mu^2x_\mu^2}\right)\bigg|_{x_\mu^2=0}\\ &=\frac{1}{4}[\ln(cT-r)+\ln(cT+r)\\ &\qquad -\ln(r-cT)-\ln(r+cT)]\bigg|_{cT=r}-\frac{1}{2}=-\frac{i\pi}{4}-\frac{1}{2}\end{aligned}$$

となる．なお，$x_\mu^2=(cT-r)(cT+r)$ ((29)) のように因数分解し，$\ln(r-cT)=\ln(-1)+\ln(cT-r)=\ln e^{i\pi}+\ln(cT-r)=i\pi+\ln(cT-r)$ を用いた．よって，

$$(51)=\frac{\pi}{4}-i\left(-\frac{i\pi}{4}-\frac{1}{2}\right)=\frac{i}{2}$$

が得られる．こうして (44) 右辺第 2 項$\Longrightarrow$(50) $=-\dfrac{i\mu^2}{4\pi^2}\delta(cT-r)$ が求められる．

ベッセル関数まとめ[†1]

級数展開は $n=0,1,2,\cdots$ として，

†1　森口繁一，宇田川銈久，一松信 共著：「岩波 数学公式Ⅲ 特殊関数」(岩波書店，1987 年) を参照．

$$J_n(z) = \left(\frac{z}{2}\right)^n \sum_{k=0}^{\infty} \frac{(-1)^k}{k!(n+k)!} \left(\frac{z}{2}\right)^{2k} \tag{53}$$

$$I_n(z) = \left(\frac{z}{2}\right)^n \sum_{k=0}^{\infty} \frac{1}{k!(n+k)!} \left(\frac{z}{2}\right)^{2k} \tag{54}$$

で与えられる（ただし，z は複素数）．$N_n(z)$，$K_n(z)$ は $\gamma = 0.57721\cdots$ をオイラーの数として，

$$\frac{\pi}{2} N_n(z) = J_n(z)\left(\gamma + \ln\frac{z}{2}\right) - \frac{1}{2}\left(\frac{z}{2}\right)^n \sum_{k=0}^{\infty} \frac{(-1)^k}{k!(n+k)!}\left(\frac{z}{2}\right)^{2k}\left[\sum_{m=1}^{k}\frac{1}{m} + \sum_{m=1}^{n+k}\frac{1}{m}\right] - \frac{1}{2}\left(\frac{2}{z}\right)^n \sum_{k=0}^{n-1} \frac{(n-k-1)!}{k!}\left(\frac{z}{2}\right)^{2k} \tag{55}$$

$$K_n(z) = (-1)^{n+1} I_n(z)\left(\gamma + \ln\frac{z}{2}\right) - \frac{(-1)^n}{2}\left(\frac{z}{2}\right)^n \sum_{k=0}^{\infty} \frac{(-1)^k}{k!(n+k)!}\left(\frac{z}{2}\right)^{2k}\left[\sum_{m=1}^{k}\frac{1}{m} + \sum_{m=1}^{n+k}\frac{1}{m}\right] + \frac{1}{2}\left(\frac{2}{z}\right)^n \sum_{k=0}^{n-1} \frac{(n-k-1)!}{k!}\left(\frac{z}{2}\right)^{2k} \tag{56}$$

と与えられる．

積分表示は，

$$\int_{-\infty}^{\infty} d\Theta \sin(x\cosh\Theta) = \pi J_0(x) \tag{57}$$

$$\int_{-\infty}^{\infty} d\Theta \cos(x\cosh\Theta) = -\pi N_0(x) \tag{58}$$

$$\int_{-\infty}^{\infty} d\Theta\, e^{\pm ix\sinh\Theta} = 2K_0(x) \tag{59}$$

である．

第 2 章

2.1a　$\hat{P}$，$\hat{Q}$ の交換関係 (1.105) と公式 (1.59) を用いれば

$$[\hat{P}, \hat{Q}^2] = \hat{Q}[\hat{P}, \hat{Q}] + [\hat{P}, \hat{Q}]\hat{Q} = -2i\hbar\hat{Q} \tag{60}$$

が得られ，これより，

$$\widehat{H}_1 = \widehat{P}\widehat{Q}\widehat{P} = \widehat{Q}\widehat{P}^2 + [\widehat{P},\,\widehat{Q}]\widehat{P} = \widehat{Q}\widehat{P}^2 - i\hbar\widehat{P}$$
$$\widehat{H}_2 = \widehat{Q}\widehat{P}\widehat{Q} = \widehat{Q}^2\widehat{P} + \widehat{Q}[\widehat{P},\,\widehat{Q}] = \widehat{Q}^2\widehat{P} - i\hbar\widehat{Q}$$
$$\widehat{H}_3 = \widehat{P}\widehat{Q}^2\widehat{P} = \widehat{Q}^2\widehat{P}^2 + [\widehat{P},\,\widehat{Q}^2]\widehat{P} = \widehat{Q}^2\widehat{P}^2 - 2i\hbar\widehat{Q}\widehat{P}$$

と求められる．

2.1b　(2.4) に運動量完全性を左側 ((2.7) では右側であったことに注意しよう！）に挿入する．

$$K^{(\mathrm{PQ})}(x_j,\,x_{j-1}\,;\,t_j,\,t_{j-1}) = \int dp_j\,\langle x_j|p_j\rangle\langle p_j|\hat{\boldsymbol{I}} - \frac{i}{\hbar}\varDelta t\widehat{H}^{(\mathrm{PQ})}(t_j)|x_{j-1}\rangle$$

（イ）を考慮すれば，

$$\langle p_j|\widehat{H}^{(\mathrm{PQ})}(t_j)|x_{j-1}\rangle = H(p_j,\,x_{j-1}\,;\,t_j)\langle p_j|x_{j-1}\rangle \tag{61}$$

である．(1.112) を用い $O((\varDelta t)^2)$ を無視し，指数の肩に上げれば（ロ）である．

2.1c　ハミルトニアン経路積分 (2.14) は，

$$K(x',\,x_0\,;\,t',\,t_0) = \lim_{N\to\infty}\left(\prod_{j=1}^{N-1}\int dx_j\right)\left(\prod_{j=1}^{N}\int\frac{dp_j}{2\pi\hbar}\right) \times \exp\left[\frac{i}{\hbar}\varDelta t\sum_{j=1}^{N}\{p_j\dot{x}_j - c\sqrt{p_j^2+m^2c^2}\}\right]\Bigg|_{x_0}^{x_N=x'}$$

で与えられる．期待されるのは，p_j 積分後の指数の肩が古典ラグランジュアン

$$L = -\,mc^2\sqrt{1-\frac{\dot{x}^2}{c^2}} \tag{62}$$

となっていることである．$p_j = \hbar k$ とおいて，無限小時間のファインマン核を，

$$\varDelta K_j \equiv \int\frac{dk}{2\pi}\exp[ik\varDelta x_j - ic\varDelta t\sqrt{k^2+\mu^2}], \qquad \mu \equiv \frac{mc}{\hbar} \tag{63}$$

と書く．これは，練習問題 1.4c の積分 (28) を 2π で割ったもので，

$$I_j \equiv \int dk\exp[ik\varDelta x_j - ic\varDelta t\sqrt{k^2+\mu^2}], \qquad \varDelta K_j = \frac{I_j}{2\pi} \tag{64}$$

と書く．計算結果 (43) を見れば，

$$I_j = \pi\delta(c\varDelta t - \varDelta x_j) - \theta(c\varDelta t - \varDelta x_j)\frac{c\varDelta t\mu^2\pi H_1^{(2)}(\chi_+)}{\chi_+} + i\theta(\varDelta x_j - c\varDelta t)\frac{2c\varDelta t\mu^2 K_1(\chi_-)}{\chi_-} \tag{65}$$

なので

$$\Delta K_j = \frac{1}{2}\delta(c\Delta t - \Delta x_j) + \frac{c\Delta t\mu^2}{2\pi}\Big[-\theta(c\Delta t - \Delta x_j)\frac{\pi H_1^{(2)}(\chi_+)}{\chi_+} + i\theta(\Delta x_j - c\Delta t)\frac{2K_1(\chi_-)}{\chi_-}\Big] \tag{66}$$

$$\chi_\pm \equiv \mu\sqrt{\pm(\Delta x_\mu)^2}, \qquad (\Delta x_\mu)^2 \equiv (c\Delta t)^2 - (\Delta x_j)^2$$

と求まる．これは次のように“期待された”形とはほど遠く見える．

$$\text{“}\Delta K_j\text{”} \sim \exp\Big[-\frac{imc^2\Delta t}{\hbar}\sqrt{1-\frac{(\Delta x_j)^2}{(c\Delta t)^2}}\Big] = \exp\Big[-\frac{imc}{\hbar}\sqrt{(c\Delta t)^2 - (\Delta x_j)^2}\Big] \tag{67}$$

もう少し考えてみよう．$\mu = mc/\hbar$ であったことを思い出し，

$$\hbar \to 0 \tag{68}$$

の極限（WKB 極限 ― 第 5 章）を考える．(66) では，

$$\chi_\pm = \mu\sqrt{\pm(\Delta x_\mu)^2} \to \infty \quad (\mu \to \infty) \tag{69}$$

である．(66) 右辺第 1 項目のデルタ関数は右辺第 2，3 項目に比べて無視でき，さらに，

$$\lim_{\chi_+\to\infty} H_1^{(2)}(\chi_+) = \sqrt{\frac{2}{\pi\chi_+}}\exp\Big[-i\Big(\chi_+ - \frac{3\pi}{4}\Big)\Big] \tag{70}$$

$$\lim_{\chi_-\to\infty} K_1(\chi_-) = \sqrt{\frac{\pi}{2\chi_-}}\exp[-\chi_-] \tag{71}$$

となる．ここで，森口繁一，宇田川銈久，一松信 共著：「岩波 数学公式Ⅲ 特殊関数」（岩波書店，1987 年）の p. 154，p. 173 を用いると，

$$\lim_{\hbar\to 0}\Delta K_j = \sqrt{\frac{1}{2\pi}}\,c\Delta t\mu^2\Big[-\theta(c\Delta t - \Delta x_j)\frac{e^{-i\chi_+ + 3\pi i/4}}{(\chi_+)^{3/2}} + i\theta(\Delta x_j - c\Delta t)\frac{e^{-\chi_-}}{(\chi_-)^{3/2}}\Big]$$

が導かれる．さらに指数の肩でおきかえ（厳密には解析接続 $x_\mu^2 \to -x_\mu^2 = e^{-i\pi}x_\mu^2$）

$$\chi_+ \to -i\chi_-$$

を行うと，第 1 項は

$$-\frac{e^{-i\chi_+ + 3\pi i/4}}{(\chi_+)^{3/2}} \overset{\chi_+\to -i\chi_-}{=} -\frac{e^{-\chi_- + 3\pi i/4}}{(e^{-i\pi/2}\chi_-)^{3/2}} = -e^{3\pi i/2}\frac{e^{-\chi_-}}{(\chi_-)^{3/2}} = i\frac{e^{-\chi_-}}{(\chi_-)^{3/2}} = \text{第 2 項}$$

となる．したがって，以下のように指数の肩は一つの関数で書ける．

$$-\frac{e^{-i\chi_+ + 3\pi i/4}}{(\chi_+)^{3/2}} = e^{i\pi+3\pi i/4}\frac{\exp[-i\mu\sqrt{(c\mathit{\Delta} t)^2-(\mathit{\Delta} x_j)^2}]}{\mu^{3/2}((c\mathit{\Delta} t)^2-(\mathit{\Delta} x_j)^2)^{3/4}}$$

こうして，WKB 極限で望むべく形，

$$\lim_{\hbar\to 0}\mathit{\Delta} K_j = \sqrt{\frac{m}{2\pi i\hbar\mathit{\Delta} t}}\frac{\exp[-i(mc^2\mathit{\Delta} t/\hbar)\sqrt{1-(\mathit{\Delta} x_j/c\mathit{\Delta} t)^2}]}{[1-(\mathit{\Delta} x_j/c\mathit{\Delta} t)^2]^{3/4}} \tag{72}$$

が得られた．これは，$c\to\infty$ で定数位相 $e^{-imc^2\mathit{\Delta} t/\hbar}$ を除いて，自由粒子のファインマン核

$$K(\mathit{\Delta} x,\,\mathit{\Delta} t) = \left(\frac{m}{2\pi i\hbar\mathit{\Delta} t}\right)^{1/2}\exp\left[\frac{im\,(\mathit{\Delta} x)^2}{2\hbar\mathit{\Delta} t}\right]$$

と一致する（(4.45) で $T\to\mathit{\Delta} t$, $\mathit{\Delta} x\to x_T-x_0$ とした）．

しかし，3 次元の場合（(45) を参照）ではこうはいかない．WKB 極限で無視できるのは右辺第 1 項，デルタ関数微分項であり，右辺第 2 項のデルタ関数は指数の肩にラグランジュアンを乗せたものでは表現できない．この例からわかるように，ハミルトニアン経路積分とラグランジュアン経路積分は一般には等しくない．

2.2a　(2.41) をハミルトニアン (2.50) に代入すれば，

$$\hat{H} = -\frac{\hbar\omega}{4}(\hat{a}-\hat{a}^\dagger)^2 + \frac{\hbar\omega}{4}(\hat{a}+\hat{a}^\dagger)^2 = \frac{\hbar\omega}{2}(\hat{a}^\dagger\hat{a}+\hat{a}\hat{a}^\dagger) \tag{73}$$

となる．交換関係 (2.43) を用いて，個数演算子 (2.44) に注意すれば，

$$\hat{H} = \hbar\omega\left(\hat{a}^\dagger\hat{a}+\frac{1}{2}\right) = \hbar\omega\left(\hat{N}+\frac{1}{2}\right) \tag{74}$$

である．これは，個数表示の固有状態，

$$\hat{H}|n\rangle = \hbar\omega\left(n+\frac{1}{2}\right)|n\rangle = E_n|n\rangle, \qquad E_n \equiv \hbar\omega\left(n+\frac{1}{2}\right) \tag{75}$$

なので行列要素は，$\langle m|\hat{H}|\,n\rangle = E_n\delta_{mn}$ と対角化される．

真空の波動関数は，$\hat{a}$ の条件 (2.49) に $\langle x|$ を以下のように作用させる．

$$\langle x|\hat{a}|0\rangle = 0$$

この表式に (2.42) と，運動量演算子の座標表示 (1.98)（の 1 次元版）を用いれば，

$$0 = \langle x|\left(\hat{Q}+i\frac{\hat{P}}{m\omega}\right)|0\rangle = \left(x+\frac{\hbar}{m\omega}\frac{d}{dx}\right)\psi_0(x)$$

が得られる．積分すれば，C を積分定数として，

$$\psi_0(x) = C\exp\left[-\frac{m\omega}{2\hbar}x^2\right]$$

が求まる．C は真空の規格化条件 (2.49) より決まる．

$$1 = \langle 0|0\rangle = \int dx\, \langle 0|x\rangle\langle x|0\rangle = \int dx\, |\psi_0(x)|^2$$
$$= |C|^2 \int dx \exp\left[-\frac{m\omega}{\hbar}x^2\right] \overset{(\mathrm{D.1})}{=} |C|^2\sqrt{\frac{\pi\hbar}{m\omega}}$$

のように決まる．これより，$|C| = (m\omega/(\pi\hbar))^{1/4}$ であるから，

$$\psi_0(x) = \left(\frac{m\omega}{\pi\hbar}\right)^{1/4} \exp\left[-\frac{m\omega}{2\hbar}x^2\right] \tag{76}$$

となる．n 体状態表示は，(2.51) と生成演算子の表示 (2.42) より，

$$\psi_n(x) = \frac{1}{\sqrt{n\,!}}\langle x|(\hat{a}^\dagger)^n|0\rangle = \frac{1}{\sqrt{n\,!}}\left(\frac{m\omega}{2\hbar}\right)^{n/2}\langle x|\left(\hat{Q} - i\frac{\hat{P}}{m\omega}\right)^n|0\rangle$$
$$\overset{(1.98)}{=} \frac{1}{\sqrt{n\,!}}\left(\frac{m\omega}{2\hbar}\right)^{n/2}\left(x - \frac{\hbar}{m\omega}\frac{d}{dx}\right)^n \psi_0(x) \tag{77}$$

と求まる．

2.2b　(2.61) の証明：練習問題 1.3b 同様，パラメータ t を含む演算子 $\hat{f}(t) \equiv e^{t\hat{A}}e^{t\hat{B}}$ を導入し，その微分を

$$\frac{d\hat{f}(t)}{dt} = e^{t\hat{A}}\hat{A}e^{t\hat{B}} + e^{t\hat{A}}\hat{B}e^{t\hat{B}} = \begin{cases} (\hat{A} + e^{t\hat{A}}\hat{B}e^{-t\hat{A}})e^{t\hat{A}}e^{t\hat{B}} \\ e^{t\hat{A}}e^{t\hat{B}}(e^{-t\hat{B}}\hat{A}e^{t\hat{B}} + \hat{B}) \end{cases}$$

とそれぞれ書く．公式 (1.92) を $[\hat{A}, \hat{B}] = \mathrm{c}$ 数に留意して用いると，

$$\frac{d\hat{f}(t)}{dt} = \begin{cases} (\hat{A} + \hat{B} + t[\hat{A}, \hat{B}])\hat{f}(t) \\ \hat{f}(t)(\hat{A} + \hat{B} + t[\hat{A}, \hat{B}]) \end{cases}$$

となる．これから，

$$\hat{f}^{-1}\frac{d\hat{f}}{dt} = \frac{d\hat{f}}{dt}\hat{f}^{-1} = \hat{A} + \hat{B} + t[\hat{A}, \hat{B}]$$

が成り立つ．すなわち $\hat{f}^{-1}$と $d\hat{f}/dt$ は互いに可換であり，

$$\hat{f}^{-1}\frac{d\hat{f}}{dt} = \frac{d\hat{f}}{dt}\hat{f}^{-1} = \frac{d}{dt}\ln\hat{f}$$

と書いてよく，

$$\frac{d}{dt}\ln\hat{f} = \hat{A} + \hat{B} + t[\hat{A}, \hat{B}]$$

が得られる．これを，$\hat{f}(0) = \hat{\boldsymbol{I}}$ を考慮して積分すれば，次のようになる．

$$\hat{f}(t) = \exp\left[(\hat{A} + \hat{B})t + \frac{t^2}{2}[\hat{A}, \hat{B}]\right]$$
$$= \exp[(\hat{A} + \hat{B})t] \exp\left[\frac{t^2}{2}[\hat{A}, \hat{B}]\right]$$

最後は，交換関係 $[\hat{A}, \hat{B}] = \text{c}$ 数を考慮した．$t=1$ とすれば (2.61) の右辺である．

(2.62) の証明：(2.61) を左辺に用いると

$$(2.62)\text{左辺} \overset{(2.61)}{=} e^{\hat{A}+\hat{B}} e^{[\hat{A}, \hat{B}]/2}$$

が得られ，右辺には (2.61) で $\hat{A}$ と $\hat{B}$ を入れかえた表式を用いると，

$$(2.62)\text{右辺} \overset{(2.61)\hat{A}\leftrightarrow\hat{B}}{=} e^{\hat{B}+\hat{A}+[\hat{B}, \hat{A}]/2} e^{[\hat{A}, \hat{B}]} = e^{\hat{A}+\hat{B}} e^{[\hat{A}, \hat{B}]/2}$$

となるので，両辺が等しいことが示せた．

2.2c　表示 (2.41) にコヒーレント状態 (2.54) を用いれば，

$$\langle\hat{Q}\rangle = \sqrt{\frac{\hbar}{2m\omega}}(\alpha + \alpha^*), \qquad \langle\hat{P}\rangle = \frac{1}{i}\sqrt{\frac{m\omega\hbar}{2}}(\alpha - \alpha^*) \tag{78}$$

が得られる．期待値の性質

$$\langle\!\langle\hat{A}\rangle\!\rangle = \langle\hat{A}\rangle, \qquad \langle\!\langle\hat{A}\rangle\langle\hat{B}\rangle\!\rangle = \langle\hat{A}\rangle\langle\hat{B}\rangle, \qquad \langle(\varDelta\hat{A})^2\rangle = \langle\hat{A}^2\rangle - (\langle\hat{A}\rangle)^2$$

に注意して，

$$\hat{Q}^2 = \frac{\hbar}{2m\omega}((\hat{a}^\dagger)^2 + \hat{a}^2 + 2\hat{a}^\dagger\hat{a} + 1)$$
$$\hat{P}^2 = -\frac{m\omega\hbar}{2}((\hat{a}^\dagger)^2 + \hat{a}^2 - 2\hat{a}^\dagger\hat{a} - 1)$$

より，

$$\langle(\varDelta\hat{Q})^2\rangle = \frac{\hbar(\alpha^2 + (\alpha^*)^2 + 2\alpha^*\alpha + 1)}{2m\omega} - \frac{\hbar(\alpha + \alpha^*)^2}{2m\omega} = \frac{\hbar}{2m\omega}$$
$$\langle(\varDelta\hat{P})^2\rangle = -\frac{m\omega\hbar(\alpha^2 + (\alpha^*)^2 - 2\alpha^*\alpha - 1)}{2} + \frac{m\omega\hbar(\alpha - \alpha^*)^2}{2} = \frac{m\omega\hbar}{2}$$

と与えられる．双方の積をとれば (2.107) が得られる．

2.2d　公式 (1.92) で，$\hat{A} = i(\hat{\boldsymbol{P}}\boldsymbol{q} - \hat{\boldsymbol{Q}}\boldsymbol{p})/\hbar$ とおいて，

$$[\hat{A}, \hat{\boldsymbol{P}}] = -\frac{i}{\hbar}[\hat{\boldsymbol{Q}}\boldsymbol{p}, \hat{\boldsymbol{P}}] = \boldsymbol{p}, \qquad [\hat{A}, \hat{\boldsymbol{Q}}] = \frac{i}{\hbar}[\hat{\boldsymbol{P}}\boldsymbol{q}, \hat{\boldsymbol{Q}}] = \boldsymbol{q}$$

に注意すれば，右辺は c 数であるから，

$$\hat{\boldsymbol{U}}^\dagger \begin{Bmatrix}\hat{\boldsymbol{P}} \\ \hat{\boldsymbol{Q}}\end{Bmatrix} \hat{\boldsymbol{U}} = e^{\hat{A}} \begin{Bmatrix}\hat{\boldsymbol{P}} \\ \hat{\boldsymbol{Q}}\end{Bmatrix} e^{-\hat{A}} \overset{(1.92)}{=} \begin{Bmatrix}\hat{\boldsymbol{P}} \\ \hat{\boldsymbol{Q}}\end{Bmatrix} + \begin{Bmatrix}\hat{\boldsymbol{p}} \\ \hat{\boldsymbol{q}}\end{Bmatrix}$$

となる．後半は，生成・消滅演算子の定義 (2.41)

$$\hat{\boldsymbol{Q}} = \sqrt{\frac{\hbar}{2m\omega}}(\hat{\boldsymbol{a}} + \hat{\boldsymbol{a}}^{\dagger}), \qquad \hat{\boldsymbol{P}} = \frac{1}{i}\sqrt{\frac{m\omega\hbar}{2}}(\hat{\boldsymbol{a}} - \hat{\boldsymbol{a}}^{\dagger})$$

を (2.108) に代入すれば,

$$\begin{aligned}\hat{U} &= \exp\left[-\sqrt{\frac{m\omega}{2\hbar}}(\hat{\boldsymbol{a}} - \hat{\boldsymbol{a}}^{\dagger})\boldsymbol{q} + \frac{i}{\sqrt{2\hbar m\omega}}(\hat{\boldsymbol{a}} + \hat{\boldsymbol{a}}^{\dagger})\boldsymbol{p}\right] \\ &= \exp\left[\hat{\boldsymbol{a}}^{\dagger}\sqrt{\frac{m\omega}{2\hbar}}\left(\boldsymbol{q} + \frac{i}{m\omega}\boldsymbol{p}\right) - \hat{\boldsymbol{a}}\sqrt{\frac{m\omega}{2\hbar}}\left(\boldsymbol{q} - \frac{i}{m\omega}\boldsymbol{p}\right)\right]\end{aligned}$$

と書ける．$\boldsymbol{\alpha}$, $\boldsymbol{\alpha}^*$を (2.110) ととれば $\hat{U} = \hat{U}_{\mathrm{B}}$ である．

2.2e　積分は，自由度 1 の場合 (2.67) を $\boldsymbol{\alpha} = \boldsymbol{x} + i\boldsymbol{y}$ と書いて一般化した,

$$\int d^{2f}\boldsymbol{\alpha} = \iint_{-\infty}^{\infty} d^f\boldsymbol{x}\, d^f\boldsymbol{y} \tag{79}$$

が定義である．変数変換 (2.104) は，$\boldsymbol{x}$, $\boldsymbol{y}$ では

$$V = V_{\mathrm{R}} + iV_{\mathrm{I}}$$

$$V_{\mathrm{R}} \equiv \frac{V + V^*}{2}, \qquad V_{\mathrm{I}} \equiv \frac{V - V^*}{2i} \tag{80}$$

を導入して,

$$\boldsymbol{x} = V_{\mathrm{R}}\boldsymbol{x}' - V_{\mathrm{I}}\boldsymbol{y}', \qquad \boldsymbol{y} = V_{\mathrm{I}}\boldsymbol{x}' + V_{\mathrm{R}}\boldsymbol{y}' \tag{81}$$

で与えられる．これより，変換のヤコビアンは

$$\left\|\frac{\partial(\boldsymbol{x}, \boldsymbol{y})}{\partial(\boldsymbol{x}', \boldsymbol{y}')}\right\| = \left|\det\begin{pmatrix} V_{\mathrm{R}} & -V_{\mathrm{I}} \\ V_{\mathrm{I}} & V_{\mathrm{R}} \end{pmatrix}\right|$$

であり，行列式の公式 (2.191) (練習問題 2.3a を参照) より以下のように求まる．

$$\det\begin{pmatrix} V_{\mathrm{R}} & -V_{\mathrm{I}} \\ V_{\mathrm{I}} & V_{\mathrm{R}} \end{pmatrix} = \det(V_{\mathrm{R}}^2 - V_{\mathrm{R}}V_{\mathrm{I}}V_{\mathrm{R}}^{-1}V_{\mathrm{I}}) = \det V_{\mathrm{R}} \det(V_{\mathrm{R}} + V_{\mathrm{I}}V_{\mathrm{R}}^{-1}V_{\mathrm{I}}) \tag{82}$$

ここで (80) に注意すると，$X \equiv V^{-1}V^*$ とおいて

$$\begin{aligned}V_{\mathrm{R}} + V_{\mathrm{I}}V_{\mathrm{R}}^{-1}V_{\mathrm{I}} &= \frac{V + V^*}{2} + \frac{V - V^*}{2i}\left(\frac{V + V^*}{2}\right)^{-1}\frac{V - V^*}{2i} \\ &= \frac{V}{2}\{I + X - (I - X)(I + X)^{-1}(I - X)\}\end{aligned} \tag{83}$$

となる．{　} の中は X だけの関数であるから，通常の数のように計算できて,

$$(83) = \frac{V}{2}\{(I + X)^2 - (I - X)^2\}(I + X)^{-1} = 2VX(I + X)^{-1}$$

となる．ここで X を戻すと,

$$(83) = \boldsymbol{V}^*\left(\frac{\boldsymbol{I} + \boldsymbol{V}^{-1}\boldsymbol{V}^*}{2}\right)^{-1} = \boldsymbol{V}^*\left(\boldsymbol{V}^{-1}\left(\frac{\boldsymbol{V} + \boldsymbol{V}^*}{2}\right)\right)^{-1}$$

$$= \boldsymbol{V}^*\left(\frac{\boldsymbol{V} + \boldsymbol{V}^*}{2}\right)^{-1}\boldsymbol{V} = \boldsymbol{V}^*\boldsymbol{V}_{\mathrm{R}}^{-1}\boldsymbol{V} \tag{84}$$

となる.

こうして，以下のように (2.105) を導くことができる.

$$(82)右辺 = \det \boldsymbol{V}_{\mathrm{R}} \det(\boldsymbol{V}^*\boldsymbol{V}_{\mathrm{R}}^{-1}\boldsymbol{V}) = \det(\boldsymbol{V}^\dagger \boldsymbol{V}) = (2.105)$$

上式の展開では，以下の行列式の性質を用いた.

$$\det \boldsymbol{AB} = \det \boldsymbol{A} \det \boldsymbol{B}, \qquad \det(\boldsymbol{A}^{-1}) = \frac{1}{\det \boldsymbol{A}}$$

$$\det \boldsymbol{V} = \det \boldsymbol{V}^{\mathrm{T}} \Longleftrightarrow \det \boldsymbol{V}^* = \det \boldsymbol{V}^\dagger$$

2.3a　$2f$ 自由度のグラスマン変数 $\boldsymbol{\xi}$ と，f 自由度の $\boldsymbol{\xi}_{\mathrm{u}}$, $\boldsymbol{\xi}_{\mathrm{d}}$（と共役）を

$$\boldsymbol{\xi} = (\boldsymbol{\xi}_{\mathrm{u}}, \boldsymbol{\xi}_{\mathrm{d}}), \quad \boldsymbol{\xi}_{\mathrm{u}} \equiv (\xi_1, \xi_2, \cdots, \xi_f), \quad \boldsymbol{\xi}_{\mathrm{d}} \equiv (\xi_{f+1}, \xi_{f+2}, \cdots, \xi_{2f})$$

で導入する. (2.186) で

$$\boldsymbol{M} = \begin{pmatrix} \boldsymbol{A} & \boldsymbol{B} \\ \boldsymbol{C} & \boldsymbol{D} \end{pmatrix}$$

とおけば,

$$\det \boldsymbol{M} = \int d^{2f}\boldsymbol{\xi}\, d^{2f}\boldsymbol{\xi}^* \exp[-\boldsymbol{\xi}^\dagger \boldsymbol{M}\boldsymbol{\xi}]$$

$$= \int d^f\boldsymbol{\xi}_{\mathrm{u}}\, d^f\boldsymbol{\xi}_{\mathrm{u}}^*\, d^f\boldsymbol{\xi}_{\mathrm{d}}\, d^f\boldsymbol{\xi}_{\mathrm{d}}^* \exp[-\boldsymbol{\xi}_{\mathrm{u}}^\dagger \boldsymbol{A}\boldsymbol{\xi}_{\mathrm{u}} - \boldsymbol{\xi}_{\mathrm{u}}^\dagger \boldsymbol{B}\boldsymbol{\xi}_{\mathrm{d}} - \boldsymbol{\xi}_{\mathrm{d}}^\dagger \boldsymbol{C}\boldsymbol{\xi}_{\mathrm{u}} - \boldsymbol{\xi}_{\mathrm{d}}^\dagger \boldsymbol{D}\boldsymbol{\xi}_{\mathrm{d}}] \tag{85}$$

となる. ここで，積分測度は，(2.153) を思い出し以下のように変形した.

$$d^{2f}\boldsymbol{\xi}\, d^{2f}\boldsymbol{\xi}^* = d^f\boldsymbol{\xi}_{\mathrm{u}}\, \overleftarrow{d^f\boldsymbol{\xi}_{\mathrm{d}}\, d^f\boldsymbol{\xi}_{\mathrm{d}}^*}\, d^f\boldsymbol{\xi}_{\mathrm{u}}^* = d^f\boldsymbol{\xi}_{\mathrm{u}}\, d^f\boldsymbol{\xi}_{\mathrm{u}}^*\, d^f\boldsymbol{\xi}_{\mathrm{d}}\, d^f\boldsymbol{\xi}_{\mathrm{d}}^*$$

のように変形した. $d^f\boldsymbol{\xi}_{\mathrm{d}} d^f\boldsymbol{\xi}_{\mathrm{d}}^*$ はグラスマン偶であることに注意しよう. ここで $\boldsymbol{\xi}_{\mathrm{u}}^\dagger \boldsymbol{B}\boldsymbol{\xi}_{\mathrm{d}}$, $\boldsymbol{\xi}_{\mathrm{d}}^\dagger \boldsymbol{C}\boldsymbol{\xi}_{\mathrm{u}}$ が消えるように，変数を

$$\boldsymbol{\xi}_{\mathrm{u}} \Longrightarrow \boldsymbol{\xi}_{\mathrm{u}} - \boldsymbol{A}^{-1}\boldsymbol{B}\boldsymbol{\xi}_{\mathrm{d}}, \qquad \boldsymbol{\xi}_{\mathrm{u}}^\dagger \Longrightarrow \boldsymbol{\xi}_{\mathrm{u}}^\dagger - \boldsymbol{\xi}_{\mathrm{d}}^\dagger \boldsymbol{C}\boldsymbol{A}^{-1} \tag{86}$$

とシフトすれば,

$$-\boldsymbol{\xi}_{\mathrm{u}}^\dagger \boldsymbol{A}\boldsymbol{\xi}_{\mathrm{u}} \Longrightarrow -\boldsymbol{\xi}_{\mathrm{u}}^\dagger \boldsymbol{A}\boldsymbol{\xi}_{\mathrm{u}} + \boldsymbol{\xi}_{\mathrm{u}}^\dagger \boldsymbol{B}\boldsymbol{\xi}_{\mathrm{d}} + \boldsymbol{\xi}_{\mathrm{d}}^\dagger \boldsymbol{C}\boldsymbol{\xi}_{\mathrm{u}} - \boldsymbol{\xi}_{\mathrm{d}}^\dagger \boldsymbol{C}\boldsymbol{A}^{-1}\boldsymbol{B}\boldsymbol{\xi}_{\mathrm{d}}$$

$$-\boldsymbol{\xi}_{\mathrm{u}}^\dagger \boldsymbol{B}\boldsymbol{\xi}_{\mathrm{d}} \Longrightarrow -\boldsymbol{\xi}_{\mathrm{u}}^\dagger \boldsymbol{B}\boldsymbol{\xi}_{\mathrm{d}} + \boldsymbol{\xi}_{\mathrm{d}}^\dagger \boldsymbol{C}\boldsymbol{A}^{-1}\boldsymbol{B}\boldsymbol{\xi}_{\mathrm{d}}$$

$$-\boldsymbol{\xi}_{\mathrm{d}}^\dagger \boldsymbol{C}\boldsymbol{\xi}_{\mathrm{u}} \Longrightarrow -\boldsymbol{\xi}_{\mathrm{d}}^\dagger \boldsymbol{C}\boldsymbol{\xi}_{\mathrm{u}} + \boldsymbol{\xi}_{\mathrm{d}}^\dagger \boldsymbol{C}\boldsymbol{A}^{-1}\boldsymbol{B}\boldsymbol{\xi}_{\mathrm{d}}$$

などとなり，積分測度 $d^f\boldsymbol{\xi}_{\mathrm{u}}\, d^f\boldsymbol{\xi}_{\mathrm{u}}^*$ は変わらないから，(85) は

$$\det \boldsymbol{M} = \int d^f\boldsymbol{\xi}_{\mathrm{u}}\, d^f\boldsymbol{\xi}_{\mathrm{u}}^*\, d^f\boldsymbol{\xi}_{\mathrm{d}}\, d^f\boldsymbol{\xi}_{\mathrm{d}}^* \exp[-\boldsymbol{\xi}_{\mathrm{u}}^\dagger \boldsymbol{A}\boldsymbol{\xi}_{\mathrm{u}} - \boldsymbol{\xi}_{\mathrm{d}}^\dagger(\boldsymbol{D} - \boldsymbol{C}\boldsymbol{A}^{-1}\boldsymbol{B})\boldsymbol{\xi}_{\mathrm{d}}] \tag{87}$$

となる．ガウス積分公式 (2.186) を $\boldsymbol{\xi}_{\mathrm{u}}$，$\boldsymbol{\xi}_{\mathrm{d}}$ に用いれば，

$$\det\begin{pmatrix} \boldsymbol{A} & \boldsymbol{B} \\ \boldsymbol{C} & \boldsymbol{D} \end{pmatrix} = \det \boldsymbol{A} \det(\boldsymbol{D} - \boldsymbol{C}\boldsymbol{A}^{-1}\boldsymbol{B})$$

が得られ，行列式の積をまとめれば (2.191) である．

2.3b　(2.193) より，べきゼロ性に着目すれば，

$$\delta(\xi) = c\xi \quad (c : \mathrm{c}\ 数)$$

と与えられる．任意関数 $f(\xi)$ は，

$$f(\xi) = f_0 + f_1\xi \tag{88}$$

とべき展開で与えられるので，これらを (2.192) に代入すれば，

$$\begin{aligned}
左辺 &= \int f(\xi')\delta(\xi' - \xi)\, d\xi' = cf_0 \int (\xi' - \xi)\, d\xi' + cf_1 \int \xi'(\xi' - \xi)\, d\xi' \\
&\overset{(2.137)}{=} icf_0 - cf_1 \int \xi'\xi\, d\xi' \overset{(2.137)}{=} ic(f_0 + f_1\xi) = icf(\xi)
\end{aligned}$$

が得られる．最後の積分で ξ と ξ' を入れかえた．これから，$c = 1/i$ で (2.194) 真ん中の式が出た．最後の式は，指数関数を展開し $d\xi^*$ 積分をすれば

$$\begin{aligned}
(2.194)右辺 &= \int (1 + \xi^*(\xi' - \xi))\, d\xi^* \\
&\overset{\xi^*\,を右へ}{=} \int (1 - (\xi' - \xi)\xi^*)\, d\xi^* \overset{(2.137)}{=} -i(\xi' - \xi) = \delta(\xi' - \xi)
\end{aligned}$$

と与えられる．

2.3c　(1.92) を $\hat{A} \to -\hat{b}^\dagger\xi$，$\hat{B} \to \hat{b}$ として用いると，

$$e^{-\hat{b}^\dagger\xi}\hat{b}e^{\hat{b}^\dagger\xi} = \hat{b} + \xi \Longrightarrow \hat{b}e^{\hat{b}^\dagger\xi} = e^{\hat{b}^\dagger\xi}\hat{b} + \xi e^{\hat{b}^\dagger\xi} \tag{89}$$

である．これに，$|0\rangle$ に作用すれば (2.196) 左側が出る．右側は，デルタ関数 (2.194) より，

$$\delta(\xi - \hat{b})\hat{b} \overset{(2.194)}{=} \frac{1}{i}\xi\hat{b} = -\frac{1}{i}\hat{b}\xi \overset{(2.194)}{=} \delta(\xi - \hat{b})\xi$$

となるので，左から $\langle 0|$ を掛ければ求める表式である．(2.197) は $|\xi\rangle\!\rangle$，$\langle\!\langle\xi|$ を

$$|\xi\rangle\!\rangle = |0\rangle - \xi|1\rangle, \qquad \langle\!\langle\xi| = \frac{1}{i}\langle 0|\xi - \frac{1}{i}\langle 1|$$

と展開し，ξ の 1 次項のみに着目すると（積分で残るので），

$$(2.197)\text{左辺} = \frac{1}{i}\int (|0\rangle\langle 0|\xi + \xi|1\rangle\langle 1|)\, d\xi$$
$$= \frac{1}{i}(|0\rangle\langle 0| + |1\rangle\langle 1|)\int \xi\, d\xi = \hat{\boldsymbol{I}}$$

が得られる．なお，$|1\rangle\langle 1|$ はグラスマン偶であるから，符号を気にせず ξ を右に移動した．

2.3d　(2.199) 右側は共役 $\langle 0|e^{\xi^*\hat{b}} \overset{*}{\Longleftrightarrow} e^{\hat{b}^\dagger\xi}|0\rangle$ を考えれば，

$$\langle\!\langle \xi^*| \overset{*}{\Longleftrightarrow} |\xi\rangle\!\rangle \tag{90}$$

である．したがって，(2.198) 右式は (2.196) 左式の共役である．さらに，デルタ関数の共役，

$$\delta(\xi - \hat{b}) = \frac{1}{i}(\xi - \hat{b}) \overset{*}{\Longleftrightarrow} \frac{1}{-i}(\xi^* - \hat{b}^\dagger) = \delta(\hat{b}^\dagger - \xi^*)$$

を考えれば，

$$\langle\!\langle \xi| \overset{*}{\Longleftrightarrow} |\xi^*\rangle\!\rangle \tag{91}$$

なので，(2.198) 左式は (2.196) 右式の共役である．最後も，(2.197) の共役を行ったものが単位の分解 (2.200) である．

2.3e　(2.201) 右式は左式の共役と，入れかえ $\xi^{*\prime} \leftrightarrow \xi^*$ で求まるので，左式を考えることにしよう．それは，

$$\langle\!\langle \xi'|\xi\rangle\!\rangle = \langle 0|\delta(\xi' - \hat{b})e^{\hat{b}^\dagger\xi}|0\rangle = \frac{1}{i}\langle 0|(\xi' - \hat{b})e^{\hat{b}^\dagger\xi}|0\rangle$$
$$\overset{(89)}{=} \frac{1}{i}\langle 0|e^{\hat{b}^\dagger\xi}(\xi' - \hat{b} - \xi)|0\rangle = \frac{1}{i}\langle 0|(\xi' - \xi)|0\rangle = \delta(\xi' - \xi)$$

のように与えられる．ここで，(89) および $\xi e^{\hat{b}^\dagger\xi'} = e^{\hat{b}^\dagger\xi'}\xi$ を用いた．これで (2.201) が示された．

次に，(2.202) 左式を示そう．公式 (2.62) より，

$$e^{\xi^*\hat{b}}e^{\hat{b}^\dagger\xi} = e^{\hat{b}^\dagger\xi}e^{\xi^*\hat{b}}\exp([\xi^*\hat{b}, \hat{b}^\dagger\xi]) = e^{\hat{b}^\dagger\xi}e^{\xi^*\hat{b}}e^{\xi^*\xi} \tag{92}$$

なので，

$$\langle\!\langle \xi^*|\xi\rangle\!\rangle = \langle 0|e^{\xi^*\hat{b}}e^{\hat{b}^\dagger\xi}|0\rangle = \langle 0|e^{\hat{b}^\dagger\xi}e^{\xi^*\hat{b}}|0\rangle e^{\xi^*\xi} = e^{\xi^*\xi}$$

が得られる．

最後に (2.202) 右式を以下に示そう．

$$\langle\!\langle \xi|\xi^*\rangle\!\rangle = \langle 0|\delta(\xi - \hat{b})\delta(\hat{b}^\dagger - \xi^*)|0\rangle = \left(\frac{1}{i}\right)^2\langle 0|(\xi - \hat{b})(\hat{b}^\dagger - \xi^*)|0\rangle$$
$$= \left(\frac{1}{i}\right)^2\langle 0|(\xi\hat{b}^\dagger - \hat{b}\hat{b}^\dagger - \xi\xi^* + \hat{b}\xi^*)|0\rangle = \left(\frac{1}{i}\right)^2\langle 0|(-\hat{b}\hat{b}^\dagger - \xi\xi^*)|0\rangle$$
$$\overset{(2.111)}{=} 1 + \xi\xi^* = 1 - \xi^*\xi = e^{-\xi^*\xi}$$

(2.196)，(2.197)，(2.198)，(2.200)，および (2.201)，(2.202) と (P, Q) での関係式，(1.106) ～ (1.114) を比べれば，類似性 $\hat{P} \leftrightarrow b^{\dagger}$，$\hat{Q} \leftrightarrow \hat{b}$，$p \leftrightarrow \xi^*$，$x \leftrightarrow \xi$ が見てとれる．この類似性に着目すれば，フェルミ系の最も一般的な演算子順序は α - 順序であり，今それは，(12) に対応した

$$F^{(\alpha)}(\hat{b}^{\dagger}, \hat{b}) = \iiint \left|\xi + \left(\frac{1}{2}+\alpha\right)\zeta\right\rangle\!\!\left\rangle\!\!\left\langle\!\!\left\langle \xi - \left(\frac{1}{2}-\alpha\right)\zeta\right| F(\xi^*, \xi)\, e^{-\xi^*\zeta}\, d\zeta\, d\xi^*\, d\xi \tag{93}$$

と与えられる．また α - 写像 (1.121) に対応した，

$$F^{(\alpha)}(\xi^*, \xi) = \int \left\langle\!\!\left\langle \xi^* + \left(\frac{1}{2}-\alpha\right)\zeta^* \right| F(\hat{b}^{\dagger}, \hat{b}) \left| \xi^* - \left(\frac{1}{2}+\alpha\right)\zeta^* \right\rangle\!\!\right\rangle e^{-\zeta^*\xi} d\zeta^* \tag{94}$$

を作ることができる．(1.124) も $F \to H$ として

$$H(\hat{b}^{\dagger}, \hat{b}) = \iiint \left|\xi + \left(\frac{1}{2}+\alpha\right)\zeta\right\rangle\!\!\left\rangle\!\!\left\langle\!\!\left\langle \xi - \left(\frac{1}{2}-\alpha\right)\zeta\right| H^{(\alpha)}(\xi^*, \xi)\, e^{-\xi^*\zeta}\, d\zeta\, d\xi^*\, d\xi \tag{95}$$

となるので，最も一般的な経路積分表示をこれから作ることができる（大貫義郎，鈴木増雄，柏太郎 共著：「現代物理学叢書 経路積分の方法」（岩波書店，2012 年）pp. 26 - 28）．

2.3f (2.133) と固有状態 (2.195) 左式，(2.199) 右式を比べれば，直ちに，

$$|\xi\rangle = e^{-\xi^*\xi/2}|\xi\rangle\!\rangle, \qquad \langle\xi| = \langle\!\langle\xi^*|e^{-\xi^*\xi/2} \tag{96}$$

がいえる．これより，単位の分解 (2.142) は

$$\hat{\boldsymbol{I}} = \int |\xi\rangle\langle\xi|\, d\xi\, d\xi^* = \int |\xi\rangle\!\rangle\langle\!\langle\xi^*| e^{-\xi^*\xi}\, d\xi\, d\xi^* \tag{97}$$

となる．最後の表式は単位の分解 (2.197)，(2.200) を用いた，

$$\hat{\boldsymbol{I}} = \int |\xi\rangle\!\rangle\langle\!\langle\xi| \overbrace{d\xi\, d\xi^*} |\xi^*\rangle\!\rangle\langle\!\langle\xi^*| = \int |\xi\rangle\!\rangle\langle\!\langle\xi|\xi^*\rangle\!\rangle\langle\!\langle\xi^*|\, d\xi\, d\xi^*$$

$$\overset{(2.202)}{=} \int |\xi\rangle\!\rangle\langle\!\langle\xi^*| e^{-\xi^*\xi}\, d\xi\, d\xi^*$$

と一致している（(2.202) 右式を用いた）．

2.3g 両式は互いに共役であるから左式を示す．まず，

$$\text{左辺} = \int |\xi_f\rangle\!\rangle \otimes \cdots \otimes |\xi_1\rangle\!\rangle\langle\!\langle\xi_1| \otimes \cdots \otimes \langle\!\langle\xi_f|\, d\xi_f \cdots d\xi_1$$

である．ここで，$\langle\!\langle\xi_f|\, d\xi_f$ がグラスマン偶であることに気がつけば，符号を気にすることなく左に移動することができ

$$左辺 = \int |\xi_f\rangle\!\rangle\langle\!\langle\xi_f|\, d\xi_f \otimes |\xi_{f-1}\rangle\!\rangle \otimes \cdots$$
$$\cdots \otimes |\xi_1\rangle\!\rangle\langle\!\langle\xi_1| \otimes \cdots \otimes \langle\!\langle\xi_{f-1}|\, d\xi_{f-1} \cdots d\xi_1$$

となる．同様に $\langle\!\langle\xi_{f-1}|\, d\xi_{f-1}$ を左に寄せて，繰り返せば

$$左辺 = \int |\xi_f\rangle\!\rangle\langle\!\langle\xi_f|\, d\xi_f \otimes \cdots \otimes |\xi_1\rangle\!\rangle\langle\!\langle\xi_1|\, d\xi_1$$

が得られ，$|\xi_j\rangle\!\rangle\langle\!\langle\xi_j|\, d\xi_j$ （$j = 1, 2, \cdots, f$）はグラスマン偶なので順番を並べかえれば，

$$\begin{aligned} 左辺 &= \int |\xi_1\rangle\!\rangle\langle\!\langle\xi_1|\, d\xi_1 \otimes \cdots \otimes \int |\xi_f\rangle\!\rangle\langle\!\langle\xi_f|\, d\xi_f \\ &\overset{(2.197)}{=} \hat{\boldsymbol{I}}_1 \otimes \hat{\boldsymbol{I}}_2 \otimes \cdots \otimes \hat{\boldsymbol{I}}_f = \hat{\boldsymbol{I}} = 右辺 \end{aligned}$$

となる．

第3章

3.1a　基底は練習問題 1.1d で証明したように，完全性

$$\sum_{i=1}^{D_i} |i\rangle\langle i| = \hat{\boldsymbol{I}}, \qquad \sum_{\alpha=1}^{D_\alpha} |\alpha\rangle\langle\alpha| = \hat{\boldsymbol{I}}$$

を満たしているので，

$$\begin{aligned} \mathrm{Tr}\widehat{A} &= \sum_{i=1}^{D_i} \langle i|\widehat{A}|i\rangle \overset{|\alpha\rangle\text{ の完全性}}{=} \sum_{i=1}^{D_i}\sum_{\alpha=1}^{D_\alpha} \langle i|\alpha\rangle\langle\alpha|\widehat{A}|i\rangle \\ &= \sum_{i=1}^{D_i}\sum_{\alpha=1}^{D_\alpha} \langle\alpha|\widehat{A}|i\rangle\langle i|\alpha\rangle \overset{|i\rangle\text{ の完全性}}{=} \sum_{\alpha=1}^{D_\alpha} \langle\alpha|\widehat{A}|\alpha\rangle \end{aligned}$$

が得られる．ここで見るようにD_iとD_αは全く独立である．つまり，それぞれの基底の次元は異なっていてもよい．

3.1b　ハミルトニアンの期待値を E とする．(3.22) と，(3.27) より，

$$\begin{aligned} E = \langle\widehat{H}\rangle &= \frac{1}{Z}\sum_i e^{-\beta E_i}\langle E_i|\widehat{H}|E_i\rangle = \frac{1}{Z}\sum_i E_i e^{-\beta E_i} \\ &= -\frac{1}{Z}\frac{\partial}{\partial\beta}\sum_i e^{-\beta E_i} = -\frac{1}{Z}\frac{\partial Z}{\partial\beta} = -\frac{\partial}{\partial\beta}\ln Z \end{aligned} \tag{98}$$

と与えられる．この表式と，ヘルムホルツ自由エネルギー F と内部エネルギー E の関係式

$$E = \frac{\partial}{\partial(1/T)}\left(\frac{F}{T}\right) \tag{99}$$

を見比べれば，ボルツマン定数 k_B を導入して，

$$\beta = \frac{1}{k_{\mathrm{B}}T}, \qquad F = -\,k_{\mathrm{B}}T\ln Z$$

が得られる．これは (3.31)，(3.30) である．

3.1c　ハミルトニアンを個数表示

$$\hat{H} \equiv \frac{\hbar\omega}{2}\{\hat{a}^{\dagger}, \hat{a}\} = \frac{\hbar\omega}{2}(\hat{a}^{\dagger}\hat{a} + \hat{a}\hat{a}^{\dagger}) \tag{100}$$

で与えれば，(74) でやったように

$$\hat{H} = \hbar\omega\left(\hat{N} + \frac{1}{2}\right), \qquad \hat{H}|n\rangle = E_n|n\rangle, \qquad E_n = \hbar\omega\left(n + \frac{1}{2}\right)$$

であったから，分配関数 (3.32) は，

$$\begin{aligned} Z^{\mathrm{B}} &= e^{-\beta\hbar\omega/2}\sum_{n=0}^{\infty}(e^{-\beta\hbar\omega})^n \\ &= \frac{e^{-\beta\hbar\omega/2}}{1-e^{-\beta\hbar\omega}} = \frac{1}{2\sinh(\beta\hbar\omega/2)} \end{aligned} \tag{101}$$

と求まる．

3.1d　フェルミ粒子の個数表示 (2.116) を用いれば，

$$\hat{H}^{\mathrm{F}}|n\rangle = E_n|n\rangle, \qquad E_n = \hbar\omega\left(n - \frac{1}{2}\right) \quad (n = 0,\ 1)$$

であるから，

$$Z^{\mathrm{F}} = \sum_{n=0}^{1} e^{-\beta E_n} = e^{\beta\hbar\omega/2} + e^{-\beta\hbar\omega/2} = 2\cosh\frac{\beta\hbar\omega}{2} \tag{102}$$

と求まる．

3.2a　基底 (2.158) を用いて，

$$\mathrm{Tr}e^{-\mathcal{T}\hat{H}/\hbar} = \sum_{m,r}\langle m\,;\,r|e^{-\mathcal{T}\hat{H}/\hbar}|m\,;\,r\rangle$$

と書く（和は (2.160) で定義）．単位の分解 (2.205) 左式を挿入した，

$$\mathrm{Tr}e^{-\mathcal{T}\hat{H}/\hbar} = \sum_{m,r}\langle m\,;\,r|\int|\boldsymbol{\xi}\rangle\!\rangle\langle\!\langle\boldsymbol{\xi}|\,d^f\boldsymbol{\xi}e^{-\mathcal{T}\hat{H}/\hbar}|m\,;\,r\rangle$$

において $d^f\boldsymbol{\xi}$ を右に移すと，(2.158) に注意すれば $d^f\boldsymbol{\xi}|m\,;\,r\rangle = (-1)^{mf}|m\,;\,r\rangle \times d^f\boldsymbol{\xi}$ なので，

$$\mathrm{Tr}e^{-\mathcal{T}\hat{H}/\hbar} = \int\sum_{m,r}(-1)^{mf}\langle m\,;\,r|\boldsymbol{\xi}\rangle\!\rangle\langle\!\langle\boldsymbol{\xi}|e^{-\mathcal{T}\hat{H}/\hbar}|m\,;\,r\rangle d^f\boldsymbol{\xi}$$

である．(2.158) の共役と，コヒーレント状態の定義 (2.203) より，

$$\langle m\,;\,r|\boldsymbol{\xi}\rangle\!\rangle = \xi_{\beta_1}\xi_{\beta_2}\cdots\xi_{\beta_m} \tag{103}$$

なので，これを右に移動すると，(2.195) と (2.203) より

$$\langle\!\langle \xi| = \langle 0|\delta(\xi_1 - \hat{b}_1)\delta(\xi_2 - \hat{b}_2)\cdots\delta(\xi_f - \hat{b}_f)$$

なので，(103) の ξ_β を右に移す度 $(-1)^f$ が現れ，全体で

$$\langle m\,;\,r|\boldsymbol{\xi}\rangle\!\rangle\langle\!\langle\boldsymbol{\xi}| = (-1)^{mf}\langle\!\langle\boldsymbol{\xi}|\langle m\,;\,r|\boldsymbol{\xi}\rangle\!\rangle$$

となる．さらに右に寄せると，$[(-1)^m]^m = (-1)^m$ に注意して，以下を得る．

$$\langle m\,;\,r|\boldsymbol{\xi}\rangle\!\rangle|m\,;\,r\rangle = (-1)^m|m\,;\,r\rangle\langle m\,;\,r|\boldsymbol{\xi}\rangle\!\rangle = |m\,;\,r\rangle\langle m\,;\,r|-\boldsymbol{\xi}\rangle\!\rangle$$

最後の等号で，(103) より符号は m 個の $\boldsymbol{\xi}$ が担った．こうして，

$$\mathrm{Tr}e^{-\mathcal{T}\hat{H}/\hbar} = \int\sum_{m,r}(-1)^{mf}(-1)^{mf}\langle\!\langle\boldsymbol{\xi}|e^{-\mathcal{T}\hat{H}/\hbar}|m\,;\,r\rangle\langle m\,;\,r\,|-\boldsymbol{\xi}\rangle\!\rangle\, d^f\boldsymbol{\xi}$$

となり，$(-1)^{mf}(-1)^{mf} = +1$，と完全性 (2.160) より (3.68) が示される．

第 4 章

4.1a　$\boldsymbol{\Delta}(t,\, t')$ $(0 \leq t,\, t' \leq T)$ は，以下の解であることに着目する．

$$\left(\frac{d^2}{dt^2} + \omega^2\right)q(t) = -J(t), \qquad q(T) = 0 = q(0) \tag{104}$$

なぜなら，解は (4.20) より

$$q(t) = \int_0^T dt'\, \boldsymbol{\Delta}(t,\, t')J(t') \tag{105}$$

と与えられるからである．そこで，境界条件 $q(T) = 0 = q(0)$ を満たす関数として，

$$S_r(t) \equiv \sqrt{\frac{2}{T}}\sin\left(\frac{\pi r}{T}t\right) \quad (r = 1,\, 2,\, \cdots) \tag{106}$$

を考えよう．直交性，完全性は，以下のように満たされている．

$$\int_0^T dt\, S_{r'}(t)\, S_r(t) = \delta_{r'r}, \qquad \sum_{r=1}^{\infty} S_r(t)\, S_r(t') = \delta(t - t') \tag{107}$$

なぜなら，直交性は実際積分を行えば，

$$\begin{aligned}
\text{左辺} &= \frac{2}{T}\int_0^T dt\sin\left(\frac{\pi r'}{T}t\right)\sin\left(\frac{\pi r}{T}t\right) \\
&= \frac{1}{T}\int_0^T dt\left[\cos\left(\frac{\pi(r'-r)}{T}t\right) - \cos\left(\frac{\pi(r'+r)}{T}t\right)\right] \\
&= \frac{1}{\pi(r'-r)}\sin(\pi(r'-r)) - \frac{1}{\pi(r'+r)}\sin(\pi(r'+r)) = \delta_{r'r}
\end{aligned}$$

と示されるからである．ここで 1 行目から 2 行目へは

$$\sin A \sin B = \frac{1}{2}[\cos(A - B) - \cos(A + B)] \tag{108}$$

を用いた．なお，完全性は (E.18) を参照のこと．

$q(t)$，$J(t)$ を $S_r(t)$ で

$$q(t) = \sum_{r=1}^{\infty} q_r S_r(t), \qquad q_r = \int_0^T dt\, q(t) S_r(t) \tag{109}$$

$$J(t) = \sum_{r=1}^{\infty} J_r S_r(t), \qquad J_r = \int_0^T dt\, J(t) S_r(t) \tag{110}$$

のように展開する．(104) に代入すると，

$$\sum_{r=1}^{\infty} \left[-\left(\frac{\pi r}{T}\right)^2 + \omega^2 \right] S_r(t) q_r = -\sum_{r=1}^{\infty} S_r(t) J_r$$

となる．両辺に$S_{r'}(t)$ を掛けて t で積分し（結果で $r' \to r$ とおけば），

$$q_r = \frac{1}{(\pi r/T)^2 - \omega^2} J_r$$

が得られる．これを (109) 左式に代入すると，

$$q(t) = \sum_{r=1}^{\infty} \frac{S_r(t)}{(\pi r/T)^2 - \omega^2} J_r \overset{(110)\text{右式}}{=} \int_0^T dt' \sum_{r=1}^{\infty} \frac{S_r(t) S_r(t')}{(\pi r/T)^2 - \omega^2} J(t')$$

となる．

ここで，(105) と見比べれば（(106) を代入して），

$$\begin{aligned} \varDelta(t, t') &= \frac{2}{T} \sum_{r=1}^{\infty} \frac{\sin(\pi r t/T) \sin(\pi r t'/T)}{(\pi r/T)^2 - \omega^2} \\ &\overset{(108)}{=} \frac{T}{\pi^2} \sum_{r=1}^{\infty} \frac{\cos(\pi r(t-t')/T) - \cos(\pi r(t+t')/T)}{r^2 - (\omega T/\pi)^2} \end{aligned} \tag{111}$$

が求まる．公式 (E.10) より得られる，

$$\sum_{r=1}^{\infty} \frac{\cos r\phi}{r^2 - a^2} = \frac{1}{2a^2} - \frac{\pi}{2a \sin a\pi} [\theta(\phi) \cos a(\pi - \phi) + \theta(-\phi) \cos a(\pi + \phi)] \tag{112}$$

を (111) に適用する．第 1 項は $a \to \omega T/\pi$，$\phi \to \pi(t-t')/T$ として，

$$\frac{T}{\pi^2} \sum_{r=1}^{\infty} \frac{\cos(\pi r(t-t')/T)}{r^2 - (\omega T/\pi)^2} = \frac{T}{2(\omega T)^2} - \frac{\theta(t-t') \cos\omega(T - (t-t')) + \theta(t'-t) \cos\omega(T + (t-t'))}{2\omega \sin\omega T}$$

であり，第 2 項では $\phi \to \pi(t+t')/T$ とおくと，$\pi(t+t')/T > 0$ なので，

$$\frac{T}{\pi^2} \sum_{r=1}^{\infty} \frac{\cos(\pi r(t+t')/T)}{r^2 - (\omega T/\pi)^2} = \frac{T}{2(\omega T)^2} - \frac{\cos\omega(T - (t+t'))}{2\omega \sin\omega T}$$

となる．これらより，

$$\boldsymbol{\Delta}(t,t')=\frac{1}{2\omega\sin\omega T}[\cos\omega(T-(t+t'))$$
$$-\theta(t-t')\cos\omega(T-(t-t'))-\theta(t'-t)\cos\omega(T+(t-t'))]$$

のようになるので，符号関数の公式 $\theta(t-t')+\theta(t'-t)=1$ ((C.26)) を $\cos\omega(T-(t+t'))$ の係数に用いれば，

$$\boldsymbol{\Delta}(t,t')=\frac{1}{2\omega\sin\omega T}[\theta(t-t')\{\cos\omega(T-(t+t'))$$
$$-\cos\omega(T-(t-t'))\}+\theta(t'-t)\{\cos\omega(T-(t+t'))$$
$$-\cos\omega(T+(t-t'))\}]=(4.22)$$

が得られる．

4.1b　(4.47) は $r\leftrightarrow j$ に対して対称なので, (4.48) の左側 (直交性) を示す．まず，

$$\sum_{r=1}^{N-1}S_r(j)S_r(k)=\frac{2}{N}\sum_{r=1}^{N-1}\sin\frac{\pi r}{N}j\sin\frac{\pi r}{N}k$$
$$\overset{(108)}{=}\frac{1}{N}\sum_{r=1}^{N-1}\left(\cos\frac{\pi(j-k)r}{N}-\cos\frac{\pi(j+k)r}{N}\right)\quad(113)$$

の右辺に，公式 (森口繁一，宇田川銈久，一松信 共著 :「岩波 数学公式Ⅱ 級数・フーリエ解析」(岩波書店，1987 年) p. 17 を参照)

$$\sum_{r=1}^{n}\cos xr=\cos\frac{(n+1)x}{2}\frac{\sin(n\pi/2)}{\sin(\pi/2)}\quad(114)$$

を $n\to N-1$，$x\to\pi(j-k)/N$，$\pi(j+k)/N$ として適用すれば，

$$(113)\text{左辺}=\frac{1}{N}\left[\cos\frac{\pi(j-k)}{2}\sin\frac{\pi(N-1)(j-k)}{2N}\Big/\sin\frac{\pi(j-k)}{2N}\right.$$
$$\left.-\cos\frac{\pi(j+k)}{2}\sin\frac{\pi(N-1)(j+k)}{2N}\Big/\sin\frac{\pi(j+k)}{2N}\right]$$

が得られ，$j=k$ で，

$$\text{右辺第 1 項}=\cos\frac{\pi(j-k)}{2}\sin\frac{\pi(N-1)(j-k)}{2N}\Big/\left(N\sin\frac{\pi(j-k)}{2N}\right)\Bigg|_{j\to k}$$
$$=\frac{\pi(N-1)(j-k)}{2N}\Big/\frac{\pi(j-k)}{2}=1-\frac{1}{N}$$

$$\text{右辺第 2 項}=-\cos\frac{\pi(j+k)}{2}\sin\frac{\pi(N-1)(j+k)}{2N}\Big/\left(N\sin\frac{\pi(j+k)}{2N}\right)\Bigg|_{j\to k}$$
$$=-\cos j\pi\sin\frac{\pi(N-1)j}{N}\Big/\left(N\sin\frac{\pi j}{N}\right)=\frac{\cos^2 j\pi}{N}=\frac{1}{N}$$

となり，双方足して 1 となる．

$j\neq k$ では 2 つの場合に分け，$j-k=2m$ (偶数) $\Longrightarrow j+k=2(j-m)$ のとき，

$$\text{右辺第 1 項} = \cos m\pi \sin \frac{m(N-1)\pi}{N} \Big/ \left(N \sin \frac{m\pi}{N}\right)$$
$$= -\frac{\cos^2 m\pi}{N} = -\frac{1}{N}$$

$$\text{右辺第 2 項} = -\cos(j-m)\pi \sin \frac{(j-m)(N-1)\pi}{N} \Big/ \left(N \sin \frac{(j-m)\pi}{N}\right)$$
$$= \frac{\cos^2(j-m)\pi}{N} = \frac{1}{N}$$

のようになる．これらは双方足して 0 である．

$j-k=2m-1$ (奇数) $\Longrightarrow j+k=2(j-m)+1$ のときは，双方ゼロ ($\cos\pi(j-k)/2=0$，$\cos\pi(j+k)/2=0$)．よって，直交性ならびに完全性 (4.48) が示された．

4.1c　量子変数 x_j^{q} を $S_r(j)$ で展開すると，

$$x_j^{\mathrm{q}} = \sum_{r=1}^{N-1} x_r S_r(j), \qquad \boldsymbol{x}^{\mathrm{q}} = \boldsymbol{S}\boldsymbol{x} \tag{115}$$

となる．ベクトル記号 $S_r(j) = (\boldsymbol{S})_{jr}$ を導入すると，(4.48) は

$$\boldsymbol{S}^{\mathrm{T}}\boldsymbol{S} = \mathrm{I} = \boldsymbol{S}\boldsymbol{S}^{\mathrm{T}} \Longrightarrow |\det \boldsymbol{S}| = 1 \tag{116}$$

と書ける．これより，変数変換 $x_j^{\mathrm{q}} \to x_r$ のヤコビアンは 1 であり，

$$\left(\prod_{j=1}^{N-1} dx_j^{\mathrm{q}} \Longrightarrow\right) d\boldsymbol{x}^{\mathrm{q}} = |\det \boldsymbol{S}| d\boldsymbol{x} = d\boldsymbol{x} \left(\Longleftarrow \prod_{r=1}^{N-1} dx_r\right) \tag{117}$$

のように，積分測度は不変である．ここで (4.49) 指数の肩に (115) を代入すると，

$$-\frac{1}{2}\sum_{r,r'=1}^{N-1}\sum_{j=1}^{N-1} x_{r'} x_r S_{r'}(j)\{-S_r(j+1) - S_r(j-1) + (2-\Omega^2) S_r(j)\}$$

のようになるため，

$$\sin \frac{\pi r(j \pm 1)}{N} = \sin \frac{\pi rj}{N} \cos \frac{\pi r}{N} \pm \cos \frac{\pi rj}{N} \sin \frac{\pi r}{N}$$

に注意すると，

$$S_r(j+1) + S_r(j-1) = 2\cos\frac{\pi r}{N} S_r(j)$$

となる．したがって，(4.48) により

$$\text{(4.49)指数の肩} = -\frac{1}{2}\sum_{r=1}^{N-1} (x_r)^2 \left(-2\cos\frac{\pi r}{N} + 2 - \Omega^2\right) \tag{118}$$

となり，(4.49) は各 r ごとのガウス積分 (D.1) で，

$$K_{\mathrm{q}}(T) = \lim_{N\to\infty}\sqrt{\frac{m}{2\pi i\hbar\varDelta t}}\prod_{r=1}^{N-1}\left[\int\frac{dx_r}{\sqrt{2\pi}}\exp\left[-\frac{1}{2}\left(2-2\cos\frac{\pi r}{N}-\varOmega^2\right)(x_r)^2\right]\right]$$
$$\overset{(\mathrm{D}.1)}{=}\lim_{N\to\infty}\sqrt{\frac{m}{2\pi i\hbar\varDelta t}}\sqrt{\frac{1}{P_N}} \tag{119}$$

と与えられる．ここで，

$$P_N \equiv \prod_{r=1}^{N-1}\left(2-2\cos\frac{\pi r}{N}-\varOmega^2\right) \tag{120}$$

である．公式 (F.10) より，$\varOmega=\omega\varDelta t$ を思い出し $O(\varDelta t)$ まで考慮すると，

$$P_N = \frac{1}{\varOmega}\sqrt{\frac{\{1-(\alpha_+)^{2N}\}\{1-(\alpha_-)^{2N}\}}{4-\varOmega^2}}$$
$$\overset{(\mathrm{F}.13)}{=}\frac{1}{2\omega\varDelta t}\sqrt{\{1-(1+i\omega\varDelta t)^{2N}\}\{1-(1-i\omega\varDelta t)^{2N}\}}$$

なので，(119) に代入して $\displaystyle\lim_{N\to\infty}(1\pm i\omega\varDelta t)^{2N}=e^{\pm 2i\omega T}$ を考慮すると，

$$K_{\mathrm{q}}(T) = \sqrt{\frac{m\omega}{\pi i\hbar}}\sqrt{\frac{1}{\sqrt{(1-e^{2i\omega T})(1-e^{-2i\omega T})}}}$$

となる．ここで，$(1-e^{2i\omega T})(1-e^{-2i\omega T}) = 2-2\cos 2\omega T = 4\sin^2\omega T$ を用いれば (4.42) と一致する．

4.2a　運動方程式 (4.61) より $\widetilde{X}(\tau)=A\sinh\omega\tau+B\cosh\omega\tau$ と与えられる．また，境界条件 $\widetilde{X}(0)=x_0$ より，$B=x_0$ である．$\widetilde{X}(\mathcal{T})=x_{\mathcal{T}}$ より，

$$x_{\mathcal{T}} = A\sinh\omega\mathcal{T}+x_0\cosh\omega\mathcal{T}\Longrightarrow A=\frac{x_{\mathcal{T}}-x_0\cosh\omega\mathcal{T}}{\sinh\omega\mathcal{T}}$$

となるので，

$$\widetilde{X}(\tau) = \frac{(x_{\mathcal{T}}-x_0\cosh\omega\mathcal{T})\sinh\omega\tau+x_0\sinh\omega\mathcal{T}\ \mathrm{conh}\,\omega\tau}{\sinh\omega\mathcal{T}}$$
$$=\frac{x_{\mathcal{T}}\sinh\omega\tau+x_0(\sinh\omega\mathcal{T}\cosh\omega\tau-\cosh\omega\mathcal{T}\sinh\omega\tau)}{\sinh\omega\mathcal{T}}$$

が得られる．x_0 の係数項に加法定理 (30) を適用すれば (4.62) となる．

次に，(4.65) を示す．練習問題 4.1a 同様，$\widetilde{\boldsymbol{\varDelta}}(\tau,\tau')$ は運動方程式の解

$$\left(-\frac{d^2}{d\tau^2}+\omega^2\right)\widetilde{q}(\tau)=\widetilde{J}(\tau), \qquad \widetilde{q}(0)=0=\widetilde{q}(\mathcal{T}) \tag{121}$$

$$\widetilde{q}(\tau)=\int_0^{\mathcal{T}}d\tau'\,\widetilde{\boldsymbol{\varDelta}}(\tau,\tau')\widetilde{J}(\tau') \tag{122}$$

として現れる．$\widetilde{J}(0)=0=\widetilde{J}(\mathcal{T})$ として，(106) で $t\to\tau$ とおきかえた固有関数

$$S_r(\tau)=\sqrt{\frac{2}{\mathcal{T}}}\sin\left(\frac{\pi r}{\mathcal{T}}\tau\right)\quad (r=1,2,\cdots) \tag{123}$$

で $\widetilde{q}(\tau)$，$\widetilde{J}(\tau)$ を以下のように展開する．

$$\widetilde{q}(\tau) = \sum_{r=1}^{\infty} \widetilde{q}_r S_r(\tau), \qquad \widetilde{q}_r = \int_0^{\mathcal{T}} d\tau\, \widetilde{q}(\tau) S_r(\tau) \tag{124}$$

$$\widetilde{J}(\tau) = \sum_{r=1}^{\infty} \widetilde{J}_r S_r(\tau), \qquad \widetilde{J}_r = \int_0^{\mathcal{T}} d\tau\, \widetilde{J}(\tau) S_r(\tau) \tag{125}$$

これらを (121) に代入すると

$$\sum_{r=1}^{\infty} \left[\left(\frac{\pi r}{\mathcal{T}}\right)^2 + \omega^2\right] \widetilde{q}_r S_r(\tau) = \sum_{r=1}^{\infty} \widetilde{J}_r S_r(\tau)$$

となる．両辺に $S_{r'}(\tau)$ を掛けて τ で積分すれば，

$$\widetilde{q}_r = \frac{1}{(\pi r/\mathcal{T})^2 + \omega^2} \widetilde{J}_r$$

である ($r' \to r$ と書いた)．これを (124) 左式に代入し (125) 右式を用いれば，

$$\widetilde{q}(\tau) = \int_0^{\mathcal{T}} d\tau' \sum_{r=1}^{\infty} \frac{S_r(\tau) S_r(\tau')}{(\pi r/\mathcal{T})^2 + \omega^2} \widetilde{J}(\tau')$$

となり，(122) と比べれば，グリーン関数は

$$\begin{aligned}\widetilde{\Delta}(\tau, \tau') &= \sum_{r=1}^{\infty} \frac{S_r(\tau) S_r(\tau')}{(\pi r/\mathcal{T})^2 + \omega^2} = \frac{2}{\mathcal{T}} \sum_{r=1}^{\infty} \frac{\sin(\pi r\tau/\mathcal{T})\sin(\pi r\tau'/\mathcal{T})}{(\pi r/\mathcal{T})^2 + \omega^2} \\ &\overset{(108)}{=} \frac{\mathcal{T}}{\pi^2} \sum_{r=1}^{\infty} \frac{\cos[\pi r(\tau - \tau')/\mathcal{T}] - \cos[\pi r(\tau + \tau')/\mathcal{T}]}{r^2 + (\omega\mathcal{T}/\pi)^2}\end{aligned} \tag{126}$$

と表されていることがわかる．分子第 1 項は公式 (E.1) で $a \to \omega\mathcal{T}/\pi$，$\phi \to \pi(\tau - \tau')/\mathcal{T}$，ただし $|\pi(\tau - \tau')/\mathcal{T}| < \pi$ として，

$$\begin{aligned}\frac{\mathcal{T}}{\pi^2} \sum_{r=1}^{\infty} \frac{\cosh[\pi r(\tau - \tau')/\mathcal{T}]}{r^2 + (\omega\mathcal{T}/\pi)^2} &= -\frac{\mathcal{T}}{2(\omega\mathcal{T})^2} \\ &\quad + \frac{\theta(\tau - \tau')\cosh\omega(\mathcal{T} - (\tau - \tau')) + \theta(\tau' - \tau)\cosh\omega(\mathcal{T} + (\tau - \tau'))}{2\omega\sinh\omega\mathcal{T}}\end{aligned}$$

となる．第 2 項は $\phi \to \pi(\tau + \tau')/\mathcal{T}(> 0)$ とおくと $\theta(-\phi) = 0$ であるから，

$$\frac{\mathcal{T}}{\pi^2} \sum_{r=1}^{\infty} \frac{\cosh[\pi r(\tau + \tau')/\mathcal{T}]}{r^2 + (\omega\mathcal{T}/\pi)^2} = -\frac{\mathcal{T}}{2(\omega\mathcal{T})^2} + \frac{\cosh\omega(\mathcal{T} - (\tau + \tau'))}{2\omega\sinh\omega\mathcal{T}}$$

である．

こうして，

$$\begin{aligned}\widetilde{\Delta}(\tau, \tau') = \frac{1}{2\omega\sinh\omega\mathcal{T}}[&\theta(\tau - \tau')\cosh\omega(\mathcal{T} - (\tau - \tau')) \\ &+ \theta(\tau' - \tau)\cosh\omega(\mathcal{T} + (\tau - \tau')) - \cosh\omega(\mathcal{T} - (\tau + \tau'))]\end{aligned}$$

となる．例題 4.2.6，練習問題 4.1a 同様，符号関数の公式 (C.26) を $\cosh\omega(\mathcal{T} - (\tau + \tau'))$ の係数として用いると，目的の (4.65) が以下のように求められる．

$$\widetilde{\Delta}(\tau,\,\tau') = \frac{1}{2\omega\sinh\omega\mathcal{T}}[\theta(\tau-\tau')\{\cosh\omega(\mathcal{T}-(\tau-\tau'))$$
$$-\cosh\omega(\mathcal{T}-(\tau+\tau'))\}+\theta(\tau'-\tau)\{\cosh\omega(\mathcal{T}+(\tau-\tau'))$$
$$-\cosh\omega(\mathcal{T}-(\tau+\tau'))\}] = (4.65)$$

4.2b　古典作用 (4.67),

$$\widetilde{S}_{\mathrm{c}} = \int_0^{\mathcal{T}} d\tau \left[\frac{m}{2}\left(\frac{d\widetilde{x}^{\mathrm{c}}}{d\tau}\right)^2 + \frac{m\omega^2}{2}(\widetilde{x}^{\mathrm{c}})^2 + \widetilde{J}\widetilde{x}^{\mathrm{c}}\right]$$

の右辺第1項で部分積分すれば,

$$\widetilde{S}_{\mathrm{c}} \overset{\text{部分積分}}{=} \frac{m}{2}\left(\widetilde{x}_{\mathrm{c}}\frac{d\widetilde{x}^{\mathrm{c}}}{d\tau}\bigg|_{\mathcal{T}} - \widetilde{x}_{\mathrm{c}}\frac{d\widetilde{x}_{\mathrm{c}}}{d\tau}\bigg|_0\right) + \int_0^{\mathcal{T}} d\tau \left[\frac{m}{2}\widetilde{x}_{\mathrm{c}}\left(-\frac{d^2}{d\tau^2}+\omega^2\right)\widetilde{x}_{\mathrm{c}} + \widetilde{J}\widetilde{x}_{\mathrm{c}}\right]$$

であり, (4.58) での運動方程式と境界条件より

$$\widetilde{S}_{\mathrm{c}} = \frac{m}{2}\left(x_{\mathcal{T}}\frac{d\widetilde{x}^{\mathrm{c}}}{d\tau}\bigg|_{\mathcal{T}} - x_0\frac{d\widetilde{x}_{\mathrm{c}}}{d\tau}\bigg|_0\right) + \frac{1}{2}\int_0^{\mathcal{T}} d\tau\,\widetilde{J}(\tau)\widetilde{x}^{\mathrm{c}}(\tau) \tag{127}$$

となる. ここで, 表面項, つまり右辺第1項に着目する. (4.60) より,

$$\frac{d\widetilde{x}^{\mathrm{c}}}{d\tau} = \frac{d\widetilde{X}}{d\tau} - \int_0^{\mathcal{T}} d\tau'\,\frac{\partial}{\partial\tau}\widetilde{\Delta}(\tau,\,\tau')\frac{\widetilde{J}(\tau')}{m} \tag{128}$$

であり, さらに (4.62), (4.64) より

$$\frac{d\widetilde{X}}{d\tau} = \frac{\omega}{\sinh\omega\mathcal{T}}[x_{\mathcal{T}}\cosh\omega\tau - x_0\cosh\omega(\mathcal{T}-\tau)] \tag{129}$$

$$\frac{\partial}{\partial\tau}\widetilde{\Delta}(\tau,\,\tau') = \frac{-1}{\sinh\omega\mathcal{T}}[\theta(\tau-\tau')\cosh\omega(\mathcal{T}-\tau)\sinh\omega\tau'$$
$$-\theta(\tau'-\tau)\sinh\omega(T-\tau')\cosh\omega\tau] \tag{130}$$

が得られる. なお, 符号関数の微分で現れるデルタ関数項はゼロとなる.

これらを考慮すれば (129) より,

$$\frac{m}{2}\left(x_{\mathcal{T}}\frac{d\widetilde{X}}{d\tau}\bigg|_{\mathcal{T}} - x_0\frac{d\widetilde{X}}{d\tau}\bigg|_0\right) = \frac{m\omega}{2\sinh\omega\mathcal{T}}[\{(x_{\mathcal{T}})^2+(x_0)^2\}\cosh\omega\mathcal{T} - 2x_{\mathcal{T}}x_0] \tag{131}$$

が得られ, (130) で $\theta(-\tau') = 0 = \theta(\tau'-\mathcal{T})$ に注意すると,

$$-x_{\mathcal{T}}\frac{\partial}{\partial\tau}\widetilde{\Delta}(\tau,\,\tau')\bigg|_{\mathcal{T}} + x_0\frac{\partial}{\partial\tau}\widetilde{\Delta}(\tau,\,\tau')\bigg|_0$$
$$= \frac{\{x_{\mathcal{T}}\sinh\omega\tau' + x_0\sinh\omega(\mathcal{T}-\tau')\}}{\sinh\omega\mathcal{T}} \overset{(4.62)}{=} \widetilde{X}(\tau') \tag{132}$$

となるから，

$$\frac{m}{2}\left[\int_0^{\mathcal{T}} d\tau' \left(-x_{\mathcal{T}}\frac{\partial}{\partial\tau}\boldsymbol{\Delta}(\tau,\tau')\Big|_{\mathcal{T}} + x_0\frac{\partial}{\partial\tau}\boldsymbol{\Delta}(\tau,\tau')\Big|_0\right)\frac{\tilde{J}(\tau')}{m}\right]$$
$$= \frac{1}{2}\int_0^{\mathcal{T}} d\tau'\,\tilde{X}(\tau')\tilde{J}(\tau') \overset{\tau'\to\tau}{=} \frac{1}{2}\int_0^{\mathcal{T}} d\tau\,\tilde{X}(\tau)\tilde{J}(\tau) \tag{133}$$

と求められる．

一方，(127) 右辺第 2 項は

$$\frac{1}{2}\int_0^{\mathcal{T}} d\tau\,\tilde{J}(\tau)\tilde{x}_{\mathrm{c}}(\tau) \overset{(4.60)}{=} \frac{1}{2}\int_0^{\mathcal{T}} d\tau\,\tilde{X}(\tau)\tilde{J}(\tau) - \frac{1}{2m}\int_0^{\mathcal{T}} d\tau\,d\tau'\,\tilde{J}(\tau)\boldsymbol{\Delta}(\tau,\tau')\tilde{J}(\tau') \tag{134}$$

であるので，(131)，(133)，および (134) を加えれば以下のように (4.69) となる．

$$\tilde{S}_{\mathrm{c}} = \frac{m\omega}{2\sinh\omega\mathcal{T}}[\{(x_{\mathcal{T}})^2 + (x_0)^2\}\cosh\omega\mathcal{T} - 2x_{\mathcal{T}}x_0]$$
$$+ \int_0^{\mathcal{T}} d\tau\,\tilde{X}(\tau)\tilde{J}(\tau) - \frac{1}{2}\int_0^{\mathcal{T}} d\tau\,d\tau'\,\tilde{J}(\tau)\frac{\boldsymbol{\Delta}(\tau,\tau')}{m}\tilde{J}(\tau')$$

4.2c　(4.71) を行列型に戻し，$\tilde{\boldsymbol{x}}^{\mathrm{q}} \to \boldsymbol{x}$ と書いた，

$$\tilde{K}_{\mathrm{q}}(\mathcal{T}) = \lim_{N\to\infty}\sqrt{\frac{m}{2\pi\hbar\Delta\tau}}\left(\prod_{j=1}^{N-1}\int\frac{d\tilde{x}_j^{\mathrm{q}}}{\sqrt{2\pi}}\right)\exp\left[-\frac{1}{2}\sum_{j,k=1}^{N-1}\tilde{x}_j^{\mathrm{q}}\tilde{M}_{jk}\tilde{x}_k^{\mathrm{q}}\right]$$
$$= \lim_{N\to\infty}\sqrt{\frac{m}{2\pi\hbar\Delta\tau}}\int D^{N-1}\boldsymbol{x}\exp\left[-\frac{1}{2}\boldsymbol{x}^{\mathrm{T}}\tilde{\boldsymbol{M}}_{N-1}\boldsymbol{x}\right] \tag{135}$$

を見よう．$\tilde{\boldsymbol{M}}_{N-1}$ は，$\boldsymbol{M}_{N-1}$ ((4.32)) で $\Omega \to -i\tilde{\Omega}$ とした

$$\tilde{\boldsymbol{M}}_{N-1} \equiv \begin{pmatrix} 2+\tilde{\Omega}^2 & -1 & 0 & \cdots & 0 \\ -1 & 2+\tilde{\Omega}^2 & -1 & \ddots & \vdots \\ 0 & -1 & \ddots & \ddots & 0 \\ \vdots & \ddots & \ddots & \ddots & -1 \\ 0 & \cdots & 0 & -1 & 2+\tilde{\Omega}^2 \end{pmatrix} \quad (\tilde{\Omega} = \omega\Delta\tau) \tag{136}$$

である．ガウス積分公式 (D.25) より，

$$\tilde{K}_{\mathrm{q}}(\mathcal{T}) = \lim_{N\to\infty}\sqrt{\frac{m}{2\pi\hbar\Delta\tau}}\frac{1}{\sqrt{\det\tilde{\boldsymbol{M}}_{N-1}}}$$

である．行列式は $\det\boldsymbol{M}_{N-1}$((4.41)) で $\Omega \to -i\tilde{\Omega}(-i\omega\Delta\tau)$ とした

$$\det\tilde{\boldsymbol{M}}_{N-1} = \frac{(1+\omega\Delta\tau)^N - (1-\omega\Delta\tau)^N}{2\omega\Delta\tau} \tag{137}$$

となる．こうして，

$$\widetilde{K}_{\mathrm{q}}(\mathcal{T}) = \lim_{N\to\infty} \frac{\sqrt{m\omega/(\pi\hbar)}}{\sqrt{[(1+\omega\varDelta\tau)^N - (1-\varDelta\tau\omega)^N]}} = \sqrt{\frac{m\omega}{2\pi\hbar\sinh\omega\mathcal{T}}}$$

が得られる．

4.2d 運動方程式は連続極限で

$$0 = \frac{\partial\widetilde{S}}{\partial x_j}\bigg|_{\bar{x}_j^{\mathrm{c}}} \Longrightarrow m\left(-\frac{d^2}{d\tau^2}+\omega^2\right)\bar{x}^{\mathrm{c}}(\tau) = -\widetilde{J}(\tau) \tag{138}$$

と与えられる．古典作用は周期条件 $\bar{x}^{\mathrm{c}}(0) = \bar{x}^{\mathrm{c}}(\mathcal{T})$ を $]_{\mathrm{P}}$ と書いて，

$$\overline{S}_{\mathrm{c}} \equiv \int_0^{\mathcal{T}} d\tau \left[\frac{m}{2}\left(\frac{d\,\bar{x}^{\mathrm{c}}}{d\tau}\right)^2 + \frac{m\omega^2}{2}(\bar{x}^{\mathrm{c}})^2 + \widetilde{J}\,\bar{x}^{\mathrm{c}}\right]_{\mathrm{P}} \tag{139}$$

である．実周期固有関数 (4.101) を用いた展開

$$\bar{x}^{\mathrm{c}}(\tau) = \sum_{r=-\infty}^{\infty}\chi_r G_r(\tau), \qquad \widetilde{J}(\tau) = \sum_{r=-\infty}^{\infty}\widetilde{J}_r G_r(\tau) \tag{140}$$

を (138) に代入して (4.103)，(4.102) に注意すれば，

$$\chi_r = \frac{-1}{(2\pi r/\mathcal{T})^2+\omega^2}\frac{\widetilde{J}_r}{m} \tag{141}$$

と求まる．さらに，逆変換 $\widetilde{J}_r = \int_0^{\mathcal{T}} d\tau\,\widetilde{J}(\tau)\,G_r(\tau)$ に注意すれば (140) 左式は，

$$\bar{x}^{\mathrm{c}}(\tau) = -\int_0^{\mathcal{T}} d\tau'\,\frac{\boldsymbol{\varDelta}(\tau,\tau')}{m}\widetilde{J}(\tau') \tag{142}$$

で与えられる．ただし，

$$\boldsymbol{\varDelta}(\tau,\tau') \equiv \sum_{r=-\infty}^{\infty}\frac{G_r(\tau)\,G_r(\tau')}{(2\pi r/\mathcal{T})^2+\omega^2} \tag{143}$$

である．古典作用 (139) は部分積分により，

$$\overline{S}_{\mathrm{c}} \overset{\text{部分積分}}{=} \int_0^{\mathcal{T}} d\tau\,\frac{\bar{x}^{\mathrm{c}}\widetilde{J}}{2} \tag{144}$$

となる．ここで，ファインマン核の場合と異なり，表面項は周期境界条件で落ちる．$\bar{x}^{\mathrm{c}}$(142) を代入すると，分配関数 (4.86) のソース部分となる．

最後に (143) を計算する．固有関数 (4.101) を代入し，

$$\bar{\Delta}(\tau,\tau') = \frac{2}{\mathcal{T}}\sum_{r=-\infty}^{-1}\frac{\sin(2\pi|r|\tau/\mathcal{T})\sin(2\pi|r|\tau'/\mathcal{T})}{(2\pi r/\mathcal{T})^2+\omega^2} + \frac{1}{\mathcal{T}}\frac{1}{\omega^2} + \frac{2}{\mathcal{T}}\sum_{r=1}^{\infty}\frac{\cos(2\pi r\tau/\mathcal{T})\cos(2\pi r\tau'/\mathcal{T})}{(2\pi r/\mathcal{T})^2+\omega^2}$$

を得る．右辺第 1 項で $r \to -r$ とし，加法定理

$$\cos(A\pm B) = \cos A\cos B \mp \sin A\sin B \tag{145}$$

より，

$$\begin{aligned}\bar{\Delta}(\tau,\tau') &= \frac{1}{\mathcal{T}}\sum_{r=1}^{\infty}\frac{2\cos(2\pi r(\tau-\tau')/\mathcal{T})}{(2\pi r/\mathcal{T})^2+\omega^2} + \frac{1}{\mathcal{T}}\frac{1}{\omega^2} \\ &= \frac{\mathcal{T}}{4\pi^2}\left[\sum_{r=1}^{\infty}\frac{2\cos(2\pi r(\tau-\tau')/\mathcal{T})}{r^2+\{\omega\mathcal{T}/(2\pi)\}^2} + \frac{1}{\{\omega\mathcal{T}/(2\pi)\}^2}\right]\end{aligned} \tag{146}$$

となり，$-\mathcal{T} < \tau-\tau' < \mathcal{T}$ であるから，

$$-2\pi < \phi \equiv \frac{2\pi}{\mathcal{T}}(\tau-\tau') < 2\pi \tag{147}$$

に注意すれば，公式 (E.1) より $a \to \omega\mathcal{T}/(2\pi)$ として，

$$\bar{\Delta}(\tau,\tau') = \frac{1}{2\omega\sinh(\omega\mathcal{T}/2)}\left[\theta(\tau-\tau')\cosh\omega\left(\frac{\mathcal{T}}{2}-\tau+\tau'\right) + \theta(\tau'-\tau)\cosh\omega\left(\frac{\mathcal{T}}{2}-\tau'+\tau\right)\right]$$

のように (4.88) が得られる．なお，$\theta(2\pi(\tau-\tau')/\mathcal{T}) = \theta(\tau-\tau')$ である．

4.2e　積分変数を $\bar{x}^{\mathrm{c}}_j$ の周りで $x_j = \bar{x}^{\mathrm{c}}_j + \bar{x}^{\mathrm{q}}_j$ と展開し，積分変数を $x_j \to \bar{x}^{\mathrm{q}}_j$ とおきかえれば，(4.96) は

$$Z^{(\bar{J})}(\mathcal{T}) = \exp\left[-\frac{\bar{S}_{\mathrm{c}}}{\hbar}\right]\lim_{N\to\infty}\left(\prod_{j=1}^{N}\int\sqrt{\frac{m}{2\pi\hbar\Delta\tau}}\,d\bar{x}^{\mathrm{q}}_j\right)\exp\left[-\frac{m}{2\hbar\Delta\tau}\sum_{j,k=1}^{N}\bar{x}^{\mathrm{q}}_j\bar{M}_{jk}\bar{x}^{\mathrm{q}}_k\right]_{\mathrm{P}} \tag{148}$$

となる．ただし，

$$\bar{M}_{jk} \equiv \left.\frac{\partial^2\tilde{S}}{\partial x_j\partial x_k}\right|_{\bar{x}^{\mathrm{c}}} = -\delta_{j,k+1} + 2\delta_{jk} - \delta_{j,k-1} + \tilde{\Omega}^2\delta_{jk} \tag{149}$$

である．前因子は $\sqrt{m/\hbar\Delta\tau}\,\bar{x}^{\mathrm{q}}_j \to x_j$ とスケールし，付録の公式 (D.25) を用いて，

$$\begin{aligned}Z^{(\bar{J})}(\mathcal{T}) &= \exp\left[-\frac{\bar{S}_{\mathrm{c}}}{\hbar}\right]\lim_{N\to\infty}\int D^N\boldsymbol{x}\exp\left[-\frac{1}{2}\boldsymbol{x}^{\mathrm{T}}\bar{\boldsymbol{M}}\boldsymbol{x}\right] \\ &\overset{(\mathrm{D}.25)}{=} \exp\left[-\frac{\bar{S}_{\mathrm{c}}}{\hbar}\right]\lim_{N\to\infty}\frac{1}{\sqrt{\det\bar{\boldsymbol{M}}}}\end{aligned} \tag{150}$$

となる．

ここで，$\bar{\boldsymbol{M}}$は周期条件の下での$N \times N$行列

$$\bar{\boldsymbol{M}} = \begin{pmatrix} 2+\tilde{\Omega}^2 & -1 & 0 & \cdots & -1 \\ -1 & 2+\tilde{\Omega}^2 & -1 & \ddots & \vdots \\ 0 & -1 & \ddots & \ddots & 0 \\ \vdots & \ddots & \ddots & \ddots & -1 \\ -1 & \cdots & 0 & -1 & 2+\tilde{\Omega}^2 \end{pmatrix} \tag{151}$$

であり，行列式は

$$\det \bar{\boldsymbol{M}} \equiv \bar{M}_N = \begin{vmatrix} 2+\tilde{\Omega}^2 & -1 & 0 & \cdots & -1 \\ -1 & 2+\tilde{\Omega}^2 & -1 & \ddots & \vdots \\ 0 & -1 & \ddots & \ddots & 0 \\ \vdots & \ddots & \ddots & \ddots & -1 \\ -1 & \cdots & 0 & -1 & 2+\tilde{\Omega}^2 \end{vmatrix} \tag{152}$$

となる．(4.36) ～ (4.41) で行ったように，余因子展開を行うと，

$$\bar{M}_N = (2+\tilde{\Omega}^2)\tilde{M}_{N-1} - 2\tilde{M}_{N-2} - 2 \tag{153}$$

が得られる．$\tilde{M}_n(n = N-1, N-2)$ は行列 (136) の行列式 (137) で与えられている．代入して，$\tilde{\Omega} = \omega \Delta\tau$ を用いれば，

$$\bar{M}_N = (1+\omega\Delta\tau)^{N-1} + (1-\omega\Delta\tau)^{N-1} - 2 + O(\Delta\tau) \tag{154}$$

であるから，$N \to \infty$ をとれば，

$$\begin{aligned} \lim_{N\to\infty} \frac{1}{\sqrt{\det \bar{\boldsymbol{M}}}} &= \frac{1}{\sqrt{e^{\omega\mathcal{T}} + e^{-\omega\mathcal{T}} - 2}} \\ &= \frac{1}{\sqrt{2(\cosh\omega\mathcal{T} - 1)}} = \frac{1}{2\sinh\omega\mathcal{T}/2} \end{aligned} \tag{155}$$

が得られる．

前問の結果と合わせれば (150) は (4.86) である．

4.2f　$F_j(r)$ は $j \leftrightarrow r$ で対称である．実際，左辺はそれぞれ，

$$\frac{1}{N}\sum_{j=1}^{N} \exp\left[i\frac{2\pi(s-r)}{N}j\right], \qquad \frac{1}{N}\sum_{r=1}^{N} \exp\left[i\frac{2\pi(j-k)}{N}r\right]$$

なので右側を示そう．(F.4) より，1のN乗根を$\boldsymbol{\omega}_r^{(+)} \equiv e^{2\pi ir/N}$とすれば，

$$\frac{1}{N}\sum_{r=1}^{N} (\boldsymbol{\omega}_r^{(+)})^{j-k} \overset{(\mathrm{F}.4)}{=} \delta_{j-k,nN} \quad (n = 0, \pm 1, \cdots) \tag{156}$$

なので，$-N+1 \leq j-k \leq N-1$であるから，右辺は$n=0$のみが寄与する．つまり，$j = k$である．こうして右側が示された．

4.2g　$F_r(j)$ は直交関係 ((4.105) 左式) 並びに以下を満たす．

$$\sum_{j=1}^{N} F_r(j)F_s(j) = \delta_{r+s,N} + \delta_{r,N}\delta_{s,N} = \sum_{j=1}^{N} F_r^*(j)F_s^*(j) \tag{157}$$

なぜなら，(F.4) より $\omega_j^{(+)} \equiv e^{2\pi ij/N}$ として

$$\sum_{j=1}^{N} F_r(j)F_s(j) = \frac{1}{N}\sum_{j=1}^{N} (\omega_j^{(+)})^{r+s} \overset{\text{(F.4)}}{=} \delta_{r+s,nN} \quad (n = 0,\ \pm 1,\ \cdots)$$

であり，$2 \leq r + s \leq 2N$ に注意すれば，$n = 1, 2$ が許される．$n = 2$ のときは，$r = s = N$ であるから (157) が得られる．もちろん，複素共役も同じ答を与える．

ここで和と差で実関数を

$$\left.\begin{aligned} \bar{C}_r(j) &\equiv \frac{1}{\sqrt{2}}(F_r(j) + F_r^*(j)) = \sqrt{\frac{2}{N}}\cos\frac{2\pi r}{N}j \\ \bar{S}_r(j) &\equiv \frac{1}{\sqrt{2}i}(F_r(j) - F_r^*(j)) = \sqrt{\frac{2}{N}}\sin\frac{2\pi r}{N}j \end{aligned}\right\} \tag{158}$$

のように作る．（これは (4.100) の差分版にあたる．）これらは互いに直交するが，自分自身とは直交しない．つまり，

$$\sum_{j=1}^{N} \bar{C}_r(j)\,\bar{S}_s(j) = 0, \qquad \sum_{j=1}^{N} \bar{S}_r(j)\,\bar{C}_s(j) = 0 \tag{159}$$

$$\sum_{j=1}^{N} \bar{C}_r(j)\,\bar{C}_s(j) = \delta_{rs} + \delta_{r+s,N} + \delta_{r,N}\delta_{s,N} \tag{160}$$

$$\sum_{j=1}^{N} \bar{S}_r(j)\,\bar{S}_s(j) = \delta_{rs} - \delta_{r+s,N} - \delta_{r,N}\delta_{s,N} \tag{161}$$

である．そこで (160)，(161) に着目し，

$$R_r(j) \equiv \frac{1}{\sqrt{2}}(\bar{C}_r(j) + \bar{S}_r(j)) \tag{162}$$

とすればよい．$j \leftrightarrow r$ 対称なので (4.106) を満たすことがわかる．

4.2h　作用 (4.52) で，周期条件を考慮すると

$$\sum_{j=1}^{N} (\varDelta x_j)^2 = \sum_{j=1}^{N} x_j(2x_j - x_{j+1} - x_{j-1}) \tag{163}$$

と変形できることに注意する．$R_r(j)$ で x_j およびソースを展開し，

$$x_j = \sum_{r=1}^{n} \bar{x}_r R_r(j), \qquad \boldsymbol{x} = \boldsymbol{R}\,\bar{\boldsymbol{x}}, \qquad (\boldsymbol{R})_{jr} = R_r(j) \tag{164}$$

$$\tilde{J}_j = \sum_{r=1}^{n} \bar{J}_r R_r(j) \tag{165}$$

などと書く．直交関係 (4.106) は $\boldsymbol{R}\boldsymbol{R}^{\mathrm{T}} = \boldsymbol{I} = \boldsymbol{R}^{\mathrm{T}}\boldsymbol{R}$ と書けるから，$|\det \boldsymbol{R}| = 1$ である．

したがって，$x_j \to \bar{x}_r$ のヤコビアンは 1 である．ところで，

$$\bar{C}_r(j \pm 1) = \cos\frac{2\pi r}{N}\,\bar{C}_r(j) \mp \sin\frac{2\pi r}{N}\,\bar{S}_r(j)$$

$$\bar{S}_r(j \pm 1) = \cos\frac{2\pi r}{N}\,\bar{S}_r(j) \pm \sin\frac{2\pi r}{N}\,\bar{C}_r(j)$$

であるから，

$$\bar{C}_r(j+1) + \bar{C}_r(j-1) = 2\cos\frac{2\pi r}{N}\,\bar{C}_r(j)$$

$$\bar{S}_r(j+1) + \bar{S}_r(j-1) = 2\cos\frac{2\pi r}{N}\,\bar{S}_r(j)$$

が成り立つ．よって

$$R_r(j+1) + R_r(j-1) = 2\cos\frac{2\pi r}{N} R_r(j) \tag{166}$$

となる．この関係を頭におけば，例題 4.2.3 でやったように，作用 (4.52) は

$$\begin{aligned}\tilde{S}(\boldsymbol{x}) &= \frac{m}{2\varDelta\tau}\sum_{r,s=1}^{N}\sum_{j=1}^{N}\bar{x}_s R_s(j)\left[-2\cos\frac{2\pi r}{N} + 2 + \tilde{\Omega}^2\right]R_r(j)\,\bar{x}_r \\ &\qquad + \varDelta\tau\sum_{r,s=1}^{N}\sum_{j=1}^{N}\bar{x}_s R_s(j) R_r(j)\,\bar{J}_r \\ &\overset{j\,の和}{=} \sum_{r=1}^{N}\left[\frac{m}{2\varDelta\tau}\left(2 - 2\cos\frac{2\pi r}{N} + \tilde{\Omega}^2\right)(\bar{x}_r)^2 + \varDelta\tau\,\bar{x}_r\,\bar{J}_r\right]\end{aligned}$$

となり，分配関数 (4.96) は，

$$\begin{aligned}Z^{(\bar{J})}(\mathcal{T}) = \lim_{N\to\infty}\prod_{r=1}^{N}\Biggl(&\int\sqrt{\frac{m}{2\pi\hbar\varDelta\tau}}\,d\bar{x}_r \\ &\times\exp\left[-\frac{m}{2\hbar\varDelta\tau}\left(2 - 2\cos\frac{2\pi r}{N} + \tilde{\Omega}^2\right)(\bar{x}_r)^2 - \frac{\varDelta\tau}{\hbar}\,\bar{x}_r\,\bar{J}_r\right]\Biggr)\end{aligned} \tag{167}$$

と得られる．

これは，各 r ごとのガウス積分 (D.3) により，

$$\begin{aligned}Z^{(\bar{J})}(\mathcal{T}) = \lim_{N\to\infty}\prod_{r=1}^{N}\Biggl(&\frac{1}{\sqrt{2 - 2\cos(2\pi r/N) + \tilde{\Omega}^2}} \\ &\times\exp\left[\frac{(\varDelta\tau)^3(\bar{J}_r)^2}{2m\hbar(2 - 2\cos(2\pi r/N) + \tilde{\Omega}^2)}\right]\Biggr)\end{aligned} \tag{168}$$

と求まる．公式 (F.6) より $N\to\infty$ で $\tilde{\alpha}_\pm = 1 \pm \omega\varDelta\tau + O(\varDelta\tau^2)$ を考慮し，

$$\lim_{N\to\infty}\prod_{r=1}^{N}\left(2-2\cos\frac{2\pi r}{N}+\widetilde{\Omega}^2\right)=(e^{\omega\mathcal{T}}-1)(1-e^{-\omega\mathcal{T}})$$
$$=2\cosh\omega\mathcal{T}-2=4\sinh^2\frac{\omega\mathcal{T}}{2}$$

だから，

$$(168)\text{前因子}=\sqrt{\frac{1}{4\sinh^2(\omega\mathcal{T}/2)}}=\frac{1}{2\sinh(\omega\mathcal{T}/2)}=(4.96)\text{前因子}$$

が得られる．指数の肩は，(165) の逆変換 $\bar{J}_r=\sum_{j=1}^{N}\widetilde{J}_jR_r(j)$ を用いると

$$\left.\begin{aligned}\text{指数の肩}&=\frac{(\varDelta\tau)^2}{2m\hbar}\sum_{j,k=1}^{N}\widetilde{J}_j\widetilde{\varDelta}_{jk}\widetilde{J}_k\\ \widetilde{\varDelta}_{jk}&\equiv\varDelta\tau\sum_{r=1}^{N}\frac{R_r(j)R_r(k)}{2-2\cos(2\pi r/N)+\widetilde{\Omega}^2}\end{aligned}\right\}\tag{169}$$

となる．これが，連続極限で周期グリーン関数 $\overline{\boldsymbol{\varDelta}}(\tau,\tau')$ ((4.88)) となれば，

$$\text{指数の肩}=\frac{1}{2\hbar}\iint_0^{\mathcal{T}}d\tau\,d\tau'\ \widetilde{J}(\tau)\frac{\overline{\boldsymbol{\varDelta}}(\tau,\tau')}{m}\widetilde{J}(\tau')=(4.96)\text{指数の肩}$$

が成り立つ．そこで，実際に (169) を計算し，$\overline{\boldsymbol{\varDelta}}(\tau,\tau')$ ((4.88)) となることを確かめよう．

分子は (162)，(158) を代入すれば

$$R_r(j)R_r(k)=\frac{1}{N}\left[\cos\frac{2\pi r}{N}(j-k)+\sin\frac{2\pi r}{N}(j+k)\right]$$

となる．sin の項は公式 (F.23) よりゼロとなり，一方，公式 (F.25) を用いれば，

$$\begin{aligned}\widetilde{\varDelta}_{jk}&=\frac{\varDelta\tau}{N}\sum_{r=1}^{N}\frac{\cos(2\pi r(j-k)/N)}{2-2\cos(2\pi r/N)+\widetilde{\Omega}^2}\\ &\overset{(\mathrm{F.25})}{=}\frac{\varDelta\tau}{\widetilde{\alpha}_+-\widetilde{\alpha}_-}[H^{(+)}(\widetilde{\alpha}_-;j-k+1)+\widetilde{\alpha}_-H^{(+)}(\widetilde{\alpha}_-;k-j)]\end{aligned}$$

となる．ここで，$\widetilde{\alpha}_\pm$ は (F.9) にある．$H^{(+)}(\widetilde{\alpha}_-;j-k+1)$ は，$-N+2\leq j-k+1\leq N$ なので $M_{\mathrm{H}}=N$，$M_{\mathrm{L}}=-N+2$ である．したがって，(F.17) より

$$n_0=\left[\frac{M_{\mathrm{L}}-N}{N}\right]=\left[\frac{-2N+2}{N}\right]=\left[-2+\frac{2}{N}\right]=-1$$
$$n_K=\left[\frac{M_{\mathrm{H}}-1}{N}\right]=\left[\frac{N-1}{N}\right]=\left[1-\frac{1}{N}\right]=0=n_1$$

となり，公式 (F.16) より，

$$H^{(+)}(\widetilde{\alpha}_- ; j-k+1) = \theta_{0,j-k+1}\frac{(\widetilde{\alpha}_-)^{j-k+N}}{1-(\widetilde{\alpha}_-)^N} + \theta_{j-k+1,1}\frac{(\widetilde{\alpha}_-)^{j-k}}{1-(\widetilde{\alpha}_-)^N}$$
$$= \theta_{k,j+1}\frac{(\widetilde{\alpha}_-)^{j-k+N}}{1-(\widetilde{\alpha}_-)^N} + \theta_{j,k}\frac{(\widetilde{\alpha}_-)^{j-k}}{1-(\widetilde{\alpha}_-)^N} \tag{170}$$

が得られる．同様に，$\widetilde{\alpha}_- H^{(+)}(\widetilde{\alpha}_- ; k-j)$ は，$-N+1 \le k-j \le N-1$ より $M_{\mathrm{H}} = N-1$，$M_{\mathrm{L}} = -N+1$ であり，

$$n_0 = \left[\frac{M_{\mathrm{L}}-N}{N}\right] = \left[\frac{-2N+1}{N}\right] = \left[-2+\frac{1}{N}\right] = -1$$
$$n_K = \left[\frac{M_{\mathrm{H}}-1}{N}\right] = \left[\frac{N-2}{N}\right] = \left[1-\frac{2}{N}\right] = 0 = n_1$$

となる．これより，

$$\widetilde{\alpha}_- H^{(+)}(\widetilde{\alpha}_- ; k-j) = \theta_{0,k-j}\frac{(\widetilde{\alpha}_-)^{k-j+N}}{1-(\widetilde{\alpha}_-)^N} + \theta_{k-j,1}\frac{(\widetilde{\alpha}_-)^{k-j}}{1-(\widetilde{\alpha}_-)^N}$$
$$= \theta_{j,k}\frac{(\widetilde{\alpha}_-)^{k-j+N}}{1-(\widetilde{\alpha}_-)^N} + \theta_{k,j+1}\frac{(\widetilde{\alpha}_-)^{k-j}}{1-(\widetilde{\alpha}_-)^N} \tag{171}$$

が得られる．

よって，

$$\bar{\varDelta}_{jk} = \frac{\varDelta\tau}{\widetilde{\alpha}_+ - \widetilde{\alpha}_-}\left[\theta_{j,k}\frac{(\widetilde{\alpha}_-)^{j-k} + (\widetilde{\alpha}_-)^{k-j+N}}{1-(\widetilde{\alpha}_-)^N} + \theta_{k,j+1}\frac{(\widetilde{\alpha}_-)^{k-j} + (\widetilde{\alpha}_-)^{j-k+N}}{1-(\widetilde{\alpha}_-)^N}\right] \tag{172}$$

となる．ここで，$j\varDelta\tau = \tau$，$k\varDelta\tau = \tau'$ として連続極限 $N \to \infty$ を考えると，

$$(\widetilde{\alpha}_-)^{j-k} = \left(1-\widetilde{\Omega}\right)^{j-k} \to e^{-\omega(\tau-\tau')}$$

となる．$\theta_{j,k}$項で，$\tau = j\varDelta\tau \ge k\varDelta\tau = \tau'$ なので $\theta_{j,k} \to \theta(\tau-\tau')$ †2 と見なすことができ，同様に $\theta_{k,j+1}$ 項で，$\tau' = k\varDelta\tau \ge (j+1)\varDelta\tau > \tau$ なので $\theta_{k,j+1} \to \theta(\tau'-\tau)$ と見なせる．これらより，

$$\bar{\varDelta}_{jk} \to \frac{1}{2\omega(1-e^{-\omega\mathcal{T}})}[\theta(\tau-\tau')(e^{-\omega(\tau-\tau')} + e^{-\omega(\mathcal{T}-\tau+\tau')})$$
$$+ \theta(\tau'-\tau)(e^{-\omega(\tau'-\tau)} + e^{-\omega(\mathcal{T}-\tau'+\tau)})]$$

が得られる．$1-e^{-\omega\mathcal{T}} = e^{-\omega\mathcal{T}/2}\,2\sinh(\omega\mathcal{T}/2)$ とし，さらに分子を cosh で書きかえれば，$\bar{\boldsymbol{\varDelta}}(\tau,\tau')$ (4.88) となる．

---

†2　$\tau = \tau'$ はこちらに含まれている．連続表示では $\theta(0) = 1/2$ として両方に振り分けるが，都合の悪いこともある（詳しくは (4.120) を参照）．

4.3a　運動方程式 (4.112) は,

$$\widetilde{\alpha}_j^{\mathrm{c}} = (1 - \omega \varDelta\tau)\widetilde{\alpha}_{j-1}^{\mathrm{c}} - \varDelta\tau\rho_j, \qquad \widetilde{\alpha}_j^{\mathrm{c}*} = (1 - \omega\varDelta\tau)\widetilde{\alpha}_{j+1}^{\mathrm{c}*} - \varDelta\tau\rho_{j+1}^*$$

と書きかえられるので, 順に代入していけば,

$$\begin{aligned}\widetilde{\alpha}_j^{\mathrm{c}} &= (1 - \omega\varDelta\tau)^j\alpha_0 - \varDelta\tau\sum_{k=1}^{j}(1 - \omega\varDelta\tau)^{j-k}\rho_k \\ &= (1 - \omega\varDelta\tau)^j\alpha_0 - \varDelta\tau\sum_{k=1}^{N}\theta_{j,k}(1 - \omega\varDelta\tau)^{j-k}\rho_k \end{aligned} \tag{173}$$

$$\begin{aligned}\widetilde{\alpha}_j^{\mathrm{c}*} &= (1 - \omega\varDelta\tau)^{N-j}\alpha_N^* - \varDelta\tau\sum_{k=j+1}^{N}\rho_k^*(1 - \omega\varDelta\tau)^{k-j-1} \\ &= (1 - \omega\varDelta\tau)^{N-j}\alpha_N^* - \varDelta\tau\sum_{k=1}^{N}\theta_{k,j+1}\rho_k^*(1 - \omega\varDelta\tau)^{k-j-1} \end{aligned} \tag{174}$$

が得られる. これらを (4.118) に代入すれば, 以下のように差分型による古典作用が求められる.

$$\begin{aligned}\widetilde{S}_{\mathrm{c}}^{\mathrm{B}} = \frac{|\alpha_N|^2}{2} + \frac{|\alpha_0|^2}{2} - \alpha_N^*(1 - \omega\varDelta\tau)^N\alpha_0 \\ + \varDelta\tau\sum_{j=1}^{N}\{\rho_j^*(1 - \omega\varDelta\tau)^{j-1}\alpha_0 + \alpha_N^*(1 - \omega\varDelta\tau)^{N-j}\rho_j\} \\ - (\varDelta\tau)^2\sum_{j,k=1}^{N}\theta_{j-1,k}\rho_j^*(1 - \omega\varDelta\tau)^{j-k-1}\rho_k \end{aligned} \tag{175}$$

ここで, (4.118) で $N-1$ であった和の上限を N とした. こうしても $\rho_N^* = \rho_N = 0$ としているので問題はない. (175) と連続表示の古典作用 (4.119) と比べると, $j\varDelta\tau \to \tau$, $k\varDelta\tau \to \tau'$ であるから,

$$\widetilde{D}(\tau - \tau') \Longleftrightarrow \theta_{j-1,k}(1 - \omega\varDelta\tau)^{j-k-1} \tag{176}$$

が得られる. これより $j = k$ は $\theta_{-1,0} = 0$ (F.18) となり, $\widetilde{D}(0) = 0$ すなわち (4.120) が成り立つ.

4.3b　1 の N 乗根 $\boldsymbol{\omega}_r^{(+)}$ ((F.1)) を用いれば,

$$F_r(j-1) = (\boldsymbol{\omega}_r^{(+)})^{-1}F_r(j) \tag{177}$$

となるので, 展開 (4.137) を (4.136) に代入すると,

$$\begin{aligned} -\sum_{j=1}^{N}\sum_{r,r'=1}^{N}[\widetilde{\alpha}_r^*F_r^*(j)F_{r'}(j)\{1 - (\boldsymbol{\omega}_r^{(+)})^{-1} + \widetilde{\Omega}(\boldsymbol{\omega}_r^{(+)})^{-1}\}\widetilde{\alpha}_{r'} \\ + \varDelta\tau\widetilde{\alpha}_r^*F_r^*(j)F_{r'}(j)\widetilde{\rho}_{r'} + \varDelta\tau\widetilde{\rho}_r^*(\boldsymbol{\omega}_r^{(+)})^{-1}F_r^*(j)F_{r'}(j)\widetilde{\alpha}_{r'}] \end{aligned}$$

となる ($\widetilde{\Omega} = \omega\varDelta\tau$). j の和により直交性 (4.105) が使え, r' の和がとれて, ボース分配関数の作用は

$$\overline{S}^{\mathrm{B}}(\boldsymbol{\alpha}) = -\sum_{r=1}^{N}[\widetilde{\alpha}_r^*\{1-(\boldsymbol{\omega}_r^{(+)})^{-1}(1-\widetilde{\Omega})\}\widetilde{\alpha}_r + \Delta\tau\widetilde{\alpha}_r^*\widetilde{\rho}_r + \Delta\tau\widetilde{\rho}_r^*(\boldsymbol{\omega}_r^{(+)})^{-1}\widetilde{\alpha}_r] \tag{178}$$

のように，r に関して対角化されている．積分測度を見るために，ベクトル記号 $\alpha_j \equiv (\boldsymbol{\alpha})_j$, $\widetilde{\alpha}_r \equiv (\widetilde{\boldsymbol{\alpha}})_r$, $F_r(j) \equiv (\boldsymbol{F})_{jr}$ $(j, r = 1, 2, \cdots, N)$ を導入すると (4.137) の α 部分は，

$$\boldsymbol{\alpha} = \boldsymbol{F}\widetilde{\boldsymbol{\alpha}}, \qquad \boldsymbol{\alpha}^\dagger = \widetilde{\boldsymbol{\alpha}}^\dagger\boldsymbol{F}^\dagger$$

と与えられ，直交性・完全性 (4.105) は

$$\boldsymbol{F}^\dagger\boldsymbol{F} = \boldsymbol{I}, \qquad \boldsymbol{F}\boldsymbol{F}^\dagger = \boldsymbol{I} \tag{179}$$

と書ける．これらより，積分測度は

$$\prod_{j=1}^{N} d^2\alpha_j = d^{2N}\boldsymbol{\alpha} \overset{(2.105)}{=} |\det(\boldsymbol{F}^\dagger\boldsymbol{F})| d^{2N}\widetilde{\boldsymbol{\alpha}} \overset{(179)}{=} d^{2N}\widetilde{\boldsymbol{\alpha}} = \prod_{r=1}^{N} d^2\widetilde{\alpha}_r \tag{180}$$

となる．ここで $\det(\boldsymbol{F}^\dagger\boldsymbol{F}) = 1$ を用いた．こうして，(4.135) と (4.136) は (4.138) となる．

4.3c　公式 (D.36) を $\rho \to \Delta\tau\rho_r$, $\rho^* \to \Delta\tau\rho_r^*(\boldsymbol{\omega}_r^{(+)})^{-1}$ とし各 r ごとに用いれば，

$$\mathcal{Z}^{\mathrm{B}(\rho^*,\rho)}(\mathcal{T}) = e^{-\omega\mathcal{T}/2}\lim_{N\to\infty}\prod_{r=1}^{N}\left\{\frac{1}{1-(\boldsymbol{\omega}_r^{(+)})^{-1}(1-\widetilde{\Omega})}\right\} \times \exp\left[(\Delta\tau)^2\sum_{r=1}^{N}\frac{\widetilde{\rho}_r^*\widetilde{\rho}_r}{\boldsymbol{\omega}_r^{(+)}-(1-\widetilde{\Omega})}\right] \tag{181}$$

が得られる．$e^{-\omega\mathcal{T}/2}$ を除いた“前因子”は $\widetilde{\Omega} = \omega\Delta\tau$ を思い出し，

$$\text{“前因子”} = \prod_{r=1}^{N}\frac{\boldsymbol{\omega}_r^{(+)}}{\boldsymbol{\omega}_r^{(+)}-(1-\widetilde{\Omega})} = (-1)^N\prod_{r=1}^{N}\boldsymbol{\omega}_r^{(+)}\prod_{r=1}^{N}\frac{1}{(1-\widetilde{\Omega})-\boldsymbol{\omega}_r^{(+)}}$$
$$\overset{(\mathrm{F}.3)(\mathrm{F}.5)}{=} (-1)^N(-1)^{N-1}\frac{1}{(1-\widetilde{\Omega})^N-1} = \frac{1}{1-(1-\omega\Delta\tau)^N}$$

である．よって，$e^{-\omega\mathcal{T}/2}$ を掛けて $\lim_{N\to\infty}(1-\omega\Delta\tau)^N = e^{-\omega\mathcal{T}}$ を用いれば

$$\lim_{N\to\infty}\text{前因子} = \frac{e^{-\omega\mathcal{T}/2}}{1-e^{-\omega\mathcal{T}}} = \frac{1}{2\sinh\omega\mathcal{T}/2} \tag{182}$$

となる．(181) の指数の肩において，$\widetilde{\rho}_r^*$, $\widetilde{\rho}_r$ を (4.137) の逆変換

$$\widetilde{\rho}_r = \sum_{j=1}^{N}\rho_j F_r^*(j), \qquad \widetilde{\rho}_r^* = \sum_{j=1}^{N}\rho_j^* F_r(j) \tag{183}$$

を用いて,

$$(\varDelta\tau)^2 \sum_{r=1}^{N} \tilde{\rho}_r^* \frac{1}{\boldsymbol{\omega}_r^{(+)} - (1-\tilde{\varOmega})} \tilde{\rho}_r = (\varDelta\tau)^2 \sum_{j,k=1}^{N} \rho_j^* \bar{D}_{jk} \rho_k \tag{184}$$

$$\bar{D}_{jk} \equiv \sum_{r=1}^{N} \frac{F_r(j) F_r^*(k)}{\boldsymbol{\omega}_r^{(+)} - (1-\tilde{\varOmega})} = \frac{1}{N} \sum_{r=1}^{N} \frac{(\boldsymbol{\omega}_r^{(+)})^{j-k}}{\boldsymbol{\omega}_r^{(+)} - (1-\tilde{\varOmega})} \tag{185}$$

のように書きかえる．これより，(F.15) で $m \to j-k$ として,

$$\bar{D}_{jk} = H^{(+)}(1-\tilde{\varOmega}\,;j-k) \tag{186}$$

と与えられる．条件 $-N+1 \leq j-k \leq N-1$ は $M_{\mathrm{L}} = -N+1$, $M_{\mathrm{H}} = N-1$ を与えるので，(F.17) より,

$$n_0 = \left[\frac{M_{\mathrm{L}} - N}{N}\right] = \left[\frac{-2N+1}{N}\right] = \left[-2 + \frac{1}{N}\right] = -1$$

$$n_K = \left[\frac{M_{\mathrm{H}} - 1}{N}\right] = \left[\frac{N-2}{N}\right] = \left[1 - \frac{2}{N}\right] = 0 = n_1$$

となるので (F.16) より,

$$H^{(+)}(1-\tilde{\varOmega}\,;j-k) = \frac{1}{1-(1-\tilde{\varOmega})^N}[\theta_{j-k,1}(1-\tilde{\varOmega})^{j-k-1} + \theta_{0,j-k}(1-\tilde{\varOmega})^{j-k-1+N}]$$

が得られる．したがって，$\theta_{j-k,1} = \theta_{j,k+1}$, $\theta_{0,j-k} = \theta_{k,j}$ なので,

$$\bar{D}_{jk} = \frac{\theta_{j,k+1}(1-\tilde{\varOmega})^{j-k-1} + \theta_{k,j}(1-\tilde{\varOmega})^{j-k-1+N}}{1-(1-\tilde{\varOmega})^N} \tag{187}$$

と求められる．これは，連続極限 $N \to \infty$ で $j\varDelta\tau = \tau$, $k\varDelta\tau = \tau'$ とおいて，$\theta_{j,k+1}$ を考えると

$$\tau = j\varDelta\tau \geq (k+1)\varDelta\tau > k\varDelta\tau = \tau'$$

なので $\theta_{j,k+1} \to \theta(\tau-\tau')$ となる．同様に $\theta_{k,j}$ では

$$\tau' = k\varDelta\tau \geq j\varDelta\tau = \tau$$

なので $\theta_{k,j} \to \theta(\tau'-\tau)$ とすることができて，$(1-\tilde{\varOmega})^{j-k} = e^{-\omega\varDelta\tau(j-k)} + O(\varDelta\tau^2)$ に注意すれば，したがって,

$$\begin{aligned}\bar{D}_{jk} \overset{N\to\infty}{\Longrightarrow} &\frac{\theta(\tau-\tau')e^{-\omega(\tau-\tau')} + \theta(\tau'-\tau)e^{-\omega(\mathcal{T}+\tau-\tau')}}{1-e^{-\omega\mathcal{T}}} \\ &= \frac{\theta(\tau-\tau')e^{-\omega(\tau-\tau'-\mathcal{T}/2)} + \theta(\tau'-\tau)e^{\omega(\tau'-\tau-\mathcal{T}/2)}}{2\sinh(\omega\mathcal{T}/2)} \\ &= \bar{D}(\tau-\tau')\end{aligned}$$

のようになる．こうして，指数の肩 (184) は (4.109) より $\rho_j^* = \rho^*(\tau)$, $\rho_k = \rho(\tau')$

であるから，

$$(\Delta\tau)^2 \sum_{j,k=1}^{N} \rho_j^* \bar{D}_{jk}\rho_k \overset{N\to\infty}{\Longrightarrow} \iint_0^{\mathcal{T}} d\tau\, \tau' \rho^*(\tau)\, \bar{D}(\tau-\tau')\rho(\tau') \tag{188}$$

となる．(182) と合わせれば分配関数 (4.129) である．

4.3d　運動方程式は古典解を α_j^{c} と書けば，(4.112) と同じ形

$$0 = \frac{\partial \bar{S}^{\mathrm{B}}}{\partial \alpha_j^*}\bigg|_{\alpha_j^{\mathrm{c}}} = \Delta\tau\left(\frac{\Delta\alpha_j^{\mathrm{c}}}{\Delta\tau} + \omega\alpha_{j-1}^{\mathrm{c}} + \rho_j\right)$$

$$0 = \frac{\partial \bar{S}^{\mathrm{B}}}{\partial \alpha_j}\bigg|_{\alpha_j^{\mathrm{c}*}} = \Delta\tau\left(-\frac{\Delta\alpha_{j+1}^{\mathrm{c}*}}{\Delta\tau} + \omega\alpha_{j+1}^{\mathrm{c}*} + \rho_{j+1}^*\right)$$

であり，連続でも (4.113) と同じものになる．

$$\left(\frac{d}{d\tau} + \omega\right)\alpha^{\mathrm{c}}(\tau) = -\rho(\tau), \qquad \left(-\frac{d}{d\tau} + \omega\right)\alpha^{\mathrm{c}*}(\tau) = -\rho^*(\tau) \tag{189}$$

ここで，周期境界条件を満たす固有関数 (4.99) で，以下のように展開しよう．

$$\left.\begin{aligned} \alpha^{\mathrm{c}}(\tau) &= \sum_{r=-\infty}^{\infty} \alpha_r^{\mathrm{c}} F_r(\tau), \qquad & \rho(\tau) &= \sum_{r=-\infty}^{\infty} \rho_r F_r(\tau) \\ \alpha^{\mathrm{c}*}(\tau) &= \sum_{r=-\infty}^{\infty} \alpha_r^{\mathrm{c}*} F_r^*(\tau), \qquad & \rho^*(\tau) &= \sum_{r=-\infty}^{\infty} \rho_r^* F_r^*(\tau) \end{aligned}\right\} \tag{190}$$

これらを，(189) に代入し，固有関数の直交性を用いれば

$$\alpha_r^{\mathrm{c}} = -\frac{1}{2\pi i r/\mathcal{T} + \omega}\rho_r, \qquad \alpha_r^{\mathrm{c}*} = -\frac{1}{2\pi i r/\mathcal{T} + \omega}\rho_r^* \tag{191}$$

となる．さらに (190) に代入し，$\rho(\tau)$，$\rho^*(\tau)$ の逆変換，

$$\rho_r = \int_0^{\mathcal{T}} d\tau'\, \rho(\tau') F_r^*(\tau'), \qquad \rho_r^* = \int_0^{\mathcal{T}} d\tau'\, \rho^*(\tau') F_r(\tau') \tag{192}$$

を考慮すれば，古典解が[†3]

$$\left.\begin{aligned} \alpha^{\mathrm{c}}(\tau) &= -\int_0^{\mathcal{T}} d\tau'\, \bar{D}(\tau-\tau')\rho(\tau') \\ \alpha^{\mathrm{c}*}(\tau) &= -\int_0^{\mathcal{T}} d\tau'\, \rho^*(\tau')\, \bar{D}(\tau'-\tau) \end{aligned}\right\} \tag{193}$$

と与えられる．ここで，$\bar{D}(\tau)$ はプロパゲーター (4.126) で，次のように実関数

$$\begin{aligned} \bar{D}(\tau) &\equiv \sum_{r=-\infty}^{\infty} \frac{F_r(\tau)F_r^*(\tau')}{2\pi i r/\mathcal{T} + \omega} \\ &= \frac{1}{\mathcal{T}} \sum_{r=-\infty}^{\infty} \frac{1}{2\pi i r/\mathcal{T} + \omega} \exp\left[\frac{2\pi i r}{\mathcal{T}} r\right] \quad (-\mathcal{T} < \tau < \mathcal{T}) \end{aligned} \tag{194}$$

---

†3　(189) の一般解にはソース $\rho = 0$ の解，$\alpha_0 = Ce^{-\omega\tau}$，がつけ加わると思うかもしれないが，周期条件を満たさない．

であり，解 (193) は互いに複素共役である．

まず (193) から示す．互いに複素共役であるから $\alpha^{\mathrm{c}}(\tau)$ で議論する．(191) を (190) に代入して，

$$\alpha^{\mathrm{c}}(\tau) = -\sum_{r=-\infty}^{\infty} \frac{F_r(\tau)}{2\pi i r/\mathcal{T} + \omega}\rho_r$$
$$\overset{(192)}{=} -\int_0^{\mathcal{T}} d\tau' \left\{\sum_{r=-\infty}^{\infty} \frac{F_r(\tau)F_r^*(\tau')}{2\pi i r/\mathcal{T} + \omega}\right\}\rho(\tau')$$

が得られ，$F_r(\tau)$，$F_r^*(\tau)$ の具体的な形を代入すれば (193) である．

次に，(194) を計算しよう．和を $r \geq 1$ の形に書きかえて，

$$\bar{D}(\tau) = \frac{1}{\omega\mathcal{T}} + \sum_{r=1}^{\infty} \frac{e^{2\pi i\tau r/\mathcal{T}}}{2\pi i r + \omega\mathcal{T}} + \sum_{r=1}^{\infty} \frac{e^{-2\pi i\tau r/\mathcal{T}}}{-2\pi i r + \omega\mathcal{T}}$$

を得る．通分し，オイラーの公式 (1.10) を用いれば，

$$\bar{D}(\tau) = \frac{1}{\omega\mathcal{T}} + \frac{\omega\mathcal{T}}{2\pi^2}\sum_{r=1}^{\infty} \frac{\cos(2\pi r\tau/\mathcal{T})}{r^2 + (\omega\mathcal{T}/2\pi)^2} + \frac{1}{\pi}\sum_{r=1}^{\infty} \frac{r\sin(2\pi r\tau/\mathcal{T})}{r^2 + (\omega\mathcal{T}/2\pi)^2}$$

となる．ここで，

$$I(\tau) \equiv \sum_{r=1}^{\infty} \frac{\cos(2\pi r\tau/\mathcal{T})}{r^2 + (\omega\mathcal{T}/2\pi)^2} \tag{195}$$

を導入すれば，

$$\bar{D}(\tau) = \frac{1}{\omega\mathcal{T}} + \frac{\omega\mathcal{T}}{2\pi^2}I(\tau) - \frac{\mathcal{T}}{2\pi^2}\frac{\partial I(\tau)}{\partial\tau} \tag{196}$$

と与えられることに気づくだろう．公式 (E.1) で，$\phi \to 2\pi\tau/\mathcal{T}$，$a \to \omega\mathcal{T}/(2\pi)$ とすれば，

$$I(\tau) = -\frac{2\pi^2}{(\omega\mathcal{T})^2} + \frac{\pi^2}{\omega\mathcal{T}\sinh(\omega\mathcal{T}/2)} \times \left[\theta(\tau)\cosh\omega\left(\frac{\mathcal{T}}{2} - \tau\right) + \theta(-\tau)\cosh\omega\left(\frac{\mathcal{T}}{2} + \tau\right)\right] \tag{197}$$

と求まる．微分すれば，

$$\frac{\partial I(\tau)}{\partial\tau} = -\frac{\pi^2}{\mathcal{T}\sinh(\omega\mathcal{T}/2)}\left[\theta(\tau)\sinh\omega\left(\frac{\mathcal{T}}{2} - \tau\right) - \theta(-\tau)\sinh\omega\left(\frac{\mathcal{T}}{2} + \tau\right)\right] \tag{198}$$

が得られる．ここで，$\delta(\tau)$ 項はゼロとなることに注意しよう．これらを，(196) に代入すれば (4.126) となる．

4.3e　まず，古典解 α_j^{c} による，古典作用 $\bar{S}_{\mathrm{c}}^{\mathrm{B}}$ を計算する．連続表示をとった

(4.136) より，

$$\overline{S}_{\mathrm{c}}^{\mathrm{B}} = \int_0^{\mathcal{T}} d\tau \left[\alpha^{\mathrm{c}*}\left\{\left(\frac{d}{d\tau}+\omega\right)\alpha^{\mathrm{c}}+\rho\right\}+\rho^*\alpha^{\mathrm{c}}\right]$$

と与えられる．右辺第 1 項は運動方程式 (89) より落ち，残りに解 (193) を代入すれば，

$$\overline{S}_{\mathrm{c}}^{\mathrm{B}} = -\iint_0^{\mathcal{T}} d\tau\, d\tau'\, \rho^*(\tau)\,\overline{D}\,(\tau-\tau')\rho(\tau') \tag{199}$$

となる．今作用は

$$\overline{S}^{\mathrm{B}}(\boldsymbol{\alpha}) = \overline{S}_{\mathrm{c}}^{\mathrm{B}} + \sum_{j,k=1}^{N} \frac{\partial^2 \overline{S}^{\mathrm{B}}}{\partial\alpha_j^*\partial\alpha_k}\bigg|_{\alpha^{\mathrm{c}}} (\alpha_j^*-\alpha_j^{\mathrm{c}*})(\alpha_k-\alpha_k^{\mathrm{c}})$$

と展開されるから，

$$\frac{\partial^2\overline{S}^{\mathrm{B}}}{\partial\alpha_j^*\partial\alpha_k} = \delta_{j,k}-(1-\widetilde{\Omega})\delta_{j-1,k}$$

に注意して，$\alpha_j=\alpha_j^{\mathrm{c}}\to\alpha_j^{\mathrm{q}}$ において，変数を $\alpha_j\to\alpha_j^{\mathrm{q}}$ へとおきかえれば，分配関数 (4.135) は

$$\begin{aligned}\mathcal{Z}^{\mathrm{B}(\rho^*,\rho)}(\mathcal{T}) &= e^{-\overline{S}_{\mathrm{c}}^{\mathrm{B}}} e^{-\omega\mathcal{T}/2} \lim_{N\to\infty}\left(\prod_{j=1}^{N}\int\frac{d^2\alpha_j^{\mathrm{q}}}{\pi}\right)\\ &\quad\times \exp\left[-\sum_{j=1}^{N}\{\alpha_j^{\mathrm{q}*}(\alpha_j^{\mathrm{q}}-\alpha_{j-1}^{\mathrm{q}})+\widetilde{\Omega}\alpha_j^{\mathrm{q}*}\alpha_{j-1}^{\mathrm{q}}\}\right]_{\mathrm{P}}\end{aligned} \tag{200}$$

となる．α_j^{q} を周期固有関数 (4.104) で，

$$\alpha_j^{\mathrm{q}} = \sum_{r=1}^{N}\alpha_r F_r(j), \qquad \alpha_j^{\mathrm{q}*} = \sum_{r=1}^{N}\alpha_r^* F_r^*(j)$$

と展開すれば，前因子は (181)，(182) で行ったように

$$\begin{aligned}&e^{-\omega\mathcal{T}/2}\lim_{N\to\infty}\prod_{r=1}^{N}\left[\int\frac{d^2\alpha_r}{\pi}\exp[-\{\alpha_r^*(1-(\boldsymbol{\omega}_r^{(+)})^{-1}(1-\widetilde{\Omega}))\alpha_r\}]\right]\\ &\overset{(\mathrm{D}.36)}{=}\lim_{N\to\infty}\prod_{r=1}^{N}\frac{e^{-\omega\mathcal{T}/2}}{\{1-(\boldsymbol{\omega}_r^{(+)})^{-1}(1-\widetilde{\Omega})\}} = \frac{e^{-\omega\mathcal{T}/2}}{1-e^{-\omega\mathcal{T}}} = \frac{1}{2\sinh(\omega\mathcal{T}/2)}\end{aligned}$$

となり，$\overline{S}_{\mathrm{c}}^{\mathrm{B}}$ の値 (199) を (200) に代入すれば (4.129) である．

4.4a　運動方程式は作用 (4.142) の（グラスマン）微分で定義する（(2.188) を参照）．解を ξ^{c} と書いて，

$$\begin{aligned}0 &= \frac{\partial\widetilde{S}^{\mathrm{F}}}{\partial\xi_j^*}\bigg|_{\xi^{\mathrm{c}}} = \Delta\tau\left(\frac{\Delta\widetilde{\xi}_j^{\mathrm{c}}}{\Delta\tau}+\omega\widetilde{\xi}_{j-1}^{\mathrm{c}}+\eta_j\right)\\ 0 &= \frac{\partial\widetilde{S}^{\mathrm{F}}}{\partial\xi_j}\bigg|_{\xi^{\mathrm{c}*}} = -\Delta\tau\left(-\frac{\Delta\widetilde{\xi}_{j+1}^{\mathrm{c}*}}{\Delta\tau}+\omega\widetilde{\xi}_{j+1}^{\mathrm{c}*}+\eta_{j+1}^*\right)\end{aligned} \tag{201}$$

となる．ここで，下段の式にマイナスがあるのは微分がグラスマン奇要素のためである．今，$1 \leq j \leq N-1$ であるから，$\tilde{\xi}^{\mathrm{c}}$，$\tilde{\xi}^{\mathrm{c}*}$ にはそれぞれ端点 ξ_0，ξ_N^* のみが含まれている．連続極限で運動方程式と境界条件は，

$$
\left.\begin{aligned}
\left(\frac{d}{d\tau}+\omega\right)\tilde{\xi}^{\mathrm{c}}(\tau) &= -\eta(\tau), & \tilde{\xi}^{\mathrm{c}}(0) &= \xi_0 \\
\left(\frac{d}{d\tau}-\omega\right)\tilde{\xi}^{\mathrm{c}*}(\tau) &= \eta^*(\tau), & \tilde{\xi}^{\mathrm{c}*}(\mathcal{T}) &= \xi_N^*
\end{aligned}\right\} \tag{202}
$$

となる．ソースのない運動方程式とその解を

$$
\left\{\begin{aligned}
&\left(\frac{d}{d\tau}+\omega\right)\zeta(\tau)=0, \quad \zeta(0)=\xi_0 \\
&\left(\frac{d}{d\tau}-\omega\right)\zeta^*(\tau)=0, \quad \zeta^*(\mathcal{T})=\xi_N^*
\end{aligned}\right.
\Rightarrow
\left\{\begin{aligned}
&\zeta_-(\tau)=e^{-\omega\tau}\xi_0 \\
&\zeta_+^*(\tau)=\xi_N^* e^{-\omega(\mathcal{T}-\tau)}
\end{aligned}\right. \tag{203}
$$

と書けば，解は

$$
\left.\begin{aligned}
\tilde{\xi}^{\mathrm{c}}(\tau) &= \zeta_-(\tau) - \int_0^{\mathcal{T}} d\tau'\, \tilde{D}(\tau-\tau')\eta(\tau') \\
\tilde{\xi}^{\mathrm{c}*}(\tau) &= \zeta_+^*(\tau) - \int_0^{\mathcal{T}} d\tau'\, \eta^*(\tau')\tilde{D}(\tau'-\tau)
\end{aligned}\right\} \tag{204}
$$

である．ここで，$\tilde{D}(\tau'-\tau)$ はグリーン関数 (4.115) である．

4.4b　古典作用 (4.142) を端点公式 (2.85)（グラスマン数でも全く同じ）に注意して書きかえると（$\eta_N = 0$ とする），

$$
\begin{aligned}
\tilde{S}_{\mathrm{c}}^{\mathrm{F}} = \frac{\xi_N^*\xi_N}{2} + \frac{\xi_0^*\xi_0}{2} - \xi_N^*(1-\tilde{\Omega})\tilde{\xi}_{N-1}^{\mathrm{c}} + \varDelta\tau\sum_{j=1}^{N-1}\eta_j^*\tilde{\xi}_{j-1}^{\mathrm{c}} \\
+ \sum_{j=1}^{N-1}\tilde{\xi}_j^{\mathrm{c}*}(\varDelta\tilde{\xi}_j^{\mathrm{c}} + \tilde{\Omega}\tilde{\xi}_{j-1}^{\mathrm{c}} + \varDelta\tau\eta_j)
\end{aligned} \tag{205}
$$

となる．ここで，連続極限をとれば，$(1-\tilde{\Omega})\tilde{\xi}_{N-1}^{\mathrm{c}} \to \tilde{\xi}^{\mathrm{c}}(\mathcal{T})$ であるから，

$$
\begin{aligned}
\tilde{S}_{\mathrm{c}}^{\mathrm{F}} \equiv \frac{\xi_N^*\xi_N}{2} + \frac{\xi_0^*\xi_0}{2} - \xi_N^*\tilde{\xi}^{\mathrm{c}}(\mathcal{T}) + \int_0^{\mathcal{T}} d\tau\,\eta^*(\tau)\tilde{\xi}^{\mathrm{c}}(\tau) \\
+ \int_0^{\mathcal{T}} d\tau\,\tilde{\xi}^{\mathrm{c}*}(\tau)\left[\left(\frac{d}{d\tau}+\omega\right)\tilde{\xi}^{\mathrm{c}}(\tau) + \eta(\tau)\right]
\end{aligned}
$$

で，右辺最後の項は運動方程式で落ちる．ここに，$\tilde{\xi}^{\mathrm{c}}$ ((204)) を代入し (203) に注意すれば

$$
-\xi_N^*\tilde{\xi}^{\mathrm{c}}(\mathcal{T}) = -\xi_N^* e^{-\omega\mathcal{T}}\xi_0 + \int_0^{\mathcal{T}} d\tau\,\zeta_+^*(\tau)\eta(\tau)
$$

なので，

$$\widetilde{S}_{\mathrm{c}}^{\mathrm{F}} = \frac{\xi_N^* \xi_N}{2} + \frac{\xi_0^* \xi_0}{2} - \xi_N^* e^{-\omega \mathcal{T}} \xi_0 + \int_0^{\mathcal{T}} d\tau\, (\eta^* \zeta_- + \zeta_+^* \eta) - \iint_0^{\mathcal{T}} d\tau\, d\tau'\, \eta^*(\tau) \widetilde{D}(\tau - \tau') \eta(\tau') \tag{206}$$

を得る．

前因子の計算に進もう．作用の2階微分は，

$$(\boldsymbol{M}^{\mathrm{F}})_{jk} \equiv \left.\frac{\partial^2 \widetilde{S}^{\mathrm{F}}}{\partial \xi_k \partial \xi_j^*}\right|_{\xi^{\mathrm{c}}} = \delta_{k,j} - (1 - \widetilde{\Omega}) \delta_{k,j-1} \overset{(4.122)}{=} (\boldsymbol{M}^{\mathrm{B}})_{jk} \tag{207}$$

なので，

$$\left(\prod_{j=1}^{N-1} \int d\xi_j\, d\xi_j^* \right) \exp\left[- \sum_{j,k=1}^{N-1} \xi_j^{\mathrm{q}*} (\boldsymbol{M}^{\mathrm{F}})_{jk} \xi_k^{\mathrm{q}} \right] \overset{(2.186)}{=} \det \boldsymbol{M}^{\mathrm{F}} = 1$$

となる．ここで，(4.123) 以下のボース系の結果を用いた．

こうして，フェルミ自由粒子のユークリッド核は以下のように求まる．

$$\widetilde{K}^{\mathrm{F}(\eta^*, \eta)}(\xi, \xi_0\,;\, \mathcal{T}) = e^{\omega \mathcal{T}/2} \exp\Big[- \frac{\xi_N^* \xi_N}{2} - \frac{\xi_0^* \xi_0}{2} + \xi_N^* e^{-\omega \mathcal{T}} \xi_0 - \int_0^{\mathcal{T}} d\tau\, (\eta^* \zeta_- + \zeta_+^* \eta) + \iint_0^{\mathcal{T}} d\tau\, d\tau'\, \eta^*(\tau) \widetilde{D}(\tau - \tau') \eta(\tau') \Big] \tag{208}$$

ここで，$\tau' \geq \tau$ では $\widetilde{D}(\tau - \tau') = 0$ である（(4.121) を参照）．

4.4c　(208) の指数の肩で反周期条件 $\xi_N = -\xi_0$，$\xi_N^* = -\xi_0^*$ を課すと，

$$\text{指数の肩} = -(1 + e^{-\omega \mathcal{T}}) \xi_N^* \xi_N + \int_0^{\mathcal{T}} d\tau\, \eta^*(\tau) e^{-\omega \tau} \xi_N - \xi_N^* \int_0^{\mathcal{T}} d\tau\, e^{-\omega(\mathcal{T} - \tau)} \eta(\tau) + \iint_0^{\mathcal{T}} d\tau\, d\tau'\, \eta^*(\tau) \widetilde{D}(\tau - \tau') \eta(\tau')$$

となり，分配関数は

$$\mathcal{Z}^{\mathrm{F}(\eta^*, \eta)}(\mathcal{T}) = e^{\omega \mathcal{T}/2} \int d\xi_N\, d\xi_N^* \exp\Big[-(1 + e^{-\omega \mathcal{T}}) \xi_N^* \xi_N + \int_0^{\mathcal{T}} d\tau\, \eta^*(\tau) e^{-\omega \tau} \xi_N - \xi_N^* \int_0^{\mathcal{T}} d\tau\, e^{-\omega(\mathcal{T} - \tau)} \eta(\tau) + \iint_0^{\mathcal{T}} d\tau\, d\tau'\, \eta^*(\tau) \widetilde{D}(\tau - \tau') \eta(\tau') \Big]$$

となる．公式 (D.45) で $n = 1$，$\boldsymbol{M} \to (1 + e^{-\omega \mathcal{T}})$，および

$$\boldsymbol{\eta}_1 \to -\int_0^{\mathcal{T}} d\tau\, e^{-\omega(\mathcal{T} - \tau)} \eta(\tau), \qquad \boldsymbol{\eta}_2^\dagger \to \int_0^{\mathcal{T}} d\tau\, \eta^*(\tau) e^{-\omega \tau}$$

とすると，

$$
\mathcal{Z}^{\mathrm{F}(\eta^*,\eta)}(\mathcal{T}) = e^{\omega\mathcal{T}/2}(1+e^{-\omega\mathcal{T}})
\times \exp\left[\iint_0^{\mathcal{T}} d\tau\, d\tau'\, \eta^*(\tau)\left(\widetilde{D}(\tau-\tau') - \frac{e^{-\omega\tau}e^{-\omega(\mathcal{T}-\tau')}}{1+e^{-\omega\mathcal{T}}}\right)\eta(\tau')\right]
$$

と求められる．ここで，前因子は，

$$
\text{前因子} = e^{\omega\mathcal{T}/2}(1+e^{-\omega\mathcal{T}}) = 2\cosh\frac{\omega\mathcal{T}}{2} \tag{209}
$$

となり，指数の肩は，(4.115) の $\widetilde{D}(\tau-\tau')$ の表示を代入すれば，

$$
\begin{aligned}
\text{指数の肩} &= \frac{\theta(\tau-\tau')e^{-\omega(\tau-\tau')}(1+e^{-\omega\mathcal{T}}) - e^{-\omega(\mathcal{T}+\tau-\tau')}}{1+e^{-\omega\mathcal{T}}} \\
&\overset{\theta(\tau)+\theta(-\tau)=1}{=} \frac{\theta(\tau-\tau')e^{-\omega(\tau-\tau')} - \theta(\tau'-\tau)e^{-\omega(\mathcal{T}+\tau-\tau')}}{1+e^{-\omega\mathcal{T}}} \\
&= \frac{\theta(\tau-\tau')e^{-\omega(\tau-\tau'-\mathcal{T}/2)} - \theta(\tau'-\tau)e^{-\omega(\tau-\tau'+\mathcal{T}/2)}}{2\cosh(\omega\mathcal{T}/2)}
\end{aligned}
$$

と求めることができる．これは $\overline{S}(\tau-\tau')$ ((4.165)) であり，(209) と合わせた全体が分配関数 (4.167) と一致する．

4.4d　$\exp[i\pi(2r+1)] = -1$ $(r=0,\pm1,\cdots)$ であるから，反周期境界条件

$$
f_r(\tau+\mathcal{T}) = -f_r(\tau) \tag{210}
$$

は明らかである．直交性は (例題 4.2.7 の繰り返し)，

$$
(4.173)\text{左側・左辺} = \frac{1}{\mathcal{T}}\int_0^{\mathcal{T}} d\tau \exp\left[i\frac{2\pi(s-r)}{\mathcal{T}}\tau\right] = \delta_{rs}
$$

と満たされる．

次に，完全性は

$$
(4.173)\text{右側・左辺} = \exp\left[i\pi\frac{(\tau-\tau')}{\mathcal{T}}\right]\frac{1}{\mathcal{T}}\sum_{r=-\infty}^{\infty}\exp\left[i\frac{2\pi(\tau-\tau')}{\mathcal{T}}r\right]
$$

である．ここで，和は公式 (E.12) で $n\to r$，$\theta\to 2\pi(\tau-\tau')/\mathcal{T}$ とおけば，

$$
\sum_{r=-\infty}^{\infty}\exp\left[i\frac{2\pi(\tau-\tau')}{\mathcal{T}}r\right] = 2\pi\sum_{m=-\infty}^{\infty}\delta\left(\frac{2\pi(\tau-\tau')}{\mathcal{T}} - 2\pi m\right)
$$

と求めることができ，τ の範囲 $0\le\tau<\mathcal{T}$ より

$$
-2\pi < \frac{2\pi(\tau-\tau')}{\mathcal{T}} < 2\pi
$$

なので，m の和で $m=0$ のみが寄与し，

$$
\begin{aligned}
(4.173)\text{右側・左辺} &= \exp\left[i\pi\frac{(\tau-\tau')}{\mathcal{T}}\right]\frac{2\pi}{\mathcal{T}}\delta\left(\frac{2\pi(\tau-\tau')}{\mathcal{T}}\right) \\
&\overset{(\mathrm{C}.20)}{=} \exp\left[i\pi\frac{(\tau-\tau')}{\mathcal{T}}\right]\delta(\tau-\tau') \overset{(\mathrm{C}.15)}{=} (4.173)\text{右側・右辺}
\end{aligned}
$$

が得られる．

4.4e　古典解を ξ_j^{c} と書けば，運動方程式は

$$\left.\begin{aligned} 0 = \left.\frac{\partial \overline{S}^{\mathrm{F}}}{\partial \xi_j^*}\right|_{\xi_j^{\mathrm{c}}} &= \Delta\tau\left(\frac{\xi_j^{\mathrm{c}} - \xi_{j-1}^{\mathrm{c}}}{\Delta\tau} + \omega\xi_{j-1}^{\mathrm{c}} + \eta_j\right) \\ 0 = \left.\frac{\partial \overline{S}^{\mathrm{F}}}{\partial \xi_j}\right|_{\xi_j^{\mathrm{c}*}} &= -\Delta\tau\left(\frac{\xi_j^{\mathrm{c}*} - \xi_{j+1}^{\mathrm{c}*}}{\Delta\tau} + \omega\xi_j^{\mathrm{c}*} + \eta_j^*\right) \end{aligned}\right\} \tag{211}$$

である．ここで，下段右辺のマイナス符号は微分がグラスマン奇要素だからである．古典解は積分変数でないので連続極限 $\xi_j^{\mathrm{c}} \to \xi^{\mathrm{c}}(\tau)$ をとって，

$$\left.\begin{aligned} \left(\frac{d}{d\tau} + \omega\right)\xi^{\mathrm{c}}(\tau) &= -\eta(\tau) \\ \left(\frac{d}{d\tau} - \omega\right)\xi^{\mathrm{c}*}(\tau) &= \eta^*(\tau) \end{aligned}\right\} \tag{212}$$

となる．解を求めるには，反周期固有関数 (4.172) で展開した，

$$\xi^{\mathrm{c}}(\tau) = \sum_{r=-\infty}^{\infty} \tilde{\xi}_r^{\mathrm{c}} f_r(\tau), \qquad \eta(\tau) = \sum_{r=-\infty}^{\infty} \tilde{\eta}_r f_r(\tau) \tag{213}$$

$$\xi^{\mathrm{c}*}(\tau) = \sum_{r=-\infty}^{\infty} \tilde{\xi}_r^{\mathrm{c}*} f_r^*(\tau), \qquad \eta^*(\tau) = \sum_{r=-\infty}^{\infty} \tilde{\eta}_r^* f_r^*(\tau) \tag{214}$$

を (212) に代入すれば，互いに共役な関係式が

$$\tilde{\xi}_r^{\mathrm{c}} = -\frac{\tilde{\eta}_r}{(2r+1)\pi i/\mathcal{T} + \omega}, \qquad \tilde{\xi}_r^{\mathrm{c}*} = \frac{\tilde{\eta}_r^*}{(2r+1)\pi i/\mathcal{T} - \omega} \tag{215}$$

のように求まる．そこで ξ^{c} で議論を進める．(215) を ξ^{c} の展開式 (213) に戻し，ソースの逆変換

$$\tilde{\eta}_r = \int_0^{\mathcal{T}} d\tau\, f_r^*(\tau)\eta(\tau) \tag{216}$$

を用いれば，求める解

$$\xi^{\mathrm{c}}(\tau) = -\int_0^{\mathcal{T}} d\tau'\ \overline{S}(\tau - \tau')\eta(\tau') \tag{217}$$

が得られる．ここで，

$$\begin{aligned} \overline{S}(\tau - \tau') &\equiv \sum_{r=-\infty}^{\infty} \frac{f_r(\tau) f_r^*(\tau')}{(2r+1)\pi i/\mathcal{T} + \omega} \\ &= \frac{1}{\mathcal{T}} \sum_{r=-\infty}^{\infty} \frac{\exp[(2r+1)\pi i(\tau - \tau')/\mathcal{T}]}{(2r+1)\pi i/\mathcal{T} + \omega} \end{aligned} \tag{218}$$

である．残った仕事は，$\overline{S}(\tau - \tau')$（ここでは，$-\mathcal{T} < \tau - \tau' < \mathcal{T}$）の計算である．それは，

$$\overline{S}(\tau-\tau') = \frac{1}{\mathcal{T}}\sum_{r=-\infty}^{\infty}\frac{\exp[(2r+1)\pi i(\tau-\tau')/\mathcal{T}]}{(2r+1)\pi i/\mathcal{T}+\omega}$$
$$= e^{\pi i(\tau-\tau')/\mathcal{T}}\frac{1}{\mathcal{T}}\sum_{r=-\infty}^{\infty}\frac{1}{2\pi ir/\mathcal{T}+(\omega+\pi i/\mathcal{T})}\exp\left[\frac{2\pi i(\tau-\tau')}{\mathcal{T}}r\right] \tag{219}$$

であり，和はボース系の場合 (194) で $\omega\to\omega+\pi i/\mathcal{T}$ としたものであるから，

$$\overline{S}(\tau-\tau') = e^{\pi i(\tau-\tau')/\mathcal{T}}\overline{D}(\tau-\tau')\Big|_{\omega\to\omega+\pi i/\mathcal{T}}$$
$$\overset{(4.126)}{=}\frac{e^{\pi i(\tau-\tau')/\mathcal{T}}[\theta(\tau-\tau')e^{-(\omega+\pi i/\mathcal{T})(\tau-\tau'-\mathcal{T}/2)}+\theta(-(\tau-\tau'))e^{-(\omega+\pi i/\mathcal{T})(\tau-\tau'+\mathcal{T}/2)}]}{2\sinh[(\omega+\pi i/\mathcal{T})\mathcal{T}/2]}$$
$$=\frac{\theta(\tau-\tau')e^{-\omega(\tau-\tau'-\mathcal{T}/2)}-\theta(-(\tau-\tau'))e^{-\omega(\tau-\tau'+\mathcal{T}/2)}}{2\cosh(\omega\mathcal{T}/2)}=(4.165) \tag{220}$$

が得られる．分母の計算では以下を用いた．

$$\sinh(x+iy)=\sinh x\cos y+i\cosh x\sin y$$

4.4f　古典作用は，(4.145) の連続表示

$$\overline{S}{}_{\mathrm{c}}^{\mathrm{F}}=\int_0^{\mathcal{T}}d\tau\left\{\eta^*\xi^{\mathrm{c}}+\xi^{\mathrm{c}*}\left[\left(\frac{d}{d\tau}+\omega\right)\xi^{\mathrm{c}}+\eta\right]\right\}$$

に ξ^{c} の運動方程式 (212)，解 (217) を代入すれば，

$$\overline{S}{}_{\mathrm{c}}^{\mathrm{F}}=-\iint_0^{\mathcal{T}}d\tau\,d\tau'\,\eta^*(\tau)\overline{S}(\tau-\tau')\eta(\tau') \tag{221}$$

と求まる．グラスマン積分変数を，

$$\xi_j=\xi_j^{\mathrm{c}}+\xi_j^{\mathrm{q}},\qquad \xi_j^*=\xi_j^{\mathrm{c}*}+\xi_j^{\mathrm{q}*}$$

とおいて，作用 (4.145) を古典解 ξ_j^{c}，$\xi_j^{\mathrm{c}*}$ の周りで展開し，以下を得る．

$$\overline{S}{}^{\mathrm{F}}=\overline{S}{}_{\mathrm{c}}^{\mathrm{F}}+\sum_{j=1}^{N}[\xi_j^{\mathrm{q}*}\varDelta\xi_j^{\mathrm{q}}+\widetilde{\Omega}\xi_j^{\mathrm{q}*}\xi_{j-1}^{\mathrm{q}}] \tag{222}$$

ここで，

$$\left.\frac{\partial^2\overline{S}{}^{\mathrm{F}}}{\partial\xi_k\partial\xi_j^*}\right|_{\xi^{\mathrm{c}}}=\delta_{kj}-\delta_{k,j-1}+\widetilde{\Omega}\delta_{k,j-1} \tag{223}$$

を用いた（(211) を参照せよ．ξ^{c} によらない）．こうして，分配関数は

$$Z^{\mathrm{F}(\eta^*,\eta)}(\mathcal{T})=e^{-\overline{S}{}_{\mathrm{c}}^{\mathrm{F}}}e^{\omega\mathcal{T}/2}\lim_{N\to\infty}\left(\prod_{j=1}^{N}\int d\xi_j^{\mathrm{q}}\,d\xi_j^{\mathrm{q}*}\right)$$
$$\times\exp\left[-\sum_{j=1}^{N}\{\xi_j^{\mathrm{q}*}(\xi_j^{\mathrm{q}}-\xi_{j-1}^{\mathrm{q}})+\widetilde{\Omega}\xi_j^{\mathrm{q}*}\xi_{j-1}^{\mathrm{q}}\}\right]_{\mathrm{AP}} \tag{224}$$

となる．ξ_j^{q} を

$$\xi_j^{\mathrm{q}} = \sum_{r=1}^{N} \tilde{\xi}_r f_r(j), \qquad \xi_j^{\mathrm{q}*} = \sum_{r=1}^{N} \tilde{\xi}_r^* f_r^*(j)$$

と展開し，$\tilde{\Omega} = \omega\Delta\tau$ を思い出せば，前因子は

$$\begin{aligned}
& e^{\omega\mathcal{T}/2} \lim_{N\to\infty} \left[\prod_{r=1}^{N} \int d\tilde{\xi}_r \, d\tilde{\xi}_r^* \exp[-\{\tilde{\xi}_r^* (1 - (\boldsymbol{\omega}_r^{(-)})^{-1}(1-\tilde{\Omega}))\tilde{\xi}_r\}] \right] \\
&\qquad = e^{\omega\mathcal{T}/2} \lim_{N\to\infty} \prod_{r=1}^{N} (1 - (\omega_r^{(-)})^{-1}(1-\tilde{\Omega})) \\
&\qquad \overset{(4.158)}{=} e^{\omega\mathcal{T}/2} \lim_{N\to\infty} (1 + (1-\tilde{\Omega})^N) \\
&\qquad = e^{\omega\mathcal{T}/2}(1 + e^{-\omega\mathcal{T}}) = 2\cosh\left(\frac{\omega\mathcal{T}}{2}\right)
\end{aligned} \tag{225}$$

と求められる．分配関数の指数部分が$e^{-\tilde{S}_{\mathrm{F}}}$((4.144)) と与えられることを思い出して，(221) と合わせれば (4.167) である．

4.5a　(4.235) の作用において部分積分して，簡便記法を採用すれば，

$$\tilde{S}[x] = \frac{1}{2}(x\tilde{M}x) + (x\tilde{J}) \tag{226}$$

が得られる．ただし，

$$\tilde{M}(\tau, \tau'; \omega) \equiv m\left(-\frac{\partial^2}{\partial\tau^2} + \omega^2\right)\delta(\tau - \tau') \tag{227}$$

である．シフト $x \to x - (\tilde{M}^{-1}\tilde{J})$ によって，

$$\tilde{S} \to \frac{1}{2}(x\tilde{M}x) - \frac{1}{2}(\tilde{J}\tilde{M}^{-1}\tilde{J})$$

となる．したがって，

$$\begin{aligned}
\tilde{K}^{[\tilde{J}]}(0, 0; \mathcal{T}) &= \exp\left[\frac{1}{2\hbar}(\tilde{J}\tilde{M}^{-1}\tilde{J})\right]\sqrt{\frac{m}{2\pi\hbar\mathcal{T}}} \int \mathcal{D}x(\tau) \exp\left[-\frac{1}{2\hbar}(x\tilde{M}x)\right] \\
&= \exp\left[\frac{1}{2\hbar}(\tilde{J}\tilde{M}^{-1}\tilde{J})\right]\sqrt{\frac{m}{2\pi\hbar\mathcal{T}}} \frac{1}{\sqrt{\mathrm{Det}\tilde{M}}}
\end{aligned} \tag{228}$$

が得られ，ここで，$\tilde{M}^{-1}$ はプロパゲーター

$$\tilde{M}^{-1}(\tau, \tau'; \omega) = \frac{\tilde{\boldsymbol{\Delta}}(\tau, \tau')}{m} \tag{229}$$

である ((227) と (4.63) を参照)．

行列関数は固有関数 (106) で $t \to \tau$ とした (123)，

$$S_r(\tau) = \sqrt{\frac{2}{\mathcal{T}}} \sin\left(\frac{\pi r}{\mathcal{T}}\tau\right) \quad (r = 1, 2, \cdots)$$

を用いれば (練習問題 4.2a を参照)，(4.192) は

$$\bar{M}^{(\omega)}_{rr'} = \frac{m}{\hbar}\int_0^{\mathcal{T}} d\tau\, d\tau'\, S_r(\tau)\left(-\frac{\partial^2}{\partial\tau^2}+\omega^2\right)\delta(\tau-\tau')\, S_{r'}(\tau')$$

$$= \frac{m}{\hbar}\int_0^{\mathcal{T}} d\tau\, S_r(\tau)\left(-\frac{d^2}{d\tau^2}+\omega^2\right) S_{r'}(\tau) = \frac{m}{\hbar}\left[\left(\frac{\pi r}{\mathcal{T}}\right)^2+\omega^2\right]\delta_{rr'} \quad (230)$$

となる．ただし，行列関数の定義式は $\widetilde{M}$((227)) と $\bar{M}$((4.176)) とも同じであるが，境界条件，つまり r の範囲が異なるから (4.196) と答えは異なる．これは対角行列であるから，(4.194) で与えられた関数行列式の規格化は

$$\mathrm{Det}\widetilde{M} = \prod_{r=1}^{\infty}\frac{(\pi r/\mathcal{T})^2+\omega^2}{(\pi r/\mathcal{T})^2} = \prod_{r=1}^{\infty}\left[1+\left(\frac{\omega\mathcal{T}}{\pi r}\right)^2\right]$$

と与えられる．公式 (4.199) を用いれば，

$$\mathrm{Det}\widetilde{M} = \frac{\sinh\omega\mathcal{T}}{\omega\mathcal{T}} \quad (231)$$

となる．この答と (229) を (228) に代入すれば，

$$\widetilde{K}^{[J]}(0,\,0\,;\,\mathcal{T}) = \sqrt{\frac{m\omega}{2\pi\hbar\sinh\omega\mathcal{T}}}\exp\left[\frac{1}{2\hbar}\left(J\frac{\widetilde{\Delta}}{m}J\right)\right]$$

が得られる．これは (4.78) で $x_{\mathcal{T}}=0=x_0$ としたものである．

4.5b　ボース系 (4.214)，(4.215) と，同じことを繰り返せばよい．すなわち，シフト

$$\xi(\tau)\to\xi(\tau)-\big((M^{\mathrm{F}})^{-1}\eta\big)(\tau), \qquad \xi^*(\tau)\to\xi^*(\tau)-\big(\eta^*(M^{\mathrm{F}})^{-1}\big)(\tau)$$

の下，積分測度は不変であり，

$$\bar{S}^{\mathrm{F}}\to(\xi^*M^{\mathrm{F}}\xi)-(\eta^*(M^{\mathrm{F}})^{-1}\eta)$$

が成り立つ．M^{F}に関する (4.236) と逆行列の関係より，

$$(M^{\mathrm{F}})^{-1}(\tau,\,\tau'\,;\,\omega) = \bar{S}(\tau-\tau') \quad (232)$$

が得られる．また，f次元ガウス積分公式 (2.186) を形式的に拡張した，

$$\int\mathcal{D}\xi(\tau)\,\mathcal{D}\xi^*(\tau)\exp[-(\xi^*M^{\mathrm{F}}\xi)] = \mathrm{Det}M^{\mathrm{F}} \quad (233)$$

を用いると，

$$Z^{\mathrm{F}[\eta^*,\eta]}(\mathcal{T}) = \exp[(\eta^*\bar{S}\eta)]\int\mathcal{D}\xi(\tau)\,\mathcal{D}\xi^*(\tau)\exp[-(\xi^*M^{\mathrm{F}}\xi)]_{\mathrm{AP}}$$

$$= \mathrm{Det}M^{\mathrm{F}}\exp[(\eta^*\bar{S}\eta)] \quad (234)$$

となる．M^{F} が従う微分方程式は M^{B}((4.216)) と同じ形であるが，ここでは反周期境界条件である．

練習問題 4.4d で導入した反周期固有関数 (4.172)

$$f_r(\tau) = \frac{1}{\sqrt{\mathcal{T}}}\exp\left[\frac{i\pi(2r+1)}{\mathcal{T}}\tau\right] \quad (r=0,\,\pm1,\,\pm2,\,\cdots)$$

を用いれば，(4.192) は

$$M_{rr'}^{\mathrm{F}(\omega)} \equiv \int_0^{\mathcal{T}} d\tau\, d\tau'\, f_r^*(\tau)\left(\frac{d}{d\tau}+\omega\right)\delta(\tau-\tau')\, f_{r'}(\tau')$$
$$= \int_0^{\mathcal{T}} d\tau\, f_r^*(\tau)\left(\frac{d}{d\tau}+\omega\right) f_{r'}(\tau) = \left(\frac{\pi i(2r+1)}{\mathcal{T}}+\omega\right)\delta_{rr'} \quad (235)$$

のようになる．行列式を与える無限乗積は

$$\prod_{r=-\infty}^{\infty}\left[\frac{i\pi(2r+1)}{\mathcal{T}}+\omega\right] = \prod_{r=1}^{\infty}\left[\frac{i\pi(2r-1)}{\mathcal{T}}+\omega\right]\left[-\frac{i\pi(2r-1)}{\mathcal{T}}+\omega\right]$$
$$= \prod_{r=1}^{\infty}\left[\left(\frac{\pi(2r-1)}{\mathcal{T}}\right)^2+\omega^2\right]$$

と書きかえられるので，関数行列式 (4.194) は

$$\mathrm{Det} M_{\mathrm{F}} = \prod_{r=1}^{\infty}\frac{(\pi(2r-1)/\mathcal{T})^2+\omega^2}{(\pi(2r-1)/\mathcal{T})^2}$$
$$= \prod_{r=1}^{\infty}\left[1+\left(\frac{\omega\mathcal{T}}{\pi(2r-1)}\right)^2\right] = \cosh\frac{\omega\mathcal{T}}{2} \quad (236)$$

となる．ここで公式（森口繁一，宇田川銈久，一松信 共著：「岩波 数学公式 II 級数・フーリエ解析」（岩波書店，1987 年）p. 86）

$$\prod_{r=1}^{\infty}\left[1+\left(\frac{x}{(2r-1)}\right)^2\right] = \cosh\frac{\pi x}{2} \quad (237)$$

を用いた．したがって，

$$Z^{\mathrm{F}[\eta^*,\eta]}(\mathcal{T}) = \cosh\frac{\omega\mathcal{T}}{2}\exp[(\eta^*\overline{S}\,\eta)]$$

が得られる．(4.167) と比べると 2 倍だけ答がずれているが，その他は正しい．

4.5c　$n\times n$ 行列 $\boldsymbol{m}$ を

$$\boldsymbol{M} = e^{\boldsymbol{m}} \quad (238)$$

で定義する（行列の指数関数はべき展開で定義される）．逆は

$$\boldsymbol{m} = \ln \boldsymbol{M} \quad (239)$$

である．

そこで，関数

$$F(x) \equiv \det(e^{x\boldsymbol{m}})$$

を考えよう．これは

$$F(0) = 1, \qquad F(1) = \det \boldsymbol{M}$$

となる．$0<\epsilon\ll 1$ として，

$$F(x+\epsilon) = \det[e^{(x+\epsilon)\boldsymbol{m}}] = \det e^{x\boldsymbol{m}}\det e^{\epsilon\boldsymbol{m}}$$
$$= F(x)\det(\boldsymbol{I}+\epsilon\boldsymbol{m}) + O(\epsilon^2)$$

となる．ここで，$e^{(x+\epsilon)\boldsymbol{m}} = e^{x\boldsymbol{m}}e^{\epsilon\boldsymbol{m}}$と，行列の積の行列式が，行列式の積であることを用いた．さらに，

$$\det(\boldsymbol{I} + \epsilon\boldsymbol{m}) = 1 + \epsilon\mathrm{Tr}\boldsymbol{m} + O(\epsilon^2)$$

に注意すれば，

$$\frac{dF(x)}{dx} = \lim_{\varepsilon\to 0}\frac{F(x+\epsilon) - F(x)}{\epsilon} = F(x)\,\mathrm{Tr}\,\boldsymbol{m} \Longrightarrow \frac{d\ln F(x)}{dx} = \mathrm{Tr}\,\boldsymbol{m}$$

のように求められる．これを，$x = 0$, $x = 1$ で積分すれば

$$F(1) = F(0)e^{\mathrm{Tr}\boldsymbol{m}} \Longrightarrow \det\boldsymbol{M} = e^{\mathrm{Tr}\boldsymbol{m}}$$

が得られる．最後の表式に (239) を代入すれば (4.232) である．

規格化された関数行列式においても，同様であるから (4.233) も成立する．

第 5 章

5.1a　例題 5.1.1 でやったように，左辺は

$$F\Big(-\hbar\frac{\delta}{\delta\tilde{J}}\Big)G(\tilde{J}) = F\Big(-\hbar\frac{\delta}{\delta\tilde{J}}\Big)G(\tilde{J})e^{-(\tilde{q}\tilde{J})/\hbar}\Big|_{\tilde{q}\to 0}$$

と書ける．ここでの簡便記法 (4.178) は，

$$(\tilde{q}\tilde{J}) \equiv \int_0^{\mathcal{T}} d\tau\,\tilde{q}(\tau)\tilde{J}(\tau)$$

である．(5.13) のユークリッド版$-\hbar\,\delta/\delta\tilde{q}(\tau)\ \ e^{-(\tilde{q}\tilde{J})/\hbar} = J(\tau)e^{-(\tilde{q}\tilde{J})/\hbar}$を利用して，$G(\tilde{J})$ を

$$F\Big(-\hbar\frac{\delta}{\delta\tilde{J}}\Big)G(\tilde{J})e^{-(\tilde{q}\tilde{J})/\hbar}\Big|_{\tilde{q}\to 0} = F\Big(-\hbar\frac{\delta}{\delta\tilde{J}}\Big)G\Big(-\hbar\frac{\delta}{\delta\tilde{q}}\Big)e^{-(\tilde{q}\tilde{J})/\hbar}\Big|_{\tilde{q}\to 0}$$

と書きかえる．右辺で F と G を入れかえ，F の $\tilde{J}$微分を遂行すれば，

$$F\Big(-\hbar\frac{\delta}{\delta\tilde{J}}\Big)G(\tilde{J}) = G\Big(-\hbar\frac{\delta}{\delta\tilde{q}}\Big)F(\tilde{q})e^{-(\tilde{q}\tilde{J})/\hbar}\Big|_{\tilde{q}\to 0}$$

が得られる．ここで，$\tilde{J}\to 0$ とすれば (5.81) である．

5.1b　ソースを利用してポテンシャル $V(x_j)$ を以下に示すように前へ出す．

$$\tilde{K}^{(\tilde{J})}(x_{\mathcal{T}}, x_0\,;\mathcal{T}) = \lim_{N\to\infty}\exp\Big[-\frac{\varDelta\tau}{\hbar}\sum_{j=1}^{N}V\Big(-\frac{\hbar}{\varDelta\tau}\frac{\partial}{\partial\tilde{J}_j}\Big)\Big]\tilde{K}_0{}^{(\tilde{J})}(x_{\mathcal{T}}, x_0\,;\mathcal{T}) \tag{240}$$

$\tilde{K}_0^{(\tilde{J})}$ は，ポテンシャルを含まないユークリッド核 (4.51) である．連続極限$\varDelta\tau\to 0$をとれば，簡便記法 (4.178)

$$(\tilde{X}\tilde{J}) \equiv \int_0^{\mathcal{T}} d\tau\,\tilde{X}(\tau)\tilde{J}(\tau), \qquad \Big(\tilde{J}\frac{\tilde{\boldsymbol{\varDelta}}}{m}\tilde{J}\Big) \equiv \int_0^{\mathcal{T}} d\tau\,d\tau'\,\tilde{J}(\tau)\frac{\tilde{\boldsymbol{\varDelta}}(\tau,\tau')}{m}\tilde{J}(\tau')$$

を用いて

$$\widetilde{K}^{(\tilde{J})}(x_{\mathcal{T}}, x_0 ; \mathcal{T}) = \widetilde{K}_0^{(0)}(x_{\mathcal{T}}, x_0 ; \mathcal{T}) \exp\left[-\frac{1}{\hbar}\left(V\left(-\hbar\frac{\delta}{\delta\tilde{J}}\right)\right)\right]$$
$$\times \exp\left[-\frac{1}{\hbar}(\tilde{X}\tilde{J}) + \frac{1}{2\hbar}\left(\tilde{J}\frac{\tilde{\varDelta}}{m}\tilde{J}\right)\right] \tag{241}$$

と与えられる．$\widetilde{K}_0^{(0)}$は，(4.78) でソースを含まない部分

$$\widetilde{K}_0^{(0)}(x_{\mathcal{T}}, x_0 ; \mathcal{T}) \equiv \sqrt{\frac{m\omega}{2\pi\hbar \sinh \omega\mathcal{T}}}$$
$$\times \exp\left[-\frac{m\omega}{2\hbar \sinh \omega\mathcal{T}}\{((x_{\mathcal{T}})^2 + (x_0)^2)\cosh \omega\mathcal{T} - 2x_{\mathcal{T}}x_0\}\right] \tag{242}$$

である．(5.81) を用いれば，

$$\widetilde{K}^{(\tilde{J}=0)}(x_{\mathcal{T}}, x_0 ; \mathcal{T}) = \widetilde{K}_0^{(0)}(x_{\mathcal{T}}, x_0 ; \mathcal{T})$$
$$\times \exp\left[\left(\tilde{X}\frac{\delta}{\delta\tilde{q}}\right) + \left(\frac{1}{2}\frac{\delta}{\delta\tilde{q}}\frac{\hbar\tilde{\varDelta}}{m}\frac{\delta}{\delta\tilde{q}}\right)\right]\exp\left[-\frac{1}{\hbar}(V(\tilde{q}))\right]_{\tilde{q}\to 0} \tag{243}$$

となり，$V \to \lambda\tilde{q}^4/(4!)$ とし (5.16) と比較すれば表 5.2 である．

5.1c　ポテンシャルが無いときの分配関数 (4.86) を $Z_0^{(\tilde{J})}(\mathcal{T})$と書いて，

$$Z^{(\tilde{J})}(\mathcal{T}) = \exp\left[-\frac{1}{\hbar}\left(V\left(-\hbar\frac{\delta}{\delta\tilde{J}}\right)\right)\right]Z_0^{(\tilde{J})}(\mathcal{T})$$

$$Z_0^{(\tilde{J})}(\mathcal{T}) = \frac{1}{2\sinh(\omega\mathcal{T}/2)}\exp\left[\frac{1}{2\hbar}\left(\tilde{J}\frac{\bar{\varDelta}}{m}\tilde{J}\right)\right]$$

と与えられる．再び公式 (5.81) を用いれば，

$$Z^{(\tilde{J}=0)}(\mathcal{T}) = \frac{1}{2\sinh(\omega\mathcal{T}/2)}\exp\left[\left(\frac{1}{2}\frac{\delta}{\delta\tilde{q}}\frac{\hbar\bar{\varDelta}}{m}\frac{\delta}{\delta\tilde{q}}\right)\right]\exp\left[-\frac{1}{\hbar}(V(\tilde{q}))\right]_{\tilde{q}\to 0} \tag{244}$$

となり，(241) と比較することにより，(5.46) が得られる．

5.1d　フェルミ系の議論 (5.50) ～ (5.62) 同様に進めばよい．(5.48) で，ソースの微分は

$$\frac{\partial}{\varDelta\tau\,\partial\boldsymbol{\rho}_j}\exp\Big[-\varDelta\tau\sum_{k=1}^{N}(\boldsymbol{\alpha}_k^*\boldsymbol{\rho}_k+\boldsymbol{\rho}_k^*\boldsymbol{\alpha}_{k-1})\Big]$$
$$=-\boldsymbol{\alpha}_j^*\exp\Big[-\varDelta\tau\sum_{k=1}^{N}(\boldsymbol{\alpha}_k^*\boldsymbol{\rho}_k+\boldsymbol{\rho}_k^*\boldsymbol{\alpha}_{k-1})\Big] \tag{245}$$

$$\frac{\partial}{\varDelta\tau\,\partial\boldsymbol{\rho}_j^*}\exp\Big[-\varDelta\tau\sum_{k=1}^{N}(\boldsymbol{\alpha}_k^*\boldsymbol{\rho}_k+\boldsymbol{\rho}_k^*\boldsymbol{\alpha}_{k-1})\Big]$$
$$=-\boldsymbol{\alpha}_{j-1}\exp\Big[-\varDelta\tau\sum_{k=1}^{N}(\boldsymbol{\xi}_k^*\boldsymbol{\eta}_k+\boldsymbol{\eta}_k^*\boldsymbol{\xi}_{k-1})\Big] \tag{246}$$

であるから，連続極限をとって，

$$\widetilde{K}^{\mathrm{B}(\boldsymbol{\rho}^*,\boldsymbol{\rho})}(\boldsymbol{\alpha}_N,\boldsymbol{\alpha}_0;\mathcal{T})=\widetilde{K}_0^{\mathrm{B}}(\boldsymbol{\alpha}_N,\boldsymbol{\alpha}_0;\mathcal{T})\exp\Big[-\Big(\frac{\lambda}{2}\Big(\frac{-\delta}{\delta\boldsymbol{\rho}}\frac{-\delta}{\delta\boldsymbol{\rho}^*}\Big)^2\Big)\Big]$$
$$\times\exp[-(\boldsymbol{\rho}^*\boldsymbol{\mathcal{A}}_-)-(\boldsymbol{\mathcal{A}}_+^*\boldsymbol{\rho})+(\boldsymbol{\rho}^*\widetilde{\boldsymbol{D}}\boldsymbol{\rho})]$$

と与えられる．ただし，

$$\widetilde{K}_0^{\mathrm{B}}(\boldsymbol{\alpha}_N,\boldsymbol{\alpha}_0;\mathcal{T})\equiv e^{-f\omega\mathcal{T}/2}\exp\Big[-\frac{\boldsymbol{\alpha}_N^*\boldsymbol{\alpha}_N}{2}-\frac{\boldsymbol{\alpha}_0{}^*\boldsymbol{\alpha}_0}{2}+\boldsymbol{\alpha}_N^*e^{-\omega\mathcal{T}}\boldsymbol{\alpha}_0\Big]$$

である．もちろん，

$$\left.\begin{aligned}&\Big(\frac{d}{d\tau}+\omega\Big)\boldsymbol{\mathcal{A}}_-(\tau)=0,\qquad \boldsymbol{\mathcal{A}}_-(\tau)=\boldsymbol{\alpha}_0e^{-\omega\tau}\\&\Big(\frac{d}{d\tau}-\omega\Big)\boldsymbol{\mathcal{A}}_+^*(\tau)=0,\qquad \boldsymbol{\mathcal{A}}_+^*(\tau)=\boldsymbol{\alpha}_N^*e^{-\omega(\mathcal{T}-\tau)}\end{aligned}\right\} \tag{247}$$

である．

ここで，f次元変数 $\boldsymbol{\varphi}$, $\boldsymbol{\varphi}^*$ に対し指数関数を

$$E_{\mathrm{B}}\equiv\exp[-(\boldsymbol{\varphi}^*\boldsymbol{\rho})-(\boldsymbol{\rho}^*\boldsymbol{\varphi})] \tag{248}$$

で導入すると，例題5.1.6と同様に（しかし符号を気にすることなく），

$$F\Big(\frac{-\delta}{\delta\boldsymbol{\rho}},\frac{-\delta}{\delta\boldsymbol{\rho}^*}\Big)G(\boldsymbol{\rho}^*,\boldsymbol{\rho})E_{\mathrm{B}}=F\Big(\frac{-\delta}{\delta\boldsymbol{\rho}},\frac{-\delta}{\delta\boldsymbol{\rho}^*}\Big)G\Big(\frac{-\delta}{\delta\boldsymbol{\varphi}},\frac{-\delta}{\delta\boldsymbol{\varphi}^*}\Big)E_{\mathrm{B}}$$
$$\overset{F\leftrightarrow G}{=}G\Big(\frac{-\delta}{\delta\boldsymbol{\varphi}},\frac{-\delta}{\delta\boldsymbol{\varphi}^*}\Big)F(\boldsymbol{\varphi}^*,\boldsymbol{\varphi})E_{\mathrm{B}} \tag{249}$$

が成り立つので，$\boldsymbol{\rho}^*$, $\boldsymbol{\rho}$, $\boldsymbol{\varphi}^*$, $\boldsymbol{\varphi}\to 0$ で，

$$\widetilde{K}^{\mathrm{B}(\mathbf{0},\mathbf{0})}(\boldsymbol{\alpha}_N,\ \boldsymbol{\alpha}_0\ ;\ \mathcal{T})=\widetilde{K}_0^{\mathrm{B}}(\boldsymbol{\alpha}_N,\ \boldsymbol{\alpha}_0\ ;\ \mathcal{T})\exp\Big[\Big(\boldsymbol{\mathcal{A}}_-\frac{\delta}{\delta\boldsymbol{\varphi}}\Big)+\Big(\boldsymbol{\mathcal{A}}_+^*\frac{\delta}{\delta\boldsymbol{\varphi}^*}\Big)+\Big(\frac{\delta}{\delta\boldsymbol{\varphi}}\widetilde{\boldsymbol{D}}\frac{\delta}{\delta\boldsymbol{\varphi}^*}\Big)\Big]\exp\Big[-\Big(\frac{\lambda}{2}(\boldsymbol{\varphi}^*\boldsymbol{\varphi})^2\Big)\Big]_{\boldsymbol{\varphi}^*,\boldsymbol{\varphi}\to 0}$$

が得られ，これは，(5.63) である．

5.1e　分配関数 (5.70)，(5.71) は，ソースの微分で

$$Z^{\mathrm{B}(\boldsymbol{\rho}^*,\boldsymbol{\rho})}(\mathcal{T})=\exp\Big[-\Big(\frac{\lambda}{2}\Big(\frac{-\delta}{\delta\boldsymbol{\rho}}\frac{-\delta}{\delta\boldsymbol{\rho}^*}\Big)^2\Big)\Big]Z_0^{\mathrm{B}(\boldsymbol{\rho}^*,\boldsymbol{\rho})}(\mathcal{T})$$

$$Z^{\mathrm{F}(\boldsymbol{\eta}^*,\boldsymbol{\eta})}(\mathcal{T})=\exp\Big[-\Big(\frac{\lambda}{2}\Big(\frac{\delta}{\delta\boldsymbol{\eta}}\frac{-\delta}{\delta\boldsymbol{\eta}^*}\Big)^2\Big)\Big]Z_0^{\mathrm{F}(\boldsymbol{\eta}^*,\boldsymbol{\eta})}(\mathcal{T})$$

と書ける．Z_0^{B}，Z_0^{F} は相互作用のない分配関数 (4.129)，(4.171)

$$Z_0^{\mathrm{B}(\boldsymbol{\rho}^*,\boldsymbol{\rho})}(\mathcal{T})=\Big[\frac{1}{2\sinh(\omega\mathcal{T}/2)}\Big]^f\exp[(\boldsymbol{\rho}^\dagger\bar{\boldsymbol{D}}\boldsymbol{\rho})]$$

$$Z_0^{\mathrm{F}(\boldsymbol{\eta}^*,\boldsymbol{\eta})}(\mathcal{T})=\Big[2\cosh\Big(\frac{\omega\mathcal{T}}{2}\Big)\Big]^f\exp[(\boldsymbol{\eta}^\dagger\bar{\boldsymbol{S}}\boldsymbol{\eta})]$$

である．(5.61)，(249) に注意すれば，以下のように (5.70)，(5.71) が得られる．

$$Z^{\mathrm{B}(0,0)}(\mathcal{T})=\Big[\frac{1}{2\sinh(\omega\mathcal{T}/2)}\Big]^f\exp\Big[\Big(\frac{\delta}{\delta\boldsymbol{\varphi}}\bar{\boldsymbol{D}}\frac{\delta}{\delta\boldsymbol{\varphi}^*}\Big)\Big]\exp\Big[-\Big(\frac{\lambda}{2}(\boldsymbol{\varphi}^*\boldsymbol{\varphi})^2\Big)\Big]_{\boldsymbol{\varphi}^*,\boldsymbol{\varphi}\to 0}$$

$$Z^{\mathrm{F}(0,0)}(\mathcal{T})=\Big[2\cosh\Big(\frac{\omega\mathcal{T}}{2}\Big)\Big]^f\exp\Big[\Big(\frac{\delta}{\delta\boldsymbol{\psi}}(-\bar{\boldsymbol{S}})\frac{\delta}{\delta\boldsymbol{\psi}^*}\Big)\Big]\exp\Big[-\Big(\frac{\lambda}{2}(\boldsymbol{\psi}^*\boldsymbol{\psi})^2\Big)\Big]_{\boldsymbol{\psi}^*,\boldsymbol{\psi}\to 0}$$

これより，縮約 (5.72)，(5.73) が出る．$\boldsymbol{n}$ 個のペア，

$$\psi^*_{\alpha_1}(\tau_1)\psi_{\alpha_1}(\tau_1)\psi^*_{\alpha_2}(\tau_2)\psi_{\alpha_2}(\tau_2)\cdots\psi^*_{\alpha_n}(\tau_n)\psi_{\alpha_n}(\tau_n)$$

で，ループを作るため，例えば $\tau_1\to\tau_2\to\cdots\to\tau_n$ と順に縮約するとき，$\psi^*_{\alpha_1}(\tau_1)$ を一番右に移動しなければならない．このとき奇数個を通り抜けるから，マイナスがつく．こうして表5.4が導かれる．

5.1f　4体相互作用 (5.47) は，個数演算子 $\widehat{N}((2.89))$ によりボース系およびフェルミ系共に，以下で与えられる．

$$\widehat{V}=\frac{\lambda\hbar}{2}(\widehat{N}^2-\widehat{N})\tag{250}$$

これは，自由度 f の自由ハミルトニアン（(100)，(3.35) を参照）

$$\widehat{H}_0\equiv\hbar\omega\Big(\widehat{N}\pm\frac{f}{2}\Big)\quad(+：ボース系，\ -：フェルミ系)$$

と可換であるから，分配関数

$$Z(\mathcal{T}) = \mathrm{Tr}\exp\Big[-\frac{\mathcal{T}}{\hbar}(\hat{H}_0 + \hat{V})\Big]$$

を $\hat{V}$ でべき展開して1次の項をとれば，上側の符号をボース系，下側のをフェルミ系として

$$\left\{\begin{matrix} Z_1^{\mathrm{B}}(\mathcal{T}) \\ Z_1^{\mathrm{F}}(\mathcal{T}) \end{matrix}\right\} \equiv -\frac{\lambda\mathcal{T}}{2}e^{\mp f\omega\mathcal{T}/2}\mathrm{Tr}[(\hat{N}^2 - \hat{N})e^{-\omega\mathcal{T}\hat{N}}]$$

$$= -\frac{\lambda\mathcal{T}}{2}e^{\mp f\omega\mathcal{T}/2}\Big(\frac{\partial^2}{\partial\kappa^2} + \frac{\partial}{\partial\kappa}\Big)\mathrm{Tr}e^{-\kappa\hat{N}}\Big|_{\kappa=\omega\mathcal{T}} \qquad (251)$$

となる．自由度 f では，

$$\mathrm{Tr}e^{-\kappa\hat{N}} = (1 \mp e^{-\kappa})^{\mp f}$$

であるから，微分を遂行すれば

$$\frac{\partial}{\partial\kappa}(1 \mp e^{-\kappa})^{\mp f} = -fe^{-\kappa}(1 \mp e^{-\kappa})^{\mp f-1}$$

$$\frac{\partial^2}{\partial\kappa^2}(1 \mp e^{-\kappa})^{\mp f} = fe^{-\kappa}(1 + fe^{-\kappa})(1 \mp e^{-\kappa})^{\mp f-2}$$

となる．

したがって，

$$\Big(\frac{\partial^2}{\partial\kappa^2} + \frac{\partial}{\partial\kappa}\Big)(1 \mp e^{-\kappa})^{\mp f} = (f^2 \pm f)(1 \mp e^{-\kappa})^{\mp f-2}e^{-2\kappa}$$

$$= (1 \mp e^{-\kappa})^{\mp f}(f^2 \pm f)\Big(\frac{e^{-\kappa}}{1 \mp e^{-\kappa}}\Big)^2$$

となり，(251) は，

$$\left\{\begin{matrix} Z_1^{\mathrm{B}}(\mathcal{T}) \\ Z_1^{\mathrm{F}}(\mathcal{T}) \end{matrix}\right\} = -\frac{\lambda\mathcal{T}}{2}(e^{\kappa/2} \mp e^{-\kappa/2})^{\mp f}(f^2 \pm f)\Big(\frac{e^{-\kappa}}{1 \mp e^{-\kappa}}\Big)^2$$

と与えられる．$\kappa \to \omega\mathcal{T}$ とすれば (5.80) および (5.77)（の1次部分）である．

5.2a　付録 D における (D.1)

$$\int_{-\infty}^{\infty} dx\, e^{-\alpha x^2} = \sqrt{\frac{\pi}{\alpha}}$$

の両辺を α で m 階微分すると，

$$\Big(-\frac{d}{d\alpha}\Big)^m(\text{左辺}) = \int_{-\infty}^{\infty} dx\, x^{2m}e^{-\alpha x^2}$$

のようになる．

一方，

$$\left(-\frac{d}{d\alpha}\right)^m(\text{右辺}) = \sqrt{\pi}\left(-\frac{d}{d\alpha}\right)^m\alpha^{-1/2} = \sqrt{\pi}\,\frac{1}{2}\left(-\frac{d}{d\alpha}\right)^{m-1}\alpha^{-3/2}$$
$$= \sqrt{\pi}\,\frac{3\cdot 1}{2^2}\left(-\frac{d}{d\alpha}\right)^{m-2}\alpha^{-5/2} = \cdots$$
$$= \sqrt{\pi}\,\frac{(2k-1)\cdots 3\cdot 1}{2^k}\left(-\frac{d}{d\alpha}\right)^{m-k}\alpha^{-1/2-k}$$

となるので，$k \to m$，$\alpha \to 1/2$ とすれば，(5.91) の右辺（に $\sqrt{2\pi}$ を掛けた）

$$\left(-\frac{d}{d\alpha}\right)^m\text{右辺} = \sqrt{2\pi}\,(2m-1)\cdots 3\cdot 1$$

が得られる．

5.3a　$\Omega^{(+)} = O(\hbar)$ に注意して，(5.126) で $y \to \Omega^{(+)}y$ と変数変換すると，

$$I^{(+)} = e^{-S_c/\hbar}\Omega^{(+)}\int\frac{dy}{\sqrt{2\pi\hbar g}}\exp\left[-\frac{1}{2}\left(\frac{(\Omega^{(+)})^2}{\hbar}+\frac{1}{2}\right)y^2 + \frac{1}{2}\sum_{n=3}^{\infty}\frac{1}{n}(-iy)^n\right] \tag{252}$$

となる．指数の肩で $(\Omega^{(+)})^2/\hbar$ は $O(\hbar)$ で，残りの $O(1)$ の項は，

$$-\frac{y^2}{4}+\frac{1}{2}\sum_{n=3}^{\infty}\frac{(-iy)^n}{n} = \frac{1}{2}\sum_{n=2}^{\infty}\frac{(-iy)^n}{n} = \frac{1}{2}\sum_{n=1}^{\infty}\frac{(-iy)^n}{n}+\frac{iy}{2}$$
$$= -\frac{1}{2}\ln(1+iy)+\frac{iy}{2}$$

で与えられるから，

$$I^{(+)} = \frac{e^{-S_c/\hbar}\Omega^{(+)}}{\sqrt{\hbar g}}\int\frac{dy}{\sqrt{2\pi}}\,\frac{e^{iy/2}}{\sqrt{1+iy}}\exp\left[-\frac{(\Omega^{(+)})^2}{2\hbar}y^2\right]$$

となる．さらに，分母 $1/\sqrt{1+iy}$ をガウス積分で書き直し，

$$I^{(+)} = \frac{e^{-S_c/\hbar}\Omega^{(+)}}{\sqrt{\hbar g}}\int\frac{dy\,dx}{2\pi}\exp\left[-\frac{1+iy}{2}x^2+i\frac{y}{2}\right]\exp\left[-\frac{(\Omega^{(+)})^2}{2\hbar}y^2\right]$$

する．ここで，最後の $O(\hbar)$ 項をパラメータ α を導入して

$$I^{(+)} = \frac{e^{-S_c/\hbar}\Omega^{(+)}}{\sqrt{\hbar g}}\exp\left[-\frac{(\Omega^{(+)})^2}{2\hbar}\left(-i\frac{\partial}{\partial\alpha}\right)^2\right]$$
$$\times\int\frac{dy\,dx}{2\pi}\exp\left[-\frac{x^2}{2}+i\left(\alpha-\frac{x^2}{2}\right)y\right]\Bigg|_{\alpha=1/2}$$

と書きかえれば，y 積分はデルタ関数を与え，

$$I^{(+)} = \frac{e^{-S_c/\hbar}\Omega^{(+)}}{\sqrt{\hbar g}} \exp\left[-\frac{(\Omega^{(+)})^2}{2\hbar}\left(-i\frac{\partial}{\partial\alpha}\right)^2\right] \times \int dx\, \delta\left(\frac{x^2}{2}-\alpha\right)e^{-x^2/2}\Big|_{\alpha=1/2}$$

となる．これは，デルタ関数の性質（付録(C.17)）

$$\delta\left(\frac{x^2}{2}-\alpha\right) = \frac{1}{\sqrt{2\alpha}}\{\delta(x-\sqrt{2\alpha}) + \delta(x+\sqrt{2\alpha})\}$$

より

$$I^{(+)} = \frac{e^{-S_c/\hbar}\Omega^{(+)}}{\sqrt{\hbar g}} \exp\left[-\frac{(\Omega^{(+)})^2}{2\hbar}\left(-i\frac{\partial}{\partial\alpha}\right)^2\right]\sqrt{\frac{2}{\alpha}}\, e^{-\alpha}\Big|_{\alpha=1/2} \tag{253}$$

と与えられる．

残りの仕事は S_c の計算である．それは，(5.127)，(5.129) より，

$$\begin{aligned} S_c \to S^{(+)} &= -\frac{\hbar^2}{8(\Omega^{(+)})^2} + \frac{\hbar}{2}\ln\Omega^{(+)} \\ &= -\frac{(ga^2)^2}{8} - \frac{\hbar}{2} + \frac{\hbar}{2}\ln\frac{\hbar}{ga^2} - \frac{\hbar^2}{2}\frac{1}{(ga^2)^2} + O(\hbar^3) \end{aligned}$$

なので，

$$\begin{aligned} e^{-S^{(+)}/\hbar} &= \exp\left[\frac{(ga^2)^2}{8\hbar} + \frac{1}{2} - \frac{1}{2}\ln\frac{\hbar}{ga^2} + \frac{\hbar}{2}\frac{1}{(ga^2)^2} + O(\hbar^2)\right] \\ &= \exp\left[\frac{(ga^2)^2}{8\hbar}\right]\sqrt{\frac{ga^2e}{\hbar}}\left[1 + \frac{\hbar}{2}\frac{1}{(ga^2)^2} + O(\hbar^2)\right] \end{aligned}$$

となる．(253) の α によらない部分は

$$\frac{e^{-S^{(+)}/\hbar}\Omega^{(+)}}{\sqrt{\hbar g}} = \exp\left[\frac{(ga^2)^2}{8\hbar}\right]\frac{\sqrt{e}}{\sqrt{g^2a^2}}\left[1 - \frac{3\hbar}{2}\frac{1}{(ga^2)^2} + O(\hbar^2)\right]$$

であり，一方，(253) の α による項は $O(\hbar)$ までで

$$\begin{aligned} \alpha\text{による項} &= \left[1 + \frac{(\Omega^{(+)})^2}{2\hbar}\left(\frac{\partial}{\partial\alpha}\right)^2\right]\sqrt{\frac{2}{\alpha}}\, e^{-\alpha}\Big|_{\alpha=1/2} \\ &= \sqrt{\frac{2}{\alpha}}\, e^{-\alpha}\left[1 + \frac{\hbar}{2(ga^2)^2}\left(\frac{3}{4\alpha^2} + \frac{1}{\alpha} + 1\right)\right]_{\alpha=1/2} \\ &= 2e^{-1/2}\left(1 + \frac{3\hbar}{(ga^2)^2}\right) \end{aligned}$$

と与えられる．

よって，

$$I^{(+)} = \exp\left[\frac{(ga^2)^2}{8\hbar}\right]\frac{2}{\sqrt{g^2a^2}}\left(1 + \frac{3\hbar}{2(ga^2)^2} + O(\hbar^2)\right) \tag{254}$$

が得られる．(5.116) を思い出せば，これは前節での $Z^{(+)}$ ((5.96)) である．

5.3b　簡便記法を用いることにして，フェルミ粒子，補助場それぞれのソースを導入すると，分配関数は

$$\mathcal{Z}^{\mathrm{F}(J_y,\eta^*,\eta)}(\mathcal{T}) = \int \mathcal{D}y\,\mathcal{D}\boldsymbol{\xi}\,\mathcal{D}\boldsymbol{\xi}^*\exp\Big[-\Big(\boldsymbol{\xi}^*\Big(\frac{d}{d\tau}+\omega\Big)\boldsymbol{\xi}\Big) - \Big(\frac{y^2}{2}\Big) - i\sqrt{\lambda}\,(y\boldsymbol{\xi}^*\boldsymbol{\xi}) - (yJ_y) - (\boldsymbol{\xi}^*\boldsymbol{\eta}) - (\boldsymbol{\eta}^*\boldsymbol{\xi})\Big]_{\mathrm{AP}}$$
$$= \exp\Big[i\sqrt{\lambda}\,\Big(\frac{\delta}{\delta J_y}\frac{\delta}{\delta\boldsymbol{\eta}}\frac{\delta}{\delta\boldsymbol{\eta}^*}\Big)\Big]\exp\Big[(\boldsymbol{\eta}^*\,\overline{S}\,\boldsymbol{\eta}) + \frac{1}{2}(J_y^2)\Big]$$

となる．指数関数を通して Y, $\boldsymbol{\psi}^*$, $\boldsymbol{\psi}$ を

$$E_{\mathrm{S}} \equiv \exp[(YJ_y) + (\boldsymbol{\psi}^*\boldsymbol{\eta}) + (\boldsymbol{\eta}^*\boldsymbol{\psi})]$$

で導入すれば，

$$\mathcal{Z}^{\mathrm{F}(0,0,0)}(\mathcal{T}) = \exp\Big[\frac{1}{2}\Big(\frac{\delta^2}{\delta Y^2}\Big) + \Big(\frac{-\delta}{\delta\boldsymbol{\psi}}\,\overline{S}\,\frac{\delta}{\delta\boldsymbol{\psi}^*}\Big)\Big]\exp[-i\sqrt{\lambda}\,(Y\boldsymbol{\psi}^*\boldsymbol{\psi})]_{Y,\boldsymbol{\psi}^*,\boldsymbol{\psi}\to 0}$$

と与えられる．これより，フェルミ粒子のプロパゲーターは $\overline{S}$，バーテックスは図 5.12 のように $-i\sqrt{\lambda}$ で，補助場 y のプロパゲーター $\boldsymbol{\varDelta}_y^{(0)}$ は，

$$\Big(\frac{\delta}{\delta Y}\boldsymbol{\varDelta}_y^{(0)}\frac{\delta}{\delta Y}\Big) = \int_0^{\mathcal{T}} d\tau_1\,d\tau_2\,\frac{\delta}{\delta Y(\tau_1)}\boldsymbol{\varDelta}_y^{(0)}(\tau_1-\tau_2)\frac{\delta}{\delta Y(\tau_2)}$$

より $\boldsymbol{\varDelta}_y^{(0)}(\tau_1-\tau_2) = \delta(\tau_1-\tau_2)$ ((5.140)) で与えられる．

5.3c　ギャップ方程式 (5.164) は

$$\bar{\varOmega} - \omega = \frac{f\lambda e^{-\bar{\varOmega}\mathcal{T}}}{1 \mp e^{-\bar{\varOmega}\mathcal{T}}} \tag{255}$$

である．全体に $\mathcal{T}$ を掛け，

$$\left.\begin{aligned} &\bar{\varOmega}\mathcal{T} - \omega\mathcal{T} = \frac{f\lambda\mathcal{T}e^{-\bar{\varOmega}\mathcal{T}}}{1\mp e^{-\bar{\varOmega}\mathcal{T}}} \Longrightarrow X - X_0 = \frac{\varLambda}{e^X \mp 1} \\ &X \equiv \bar{\varOmega}\mathcal{T}, \qquad X_0 \equiv \omega\mathcal{T}, \qquad \varLambda \equiv f\lambda\mathcal{T} \end{aligned}\right\} \tag{256}$$

を調べよう．解は図 3 で示すように，それぞれ直線 $X - X_0$ と関数 $\varLambda/(e^X \pm 1)$ との交点 $X_\varLambda$ である．$\bar{\varOmega}$ の値は，ボース系およびフェルミ系双方共に結合定数 $\varLambda$ につれて大きくなる．

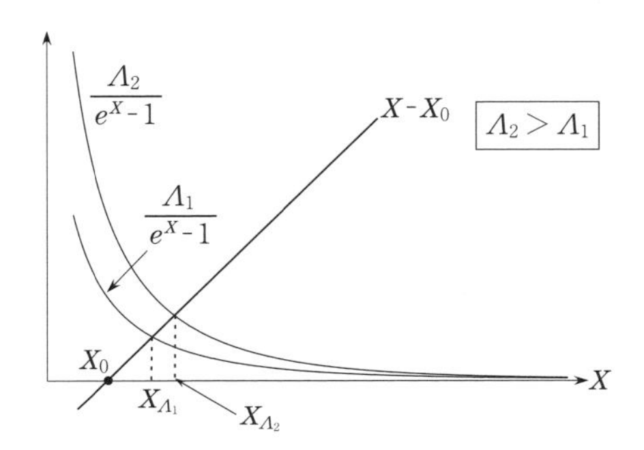

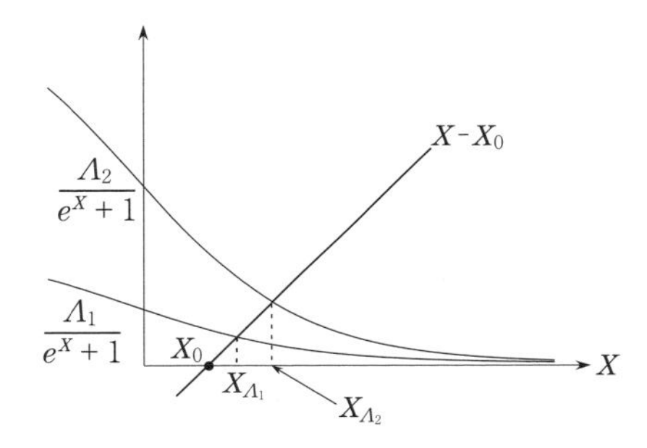

図 3　ギャップ方程式 (256) の解. 左がボース系, 右がフェルミ系の場合. $X-X_0$ と $\Lambda/(e^X \pm 1)$ の交点. 結合定数が大きくなるにつれて ($\Lambda_1 \to \Lambda_2$), 解も $X_0 \to X_{\Lambda_1} \to X_{\Lambda_2}$ と大きくなっていく.

5.3d　演算子 $\widehat{\boldsymbol{\mathcal{D}}}^{-1} = i\hat{P}\tau + \bar{\Omega}$ ((5.162)) を用いて $F(\bar{\Omega}) \equiv \mathbf{Tr}\ln\widehat{\boldsymbol{\mathcal{D}}}^{-1}$ とおけば, $X = \bar{\Omega}\mathcal{T}/2$ を頭において,

$$\frac{dF}{d\bar{\Omega}} = \mathbf{Tr}\,\widehat{\boldsymbol{\mathcal{D}}} = \int_0^{\mathcal{T}} d\tau\,\langle\tau|\widehat{\boldsymbol{\mathcal{D}}}|\tau\rangle \overset{(5.158)}{=} \int_0^{\mathcal{T}} d\tau\,\bar{\boldsymbol{\mathcal{D}}}(\tau,\tau)$$

$$\overset{(5.168)}{=} \int_0^{\mathcal{T}} d\tau\,\bar{\boldsymbol{\mathcal{D}}}(X) = \frac{\mathcal{T}}{2}\begin{Bmatrix} \coth\dfrac{\bar{\Omega}\mathcal{T}}{2} \\ \tanh\dfrac{\bar{\Omega}\mathcal{T}}{2} \end{Bmatrix}$$

となる. これを積分すれば

$$F = \begin{Bmatrix} \ln\sinh\dfrac{\bar{\Omega}\mathcal{T}}{2} \\ \ln\cosh\dfrac{\bar{\Omega}\mathcal{T}}{2} \end{Bmatrix}$$

と与えられる.

事 項 索 引

欧 文 索 引

F

G

H

I

K

L

M

N

O

P

著者略歴

柏（かしわ）　太郎（たろう）

1949 年　東京生まれ
1968 年　東北大学理学部物理学科入学
1978 年　名古屋大学大学院理学研究科物理学専攻修了　理学博士
京都大学・名古屋大学研究生を経て
1979 年 ～ 2002 年　九州大学理学部助手・助教授
2002 年 ～ 2015 年　愛媛大学大学院理工学研究科教授
2015 年　愛媛大学名誉教授　現在に至る
専攻　素粒子論，場の量子論

著書

「現代物理学叢書 経路積分の方法」（共著，岩波書店，2000 年）
“Path Integral Methods”（共著，Clarendon Press, Oxford, 1997）
「量子場を学ぶための場の解析力学入門」（共著，講談社サイエンティフィク，2004 年）
「新版 演習 場の量子論」（サイエンス社，2006 年）
「演習 くり込み群」（サイエンス社，2008 年）

量子力学選書　経路積分 ― 例題と演習 ―

2015 年 11 月 15 日　第 1 版 1 刷発行
2021 年 7 月 30 日　第 2 版 1 刷発行

検印省略

定価はカバーに表示してあります．

著作者　柏　太郎
発行者　吉野和浩
発行所　東京都千代田区四番町 8-1
電　話　03-3262-9166（代）
郵便番号　102-0081
株式会社　裳華房
印刷所　三報社印刷株式会社
製本所　株式会社松岳社

一般社団法人
自然科学書協会会員

ISBN 978-4-7853-2513-8